AF509458

NOUVEAU
DICTIONNAIRE
D'HISTOIRE NATURELLE.

INA = LAT.

Noms des *Auteurs* de cet *Ouvrage* dont les matières ont été traitées comme il suit :

L'Homme, les *Quadrupèdes,* les *Oiseaux,* les *Cétacés.*	SONNINI, Membre de la Société d'Agriculture de Paris, éditeur et continuateur de l'Histoire naturelle de Buffon. VIREY, Auteur de l'Hist. naturelle du Genre Humain. VIEILLOT, Continuateur de l'Histoire des Oiseaux d'Audebert, et Auteur d'une Histoire de ceux de l'Amérique septentrionale.
L'Art vétérinaire, l'*Economie domestique.*	PARMENTIER, HUZARD, Membres de l'Institut national. SONNINI, Membre de la Société d'Agriculture de Paris, etc. etc.
Les Poissons, les *Reptiles,* les *Mollusques et les Vers.*	BOSC, Membre de la Société d'Histoire naturelle de Paris, de la Société Linnéenne de Londres.
Les Insectes.	OLIVIER, Membre de l'Institut national. LATREILLE, Membre associé de l'Institut national.
Botanique et son application aux Arts, à l'Agriculture, au Jardinage, à l'Economie Rurale et Domestique.	CHAPTAL, PARMENTIER, CELS, Membres de l'Institut national. THOUIN, Membre de l'Institut national, Professeur et Administrateur du jardin des Plantes. DU TOUR, Membre de la Société d'Agriculture de Saint-Domingue. BOSC, Membre de la Société d'Histoire naturelle de Paris.
Minéralogie, Géologie, Météorologie et Physique.	CHAPTAL, Membre de l'Institut national. PATRIN, Membre associé de l'Institut national et de l'Académie des Sciences de Saint-Pétersbourg, Auteur d'une Histoire naturelle des Minéraux. LIBES, Professeur de Physique aux Ecoles Centrales de Paris, et auteur d'un Traité Elémentaire de Physique.

NOUVEAU DICTIONNAIRE D'HISTOIRE NATURELLE,

APPLIQUÉE AUX ARTS,

Principalement à l'Agriculture et à l'Economie rurale et domestique :

PAR UNE SOCIÉTÉ DE NATURALISTES ET D'AGRICULTEURS :

Avec des figures tirées des trois Règnes de la Nature.

TOME XII.

DE L'IMPRIMERIE DE CRAPELET.

A PARIS,

Chez DETERVILLE, Libraire, rue du Battoir, n° 16.

AN XI — 1803.

NOUVEAU DICTIONNAIRE

D'HISTOIRE NATURELLE.

INC

INACHUS, *Inachus*, genre de crustacés établi par Fabricius, et qui a été réuni avec un autre genre du même auteur, le *parthenope*, pour former un nouveau genre, appelé MAJA. *Voyez* ce mot. (B.)

INAS, nom appliqué au GANGA. *Voyez* ce mot. (S.)

INCARVILLE, *Incarvillea*, arbrisseau grimpant, radicant, à tige striée, à feuilles alternes, glabres, pétiolées, presque bipinnées, à folioles étroites, à grandes fleurs d'un pourpre violet, placées sur une grappe droite, spiciforme et terminale, qui forme un genre dans la didynamie angiospermie.

Ce genre, qui a été établi par Jussieu, a pour caractère un calice monophylle, campaniforme, dont le bord est divisé en cinq dents linéaires, et qui est accompagné à sa base de trois bractées étroites et velues; une corolle monopétale, infundibuliforme, dilatée ou presque ventrue à son orifice, deux ou trois fois plus grande que le calice, et dont le limbe est partagé en cinq lobes inégaux, courts et arrondis; quatre étamines, dont deux, plus courtes, sont garnies de deux dents droites, sétacées et spinuliformes; un ovaire supérieur, surmonté d'un style simple, à stigmate élargi ou à deux lames inégales et ouvertes.

Le fruit est une capsule linéaire, comprimée, biloculaire, bivalve; à cloison opposée aux valves, qui contient plusieurs semences ailées.

XII.

A

INC

L'incarville croît à la Chine, aux environs de Pékin. Loureiro l'a appelé *campsis*. (B.)

INCRUSTATIONS, dépôts pierreux que les eaux, chargées de molécules terreuses, forment à la surface des corps qui s'y trouvent plongés ou qu'elles mouillent habituellement.

Les *incrustations* pénètrent rarement dans le tissu même des corps qu'elles enveloppent, elles n'en changent point du tout la nature; c'est en quoi elles diffèrent essentiellement de la *pétrification* proprement dite, où les parties intégrantes des corps *pétrifiés* sont véritablement *converties* en matière pierreuse par de nouvelles combinaisons qu'éprouvent leurs principes constituans. *Voyez* PÉTRIFICATION.

L'*incrustation* au contraire conserve les corps dans leur état naturel, et les préserve même de la décomposition, en les mettant à l'abri de l'influence des agens extérieurs.

Les *incrustations* s'opèrent de deux façons: 1°. à la manière des *stalactites*, par une cristallisation qui résulte de l'évaporation du fluide qui contient les molécules terreuses en dissolution, et qui, en se dissipant, les dépose indifféremment sur toute espèce de corps où elles se fixent par une cristallisation plus ou moins confuse, mais toujours très-apparente. 2°. Les *incrustations* s'opèrent dans le fluide même, par l'effet de l'attraction que les corps étrangers, et sur-tout les *corps organisés*, exercent sur les molécules terreuses qui s'y trouvent, ou dissoutes ou suspendues : celles-ci présentent rarement des signes de cristallisation aussi marqués que les premières : ce sont simplement des espèces de *tufs*.

Nous avons un exemple bien caractérisé de la première espèce, dans les *incrustations gypseuses* qui se forment sur les rameaux des broussailles qu'on emploie dans les bâtimens de graduation des salines, pour accélérer l'évaporation de la *muire*. Ce dépôt, qu'on nomme *schlot*, se forme exactement de la même manière que les stalactites des grottes : non point par des couches mécaniquement appliquées les unes sur les autres, comme des chandelles qu'on fait en les plongeant dans le suif à plusieurs reprises, ainsi que paroissent le supposer quelques auteurs; mais par une sorte d'*intus-susception* et par une distribution de molécules qui partent de l'axe de la stalactite pour se distribuer de toutes parts jusqu'à la circonférence, et augmenter ainsi successivement la grosseur du cylindre; c'est ce que démontre sa cassure transversale où l'on voit de nombreux filets cristallins qui partent en rayonnant du centre, et qui vont aboutir jusqu'à l'écorce de la stalactite, de même que les prolongemens médullaires dans les végétaux ; et l'on y distingue aussi de nombreux cercles concentriques comme dans les arbres.

Les eaux chargées de molécules calcaires forment, par une cristallisation confuse, des *incrustations* qui sont de la même nature que l'albâtre oriental. On en voit un exemple remarquable dans la tête humaine dont parle Romé-Delisle, et qu'on voit aujourd'hui dans la collection de mon respectable et savant ami Gillet de Laumont. Elle est toute revêtue d'une couche de cinq à six lignes d'épaisseur d'albâtre oriental susceptible du plus beau poli. Dans les parties où l'on a enlevé l'*incrustation*, on voit que les os n'ont éprouvé aucun changement ; et l'on reconnoît, par quelques gouttes pendantes que présente l'*incrustation*, qu'elle a été formée par la stillation d'une eau qui tomboit peu à peu sur cette tête qui, probablement, gisoit dans quelque caverne, car on ignore le lieu où elle a été trouvée.

L'autre espèce d'*incrustation* se forme dans le sein même des eaux qui sont chargées de molécules terreuses qui se déposent sur des corps étrangers, soit parce qu'elles ont plus d'affinité avec ces corps qu'avec l'eau, soit parce qu'elles ont perdu une partie de l'acide carbonique qui les tenoit en dissolution. Mais il paroît que l'affinité ou l'attraction, est la principale cause de ces sortes d'*incrustations* ; car si c'étoit la perte seule de l'acide carbonique qui déterminât le dépôt, il se feroit indifféremment sur toute espèce de matière, et c'est ce qui n'arrive point, comme on peut le voir, dans les coquilles incrustées qui se trouvent dans le sable de la Seine.

L'année dernière (1802), me promenant au Luxembourg, je remarquai, dans les monceaux de sable destiné à sabler les allées, de petites pierres blanchâtres qui ressembloient à des galets, mais il me parut fort singulier qu'elles eussent toutes la même forme, convexe d'un côté et concave de l'autre. Elles étoient ovales, applaties, d'un à deux pouces de diamètre, sur quatre à huit lignes d'épaisseur ; leur surface étoit lisse et même un peu luisante, dans la partie concave aussi bien que dans la partie convexe : en les rompant je vis bientôt la cause de leur forme ; elles avoient toutes pour noyau une coquille de moule revêtue d'un grand nombre de couches concentriques comme les bézoards, et ces couches n'étoient pas plus épaisses dans une partie que dans l'autre ; d'où il me paroît que cette concrétion n'est point formée par un simple dépôt mécanique, mais par l'effet de l'attraction que ce corps organisé exerçoit en tous sens sur les molécules terreuses contenues dans l'eau. Car si le dépôt eût été purement mécanique, il ne se seroit certainement pas fait d'une manière aussi égale. On voit pareillement que le poli de la surface n'est point l'effet du frottement, puisque les couches, quoiqu'aussi minces qu'une feuille de papier, sont aussi entières sur les bords et dans la partie convexe que dans la partie concave.

J'ai trouvé quelques-unes de ces coquilles de moule où l'*incrustation* ne faisoit que de commencer, et j'ai vu que les premières couches sont couvertes de mamelons comme des têtes d'épingle : les couches suivantes deviennent successivement plus unies ; et il m'a paru que la puissance attractive de ce corps organisé se bornoit à produire une *incrustation* de quatre à cinq lignes d'épaisseur tout autour ; du moins n'en ai-je pas trouvé de plus forte. J'ai appris que le sable où se trouvoient ces concrétions venoit du milieu de la Seine.

Il y a un exemple bien remarquable d'une *incrustation* du même genre ; c'est une autre tête humaine que possède le célèbre botaniste Ant. Laur. de Jussieu. Ce n'est point par l'effet d'une stillation lente qu'elle a été incrustée comme celle de Romé-Delisle, c'est par l'effet de son immersion complète dans une eau chargée de molécules terreuses, et par le même mécanisme que celui qui a opéré l'*incrustation* des coquilles de moule.

Cette tête présente un accident extrêmement singulier, mais qui paroit étranger à son *incrustation* : la substance spongieuse des os a été tellement dilatée, boursouflée, que les deux lames osseuses sont écartées d'un pouce l'une de l'autre ; ces lames sont incrustées d'une couche assez forte de matière calcaire blanche, qui leur est fortement adhérente, et qui a considérablement augmenté le poids de la tête. Cette couche ne s'est point étendue sur les dents, qui conservent leur émail : apparemment leur substance n'étoit pas assez poreuse pour être pénétrée par le dépôt calcaire de manière à ce qu'il pût y contracter de l'adhérence.

On connoît un grand nombre de fontaines qui ont la propriété de former ces sortes d'*incrustations*. Celle qui fournit l'eau d'*Arcueil*, qui est amenée à Paris par un aqueduc, forme, en peu d'années, une *incrustation* de plusieurs pouces dans le canal de cet aqueduc ; et l'on s'amuse quelquefois à mettre, dans ce canal, des touffes de jonc, de volant-d'eau, ou d'autres plantes aquatiques, qui sont, au bout de quelques mois, revêtues d'une croûte pierreuse assez solide, et qui conserve pour toujours la forme naturelle de ces plantes : on en voit de jolis groupes dans la plupart des cabinets de Paris, et notamment dans celui de Lecamus.

La plupart des eaux thermales, et celles qui sont voisines

d'anciens volcans, ont plus ou moins cette propriété. Tout le monde connoît la *fontaine de Saint-Allyre*, près de Clermont en Auvergne; elle est fameuse par l'espèce de pont qu'elle a formé sur le ruisseau dans lequel elle se jette. A force de faire des *incrustations* pierreuses au fond de son canal qui aboutissoit au ruisseau, l'extrémité de ce canal s'est alongée au-dessus de l'eau du ruisseau, et a fini par en atteindre l'autre bord.

Les bains de Saint-Philippe, près de *Radicofani* en Toscane, sont devenus célèbres par l'ingénieux parti qu'on a su tirer de la propriété incrustante de leur eau, pour y établir une espèce de manufacture de bas-reliefs d'albâtre, qui sont l'ouvrage de l'art et de la nature en même temps.

On conduit cette eau dans l'atelier par le moyen d'un canal de bois qui est élevé de douze à quinze pieds au-dessus du sol : l'eau tombe de cette hauteur sur de petites planches disposées de manière à la faire rejaillir contre des moules en creux qu'on a pris sur des bas-reliefs antiques, ou qui sont l'ouvrage des plus grands maîtres. Chaque goutte d'eau qui rejaillit contre ces *creux* y dépose quelques molécules calcaires qui s'y cristallisent en perdant leur acide carbonique surabondant ; et ces dépôts successifs finissent par remplir les moules d'un albâtre de la plus grande beauté, d'une blancheur égale à celle de l'albâtre gypseux, mais qui a pour le moins la dureté du marbre, et toutes les propriétés de l'albâtre oriental : quant à la partie de l'art, ces bas-reliefs ne le cèdent en rien à l'original même dont ils sont la fidelle copie.

Les *incrustations* les plus remarquables aux yeux du naturaliste, sont celles que forment les eaux bouillantes qui sortent des montagnes volcaniques d'Islande, s'il est vrai, comme on l'a dit, qu'elles soient de nature silicée ; mais il me semble que ce fait n'est pas prouvé d'une manière bien complète ; je ne vois pas du moins qu'il ait été fait aucune analyse régulière de ces *incrustations*.

M. de Troïl qui fit, en 1772, le voyage d'Islande avec M. Banks, pour aller observer les volcans de cette île, si fameux par les phénomènes qu'ils présentent, et dont il nous a donné la description, dit, en parlant des sources dont l'eau jaillit dans les airs à une hauteur plus ou moins considérable en sortant d'une espèce de puit creusé verticalement : « Toutes » les eaux de ces sources ont une qualité *incrustante*, de sorte » que la surface de l'orifice d'où elles sont sorties est toujours » couverte d'une croûte ou écorce qui ressemble beaucoup à » des feuilles de métal ciselé à jour ou en filigrane. *D'abord*

» *nous crûmes qu'il y avoit de la chaux, mais nous recon-*
» *nûmes notre erreur, ne voyant point d'effervescence avec*
» *l'acide* ». (*Lettr. sur l'Isl.* pag. 548.)

Voilà, ce me semble, la seule expérience qui ait été faite directement sur ces *incrustations ;* mais comme le sulfate de chaux et plusieurs autres matières terreuses pouvoient également résister à l'action des acides, cette expérience ne prouve pas absolument que ces *incrustations* soient de nature silicée.

M. Stanley, qui fut en Islande en 1789, et qui en rapporta de l'eau des deux principales sources bouillantes, dit que, dans le même vallon où est une de ces sources appelée *le petit Geyser*, il y en a une autre dont l'eau s'élève à la hauteur de vingt à trente pieds, et que le sol qui reçoit ces eaux bouillantes est couvert d'*une incrustation blanche de nature calcaire*.

« Mais, ajoute-t-il, dans sa *lettre* à M. Black, célèbre chi-
» miste, auprès de l'une de ces sources, *il nous sembla qu'il y*
» *avoit un léger dépôt de matière siliceuse :* elle ressembloit,
» au premier coup-d'œil, à la calcédoine, mais avec sa trans-
» parence *elle n'avoit pas sa dureté, car elle se brisoit entre*
» *les doigts :* c'est là que nous prîmes l'eau que vous avez ana-
» lysée ». (*Bibl. brit.* n° 30, p. 253 à 256.)

D'après l'analyse que M. Black a faite de ces eaux, il résulte que dix mille grains de l'eau du petit *Geyser* (qui forme ces *incrustations*) contiennent :

	grains.
Soude.	0,95
Alumine.	0,48
Terre silicée.	5,40
Sel marin.	2,46
Sel de Glauber.	1,46
	10,75

Mais il faut observer que, d'après M. Black lui-même, la terre qu'il désigne sous le nom de *terre silicée*, a des propriétés qui pourroient la faire considérer comme une terre particulière ; elle est *entièrement soluble dans l'eau*, et passe à travers le filtre : lorsqu'elle n'est dissoute que dans cent fois son poids d'eau, *elle forme une gelée :* on ne l'obtient sous forme terreuse que par l'évaporation à siccité, et elle s'attache si fortement à la capsule de verre, que M. Black eut de la peine à l'en détacher avec une pointe d'acier. Il paroît, d'après ces faits, que cette terre diffère sensiblement de la silice pure ; et qu'on ne sauroit encore affirmer que les eaux chaudes d'Islande forment, en effet, des *incrustations siliceuses*.

On n'a vu jusqu'ici, à ce que je crois, aucune *eau coulante* tenir de la silice en dissolution, mais la nature a des moyens qui nous sont inconnus pour former des *incrustations sili-ceuses* dans le sein de la terre. Les unes sont de *quartz pur* en petits cristaux, plus ou moins réguliers, comme ceux dont les groupes de spath fluor du Derbyshire sont quelquefois revêtus : d'autres sont de la nature du *silex*, et conséquemment elles ne sont jamais cristallisées ; mais elles enveloppent assez souvent divers cristaux. J'ai trouvé, dans les collines volcaniques de la Daourie, près du fleuve Amour, une druse de petits cristaux de quartz qui sont revêtus d'une croûte mamelonée de cornaline d'une ligne d'épaisseur, de couleur orangée et d'une pâte extrêmement fine. Les cristaux quart-zeux sont de la variété qui n'a que trois faces à la pyramide, comme sont la plupart de ceux qui tapissent l'intérieur des géodes de calcédoine de cette contrée.

Quand les cristaux qui servent de moule aux *incrustations silicées* sont de nature à pouvoir se décomposer, comme sont les pyrites, alors l'*incrustation* quartzeuse présente en creux la forme de ces cristaux qui ont disparu. Mais il ne faudroit pas croire que toutes les fois qu'on voit de semblables *creux*, ils soient dus à des empreintes : il arrive quelquefois que les matières pierreuses cristallisent *en creux* comme le sel marin lorsqu'il forme des trémies : et quand on voit dans ces *creux* quelques aspérités, quelques rudimens de cristallisation en relief, on peut être à-peu-près certain, quelle que soit la forme de ces cavités, que ce sont de véritables *cristallisations en creux*, et point du tout des *incrustations*. *Voyez* PSEUDO-MORPHOSES. (PAT.)

INCUBATION. Ce mot désigne l'action de couver des œufs ou de les échauffer afin de faire éclore les embryons qu'ils contiennent. Lorsque l'œuf n'a pas été fécondé aupa-ravant, l'*incubation* le fait putréfier au lieu de développer un animal. La fécondation des œufs s'opère, soit dans le corps de la mère, comme parmi les oiseaux, la plupart des reptiles, les crustacés et les insectes ; soit hors du corps, comme dans les grenouilles, la plus grande partie des poissons et quelques mollusques nus (les *seiches* et *poulpes*). On a essayé de fécon-der artificiellement des œufs de grenouilles et de poissons, et on y est aisément parvenu. Des observateurs prétendent qu'un pareil essai tenté sur des œufs de papillons et d'autres insectes, réussit quelquefois. *Consultez* les articles ŒUF, GÉ-NÉRATION.

L'*incubation* est de deux espèces ; ou elle dépend des parens et sur-tout de la mère, ou la seule chaleur de l'atmosphère et des corps environnans suffit pour faire éclore les petits. La seule classe des oiseaux est dans le premier cas; tous les autres animaux ovipares ne couvent jamais leurs œufs. La raison de cette différence est facile à reconnoître, car l'oiseau étant d'une nature chaude et la température de son corps s'élevant à près de trente-cinq degrés au thermomètre de Réaumur, il faut nécessairement communiquer à l'œuf ce degré de chaleur pour faire développer l'embryon qu'il contient. Chaque corps vivant est organisé en effet suivant un rapport déterminé avec les objets de la nature qui lui sont nécessaires. Ainsi tel animal vit dans un pays froid, tel autre animal demande une température chaude. Il faut donc proportionner les objets extérieurs avec les besoins d'un corps vivant pour maintenir son existence.

Et la preuve que l'œuf de l'oiseau n'a besoin, pour se développer, que d'un degré suffisant de chaleur, c'est que l'autruche ne couve point, parce que la température du sable sur lequel elle dépose ses œufs, suffit pour faire éclore les jeunes autruches. L'art humain avoit depuis long-temps profité de cette observation. Hérodote nous apprend que les Egyptiens de son temps entretenoient des fours à une température égale et graduée, pour y faire éclore des poulets. Un savant naturaliste, Réaumur, apprit à se servir du même moyen, dans son *Art de faire éclore les poulets*, &c. *Voyez* l'article POULE et COQ.

Comme les autres animaux ovipares ont le sang froid, la chaleur de l'atmosphère, pendant l'été, doit être suffisante pour faire développer leurs œufs. Ainsi les poissons déposent leur frai dans des eaux devenues tièdes par la chaleur du soleil; les œufs des reptiles, des insectes, ne se développent qu'au printemps lorsque l'atmosphère s'adoucit. Les faux vivipares, tels que la vipère, la salamandre, couvent, pour ainsi dire, leurs œufs dans leur sein, et l'on a prétendu que des poules ayant conservé des œufs pendant quelque temps dans leur *oviductus*, avoient mis bas des poulets. (*Voyez* le mot VIVIPARE.) Comment un froid reptile, un poisson, un insecte, dont la température égale celle de l'air ou de l'eau, pourroient-ils échauffer leurs œufs? La nature n'a pas conformé d'ailleurs leur corps d'une manière avantageuse pour l'*incubation;* mais la douce température de l'atmosphère supplée à cette impuissance.

On peut regarder peut-être comme une sorte d'*incubation* pour les œufs de certains insectes, les lieux où ils sont déposés. Ainsi ceux des *oëstres* enfoncés sous la peau des quadrupèdes ou dans l'anus, dans les naseaux du cheval, du mouton, &c. sont couvés dans le corps de ces animaux à sang chaud. Les gallinsectes, le cloporte, couvent leurs œufs dans leur sein jusqu'à ce qu'ils y éclosent. Parmi les poissons, le silure ascite, l'éguille de mer, portent aussi leurs œufs et leur communiquent la température de leur corps. La femelle du crapaud pipa recevant les siens sur son dos, les garde jusqu'à ce qu'ils y éclosent. Les tortues et les crocodiles enfouissent leurs œufs dans le sable chaud des rivages, qui les fait développer assez promptement. Enfin parmi les quadrupèdes vivipares, les didelphes et les kanguroos, pourvus d'une bourse de peau sous le ventre, y couvent leurs petits sortis jeunes de la matrice. Cette bourse est une espèce de nid dans lequel les mamelles sont renfermées, et l'on peut regarder comme une véritable *incubation* l'époque pendant laquelle les jeunes animaux y demeurent. De plus, l'alaitement des vivipares, le soin qu'ils prennent de leurs petits naissans, le nid qu'ils leur préparent, la douce chaleur qu'ils leur communiquent, doivent être considérés comme une véritable *incubation*. Dans l'espèce humaine, l'enfant n'a pas moins besoin des soins que de la mamelle de sa mère, que d'être réchauffé sur son cœur, que de fortifier sa foible et naissante vie de la chaleur des entrailles maternelles.

Il ne faut pas penser que cette chaleur d'un corps vivant ressemble à la chaleur du feu, et qu'elle n'agisse que par des moyens mécaniques sur un autre corps vivant. Qui ne sait pas quelles communications s'établissent entre deux corps vivans, réunis dans d'étroits embrassemens? Je ne parle pas de celles de l'amour, mais de celles d'une personne saine avec une infirme, d'un vieillard avec des jeunes gens. Les maladies contagieuses se propagent par le contact, les infirmités peuvent aussi se communiquer, de même que la vigueur vitale. David devenu vieux, se rajeunissoit sur le sein des jeunes beautés qui partageoient sa couche. Qu'on mette deux personnes en contact immédiat, il naîtra entre eux un ordre de sympathies et une rapide communication d'affections, de sentimens, de vitalité, &c. Le systême nerveux entre dans une sorte de communauté avec un autre systême nerveux à sa proximité. On en a vu de grands exemples dans le *mesmérisme*. Quelles sympathies entre les personnes des deux sexes qui s'approchent et se touchent! Dans la danse allemande, appelée *walze*, un jeune homme et une jeune fille entrelaçant leurs bras, confondant leurs haleines, s'enivrant à longs traits de la magie de l'amour, fixant mutuellement leurs yeux en tournoyant, en respirant la vapeur de la transpiration, et cette odeur des sexes qui porte dans le systême vivant une vive irritation;

dans cette danse, il n'est pas rare, dis-je, de voir naître des symptômes d'amour. Il se passe une action analogue dans l'*incubation* d'une mère avec son enfant, et je suis persuadé que c'est à cette communication vitale qu'est due leur mutuelle affection. On voit en effet que les mères qui confient leurs enfans à des nourrices, à des *bonnes*, conservent moins d'affection, de tendresse et de soin pour eux que les nourrices elles-mêmes.

L'oiseau montre bien toute sa tendresse pour ses œufs dans le temps de l'*incubation*. Il semble déjà sentir sous cette coque un jeune et innocent animal. L'instinct de la nature est ici plus fort que le besoin de se conserver. La poule si timide devient courageuse, et ne craint pas de sacrifier sa vie au devoir de la maternité. Quel exemple donné par un animal à l'espèce humaine ! quoi de plus digne des regards d'une mère, que cette tendre sollicitude de la poule cherchant avec une espèce de fureur des œufs à couver, au temps de la ponte ! elle court, elle glousse, elle est impatiente et transportée de desirs ; elle ne sait plus ce qu'elle fait, tant qu'elle n'a point d'œufs à couver : une pierre blanche arrondie, un œuf vidé, suffisent pour la mettre hors d'elle-même. Enfin elle a des œufs, voyez-la sans cesse accroupie sur eux, n'osant ni se lever, ni sortir, se remuant à peine, tant elle a peur de les laisser refroidir ; elle souffre la faim, la soif, tous les besoins ; elle ne dort plus, elle est toute à son devoir ; c'est son seul besoin, c'est sa vie. Quelques espèces, comme les canes, les perruches, arrachent des plumes de leur ventre pour en couvrir leurs œufs, lorsqu'elles sont forcées de les quitter pour chercher à manger ; mais toutes reviennent en grande hâte se remettre sur leur nid. Plusieurs mâles, tels que ceux de pigeons, des tourterelles, couvent à leur tour, et viennent fidèlement relever leur femelle. Les perroquets mâles, les pics, les loriots, et autres oiseaux analogues, apportent des nourritures à leurs femelles qui couvent. Le rossignol en fait de même, et charme sa compagne par ses douces chansons. Les mâles polygames, comme les oiseaux d'eau et les gallinacés, ne couvent pas, et prennent peu de soin de leurs nombreuses femelles. Les oiseaux de proie se tiennent par paires, et prennent soin en commun de leur famille naissante. Les parens défendent avec un généreux courage leur progéniture ; ils s'exposent même à la mort pour sauver la vie à leurs petits ; mais si on dérange les œufs d'un oiseau avant qu'ils éclosent, souvent il les abandonne pour en pondre d'autres dans un lieu plus sûr ; car lorsqu'il arrive quelqu'accident à une ponte, la nature a donné à l'animal la faculté d'en faire une nouvelle, et même deux s'il est nécessaire, et si la saison n'est pas trop avancée.

A peine les petits sont-ils éclos, que la mère entre dans de nouveaux soins; il faut nourrir ces tendres animaux; la mère, le père apportent des alimens qu'ils macèrent dans leur estomac, qu'ils expriment et dégorgent dans le bec de leurs foibles nourrissons. Plus de repos, plus de tranquillité; la mère oublie le soin de sa vie; tout l'épouvante pour ses chers petits. Si l'on s'approche du nid d'une perdrix ou d'une alouette, la mère, contrefaisant la boiteuse, marche obliquement au travers des sillons, et attire l'ennemi à sa poursuite pour l'éloigner de sa couvée naissante; enfin hors de crainte, elle part soudain, et par un détour regagne sa famille craintive. Je puis attester ce fait pour l'alouette, car je l'ai vu moi-même.

On sait que le coucou ne couve pas ses œufs lui-même; il va les déposer dans le nid de quelque fauvette, qui nourrit un ingrat sans le savoir.

Les oiseaux gallinacés et les palmipèdes conduisent leurs petits près de leur nourriture et la leur montrent. Ces derniers enseignent aux leurs à ramer dans les eaux, ou plutôt l'instinct les y porte de lui-même. Rien de plus risible et de plus touchant que de contempler une poule élevant des jeunes canards, jeter des clameurs de crainte et de détresse en les voyant se jeter à l'eau. Elle a peur qu'ils se noient, elle court désespérée sur la rive, elle entre dans l'eau à mi-jambe en les rappelant. Lorsque le milan circule dans les airs et guette sa proie, quelles craintes pour la poule! ses cris rappellent sa famille, elle la couvre de ses ailes, et la défend contre l'oiseau ravisseur. *Voyez* les mœurs des OISEAUX à leur article. (V.)

INDE. *Voyez* INDIGO. (S.)

INDEL, *Elate.* C'est un palmier qui paroît extrêmement voisin des *dattiers*, mais qui forme un genre qui a pour caractère une spathe bivalve; un spadix rameux monoïque; un calice à six divisions, dont trois extérieures, très-courtes; les fleurs mâles à six anthères sessiles, et les fleurs femelles à ovaire simple, surmonté d'un style subulé et de trois stigmates.

Le fruit est un drupe ovale, acuminé, monosperme, à semence munie d'un sillon. *Voyez* au mot DATTIER.

Ce palmier, figuré pl. 893 des *Illustrations* de Lamarck, est peu élevé. Il pousse à son sommet un faisceau de feuilles pinnées, assez grandes, épineuses à leur base, à folioles ensiformes, pliées en deux longitudinalement et disposées par paires.

Les spathes naissent dans les aisselles des feuilles, s'inclinent ou pendent sous leur faisceau , et portent des fruits nombreux, de la grosseur d'un grain de raisin, d'un rouge brun ou noirâtre, qui, sous une écorce lisse , mince et cassante, contiennent une chair farineuse, douce, qui environne une coque presque osseuse , oblongue , munie latéralement d'un sillon , et contenant une semence blanchâtre et amère.

L'indel croît dans l'Inde et dans les îles qui en dépendent. Les pauvres en substituent les fruits à celui de l'AREC dans la préparation de leur BETEL. *Voyez* ces mots. (B.)

INDICOLITE (*Dandrada*) , substance minérale que ce savant élève de Werner regarde comme nouvelle, et dont il indique le gisement à *Uton* en Suède : le nom d'*indicolite* qu'il lui donne est tiré de la couleur de ce minéral ; il le décrit en ces termes : « couleur d'un bleu *indigo* sombre, plus clair dans la cassure , et alors tirant sur le bleu de ciel. L'éclat entièrement vitreux et approchant de l'éclat métallique. Opacité parfaite , et à ce qu'il paroît peu de pesanteur. (La petitesse des cristaux ne permet pas de déterminer exactement sa pesanteur spécifique.) Il raye un peu le quartz et se brise aisément ; son tissu est serré ; sa cassure en longueur est rayonnée ; en travers elle est inégale et presque conchoïde. *Ses cristaux sont des prismes rhomboïdaux* fortement striés sur leur longueur : la plupart sont polyédriques et ont la forme d'aiguilles. Dandrada termine cette description , par dire expressément que *l'indicolite est infusible au chalumeau.* (*Journ. de phys.*, fructidor an 8 , t. LI, p. 243.)

On a remarqué dernièrement parmi des minéraux de Suède qui sont dans le magasin de minéralogie du Muséum d'histoire naturelle de Paris, deux échantillons qui , d'après leurs caractères extérieurs, ont paru appartenir à *l'indicolite ;* et ils ont été mis sous les yeux du professeur Haüy, qui, d'après l'examen qu'il en a fait , a jugé, comme presque certain, que *l'indicolite n'étoit qu'une variété de la tourmaline.* (*Annal. du Mus.* , n°. 4, p. 259.)

Cependant, comme le minéral décrit par Dandrada présente des caractères tout-à-fait étrangers à la tourmaline , tels que *l'infusibilité* et la *forme rhomboïdale*, et que d'ailleurs nous ne possédons aucun échantillon qui soit bien certainement le minéral que Dandrada nomme *indicolite* , il semble qu'il convienne de suspendre encore la réunion de ces deux substances ; car on ne peut guère supposer qu'un minéralogiste aussi instruit et aussi exercé que Dandrada ait pu se tromper sur l'infusibilité de *l'indicolite* , non plus que sur la *forme rhomboïdale* qu'il attribue à ses cristaux. S'il avoit été induit en erreur sur ce dernier caractère , il faudroit convenir que

1. Indigotier franc.
2. Jujubier des lotophages.
3. Ketmie esculente.
4. Ketmie acide.

les formes cristallines sont des indices bien équivoques pour la détermination des substances minérales. (PAT.)

INDIEN, nom spécifique d'un poisson du genre *callio-more* de Lacépède, *callionymus indus* Linn. *Voyez* au mot CALLIOMORE. (B.)

INDIGÈNE. (*Botanique*) Ce mot exprime qu'une plante croît naturellement dans le pays où l'on est ; il est relatif comme le mot *exotique*. Ainsi les plantes qui viennent spontanément dans les Antilles sont *exotiques* pour nous et *indigènes* pour les habitans de ces îles, et réciproquement. (D.)

INDIGO ou INDE, substance de couleur bleue servant aux teinturiers et aux peintres en détrempe, provenant d'une plante nommée *indigo* par les Français, *anillo* par les Espagnols, et INDIGOTIER par les botanistes. *Voyez* ce dernier mot. (D.)

INDIGO BATARD. L'*amorphe frutiqueux* porte ce nom en Amérique. *Voyez* ce mot. (B.)

INDIGO DU BENGALE. C'est la CROTALAIRE DU BENGALE. *Voyez* ce mot. (B.)

INDIGO DE LA GUADELOUPE. La *crotalaire blanchâtre* est ainsi appelée dans nos colonies. *Voyez* le mot CROTALAIRE. (B.)

INDIGO SAUVAGE, plante d'Amérique qui devient une espèce d'arbuste, et dont la racine écrasée et appliquée sur les dents en amortit la douleur. (B.)

INDIGOTIER, *Indigofera* Linn. (*Diadelphie décandrie*), genre de plantes de la famille des LÉGUMINEUSES, qui se rapproche beaucoup du *galega*, et dont le caractère est d'avoir un calice à cinq divisions ; une corolle papilionacée avec deux appendices latérales à la base de sa carène ; dix étamines réunies en deux paquets à anthères arrondies ; un ovaire cylindrique, chargé d'un style court à stigmate obtus ; et pour fruit, une gousse grêle, ordinairement arquée, non articulée, renfermant plusieurs semences.

Ces caractères sont figurés dans les *Illustrations* de Lamarck, pl. 626. Ce célèbre botaniste observe que les *indigotiers* en général étant très-peu distincts des *galegas*, il seroit peut-être convenable de réunir ces deux genres : « pour » caractère distinctif des *indigotiers*, dit-il, Linnæus indique » principalemen le calice ouvert ; or, plus des trois quarts des » espèces de ce genre ne sont point dans ce cas : elles ont la » plupart un calice analogue à celui des *psoralea*, qui n'est » point glanduleux à la vérité, mais qui est chargé de même » de petits poils couchés et blanchâtres ».

Les espèces comprises dans ce genre au nombre de plus de trente, sont des herbes ou arbustes exotiques, à feuilles alternes, communément ailées avec impaire, quelquefois ternées et très-rarement simples ; leurs fleurs petites, et disposées en épis, naissent sur des pédoncules axillaires. Leurs gousses ne sont presque jamais comprimées comme celles de la plupart des *galegas*.

L'*indigotier* est ainsi nommé, parce que plusieurs espèces de ce genre fournissent l'indigo. Ce sont les seules dont nous ferons mention dans cet article.

I. *Espèces botaniques d'Indigotiers dont on retire une fécule colorante.*

La plus intéressante de toutes, la plus généralement cultivée dans les Antilles et dans d'autres parties de l'Amérique, est l'INDIGOTIER FRANC, *Indigofera anil* Lam. Cette espèce croît naturellement aux Grandes-Indes. C'est un petit arbuste droit, délié, garni de menues branches qui, en s'étendant, forment comme une touffe. Il s'élève à deux ou trois pieds de hauteur, quelquefois davantage lorsqu'il se trouve dans un bon terrein. Sa racine principale en pivot, et les petites qui y adhèrent s'étendent à douze ou quinze pouces de profondeur; elles sont blanches, rondes, dures et tortueuses.

Cette plante, qui devient ligneuse avec le temps, présente une tige cylindrique qui se divise quelquefois, dès le pied, en petites tiges revêtues d'une écorce de couleur grisâtre entremêlée de vert, et chargée, vers leur partie supérieure, de poils extrêmement petits et couchés. Les rameaux se garnissent de feuilles alternes, pétiolées, ailées avec impaire, et composées ordinairement de neuf folioles à-peu-près égales entr'elles, à l'exception de la foliole terminale qui est quelquefois plus grande. Ces feuilles sont unies, douces au toucher, et assez semblables à celles de la *luzerne ;* mais pour la couleur, la figure, la grandeur et la disposition des folioles sur leur pétiole commun, aucune plante n'approche plus exactement de l'*indigotier franc*, que le *galega* appelé en français *rue de chèvre.*

Le feuillage de cet *indigotier* exhale une odeur douce, assez pénétrante, mais peu flatteuse, qui a quelque rapport avec celle de la fécule desséchée et bien fabriquée. La saveur de sa feuille approche aussi de celle de la fécule ; elle est mêlée d'une petite amertume piquante, répandue dans tout le reste de la plante.

Aux aisselles des feuilles naissent de petites grappes simples, soniques, presqu'en épis, toujours plus courtes que les feuilles dont elles sont accompagnées, et garnies de petites fleurs d'un rouge violet très-clair, et d'une foible odeur, mais assez agréable; les calices sont courts et chargés de petits poils. Les gousses ont environ un pouce de longueur; elles sont roides, cassantes, arquées ou courbées en faucille, légèrement comprimées, et bordées par la saillie latérale de leurs sutures; elles contiennent cinq à six semences luisantes, très-dures, d'un jaune rembruni tirant un peu sur le vert, quelquefois sur le blanc, quand elles ne sont pas bien mûres. Ces graines ressemblent à de petits cylindres d'une ligne de long et obtusément qurdrangulaires.

Cette espèce offre quelques variétés.

L'INDIGOTIER DES INDES, *Indigofera indica* Lam. *Ind. tinctoria* Linn. Cette plante, qui a beaucoup de rapports avec celle qui précède, vient spontanément à l'île de France, à Madagascar, au Malabar, dans les lieux incultes, pierreux ou sablonneux. C'est avec elle qu'on fait de l'indigo dans ces pays. Elle est haute de trois pieds, et diffère de l'*indigotier franc* par ses fruits plus cylindriques, non courbés en faucille, et à sutures moins relevées. Ses feuilles sont composées de onze ou treize folioles ovales; ses grappes de fleurs sont courtes, ses gousses menues, d'un rouge brun, pendantes, et longues de quinze à dix-huit lignes.

L'INDIGOTIER GLAUQUE, *Indigofera glauca* Lam. On le trouve dans l'Arabie, en Egypte et sur la côte de Barbarie, où on le cultive pour sa fécule. Sa tige est droite, blanche, haute de deux ou trois pieds, tantôt simple, tantôt rameuse, et couverte d'un duvet très-court; elle porte deux sortes de feuilles : les inférieures sont ternées, les supérieures composées de cinq ou sept folioles ovales, glauques et argentées sur les deux surfaces. Les fleurs de couleur purpurine, et disposées en grappes axillaires, ont un calice fort court et cotonneux, un étendard très-écarté, des ailes vivement colorées et abattues sur la carène : à ces fleurs succèdent des gousses articulées.

L'INDIGOTIER VELU, *Indigofera hirsuta* Linn. C'est l'*indica* de Miller, n° 4. On pense, dit cet auteur, que cette espèce sert aussi à faire de l'indigo. Elle croît dans l'Inde et sur la côte de Malabar aux lieux sablonneux. Son caractère spécifique est d'avoir sa tige, ses feuilles, ses stipules et les calices de ses fleurs velus. La tige est érigée, haute de deux ou trois pieds, herbacée, quoique dure et anguleuse vers son sommet. Les gousses sont nombreuses, droites, tétragones, laineuses, et toutes pendantes sur leur pédoncule commun.

L'INDIGOTIER VERT , *Indigofèra trita* Linn. F. Le nom
latin de *trita* qui vient de *tero* (je brise), donné par Linnæus
fils à cette espèce, indique qu'on l'emploie, comme les précédentes, à la fabrication de l'indigo. Elle vient aussi dans l'Inde,
a une tige droite et verte qui ressemble à celle de l'*indigotier
franc*, des feuilles ternées dont les folioles sont ovales, aiguës,
et des grappes de fleurs latérales, plus courtes que les
feuilles.

II. *INDIGOS des deux continens.*

L'*indigo* est une substance végétale de couleur bleue, dure,
cassante, friable , employée par les teinturiers et pour la
peinture en détrempe.

Cette substance est le produit des plantes décrites ci-dessus,
macérées dans une certaine quantité d'eau , et dont l'extrait ,
après une forte et longue agitation , dépose l'*indigo* qu'on fait
ensuite sécher.

On regardoit autrefois en Europe , l'*indigo* comme une
espèce naturelle de pierre de l'Inde , ce qui lui fit donner le
nom d'*inde*, d'*indic* ou de *pierre indique*. On n'a bien connu
sa nature et sa fabrique que depuis les conquêtes des Européens dans les Indes et dans la découverte de l'Amérique.
Cependant, avant ces deux époques, on en faisoit vraisemblablement en Arabie et en Egypte , ou du moins on en
tiroit de ces contrées ; mais les habitans en cachoient avec
soin l'origine ou la manipulation.

L'*indigotier* est extrèmement varié dans ses espèces ; on le
trouve dans des pays et dans des climats très-différens. Il
croît naturellement entre les tropiques, et on peut le cultiver
avec succès dans les contrées qui ne sont éloignées de la Ligne
que de quarante degrés. Mais au-delà de ces limites , il réussit
mal,et ne donne presque point de fécule, ou n'en donne qu'une
imparfaite , et d'une médiocre valeur dans le commerce.

Indigo d'Europe.

Burchard, dans sa *Description de l'île de Malte*, publiée
en 1660, parle d'une fabrique d'*indigo* établie dans cette île.
Il dit qu'il y croît une espèce de *glastum* nommé par les Espagnols *anil*, et que les Arabes et les Maltois appellent *ennir*,
d'où l'on tire une teinture. Son herbe est assez tendre la première année, et sa fécule donne une pâte imparfaite et rougeâtre , trop pesante pour se soutenir sur l'eau. Cet *indigo*
porte dans le pays le nom de *nouti* ou *mouti*. Celui de la seconde année s'appelle *cyerce* ou *ziarie* : il est violet, et flotte

sur l'eau. L'*indigo* de la troisième année est le moins estimé ; sa pâte est lourde, et sa couleur terne ; on le nomme *cateld*.

La plante qui donne ces trois *indigos*, après avoir été coupée, est mise dans une citerne ; on la charge de pierres, on la couvre d'eau, et on la fait macérer quelques jours. Dès que l'eau paroît suffisamment chargée d'extrait colorant, on la fait écouler dans une autre citerne, au fond de laquelle en est une petite : on l'agite fortement avec des bâtons, puis on la soutire peu à peu, et la fécule qui reste est étendue sur des draps, et exposée au soleil. Quand cette substance a pris un peu de fermeté, on en forme des boulettes ou des tablettes qu'on fait sécher sur le sable.

Le docteur Attilio Zuccagni, a cultivé l'*indigotier* en Toscane avec quelques succès, et il a obtenu de six livres d'herbe fraîche, six onces de fécule de quatre différens degrés de couleur et de bonté. Ses expériences, commencées en 1780, ont été répétées par d'autres cultivateurs de ce pays, avec un succès égal. *Voyez*-en les détails et le résultat, dans un ouvrage intitulé : *Corso di Agricoltura pratica*, &c. c'est-à-dire, *Cours d'Agriculture pratique*, chez Pagani, à Florence, tom. 3.

Rozier, dans son *Cours d'Agriculture*, au mot ANIL, nous apprend qu'il a aussi cultivé cette espèce d'arbrisseau près de Lyon. En le semant, dit-il, sur couche de bonne heure, il lève facilement, fleurit, donne sa graine avant l'hiver ; et cette graine, lorsque la saison a été chaude, acquiert une bonne maturité. Si cette plante, ajoute-il, cultivée à Lyon, dans des pots il est vrai, a bien réussi, pourquoi n'essayeroit-on pas sa culture en grand dans la Basse-Provence, le Bas-Languedoc, et sur-tout en Corse, où la position géographique des lieux offre de si beaux abris ?

Indigo d'Afrique.

Différentes espèces d'*indigotiers* croissent spontanément sur la côte de la Guinée. Cette plante, selon Wadstrom, y est même si abondante qu'elle nuit beaucoup au riz et au millet cultivés dans les champs. Quelques teinturiers qui ont essayé l'*indigo d'Afrique*, assurent qu'il est meilleur que celui de la Caroline ou des Indes occidentales. Qu'il soit supérieur à celui de la Caroline, cela peut être ; mais qu'il surpasse en qualité le bel *indigo* de nos colonies, il est permis d'en douter. Le sol et le climat de la côte d'Afrique conviennent, il est vrai, parfaitement à cette plante ; mais les noirs de ces pays ne savent pas fabriquer l'*indigo* comme ceux de nos îles. A Dahome, contrée située dans l'intérieur de la Guinée, et où l'*indigotier* est extrêmement commun, les naturels n'en tirent aucun parti.

Les nègres du Sénégal font de l'*indigo* avec une plante qu'ils appellent *gangue*. Il arrachent avec la main la sommité des branches, pilent ce feuillage jusqu'à ce qu'il soit réduit en une pâte fine, et en composent des petits pains qu'ils font sécher à l'ombre.

A Madagascar, les insulaires préparent leur *indigo* de la même manière. Quand ils veulent en faire une teinture, ils broient un des pains, et mettent la poudre avec de l'eau dans des pots de terre, et la font bouillir pendant quelque temps. Ils laissent ensuite refroidir un peu cette teinture, et ils y trempent leur soie et leur coton, qui, étant retirés, deviennent d'un beau bleu foncé.

On cultive depuis long-temps l'*indigotier* en Egypte. L'*indigo* s'y trouve même en si grande quantité dans toutes les parties de son territoire (*Mémoire sur l'Egypte*, par Bruguière et Olivier.), que son prix ordinaire n'y excède presque jamais 25 à 30 livres tournois par quintal; il est très-inférieur à celui de l'Amérique; il a pourtant plus d'éclat, mais, à poids égal, il contient moins de principe colorant. C'est aux procédés suivis dans sa fabrication, et à l'ignorance des hommes à qui elle est confiée, qu'il faut attribuer sa médiocre qualité.

Indigo d'Asie.

Cette belle partie de l'ancien continent est le vrai pays natal de l'*indigo*. Dans la suite de cet article, je donnerai quelquefois ce nom à la plante même; elle n'en porte pas d'autre dans nos colonies, et celui d'*indigotier* n'y est employé que pour désigner ou le propriétaire d'une plantation à *indigo*, ou l'économe qui a l'art d'en retirer la substance bleue que nous connoissons.

Il croît de l'*indigo* dans plusieurs endroits des Indes. Celui du territoire de Bagana, d'Indona et de Corsa dans l'Indostan, passe pour le meilleur.

Il y a plusieurs autres espèces de plantes telles que le *neli*, le *colinil*, le *tarron* dont les Indiens tirent l'*indigo*.

Les Persans et les Turcs, selon Herbelot (*Biblioth. orient.*) appellent *nil*, la plante que les Espagnols nomment par corruption *annil* ou *anil*, au lieu de *alnil*, qui est le mot turc avec l'article arabe *al*.

La manière de travailler cette plante n'est pas uniforme dans l'Asie, ni quelquefois dans les fabriques d'un même canton. Parmi les diverses pratiques en usage, on en remarque deux principales, dont les produits se distinguent par les noms d'*inde* et d'*indigo*. Dans la manipulation de l'*inde*, on ne fait infuser dans l'eau que les feuilles de la plante, au lieu qu'on y met toute l'herbe, à l'exception de la racine, dans la fabrication de l'*indigo*. Outre ces deux procédés fort variés dans leurs circonstances, il y en a encore un autre usité dans les Indes, qui consiste à triturer et humecter des feuilles de cette plante, dont on forme une pâte ou espèce de pastel qui porte aussi le nom d'*inde*. On a vu que c'est à-peu-près ainsi que les nègres du Sénégal font leur *indigo*.

Les habitans de Sarquesse, village à quatre-vingts lieues de Surate et proche d'Amadabat, après avoir coupé cette plante, la dépouillent de tout son feuillage, et là font tremper pendant tente ou trente-cinq heures dans une certaine quantité d'eau. Après cela, pour en retirer la fécule, ils emploient, à quelques différences près, les mêmes procédés suivis dans nos îles, et que nous devons vraisemblablement aux Indiens. J'en parlerai bientôt.

L'auteur de l'*herbier d'Amboine* fait mention de deux manières de préparer l'*indigo*, l'une pratiquée par les Chinois, l'autre en usage aux environs d'Agra.

Les Chinois prennent les tiges et les feuilles de l'herbe verte, quelquefois même les souches et la racine, et ils jettent le tout dans une cuve qu'ils remplissent d'une quantité d'eau suffisante. Après avoir laissé macérer la plante pendant vingt-quatre heures, ils jettent les tiges et les feuilles, et versent dans chaque cuve, trois ou quatre mesures nommées *gantang*, de chaux fine passée au tamis, qu'ils remuent fortement avec de gros bâtons, jusqu'à ce qu'il s'élève une écume pourprée. Après cette opération, ils laissent reposer la cuve pendant un jour entier, puis en tirent l'eau, et font sécher au soleil la substance déposée au fond. Pour en faciliter le desséchement, ils la divisent en gâteaux ou en carreaux, lesquels étant bien secs, forment un *indigo* propre à être transporté.

Voici la méthode suivie à Agra. Après les pluies du mois de juin, et lorsque l'*indigo* a atteint la hauteur d'une aune, on le coupe et on le met dans une tonne nommée *tanck*, qu'on remplit d'eau. On charge cette eau d'autant de poids qu'elle en peut porter; on la laisse dans cet état pendant quelques jours, jusqu'à ce qu'elle ait acquis une forte couleur bleue. Alors, on fait passer la liqueur dans une autre tonne, et on l'y agite avec les mains. Quand l'écume indique qu'il convient de cesser l'agitation, on y verse un quarteron d'huile, et on couvre la tonne jusqu'à ce que toute la partie bleue, qui, en cet état, ressemble à de la boue, se dépose au fond. On fait écouler l'eau, on ramasse la fécule, on l'étend sur des draps et on la fait sécher sur un terrein sablonneux ; mais pendant qu'elle conserve encore une certaine humidité, on en forme avec la main, des boules, qu'on enferme ensuite dans un endroit chaud.

Cette matière bleue est alors en état d'être vendue. On l'appelle dans l'Indostan *noti ;* et chez les Portugais, *bariga.* Cet *indigo* ne tient que le second rang pour la qualité. Celui qu'on retire l'année d'après, des rejetons de la plante, lui est supérieur ; il est nommé *tsjerri* par les Indiens, et *cabeca* par les Portugais. La troisième année, on fait encore une coupe, mais qui donne un *indigo* de basse qualité ; il porte le nom de *sassala* ou de *pée.*

Le *cabeca* est très-bleu et d'une couleur très-fine ; la substance en est tendre ; elle flotte sur l'eau : elle produit une fumée violette lorsqu'on la met sur des charbons ardens, et laisse peu de cendres. Le *noti* ou *bariga* est d'une couleur tirant sur le rouge, lorsqu'on l'examine au soleil. Le *sassala* ou *pée,* est une substance très-dure, d'une couleur terne.

Indigo d'Amérique.

L'*indigotier* est cultivé dans le continent de l'Amérique et dans les îles formant l'Archipel du Mexique. Les parties du continent où on le cultive, sont, la Caroline, la Louisiane, le Mexique et la Guiane. Quoique la Caroline et la Louisiane se trouvent situées entre le 31 et le 41e degré de latitude septentrionale, la température de ces pays n'est pas plus élevée que celle des provinces de France qui bordent la Méditerranée.

On distingue trois sortes d'*indigos* à la Caroline : le sauvage, le franc, et celui qu'on y appelle *faux guatimala.* Ils exigent chacun un terrein différent. Le premier, indigène au pays, répond assez bien aux vues du cultivateur, par sa durée, par la facilité de sa culture, et par la quantité de son produit.

Le *franc,* qui est celui de Saint-Domingue, pousse un pivot fort long, et demande un terrein qui ait de la consistance ; quoique d'une excellente espèce, on le cultive peu dans les cantons maritimes, parce qu'ils sont sablonneux ; d'ailleurs, il est très-sensible au froid.

Le *faux guatimala* supporte mieux l'hiver ; il est fort vigoureux, plus abondant, vient dans les plus mauvais terreins, et par ces raisons, est plus cultivé que le précédent, quoiqu'il soit moins bon pour la teinture.

L'*indigo* provenu des premières plantations qui eurent lieu dans l'Amérique septentrionale, fut pendant plusieurs années d'une qualité très-médiocre, parce que les cultivateurs de ces contrées ne savoient pas le fabriquer; ils poussoient trop loin la fermentation; et la fécule putréfiée en partie, avant le rapprochement de ses molécules, ne donnoit qu'une pierre molle et d'une couleur terne d'ardoise. Ce n'est qu'à l'aide des Français qui se sont établis dans ces pays, qu'on y est insensiblement parvenu à faire un *indigo* moins imparfait et plus marchand. Mais quoique fabriqué depuis long-temps, suivant la méthode en usage dans les îles françaises, il est resté très-inférieur à celui de ces îles, qui a toujours dans le commerce un prix beaucoup plus élevé.

La différence constante dans la qualité de ces deux *indigos*, ne peut être attribuée qu'au climat. J'ai cultivé l'*indigotier* à Saint - Domingue pendant sept ans, et je me suis convaincu par plusieurs observations, que cette plante a besoin d'une chaleur forte et soutenue, non pour germer et s'élever, mais pour élaborer dans son sein les sucs qui donnent le principe colorant. Un peu de pluie lui est, à la vérité, nécessaire, surtout dans les premiers temps de sa croissance; mais quand, après cette époque, elle est trop souvent arrosée, ou quand on est forcé par les circonstances de couper son herbe dans un temps frais ou pluvieux, on n'en obtient que peu d'*indigo*. Au contraire, lorsqu'il a fait très-chaud dans les quinze ou vingt jours qui ont précédé immédiatement la coupe, cette coupe est très-profitable; la fermentation est alors plus égale, le battage plus facile, la fécule plus abondante, et le grain de l'*indigo* plus fin et plus brillant; d'ailleurs, il sèche beaucoup plus vite, et par conséquent, on peut le faire ressuer plus tôt, et le mettre plus tôt dans le commerce.

Ces avantages ne peuvent avoir lieu, lorsque la même plante est cultivée dans des pays où l'hiver se fait sentir, ou qui sont sujets à des intermittences de chaleur et de fraîcheur, de pluie et de sécheresse. Sous la zône torride même, et principalement aux Antilles, on cultive plus communément l'*indigotier* dans les cantons voisins de la mer, parce que la température y est plus sèche et plus égale. Dans les doubles et triples montagnes où il pleut fréquemment, et où l'air est assez frais, cet arbuste parviendroit sans doute à une plus grande hauteur et produiroit beaucoup de rameaux et de feuilles, mais il donneroit proportionnellement fort peu de matière colorante. Celle qu'on retire de son herbe, dans la Caroline et la Louisiane, doit donc être inférieure en quantité et en qualité, à notre *indigo* des îles. Pourquoi le *guatimale* est-il si estimé? c'est parce que la province de ce nom, qui le produit, est située à quatorze degrés de la Ligne.

De ces observations on doit conclure que l'*indigotier* cultivé dans le midi de la France, n'y réussiroit que foiblement. Déjà les habitans de la Caroline commencent à se dégoûter de cette culture ; pourquoi chercheroit-on à l'introduire parmi nous ? Les essais heureux dont j'ai parlé, de Rozier et du docteur Zuccagni, ne prouvent rien. En agriculture, le succès d'une plantation circonscrite dans une serre ou dans un jardin, n'est pas toujours un indice sûr du succès de cette même plantation faite sur un sol très-étendu. C'est comme en mécanique, où les petits modèles exécutent fort bien ce que souvent les grandes machines, construites d'après eux, ne sauroient exécuter. En général, dans le rapport des petits objets aux grands, il y a une foule de choses à calculer, qui, si elles échappent à l'œil de l'observateur, donnent lieu à de fausses applications de sa part, ou à des assertions plus que douteuses. Le zèle de ceux qui voudroient voir naturaliser en France tous les végétaux utiles des deux hémisphères, est assurément très-louable ; mais parmi ces végétaux, on doit faire un choix éclairé. Il me semble qu'il ne faut pas donner la préférence à ceux qui forment déjà un objet de grande culture dans nos colonies. Si le café, le coton et l'indigo réussissoient en France, et qu'il y fût permis de les cultiver, que deviendroient alors notre marine et notre commerce ? et qui est-ce qui iroit chercher à deux mille lieues de sa patrie, des denrées qu'il trouveroit sous sa main au même prix, ou probablement à un prix très-inférieur ?

Pour faire l'*indigo* dans la Caroline, on se sert de cuves et de tonneaux de bois de cyprès. On jette l'herbe dans une cuve, à la hauteur d'environ quatorze pouces ; on y met de l'eau : quand cette herbe commence à fermenter, on place au-dessus des pièces de bois en travers, afin d'empêcher qu'elle ne monte trop ; on marque le point de sa plus grande crue. Lorsqu'elle baisse au-dessous de cette marque, on juge que la fermentation est à son plus haut degré, et l'on fait alors écouler l'eau dans une seconde cuve. Les procédés qui suivent sont les mêmes que dans nos colonies. *Voyez* ci-après.

III. *Espèces ou variétés d'Indigotier cultivées dans les colonies françaises de l'Amérique.*

On en distingue trois, savoir : l'*indigotier franc* que j'ai décrit ; le *bâtard*, et le *guatimala*.

Le premier donne une fécule qui s'obtient aisément, et qui rend plus à la teinture ; mais le succès de sa plantation est fort douteux. Comme il a une tige tendre et délicate, il est exposé à tous les accidens qui résultent de la nature du terrein, des vicissitudes de l'air et des saisons, et des attaques des chenilles ou autres insectes.

Le *bâtard* est plus élevé que le *franc*; il acquiert la hauteur de six pieds. Sa feuille est plus longue, plus étroite, moins épaisse, d'un vert plus clair, et blanchâtre en dessous : elle est rude au toucher. Il produit des gousses jaunes, plus arquées que celles du précédent, et qui contiennent des graines noires, luisantes comme de la poudre à tirer, et de la forme de petits cylindres. Ces graines sont toujours un peu moins grosses que celles du *franc*; quand elles n'ont pas acquis leur parfaite maturité, leur couleur est verdâtre.

L'*indigo bâtard* est plus difficile à fabriquer que le *franc*, et le grain de sa fécule n'est pas si gros; mais ces désavantages sont compensés par la facilité avec laquelle il vient par-tout et en tout temps; il résiste d'ailleurs beaucoup plus aux pluies et aux insectes. Cependant on donne en général la préférence au *franc*, du moins à Saint-Domingue : quelquefois on y cultive en même temps l'un et l'autre, et de ce mélange il provient un grain ferme, de bonne grosseur et d'excellente qualité.

L'espèce qu'on appelle, dans cette île, *guatimala*, et qui est vraisemblablement originaire de la côte espagnole de ce nom, a beaucoup de ressemblance avec l'*indigotier bâtard*, auquel elle se trouve très-souvent mêlée, et dont elle est peut être une variété; on l'en distingueroit à peine sans sa graine, dont la couleur est d'un rouge brun. Elle est moins productive.

Il y a encore aux Antilles l'*indigotier sauvage* ou *maron*, qui croît dans les savanes et les terreins incultes ou abandonnés. C'est un petit arbrisseau dont le brin est court et touffu; souvent ses branches partent de la racine; il a de petites feuilles rondes et très-minces. Il ne vaut pas la peine d'être cultivé.

IV. *Culture de l'Indigotier.*

On cultive beaucoup la plante *indigofère* dans les colonies françaises de l'Amérique, principalement aux Antilles. C'est une des meilleures cultures de ces îles; elle exige peu de dépenses, et donne un produit considérable, mais beaucoup moins assuré que celui des plantations à sucre, et même plus éventuel que le revenu des cotonneries ou des caféteries. Cette plante est tendre et très-sensible aux différentes influences de l'atmosphère; les pluies trop continuées la lavent et la pourrissent, si l'eau sur-tout n'a point d'issue pour s'écouler, et les vents brûlans la font sécher sur pied. Comme elle est peu élevée, les mauvaises herbes qui croissent aussi vîte qu'elle, l'étouffent, quand on n'a pas eu le temps de les sarcler; enfin, elle est attaquée par beaucoup d'insectes, et dévorée quelquefois entièrement par les chenilles à l'époque de sa maturité. Ces obstacles au succès de sa végétation, lesquels se renouvellent assez souvent, exercent la patience du cultivateur, mais sans la fatiguer. Il est chaque année encouragé par l'espoir d'une récolte abondante, qui, lorsqu'elle arrive, le dédommage presque toujours des pertes antérieures.

La culture de l'*indigo* (c'est le nom que la plante même porte dans nos îles), telle qu'elle a lieu à Saint-Domingue, est fort simple; mais il s'en faut de beaucoup qu'elle soit bien entendue. Cet arbuste réussit et se garnit très-bien dans les terreins vierges, c'est-à-dire nouvellement défrichés. Le colon fonde sur-tout sa richesse et la sûreté de ses revenus, sur la quantité de bois qu'il peut abattre chaque année, ou au moins tous les trois ou quatre ans; cependant il ne néglige pas les terreins anciennement cultivés, mais il n'en attend pas le même produit. L'expérience lui a appris que l'*indigo* épuisoit la terre, ou plutôt que cette terre perdoit bientôt ses sucs nourriciers, parce qu'elle étoit exposée nue aux ardeurs brûlantes du soleil pendant une grande partie de l'année, ce qui la dessèche et la réduit en poudre fine, que le vent emporte. Au lieu de la couvrir et de la fumer, il se contente de laisser quelquefois pourrir sur le sol les vieilles souches d'*indigo*, sans s'occuper de l'amender. Rien pourtant ne seroit plus facile dans un pays où les campagnes sont couvertes de toutes sortes d'herbes, et où les chevaux, les bœufs et les moutons sont toutes les nuits parqués en plein air; leur litière seroit plus que suffisante pour améliorer une terre qui se détériore chaque jour, ou pour lui rendre au moins une partie de sa première vigueur.

Quelques auteurs français qui ont parlé de la culture de l'*indigo*, conseillent l'usage de la charrue. En creusant assez profondément le sol, disent-ils, et en le renversant, elle placeroit à sa surface une terre nouvelle, dans laquelle la plante prospéreroit mieux. Cette méthode peut être bonne, sans doute, dans un terrein fort et très-substantiel; mais appliquée à un sol léger, quoique riche, elle seroit détestable, et ne feroit que hâter l'épuisement qu'on a intérêt de prévenir. D'ailleurs l'*indigo* ayant pour principale racine un pivot assez long, a déjà pompé une partie des sucs de la terre inférieure que le soc de la charrue mettroit à découvert. Aussi, tout bien considéré, la culture à la houe me semble préférable dans la plupart des terreins, à moins qu'on ne se serve d'une charrue très-légère, et qu'on ne laboure que rarement. Les engrais bien entendus, et préparés sur-tout de manière qu'ils ne puissent recéler aucun œuf d'insectes, sont le meilleur moyen d'amender la terre destinée à la plantation de l'*indigo*. Cette plantation, c'est-à-dire le lieu qu'elle couvre, porte, à Saint-Domingue, le nom de *jardin*, et planter un jardin en *indigo*, signifie les deux opérations de faire les trous et d'y mettre la graine ; mais lorsque les trous sont faits, on se sert du terme de semer.

Semis, Sarclage, Arrosage.

L'époque des semis varie suivant les lieux et les saisons. Dans la plaine du Cap, on sème communément l'*indigo* vers le mois de novembre ou de décembre, dans le temps des *nords*. On appelle *nords*, dans cette partie de la colonie, les pluies qui tombent alors, et qui viennent de ce point de l'horizon : elles sont douces, fines, comme tamisées, et ressemblent à nos petites pluies du mois de mai ; elles durent quelquefois trois ou quatre jours ; elles s'annoncent par divers signes auxquels le cultivateur ne se trompe guère. Il s'empresse aussi-tôt de disposer entièrement son terrein, qu'il a dû labourer, nettoyer et niveler de bonne heure, et il sème dès que la terre est humectée, ou même auparavant lorsqu'elle n'est pas trop légère. Ce travail se fait de la manière suivante.

La plupart des nègres, rangés sur une seule ligne, et munis d'une houe, fouillent ensemble des trous peu profonds, pour chacun desquels un coup de houe suffit. Ils marchent à reculons, allant alternativement de droite à gauche et de gauche à droite. Pendant ce temps, d'autres, placés devant eux, sèment la graine à la main : elle est contenue dans des *couis*. Ils mettent, sans les compter, environ huit à douze graines dans chaque trou ; c'est l'emploi des nègres foibles et des vieillards des deux sexes. Viennent en troisième ligne ceux qui couvrent la graine, au moyen d'un râteau ou de balais faits exprès ; elle est, par ce moyen, semée et enterrée presqu'au même instant : elle demande à être plus ou moins recouverte, selon la nature du sol.

Dans d'autres quartiers de l'île où les *nords* ne sont point connus, et où la saison de l'hiver est très-sèche, on ne sème l'*indigo* qu'en mars ou avril, époque à laquelle commencent les pluies d'orage ; car c'est toujours l'arrivée ou l'attente certaine de la pluie qui doit régler par-tout le temps du semis, à moins qu'on n'ait la faculté d'arroser. Le colon qui jouit de cet avantage, peut en quelque sorte intervertir pour lui l'ordre des saisons, et semer presqu'en tout temps, pourvu qu'il combine son travail de manière que la première coupe de l'*indigo* ait lieu dans un des mois les plus chauds de l'année.

Soit que l'arrosage se fasse par irrigation ou infiltration, il doit être ménagé et conduit avec art, afin que l'*indigo*, naissant ou adulte, ne soit pas forcé de recevoir ou de garder trop long-temps une humidité surabondante, qui, pourrissant sa tige, le feroit infailliblement périr.

Quelquefois les circonstances forcent de planter *à sec*. C'est sur-tout lorsque la quantité de terre consacrée à l'*indigo* est considérable, qu'on prend ce parti. On devance alors la pluie ; mais on ne doit jamais risquer cette façon de planter, que dans les temps qui annoncent une pluie prochaine. Lorsqu'elle arrive, l'habitant a la satisfaction de voir lever la première graine, dans le moment même où il peut en planter d'autre ; et les intervalles qui s'établissent ensuite entre les coupes de ces *indigos* semés en différens temps, en rendent la récolte moins pénible. Mais aussi, lorsque la sécheresse trompe ses espérances, la graine qu'il a confiée imprudemment à la terre, s'échauffe, la chaleur la racornit, et il risque de la perdre entièrement. Il lui reste alors la ressource de semer de nouveau.

La distance entre les trous qui reçoivent la graine d'*indigo*, doit être de six à sept pouces. Lorsque cette graine est bien mûre, et lorsque la pluie favorise les semis, elle lève communément au bout de trois ou quatre jours. Dès que la plante se montre, on doit sarcler le terrein qu'elle couvre ; et cette opération, qui est très importante, doit être répétée avec soin tous les quinze ou vingt jours, jusqu'à ce que l'*indigo* soit assez haut pour ombrager le sol et étouffer les autres herbes qui voudroient repousser. Ce sarclage se fait de la même manière à-peu-près que celui du lin parmi nous. Chaque nègre, courbé vers la terre, et muni d'une espèce de couteau courbé en faucille, déracine les herbes étrangères, en ménageant avec soin celles de la plante qui est l'objet de ses soins.

Saisons contraires, et insectes nuisibles à l'Indigo.

Lorsqu'après un grain de pluie, il survient tout-à-coup un soleil chaud, l'*indigo*, imbibé d'eau, est exposé à être brûlé par les rayons de cet astre ; ses rameaux s'inclinent alors, se fanent et se dessèchent. Si la terre dans laquelle on l'a semé est trop appauvrie par les récoltes précédentes, si elle est usée par une ancienne culture, ses tiges sont foibles dès leur naissance, et cette foiblesse les accompagne tout le temps de leur durée.

Les vents impétueux secouent, agitent et froissent cette plante. Les fortes pluies, les orages violens l'affaissent et la déracinent quelquefois, en emportant la terre qui chausse son pied. Mais ici le mal est souvent compensé par un avantage. Ces pluies mêmes, qui tombent comme par torrens, et qu'on appelle dans le pays *avalasses*, entraînent et détruisent une foule d'insectes toujours prêts à dévorer la feuille de l'*indigo*. Car il n'est pas, que je sache, une plante en Europe ou en Amérique, qui soit, par sa nature ou peut-être par les circonstances locales, plus exposée que celle-ci aux ravages de ces animaux.

Trois espèces d'insectes principalement lui font la guerre. La première ressemble à une chenille, et se nomme dans le pays *ver brûlant*. Il forme une toile à l'instar de celle des araignées ; cette toile se charge de la rosée de la nuit, et lorsque le soleil paroît sur l'horizon, ses rayons réunis dans ces gouttelettes, qui font l'office d'une loupe, brûlent les jeunes tiges.

Le second insecte, ennemi juré de l'*indigo*, est le *rouleux*. Il est sur-tout fort commun dans les temps de sécheresse ; il attaque particulièrement les rejetons, ronge le pied de la plante, et en dévore les bourgeons à mesure qu'ils repoussent. Cet insecte se tient caché dans la terre pendant le jour, il en sort la nuit, et recommence ses dégâts, qui, malheureusement, ont lieu pendant la plus belle saison pour la récolte de l'*indigo*.

Quand cette plante, dans le cours de sa croissance, a eu le bonheur d'échapper au *ver brûlant* et au *rouleux*, souvent, à l'époque voisine de sa maturité, et lorsque, par la force de sa végétation, elle flatte le propriétaire de l'espoir d'une récolte abondante et certaine, tout-à-coup, et en moins de quarante-huit heures, elle est dévorée en entier par un essaim de chenilles, qui la réduisent à l'état de squelette, et font un désert du plus beau champ d'*indigo*.

Jusqu'à présent, on n'a trouvé que trois moyens pour prévenir ou arrêter, au moins en partie, le mal affreux que font ces insectes dévastateurs ; encore chacun de ces moyens est-il imparfait, et remplit-il assez foiblement l'objet qu'on se propose.

Le premier consiste à ouvrir de larges tranchées d'un champ à l'autre, pour intercepter toute communication entre la partie infectée et celle qui ne l'est pas.

Le second moyen, qui est le plus sûr et le plus simple, c'est de couper bien vite l'*indigo*, quand on s'apperçoit que la chenille va s'en emparer. Mais la voracité de ces insectes est quelquefois plus forte que cent bras réunis ; et malgré les soins du propriétaire pour hâter sa récolte, secondé par l'activité des nègres, une partie de l'herbe qui couvroit son jardin, devient la proie des chenilles.

Pour prévenir de bonne heure leurs dégâts, on a imaginé de lâcher, dans les pi' es d'*indigo* qu'elles menacent, des troupeaux de dindes et de cochons. Les premiers sont friands des chenilles ; les seconds, qu'on tient toujours affamés exprès, mangent avec avidité ces insectes, qu'ils font tomber en secouant la plante avec leur groin. Ce troisième moyen, sur-tout exécuté par les cochons, produit toujours son effet ; c'est-à-dire que les chenilles d'une certaine grosseur, qui se trouvent dans le champ au moment où ces animaux y sont introduits, sont dévorées entièrement par eux. Mais les petites restent, sans compter celles qui éclosent chaque jour. Pour détruire celles-ci, les dindes sont préférables aux porcs. La chasse faite ainsi à ces insectes donne quelque répit au colon ; et s'il la recommence souvent et à propos, il peut conserver son herbe jusqu'au moment où elle est bonne à couper.

Coupe de l'herbe.

On coupe ordinairement l'*indigo* deux mois ou deux mois et demi, quelquefois trois mois après qu'il a été semé. Quand on n'a planté que de l'*indigo bâtard*, il est bon de prévenir le temps où il entre en fleurs. L'*indigo franc* se coupe quand il commence à fleurir ; aussi, lorsqu'on les mêle, ce qui arrive quelquefois, c'est la floraison du franc, laquelle devance celle de l'autre, qui décide la coupe. Outre l'apparition de la fleur, plusieurs signes concourent à marquer le point de maturité convenable. Les feuilles ont alors une couleur vive et foncée ; elles crient et se cassent aisément quand, en les pressant un peu, on coule la main de bas en haut. Lorsqu'on laisse la feuille se faner et sécher sur pied, la qualité et la quantité diminuent. Si l'*indigo* est coupé avant sa maturité, la couleur en est plus belle, et la fécule moins abondante.

On est rarement libre de choisir, pour la coupe, le temps le plus propre. Quand l'herbe est mûre et quand les chenilles la menacent, il faut récolter. On se sert à cet effet de faucilles bien tranchantes. On n'attaque la tige qu'à un pouce et demi ou deux pouces au-dessus de la terre. Elle produit des rejetons qui sont coupés à leur tour six ou sept semaines après; et cette seconde coupe est suivie d'une ou plusieurs autres, jusqu'à ce que la plante dégénère, c'est-à-dire jusqu'à la fin de la seconde année dans les terres neuves et riches, et jusqu'à la fin de la première dans les terreins médiocres ou usés.

Au moment où l'on sépare les rameaux de la souche, on les jette sur des toiles qu'on appelle *balandras*, ayant une forme carrée, et qu'on noue par les quatre coins. C'est ainsi que l'herbe est portée en paquets près des cuves, soit sur la tête des nègres, soit dans de petites charrettes. Il faut, le plus qu'il est possible, hâter le transport du jardin à l'indigoterie, et ne pas trop presser et fouler l'herbe dans le *balandras*, parce que cette plante est si disposée à fermenter, que pour peu qu'on attendît, la fermentation s'établiroit avant que l'*indigo* pût être mis dans la cuve. Or, un commencement de fermentation hors la cuve, fait perdre beaucoup de parties colorantes, et nuit à leur qualité.

V. *Fabrication de l'Indigo.*

Les végétaux tenus pendant quelque temps dans l'eau, sont en général soumis à trois sortes de fermentations, qui sont la fermentation spiritueuse, la fermentation acide et la fermentation putride. L'*indigo* peut les éprouver successivement toutes les trois; mais la première est la seule convenable à sa manipulation, et c'est sur elle que sont fondées la théorie et la pratique de l'art de l'indigotier. Il divise cette fermentation ardente en deux temps ou degrés, l'un qu'il nomme *pourriture imparfaite*, l'autre qu'il appelle *bonne* ou *parfaite pourriture*. Il donne le nom de *pourriture excédée*, à l'état de la fermentation putride ou alkalescente, et il ne néglige rien pour l'éviter.

Afin de pouvoir réunir les molécules colorantes de l'*indigo*, que la macération de cette plante dans l'eau a détachées de ses feuilles, il faut soutirer cette eau qui en est chargée, et l'agiter long-temps et fortement; par ce moyen, on réduit les principes propres à la fermentation de l'*indigo*, à l'état d'un petit grain distinct et facile à sécher. Sans le battage, une cuve d'extrait tomberoit en putréfaction, et les parties imperceptibles du grain ne se déposeroient que sous la forme d'une vase liquide et incapable de s'égoutter.

Le temps de la fermentation et du battage dépend de plusieurs circonstances, sur-tout du temps froid ou chaud, pluvieux ou sec, du degré de chaleur ou de fraîcheur de l'eau dont on se sert, du point de maturité de l'herbe, ce qui rend la pratique de cet art incertaine et variable.

Aux Indes, la poudre de chaux vive passée au tamis, entre, dit-on, dans la préparation de l'*indigo*. A la Caroline, on se sert d'eau de chaux pour clarifier l'extrait. Dans quelques pays, on répand de l'urine sur une petite partie de l'extrait, pour connoître la disposition des principes à une agrégation qui constitue le grain. Duhamel pense qu'une dissolution d'alkali phlogistiqué (*prussiate de potasse ferrugineux non saturé*) pourroit être employée utilement. Suivant de Raseau, toute matière animale ou végétale qui a une qualité visqueuse ou mucilagineuse, est propre à aider au moins l'art dans cet objet. Ces divers tâtonnemens et ces opinions différentes, prouvent que le véritable précipitant de la matière colorante de l'*indigo*, n'est pas encore connu. Les procédés les plus généralement suivis, pour obtenir cette fécule, sont la *fermentation* et le *battage*; ce qui exige des bâtimens, des cuves, des ustensiles et des préparatifs que je vais faire connoître.

Disposition d'une Indigoterie. Bâtimens. Ustensiles.

Dans nos îles, on appelle *indigoterie* toute plantation où l'on cultive l'*indigotier*. On donne aussi ce nom aux cuves de maçonnerie destinées à la fabrication de l'*indigo* : c'est de la disposition de ces cuves dont il s'agit ici.

Chaque *indigoterie* est composée de trois cuves construites l'une au-dessous de l'autre, et jointes ensemble par des murs mitoyens; elles sont disposées de manière que l'eau versée dans la première tombe, par des robinets, dans la seconde, de la seconde dans la troisième, et de la troisième au-dehors.

La plus élevée porte le nom de *pourriture*, parce que c'est dans cette cuve qu'on fait macérer et fermenter l'herbe; la seconde s'appelle *batterie*, parce qu'après y avoir fait passer l'eau de la pourriture qui s'est chargée de la matière colorante de la plante, on bat cette eau pour en détacher le grain; la troisième cuve ne forme qu'une espèce d'enclos, nommé *reposoir*. Au bas du mur qui sépare cet enclos de la seconde cuve, est un petit bassin creusé dans le plan du reposoir au-dessus du niveau du fond de la batterie, et destiné à recevoir la fécule qui en sort. Ce petit vaisseau se nomme *bassinot* ou *diablotin*; il est rond ou ovale, et muni d'un rebord qui empêche l'eau du fond du reposoir d'y refluer; à son fond se trouve une fossette, ronde et large comme le creux d'un chapeau, dans laquelle on puise, avec un morceau de calebasse, le reste de la fécule qui y tombe naturellement lorsqu'on vide le diablotin.

Le fond de ces trois grands vaisseaux est plat, avec une

pente d'environ deux ou trois pouces, pour faciliter l'écoulement. Le premier a une bonde avec son dalot de trois pouces de diamètre. La bonde du second vaisseau est perpendiculaire au bassinot, et reçoit trois robinets élevés de quatre pouces les uns au-dessus des autres ; les deux supérieurs servent à écouler, en deux reprises, l'eau qui surnage la fécule après le battage : le troisième est destiné à l'écoulement de la fécule même déposée au fond de la batterie, au niveau duquel ce robinet doit être, et même tant soit peu plus bas.

Le plan du fond du troisième grand vaisseau, au lieu de bonde, a une ouverture au pied du mur d'environ six pouces en carré, toujours libre, qui répond à un canal de décharge, nommé *la vide*.

Le *diablotin* et la fossette qui est à son fond n'ont besoin d'aucune issue, parce qu'on en retire toute la fécule par leur ouverture.

Les bondes doivent être de bois incorruptible, équarries, et placées dans le courant de la maçonnerie. Leur hauteur et largeur sont proportionnées à la quantité et à la largeur des trous qu'on y fait, et leur longueur se mesure sur l'épaisseur du mur.

Les habitations ou l'on fabrique l'*indigo* ont, suivant leur étendue, plusieurs corps de maçonnerie semblables, proches ou éloignés les uns des autres, pour la commodité de l'exploitation.

Lorsqu'on se propose de construire une *indigoterie*, on doit s'assurer auparavant qu'on pourra y conduire l'eau de quelque rivière, de quelque ruisseau ou d'un puits, pour remplir les cuves. On l'établit toujours sur une butte ou élévation naturelle ou artificielle suffisante à un écoulement qui ne soit sujet à aucun reflux.

Le premier vaisseau doit avoir la forme d'un carré parfait ou un peu oblong. Quand sa longueur est de dix pieds, on peut lui donner neuf pieds de largeur sur trois de profondeur. Il seroit désavantageux de le faire trop grand, parce que la fermentation ne pourroit y être si prompte ni si égale que dans un vaisseau d'une médiocre étendue.

Dans la construction du second vaisseau, on doit observer si son fond peut être placé à trois pieds ou trois pieds et demi au-dessous du fond du premier, de manière que la *batterie* ait un écoulement de six pouces au-dessus du plan du reposoir, et que le reposoir ait une décharge convenable dans quelque fosse ou mare voisine. La batterie doit toujours être plus longue que large ; on règle ses dimensions et sa capacité sur le nombre de pieds cubes d'eau que doit contenir la *pourriture* lorsqu'elle est remplie d'herbe , et que l'eau est à six pouces de ses bords. On fait en sorte que le côté le plus étroit de la batterie se trouve en face de la pourriture, à moins qu'on ne soit dans le cas de faire battre plusieurs vaisseaux à-la-fois par des moulins à eau ou à mulets , ce qui nécessite une direction tout opposée. Les murs de la batterie sont communément garnis d'un rebord en maçonnerie d'un pied et demi ou de deux pieds d'élévation.

Le *reposoir* n'a pas une étendue déterminée. Cependant, le mur qui le sépare de la batterie sert ordinairement de mesure à sa longueur pour ce côté-là et pour celui qui le regarde en face : six ou sept pieds suffisent pour chacun des deux autres côtés. La hauteur des murs est d'environ trois pieds et demi à quatre pieds, en comptant le fond du reposoir à six pouces au-dessus du dernier robinet de la batterie. On pratique , à l'un des angles de cette enceinte , un petit escalier pour y descendre et en sortir à volonté. On donne une profondeur de deux pieds au *diablotin*, y compris la fossette , et une largeur de deux pieds et demi ou un peu plus.

Le fond des cuves, et tout ce qui est bâti sous-œuvre, doit être travaillé avec le plus grand soin , afin que les sources voisines ou les eaux qui proviennent de l'égout des terres ne s'y insinuent pas. Quand toute la maçonnerie est bien sèche, on fait un ciment composé de chaux ou de briques pilées et passées au tamis, dont on enduit exactement tout l'intérieur et les bords des vaisseaux. A mesure que l'ouvrage sèche, on le polit.

Lorsque dans une *indigoterie*, on s'apperçoit de quelque fente à une cuve, on pile aussi-tôt des coquilles de mer; on les réduit en poudre très-fine , et , en mêlant cette poudre à de la chaux vive pulvérisée, on en fait un ciment dont on bouche la fente, ce qui prévient ou arrête l'écoulement. A l'île de France , on compose un mastic avec la poudre des coquilles , qu'on fait dissoudre dans du jus de citron, dont on mêle le résidu avec des blancs d'œufs.

En Chine, le ciment dont on se sert pour le même objet se nomme *sarangousti*. Il se fait avec du brai sec , de l'huile de cocos et de la chaux vive tamisée. On compose de ces trois parties une pâte que l'on bat sur un billot à coups de masse, jusqu'à ce qu'elle soit filante et maniable. Cette pâte devient très-dure dans l'eau, et blanchit comme la porcelaine; aussi est-elle très-bonne pour recoller les vases de cette espèce.

Si l'herbe qui trempe dans la pourriture étoit abandonnée

à elle-même, en fermentant elle en surpasseroit bientôt les bords. Pour empêcher sa trop grande dilatation, on plante, vers les quatre coins extérieurs de cette cuve, quatre poteaux appelés *clefs*, élevés d'un pied et demi au-dessus de la maçonnerie, et ayant chacun une longue et large mortaise dans sa partie supérieure. Ces mortaises sont destinées à recevoir des barres qui passent directement de l'une à l'autre clef par-dessus toute la largeur de la pourriture, et posent sur des étançons placés entr'elles et un lit de planches ou palissades qu'on dispose au-dessus de l'herbe pour la contenir.

Trois fourches ou courbes de bois, plantées en triangle des deux côtés de la batterie, savoir, deux d'un côté et une au milieu de l'autre bord, servent de chandeliers ou d'appuis au jeu des buquets employés à battre l'eau de cette cuve. Le *buquet* est un instrument composé d'un caisson sans fond, uni à un manche. Ce caisson est formé de l'assemblage de quatre morceaux de fortes planches ; il ressemble à une petite crèche ou à un pétrin de boulanger dont on auroit enlevé la couverture et le fond. Chaque buquet est mû par un nègre, qui l'élève ou l'abaisse à volonté au moyen d'un manche assujéti, par une cheville, entre les branches du chandelier placé à hauteur d'appui.

Cette disposition de buquets, quoique la plus simple de toutes, est la plus dipendieuse et la plus imparfaite, parce qu'elle nécessite l'emploi de trois hommes, et parce qu'il est presqu'impossible que ces hommes mettent de l'ensemble dans leurs mouvemens, ce qui est pourtant nécessaire à l'égalité du battage. On a imaginé depuis de réunir quatre buquets en croix, fixés à une bascule qu'un seul nègre peut faire mouvoir au moyen d'une corde attachée à l'extrémité extérieure de la bascule. Quelquefois il faut deux nègres ; mais comme ils agissent à côté l'un de l'autre, et comme ils mettent en jeu le même instrument, l'effet produit alors par les buquets est nécessairement uniforme. D'ailleurs, ces buquets étant placés au-dessus du milieu de la batterie, vis-à-vis des points assez distans l'un de l'autre, en tombant dans l'eau, lui impriment un mouvement plus étendu, et qui se communique avec plus de promptitude et d'égalité.

On se sert aussi de moulins pour battre l'*indigo*, les uns mus par l'eau, les autres par des chevaux. Le mouvement de ces moulins se rapporte à un arbre couché sur le travers de la batterie, lequel est garni de cuillers ou de palettes qui en tournant agitent l'eau. Quelques habitans, pour éviter les frais d'un moulin, impriment à l'arbre un mouvement de rotation, par le moyen de deux manivelles fixées à ses deux

essieux. Avec **un seul moulin**, on peut battre à-la-fois plusieurs cuves.

Comme la fécule qui a été reçue dans le *diablotin* est encore
remplie de beaucoup d'eau, on la retire de ce vaisseau pour
la mettre à s'égoutter dans des sacs d'une bonne toile commune, point trop serrée. Ces sacs sont ordinairement longs
d'un pied à un pied et demi, carrés ou en pointe par le bas,
et larges de sept à huit pouces en haut. On fait des œillets tout
près de leur ouverture, et on y passe des cordons, par lesquels on les suspend des deux côtés aux chevilles ou crochets
d'un râtelier. Quand ils ne rendent plus d'eau, on renverse
la fécule, qui est encore molle comme de la vase épaissie,
dans des caisses de bois pour l'y faire sécher. Ces caisses
doivent avoir environ trois pieds de longueur, un pied et
demi de largeur, et deux pouces seulement de profondeur.
On les expose sur des établis, dont une partie est en plein
air, et l'autre à couvert sous un bâtiment appelé la *sécherie*.

Manipulation de l'Indigo.

Les eaux influent beaucoup sur la fabrique de l'*indigo*.
Les plus convenables, quand elles ne sont ni crues ni trop
froides, sont celles des rivières et des ravines claires : les eaux
de puits chargées de sels, les eaux des mares, celles qui sont
troubles, limoneuses ou corrompues par des matières étrangères ou par des insectes, altèrent la qualité de l'*indigo*. Celui
qui a été fabriqué avec des eaux salines, conserve ou attire
une humidité qui se développe toujours dès qu'il est renfermé
pendant quelque temps. Il est, par cette raison, et malgré sa
belle apparence, d'une dangereuse acquisition : il pèse ordinairement plus qu'un autre.

De la Fermentation. Lorsqu'on apporte l'herbe des
champs, on la jette dans la pourriture, et on l'y étend
de façon qu'il ne s'y trouve aucun vide, ni aucune masse.
Trente ou quarante paquets suffisent pour la cuve dont on a
donné les proportions. Quand elle est chargée, on y introduit
une quantité d'eau suffisante pour la remplir jusqu'à six
pouces du bord. On dispose ensuite les palissades qui sont
assujéties par les clefs. L'herbe doit être surmontée par l'eau
de trois ou quatre pouces, mais on a attention de ne pas trop
la comprimer, afin de ne pas s'opposer au développement
que la fermentation doit occasionner. Elle ne tarde pas à s'établir. Elle s'exécute de la même manière que celle du raisin
dans la cuve, mais elle est plus rapide et plus tumultueuse. Il
s'élève du fond de la pourriture avec un certain bouillonne-

ment, une grande quantité d'air et de grosses bulles de liqueur, qui, en s'affaissant, teignent la superficie de la cuve d'une couleur verte; cette couleur devient, par degrés, extrêmement vive, et se communique bientôt à toute l'eau. Lorsqu'elle est au plus haut degré d'intensité, on voit, à la surface du vaisseau, un cuivrage superbe qui est effacé, à son tour, par une crême d'un violet très-foncé, quoique la masse entière de l'eau reste toujours verte.

C'est le moment où la fermentation est dans sa plus grande activité. Des flots d'écume s'élèvent alors et retombent précipitamment dans la cuve. Le bouillonnement est quelquefois si violent, qu'il rompt ou soulève les palissades, et arrache les clefs qui n'ont pas été bien affermies dans la terre. Cette écume est très-spiritueuse; si on y met le feu, il se communique rapidement à toute celle qui suit.

La fermentation dure plus ou moins, suivant les circonstances que j'ai déjà indiquées. Elle développe tous les sucs et les parties propres à former l'*indigo*. Lorsqu'on veut juger de la disposition de tous ces principes à une union prochaine, on sonde la cuve. L'épreuve se fait avec une tasse d'argent semblable à celles des marchands de vin, dans laquelle on verse une petite quantité d'eau en fermentation; on la remplit au tiers ou environ. Le dedans de cette tasse doit être très-clair, puisque c'est sur ce fond qu'on doit juger de l'état de la cuve : s'il est crasseux, il fait paroître l'eau embrouillée et différente de ce qu'elle est effectivement; de sorte qu'on s'imagine que l'*indigo* est trop dissous, tandis qu'il ne l'est pas même assez.

On obtient l'éclaircissement desiré par le mouvement de la tasse, dont l'agitation produit à-peu-près ce que le battage opéreroit en pareil cas dans la seconde cuve, c'est-à-dire que si la matière avoit assez fermenté pour que les parties, ayant les dispositions les plus prochaines à l'union, s'y déterminassent par le battage, il se forme également dans la tasse de petites masses ou grains plus ou moins distincts, suivant la qualité de l'herbe et le degré de son développement dans la fermentation présente. Quand ce grain est bien formé, il se précipite de lui-même au fond de la tasse, et ne laisse à l'eau qui le surnage, qu'une couleur claire et dorée, à-peu-près semblable à celle de la vieille eau-de-vie de Coignac. On renouvelle cette épreuve plusieurs fois, jusqu'à ce que les mêmes indices se montrent d'une manière très-sensible.

On doit sonder la cuve en haut et en bas alternativement, pour connoître mieux son état, et ne pas se laisser tromper par les apparences. Quelquefois l'*indigo* ne présente qu'un faux grain à la superficie. D'ailleurs l'herbe qui est en bas entre plus tôt en fermentation que celle du dessus, qui reste près de deux heures avant d'être couverte ; et dans les temps pluvieux, où l'*indigo* n'a besoin que de dix ou douze heures de fermentation, le haut de la cuve change si peu, qu'à peine y trouveroit-on un grain qu'elle n'a pas la force d'y développer ou d'y soutenir. En général il faut une grande habitude pour bien juger du point parfait de la fermentation. Les saisons et plusieurs circonstances le font beaucoup varier. On doit y avoir égard et chercher quelquefois des indices dans la couleur du liquide, lorsque son agitation dans la tasse n'offre qu'un grain imparfait ou qui a de la peine à se former. J'ai eu à Saint-Domingue un nègre indigotier qui, avant de couler sa cuve, en goûtoit toujours l'eau quatre à cinq fois, sur-tout lorsque les signes ordinaires du degré juste de fermentation lui paroissoient foibles ou équivoques ; la saveur particulière qu'il trouvoit à cette eau, en étoit un pour lui plus sûr que tous les autres. Jamais il ne se trompoit ; et lorsque mes voisins jetoient des cuves à *la vide*, mon *indigotier* tiroit le meilleur parti de la même herbe, venue et coupée dans le même temps.

Enfin quand on reconnoît, n'importe par quels moyens, que la fermentation est assez avancée et que les atomes colorans commencent à se réunir, on saisit ce moment pour faire écouler toute l'eau qui en est chargée, dans la seconde cuve ; cette eau est alors d'un vert foncé. Une fermentation prolongée au-delà du terme précis, feroit tomber les principes du grain dans une dissolution dont le battage ne pourroit les relever.

Du battage. L'apprêt que reçoit l'extrait dans la batterie, est l'effet de l'agitation et du bouleversement qu'éprouve l'eau par la chute des buquets. Ce mouvement prolonge tous les avantages de la fermentation, sans permettre à l'extrait de passer à la putridité ; il tend à réunir toutes les parties propres à la composition de l'*indigo*, lesquelles se rencontrent, s'accrochent et se concentrent en forme de petites masses plus ou moins grosses : c'est ce qu'on appelle le *grain* regardé par les indigotiers comme l'élément de la fécule. L'eau qui paroissoit d'abord verte, devient insensiblement d'un bleu très-foncé, après avoir été fortement agitée.

Pendant le cours du travail, on jette, à différentes reprises, un peu d'huile de poisson dans la batterie, pour dissiper l'écume épaisse qui s'élève sous le coup des buquets. La grosseur, la couleur et le départ plus ou moins prompt de cette écume, servent encore, avec les indices tirés de la tasse, à faire juger de la qualité de l'herbe, de l'excès ou du défaut de fermentation, et à regler le battage. On doit aussi examiner l'eau ; si elle est très-chargée, elle est suspecte de pourriture. Quand elle est brune dans le haut, et verte à un pouce plus bas, elle annonce le même défaut. Une cuve, au contraire, qui manque de pourriture, montre presque toujours une eau rousse ou d'une couleur verte tirant sur le jaune.

Il est impossible que l'indigotier batte une cuve comme il convient, s'il ne s'assure, en la battant, du degré de fermentation en plus ou en moins, qu'a subi l'eau dans la pourriture. Quand il est habile, il s'en instruit avant que le grain soit tout-à-fait formé, et alors il ménage ou pousse le battage selon l'excès ou le défaut de pourriture. L'opération doit être continuée jusqu'à ce que le grain se présente dans la tasse d'épreuve sous une forme convenable et dont on soit satisfait. Quand il s'arrondit et se concentre de manière à caler et à rouler parfaitement au fond de la tasse ; quand il se dégage bien de son eau, que cette eau paroît nette et claire, qu'elle offre la couleur que nous avons dite ; quand enfin la tasse inclinée ne laisse voir au fond aucune crasse, c'est alors le moment de cesser le battage. L'eau qui tient en dissolution la partie jaune et les autres principes superflus, se sépare quelque temps après de la fécule, et il s'éclaircit peu à peu en la submergeant tout-à-fait.

Un battage poussé trop loin, entraîne la dissolution dans l'eau des parties les plus subtiles de l'*indigo* : il produit un effet contraire à celui qu'on en attend. Le grain qui étoit déjà formé ou prêt à se former, se décompose ; il se divise et se perd dans l'eau qu'il rend trouble ; et cette eau ne dépose, après un long repos, qu'une fécule imparfaite, d'où résulte un *indigo* mollassse.

Du reposoir et du diablotin. Deux ou trois heures suffisent ordinairement au repos de la cuve, quand rien ne lui manque ; mais il vaut mieux la laisser tranquille pendant quatre heures, et même plus long-temps si l'on n'est pas pressé, afin que le grain le plus léger ait le temps de se déposer.

Des trois robinets que porte la batterie, on n'ouvre d'abord que le premier, pour que l'écoulement n'occasionne aucun trouble dans la cuve. Quand toute l'eau qui étoit à cette portée est épuisée, on lâche le second robinet ; l'eau qui s'en échappe doit être, ainsi que la première, d'une couleur claire et ambrée. Ces eaux tombent naturellement dans le diablotin, d'où elles s'écoulent et se perdent dans la campagne, par l'ouverture pratiquée au reposoir. On doit leur donner une issue telle qu'elles ne puissent se mêler à aucune autre eau, soit de rivière , de mare ou de ruisseau, parce qu'elles la rendroient malsaine, et même dangereuse pour les animaux qui en boiroient.

Après ces deux écoulemens , il reste au fond de la batterie un sédiment d'un bleu presque noir : on étanche encore, autant qu'il est possible , le peu d'eau superflue qui peut s'y trouver, en ouvrant à demi et repoussant à propos le troisième robinet; enfin on lâche tout-à-fait ce robinet pour recevoir la fécule dans le *diablotin*, qu'on a eu soin de vider auparavant. Elle ressemble en cet état à une vase fluide ; un panier placé au-devant de la bonde intercepte tout ce qui lui est étranger; au moyen d'un couis ou moitié de calebasse , on la retire du *bassinet*, et on la transvase dans les sacs dont j'ai parlé ; on laisse l'*indigo* s'y purger jusqu'au lendemain. Quand les sacs, qui doivent être lavés et séchés à chaque fois qu'on en fait usage , ne rendent plus d'eau , on les assemble deux à deux, en suspendant chaque lot aux mêmes chevilles. Cet assemblage les presse , et achève d'en exprimer le reste de l'eau.

De la dessication. Lorsque la fécule s'est égouttée tout-à-fait, on la coule dans les caisses déjà décrites , qu'on expose en plein air. Elle s'y dessèche insensiblement , et, pénétrée par le soleil , elle se fend comme de la vase qui auroit quelque fermeté. On doit commencer cette opération le soir plutôt que le matin, parce qu'une chaleur trop continuelle surprend cette matière , en fait lever la superficie en écailles, et la rend raboteuse; ce qui n'arrive point, lorsqu'après quatre ou cinq heures de chaleur, elle a un intervalle de fraîcheur qui donne temps à toute la masse de prendre une égale consistance. On passe alors la truelle par-dessus, pour en comprimer et rejoindre toutes les parties sans les bouleverser.

Quelques personnes imaginent qu'en pétrissant l'*indigo* dans les caisses, lorsqu'il commence à sécher, cette espèce d'apprêt lui donne de la liaison; c'est une erreur : car cette liaison ne dépend uniquement que du degré de pourriture et de battage, et principalement de ce dernier. Une cuve qui pèche par l'un ou par l'autre en fournit la preuve; alors l'*indigo* qui en provient s'écrase au moindre choc.

Aussi-tôt que la fécule ou pâte a acquis un degré de dessication convenable, on en polit la surface, et on la divise par petits carreaux qu'on laisse exposés au soleil jusqu'à ce qu'ils se détachent sans peine de la caisse, et paroissent entièrement secs. Dans cet état, l'*indigo* n'est pourtant pas encore marchand. Avant de le livrer, il faut qu'il ait ressué. Si on l'enfutailloit auparavant, on ne trouveroit, au bout de quelque temps, que des fragmens de pâte détériorée et de mauvais débit.

Pour le faire ressuer, on le met en tas dans quelque barrique recouverte de son fond désassemblé, et on l'y laisse environ trois semaines. Pendant ce temps, il éprouve une nouvelle fermentation, s'échauffe, rend de grosses gouttes d'eau, jette une vapeur désagréable, et se couvre d'une fleur fine et blanchâtre. Enfin on le découvre, et sans être exposé davantage à l'air, il sèche une seconde fois en moins de cinq à six jours. Lorsqu'il a passé par ce dernier état, il a toutes les conditions requises pour être mis dans le commerce. Mais il faut le vendre tout de suite, si l'on ne veut pas supporter le déchet auquel il est sujet dans les premiers six mois de la fabrique, et qu'on peut évaluer à un dixième et même au-delà.

Dans quelques plantations on le fait sécher à l'ombre, dès que les carreaux quittent la caisse; cette méthode est longue, parce qu'il s'écoule plus de six semaines avant qu'il soit en état de ressuer, mais elle est très-favorable à l'*indigo*, qui en acquiert plus de lustre et une nouvelle liaison; d'ailleurs il n'éprouve pas le même déchet que celui dont la dessication s'achève au soleil, et il lui est supérieur en qualité.

Cependant la lenteur du desséchement semble favoriser le ravage des mouches, qui, attirées par l'odeur très – forte qu'exhale l'*indigo*, se jettent sur cette matière, en dévorent autant qu'elles peuvent, et y déposent leurs œufs, d'où sortent des vers en moins de quarante-huit heures. Ces vers travaillant à l'abri du soleil dans les intervalles des carreaux ou dans les fentes mêmes de l'*indigo*, le ramollissent et le chargent d'une humeur glutineuse, qui en altère la qualité, et cause une perte réelle. Quelquefois on est obligé d'employer les fumigations dans la sécherie, pour en éloigner les mouches, sur-tout lorsque le temps est couvert et disposé à la pluie.

On garantiroit l'*indigo* des insectes, et on préviendroit la plupart des accidens auxquels il est exposé sur les établis, si, comme dans certains endroits des Grandes-Indes, où on est dans l'usage de le pétrir et de le sécher entièrement à l'ombre, on le mettoit dans des caisses de demi-pouce de haut, et si, après l'avoir séparé par carreaux, on les distribuoit dans d'autres caisses séchées au soleil. Cette pratique exigeroit, il est vrai, un plus grand nombre de caisses; mais elles seroient bientôt libres, parce que l'*indigo* sécheroit beaucoup plus vîte.

Dans nos colonies on met ordinairement l'*indigo marchand* dans de petites futailles pesant environ deux cents livres;

elles doivent être suffisamment garnies de cercles , et surtout fermées avec soin par les deux bouts, afin que la poussière qui se détache toujours de l'*indigo* dans le transport , ne puisse pas s'échapper entre les douves ni entre les fonds.

Cette manière de l'enfermer est imparfaite et très-désavantageuse. Comme il est divisé en petits cubes, il présente beaucoup d'angles et de surfaces , et par conséquent des vides nombreux, augmentés encore par le retrait que subissent les pierres en séchant. De là s'ensuit un mouvement ou une vacillation qui occasionne la fracture d'une quantité considérable de pierres. Les petits grains qui en proviennent trouvent il est vrai leur emploi dans la teinture , puisqu'on est obligé de broyer l'*indigo* pour l'employer. Mais comme les futailles dans lesquelles on le transporte ont une forme ronde , et que, par cette raison, on ne manque pas de les rouler dans les ports, chaque fois qu'elles sont embarquées ou débarquées , il en résulte que la poussière d'*indigo* produite par le choc des cubes s'échappe entre les douves souvent mal jointes, ou est salie par la poussière du dehors, qui pénètre dans les barriques.

Les habitans de Guatimala mettent leur *indigo* dans des peaux de boucs. Cette méthode seroit trop dispendieuse dans nos colonies, et peut-être impraticable ; mais ne pourrions-nous pas diviser le nôtre en carrés très-minces , et beaucoup plus grands , de six pouces de surface, par exemple. On rangeroit aisément ces carrés l'un sur l'autre dans des caisses faites exprès, lesquelles présenteroient un arrimage beaucoup plus commode que les vaisseaux de forme cylindrique.

VI. *Noms et qualités des principales sortes d'Indigo répandues dans le commerce.*

On distingue dans le commerce plusieurs espèces d'*indigos*, qui diffèrent essentiellement entre elles , en raison de la quantité de parties colorantes qu'elles rassemblent sous le même volume donné. Ces *indigos* sont :

Le *guatimala*, qui nous vient de la Nouvelle-Espagne , et dont la première qualité est connue sous le nom de *flore*. C'est le plus beau de tous les *indigos*. Il porte un bleu vif; sa pierre n'a point d'écorce : elle offre à sa surface la même couleur que dans son intérieur ; elle est petite, d'une texture rare , et spécifiquement plus légère que l'eau.

L'*indigo de Saint-Domingue*, dont on distingue particulièrement deux sortes, le *bleu et le cuivré*. Le premier est celui qui a le plus de rapports avec le *flore*. Il en diffère en ce que son bleu est moins franc, tirant plus sur le marron ; sa pierre est plus grosse, recouverte d'une écorce d'un bleu plus ardoisé que l'intérieur, et sa texture est un peu plus compacte. Cependant il n'en est pas moins spécifiquement plus léger que l'eau. L'*indigo cuivré* prend son nom de la couleur de cuivre rouge qu'il présente dans sa cassure ; il porte une écorce comme le dernier, d'un bleu cependant encore plus ardoisé ; il est plus compacte, et spécifiquement plus pesant que l'eau. Entre le bleu et le cuivré on fabrique encore à Saint-Domingue deux *indigos*, qui participent plus ou moins des qualités de ces derniers ; savoir le *violet* et le *gorge de pigeon*. Celui-ci est ainsi nommé parce qu'il présente à sa surface, quand on le brise, un mélange de plusieurs couleurs ; son éclat approche d'un violet purpurin. Il est plus solide que l'*indigo violet*, lequel a un peu plus de consistance que le bleu ; tous deux sont supérieurs en qualité au cuivré. Enfin l'*indigo ardoisé* et le *terne picoté de blanc*, composés d'un grain suivi ou sans liaison, sont regardés dans la même île comme les dernières qualités.

L'*indigo de la Caroline* vient après le cuivré de Saint-Domingue ; il est d'un bleu plus ardoisé, tant extérieurement qu'intérieurement.

Les signes extérieurs auxquels on reconnoît les différentes qualités d'*indigo*, sont donc la couleur, la texture, et la pesanteur spécifique. Mais le signe commun à tous, et qui distingue cette matière de toute autre substance qu'on voudra lui substituer, est la trace ou l'impression cuivrée que laisse l'ongle en frottant sa surface.

On dit qu'on peut distinguer l'*indigo de la Caroline* des autres *indigos*, par le procédé suivant. On prend un morceau de cet *indigo*, on le réduit en poudre dans un mortier ; on jette dessus un peu d'eau bouillante. Au bout de vingt-quatre heures il se forme à la surface de l'eau une croûte blanche ; si l'on fait la même opération sur de l'*indigo de France* ou d'*Espagne*, on ne verra point la même croûte.

Il vient des Deux-Indes d'autres espèces d'*indigos* moins connues, et qui portent communément les noms des lieux de leur fabrique, tels que le *Java*, l'*indigo sarquesse* dont j'ai parlé, le *Jamaïque*, &c. Il en vient aussi d'Afrique, rapporté par les marchands qui font la traite des nègres.

On fait usage de l'*indigo* dans la peinture en détrempe ; broyé et mêlé avec du blanc, il donne une belle couleur bleue ; avec le jaune, il en donne une verte. Si on l'employoit sans mélange, il peindroit en noirâtre. Il n'est pas propre à la peinture à l'huile, parce qu'il se décharge et perd une partie de sa force en séchant. Dans les blanchisseries, on s'en sert pour donner une couleur bleuâtre au linge. Mais son emploi le plus général est dans la teinture des étoffes de soie, de laine, de fil et de coton ; mêlé sur-tout avec le vouède (1) et d'autres couleurs et intermèdes, il fournit toutes les sortes de bleu.

Les *indigos* d'un prix moyen, comme le cuivré de Saint-Domingue, suffisent, selon Quatremer, pour obtenir toutes les nuances de bleu qu'on desire en teignant les soies. Les superbes *indigos*, comme le *guatimale flore* ou le *sobre saliente*, peuvent aussi s'employer pour le même objet ; mais ils ne font pas un assez grand effet, et ils n'ajoutent pas assez à la beauté de la soie, pour que leur supériorité à cet égard puisse compenser leur haut prix.

Dans la teinture en laine, on peut se servir, suivant le même auteur, de toutes les différentes qualités d'*indigo*, sans exception ; et même toutes peuvent être employées, sans grand inconvénient, aux mêmes nuances et aux mêmes objets. L'économie prescrit cependant de n'employer que les *indigos* de Saint-Domingue, dans la teinture de toutes les étoffes destinées à être ensuite teintes en noir, et auxquelles le bleu sert uniquement de pied. Ces *indigos* sont plus propres aux bleus foncés, soit en laine, soit en drap, et qui doivent rester dans cette couleur. Les beaux *indigos* d'Espagne sont les seuls qui aient donné jusqu'à présent ces bleus vifs et clairs, qui charment l'œil. Si leur prix est beaucoup plus élevé que celui des *indigos* de Saint-Domingue, mis à parties égales dans une cuve, ils rapportent beaucoup plus.

L'*indigo* est, pour ainsi dire, entre les mains de tout le monde ; on en fait tous les jours une application utile dans l'art de la teinture. Mais pour en tirer tout le parti possible, il est nécessaire de savoir comment il a été formé, et quels sont les principes qui le composent. C'est l'objet du paragraphe qui suit.

VII. *Analyse chimique de l'Indigo.*

Cette analyse est extraite d'un Mémoire de MM. d'Orval et Ribaucour, inséré parmi ceux des savans étrangers (tom. 9), que l'académie des sciences a publiés.

On a vu, paragraphe v, que la fermentation de l'herbe

---

(1) *Vouède* est le nom qu'on donne, dans le commerce, aux coques ou pelotes de pastel employées par les teinturiers. *Voyez* PASTEL.

d'où se tire l'*indigo*, est absolument nécessaire au développement de tous les principes qui concourent à former cette substance colorante. Voici, selon les auteurs du mémoire cité, ce qui s'opère dans cette fermentation. Les parties muqueuses sont détruites. Il se développe un acide qui, devenant le conducteur et l'accélérateur de la fermentation, l'amène jusqu'à la putréfaction. A ce moment se forment les alkalis volatils, qui, s'unissant à l'acide, produisent des sels ammoniacaux. Les résines se décomposent en partie ; leurs débris, chargés de la partie colorante, qu'elles ont jusqu'alors défendue de la putréfaction, se déposent avec un peu de la terre du végétal. Quant à la partie colorante jaune, dont la réunion avec le bleu formoit le vert dans la plante, elle est détruite, parce qu'elle étoit unie à la partie muqueuse.

Le point essentiel est d'arrêter à propos cette fermentation. Si on ne la laisse pas aller assez loin, la résine n'est pas assez décomposée ; l'agrégation des autres substances à la terre, n'étant pas rompue, empêche cette dernière de se précipiter. Si on la laisse aller trop loin, alors, la putréfaction étant complète, la partie colorante et la résine se trouvent détruites.

Ce travail de plusieurs matières, agissant simultanément ou successivement les unes sur les autres pendant le cours de la fermentation, développe et produit les parties constituantes de l'*indigo*. L'existence de ces parties est démontrée par les expériences suivantes.

On ne peut révoquer en doute la présence des sels ammoniacaux dans l'*indigo*, puisqu'il s'en dégage de l'ammoniaque dès qu'on le broie avec de la chaux.

Il contient aussi de la résine ; car lorsqu'on le met sur des charbons ardens, il brûle avec une flamme très-vive, accompagnée de fumée et de suie, et laisse un résidu charbonneux considérable.

Si l'on fait bouillir quatorze onces trois gros d'*indigo flore* dans une fort grande quantité d'eau, on obtient par le filtre une liqueur de couleur fauve foncée, qui, évaporée en consistance requise, donne un gros soixante grains d'extrait. L'*indigo*, après son desséchement parfait, se trouve peser treize onces six gros. Loin que sa couleur ait été altérée par cette opération, son bleu au contraire est beaucoup plus beau, et presque noir, tant il a d'intensité. Une égale quantité d'*indigo bleu* de Saint-Domingue, soumise à la même expérience, fournit six gros d'extrait ; et l'*indigo séché* pèse treize onces un gros. On obtient les mêmes résultats avec l'*indigo cuivré*.

Quoique le lavage ait ajouté à la beauté de ces trois espèces d'*indigos*, il est cependant facile de les distinguer ; ils conservent le même ordre. Le *flore* est d'un bleu plus franc, plus vif ; le *bleu* est plus brun ; le *cuivré* beaucoup plus encore.

Cette dernière expérience prouve la présence, dans l'*indigo*, d'une partie extractive quelconque plus ou moins considérable. Elle donne lieu d'observer que, soit que la fermentation, à Saint-Domingue, ne soit pas poussée aussi loin qu'à Guatimala, soit que la partie extractive s'y trouve plus abondante, à raison peut-être du sol ou du choix des parties de la plante, ou du temps de la récolte ; soit enfin que l'*indigo* de Saint-Domingue contienne plus de résine ou une partie résineuse moins atténuée, il n'en est pas moins vrai que c'est à ces différences qu'est due celle qui distingue ces trois sortes d'*indigos*.

MM. d'Orval et Ribaucour ont fait sur cette pierre intéressante, une foule d'expériences qu'on ne peut rapporter ici, et desquelles il résulte que l'*indigo* est composé, 1°. d'une substance demi-résineuse, servant de véhicule à la partie colorante ; 2°. d'une terre ; 3°. de beaucoup de sel ammoniacal ; 4°. de quelques parties extractives qui ont échappé à la putréfaction. D'après les propriétés de cette fécule, disent-ils, il semble qu'on pourroit parvenir à l'imiter. Il s'agiroit de trouver des végétaux dans lesquels la partie bleue seroit abondante, unie à une partie résineuse, et la partie jaune au contraire unie aux parties muqueuses : de détruire ces dernières, et décomposer en partie la résine colorée de bleu, par un mouvement de fermentation putride arrêté à propos.

Pour employer utilement l'*indigo* dans la teinture, il ne suffit pas de remplir et couvrir les pores multipliés des étoffes des molécules colorantes de cette substance ; il faut encore y fixer ces molécules de telle manière, que ni l'eau, ni les huiles, ni les acides ne puissent plus les en détacher. Afin de parvenir à ce but, il étoit nécessaire, 1°. de savoir si l'*indigo* est soluble dans l'eau, dans les huiles et les acides ; 2°. de chercher dans la nature un menstrue ou agent qui pût et le dissoudre entièrement sans altérer sa couleur, et s'en séparer tout-à-fait aussi-tôt qu'il auroit été appliqué aux étoffes, à la faveur de son état de dissolution. Car cette application seroit impossible sans la division extrême de ses molécules ; et il n'y a qu'un dissolvant qui puisse opérer cette division. Ainsi toutes les recherches, ou, si l'on veut, tous les tâtonnemens du teinturier, ont dû avoir et ont eu en effet pour but de trouver ce dissolvant précieux qui pût rendre la teinture des étoffes en bleu fixe et durable. Que d'essais n'a-t-il pas fallu faire pour arriver à ce résultat ! Que d'expériences n'a-t-il pas fallu tenter ! Je me contenterai d'indiquer quelques-unes de celles qui sont consignées dans le Mémoire de MM. d'Orval et Ribaucour. Ces chimistes ont soumis l'*indigo* à plusieurs agens. Voici les phénomènes qu'ils ont remarqués.

Si l'on met de l'eau sur l'*indigo*, et qu'on le laisse macérer à froid, elle se charge en peu de temps de ses parties extractive et saline, acquiert une couleur rousse, une odeur fétide, et dans ce moment une couleur légèrement verdâtre. Après un temps considérable (huit mois), l'odeur se dissipe, la liqueur redevient claire et sans couleur, et la partie colorante de l'*indigo* n'a souffert quelqu'altération qu'à la surface qui touche immédiatement le liquide.

Huit onces d'esprit-de-vin digérées à chaud et à plusieurs reprises sur une demi-once d'*indigo lavé*, l'ont épuisé de manière qu'il n'en coloroit plus de nouveau, et cependant l'*indigo séché* pesoit encore trois gros soixante-huit grains. Cette grande quantité d'esprit-de-vin ne lui avoit donc enlevé que quatre grains de substance. L'*indigo* est sorti de cette expérience plus beau qu'il n'étoit auparavant.

L'acide nitreux dissout l'*indigo* entièrement, et avec une effervescence des plus vives; mais il le décolore dès qu'il le touche. La dissolution est pourpre.

L'acide sulfurique dissout aussi l'*indigo* parfaitement, avec effervescence et chaleur, et sans l'altérer. Il n'est point changé, il est vrai, par l'eau ni par l'alcohol; mais l'eau n'en dissout que la partie extractive qui a échappé à la fermentation lors de la préparation ; et l'alcohol, l'éther et les huiles n'en extraient qu'un peu de partie résineuse. L'acide nitreux le dissout en entier, mais il le décolore tout-à-fait; l'acide muriatique a la même action; celle de l'acide acéteux est nulle; il n'y a donc que l'acide sulfurique, dans lequel l'*indigo* puisse être dissous en entier sans perdre sa couleur.

Cette dissolution étendue dans l'eau, donne une teinture diaphane d'un bleu élégant, et les matières qu'on y veut teindre n'exigent aucune préparation antécédente; il suffit de les avoir fait bouillir dans l'eau pour en dilater les pores. Après cette opération, commune à tous les teinturiers, on les plonge dans le bain, qu'on a chargé d'une quantité d'*indigo* proportionnée à la nuance de bleu qu'on veut obtenir; elles s'y teignent d'un bleu agréable, mais peu solide, connu sous le nom de *bleu de Saxe*. L'état salin, dans lequel est l'*indigo* dans cette teinture, la rend d'autant plus susceptible de l'impression de l'air, que cette espèce de sel est avec excès d'acide. Aussi observe-t-on, dans la pratique, que si l'on emploie cette dissolution immédiatement après qu'elle est faite, le bleu qui en résulte est plus vif, mais plus fugace. L'union que l'acide sulfurique vient de former avec l'*indigo*, étant encore toute récente, cet acide n'est point autant engagé dans cette fécule que lorsque la dissolution a reposé quelque temps; il en conserve d'autant plus son affinité avec l'eau, et il n'est pas rare de voir des matières teintes avec une dissolution trop récemment faite, perdre en séchant une partie de leur couleur.

Il est également important de ne pas trop laisser vieillir la dissolution. Avec le temps, l'acide sulfurique, par son action continuée sur la matière colorante, en détruit une partie et fait verdoyer l'autre. On peut assurer que si l'on ne se sert de cette dissolution que quinze jours après qu'elle est faite, il en faudra un quart de plus pour produire le même ton de couleur; encore sera-t-elle moins vive que si la dissolution n'avoit que deux jours.

Ce n'est pas seulement dans la dissolution que l'acide agit sur la partie colorante; dans le bain même où l'on teint, si l'on fait bouillir trop ou trop long-temps, le bleu, au lieu d'augmenter, baissera de nuance et verdoyera.

On ne doit point regretter que les autres acides n'aient pas sur l'*indigo* la même action que l'acide sulfurique. Quand on parviendroit à le dissoudre dans de l'acide acéteux, cette dissolution, eût-elle le même éclat que celle par l'acide sulfurique, la teinture qui en résulteroit n'en seroit pas plus solide. Quel moyen donc met-on en usage pour la rendre telle? Le voici.

L'acide sulfurique dissout complètement l'*indigo*, et respecte sa couleur; mais il ne la fixe pas d'une manière durable aux corps auxquels on l'applique. L'alkali volatil possède cette propriété, et fournit un dissolvant bien plus parfait que l'acide sulfurique; comme lui, il tient l'*indigo* en dissolution parfaite, et porte la molécule colorante dissoute dans le pore de la matière qu'on teint; mais il ne conserve d'union avec elle que le temps nécessaire pour l'affermir à la place où il vient de l'introduire; il la quitte bientôt après, et la rend à son premier état d'indissolubilité, c'est-à-dire que l'eau, les huiles, les acides n'ont alors pas plus d'action sur cette molécule qu'ils n'en avoient auparavant. On va voir comment se fait cette dissolution et les effets qu'elle produit, appliquée à l'art de la teinture.

VIII. *PRÉPARATION et emploi de l'Indigo dans la teinture.*

Le moyen d'opérer la dissolution dont je viens de parler n'est pas simple. Les alkalis fixes et volatils, appliqués à l'*indigo* par la voie des digestions, n'ont aucune action sur lui. C'est du sein même de cette fécule qu'il faut dégager l'alkali volatil qui doit le dissoudre; il faut, pour cela, atténuer l'*indigo* au point qu'il n'oppose aucune résistance à cet alkali, et par les mêmes moyens qui serviront à décomposer les sels ammoniacaux.

Ces moyens sont un mouvement d'effervescence qu'on suscite dans le vaisseau où l'*indigo* attend sa dissolution, ou un mouvement de fermentation combiné avec le premier, et produit par l'introduction de certaines matières.

Le bleu qu'on obtient par ces deux procédés, est connu dans le commerce sous le nom de *bleu de cuve*, et cette dénomination emporte avec elle l'idée d'un bleu solide. On le nomme ainsi, parce que cette couleur se prépare dans de grands vaisseaux de bois ou de cuivre, appelés *cuves*. Celles où les effervescences sont les seuls moyens employés pour déterminer la dissolution de l'*indigo*, se nomment *cuves à froid*.

Cuves à froid.

Pour monter une *cuve à froid* en petit, on mêle ensemble une once et demie de sulfate de fer, fondue dans deux livres d'eau, et une once et demie d'*indigo*, digérée pendant trois heures à chaud dans une livre du même liquide, chargé d'une once et demie de potasse ou d'alkali fixe; on ajoute une once et demie de chaux éteinte à l'air.

Dans le mélange de ces matières, il s'exécute un mouvement d'effervescence très-sensible. Une partie de l'acide sulfurique s'unit à l'alkali fixe; une autre se joint à des molécules calcaires. L'alkali volatil est rendu libre, et dissout l'*indigo*, qui, atténué tant par la cuite que par les effervescences extraînées, et par celles qui se sont opérées même dans son sein, n'oppose aucune résistance au dissolvant qui l'attaque, et qui lui imprime le signe de dissolution dont l'alkali volatil marque toutes les teintures bleues auxquelles il s'unit. Comme elles, la dissolution de l'*indigo* sera verte, si l'alkali volatil ne surabonde point; et s'il surabonde, ou si l'atténuation de l'*indigo* a été portée au dernier degré, cette dissolution sera jaune. C'est sous la première couleur et dans cet état de dissolution que cette matière passera dans les pores des laines ou étoffes

qu'on tiendra dans ces cuves; mais aussi-tôt qu'elles sortiront
du bain, l'alkali volatil s'évaporera, et les molécules d'*indigo*
seront rendues à leur première couleur et à leur état d'indissolubilité.

L'acide sulfurique à nu ne produit pas le même effet.
L'effervescence est peut-être alors trop violente, et s'oppose
à l'union de l'alkali volatil avec l'*indigo*, ou la détruit au
moment où elle vient de se former; peut-être aussi la violence
de l'effervescence ne supplée-t-elle pas à son peu de durée.
Il est donc nécessaire que l'acide qu'on emploie soit engagé
dans une base, mais telle, qu'elle ait de l'action sur les sels
ammoniacaux. Le sulfate d'alumine, par exemple, n'en a
aucune; il s'interpose entre ces sels et les molécules calcaires
et alkalines, et les défend de l'action de ces dernières.

Le procédé des cuves à froid n'est point infaillible; son
succès est subordonné à la température de l'air. Si un trop
grand froid les fait languir, l'*indigo* n'étant pas suffisamment
atténué, l'alkali volatil se dégagera en pure perte; et cette
fécule, qu'il n'a pu dissoudre, n'en contenant presque plus,
on tentera inutilement de nouveaux mouvemens d'effervescence. Ainsi la pratique de faire digérer l'*indigo* dans l'alkali
fixe, est abusive; la quantité d'alkali volatil qu'il perd dans
cette opération préparatoire, le privant d'une partie de son
dissolvant, nuit à sa dissolution. Cette fécule, bouillie seulement dans l'eau, et broyée ensuite avec la même eau, se
dissout plus promptement que lorsqu'on la fait digérer dans
l'alkali fixe; l'effervescence est plus vive et plus soutenue.

On ne fait usage des cuves à froid que pour teindre les fils
et les cotons. Ces matières étant d'une texture plus serrée que
les matières animales, prennent le bleu difficilement; il faut
le leur donner, pour ainsi dire, par couches, les éventer par
conséquent sans cesse, afin de faciliter l'évaporation de l'alkali
volatil qui est uni à l'*indigo*. Avec des cuves chaudes, on ne
peut point employer cette manœuvre, parce qu'elle les re-
froidit; le bain d'ailleurs étant souvent ouvert et agité par
cette manipulation, il s'évapore une prodigieuse quantité
d'alkali volatil, parce qu'à raison de la chaleur, il y est plus
mobile que dans les cuves à froid.

Cuves avec fermentation.

Dans la cuve à froid, l'effervescence est le seul moyen employé pour atténuer l'*indigo* et déterminer sa dissolution.
Dans celles-ci, on retrouve la même cause, mais secondée
d'un mouvement de fermentation qui concourt avec elle au
même effet.

Les cuves en fermentation diffèrent à raison de l'espèce de fermentation qu'on y introduit. Dans l'une, c'est la fermentation acide; dans l'autre, la fermentation acide putride; on y a même admis la fermentation putride. La première s'appelle *cuve d'Inde*. La seconde se désigne par la matière fermentescible qu'on y emploie; elle est connue sous le nom de *cuve au vouède* ou *au pastel*. La matière fermentescible de la troisième, est l'urine; on la nomme, par cette raison, *cuve à l'urine*.

Préparation d'une cuve d'Inde. On jette six livres de cendres gravelées dans quarante seaux d'eau, puis douze onces de garance, et six livres de son qu'on a fait bouillir dans cette eau. Les marcs de ces matières entrent dans la cuve. On y verse après six livres d'*indigo*, cuit et broyé à l'eau. On brouille ou *pallie* (pour nous servir du mot usité) ce mélange avec une espèce de râteau en bois, qu'on nomme *rable*; on ferme la chaudière; on entretient un peu de feu autour; on la pallie une seconde et une troisième fois, de douze heures en douze heures, jusqu'à ce qu'elle vienne au bleu, ce qui a lieu au bout de quarante-huit heures, si la cuve a été montée dans les doses prescrites et bien gouvernée. Le bain alors sera d'un beau vert, couvert de plaques cuivrées et d'écume ou fleurs bleues.

La théorie de ce procédé se rapproche de celle de la cuve à froid. Dans celle-ci on introduit un acide tout formé; dans l'autre on le forme.

En exécutant cette opération, on peut donner dans deux extrêmes opposés. Si l'on excède la quantité de cendres, ou si, cette quantité restant la même, on diminue trop celle du son ou de la garance, alors l'alkali fixe, dans l'un et l'autre cas, devenant surabondant, attaque et détruit même une partie de l'*indigo*. Cette surabondance de l'alkali fixe se reconnoît à ce que le bain de la cuve est d'un vert jaune, et que les bleus qu'on y a teints, tirent plus ou moins sur le vert. Une cuve en cet état, est ramenée au point où elle doit être, par l'addition d'une nouvelle quantité de son ou de garance, qui, en fermentant, produisent l'acide nécessaire pour saturer l'alkali fixe surabondant.

On donne dans l'extrême contraire, quand on diminue la quantité de cendres gravelées, ou lorsque cette quantité restant la même, on augmente considérablement celle du son et de la garance; alors l'aigre ou l'acide produit par ces matières n'étant point saisi par les alkalis fixes, une partie s'unit à l'alkali volatil qui doit dissoudre l'*indigo*; l'autre, faisant l'office de ferment, détermine la fermentation jusque dans l'*indigo* même. Cette fermentation d'abord acide, devient bientôt putride et destructive. Dans le cas que nous venons de décrire, la cuve exhale d'abord une odeur douce ; le bain est d'un vert louche, plutôt même d'un bleu verdâtre. A cet état succède une odeur d'aigre décidé, et bientôt après la putréfaction complète, qui est irrémédiable. On corrige aisément une cuve dans les deux premiers degrés. Une nouvelle mise d'alkali fixe, en saturant l'acide surabondant, prévient la putréfaction, dégage l'alkali volatil, et détermine la dissolution de l'*indigo*.

Préparation d'une cuve au vouède ou pastel. Dans une cuve qui contient deux cents seaux d'eau, on met cent cinquante livres de vouède avec quinze livres de son, et on y fait couler cent cinquante seaux d'eau bouillante. Quand le vouède a ainsi trempé environ trois heures, on remplit la cuve en entier d'eau bouillante, et l'on y verse en même temps l'eau dans laquelle l'*indigo* a été cuit et broyé. On soulève le vouède et on le promène dans le bain. Quatre heures après l'assiette de cette cuve, le bain exhale une odeur forte, sa couleur est d'un jaune de feuilles mortes; si l'on heurte le bain avec le plat du rable, il s'élève une mousse sans consistance, dont les bulles disparoissent avec bruit, presque aussi-tôt qu'elles sont formées. Huit à dix heures après que la cuve a été préparée, son odeur commence à devenir sucrée, herbacée; du reste, tout est dans le même état. Au bout de quelques heures encore, cette odeur sucrée se convertit en une odeur douce, fade, nauséabonde, souvent légèrement acescente, et qui ressemble à celle des sucs récemment extraits des animaux.

Si, dans ce moment, on heurte le bain, la mousse qui s'élève ne décrépite plus; ses bulles se soutiennent comme celles d'une eau savonneuse ; elles sont teintes d'un bleu plus ou moins foncé. Le bain n'est plus sec au toucher, mais onctueux et d'un vert plus ou moins jaune. Si l'on descend le rable dans l'intérieur du bain, et qu'on le remonte doucement, on voit s'élever de l'*indigo* qui y fuse, et avec lui, un marc plus jaunâtre que le reste du bain; si on enlève quelques gouttes de ce dernier, elles seront d'abord vertes et transparentes ; bientôt ce vert tirera sur le bleu, et les gouttes perdront leur transparence; si l'on fait tirer du vouède, et qu'on en prenne une pelote dans les mains, elle verdira à l'air. A tous ces signes, mais sur-tout à l'odeur dont nous avons parlé, il est temps de modérer la fermentation, par un peu de chaux jetée dans le bain. On le mélange avec le liquide au moyen du rable ; un moment après on sent le bain, et si dès la première mise l'odeur de l'alkali volatil se fait sentir, on cesse d'y mettre de la chaux (1). C'est cette odeur seule qu'il faut consulter, et le talent est de savoir la démêler parmi celles avec lesquelles elle peut être compliquée.

Cinq heures après ce palliage on découvre la cuve; elle a perdu l'odeur d'alkali volatil. Il faut la pallier de nouveau. Si l'odeur d'alkali ne remonte pas, on met de la chaux peu à peu, et on cesse dès qu'on sent cette odeur.

Six ou sept heures après, on découvre encore la cuve pour la troisième fois. Le bain a encore perdu l'odeur de l'alkali volatil. On pallie de nouveau. Enfin, on ne doit cesser tout à fait de garnir que lorsque l'alkali volatil dominera universellement, et frappera vivement l'odorat.

La fermentation est arrêtée dans ce moment pour vingt-quatre heures. Dès le lendemain matin, après ce troisième palliage, on peut teindre au-dessus de la cuve (2). On teint trois fois dans le même jour; à chaque fois, dès que les matières teintes sont sorties, on pallie; tant que l'alkali volatil se fait sentir dans la cuve, on ne la garnit point; mais quand son odeur est éteinte, il faut la faire reparoître; bientôt elle ne heurte plus si vivement l'odorat, parce que la chaleur de la cuve commence à baisser.

On procède ainsi pendant quatre jours à compter de celui où l'on a commencé à teindre; on garnit à la fin de chaque journée jusqu'au point et avec les précautions ci-dessus indiquées; mais comme la chaux va toujours en décroissant, et que le mouvement de fermentation diminue avec elle, il faut bien moins de chaleur à la fin des troisième et quatrième jours; souvent même il existe encore assez d'alkali volatil ce dernier jour, pour être dispensé de regarnir : le cinquième jour on ne garnit point du tout. Si l'on a à travailler sur la cuve le sixième jour, il faut alors la réchauffer, parce qu'elle a perdu toute sa chaleur. *Voy.* dans le Mémoire cité, les moyens employés à cet effet, et l'exposé des différences que présentent les cuves réchauffées.

Cuve à l'urine. On emploie dans cette cuve les deux mouvemens remarqués dans les autres, savoir : celui de la fermentation, et celui d'effervescence. L'urine fournit le premier, et les acides qu'on y introduit sous forme concrète ou liquide, procurent le second par l'union avec l'alkali volatil, qui est ici le seul produit de la fermentation qu'on emploie. Ces deux mouvemens réunis décomposent les sels ammoniacaux; pour la préparation de cette cuve, *consultez* le Mémoire cité.

---

(1) Mettre de la chaux dans une cuve, s'appelle *garnir.*
(2) L'action par laquelle on teint, s'appelle *mise en cuve* ou *paliment.*

On voit par les divers procédés ci-dessus, que l'alkali volatil est le vrai dissolvant de l'*indigo*, et qu'il n'a de prise sur lui que lorsque son agrégation est rompue. Dès-lors, le procédé où cette matière est la plus atténuée et où l'alkali abonde le plus étant le plus complet, on doit assigner la première place à celui de la cuve au vouède ; la seconde à celle de l'urine, parce que si l'*indigo* n'y est pas aussi divisé que dans l'autre, elle a quelque rapport avec elle par la quantité d'alkali volatil qu'elle contient. La cuve à froid, quoique très-commode, doit être la dernière ; la dissolution de l'*indigo* y est, il est vrai, plus parfaite que dans la cuve d'Inde ; mais elle y est aussi moins durable, parce que l'alkali volatil dégagé par la chaux est plus mobile.

Si on desire plus de détails sur les diverses manipulations de l'*indigo*, soit dans les pays où il se fabrique, soit dans les ateliers où on l'emploie, on peut consulter le *Parfait indigotier* de Monnereau, un ouvrage de Beauvais Rascau, intitulé : *Les Manufactures d'Indigo des diverses contrées*, et deux Mémoires sur cette matière, imprimés avec celui de MM. d'Orval et Ribaucour. C'est en réunissant mes observations à celles des auteurs de ces ouvrages, que j'ai rédigé cet article. (D.)

Observations sur quelques végétaux propres à la teinture.

Après les grains, les prairies, les vignes, les bois, le chanvre et le lin, la culture des plantes tinctoriales paroît celle qui mérite le plus de considération ; c'est une de ces vérités qu'il faut s'empresser de reproduire, dans un moment surtout où un concours de spéculations va multiplier et fixer sur leurs domaines un grand nombre de propriétaires, où les vues et l'esprit des capitalistes n'ont plus bientôt à se porter que sur des matières agricoles et commerciales.

La nature, comme l'on sait, n'a pas seulement assigné à la *garance*, à la *gaude* et à l'*anil* une matière colorante, elle l'a répandue encore dans une foule de végétaux sauvages. Dambourney, par ses recherches, ses travaux et sa fortune, avoit dispensé ses concitoyens, qui font une prodigieuse consommation de garance pour les indiennes qu'ils fabriquent, de tirer cette racine de la Hollande et de la Zélande ; il a indiqué en même temps des procédés simples, par lesquels il montre la possibilité de multiplier leurs nuances et de consolider leurs couleurs.

Pour donner une idée de l'étendue des obligations que nous devons à Dambourney, je desirerois offrir ici la nomenclature des fleurs, des fruits, des bois, des plantes indigènes ou naturalisées qu'il a examinées, et dont il a retiré un produit capable de suppléer les matières colorantes que l'étranger ne nous fournit qu'à grands frais ; mais je préfère de renvoyer à l'ouvrage même, à cette belle suite d'opérations, dans laquelle il est intéressant de voir ce vertueux auteur interroger sans cesse la nature, et obtenir, des substances les plus viles en apparence, les plus belles et les plus solides couleurs. Plus de neuf cents nuances sont le prix inestimable de ses veilles. L'ouvrage est intitulé : *Recueil de procédés et d'expériences sur les teintures solides que nos végétaux indigènes communiquent aux laines et aux lainages.*

Quelques jours avant que cet homme honoré et estimé de toute l'Europe fût enlevé à la partie de la France à la prospérité de laquelle il a tant contribué, il m'écrivit pour m'inviter à entretenir le Conseil d'agriculture du nouveau travail qu'il méditoit sur l'*indigo* retiré du pastel : « J'ai » vaincu, me disoit-il, de plus grands obstacles, en accré- » ditant dans les villes d'Orange et d'Avignon, la culture de » la garance ou *lizary* de Smyrne et de Chypre, dont j'avois » engagé l'administrateur Bertin à tirer directement des grai- » nes et à en faire présent aux habitans, qui, actuellement, » nous en vendent annuellement plus de 12000 balles, et » conservent à l'industrie normande, non-seulement la tein- » ture du bon rouge de Turquie, mais encore la filature de tous » les cotons de nos colonies, ressources inappréciables pour » une aussi nombreuse population que la nôtre ».

Ce fabricant, enflammé de l'amour de son pays, n'avoit pas seulement circonscrit ses recherches dans la nomenclature des plantes propres à la teinture ; il étoit parvenu à faire prospérer, dans son domaine, des végétaux qui sembloient n'avoir pas été destinés pour le climat du canton qu'il habitoit ; il devoit particulièrement ce goût pour la culture des arbres étrangers à Malesherbes, à ce philosophe qui ne travailloit que pour éclairer son siècle, et enrichir la postérité du fruit de ses dépenses, de ses soins et de ses méditations. De quelle douleur tous les gens de bien n'ont-ils pas été pénétrés, en apprenant le sort qu'il a subi ! Si quelque chose a pu les consoler d'un événement qui a été pour la France une vraie calamité, c'est l'espérance qu'un jour une statue sera élevée à Malesherbes, qui a honoré la nature humaine par ses vertus, ses longs travaux, son amour ardent pour la liberté, et son dévouement au malheur.

Sans vouloir examiner ici quelles sont les fonctions de l'écorce dans l'économie végétale, j'observerai que cette partie paroît être spécialement le siège du principe colorant. En effet, la couleur rouge que l'orcanette donne aux corps gras et huileux dans lesquels on fait infuser cette racine, dépend de son écorce; c'est par elle que la garance et la gaude sont teignantes. La plupart des baies, les raisins, par exemple, n'ont de couleur que dans leur pellicule. Peut-être la matière de l'*indigo* existe-t-elle dans la pellicule qui revêt les feuilles et les tiges de l'anil. Ainsi, depuis l'écorce épaisse de la plus grosse racine jusqu'à la membrane mince de la semence la plus imperceptible, cette partie des végétaux est d'une nature différente de la substance qui s'en trouve recouverte. Il seroit donc à desirer qu'un bon esprit comme Dambourney pût, avec sa patience et sa sagacité, se livrer à chercher, dans les écorces, des ressources pour la teinture.

Déjà quelques expériences prouvent que les coques de marrons d'Inde peuvent être utilement employées dans la teinture. Mon collègue Desmarets m'a assuré que les deux enveloppes de la châtaigne qu'on jette communément au feu, contenoient une matière tinctoriale; qu'elles teignoient en marron léger les linges dans lesquels ce fruit étoit renfermé, au point que la fermentation qu'éprouve le chiffon dans le pourrissoir et tous les lavages de la trituration dans les piles des moulins à papier, ne parvenoient point à enlever cette couleur; que ce chiffon étoit destiné en conséquence à la fabrication du papier *lombard*; d'où il est naturel de conclure que l'écorce de la châtaigne seroit en état de donner une couleur très-solide, sans qu'il fût nécessaire d'employer aucun mordant. La teinture peut donc mettre à contribution beaucoup de végétaux qui ne sont pas cultivés dans cette intention.

Il semble que les arbres et les arbrisseaux qui ont pour fruit des baies, pourroient devenir utiles à nos fabriques. Celles du *nerprun* ordinaire, après avoir subi une préparation, donnent la couleur que les peintres appellent vert de vessie; ce n'est autre chose que le suc épaissi de ces fruits, que l'on fait évaporer à une douce chaleur, et auquel on ajoute de l'alun dissous dans l'eau. Quand cette préparation a acquis la consistance de miel, on l'enferme dans des vessies que l'on met sécher dans la cheminée.

Cet arbuste offre une variété que l'on connoît sous la dénomination de *graine* ou de *grainette d'Avignon*, à cause de l'usage de son fruit et du lieu de sa naissance; elle diffère du nerprun précédent par toutes ses parties qui sont plus petites, et par les découpures de la fleur, qui ne sont pas plus longues que le tube.

Les baies de cette variété sont très-connues, très-employées pour les teintures en jaune : on prépare avec elles la couleur appelée *stil de grain;* cependant, malgré les préparations quelconques des baies, elles donnent un jaune qui se soutient très-peu, et encore moins lorsqu'elles sont pour les verts.

Le *sumac,* naturel au midi de la France, peut être cultivé dans les fonds les plus stériles, la récolte s'en fait au bout de quelques années; on se sert pour couper les branches de la faucille ordinaire; on les laisse cinq à six jours exposées au soleil, et lorsque les feuilles sont suffisamment séchées, on les détache des rameaux au moyen du fléau; les feuilles ainsi séparées sont portées sous la meule et réduites en une poudre grossière, qui est mise en cet état dans le commerce.

Les drapeaux de *tournesol* préparés dans le voisinage de Montpellier, ne sont que des chiffons de grosse toile qu'on imprègne du suc de la plante appelée *maurelle,* et qu'on expose à la vapeur de l'urine en fermentation, pour y développer une couleur bleue.

Il restoit à trouver le moyen de composer les pains de tournesol, et c'est à quoi est parvenu Chaptal; pour cela il a fait fermenter le *lichen parollus* d'Auvergne, celui qui fait la base de l'orseille, avec l'urine, la craie et la potasse.

On a cru jusqu'à ce jour que les Hollandais, à qui l'on expédie ces drapeaux, avoient l'art d'en extraire le principe colorant, et de le porter sur une base crayonneuse, pour former ce qui nous est vendu sous le nom de *pain de tournesol.*

Cependant la facilité avec laquelle ces drapeaux se colorent en rouge, la petite quantité de matière colorante qu'ils contiennent, l'impossibilité de la fixer sur une base terreuse, l'usage où sont nos commissionnaires d'adresser constamment ces drapeaux à des marchands de fromages, devoient nécessairement faire naître des doutes sur l'usage qu'on leur attribuoit. Des informations recueillies à ce sujet, ont appris que les marchands de fromages faisoient macérer des drapeaux dans un bain d'eau commune, et se servoient de cette eau pour laver leurs fromages.

Mais les arbres exotiques destinés à faire l'ornement des bois et des bosquets ne doivent pas être l'objet unique des recherches de nos voyageurs; ceux dans lesquels les arts peuvent rencontrer quelques ressources, sont dignes aussi de leur attention. Déjà Michaux fils vient d'informer la classe des Sciences physiques et mathématiques de l'Institut, que les habitans des contrées de l'Amérique septentrionale qu'il visite, font un très-grand usage de l'écorce du *quercus tinctoria,* parce qu'elle donne plus facilement sa couleur jaune que la gaude qui exige l'emploi de l'eau bouillante. A la vérité il est toujours fâcheux que ce soit dans l'écorce des arbres qu'on cherche des matériaux pour la teinture, puisque c'est aux dépens de leur existence qu'on les en dépouille. Il vaut donc mieux faire servir à cet objet les plantes annuelles, bisannuelles, les feuilles, les fleurs et les fruits.

Nous devrions encore nous occuper des plantes dont la culture une fois introduite parmi nous, fourniroit à nos fabriques plus d'alimens, au commerce une plus grande masse d'échanges, et à notre industrie un bénéfice considérable. Dans le nombre de ces plantes, je n'en citerai qu'une qui tient manifestement le second rang dans l'ordre de nos besoins; c'est l'anil, d'où l'on retire l'*indigo*. La ressemblance qui existe entre ce végétal et la *luzerne* de nos climats, m'avoit engagé autrefois à soumettre cette dernière au travail de l'*indigotier*, pour voir si elle ne fourniroit pas une fécule bleue; dans la persuasion où je suis que la couleur verte des végétaux étant, ainsi que dans les arts du peintre et du teinturier, le résultat de la combinaison du jaune et du bleu, il seroit possible d'obtenir de l'*indigo* de toute autre plante que de l'*anil*: en attendant la solution de ce problème, je crois, non sans fondement, que l'*anil* peut prospérer dans nos cantons du Midi qui offrent de beaux abris. On sait d'ailleurs qu'il y avoit autrefois, dans l'île de Malte et en Sicile, une indigoterie.

A la vérité, la chaleur de notre climat n'est ni assez intense ni assez prolongée pour donner à d'autres plantes dont on a proposé la naturalisation, le point de maturité et de perfection qu'exige leur longue végétation. Il seroit ridicule, par exemple, de tenter la culture du *roucouyer*, indigène à l'île de Cayenne, et dont la semence fournit cette belle couleur jaune, dorée et orangée. Nous sommes de la même opinion pour le *curcuma* et pour plusieurs autres végétaux venant sans culture, tels que les *lichens* qu'on ramasse sur les rochers, et avec lesquels on prépare cette belle matière connue sous le nom d'*orseille*.

D'ailleurs, qui sait si la culture, dont tant de productions ont éprouvé l'heureuse influence, n'en détérioreroit pas certaines? Mes expériences sur la *gesse tubéreuse* me portent à penser qu'il existe beaucoup de plantes chez lesquelles la constitution naturelle est l'état sauvage; que livrées à elles-mêmes et dans le plus médiocre terrein, elles sont dans leur force végétative, et fournissent tout ce qu'elles peuvent rapporter; qu'il seroit superflu de perdre ainsi son temps et ses travaux pour les améliorer et les rapprocher de celles qu'on pourroit employer en qualité de substitut ou de supplément ; que leur accroissement spontané n'est rien moins qu'un augure assuré de leur succès par les soins de la culture ; qu'il en est sans doute de quelques végétaux comme de certains individus du règne animal ; ils résistent à toute espèce de culture, comme on voit les sauvages résister à toute espèce de sociabilité.

Il y a tant de plantes utiles dont la destinée est de croître sans culture, qu'on regrette toujours de ne pas les voir couvrir une étendue de terrein perdue pour nos besoins réels. Il seroit si aisé de les multiplier dans les fossés, sur les revers et les ados des chemins, le long des rivières, des ruisseaux et des canaux, dans tous les lieux aquatiques, en imitant la nature qui répand leurs graines dans les circonstances les plus opportunes ! Tels sont la *gesse* et l'*orobe tubéreux*, le *fouchet rond*, les *macres* ou *châtaigne d'eau*, la *reine des prés*, les *salicaires*, les *menthes*, les *origans*, les *serpolets*, les *genêts*. Les uns portent des bouquets de fleurs fort agréables, et leurs feuilles sont un excellent fourrage ; les autres ont les semences ou les racines farineuses. On embelliroit les taillis avec des épis de fleurs très-odorantes ; les allées vertes seroient garnies de *fromental* et des autres graminées sauvages. On ne construiroit les clôtures qu'avec des arbrisseaux à baies, dont on pourroit retirer une boisson vineuse, une matière colorante ou une nourriture succulente pour la volaille. C'est ainsi qu'en réunissant l'agréable à l'utile, on se ménageroit des ressources même dans les plantes qui croissent, fleurissent et grainent spontanément, et sur lesquelles l'homme n'a pour ainsi dire aucun des droits que donne le travail.

On sait qu'il n'existe pas un coin de terre, de celle même qui semble frappée de stérilité, qui ne puisse nourrir son arbre ou sa plante. Il ne s'agit donc que de choisir l'espèce qui lui convienne le mieux. Que de richesses nous retirerions de notre sol, si nous ne lui donnions constamment que ce qu'il peut faire prospérer ! Il seroit très-facile de ne pas se tromper en ce genre, sans recourir à des essais toujours infructueux, souvent impraticables ; il suffiroit d'arrêter les regards sur la topographie rurale d'un pays, d'observer les productions libres de la nature, et de considérer ensuite celles que la main de l'homme dirige ; ce parallèle montreroit bientôt quels sont les végétaux qu'il faut y cultiver de préférence : ainsi, tel canton s'adonneroit aux plantes à huile, à toile, à cordage et à la teinture ; tel autre, aux grains, aux vignes et aux bois. Il n'y en auroit point qui ne pût produire du fourrage et des racines potagères. Alors cette masse de ressources acquerroit les qualités que le concours des circonstances les

XII.   E plus favorables peut y réunir; les échanges que les habitans feroient entr'eux multiplieroient leurs rapports commerciaux, et resserreroient davantage les liens de l'amitié.

Pourquoi nos colonies, qui se sont enrichies des trésors que le règne végétal renfermoit de plus important en Asie et en Afrique, n'ajouteroient-elles pas à leurs conquêtes quelques productions du continent de leur hémisphère, telle que la *cochenille*, en plantant dans les quartiers les plus favorables et autour des habitations, l'*opuntia* ou le *nopal végétal*, plus propre que tout autre pour la nourriture de cet insecte? Pourquoi, comme l'a si judicieusement observé l'auteur de l'article COCHENILLE dans ce Dictionnaire, nos entomologistes ne tenteroient-ils pas des expériences relativement à l'utilité que l'on pourroit retirer des gallinsectes indigènes?

Cependant, tout en cherchant à naturaliser de nouvelles productions, ne perdons pas de vue celles qui conviennent le mieux au sol et aux différentes températures de la France. En accordant plus d'extension à leur culture, nous serons dispensés d'acheter de nos voisins, pour des sommes considérables, ce qu'il nous est si facile de préparer au milieu de nos foyers. Ne sommes-nous pas déjà parvenus à nous passer de la noix de gale d'Alep ou de Smyrne pour la chapellerie? Cette matière n'est-elle pas avantageusement remplacée par l'écorce de chêne, qui donne un noir aussi solide, plus beau et à meilleur compte? Affranchissons-nous donc de toutes ces redevances dont étoit surchargée l'industrie. Nous possédons des objets qui seront toujours recherchés avec empressement de toutes les nations qui ne peuvent s'en approvisionner ailleurs.

Quelle circonstance plus heureuse pour augmenter la ressource des matières colorantes, que celle où le perfectionnement de la teinture occupe les méditations de deux de nos savans les plus recommandables, Chaptal et Bertholet! Il suffit de les nommer pour faire concevoir de nouvelles espérances aux arts que la chimie éclaire. (PARM.)

INDIVIDU. Être considéré d'une manière isolée et sans aucun rapport à ses semblables, ni à la classe d'êtres à laquelle il appartient. Dans les végétaux, la réunion de tous les *individus* qui se ressemblent, forme ce que les botanistes appellent une *espèce*, dans laquelle on compte autant de variétés qu'il y a de différences légères entre les *individus*. (D.)

INDRI, genre de quadrupèdes de l'ordre des QUADRUMANES et de la famille des MAKIS. *Voyez* ces mots.

Ce genre a pour caractère: quatre incisives à chaque mâchoire, ce qui le distingue de celui des *makis* proprement dits , qui en ont quatre à la mâchoire supérieure et six à l'inférieure ; museau pointu , ce qui l'éloigne du genre des *loris* , dont le museau est court et relevé ; enfin le nombre de ses dents incisives , et la longueur de ses tarses postérieurs le distinguent suffisamment des *galago* et des *tarsiers* , dont les premiers sont caractérisés par deux dents incisives supérieures très-écartées ; six inférieures ; et les seconds par quatre incisives supérieures et deux inférieures.

Ce genre, qui fait très-bien le passage de la famille des Singes à celle des Makis , n'est composé que de deux espèces , toutes deux rapportées de l'île de Madagascar par Sonnerat. Nous allons les faire connoître.

L'Indri proprement dit (*Lemur indri* Erxleb., *Syst. mam.*, g. 3 , sp. 9 ; Linn., *Syst. nat.*, éd. 13 , pag. 42 , sp. 9 ; Audebert , *Hist. nat. des Singes*; Geoffroy, *Magas. encyclop.*, t. 1 , n°. 1 , pag. 32.).

Le professeur Geoffroy , qui le premier a découvert dans cet animal des caractères assez sensibles pour le faire séparer des *makis* et pour en faire un genre distinct et particulier, lui assigne les caractères suivans : L'*indri*, dit le savant professeur , a quatre dents incisives à la mâchoire supérieure (Sonnerat, tom. 2 , pag. 142 , n'en a remarqué que deux) Elles sont séparées par paires , également larges entr'elles ; les deux intermédiaires ont le bord concave , et les deux latérales l'ont convexe. La mâchoire inférieure est aussi garnie , comme celle des *singes* , de quatre dents incisives longues de quatre à cinq lignes , contiguës entr'elles , et dans une position complètement horizontale , de même que celles de l'*hippopotame* , des *phalangers* et des *kanguroos* ; en sorte qu'elles dépassent la mâchoire supérieure d'un tiers de leur longueur.

Les pieds de l'*indri* sont divisés en cinq doigts , réunis jusqu'à la première articulation ; tous les ongles sont plats, mais au lieu d'être arrondis à l'extrémité comme ceux de l'homme , ils se terminent en pointe très-aiguë. Le pouce des pieds de derrière est très-gros et plus long que celui des pieds de devant. Le museau n'est pas aussi alongé que celui des *makis* ; la tête est celle d'un *renard*, et les formes, en général , approchent de celles de l'homme. Lorsque l'*indri* est debout , il a , en hauteur , sept fois la longueur de sa tête ; ce quadrupède a deux mamelles placées sur la poitrine , et les organes de la génération conformés de même que dans les *singes.*

Cet animal est presque tout noir; le museau , le bas-ventre, le derrière des cuisses et le dessous des bras sont grisâtres ; le bas des reins , vers la queue (qui est très-courte), est blanc ; le poil de cette partie est laineux et crêpu comme celui d'un *mouton ;* sur tout le reste du corps, la fourrure est soyeuse et très-fournie. L'œil est blanc et a beaucoup de vivacité. Le cri est celui d'un enfant qui pleure.

Les *indris,* dit Sonnerat, sont des animaux très-doux; les Madegasses, habitans de la partie du Sud, les prennent jeunes, les élèvent et les forment pour la chasse, comme nous dressons les *chiens.*

L'INDRI A BOURRES (*Lemur laniger* Linn.; Erxleb., *maki à bourres.* Sonnerat (*Voyage aux Ind. et à la Chine,* t. 2, pag. 142, pl. 89.).

Ce quadrupède, regardé par Buffon comme une espèce de *maki,* en est cependant distingué par tous les caractères qui sont propres à l'*indri.* Il a, comme tous les animaux de la même famille, un poil doux et laineux, mais plus touffu et en flocons conglomérés, ce qui fait paroître son corps large et gros; la tête est large et courte; il n'a pas le museau aussi alongé que le *vari,* le *mongous,* le *moccoco.* Les yeux sont très-gros, et les paupières bordées de noirâtre. Le front est large; les oreilles, courtes, sont cachées dans le poil.

La longueur de cet animal, du bout du nez à l'origine de la queue, le corps étendu, est de onze pouces six lignes. Sa tête a de longueur deux pouces trois lignes. Une grande tache noire, qui se termine en pointe par le haut, couvre le nez, les naseaux et une partie de la mâchoire supérieure. Les pieds sont couverts de poils fauves, teintés de cendré ; les doigts et les ongles sont noirs ; le pouce des pieds de derrière est grand et assez gros, avec un ongle large, mince et plat; ce premier doigt tient au second par une membrane noirâtre. En général, la couleur du poil est brune et d'un fauve cendré, plus ou moins foncé en différens endroits, parce que les poils sont bruns dans leur longueur et fauves à leur pointe. Le dessous du cou, la gorge, la poitrine, le ventre, la face intérieure des quatre jambes, sont d'un blanc sale teinté de fauve ; le brun domine sur la tête, le cou, le dos, le dessus des bras et des jambes ; le fauve cendré se montre sur les côtés du corps, les cuisses et une partie des jambes. Les oreilles sont d'un fauve plus foncé, ainsi que la face extérieure des bras et des jambes jusqu'aux talons; toute la partie du dos voisine de la queue est blanche, teinte d'une couleur fauve, qui devient orangée sur toute la longueur de cette queue, laquelle est plus longue à proportion que celle de l'*indri* proprement dit.

Le MAKI POTTO (*Lemur potto* Linn., *Syst. nat.,* édit. Gm., t. 1, pars. 1, pag. 42, n° 6, *Potto, Bosman, Bestuyo van de Guin., Kust.* 11, p. 30, fig. 4.), ne diffère des *indris* et des *loris* que par sa très-longue queue; et, à l'exception de ce caractère, il a beaucoup de ressemblance avec les premiers de ces animaux. Il se trouve en Guinée. (DESM.)

INFLORESCENCE, disposition des fleurs dans les plantes. Elle est constante et régulière dans les mêmes espèces. Quelquefois les fleurs s'élèvent immédiatement de la racine, comme dans le *colchique*; mais le plus souvent elles naissent sur la tige ou sur les rameaux, à leur sommet, ou aux aisselles des feuilles, tantôt disposées dans un certain ordre, soit opposées les unes aux autres, soit alternes, unilatérales ou en anneaux; tantôt n'offrant, pour ainsi dire, aucun ordre apparent : on les nomme alors *éparses*. La plupart ont un support qui leur est propre; beaucoup en sont privées. Les unes sont solitaires sur les points de la tige qu'elles occupent; les autres y sont rassemblées deux à deux, ou en plus grand nombre. Celles-ci par leurs réunions différentes, présentent des groupes très-variés auxquels les botanistes ont donné les noms de CIME, de GRAPPE, d'OMBELLE, de CORYMBE, &c. *Voyez* ces mots et l'article FLEUR. (D.)

INGA, nom spécifique d'une espèce d'*acacie*, dont la semence est entourée d'une pulpe sucrée. *Voyez* au mot ACACIE. (B.)

INHALATION. *Voyez* INSPIRATION. (D.)

INHAME. *Voyez* IGNAME. (S.)

INHAZARAS, quadrupède de la côte de Zanguebar, indiqué par Purchass, et qui paroît être le COCHON DE TERRE. *Voyez* ce mot. (S.)

INIAN, altération d'IGNAME. *Voyez* ce mot. (B.)

INO. *Voyez* PAPILLON. (S.)

INOCARPE, *Inocarpus*, arbre à feuilles alternes, oblongues, un peu en cœur, très-entières, à fleurs portées sur des épis axillaires, et accompagnées de petites bractées, lequel constitue, d'après Forster, un genre dans la décandrie monogynie.

Ce genre a pour caractère, un calice monophylle, petit, partagé en deux découpures, oblongues, obtuses, égales; une corolle monopétale, infundibuliforme, à tube cylindrique et à limbe partagé en cinq découpures linéaires; dix étamines sur deux rangs et attachées au tube; un ovaire supérieur, oblong, velu, dépourvu de style, à stigmate concave.

Le fruit est un drupe ovale, grand, un peu comprimé, courbé au sommet, contenant un noyau fibreux, réticulé et monosperme.

L'*inocarpe* croît naturellement dans les îles de la mer du Sud, et principalement à Otahiti, où Forster rapporte qu'on en mange les fruits, comme en Europe les châtaignes, dont ils ont le goût, quoique moins agréables et plus durs. Son écorce est astringente et guérit la dyssentérie. On en tire un suc glutineux , qui sert aux sauvages à affermir les liens des fers de leurs flèches. (B.)

INONDATION. *Voyez* DÉLUGE. (PAT.)

INSECTE , *Insectum*. On nomme ainsi les êtres *organiques animés*, compris dans la huitième classe du *Règne animal*, et dont la définition la plus précise qu'on en ait donnée jusqu'à ce moment , est celle-ci : *animaux sans vertèbres , à corps et pattes formés de plusieurs pièces.*

DE L'UTILITÉ ET DES AGRÉMENS DE L'ÉTUDE DES INSECTES.

On a dit avec certain fondement, que l'étude des *insectes* auroit pu seule nous apprendre plusieurs arts utiles. Ainsi, les *guêpes* composoient leurs nids d'une sorte de papier, long-temps avant qu'on eût pensé à avoir des papeteries. Les *mouches à scie* ou *tenthrèdes*, scioient pour ainsi dire les branches de différens arbres, bien long - temps avant que nous eussions inventé l'instrument dont elles ont pris leur nom. Et cet instrument que nous possédons, et qui nous est d'une si grande utilité, ne réunit pas, à beaucoup près, autant d'avantages que celui des *tenthrèdes*, qui fait en même temps les fonctions d'une scie, d'une râpe et d'une lime. D'après ce modèle, ne pourrions-nous pas encore perfectionner cet instrument ? Le *xylocope violet* (*abeille perce-bois*) perçoit et creusoit de la manière la plus simple, de vieux troncs d'arbres; les *ichneumons* introduisoient leurs aiguillons à travers les parois des nids des *guêpes de murailles*, formés d'une matière très-dure, long-temps avant que nous connussions la tarière, la sonde, et autres instrumens qui nous servent aux mêmes usages. Les *termès*, de la grosseur de nos *fourmis*, bâtissoient avec une promptitude incroyable, en Afrique et en Asie, des nids de la hauteur de quinze à seize pieds, sur lesquels la pioche n'a presque aucune prise, lorsque l'art de la maçonnerie n'existoit point encore chez nous. Enfin, l'instrument avec lequel les *papillons*, les *cousins*, les *mouches*, les *punaises*, pompent ou attirent les différens liquides dont ils se nourrissent, n'auroit-il pas dû nous donner l'idée de ces pompes aspirantes, ou autres instrumens auxquels nous pourrions ajouter de nouveaux degrés de perfection, en les comparant ensemble ?

Si l'étude des *insectes* a pu servir à faire disparoître bien des préjugés qui ne pouvoient qu'arrêter les progrès des connoissances, pourrions-nous oublier d'en faire mention, et de fournir les preuves qui doivent convaincre de cette vérité ?

Combien de fois l'histoire a fait mention de pluies de sang, d'eau changée en sang, phénomènes regardés comme sinistres, et qui laissoient toujours après eux l'épouvante! Eh bien! cette pluie, ce changement étonnant d'eau en sang, regardé par le peuple et les théologiens, comme l'œuvre impie et redoutable des sorciers et des démons, n'étoit produit que par quelques papillons qui, au moment d'acquérir leur dernière forme, laissoient échapper des gouttes d'une liqueur rouge, laquelle se projetoit sur les murs, les troncs des arbres, et autres objets qui avoient servi de point d'attache à la chrysalide. Les eaux changées en sang ne sont produites, ainsi que l'a reconnu Swammerdam, que par un amas d'une multitude de très-petits entomostracés du genre de *daphnie* et de *cyclope*, dont le corps est d'une belle couleur rouge.

Avant que Rhédi, Malpighi, Swammerdam, Réaumur, eussent porté leur génie observateur dans l'étude des *insectes*, plusieurs opérations de la nature n'étoient-elles pas livrées à des idées fausses? Quand on pouvoit adopter la *génération équivoque*, à combien d'autres opinions absurdes qui en dérivoient, ne devoit-on pas donner accès? Sans doute on doit mettre au même nombre des obstacles qui avoient le plus arrêté les progrès de nos connoissances sur les *insectes*, cette opinion des anciens, qui les faisoient sortir de la pourriture de différens corps; car, dès qu'on croyoit qu'ils venoient de corruption, la partie la plus curieuse de leur histoire, tout ce qui a rapport à la manière dont ils se perpétuent, ne sembloit pas demander à être étudiée. Il en étoit de même à l'égard des transformations des *insectes*, lorsqu'on ignoroit qu'elles ne sont que de simples développemens. Pourroit-on penser qu'il est assez indifférent d'avoir des idées saines sur de pareils objets? Tout bon esprit peut-il ignorer, que, tout comme une erreur tient à toutes les erreurs, une vérité tient à toutes les vérités?

Dès qu'on eut reconnu que les *insectes* ont besoin de s'accoupler pour se reproduire, on s'empressa d'établir à leur égard, comme à l'égard des autres animaux, une règle générale dans la nature. Cependant, sans l'étude réfléchie des *insectes*, auroit-on pu penser qu'il en est qui se multiplient sans aucun accouplement, au moins pendant neuf générations consécutives? (*Voyez* PUCERON.) N'est-ce pas un nouveau phénomène intéressant que celui que présentent ces mêmes *pucerons*, qui sont vivipares dans la belle saison, et ovipares aux approches de l'hiver? Ces *insectes* ne sont pas les seuls qui devoient nous apprendre à ne pas vouloir borner la nature dans le cercle de nos conceptions ou de nos connoissances. L'*hippobosque* ne nous a-t-il pas montré qu'il est des petits qui sont, à l'instant de leur naissance, presque aussi grands que la mère qui les met au jour ?

L'on a remarqué que les apparitions de diverses especes d'*insectes*, au retour de la belle saison, ayant un rapport direct avec la température de l'atmosphère, pourroient faire considérer ces êtres comme des *thermomètres naturels*. Il y en a qu'un degré médiocre de chaleur fait développer, d'autres qui ont besoin d'une chaleur plus considérable. Quelques-uns pourroient encore mieux servir de *baromètres* : ainsi, il faut s'attendre à quelque tempête, à quelque pluie, lorsque les *abeilles* se retirent avec empressement dans leurs ruches ; lorsque les *fourmis* cachent leurs larves ou leurs nymphes ; quand les *mouches* piquent vivement ; quand les *papillons* ne volent pas fort haut. &c., &c.

On a remarqué qu'il existoit des rapports certains entre les travaux des *araignées* et l'état présent ou prochain de l'atmosphère. *Voyez* ARAIGNÉE.

Combien d'autres recherches, aussi agréables qu'utiles, pourroit faire naître l'étude des *insectes*, si on vouloit s'y livrer avec autant de zèle que de constance ! Mais ce qui arrête encore le desir et les progrès de cette étude, c'est l'opinion que les êtres qui en seroient l'objet, ne sont pas assez importans pour mériter qu'on s'en occupe avec quelque attention suivie. Sans doute on ne doit pas se lasser de répéter, que les hommes sont toujours la dupe des idées de grand et de petit. Ceux mêmes qui savent le mieux que le grand et le petit ne sont que de simples rapports, cèdent souvent sans s'en appercevoir, aux impressions que le grand fait sur eux. « Pourquoi, dit Réaumur, craindrions-nous de trop louer les ouvrages de l'Etre Suprême ? Une machine nous paroît d'autant plus admirable, et elle fait chez nous d'autant plus d'honneur à son inventeur, que, quoiqu'aussi simple qu'il est possible par rappport à la fin à laquelle elle est destinée, il entre dans sa composition un plus grand nombre de parties, et de parties très-différentes entre elles. Nous avons une grande idée du génie de l'ouvrier qui a su réunir et fait concourir à la même fin, autant de parties différentes et nécessaires. Celui qui a fait les machines animées que nous appelons des *insectes*, n'a assurément fait entrer dans leur composition que les parties qui devoient y être. Combien, malgré leur petitesse, ces machines nous doivent-elles paroître plus admirables que celles des grands animaux, s'il est certain qu'il entre dans la composition de leur corps beaucoup plus de parties qu'il n'en entre dans celle des corps énormes des éléphans et des baleines ! Pour faire paroître au jour un papillon, une mouche, un scarabée, en un mot, tous les *insectes* qui ont à subir des transformations, il a fallu au moins faire l'équivalent de deux animaux, faire une *chenille* dans laquelle le *papillon* prît tout son accroissement, faire des *larves* dans lesquelles la *mouche* et le *scarabée* pussent croître ».

La prodigieuse variété des formes des *insectes* dans les différens ordres ou les différens genres, offre déjà un grand spectacle à qui sait le considérer. Quelle variété dans le moule de leur corps, dans le nombre de leurs pattes, dans leur arrangement, dans la figure et la structure des ailes, en un mot dans toutes les parties extérieures de leur organisation ! Ce spectacle seul n'est-il pas propre à attacher agréablement nos yeux, et à élever utilement notre ame vers la contemplation de la nature, aussi inépuisable dans la diversité que dans l'abondance de ces mêmes êtres, dont la petitesse même doit être un motif de plus pour nous engager à les rechercher, à les découvrir et à les observer ? Mais combien de merveilles nous sont cachées, et le sont pour toujours ! que nous en découvririons si nous pouvions voir distinctement tout l'artifice de la structure intérieure du corps des *insectes* ! Un sauvage, a dit Réaumur, né et élevé dans les plus épaisses forêts du Nord, qui se trouveroit tout d'un coup transporté devant un de nos plus superbes palais, concevroit de grandes idées des hommes qui ont construit de tels édifices. Mais il auroit bien d'autres idées de l'industrie humaine, s'il parvenoit à voir tout ce que renferme l'intérieur de ces palais, et à prendre quelque connoissance relativement aux commodités et aux ornemens qui y sont rassemblés. Ainsi les merveilles prodiguées dans la construction intérieure des *insectes* nous échappent. On n'a pas laissé pourtant que d'y voir bien des mécaniques surprenantes, et qui doivent fortement exciter ceux qui étudient ces êtres, à pousser encore plus loin leurs recherches. Peut-être est-ce dans l'anatomie comparée et perfectionnée des *insectes*, que nous devons trouver la solution de bien des problêmes relatifs à l'anatomie du corps humain.

Nous emprunterons encore une fois le langage de Réaumur pour répondre à ceux qui méprisent l'étude des insectes : « Un goût exquis, dit cet illustre observateur, et un jugement sûr, qui mettent en état d'apprécier toutes les beautés des ouvrages d'esprit, d'en saisir et d'en démêler les défauts, ne sont pas de simples présens de la nature; ils n'ont pu être formés que par bien des connoissances acquises et par beaucoup de réflexions et de méditation ; ils donnent à ceux qui en sont doués une grande supériorité sur ces hommes assez bornés pour faire marcher de pair des ouvrages médiocres et des ouvrages excellens. Nous avons attaché, et avec raison, une sorte de gloire à savoir connoître les degrés de perfection et les défauts des productions des beaux arts, des ouvrages de poésie, de musique, de peinture, de sculpture, d'architecture. N'y a-t-il qu'à connoître l'excellence des ouvrages du maître de la nature, du maître des maîtres, à quoi nous ne pensions pas, ou nous ne pensions presque pas qu'il y ait de mérite? Ce sont à la vérité des ouvrages qui ne donnent point de prise à une critique raisonnable, où il n'y a qu'à admirer, et où des intelligences comme les nôtres, et même les plus parfaites intelligences finies, ne sauroient voir tout ce qui s'y trouve d'admirable; mais moins les intelligences sont bornées, et plus elles y découvriront de merveilles. Cependant on n'a pas encore osé mettre en honneur, pour ainsi dire, ou presque jusqu'ici regardé que comme des amusemens frivoles, ces connoissances si capables d'élever l'esprit, de le porter vers le principe d'où tout part et vers la fin à laquelle tout doit tendre. Celui qui en est encore au point de croire qu'un *insecte* peut n'être qu'un peu de bois ou de chair pourrie, ou celui qui n'a aucune idée des merveilleux organes de ces petits êtres animés, n'est-il pas dans une ignorance plus grossière et plus blâmable que l'homme qui confond tous les chefs-d'œuvre des beaux arts avec les productions les plus brutes et les plus informes »?

Nous devons sans doute nous proposer encore d'exciter ceux qui contempleront les *insectes*, à chercher à nous les rendre plus utiles qu'ils ne le sont déjà, quoiqu'ils nous le soient beaucoup, et à augmenter, s'il est possible, la liste de ces espèces déjà utiles, parmi lesquelles nous devons citer les *abeilles*, les *cantharides*, les *diplolèpes*, les *kermès*, le *bombyx du mûrier* (*le ver-à-soie*), &c.

Histoire de l'Entomologie.

L'*entomologie* est, ainsi que nous l'avons dit à l'article de ce nom, la science qui a pour but la connoissance des *insectes*. Les auteurs qui se sont livrés à cette étude peuvent être partagés en deux ordres principaux ; 1°. les auteurs systématiques, et 2°. les auteurs observateurs.

Auteurs systématiques.

Le célèbre *Aristote* entrevit il y a plus de deux mille ans plusieurs des coupes principales, établies depuis deux siècles seulement, dans les *insectes*. Depuis ce grand homme, plusieurs auteurs se sont occupés des *insectes*, mais ne les ont considérés que comme formant une foible partie du règne animal. Les plus célèbres sont : *Pline* le naturaliste, *Guil-*

Iaume Rondelet, *Pierre-André Mathiole*, *Agricola*, *Gaspard Schwenckfeld*, *Ulysse Aldrovande*, *Wolfgan Fransius*, *Conrad*, *Gesner*, *Thomas Moufet*, *Eusèbe Nieremberg*, *Jean Hæfnagel*, *Venceslas Hollar*, *Georges Marcgrave*, *Jean Jonston*, *Olaus Wormius*, *Jean Goedart*, *Robert Lovell*, *Gualtere Charleton*, &c. Nous passerions les bornes que nous nous sommes prescrites, si nous parlions de chacun de ces auteurs en particulier ; nous nous bornerons donc à faire mention de ceux qui ont traité des *insectes* suivant une méthode déterminée. Nous placerons à la tête de ces auteurs systématiques *Agricola*, encore célèbre parmi ceux qui s'occupent de minéralogie. Il a publié en 1549 un ouvrage intitulé : de *Animantibus subterraneis*, dans lequel il distribue les insectes en marchans, volans et nageans. Il ajoute à cette distribution des observations de peu d'importance sur les espèces en particulier. Le second auteur systématique que nous citerons, est *Thomas Moufet*, qui écrivit un traité portant pour titre : *Theatrum insectorum*, lequel ne fut publié qu'en 1654, environ trente années après la mort de l'auteur, par les soins de *Théodore de Meyerne*. Cet ouvrage est divisé en deux livres, dont le premier traite, avec assez peu de méthode, des *insectes ailés ;* le second des *insectes sans ailes* (*impennibus*), lesquels sont divisés en plusieurs sections caractérisées par le nombre des pattes et leur position.

Ulysse Aldrovande destina le septième livre du grand ouvrage qu'il publia en 1602, à l'histoire méthodique des *insectes*. Le système qu'il a suivi dans cette compilation sans bornes, y est présenté d'abord par des tableaux synoptiques, dans lesquels les *insectes* sont distribués en deux grandes classes, les *insectes terrestres* et les *insectes aquatiques*. La plupart des ordres qui soudivisent ces deux classes sont déterminés par le nombre, la nature et la position des ailes et des pattes. Le premier ordre comprend les *insectes* qu'Aldrovande appelle *favifica* (qui sont des rayons); le second, ceux qu'il nomme *non favifica*. Au reste, cet auteur avoue qu'il a emprunté presque tout ce qu'il en dit d'Aristote.

Wolfang Frenzius, dans son *Historia animalium sacra*, 1612, a distribué, suivant la méthode d'*Agricola*, les *insectes* en trois classes, dont la première comprend les *insectes aëriens* (*aërea*), la seconde, les *insectes aquatiques* (*aquatica*), et la troisième, les *insectes terrestres* et *rampans* (*terrea et reptentia*). Nous ajouterons que les descriptions données par *Frenzius* sont beaucoup plus exactes que celles des auteurs qui l'avoient précédé.

Jean Jonston fit paroître en 1653, son *Historia naturalis insectorum*, distribuée en quatre livres, dont la base principale a été empruntée de *Moufet* et d'*Aldrovande*. Le premier livre traite des *insectes terrestres* pourvus d'ailes et de pattes ; le second, des *insectes terrestres* qui n'ont que des pattes et point d'ailes ; le troisième, des *insectes terrestres apodes* ; et le quatrième, des *insectes aquatiques*.

Gualter. Charleton (Walter) donna en 1668 son *Onomasticon zoïcon*, dans lequel il adopte entièrement le systême d'*Aldrovande*.

Quoique tous les auteurs dont nous venons de faire mention aient bien mérité de l'entomologie, plusieurs cependant doivent être considérés plutôt comme des compilateurs que comme des observateurs, parce qu'ils ont puisé dans les auteurs qui les ont précédés, plusieurs des faits qu'ils ont publiés.

Comme l'invention des microscopes en 1618, fournit les moyens d'examiner les parties les plus délicates de l'organisation des plus petits *insectes*, ce qu'on n'auroit pu faire sans cette importante découverte, une foule d'auteurs la mirent à profit et publièrent une multitude d'observations physiologiques et anatomiques sur les *insectes*. Les plus célèbres parmi les auteurs, sont : *Pierre Borel, François Rhédi, Jean Swammerdam, Bonomo, Philippe Bonanni, Antoine Van, Leuwenhoëvk* et *Joblot*, mais aucun, excepté *Swammerdam*, n'a rangé méthodiquement les animaux qu'il a observés. Nous allons exposer avec quelques détails ce qui concerne ces entomologistes.

Jean Swammerdam, dans sa *Biblia naturæ*, publiée en 1669, n'adopte aucun des systêmes proposés par les écrivains qui l'ont précédé. Il y distribue les *insectes* en quatre classes, d'après les diverses métamorphoses qu'ils subissent avant de parvenir à l'état parfait (1).

Martin Lister a retouché l'ouvrage de *Goeddart* sur les métamorphoses et l'histoire naturelle des *insectes*, et a distribué ces animaux en dix sections, dont la première comprend les *papillons à ailes perpendiculaires* ; la seconde, les *papillons à ailes horizontales* ; la troisième, les *papillons à ailes tombantes* (*alis deflexis*) ; la quatrième, les *libellules* ; la cinquième, les *abeilles* ; la sixième, les *coléoptères* ; la septième, les *sauterelles* ; la huitième, les *mouches* (*diptera*) ; la neuvième, les *mille-pieds* ; la dixième enfin, les *araignées*. Cet ouvrage n'ayant point été publié par l'auteur, mais par

---

(1) Ce systême étant exposé dans la partie de cet article qui traite des métamorphoses des *insectes*, nous nous abstiendrons d'en rendre compte ici.

quelques-uns de ceux qu'il avoit chargés de cette commission, est rempli de fautes, tant de typographie que d'histoire naturelle.

Jean Raï a divisé les *insectes*, en *transmutables* (*transmutabilia*), et *intransmutables* (*intransmutabilia*), selon qu'ils subissent des changemens ou qu'ils sont sujets aux métamorphoses. Il soudivise chacune de ces deux grandes classes en plusieurs ordres, suivant l'absence ou le nombre de pattes. Quelques-uns de ces ordres sont déterminés par les lieux qu'habitent les *insectes* qu'ils comprennent, par la grandeur, la conformation des diverses parties du corps de ces *insectes*, ou enfin d'après l'odeur qu'ils répandent, et leurs autres propriétés. (La méthode des insectes *intransmutables* est due à *François Willughby*, et non pas à *Raï*.) Ce dernier auteur établit trois ordres d'*insectes transmutables*, qui correspondent aux ordres deuxième, troisième et quatrième de la méthode de *Swammerdam*. Il soudivise les *transmutables* du second ordre, relativement au nombre et à la nature des ailes, en 1°. *vaginipennes* (ailes recouvertes par des étuis), 2°. *papillons*, 3°. *quadripennes*, et 4°. *bipennes* (quatre ou deux ailes). Les *papillons*, les *quadripennes* et les *bipennes* sont encore partagés en plusieurs familles ou genres, dont les caractères sont tirés de la conformation de la chenille, ou de la forme et de la couleur du corps de l'*insecte* parfait et de ses diverses propriétés.

Antoine Valisneiri a distribué dans son ouvrage intitulé *Esperienze et Osservazioni intorno agli insetti*, publié en 1730, les *insectes* en quatre classes, suivant les lieux qu'ils habitent.

Les plus célèbres des écrivains sur l'histoire naturelle des *insectes exotiques*, qui vivoient à cette époque, sont : *Claude Perrault*, auteur des *Memoires sur l'histoire naturelle des animaux*, 1671.

Samuel Bochart, qui écrivit en 1675, ses *Hierozoicon sive bipartitum opus de animalibus sanctæ scripturæ*.

Marie Sibylle de Merian, qui donna en 1705, *Metamorphosis insectorum Surinamensium*; en 1717, *Erucarum ortus*, &c. en 1784, *Vid. systemat. Verzeich. der Schriften*, &c.

Jean-Alphonse Borelli, qui fit paroître en 1685, son ouvrage ayant pour titre, *de Motu animalium*.

Jean Cyprien, auteur d'une *Historiæ animalium*, imprimée à Francfort en 1688.

Etienne Blancard, qui fit les *Schon-Burg der rupsen, wormen maden*, &c. en 1688.

Emmanuel Kœnig, auteur d'un livre intitulé *Regnum animale*, &c., donné à l'impression en 1690.

Ferrand l'Empereur, Napolitain, qui donna en 1672, son *Historia naturale*, &c.

Jean de Muratto, auteur du livre portant pour titre *Animalium contemplatio physica*, publié à Turin, en 1709.

Georges-Bernard Rhump, qui fit paroître en 1705 et 1741, son ouvrage intitulé *Amboinische rariteitkammer*, &c.

Jean Sloane, Anglais, a qui l'on doit le *Voyage to the Islands Madera, Barbadoes, Nieves, Saint-Christophers and Jamaica*, 1707 — 1725.

Henri Ruisch, auteur du *Theatrum universale omnium animalium*, 1710 — 1718.

Jacob Petiver, qui donna en 1713, ses *Icones et nomina Aquatilium animalium Amboinæ*.

Eléazard Albin, auteur du bel ouvrage portant pour titre, *A Natural Histori of English Insects illustrated with a hunderd copper-plates*, &c. et de plusieurs opuscules.

Richard Bradley, qui fit paroître en 1721 : *Philosophical Account of the Works of Nature*.

François Valentin, auteur de plusieurs ouvrages allemands sur diverses branches d'histoire naturelle.

Jacob-Théodore Klein, auteur d'une multitude d'opuscules sur les oiseaux, les poissons, les amphibies et les vers.

Enfin, vint *Linnæus*, qui distribua systématiquement toutes les productions de la nature en classes, ordres, genres, familles et espèces, qu'il détermina par des caractères certains. Le mérite principal de cet homme justement célèbre, et par lequel il surpassa tous les auteurs auxquels il succéda, consiste presque uniquement dans l'esprit profondément systématique dont il fit toujours usage.

Dans la première édition de son *Systema naturæ*, publié en 1735, Linnæus distribue les *insectes* suivant le nombre et la forme des ailes, en quatre ordres; 1°. celui des *coléoptères;* 2°. celui des *angioptères;* 3°. celui des *hémiptères;* 4°. enfin, celui des *aptères*. Il plaça parmi les *vers* plusieurs animaux qu'on avoit rangés jusqu'à ce temps parmi les *insectes;* tels sont les *lombrics* et les *tareti* ou *perce-pierres*, &c.

Dans les éditions subséquentes du *Systema naturæ*, que Linnæus publia jusqu'au nombre de douze, il y a établi sept ordres d'*insectes*, d'après le nombre des ailes et la forme de l'abdomen, c'est-à-dire, ceux, 1°. des *coléoptères;* 2°. des *hémiptères;* 3°. des *lépidoptères;* 4°. des *névroptères;* 5°. des *hyménoptères;* 6°. des *diptères;* et 7°. des *aptères*.

L'entomologie établie sur des fondemens très-solides par Linnæus, excita l'attention d'un si grand nombre de naturalistes , qu'il ne seroit pas difficile de remplir plusieurs pages de leurs noms.

Parmi les entomologistes qui écrivoient du temps de Linnæus, Lyonnet et Roësel furent les seuls qui crurent devoir adopter la méthode de Swammerdam ; quelques-uns en adoptant la méthode de Linnæus , la modifièrent ou y firent quelques changemens : parmi ces derniers nous remarquons *Charles Degéer*, qui publia en 1752—1778 , des *Mémoires pour servir à l'histoire des insectes*. Il distribue les petits animaux en quatorze classes , qu'il détermine par toutes les formes qu'affectent les parties qui composent leurs corps , principalement par celles des élytres , des ailes et des différentes parties qui se remarquent sur la tête.

Jean Retzius a simplifié la méthode de Degéer , dans un petit ouvrage intitulé : *Genera et species insectorum a generosissimi auctoris scripti extraxit*, &c. il adapta la terminologie linnéenne à la méthode de Degéer. Voici les noms qu'il donne aux quatorze classes de Degéer : 1. *lepidopteræ*, 2. *alinguia*, 3. *nevroptera*, 4. *hymenoptera*, 5. *siphonata*, 6. *dermaptera*, 7. *hemiptera*, 8. *coleoptera*, 9. *hasterata*, 10. *proboscidea*, 11. *suctoria*, 12. *ancenata* , 13. *atrachelia* , et 14. *crustacea*.

Geoffroy, dans son *Histoire abrégée des insectes*, publiée à Paris en 1762 , établit six classes d'*insectes* , savoir : celles 1°. des *coléoptères* ; 2°. des *hémiptères* ; 3°. des *tétraptères à ailes farineuses*; 4°. des *tétraptères à ailes nues* ; 5°. des *diptères*, et 6°. des *aptères*; il détermine les ordres par le nombre des articles des tarses , et les genres par tous les caractères que peuvent fournir les diverses parties du corps; c'est ainsi qu'il forme un assez grand nombre de nouveaux genres , aujourd'hui universellement adoptés.

Jean-Antoine Scopoli , dans son *Entomologia carniolica* , publiée en 1753, a distribué les *insectes* en ordres, genres , espèces , variétés , suivant la méthode de Linnæus, de laquelle il changea seulement les noms de plusieurs ordres. Ces changemens sont les suivans : *proboscidea* pour *hemiptera ;* *aculeata* pour *hymenoptera ; halterata* pour *diptera;* et *pedestria* pour *aptera*.

Jacques-Chrétien Schœffer a le plus souvent suivi la méthode de Geoffroy , et par conséquent celle de Linnæus ; il a divisé les *insectes* en sept classes, qu'il nomme ainsi : 1. *coleoptero-macroptera*, 2. *coleoptero-microptera*, 3. *hemiptera*, 4. *hymeno-lepidoptera*, 5. *hymeno-gymnoptera*, 6. *diptera*, et 7. *aptera*. Sa première et sa seconde classe correspondent à l'ordre des *coleopetera* de Linnæus; sa quatrième à l'ordre des *lepi-*

doptera du même auteur, enfin, sa cinquième à celui des *hymenoptera*.

Thomas Brunich a établi de nouveaux genres dans son *Entomologia*, ouvrage dans lequel il a réuni tous les caractères des ordres et des genres, sous forme de tableaux.

Jean Chrétien Fabricius, de Kiel, est le fondateur d'une nouvelle méthode entomologique qu'il exposa dans son *Systema entomologia*, publié en 1775; il a déterminé les genres et les classes des *insectes* par les formes qu'affectent les instrumens de la manducation (*instrumenta cibaria*. Voy. l'article Bouche). Les huit classes dans lesquelles il distribua d'abord la totalité des *insectes*, ont reçu de lui le nom d'*eleutherata*, *ulonata*, *synistata*, *agonata*, *unogata*, *glossata*, *rhingota*, *antliata*. Il établit dans cet ouvrage une assez grande quantité de nouveaux genres.

Il publia sur le même plan divers ouvrages dont voici les titres: *Species insectorum.—Mantissa insectorum.—Entomologia systematica;* et dans un supplément à ce dernier ouvrage, il partage les *insectes* en treize classes, savoir: les *éleutherates*, les *ulonates*, les *synistates*, les *piézates*, les *odonates*, les *mitosates*, les *unogates*, les *polygonates*, les *kleistagnathes*, les *exochnates*, les *glossates*, les *ryngotes* et les *anthliates*. Depuis quelques mois, cet auteur vient de faire paroître un ouvrage nouveau sous le titre de *Systema eleutheratorum*, dont il n'a paru que les deux premiers volumes qui traitent des *éleuthérates* ou *coléoptères*.

Jean-Antoine Scopoli, celui dont nous avons déjà parlé, dans son *Introductio ad historiam naturalem*, 1777, abandonne entièrement le système de Linnæus, et fait usage d'une méthode nouvelle; il distribue les animaux en douze tribus, auxquelles il donne les noms de: 1°. *Mullerii-infusoria;* 2°. *Ellisii-helmintica;* 3°. *Gualtierii-testacea;* 4°. *Swammerdamii-lucifuga;* 5°. *Geoffroy-gymnoptera;* 6°. *Roesellii-lepidoptera;* 7°. *Reaumurii-proboscidea;* 8°. *Frischii-coleoptera;* 9°. *Artedi-pisces;* 10°. *Seba-amphibia;* 11°. *Edwardi-aves;* 12°. *Kleinii-mammalia*. Ces tribus sont divisées en genres. Les *insectes* sont tous compris dans les tribus 4ᵉ, 5ᵉ, 6ᵉ, 7ᵉ et 8ᵉ, et distribués de la manière suivante;

La tribu des *lucifuga* se partage en deux genres, les *crustacea* et les *pedicularia*. La tribu des *gymnoptera* comprend les genres *halterata*, *aculeata* et *caudata*. La tribu des *lepidoptera* se forme des genres *sphinx*, *phalena* et *papilio*. La tribu des *proboscidea* se compose de deux genres seulement, les *terrestria* et les *aquatica*. Enfin la tribu des *coleoptera* renferme aussi les genres *aquatica* et *terrestria*.

Jean Nepomuk de Laicharting a divisé les *insectes* en dix classes, caractérisées par plusieurs parties du corps. Voici les noms de ces classes : *scarabæoïdes*, *grylloïdes*, *cimicoïdes*, *papilionoïdes*, *libelluloïdes*, *vespoïdes*, *muscoïdes*, *cancroïdes*, *aranoïdes* et *oniscoïdes*. Presque toutes ces classes correspondent exactement à celles de la méthode de Linnæus.

Je publiai en 1790, dans le tome IV du *Dictionnaire des insectes*, faisant partie de l'*Encyclopédie méthodique*, une méthode d'entomologie peu différente de celle de Linnæus, mais dans laquelle cependant je formai un ordre de plus, celui des *orthoptères*, que je caractérisai par la manière dont se plient les ailes inférieures, et par la présence d'une partie de la bouche nommée GALETTE, *galea*. J'établis aussi dans l'ordre des *aptères*, les divisions principales qui ont servi depuis à Lamarck pour caractériser les deux nouvelles classes des *arachnides* et des *crustacés*.

Latreille fit paroître en 1795 un ouvrage intitulé : *Précis du caractère des genres*, dans lequel il divise les *insectes* en deux grandes classes, celle des *insectes ailés* et celle des *insectes aptères* ; sous ces deux dénominations principales il comprend quatorze ordres, dont voici les noms : *coléoptères*, *orthoptères*, *hémiptères*, *nevroptères*, *lépidoptères*, *suceurs*, *thysanoures*, *parasites*, *acéphales*, *entomostracés*, *crustacés* et *myriapodes*. Depuis lors cet auteur a publié un nouvel ouvrage sur les *genres et les familles des insectes*, dans lequel il développe sa méthode avec détails.

Clairville, dans le préambule à son *Entomologie helvétique*, 1798, divise les *insectes* en *élytroptères*, *dictyoptères*, *thleboptères*, *halteriptères*, *lépidoptères*, *hémiménoptères*, *rophoteires* et *pododunères*. Ces classes ne sont autre chose que les ordres de Linnæus, déguisés sous des noms différens.

Link, dans son *Magasin für Thiergeschichte*, partage en onze classes les animaux compris sous le nom général d'*insectes*. Ces classes sont à-peu-près les mêmes, et portent les mêmes noms que celles de la méthode de Laicharting ; seulement il fait une classe particulière du genre des pous, sous le nom de *pédiculoïdes*.

Cuvier et *Duméril*, dans leur *Anatomie comparée*, suivent à-peu-près la méthode de Linnæus ; seulement ils renversent la marche établie par cet auteur, et ils divisent la classe des *aptères* en deux ordres, celui des *gnathaptères*, et celui des *aptères* proprement dit. Les *insectes* à mâchoires sont placés les premiers ; ce sont les *gnathaptères*, les *névroptères*, les *hyménoptères*, les *coléoptères* et les *orthoptères* : ceux sans mâchoires viennent ensuite ; ce sont les *hémiptères*, les *lépidoptères*, les *diptères*

74 et les *aptères*. Les familles qui soudivisent ces ordres ayant beaucoup de rapports avec celles établies dans la méthode de Latreille, lorsque nous traiterons de cette dernière, nous en ferons saisir les points de rapport.

Nous nous sommes abstenus de parler des auteurs qui n'ont écrit que sur une seule partie de l'entomologie, comme d'*Ernest*, d'*Engramelle* et de *Cramer*, qui n'ont traité que des *lépidoptères*; de *Gravenhort*, qui a donné un excellent ouvrage sur les *coléoptères microptères* ou *insectes à étuis courts*; de *Kirby*, qui a donné un très-bon travail sur les *abeilles*; de *Clerck*, qui a publié une *Histoire des Araignées*; de *Stoll*, qui a décrit et figuré les *hémiptères* et les *orthoptères*. Je n'ai pas fait mention non plus de l'important ouvrage de Latreille sur les *fourmis*; de l'*Illustratio iconographica* de Coquebert; ainsi que de mon *Entomologie*, qui ne traite encore que des *coléoptères*, ou d'un seul ordre des *insectes*.

Pour la même raison je n'ai rien dit non plus des *Faunes* et des autres ouvrages destinés à faire connoître les *insectes* qui habitent un certain espace de terrein, circonscrit à la volonté des auteurs, et parmi lesquels on remarque cependant, la *Fauna suecica* de *Linnæus*, et celle de *Paykul*; la *Fauna germanica* de *Panzer*; la *Fauna Groenlandica* d'*Othon Fabricius*; l'*Histoire des insectes de Surinam*, par *Mairian*; la *Faune parisienne* de *Walcknaer*, &c.

Auteurs observateurs.

Swammerdam, *Rhedi*, *Malpighi*, *Muller*, *Réaumur*, *Bonnet*, *Roësel*, *Degéer* et *Geoffroy*, sont à-peu-près les seuls auteurs que nous puissions citer parmi ceux de cette classe. Les œuvres de ces hommes célèbres remplissent les annales de la science, et en sont l'illustration. C'est en vain que nous tâcherions ici de donner l'extrait de leurs nombreux ouvrages; en les tronquant, il nous seroit impossible de les faire connoître d'une manière digne de leur réputation; nous nous réservons le plaisir de faire parler eux-mêmes ces fondateurs de la science, toutes les fois que l'occasion d'exposer leurs importantes découvertes se présentera; et les pages de ce livre, écrites dans le but utile de répandre les lumières des sciences naturelles, ne pourront le faire avec plus d'éclat.

Considérations générales sur les Insectes.

Outre le caractère important dont nous nous sommes servi pour définir les *insectes des animaux sans vertèbres*, dont *le corps et les pattes sont formés de pièces articulées*, nous regardons les **suivans** comme les plus propres à distinguer les *insectes* de tous les autres animaux.

1°. Une liqueur froide, lymphatique et transparente au lieu de sang.

Ce caractère appartient à tous les animaux sans vertèbres, tels que les *mollusques*, la plupart des *vers*, les *polypes*, &c. On remarquera néanmoins que Cuvier vient de prouver l'existence d'une espèce de sang rouge dans quelques vers.

2°. Point de base osseuse, intérieure; mais une peau dure et écailleuse sous laquelle sont attachés les muscles.

Cette conformation est celle de tous les *insectes* et de quelques vers.

3°. Des yeux distincts.

Ce caractère, commun à tous les animaux à sang rouge, aux *mollusques céphalopodes* et *gastéropodes*, ainsi qu'aux *crustacés*, ne se retrouve pas dans les *lithophytes*, les *radiaires*, les *vers infusoires* et *intestins*, non plus que dans les *mollusques acéphales*.

4°. Des antennes, dans le plus grand nombre; ce sont des espèces de cornes plus ou moins longues, et diversement conformées, placées à la partie antérieure de la tête, lesquelles sont articulées et mobiles.

Ceci se retrouve dans tous les *insectes*, à l'exception des *araignées*, des *scorpions* et autres, dont Lamarck a fourni une classe particulière sous le nom d'*arachnides*.

Les *crustacés* ont aussi des antennes et en plus grand nombre que les *insectes* qui, n'en ont jamais ni plus ni moins de deux.

5°. De petites ouvertures latérales, nommées *stigmates*, qui sont les organes extérieurs de la respiration.

6°. Six pattes, au moins, articulées: quelquefois un bien plus grand nombre.

Ce caractère empêche de confondre les *insectes* avec toutes les autres classes d'animaux sans vertèbres, si ce n'est celle des *crustacés*; mais dans ces animaux, où les pattes au nombre de dix sont terminées, au moins les antérieures, par des pinces, ou bien en nombre variable de quatre à huit ou à douze, elles sont terminées par des filets très-déliés, qui servent à la fois d'organes natatoires et de branchies; tels sont les *entomostracés*.

7°. Le corps composé d'anneaux ou de segmens.

Ce caractère est commun aux *crustacés* et aux *vers*.

8°. Une métamorphose ou changement de forme, dans les insectes ailés seulement.

9°. Une ou plusieurs mues, ou changement de peau.

Caractère commun aux *reptiles ophidiens*, aux *crustacés* et aux *insectes*.

10°. Des mandibules et des mâchoires placées transversalement, dans les espèces qui en sont pourvues.

Ce caractère distingue beaucoup d'*insectes* des animaux vertébrés, et de quelques-uns de la grande division des animaux sans vertèbres, tels que les *mollusques acéphales*, les *vers*, les *radiaires*, les *polypes*, &c.

Un grand nombre d'*insectes* se font remarquer cependant par un organe de nutrition très-particulier, et qui les distingue éminemment du plus grand nombre des animaux sans vertèbres; c'est qu'ils ont la bouche formée en trompe ou en suçoir.

11°. Les ailes que la plupart des *insectes* portent, les font différer autant que possible de tous les animaux invertébrés.

12°. Les *insectes* sont ovipares.

Les caractères négatifs des *insectes* ne sont pas moins importans; voici les principaux :

1°. Point d'ouvertures nazales ;

2°. Bouche sans dents enchâssées ;

3°. Point de voix ;

4°. Point de cœur distinct ;

5°. Point d'oreilles externes ;

6°. Ne couvant point les œufs , &c.

I. *Configuration extérieure des Insectes.*

On distingue dans l'*insecte* quatre parties principales, qui sont la tête, le tronc, l'abdomen et les membres.

1°. La *tête* presque toujours distincte, quelquefois attachée au tronc par un filet mince, rarement confondue avec lui, comprend la bouche, les yeux, les antennes, le front et le vertex.

On compte dix parties principales dans la *bouche* des *insectes* ; la lèvre supérieure, *labium superius* ; la lèvre inférieure, *labium inferius* ; les mandibules, *mandibulæ* ; les mâchoires, *maxillæ*; les galètes, *galeæ*; les palpes ou antennules, *palpi* ; la langue, *lingua* ; le bec, *rostrum* ; le suçoir, *haustellum* ; et la trompe, *proboscis*. Fabricius donne le nom de *languette* à la partie antérieure de la lèvre inférieure. *Voyez* l'article Bouche, dans lequel les formes et les usages de toutes ces parties sont traitées avec plus de détails.

Les *yeux*. Presque tous les *insectes* n'ont que deux yeux placés à la partie antérieure et latérale de la tête; mais quelques-uns en ont jusqu'à huit, les *araignées*. Ces yeux sont lisses dans les *araignées*; ils sont taillés à facettes, et ils forment un très-joli réseau dans presque tous les autres *insectes* ; ils sont nus, convexes, immobiles, et recouverts d'une substance dure, cornée, luisante et transparente. Outre les yeux dont nous venons de parler, on distingue très-bien, avec une simple loupe, dans la plupart des *insectes*, tels que les *hémiptères*, les *diptères*, &c., deux ou trois petits points luisans et convexes, placés à la partie supérieure de la tête, qui représentent des espèces de petits yeux, nommés par la plupart des naturalistes, *petits yeux lisses*, et par quelques autres *stemmates*. Il ne paroît plus douteux que ces points brillans ne soient de véritables yeux.

Les *antennes*, au nombre de deux, sont des espèces de cornes mobiles, articulées, plus ou moins longues, diversement figurées, qui partent de la partie antérieure de la tête. Ces pièces manquent entièrement dans tous les *insectes* de la famille des *arachnides*. Nous ignorons encore le véritable usage des antennes : il paroît probable que leur usage est de palper les corps qui pourroient se trouver au-devant des *insectes* qui en sont pourvus.

Le *front* est la partie la plus antérieure de la tête, et celle qui occupe l'espace qui se trouve entre les yeux et la bouche. Cette partie a reçu dans quelques *coléoptères* le nom de *clypeus*, chaperon, seulement à cause de sa forme ; on sait que dans ces *insectes* cette pièce s'avance plus ou moins sur la bouche, déborde souvent de tous les côtés, et forme une espèce de chapeau ou de casque. Il ne faut cependant pas confondre le *clypeus* ou *chaperon* avec la lèvre supérieure, puisque l'un est fixe et fait partie de la tête de l'*insecte*, tandis que la lèvre supérieure est une pièce mobile et avancée.

Fabricius a donné le nom de *guta* à la partie qui se trouve sous la bouche des *insectes*, entre celle-ci et le col, et qui est opposée au front. Il a nommé *stemma* ou *vertex*, la partie la plus supérieure de la tête, l'endroit où se trouvent ordinairement placés les petits yeux lisses.

2°. Le *tronc* comprend le corcelet, la poitrine, le sternum et l'écusson.

On a donné plus particulièrement le nom de corcelet à la partie supérieure du tronc, celle qui se trouve entre la tête et la base des ailes. Cette pièce, qu'il ne faut pas confondre en dessous avec la poitrine, dont elle est très-distincte, donne naissance aux deux premières pattes dans presque tous les *insectes*.

La partie du tronc qui donne naissance aux quatre pattes postérieures, et qui se trouve placée entre la partie inférieure du corcelet et le ventre, a pris le nom de *poitrine* ; elle a un peu plus de consistance que le ventre, et elle est munie latéralement de petites ouvertures en forme de boutonnières, nommées *stigmates*, qui sont, ainsi que nous l'avons déjà dit, les organes extérieurs de la respiration des *insectes*.

3°. On désigne sous le nom de *sternum*, la partie du milieu de la poitrine, celle qui se trouve entre les quatre pattes postérieures. Cette pièce est quelquefois terminée en arrière en une pointe plus ou moins longue et aiguë (quelques *hydrophyles*), et en devant, en une pointe mousse avancée, la plupart des *cétoines* et des *buprestes*.

La figure et la position de l'écusson varient beaucoup. Il est placé à la partie postérieure du corcelet, à la base interne des élytres ou des ailes. On le distingue facilement dans presque tous les *coléoptères* : c'est cette petite pièce triangulaire qui se trouve derrière le corcelet, entre les deux élytres. L'*écusson* est quelquefois si grand dans les *hémiptères*, qu'il cache entièrement les ailes et qu'il recouvre tout le ventre. On a donné aussi le nom d'*écusson* à la partie postérieure du corcelet des *hyménoptères*, des *diptères*, &c.

L'*abdomen*, qui vient immédiatement après la poitrine, et qui se trouve souvent caché sous les ailes des *insectes*, est composé d'anneaux ou de segmens dont le nombre varie. On voit de chaque côté de ces segmens, un stigmate. On désigne quelquefois la partie inférieure de l'abdomen, sous le nom de *ventre*, et la partie supérieure sous celui de *dos*. On y remarque l'*anus*, qui est cette ouverture placée ordinairement à sa partie postérieure, laquelle donne issue aux excrémens, et renferme, dans presque tous, les organes de la génération. L'abdomen est souvent terminé par des filets, en forme de queue, composée de plusieurs pièces égales, filiformes (les *ichneumons*) ; d'une pièce longue, articulée et terminée par un aiguillon immobile très-fort (les *scorpions*) ; d'un ou de plusieurs appendices (la *raphidie*, le *myrmeléon*) ; d'un *aiguillon* rétractile et caché dans l'abdomen (les *guêpes*, les *abeilles*, les *sphex* et la plupart des *hyménoptères*). Cette queue ou appendice, n'est presque jamais commune aux deux sexes. Il paroît qu'elle sert tantôt à la femelle, de tarière pour percer le bois, le corps des animaux, et y déposer ses œufs ; tantôt au mâle, de pince pour accrocher sa femelle et faciliter l'accouplement ; tantôt à l'un et à l'autre pour attaquer et se défendre.

4°. On divise les membres en pattes et en ailes.

Tous les *insectes* parfaits ont des pattes composées de plusieurs pièces articulées. Presque tous en ont six ; quelques-uns cependant en ont un plus grand nombre ; mais ceux-ci sont privés d'ailes, ils ne subissent point de transformation ; ils semblent s'éloigner des vrais *insectes*, et former un passage entre cette classe et celle des vers. Les principales pièces que l'on remarque aux pattes des *insectes*, sont la *hanche*, la *cuisse*, la *jambe* et le *tarse*. La hanche est une pièce qui unit la patte au corps ; elle est ordinairement très-courte , mais toujours assez distincte. La *cuisse* forme la seconde et principale pièce ; elle est renflée dans quelques espèces, et renferme des muscles assez forts pour faire exécuter un saut très-considérable à la plupart de ces petits animaux. La pièce qui suit est nommée *jambe*. Sa forme est ordinairement cylindrique : elle est souvent armée de poils roides, de piquans, ou de dentelures fortes et aiguës. Dans les *araignées*, la jambe et la cuisse sont jointes l'une à l'autre par une petite pièce intermédiaire à laquelle on a donné le nom de *genou*. Les pièces qui se trouvent après la jambe portent le nom de *tarse* ; on y voit un , deux , trois , quatre ou cinq articles , et jamais un nombre plus considérable. Ce nombre d'articles ne variant jamais , et se trouvant constamment le même dans tous les *coléoptères* de la même famille , fournit un très-bon caractère pour la division de cet ordre le plus nombreux de tous , en diverses sections. Le dernier article des tarses est armé de deux ou de quatre crochets recourbés , minces et très-forts. Indépendamment de ces crochets, on apperçoit encore sous les tarses de beaucoup d'espèces, des touffes de poils courts et serrés, que Geoffroy a comparées à de petites *brosses* ou *pelotes* spongieuses , qui soutiennent l'*insecte* et le font cramponner sur les corps les plus lisses et les plus polis.

Dans presque tous les *insectes* qui n'ont que six pattes, les deux antérieures ont leur attache à la partie inférieure du corcelet , et les quatre postérieures à la poitrine.

Les *ailes* sont attachées à la partie postérieure et latérale du corcelet, et sont au nombre de deux ou de quatre. Elles sont membraneuses et parsemées de nervures qui forment quelquefois un joli réseau : les supérieures sont, ou simplement membraneuses, ou plus ou moins coriaces. On leur a donné le nom d'*élytres*, d'un mot grec qui signifie *étui*, lorsqu'elles ont de la consistance, qu'elles ne servent point à l'*insecte* pour voler, et qu'elles font l'office de véritables étuis. Les élytres sont dures ou coriaces dans les *coléoptères* ; elles sont presque membraneuses dans les *orthoptères* , à moitié coriaces et à moitié membraneuses dans les *hémiptères* connus sous le nom de *punaises ;* semblables aux véritables ailes dans ceux appelés *pucerons* et *cigales*.

Indépendamment des ailes et des élytres, on remarque dans l'ordre des *diptères* , les *cuillerons* et les *balanciers*. Les cuillerons sont deux pièces, convexes d'un côté, concaves de l'autre, en forme de petites écailles ou de cuillers, qui se trouvent un peu au-dessous de l'origine des ailes, un de chaque côté. Ces pièces manquent dans quelques espèces. Les balanciers (*haltères*) sont de petits filets mobiles très-minces, plus ou moins alongés et terminés par une espèce de bouton arrondi; ils sont placés sous les cuillerons, dans les espèces qui en sont pourvues, ou se trouvent à nu dans celles qui n'ont point de cuillerons.

On remarque à la partie postérieure de la poitrine des *scorpions*, deux pièces, une de chaque côté, que leur forme a fait nommer *peignes* (*pectines*), et qui ont effectivement une rangée de dents disposées à-peu-près comme celles d'un peigne. Le nombre de ces dents étant différent dans les diverses espèces, Linnæus, Fabricius et plusieurs autres naturalistes, ont tiré de ces parties le caractère distinctif de ces *insectes*.

II. *Organisation et structure des Insectes.*

§. Ier. *Des organes du mouvement.*

Pour bien connoître les productions de la nature, il ne suffit pas d'observer la manière dont elles affectent nos sens; il faut encore les examiner sous le rapport beaucoup plus important de leur structure ou de leur organisation interne : sous ce point de vue, les *insectes*, ainsi que tous les êtres des règnes organiques, animal et végétal, sont composés de liquides et de solides.

Les liquides ou *humeurs* des *insectes*, ne sont pas encore bien connus. On sait seulement que le fluide lymphatique qui leur tient lieu de sang, est probablement renouvelé par l'acte de la digestion et celui de l'absorption extérieure.

Il existe aussi dans les *insectes* beaucoup d'autres humeurs, propres seulement à quelques genres ou à quelques espèces, et dont la nature et les usages nous sont encore inconnus.

Quant aux solides des *insectes*, les uns ont de la consistance, les autres sont mous et très-flexibles. Les solides consistans ou écailleux, occupent toujours les parties extérieures du corps; ils leur servent comme de cuirasse, et constituent en même temps la peau et le squelette. C'est la base sur laquelle se fixent et sont retenues toutes les parties intérieures du corps. Cette enveloppe, ou peau extérieure, est d'un aspect bien différent de celle qui recouvre le corps des *crustacés*; elle est formée de membranes placées les unes sur les autres et adhérant fortement entre elles, ce qui lui donne assez de ressemblance avec la corne. Le test des *crustacés* étant, comme on le sait, produit par une simple transudation de phosphate calcaire, uni à une très-petite quantité de gélatine, ne présente aucune organisation particulière. Ce test est aussi moins flexible et plus cassant que l'enveloppe extérieure des *insectes*, propriété due, dans cette dernière, à la grande quantité de gélatine qui entre dans sa composition.

Les solides mous sont de deux sortes : les uns formés de fibres molles et disposées en faisceaux, sont propres, par leur raccourcissement, à rapprocher l'une de l'autre les parties sur lesquelles elles sont fixées; on les nomme *muscles* : les autres, formées aussi des mêmes fibres, sont propres aux différens mouvemens qui constituent la vie, et qu'on désigne sous le nom de *fonction*.

Les muscles des *insectes* sont composés de fibres disposées par faisceaux, mais ils ne sont pas entourés de fibres aponévrotiques, que l'on remarque dans les muscles des animaux à sang rouge. Ces muscles sont toujours attachés par un tendon de substance cornée, qui est le plus souvent un appendice de la partie qu'ils doivent mettre en mouvement.

Il n'y a ordinairement que deux muscles pour opérer les mouvemens de chacune des parties. Ils sont placés dans leurs cavités, et agissent très-près du point d'*articulation* ou du centre de mouvement : l'un des muscles étend la partie, l'autre la plie.

« Dans les *insectes*, dit Cuvier (*Anatomie comparée*, tom. 1, pag. 445), l'articulation de la tête sur le corcelet, présente deux sortes de dispositions principales. Dans l'une, les points de contact sont solides, et le mouvement est subordonné à la configuration des parties; dans l'autre, l'articulation est ligamenteuse : la tête et le thorax sont réunis et rapprochés par des membranes.

» L'articulation de la tête, par le contact des parties solides, se fait de quatre manières différentes» : 1°. Ou la tête porte à sa partie postérieure un ou deux tubercules lisses, que reçoivent des cavités correspondantes de la partie antérieure du corcelet. C'est ce qu'on observe dans les *scarabées*, les *lucanes*, les *capricornes*, &c. Dans ce premier cas, la tête est mobile d'avant en arrière. 2°. Ou la partie postérieure de la tête est absolument arrondie et tourne sur son axe, dans une fossette correspondante de la partie antérieure du thorax, comme on le voit dans les *charansons*, les *brentes*, &c. La tête se meut en tous sens. 3°. Ou la tête est tronquée postérieurement, et présentant une surface plate, est articulée tantôt sur un tubercule du thorax, tantôt sur une autre surface applatie et correspondante, comme dans presque tous les *hyménoptères* et dans le plus grand nombre des *diptères*, tels que les *taons*, les *mouches*, les *syrphes*, &c. 4°. Enfin, ou comme dans quelques espèces d'*attelabes*, la tête se termine en arrière par un tubercule arrondi, reçu dans une cavité correspondante du thorax : le bord de cette cavité est échancré, et ne permet le mouvement de la tête que dans un seul sens.

« Il n'y a guère que dans les *insectes orthoptères* et dans quelques *névroptères*, continue Cuvier, qu'on remarque l'articulation ligamenteuse : la tête, dans cette disposition articulaire, n'est gênée que dans ses mouvemens vers le dos, parce qu'elle est là retenue par une avance du thorax ; mais en dessous elle est absolument libre. Les membranes ou ligamens s'étendent du pourtour du trou occipital à celui de la partie antérieure du corcelet, ce qui donne une grande étendue aux mouvemens ».

Les muscles qui meuvent la tête sont situés dans l'intérieur du corcelet : les principaux sont ceux qui servent à la relever ou à l'abaisser. Outre ces muscles, le corcelet contient encore ceux qui font mouvoir la première pièce des pattes antérieures. Cette partie du corps présente encore une particularité de conformation qui fait le saut dans le *taupin* ; ce sont d'abord deux pointes postérieures et latérales qui s'opposent à son trop grand renversement sur la poitrine, et ensuite en dessous une pointe unique, recourbée, que l'animal fait entrer avec ressort dans une fossette de la poitrine.

C'est dans l'intérieur de cette dernière partie que sont contenus les muscles qui meuvent les ailes et les quatre dernières pattes. On y remarque aussi des muscles très-forts, qui rapprochent la partie dorsale de la ventrale, et qui paroissent donner à la poitrine un mouvement de compression et de dilatation.

L'abdomen des *insectes* est ordinairement composé de plusieurs anneaux imbriqués, et dont le plus près de la poitrine passe sur le second, le second sur le troisième, &c. Le mouvement de ces anneaux les uns sur les autres, est produit par des muscles très-simples ; ce sont des fibres musculaires qui s'étendent de tout le bord antérieur d'un anneau, au bord postérieur de celui qui le précède. Le mouvement total de l'abdomen n'est bien marqué que dans les *insectes* chez lesquels il est pédiculé ; il y a alors une véritable articulation solide, une espèce de charnière dans laquelle le premier anneau est échancré en dessus et reçoit une portion saillante de la poitrine, sur laquelle elle se meut. Cette articulation est rendue solide par des ligamens élastiques qui ont beaucoup de force.

Les pattes des *insectes* sont, ainsi que nous l'avons déjà dit, composées de quatre parties principales, qu'on nomme la *hanche*, la *cuisse* ou *fémur*, la *jambe* ou *tibia*, le *tarse* ou *doigt*. Chacune de ces parties est enveloppée dans un étui de substance cornée. Elles jouent l'une sur l'autre par *ginglyme*, parce que la substance dure étant en dehors, l'articulation n'a pu se faire par moins de deux tubercules ; le mouvement de chaque article ne se fait donc que dans un seul plan, à l'exception de celui de la *hanche*, qui joue dans une ouverture correspondante du corcelet ou de la poitrine, sans y être articulée d'une manière positive, mais comme emboîtée. Les muscles des *hanches* sont placés dans le corcelet ou dans la poitrine ; celui qui étend la cuisse est très-considérable, et s'attache un peu au-dessous de celui qui fait tourner la *hanche* en arrière. Les muscles de la jambe sont situés dans l'intérieur de la cuisse. Il y en a deux pour chacun des articles des tarses, l'un sur la face supérieure ou dorsale, c'est un extenseur ; l'autre sur la surface inférieure, agissant comme fléchisseur.

Les muscles qui meuvent les ailes ne sont point encore bien connus ; la manière dont ces ailes se plient ou se plissent mérite d'être considérée ; les unes, comme les ailes inférieures des *coléoptères*, se plient transversalement vers leur milieu ; les autres, telles que celles des *orthoptères*, se plissent longitudinalement comme un éventail. Le bord interne des ailes des *hyménoptères* se froisse un peu, mais d'une manière irrégulière dans le repos. Enfin les *diptères*, les *lépidoptères*, les *névroptères* et les *hémiptères* ne plient pas leurs ailes sur elles-mêmes, mais leur font prendre une position particulière dans le repos.

De la Nutrition et de ses Organes dans les Insectes.

Les *insectes* se nourrissent de toutes sortes de matières, tant du règne animal que du règne végétal ; il n'y a presque aucune production de ces deux règnes qui ne serve d'aliment à quelque espèce d'*insecte*.

Chaque insecte connoît les alimens qui lui sont propres pour la conservation de sa vie et pour l'accroissement de son corps ; il sait les chercher et se les procurer. Il y en a plusieurs, et c'est le plus grand nombre, qui n'ont pas besoin d'aller chercher leur nourriture au loin ; leurs mères ont eu soin de pondre leurs œufs dans les endroits où leurs petits, à leur naissance, trouveront tout ce dont ils auront besoin pour subsister. Plusieurs insectes, parvenus à leur état de perfection , se nourrissent de tout autré aliment qu'avant leur transformation ou lorsqu'ils étoient sous la forme de larves , et cependant ils savent pondre leurs œufs sur les matières qui conviennent aux petits qui en naîtront. C'est ainsi que les *papillons* , qui ne vivent ordinairement que du miel qu'ils savent extraire des fleurs , ne manquent jamais de pondre leurs œufs sur les plantes ou auprès des plantes qui sont propres à la nourriture de leurs chenilles : c'est ainsi encore que les *cousins* savent que leurs larves doivent vivre et se nourrir dans l'eau , et c'est pour cela qu'ils placent leurs œufs à sa superficie. Il en est de même de plusieurs autres *insectes* , comme les *éphémères* , les *demoiselles* ou *libellules* , &c.

Parmi les *insectes* qui vivent en société, il y en a qui, comme les *abeilles,* sont obligés de se choisir une demeure pour s'entr'aider à se procurer les alimens nécessaires, et pour en amasser une certaine quantité , dont une partie doit servir de provision l'hiver. D'autres , tels que les *fourmis ,* ne se réunissent et travaillent en commun que pour chercher des alimens , tant pour eux-mêmes que pour leurs larves, qui sont incapables de s'en pourvoir seules.

Il y a des *insectes* qui ne peuvent s'accommoder que d'une seule espèce d'aliment, et qui ne varient jamais dans leur goût ; telles sont un grand nombre de *chenilles* qui vivent de certaines feuilles sans en pouvoir goûter d'autres ; elles meurent si ces feuilles leur manquent.

Il y a des *insectes* qui mangent souvent, et qui ont besoin de nourriture presque continuellement ; ils ne peuvent pas long-temps s'en passer sans incommodités ; tels sont les *insectes herbivores.* D'autres peuvent jeûner beaucoup, et vivre long-temps sans prendre d'alimens ; tels sont en particulier les *insectes carnassiers* et qui vivent de proie (*carabes , dytiques , cicindèles.*). Les *fourmilions,* les *larves de cicindèles,* les *araignées ,* sont encore dans le même cas.

Certains *insectes* vivent des feuilles des arbres , telles sont les larves de presque tous les *lépidoptères* et celles des *cimbex.* D'autres ne se nourrissent que du suc des feuilles et des tiges, comme les *cigales,* les *tettigones ,* les *gallinsectes,* les *pucerons,* &c. Il en est qui vivent dans les excroissances des plantes et des arbres, nommées *gales,* et qui se nourrissent de ces gales mêmes ; ce sont les *diplolèpes.* Plusieurs *attelabes* attaquent les bourgeons des arbres.

Toutes ces différentes nourritures paroissent encore trop grossières à quelques-uns ; il leur faut un aliment plus délicat et plus doux , qui se trouve sur les fleurs ; c'est cette liqueur mielleuse que fournissent les glandes de plusieurs fleurs, et que les botanistes modernes ont décorée du nom de *nectar*. On n'ignore pas que les *abeilles* composent de ce nectar la substance du miel, après lui avoir fait subir une dernière préparation dans leur corps.

Les fruits de toutes espèces sont aussi d'excellens mets pour les *insectes*. On ne sait que trop combien, parmi les poires et les pommes, il en est de verreuses, ou qui sont rongées intérieurement par les *insectes*. On sait aussi que les bigarreaux et les prunes n'en sont pas exempts. Une espèce de *charanson* vit dans les noisettes. D'autres fruits plus précieux, tels que ceux des oliviers, et différentes graines, servent aussi de nourriture à des *chenilles* ou des larves de différentes espèces. Les pois verts, les graines de chardon et de bardane, les fèves, les glands et les châtaignes, ainsi que bien d'autres graines dont le dénombrement seroit fort long, sont exposés à servir de pâture à ces petits animaux.

Les *insectes* qui rongent le blé, le froment et l'orge, sont ceux dont le besoin de manger a dû assez les faire connoître à nos dépens. Il y en a sur-tout de trois espèces qui en veulent à nos grains, et qui font un grand ravage dans nos greniers et nos magasins à blé : ce sont le *charanson du blé*, la *bruche des pois* et la *teigne céréale*. Les larves de *taupe-grillon* et celles de *hanneton* attaquent les plantes d'une autre façon. Elles en rongent les racines et les font ainsi périr lorsqu'elles sont jeunes. On connoît aussi une *chenille* qui vit dans l'intérieur des tiges de seigle.

Les larves de beaucoup d'*insectes*, et principalement celles des *coléoptères*, de la famille des *capricornes*, vivent dans l'intérieur du tronc des arbres ; elles en percent le bois ou l'aubier ; elles le hachent, le réduisent en sciure et en mangent les particules.

Les larves des *tipules* qui habitent sous terre, mangent, avalent le terreau, et en rejettent ensuite tout ce qui s'y trouve d'impropre pour la nourriture ; elles cherchent de préférence la terre grasse ou le terreau produit par des plantes ou des matières animales décomposées et à demi-pourries.

Une foule de larves d'*insectes*, et beaucoup d'*insectes* eux-mêmes, vivent dans les excrémens des animaux, s'y plaisent, et les fouillent pour en tirer leur nourriture. Parmi ces *insectes*, on remarque les *scarabées*, les *géotrupes*, les *bousiers*, les *aphodies*, &c.

La chair morte de toute espèce, celle des quadrupèdes, des oiseaux, des poissons, est un excellent mets pour un très-grand nombre d'*insectes*. On n'ignore plus que la viande de nos boucheries est attaquée par des larves qui se transforment en *mouches*, et qui viennent des œufs que de semblables mouches y ont déposés. La viande attaquée par ces larves se corrompt fort vîte ; elles y occasionnent une espèce de fermentation qui accélère la pourriture et la dissolution.

La chair desséchée des animaux, sur-tout celle qui a été gardée long-temps, est aussi attaquée par les *insectes*, qui y trouvent de quoi se nourrir ; mais ils sont de genres bien différens de ceux qui veulent de la viande fraîche et molle ; ce sont des larves à six pattes, qui se transforment en *coléoptères*, qu'on a nommés *dermestes, anthrènes, ptines*, &c. Ces *insectes*, tant sous la forme de *larve* que sous celle d'*insecte* parfait, attaquent toute sorte de chair sèche qui n'a point été salée, comme aussi les peaux des animaux ; ils les rongent et s'en nourrissent. Ils ne sont que trop connus des amateurs de l'histoire naturelle, qui font des collections d'oiseaux desséchés ; en dégarnissant ces oiseaux de toute leur chair, qu'ils dévorent entièrement, et en ne laissant que les os, ils font des squelettes si parfaits, que la main du plus habile anatomiste ne sauroit en faire de semblables. Ils sont encore le fléau des cabinets d'*insectes* ; ils rongent et dévorent les *papillons*, les *mouches*, les *scarabés*, &c. qu'on y garde, et n'en épargnent aucune partie. Ces *insectes* destructeurs se nichent aussi dans les pelleteries et dans les fourrures les plus précieuses ; ils en rongent la peau de manière que tous les poils tombent.

D'autres *insectes* attaquent les animaux, non après leur mort, mais tandis qu'ils sont pleins de vie. Ils se nourrissent du suc et de la substance même de leur chair, comme aussi de leur sang. Il est sur-tout une larve singulière qui vit dans le dos et sous la peau des bêtes à cornes, des jeunes vaches, des jeunes bœufs, où elle produit des tumeurs, et qui appartient au genre des *oestres*. Elle s'y nourrit du pus produit par la plaie qu'elle a formée. Des larves du même genre, vivent dans les intestins des chevaux, et sur-tout dans le rectum ; c'est là uniquement qu'elles trouvent leur nourriture. Ces larves qui naissent des œufs déposés dans l'anus du cheval, pénètrent quelquefois jusqu'à l'estomac, et c'est alors qu'elles deviennent funestes, sur-tout quand elles s'y rendent en grande quantité.

Les moutons ont aussi, comme le cheval et le bœuf, à nourrir dans leur corps des larves d'une autre espèce d'*oestre:* elles sont véritablement remarquables, tant par le lieu où elles sont logées que par les alimens dont elles se nourrissent. Les sinus frontaux sont les cavités où se tiennent ces larves ;

c'est là qu'elles prennent leur accroissement, et qu'elles se nourrissent d'un mucilage que les moutons rendent par le nez.

S'il faut en croire des conjectures fondées sur des expériences très-positives, la *gale*, ce mal si désagréable, n'est causé que par des *mites* plus petites que celles du vieux fromage, qui savent s'insinuer dans la peau ou au-dessous de l'épiderme, qui s'y promènent de côté et d'autre, et qui vivent du suc qu'elles tirent de la peau et de la chair.

Parmi les *insectes* qui se nourrissent du sang des animaux et de celui de l'homme, en le suçant, nous trouverons d'abord les *poux*, dont il y en a un très-grand nombre d'espèces, toutes très-différentes les unes des autres ; les *puces*, les *ricins*, les *cousins*, les *taons*, les *hippobosques*, et autres qui ne nous sont que trop connus. Les *insectes* eux-mêmes sont sucés par d'autres *insectes* du genre des *mites*.

Parmi ceux qui vivent dans l'intérieur du corps des autres *insectes*, nous devons placer la famille presqu'innombrable des *ichneumons*. La plupart des *cynips*, des *sphex*, les mouches du genre des *échinomies*, &c.

Quoique les alimens des *insectes* soient le plus souvent sous forme fluide, quoique la plupart ne se nourrissent que du suc ou des liqueurs des plantes et des animaux, et doivent trouver leur boisson dans leur manger, on en voit cependant qui mangent et qui boivent dans des temps différens. Les anciens n'ont pas ignoré que les *sauterelles* aiment beaucoup à boire : elles semblent chercher avec leurs antennes les gouttes de rosée qui s'attachent aux feuilles, et quand elles en ont rencontré, elles les boivent sur-le-champ.

Il ne nous reste plus pour compléter l'histoire de la nutrition dans les *insectes*, qu'à décrire les organes par le moyen desquels cette fonction s'opère. Nous distinguerons quatre sortes d'organes de la nutrition : 1°. Ceux qui servent à la manducation, ou à la première préparation des alimens ; 2°. ceux de la déglutition ; 3°. ceux de la digestion ; 4°. enfin ceux qui servent à l'excrétion de la partie des alimens qui n'a pu être assimilée.

Les organes de la *manducation* diffèrent considérablement dans les divers *insectes*. Parmi ces animaux, les uns se nourrissent d'alimens solides : alors ils sont munis d'espèces de tenailles, avec lesquelles ils les broient plus ou moins complètement, en raison de leur solidité ; les autres s'assimilent des alimens liquides ; et dans ce cas, ils sont pourvus d'un tube *aspirateur*, lequel varie beaucoup dans ses formes. Tantôt c'est une trompe à double tuyau, se roulant en spirale, ainsi que cela se voit dans les *papillons*, les *sphinx*, &c. ; tantôt ce tube est aigu, roide, et recourbé vers la poitrine ; tel est le *bec* des *punaises*, des *cigales*, des *reduves*, des *notonectes*, &c. C'est quelquefois une trompe charnue, terminée par deux lèvres mobiles, ou bien un suçoir, composé de plusieurs soies fines, renfermées dans une gaîne molle à deux valves. Ces deux dernières sortes de bouches appartiennent aux *insectes* à deux ailes, tels que les *mouches*, les *taons*, les *cousins*, &c.

Parmi les *insectes* à mâchoires, les uns, tels que les *coléoptères*, les *orthoptères*, les *névroptères* et les *aptères*, ont ces parties solides et de substance cornée ; aussi se nourrissent-ils de substances d'une certaine consistance. Dans l'ordre des *coléoptères*, les uns ont six *palpes* à la bouche ; ceux-ci se nourrissent d'*insectes* vivans ; les autres qui n'en ont que quatre, mangent des substances animales mortes et corrompues, ou de toute autre matière.

Les *orthoptères* présentent à chaque mâchoire inférieure, outre son palpe articulé, une autre pièce non articulée, simple, que l'on appelle *galette*. Cette partie se retrouve dans quelques *aptères*, tels que les *podures*.

D'autres *insectes* à mâchoires (la plupart des *hyménoptères*), ont ces parties molles et membraneuses ; aussi ne peuvent-ils se nourrir que de substances liquides.

Nous n'entrerons pas ici dans de plus grands détails sur les rapports comparés, que l'on peut tirer de l'organisation de la bouche dans les différens ordres d'*insectes* ; nous nous contenterons de renvoyer à l'article BOUCHE, dans lequel nous sommes entrés dans d'assez grands détails, en exposant la méthode de Fabricius, entièrement fondée sur ces rapports comparés.

Chez les *insectes*, il n'est plus possible d'appercevoir les glandes salivaires que l'on remarque dans les deux premiers ordres de la classe des *mollusques*. Ces animaux ont en général une assez grande quantité d'une liqueur noirâtre et caustique, que l'on pourroit comparer à la salive. Cette liqueur n'est pas sécrétée par des glandes conglomérées, mais par des vaisseaux flottans. La salive des *carabes* est de couleur brune, très-âcre, et d'une odeur infecte ; introduite dans une plaie, elle l'irrite, et produit une inflammation. La chenille qui ronge le bois de saule, et qu'on nomme *cossus*, a deux longs vaisseaux qui fournissent une liqueur capable de ramollir les fibres du bois. Dans les *araignées*, cette liqueur participe de la qualité vénéneuse de celle exprimée par les dents à crochets de quelques espèces de serpens ; la moindre blessure que ces *insectes* font aux mouches, aux scarabées, &c. dont elles font le plus souvent leur nourriture, est mortelle ; ce qui prouve évidemment la propriété vénéneuse de cette liqueur.

Les organes de la *déglutition* dans les *insectes* ne présentent rien de bien remarquable ; l'*œsophage* est un canal droit, assez court, passant entre le *cerveau* et le premier ganglion nerveux, que l'on pourroit regarder comme le *cervelet* ; il est entouré par l'anneau de substance nerveuse, qui joint ces deux principaux organes des sensations. Il est probable que cette partie de l'œsophage est le siége de l'organe du goût.

Dans les *insectes* sans mâchoires, la déglutition s'opère par le moyen de tubes environnés de cercles musculaires et contractiles ; telle est la langue des *papillons*, la trompe ou le suçoir des *mouches*, le bec des *hémiptères*, &c. qui ne sont en quelque sorte qu'un œsophage prolongé hors de la bouche.

Les organes de la digestion comprennent l'estomac et le canal intestinal.

L'estomac, dans les *insectes*, présente de grandes variétés, relativement au genre de nourriture propre aux diverses espèces ; cependant on peut rapporter ces différentes formes d'estomac à des règles générales : nous les distinguerons en estomacs simples, doubles et multiples.

L'estomac est *simple* dans la plupart des *insectes* ; tantôt il est purement membraneux, tantôt il est musculeux, d'autres fois il est pour ainsi dire nul ; c'est-à-dire que l'œsophage ne se dilate pas.

Ceux qui ont l'estomac membraneux et dilaté, vivent ordinairement du suc des plantes ; telles sont les *abeilles* qui vont pomper le nectar des fleurs, les *papillons*, &c. Leur estomac est presque toujours dilaté, parce qu'il se dégage du gaz des substances qu'ils y placent.

Ceux dont les parois de l'estomac sont musculeuses, sont les *punaises*, les *notonectes*, et en général tous les *hémiptères*.

Enfin ceux qui ont un estomac sans dilatation, vivent ordinairement de feuilles ou de racines, qu'ils rongent et qu'ils mâchent ; tels sont les *scarabées*, les *hannetons*, les *cétoines*, &c. Ils ont un canal intestinal fort long, sans aucun renflement sensible.

Les *insectes* qui ont l'estomac *double*, sont les *coléoptères* qui se nourrissent de proie vivante (les *hydrocanthares*, les *cicindelles* et les *carabiques*) ; ils sont caractérisés aussi par la présence de six palpes, dont nous avons déjà parlé (cette particularité leur est essentiellement propre) ; le premier de leurs deux estomacs est musculeux ; c'est une espèce de gésier où les muscles sont disposés en fibres minces ; le second forme un long canal membraneux qui, examiné au microscope, paroît velu. Cette villosité est assez singulière; mais si l'on fait attention à la manière dont se fait la nutrition et la digestion des *insectes*, on trouvera l'explication de cette particularité; car on verra que la circulation étant nulle ou presque nulle dans ces animaux, et le fluide nourricier étant en quelque sorte dans un état de stagnation, la digestion ne peut avoir lieu que par l'aide de vaisseaux qui vont pomper les sucs contenus dans les différentes parties du corps; or ces villosités qui recouvrent la surface externe du second estomac, ne sont autre chose que des tubes suceurs, qui aspirent dans le fluide ambiant les principes dont se compose le liquide qui remplace, dans les *insectes*, le suc gastrique des animaux des classes supérieures.

Les *insectes* qui ont l'estomac *multiple*, pourroient porter le nom de *ruminans*, car ils ont la faculté de faire revenir les alimens à la bouche pour les remâcher de nouveau; tels sont les *sauterelles*, les *grillons*, et autres *insectes* de l'ordre des *orthoptères*.

Dans la *courtilière des jardins*, l'œsophage est en forme de canal alongé; il aboutit d'abord à un premier estomac arrondi, membraneux, qui peut être comparé à la *panse* des *mammifères ruminans*; c'est-là que s'accumulent les alimens pour être ramenés ensuite dans la bouche; il en part un intestin très-court, qui conduit à un second estomac plus petit que le précédent, mais musculeux et à parois plus épaisses; il est garni de parties que l'on peut comparer aux mâchoires que l'on trouve dans l'estomac des *crustacés*. Il y a de petites lames en forme de scie disposées sur cinq rangées longitudinales, qui sont composées chacune de dix ou douze petites lames qui exécutent une espèce de mouvement péristaltique par l'action musculaire de cette espèce de gésier; sans doute l'usage de ces pièces est d'agir sur les alimens. Les deux autres estomacs, c'est-à-dire le troisième et le quatrième, sont semblables entre eux et placés l'un vis-à-vis de l'autre à l'orifice de l'intestin, qu'on peut comparer au *duodenum* des grands animaux; ils sont ridés, plus épais que le premier, moins que le second, de nature spongieuse. Leur destination est sans doute d'imbiber les alimens de quelque liquide qu'ils préparent. Tels sont les quatre estomacs de la courtilière, dont les deux derniers cependant pourroient être regardés comme un seul, puisque leur fonction est la même.

Dans les *sauterelles*, les estomacs sont semblablement distribués. Les *grillons* ont jusqu'à cinq estomacs petits et minces, dont les deux premiers ne semblent être que de simples dilatations de l'œsophage.

Dans les *blattes*, il n'y a plus qu'un seul estomac, lequel est très-grand, presque entièrement membraneux, et à la suite duquel on remarque une multitude de renflemens partiels qu'on pourroit regarder comme autant d'estomacs et de cœcums très-minces.

Les estomacs des larves ne ressemblent le plus souvent en rien à ceux des insectes parfaits de l'espèce à laquelle elles appartiennent. Ainsi la *chenille* a ses organes digestifs tout-à-fait différens de ceux du *papillon;* ainsi la larve du *scarabée nazicorne*, celle du *hanneton*, &c. ont un estomac qui ne ressemble presque en rien à celui du *hanneton* et du *scarabée* dans l'état parfait. Dans les premières, il y a un œsophage qui se dilate subitement pour former un estomac cylindrique garni de trois rangées transversales de cœcums, qui sont simples à leur extrémité, libres dans la larve du *scarabée*, et divisés en petits boyaux aveugles dans celle du *hanneton*. Les *insectes* parfaits n'ont rien de tout cela, et leur œsophage ne se dilate pas.

De même, la larve de l'*hydrophile brun* a un estomac visible et un canal intestinal très-court. Dans l'*insecte* parfait, il n'y a pas de renflement, et le canal intestinal est plus long; cela vient de ce que la larve est essentiellement carnassière, tandis que l'insecte parfait se nourrit de substances végétales.

Dans les *insectes*, ainsi que nous venons de le voir par ce dernier exemple, il existe souvent de grandes différences relativement au *canal intestinal proprement dit* entre les larves et les *insectes* parfaits.

Dans la larve du *scarabée nazicorne*, les intestins, en sortant de l'estomac, commencent d'abord par suivre une ligne droite; ils forment ensuite un repli, et ensuite prennent plus de grosseur, et se changent, pour ainsi dire, en un colon quatre fois plus long que l'estomac, et sur lequel on remarque deux lignes tendineuses et des boursouflures assez considérables; après ce renflement, les intestins redeviennent grêles et forment le rectum. Le *scarabée* né de cette larve n'a cependant rien d'analogue avec cette structure; le canal intestinal est très-long, très-replié sur lui-même, et égal dans toutes ses parties.

Les exemples que nous venons de citer sont frappans; cependant nous devons remarquer que quand la larve a le même genre de nourriture que l'*insecte* parfait, la différence de leur organisation n'est pas si marquée, et que seulement le canal intestinal le plus long est celui de *l'insecte* parfait.

Quant à la division des intestins en gros et grêles, elle n'est pas générale : les *coléoptères*, les *hémiptères*, les *lépidoptères*, &c. ne la présentent pas, mais elle est remarquable dans les *orthoptères*.

L'anus peut être regardé comme l'organe excréteur ; c'est l'ouverture inférieure ou plutôt postérieure du canal intestinal ; il aboutit dans une espèce de cloaque, dans lequel se trouvent aussi les orifices des organes de la reproduction.

Il n'y a point de rein ni de vessie dans les *insectes*.

Le *foie*, dans les *insectes*, est remplacé par une houppe de filamens déliés et flottans qui entourent le canal intestinal dans presque toute sa longueur, et qui prennent naissance vers le tiers de la longueur du canal intestinal du côté de l'estomac.

Le pancréas n'existe pas dans les *insectes ;* on n'y remarque non plus aucune des glandes conglomérées qui se retrouvent dans les animaux des classes supérieures.

Dans les *insectes* qui passent une grande partie de leur vie dans un état de léthargie, il y a une grande abondance de graisse. Elle forme une masse si considérable dans les *chenilles*, qu'elle égale en volume le tiers de celui du corps. Elle est contenue dans des membranes flottantes, très-nombreuses, qui remplissent les intervalles des trachées, est très-blanche et ressemble beaucoup par le goût et la consistance à la meilleure graisse : tous les *insectes* qui éprouvent des métamorphoses en sont abondamment pourvus ; et c'est aux dépens de cette graisse que la chrysalide se développe et acquiert toutes les parties qui lui sont nécessaires pour passer à l'état d'*insecte* parfait.

Il est, ainsi que nous l'avons dit au commencement de cet article, des *insectes*, tels que les *ichneumons*, qui ont l'habitude de déposer leurs œufs dans le corps des *chenilles*, mais ils ont toujours le soin de les placer dans des endroits où il n'y ait que des organes peu essentiels à la vie. Lorsque les petites larves d'*ichneumon* sont écloses, elles dévorent la substance graisseuse de la chenille. Celle-ci continue à vivre, se meut et mange comme à son ordinaire et même davantage ; bientôt elle file la coque dans laquelle elle doit passer son état de *chrysalide ;* elle subit cette transformation, mais elle ne peut ensuite se changer en *insecte* parfait, parce que la matière nécessaire à son développement a été consommée par les larves qu'elle renferme dans l'intérieur de son corps, lesquelles ne tardent pas à changer en petits *ichneumons* de la même espèce que celle qui a déposé ses œufs dans le corps de la *chenille.*

§. III. *Des Organes de la circulation et de ceux des sécrétions dans les Insectes.*

On désigne sous le nom de *circulation*, ce mouvement perpétuel et réglé, par lequel le sang ou la liqueur extraite de la digestion, est porté d'un point de l'intérieur aux extrémités, et revient des extrémités à ce point, après avoir fourni une nutrition convenable à toute l'habitude du corps de l'animal.

Dans les animaux des classes supérieures à celle des *insectes*, la principale puissance de la circulation, le point d'où part le sang, se nomme le *cœur*. Il a deux mouvemens : celui de contraction, par lequel il se resserre et chasse le sang renfermé dans sa cavité; l'autre de dilatation, par lequel il s'ouvre et reçoit de nouveau le sang. Du cœur partent deux genres de vaisseaux, les artères qui conduisent le sang aux extrémités, et les veines qui le rapportent des extrémités au cœur. Parmi les animaux à sang rouge et à colonne vertébrale, les *quadrupèdes*, les *oiseaux*, et les *reptiles chéloniens* et *sauriens* ont un double système de circulation. D'autres, tels que les *poissons* et les *reptiles bactraciens* et *ophidiens*, n'ont qu'un simple système. Parmi les animaux à sang blanc et à squelette extérieur, ceux qui sont le mieux pourvus d'organes ont un cœur musculaire, dans lequel le fluide nourricier arrive par des veines, et dont il sort par des artères. Les *mollusques céphalopodes* ont trois cœurs, dont un pousse le sang dans tout le corps, et les deux autres, auxquels aboutissent les deux branches de la bifurcation de la veine-cave, le poussent dans les branchies, d'où il revient ensuite au premier cœur. Les *mollusques gastéropodes* et *acéphales* n'ont qu'un seul cœur, de même que les *crustacés*. Enfin on ne découvre, à l'aide des meilleurs verres, aucun vestige de circulation dans les animaux des classes les plus inférieures (si ce n'est dans ceux que Cuvier appelle *vers à sang rouge*).

Les *insectes*, placés entre les *vers* et les *mollusques*, présentent, pour ainsi dire, une simple ébauche de la circulation qui doit s'opérer dans les animaux des classes supérieures. Le long du dos, et parallèlement au canal intestinal, court un long vaisseau assez délié, dans lequel on peut appercevoir à travers la peau de quelques *insectes*, et sur-tout des larves, des contractions et des dilatations alternatives. Le cœur, ou la principale artère qui en fait les fonctions, semble être composé d'un grand nombre de petits cœurs mis bout à bout et qui se transmettent le fluide nourricier les uns aux autres. C'est même l'idée qu'un grand observateur s'en est faite ; mais l'injection ne lui a pas été favorable ; la grande artère s'est soutenue, et les petits cœurs ont disparu. Cependant il reste toujours douteux, si ce viscère n'est pas comme partagé par des espèces de valvules, qui, en empêchant le retour de la liqueur, rendent l'impulsion du vaisseau plus efficace. Dans les chenilles, on a observé que les battemens commencent par la partie postérieure, et vont successivement d'articulation en articulation jusque vers la tête. Réaumur avance au sujet de ces battemens un fait bien singulier. Il prétend qu'on peut observer dans les chrysalides nouvellement dépouillées et encore transparentes, que ces battemens changent de direction, et que la grande artère qui, dans la *chenille*, pousse la liqueur du derrière vers la tête, la pousse dans la chrysalide de la tête vers la queue, ce qui supposeroit que dans ces deux états la circulation de la liqueur, qui fait l'office de sang, se feroit en un sens directement contraire. Lyonnet oppose à l'observation de Réaumur une observation qui ne lui est pas conforme ; car ayant trouvé des espèces de chenilles qui lui ont fourni, ce qui est assez rare, des chrysalides extrêmement transparentes, et au travers desquelles on pouvoit voir très-distinctement tous les organes du vaisseau dorsal, il les a prises quelques jours après leur transformation, et les ayant examinées avec soin, il s'est assuré que le mouvement de ce vaisseau n'avoit nullement changé de direction, et qu'il avoit continué d'aller de la tête à la queue de la même manière que dans la *chenille*.

Comme ces deux observateurs sont aussi dignes l'un que l'autre de la confiance la plus entière, nous n'oserions décider la question, si un célèbre anatomiste n'avoit, pour ainsi dire, renversé ces deux opinions différentes, en niant que le canal dorsal des *insectes* puisse servir à la respiration. Cuvier a prouvé que les *organes sécrétoires* disposés en masses plus ou moins considérables, qui portent improprement le nom de *glandes conglomérées* (1), et dont la structure consiste en un tissu extrêmement fin de vaisseaux artériels et de vaisseaux mêlés de nerfs, de vaisseaux lymphatiques et de vaisseaux

---

(1) Les principales *glandes conglomérées* de l'homme, sont les *salivaires*, le *foie*, le *pancréas*, les *reins* ; elles se trouvent dans tous les animaux à sang rouge. Les *mollusques* en ont généralement une partie, telle que les *salivaires*, le *foie*, les *testicules glanduleux*, &c.

propres qui conduisent au — dehors le fluide produit, ou, comme on dit, séparé de la masse par ces artères; Cuvier a prouvé, dis-je, que ces *glandes conglomérées*, qui existent dans tous les animaux qui ont un cœur et des vaisseaux, n'existent pas dans les *insectes*, et qu'elles y sont remplacées par des tubes très-longs, très-minces, qui flottent dans l'intérieur du corps, sans être liés ensemble en paquet, et sans être fixés par des trachées.

De ces observations, Cuvier conclut que la forme des organes sécrétoires des *insectes* paroît exclure la présence d'un cœur. Les vaisseaux, s'ils existoient, auroient lié ces glandes ou ces tubes sécrétoires par leur entrelacement; mais ces vaisseaux n'existant pas, la circulation n'ayant dans les *insectes* aucun agent, du moins reconnu, il est raisonnable de penser que leur nutrition se fait par imbibition ou par absorption immédiate, comme dans les *polypes* et les autres *zoophytes* ; le chyle transpireroit au travers des parois du canal intestinal, et couleroit uniformément dans toutes les parties du corps. Ce savant observe qu'il n'y a dans l'intérieur du corps des *insectes* aucune membrane transverse, aucun diaphragme; que cet intérieur forme une cavité continue qui se rétrécit seulement à différens endroits, mais sans s'y diviser. Là, dit-il, chaque partie en attirera les portions qui lui conviennent, et se les assimilera par voie d'imbibition, tout comme le polype s'assimile la substance des animaux qu'il renferme dans son estomac.

Outre les organes sécrétoires propres à la nutrition, dont nous nous sommes déjà occupés, et ceux nécessaires à la génération, desquels nous ne tarderons pas à parler avec quelques détails, il en est quelques autres que l'on ne retrouve que dans un certain nombre d'*insectes*, et dont l'usage est de séparer du fluide nourricier différentes liqueurs qui servent à la nourriture ou à la défense, ou enfin à protéger ces *insectes* des intempéries de l'atmosphère lorsqu'ils subissent leur transformation. Nous allons faire connoître les principaux.

« Les liqueurs âcres et fétides que quelques *insectes* répandent dans le danger, et d'autres qui paroissent analogues à une huile empyreumatique, sont produites par de petits tubes très-repliés, et elles s'amassent dans deux vésicules situées près de l'anus, d'où l'*insecte* peut les exprimer au besoin.

» Les *carabes* et les *dytiques* en ont d'acides qui rougissent fortement les couleurs bleues et végétales. Le *blaps mucroné* produit une huile brune, très-fétide, qui surnage sur l'eau : d'autres espèces donnent des liqueurs d'un autre genre.

» On connoît, d'après Malpighi et Lyonnet, les vaisseaux

qui produisent la liqueur de la soie dans le ver-à-soie et dans les autres chenilles. Il y en a deux assez gros vers leur orifice extérieur, puis diminuant en un fil très-mince, et plusieurs fois replié sur lui-même ». *Voyez* Bombyx et Soie.

Dans les *hyménoptères*, tels que les *guêpes*, les *sphex*, les *chrysis*, les *abeilles*, &c. l'extrémité de l'abdomen renferme un aiguillon très-poignant, avec lequel ces *insectes* se défendent en piquant leurs ennemis. Cet *aiguillon* est un canal creux, muni de muscles dont la contraction le fait sortir ou rentrer à la volonté de l'animal. A sa base se trouve la glande qui sépare de la masse du sang, la liqueur âcre au moyen de laquelle ces *insectes* produisent cette inflammation douloureuse qui est toujours la suite de la piqûre.

Les *abeilles*, suivant les observations de Swammerdam, après avoir grossièrement broyé avec leurs mandibules le pollen qu'elles recueillent sur les étamines des fleurs, et après l'avoir avalé et placé dans leur estomac, le changent ainsi en un suc huileux, qu'elles rendent concret au moyen de la liqueur de l'aiguillon, selon Swammerdam, et d'après d'autres observateurs, en y mêlant la liqueur qui transude au travers des anneaux de l'abdomen, où l'insecte la recueille à l'aide des brosses dont ses pattes sont garnies.

Le fil des *araignées* est aussi le produit d'une sécrétion dont on a fait connoître les organes à l'article de l'Araignée.

§. IV. *De la Respiration et de ses organes dans les Insectes.*

La respiration est l'acte par lequel l'air est introduit dans le corps de l'animal pour s'y combiner avec les fluides circulans, et servir, de cette façon, à la nutrition des parties.

Les quadrupèdes, les oiseaux et presque tous les reptiles, respirent par la bouche et les narines. Les *poumons* sont le principal organe destiné à recevoir l'air et à le mettre par un nombre prodigieux de rameaux en contact avec le fluide nourricier. Les poissons ont, au lieu de poumons, des *branchies*. Le sang vient s'y mettre en rapport avec l'air que les organes ont la propriété d'extraire de l'eau qui les environne. Quelle que soit la manière dont il agit, il n'en est pas moins certain que sa présence est nécessaire, et que tout animal, sans exception, qui en est privé pendant un temps plus ou moins considérable, périt infailliblement.

La manière dont les *insectes* respirent a exercé le génie de plusieurs hommes justement célèbres, tels que Swammerdam, Malpighi, Réaumur, Lyonnet, Musschenbroëck,

Degéer, Bonnet, Vauquelin , &c. Du résultat de leurs observations , on peut conclure :

1°. Qu'il est certain que les *insectes* ne respirent pas par la
bouche.

2°. Que leurs organes, qui reçoivent l'air et le distribuent,
consistent en deux vaisseaux nommés *trachées* , placés de
chaque côté, tout le long du corps , jetant de chaque une infinité de ramifications ou de bronches , en quantité d'autant
plus considérable, qu'elles appartiennent à une partie qui
jouit d'une plus grande énergie vitale.

3°. Que les *trachées* communiquent avec l'air extérieur par
le moyen de plusieurs ouvertures situées de chaque côté du
corps, dont le nombre varie, mais de dix-huit ordinairement, du moins dans les *chenilles,* et qu'on appelle *stigmates.*

4°. Que ces vaisseaux ne sont pas formés d'une simple membrane, mais d'un cordon cylindrique, de couleur argentine,
replié sur lui-même en façon de tube, et imitant par ses tours
un ressort à boudin, bandé.

5°. Que les stigmates sont marqués sur la peau de l'*insecte*
par une petite plaque écailleuse, ouverte par le milieu, en
forme de boutonnière, et garnie de membranes ou de filets
qui interdisent le passage à des corps étrangers.

Réaumur a cru que l'air entroit bien par les stigmates dans
les trachées et dans les bronches, mais qu'il ne sortoit que
par de petites ouvertures placées sur la peau. Ainsi leur expiration différeroit de celle des autres animaux.

Degéer paroît être du même sentiment que Réaumur, par
rapport à la manière dont les chenilles respirent ; mais il reconnoît une inspiration et une expiration alternatives dans
les chrysalides, et s'effectuant par les bronches et les stigmates.

Lyonnet n'est pas de l'opinion de Degéer. D'après les expériences sur la chrysalide du sphynx du *troëne ,* il présume
que cette chrysalide vit un certain espace de temps sans respirer , et que ses deux stigmates antérieurs, ceux du corcelet,
qui sont les plus grands et qui se ferment les derniers , ne servent alors qu'à faciliter l'évaporation des humeurs surabondantes , et à permettre à l'air extérieur de se substituer en
sa place.

Quelques expériences de Musschenbroëck semblent venir
à l'appui du sentiment de Lyonnet, à l'égard de la respiration
des chrysalides.

Peut-être , dit Latreille , la nature, par une prévoyance
sage et toujours digne d'elle , a conformé la chrysalide de

manière à n'absorber qu'une quantité d'air très-petite ; ou peut-être a-t-elle renfermé dans son corps tous les principes nécessaires pour la conservation de son existence. Engourdie, cette chrysalide est alors moins sensible aux impressions extérieures ; qui sait même si elle n'a pas le moyen d'empêcher l'action d'un fluide délétère sur les organes de la respiration ? Différentes expériences de Malpighi, de Réaumur, n'en ont pas moins constaté en général le besoin qu'ont les *insectes* de respirer l'air. De l'huile appliquée sur leurs stigmates fait tomber ces animaux en convulsion, les paralyse en tout ou en partie, ou leur donne la mort.

Le célèbre chimiste Vauquelin a fait plusieurs expériences très-curieuses sur la respiration de la sauterelle verte. Le mâle de cette espèce mis dans six pouces cubes d'air vital, dont le degré de pureté étoit connu, y a vécu dix-huit heures. Cet air vital avoit été changé en air carbonique ; il troubloit l'eau de chaux, sans cependant éteindre les bougies ; l'acide même en ayant été séparé par l'alkali fixe, la combustion de ces bougies étoit plus active que celle que produit l'air atmosphérique.

L'*insecte* respiroit, avant l'expérience, de cinquante à soixante fois par minute, et sans discontinuer ; placé dans l'air vital, ses battemens ont été d'un douzième environ plus fréquens, interrompus, enfin presque continuels lorsqu'il a été sur le point d'être asphyxié. Lavé avec l'alkali, le volume d'air dans lequel l'*insecte* avoit expiré, a diminué de cinq centièmes : la vapeur de l'ammoniaque n'a pu le rappeler à la vie.

Mise dans dix-huit pouces cubes d'air commun, la sauterelle femelle y a vécu trente-six heures : ses respirations n'ont pas changé pour le nombre et l'intermittence. L'air n'avoit pas diminué de volume à la mort de l'animal ; mais il éteignit les bougies, même après avoir été lavé à l'eau de chaux. Nouvelle preuve que le gaz oxigène est indispensable à la vie de l'*insecte*, et que, dès que l'air atmosphérique n'en contient que très-peu, l'*insecte* y meurt promptement.

Cette sauterelle femelle placée dans le gaz hydrogène sulfuré, y a été asphyxiée sur-le-champ, et aucun stimulant n'a pu la ranimer. Nous devons en conclure avec Latreille, que les insectes ont une nécessité absolue de respirer ; que, dans cette respiration, le gaz oxigène a la plus grande influence, et que l'acide carbonique ou le gaz azote venant à dominer, ces animaux périssent.

Tous les *insectes* n'ont pas leurs stigmates placés et figurés de la même manière. La plupart des larves de *mouches* ont plusieurs de ces organes, ou du moins les plus sensibles, placés à l'extrémité postérieure du corps, souvent au nombre de six, et disposés sur deux plaques ; on en voit encore deux autres à la partie antérieure, un de chaque côté, entre le second et le troisième anneau. Ces stigmates ressemblent à un entonnoir dont une moitié a été emportée ; leurs bords sont dentelés en espèce de frange ; quelques autres larves de *diptères* n'ont qu'un simple petit bouton sur chaque plaque du derrière du corps ; ces boutons sont dans d'autres autant de petits tuyaux, soit réunis, soit relevés, soit couchés sur le corps.

Des larves à tête écailleuse et constante, aussi de l'ordre des *diptères*, respirent également par leur derrière.

Les larves d'*oestres* ont au derrière de leur corps huit petits trous, rangés comme ceux d'une flûte.

Les larves des *hydrophiles*, des *dytiques*, ont à l'extrémité postérieure du corps deux petits filets velus, faisant un angle avec le dos, et servant de tuyau respiratoire. Ces larves, pour respirer, élèvent l'extrémité de ces filets au-dessus de la surface de l'eau, et l'air y pénètre par le moyen de l'ouverture située à l'extrémité du tuyau. On voit également les *insectes* parfaits qui proviennent de ces larves, se suspendre par le derrière à la superficie de l'eau pour respirer l'air ; mais ici les stigmates latéraux donnent seuls entrée à ce fluide, l'animal, à cette fin, soulevant un peu les élytres, et les écartant du dos, sans que l'eau y pénètre dans le vide formé entre ces parties. Cette manière de respirer est commune aux *gyrins*, lorsqu'ils plongent, ainsi qu'aux *notonectes*, aux *naucores*, et aux *sigares* ou *corises*. Les *nèpes* et les *ranatres*, dans tous leurs états, ont des tiges capillaires, situées à l'extrémité du corps, lesquelles se réunissent pour composer un tube respiratoire.

La larve du *cousin* est terminée à la même extrémité, par un tuyau ayant les mêmes fonctions.

Celle du *stratiome* a l'extrémité de sa queue couronnée de poils, imitant des barbes de plume, et ayant au centre l'ouverture de la respiration ; ces poils empêchent l'eau de s'insinuer avec l'air.

Les larves de quelques *syrphes* et *cénogastres*, ont une queue, consistante en deux tuyaux fort longs, et qu'elles peuvent alonger ou raccourcir à leur gré. On remarque à l'extrémité de ces tuyaux, un mamelon avec de petits corps terminés en pointe, des espèces de petits pinceaux tout autour ; deux principales trachées en forme de vaisseaux, d'un blanc satiné, partent de la tête de la larve, suivent tout le corps, et se rendent au bout des tuyaux.

Les larves des *gyrins*, des *éphémères*, des *friganes*, &c. ont sur les côtés du corps des filets, des appendices en forme de lames, sur lesquels rampent des vaisseaux aériens, qui communiquent avec les bronches et les trachées. Il seroit possible que ces parties eussent la propriété d'extraire l'air de l'eau, dans laquelle ces animaux sont souvent et long-temps plongés en entier.

« D'autres *insectes aquatiques*, sans cœur et à trachées élastiques, dit Cuvier, respirent véritablement l'eau, bien entendu que je ne détermine point encore en quelle manière, et que j'entends seulement par cette expression, que l'eau en nature va seule frapper les organes de leur respiration.

» De ce nombre sont les larves des *libellules*; on les voit sans cesse ouvrir leur rectum, le remplir d'eau, et l'instant d'après, la repousser avec force, mêlée de grosses bulles d'air.

» L'intérieur du rectum de cette larve, présente à l'œil nu, douze rangées longitudinales de petites taches noires, rapprochées par paires, qui ressemblent à autant de ces feuilles que les botanistes nomment *ailées*. Au microscope, on voit que chacune de ces taches est composée d'une multitude de petits tubes coniques, qui ont tous la même structure que les trachées qui règnent dans toute la longueur du corps, et desquelles partent toutes les branches qui vont porter l'air dans les divers points du corps.

» ... Comme l'appareil contenu dans le rectum est très-compliqué, je suis assez porté à croire qu'il décompose l'eau: il seroit assez facile de vérifier cette conjecture, en examinant si les bulles d'air qui en sortent à chaque respiration, sont de l'air inflammable. Je n'ai pu encore faire cette expérience facile ». (Cuvier, *Mémoire de la Société d'Hist. nat.* an 7.) Ces observations doivent aussi s'appliquer à la nymphe.

La température du corps de tous les *insectes* est à-peu-près la même que celle de l'atmosphère, aussi beaucoup de ces animaux, et sur-tout les larves, passent-ils l'hiver dans un état d'engourdissement.

De la voix. Les *insectes* qui manquent de poumons, n'ont pas de voix proprement dite; mais malgré cela, ils n'en ont pas moins les moyens de produire des sons; ainsi la *saute-relle* mâle fait retentir les campagnes d'un bruit des plus désagréables, pour attirer sa femelle : la *cigale* et le *grillon* ont aussi cette même faculté. Dans tous ces *insectes*, l'organe au moyen duquel ce bruit est produit, peut être comparé à un instrument à cordes, ou à un tambour.

Le *grillon* a ses élytres pourvues de nervures saillantes, très-fortes, séparées par des espaces enfoncés assez grands, et qui pourroient être regardés comme l'ame d'une espèce de violon dont les nervures saillantes seroient les cordes; les deux élytres étant ainsi formées, la supérieure en frottant l'inférieure à la volonté de l'animal, en tire ces sons aigus et désagréables, qui font reconnoître l'existence d'un grillon à une distance assez considérable.

Dans la *sauterelle commune*, la cuisse, garnie de lignes saillantes élevées, sert d'archet, et les nervures longitudinales des élytres sont les cordes.

Dans la *cigale*, l'organe qui sert à produire le bruit, est bien plus compliqué; c'est une espèce de tambour. Le mâle en est seul pourvu; son abdomen, qui est conique, présente en dessous, près de sa base, deux larges écailles demi-circulaires, qui couvrent une fossette vide, dans laquelle il y a une membrane fine bien tendue, qui représente la peau du tambour; dessous cette membrane, et au fond de la cavité, on remarque une espèce de baguette ou instrument de forme conique, qui peut tourner sur lui-même, et qui, en frottant contre ces membranes, produit un ébranlement qui détermine le son.

§. V. *De la Génération dans les Insectes.*

La génération est, dans les *insectes* ainsi que dans les animaux des autres classes, et dans les végétaux, la fonction vitale qui, par un excès de nutrition, donne à ces êtres organisés la faculté de produire de nouveaux êtres absolument semblables à eux-mêmes; et c'est à tort que les anciens, qui ont regardé les *insectes* comme des animaux imparfaits, ont cru que la plupart, du moins, ne se multiplioient point par la voie ordinaire de la génération, et qu'ils devoient leur naissance à la pourriture de différentes matières.

Des sexes. Les *insectes* sont, avec les crustacés, les seuls animaux sans vertèbres chez lesquels, les sexes étant séparés, l'accouplement se fasse par l'intromission de l'organe du mâle dans la partie sexuelle de la femelle, et par l'éjaculation de la semence dans les ovaires. Tous les individus, dans la classe des insectes, sont mâles ou femelles; il faut en excepter cependant quelques genres de l'ordre des *hyménoptères*, tels que les *abeilles*, les *fourmis*, les *cryptocères*, &c. dans lesquels, outre les individus mâles et femelles, il y en a encore

d'autres en plus grand nombre, que les naturalistes ont nommés *mulets* ou *neutres*, parce qu'ils n'ont aucun sexe apparent, et qu'ils ne sont point propres à la génération; mais ces espèces de *mulets* proviennent eux-mêmes des mâles et des femelles du même genre, qui se sont accouplés. On a prétendu que ces *mulets* n'étoient autre chose que des femelles, dans lesquelles les organes de la génération n'avoient point été développés, faute d'une nourriture convenable; mais l'examen des diverses parties qui servent d'instrumens à ces *insectes* travailleurs, prouve évidemment qu'ils diffèrent des femelles par les formes de ces parties, ce qui n'auroit pu être produit par l'assimilation d'une nourriture différente. Il faut donc les regarder comme des animaux sans sexe, et non comme des femelles stériles.

Les parties qui distinguent les mâles d'avec les femelles, sont de deux sortes : les unes n'ont point de rapport avec la génération, et les autres sont absolument nécessaires pour la produire.

Les différences principales que l'on remarque dans les parties qui n'ont point de rapport direct avec la génération, sont tirées de la grosseur relative du mâle et de la femelle, de la vivacité des couleurs, et de la forme des antennes, des ailes, &c. comparées dans les deux sexes.

Les mâles sont toujours plus petits que les femelles, et la proportion, dans certains *insectes*, disparoît au point, que les mâles sont d'une extrême petitesse relativement à leurs femelles. Dans les *fourmis*, le mâle est à-peu-près six fois plus petit que la femelle; dans les *cochenilles*, il est douze ou quinze fois plus petit; enfin dans les *termes*, la femelle est deux ou trois cents fois plus grosse que son mâle.

Dans la plupart des espèces d'*insectes*, les mâles sont ornés de couleurs infiniment plus brillantes que celles qui décorent les femelles, et cela se voit sur-tout dans les *lépidoptères*.

Dans quelques *insectes*, les couleurs des deux sexes sont différentes; ainsi le mâle du *stencore du saule* a les élytres d'un beau bleu foncé, tandis que la femelle les a d'un rouge pâle. Les mâles des *scarabées*, des *bousiers*, de la plupart des *aphodies* et des *géotrupes*, ont le corcelet et la tête garnis de cornes, de tubercules, de pointes souvent très-proéminentes, et que l'on ne remarque point dans les femelles.

Les antennes des mâles sont ordinairement plus grandes, et les filets, feuillets ou masses dont elles sont fréquemment garnies, sont plus prononcés.

Souvent les femelles manquent d'ailes, tandis que les mâles en sont pourvus. Parmi les *coléoptères*, les *lampyres* nous en offrent un exemple, et nous en retrouvons de pareils dans les genres des *blattes*, des *noctuelles*, des *bombyx*, &c. pris dans les autres ordres.

Toutes les différences que nous venons de rapporter, ne sont point essentielles à la génération, elles ne se rencontrent que dans un certain nombre d'espèces ; mais la véritable distinction des mâles et des femelles, consiste dans les organes sexuels.

Organes des sexes. Les parties de la génération dans les *insectes*, sont ordinairement placées à l'extrémité du ventre : dans la plupart, si l'on presse cette extrémité du corps, on en fait sortir les parties destinées à la faculté générative. Cependant ces parties ne sont pas toujours ainsi situées. Dans les *araignées*, et quelques *entomostracés*, l'organe du mâle se trouve dans un endroit où l'on ne s'aviseroit pas de le chercher ; il est logé dans les palpes. Chez les *demoiselles* ou *libellules*, la partie sexuelle du mâle est placée tout près de la poitrine ; au lieu que celle de la femelle se trouve au derrière.

Nous distinguerons, d'après Cuvier, les organes sexuels des *insectes* en *préparateurs*, *copulateurs* et *éducateurs* : nous examinerons avec soin ces organes dans les deux sexes et dans celles des espèces d'*insectes* où elles présentent des différences marquées.

Organes préparateurs des mâles. Dans les *insectes*, on retrouve des parties qui se rapprochent de celles de l'homme. Tous ont quatre organes préparateurs de la semence, dont deux peuvent être comparés aux testicules, et les deux autres aux vésicules séminales. Les uns et les autres ont des formes très-variées, selon les espèces, sont très-distincts dans le temps des amours, et disparoissent presqu'entièrement après ce temps.

Les *scarabées*, les *hannetons*, et autres *coléoptères* à antennes terminées par une masse feuilletée, ont une verge qui reçoit un canal commun que l'on peut comparer à l'urètre : ce canal reçoit lui-même quatre autres vaisseaux plus gros que lui, et dont les deux inférieurs peuvent être regardés comme les testicules ; ils sont assez longs, et sont terminés à leur extrémité libre par plusieurs canaux plus petits, qui eux-mêmes finissent par des houppes de vaisseaux très-fins, réunis entr'eux par un tissu graisseux. Ces houppes, à la vue simple, ressemblent fort à des glandes conglomérées, et Swammerdam les avoit prises pour telles, mais le microscope fait appercevoir leur composition vasculaire. Les deux autres canaux beaucoup plus longs, font plusieurs circonvolutions sur eux-mêmes, et lorsqu'on les déroule, on trouve que chacun d'eux est douze à quinze fois plus long que le corps de l'insecte auquel ils appartiennent; ils ne sont point terminés par des houppes de petits vaisseaux comme les précédens : on peut les comparer aux vésicules séminales.

Dans le plus grand des *insectes aquatiques* de nos climats (l'*hydrophile brun*), outre ces quatre organes, il y a encore deux petites vésicules particulières que l'on pourroit comparer aux *prostates*. Le *canal déférent* est un peu recourbé sur lui-même ; les testicules sont très-grands, repliés en spirale, et terminés par une espèce de filet très-délié, qui se contourne sur lui-même et qui n'en est que la continuation. Ce filet est une espèce de glande, qui se déroule comme toutes les autres.

Dans les *sauterelles* on retrouve également ces deux paires d'organes; mais les vésicules séminales sont très-multipliées, et les testicules ont une forme apparente, qui approche beaucoup de celle qu'affectent les testicules des *mammifères*. Ces testicules, de forme ovale, sont fixés sous la paroi interne du dos ; leur surface convexe est agréablement parsemée de plusieurs trachées d'une couleur dorée luisante. Après avoir enlevé ces trachées, on vient facilement à bout de dérouler le testicule, et alors on s'apperçoit qu'il n'est, comme tous les organes sécréteurs des *insectes*, qu'un vaisseau roulé sur lui-même, et à l'origine duquel il y a des vésicules séminales disposées en faisceaux, et si nombreuses, que dans le temps de l'amour, elles remplissent les trois quarts de la capacité du ventre de l'*insecte;* elles sont remplies d'une liqueur limpide qui est la semence.

Le canal déférent, qui est fort court dans la plupart des *insectes,* est, dans le *blaps mucroné,* d'une longueur très-considérable, et forme plusieurs replis avant d'arriver à la verge. Les quatre organes mentionnés plus haut, se trouvent à l'extrémité de ce canal. Les testicules forment une spirale comme ceux de l'*hydrophile*, et les vésicules séminales présentent des tuyaux très-compliqués.

Organes copulateurs des mâles. L'organe copulateur dans les *insectes*, est la verge ou les verges.

Ceux à verge simple, ont cette partie placée à l'extrémité postérieure ou antérieure de l'abdomen. (Ce dernier cas ne se remarque que dans les *libellules* et les *faucheurs.*) Cette verge est membraneuse à sa partie extérieure, et composée intérieurement d'une substance analogue à celle des corps caverneux des autres animaux ; elle est de forme cylindrique ou conique ; mais ce qu'il y a de plus curieux, ce sont les organes au moyen desquels le mâle ouvre la vulve de la femelle. De chaque côté de la verge, on trouve une petite écaille qui, avec celle du côté opposé, forme une espèce de coin. L'animal introduit d'abord ce coin de substance cornée dans la vulve de la femelle, alors les deux écailles s'écartent au moyen de muscles particuliers situés à leur base, la vulve s'ouvre et la verge pénètre. Cette disposition singulière tient peut-être à l'imperfection de l'érection, dont d'ailleurs le mécanisme est peu connu.

Les *insectes* à double verge (les *arachnides*), ont cet organe situé à l'extrémité des palpes des mâchoires inférieures : ces palpes sont plus gros dans les mâles. et sont introduits, au moment de l'accouplement, dans deux sortes de vagins placés à la partie antérieure de l'abdomen de la femelle. On retrouve aussi dans les mâles les deux écailles qui servent à écarter la vulve.

Organes préparateurs des femelles. Dans les femelles, les organes préparateurs de la génération sont les ovaires. Ce sont dans les *insectes*, de longs canaux tubulés, ou des espèces d'intestins extrêmement fins. dans lesquels les œufs sont rangés à la file, à-peu-près comme les grains d'un chapelet. Les œufs les plus avancés vers l'ouverture qui conduit aux oviductes, sont les plus gros et les plus à terme ; ils diminuent graduellement à mesure qu'ils s'en éloignent ; enfin ils deviennent absolument invisibles.

Tous ces canaux tubulés, ordinairement réunis en deux paquets distincts, aboutissent dans un canal commun, nommé oviducte, qui communique à une cavité oblongue, qu'on regarde comme analogue à la matrice. C'est dans cette cavité, qui est l'*organe éducateur* de la génération, que la liqueur du mâle est déposée. Malpighi, observateur célèbre, établit que cette liqueur pénètre ensuite dans le conduit commun des ovaires par un canal de communication, et qu'elle y féconde les œufs à l'instant où ils passent par l'embouchure de ce canal pour venir au jour. Chez les *insectes* appelés *vivipares* (l'*hippobosque*, &c.), l'économie des ovaires change. Tantôt les petits sont arrangés par paquets ; tantôt ils composent une espèce de cordon roulé en spirale, dont la longueur, la largeur et l'épaisseur répondent précisément au nombre, à la longueur et à la grosseur des petits qui le composent.

Réaumur, pour donner une idée de la fécondité des *insectes*, a fait un calcul très-intéressant sur celle de l'*abeille* femelle ; il a trouvé qu'une seule mère met au jour, dans moins de deux mois, au moins douze mille œufs ; il résulte encore de ce calcul, que cette mère a dû pondre par jour, pour le moins deux cents œufs.

XII.   H

Lyonnet obtint d'une seule ponte de la *phalène à brosses* de Réaumur, trois cent cinquante œufs.

Leuwenhoeck a trouvé qu'une seule mouche pouvoit produire, en trois mois, 746,496 mouches semblables à elle.

Organes copulateurs. On sait que ces organes consistent dans les parties extérieures de la génération, et dans le canal qui conduit de ces parties à l'*organe éducateur* ou la matrice.

Les femelles des *insectes* n'ont pour parties extérieures de la génération, qu'une simple ouverture, qui est celle de la vulve, et qui est de deux petits crochets, qui retiennent le mâle pendant l'accouplement, qui dure souvent très-long-temps.

Les *insectes* qui ont une double verge, ont aussi deux vulves, mais qui ne présentent rien de particulier : elles sont placées à la base de l'abdomen.

Accouplement. Dans les *insectes*, il n'y a que les *faucheurs* et les *araignées* qui s'accouplent ventre à ventre ; tous les autres s'accouplent à la manière ordinaire ; le mâle monte sur le dos de la femelle, et la nature les a pourvus d'instrumens propres à les tenir dans cette posture ; les tarses des pattes antérieures du mâle sont quelquefois dilatés en forme de palettes (*dytique*, *hydrophile*), ou garnis de brosses ou de houppes de poils très-serrés (*hippobosque*, &c.).

Dans les *libellules*, le mâle a des crochets situés à l'extrémité du ventre, comme la plupart des *insectes* ; mais la partie la plus nécessaire à la génération, est placée à l'origine de ce même ventre, près du corcelet, tandis que sa femelle a l'origine du vagin vers la queue. Le mâle se sert à la vérité de ses crochets pour saisir la femelle ; mais s'il ne la prend point à la queue, jamais il ne pourroit faire parvenir à cet endroit le haut de son ventre où est sa partie sexuelle. Il accroche la tête de la femelle, il la saisit au cou avec l'extrémité de sa queue, et lorsqu'il la tient ainsi, il semble que l'accouplement ne pourra jamais se faire, et réellement il ne s'accompliroit point, si la femelle ne faisoit le reste de l'ouvrage. Celle-ci, ainsi serrée et fatiguée par le mâle, qui ne la quitte point, condescend à ses desirs ; elle recourbe en devant son ventre, qui est fort long, et en fait parvenir l'extrémité jusqu'au-dessous du corcelet du mâle, et pour lors l'accouplement s'achève. Cet accouplement se fait souvent dans l'air, mais ordinairement le mâle va se poser sur quelque plante ou sur quelqu'objet où l'opération se termine.

Dans plusieurs genres d'*insectes*, le mâle, monté sur le dos de la femelle, reste en cette attitude tout le temps que dure l'accouplement. Le mâle des *papillons*, des *tipules*, des *pu-*

naises, &c. après s'être joint à sa femelle, se place dans une même ligne avec elle. Les *cigales* et les *sauterelles* se tiennent à côté l'un de l'autre dans l'accouplement. Enfin dans les *éphémères*, la femelle est placée au-dessus du mâle.

Ponte. L'accouplement achevé, les femelles doivent se livrer à la ponte de leurs œufs. Il y en a qui ne tardent guère à s'acquitter de cette fonction, et qui pondent tous leurs œufs les uns après les autres, sans intervalle de temps ; on en trouve même qui font sortir de leur corps, toute la masse d'œufs à-la-fois : telles sont les *éphémères*, dont la courte durée de leur vie semble demander une pareille promptitude dans leur ponte. Mais ordinairement les œufs des *insectes* sont pondus un à un. On en trouve d'autres qui ne pondent à-la-fois qu'une petite quantité d'œufs, se réglant en cela selon les circonstances. Les grosses *mouches bleues* de la viande (*musca carnaria*), mettent bas leurs œufs quand elles trouvent de la chair morte à leur disposition ; elles diffèrent leur ponte quand la chair leur manque. Il y a d'autres *insectes* qui ne pondent leurs œufs que long-temps après l'accouplement, qui s'accouplent avant l'hiver, et qui ne mettent au jour leurs œufs qu'au printemps : c'est ainsi que font les femelles dans les genres des *guêpes* et des *abeilles*.

En traitant de la nutrition des *insectes*, nous avons fait une énumération assez détaillée des soins que se donnent la plupart des femelles d'*insectes*, pour déposer leurs œufs dans des lieux propres à l'accroissement et au développement des petits qui en doivent sortir ; ainsi nous nous abstiendrons d'entrer ici dans de plus grands détails sur cet objet ; nous nous contenterons de renvoyer aux articles des genres sur les habitudes desquels il y a quelque chose à remarquer, relativement aux soins et à la prévoyance avec lesquels la femelle s'occupe du soin de déposer ses œufs. *Voyez* Bousier, Clairon, Nécrophore, Sauterelle, Mante, Nèpe, Teigne, Philanthe, Sphex, Fourmilion, Echinomie, Oestre, &c.

Les *œufs* des *insectes* sont pour ainsi dire de deux sortes : les uns restent membraneux, comme ceux des *tortues* et de la plupart des *reptiles* ; les autres sont *crustacés*, comme ceux des *oiseaux*. La variété qui existe entre ces œufs est incroyable ; on pourroit dire qu'elle égale le nombre des espèces ; il en est de ronds, d'elliptiques, de lenticulaires, de cylindriques, de pyramidaux, de plats, de carrés même, &c. Les figures les plus ordinaires sont cependant la ronde, l'ovale et la conique : les uns sont lisses et tout unis ; les autres sont sculptés ou cannelés, et présentent un joli travail. Pour ce qui regarde les couleurs, la différence est encore plus grande. Les uns, comme ceux des petites *araignées*, ont l'éclat de petites perles ; les autres, comme ceux des *vers-à-soie*, ont la couleur jaune d'un grain de millet ; on en trouve aussi d'un jaune de soufre, d'un jaune d'or ; il y en a enfin de blancs, de noirs, de verts, de bruns, de toutes les nuances. De tous les œufs d'*insectes*, il n'y en a peut-être point de plus jolis à voir que ceux des *hémérobes*, dont les larves se nourrissent de pucerons. Ces œufs, blancs, petits, oblongs, sont placés au bout d'un long pédicule en forme de fil très-délié, qui, par son autre bout, est attaché et comme implanté aux feuilles des arbres et des plantes : ils ressemblent si peu à des œufs, au premier regard, que les naturalistes les ont long-temps pris pour des productions de la feuille ou pour de petites plantes parasites.

On sait que les œufs ne croissent point, n'augmentent point en volume après qu'ils ont été pondus ; cette règle est à-peu-près générale pour les *insectes* ; cependant il y en a, et ce sont les *mouches à scie* ou *tenthrèdes*, qui nous fournissent un exemple d'œufs qui croissent après avoir été pondus.

On n'apperçoit d'abord dans les œufs qu'une matière aqueuse ; mais bientôt après on découvre dans le milieu un point obscur, qui, s'il en faut croire Swammerdam, n'est nullement l'*insecte* même, mais seulement sa tête qui prend sa première consistance et sa couleur. Le même auteur prétend que l'*insecte* ne croît point dans son œuf, mais que ses parties s'y forment simplement et s'y affermissent. Sous la coque de l'œuf se trouve une pellicule extrêmement fine et délicate, dans laquelle l'*insecte* est enveloppé, et que l'on pourroit comparer au *chorion* et à l'*amnios* qui enveloppent le fœtus. Le petit reste dans l'œuf jusqu'à ce que son humidité surabondante en soit dissipée, et que ses membres aient acquis assez de force pour pouvoir rompre la coque et en sortir.

Tous les *insectes* ne restent pas le même espace de temps dans leurs œufs. Quelques-uns (les *hippobosques*, les *pucerons*, les *scorpions*, &c. éclosent dans le ventre de leur mère, et sont pondus vivans peu d'heures après l'accouplement, tandis qu'il en est à qui il faut plusieurs jours ou même plusieurs mois. On a remarqué que les *insectes* qui doivent passer l'hiver dans leurs œufs, n'en sortent pas avant la naissance des feuilles qui doivent leur servir de nourriture.

Quand l'*insecte* est venu au point où il doit briser les murs de sa prison, il se sert ordinairement de ses dents pour percer la coquille d'un trou circulaire ; il enlève les petites pellicules ; avance la tête, qui, jusqu'à ce temps, avoit été repliée sur le ventre ; développe ses organes, les meut, sort ses pattes, lorsqu'il en est pourvu, les unes après les autres, jusqu'à ce qu'il soit entièrement dehors.

Des Métamorphoses et des Mues dans les Insectes.

La plupart des animaux conservent toute leur vie la forme qu'ils ont apportée en naissant. Ils sont essentiellement dans la vieillesse, ce qu'ils ont été dans l'enfance. Ils croissent, ils mûrissent et vieillissent sans éprouver d'autre changement que quelques altérations dans leurs couleurs, dans leurs traits et dans le tissu de leurs membranes. Ainsi un quadrupède, au sortir du ventre de sa mère, est conformé comme il doit l'être pendant toute sa vie; il en est de même de l'oiseau, qui, au sortir de l'œuf, paroît sous la même forme qu'il doit conserver jusqu'à sa mort. Mais les *insectes* éprouvent au contraire de si grands changemens, soit dans leur extérieur, soit dans leur intérieur, qu'un individu de cette classe pris à sa naissance, diffère entièrement de ce même individu parvenu à l'âge de maturité. Ce ne sont pas seulement d'autres couleurs, d'autres traits, d'autres tissus, ce sont encore d'autres mouvemens, d'autres formes, d'autres proportions, d'autres organes, d'autres procédés. La vie des *insectes* se partage naturellement en trois périodes principales, qui doivent être considérées avec autant de surprise que de plaisir; ce sont ces changemens qu'on a voulu désigner par le mot, un peu inexact à la vérité, de *métamorphoses* ou de *transformations*.

Tous les *insectes*, cependant, ne sont pas soumis à subir la loi des métamorphoses; il y en a un bon nombre qui ne changent aucunement de forme. En général, les *insectes* qui n'ont point d'ailes, et qu'on désigne sous le nom d'*aptères*, naissent avec la même forme qu'ils doivent toujours conserver. Il est des *aptères* cependant qu'on ne sauroit placer parmi les *intransmutables*, quoique les différences qui existent entre les individus des différens âges, soient très-petites et peu remarquables; cependant nous verrons, avec Degéer, que la plupart des *mites* qui naissent avec trois paires de pattes, en acquièrent ensuite une de plus. Le *jule* nous paroîtra remarquable par sa manière de croître: quand il a pris son accroissement, cet *insecte* n'a guère moins de deux cents pattes; tandis que quand il ne fait que d'éclore, il en a six seulement; mais en quatre jours il en pousse huit autres, et ce nombre augmente peu à peu avec l'âge.

L'*insecte*, dans sa première période, se produit sous la forme de ver, désigné sous le nom de *larve* dans les uns, et sous celui de *chenille* dans les autres: son corps est alongé et formé d'une suite d'anneaux ordinairement membraneux, et emboîtés les uns dans les autres. Il rampe, soit à l'aide de ses anneaux ou des crochets dont ils sont souvent garnis, soit à l'aide de diverses paires de pattes, dont le nombre est quelquefois assez grand.

Dans la seconde période, l'*insecte* paroît sous la forme de *nymphe* ou de *chrysalide*. Ce n'est plus un *ver* improprement dit ; c'est un *insecte*, mais dont tous les membres sont renfermés dans une ou plusieurs enveloppes, sont couchés sur la poitrine, et ne se donnent aucun mouvement. Cette métamorphose s'opère de plusieurs manières ; tantôt la peau du ver s'ouvre et laisse sortir le nouvel *insecte*, revêtu des tégumens qui lui sont propres ; tantôt cette peau se durcit autour de lui, et devient une espèce de coque qui le cache entièrement.

Dans la troisième période, l'*insecte* s'élève à toute la perfection organique qui convenoit au rang qu'il devoit occuper. Déjà les liens de la nymphe ou de la chrysalide sont brisés : l'*insecte* commence une nouvelle vie. Tous ses membres, auparavant repliés, mous et sans action, se déploient, se fortifient, se mettent en jeu : porté sur six pattes, il marche lestement sur la terre ; soutenu par deux ou quatre ailes, il voltige légèrement dans l'air. Nous l'avons dit, on ne peut mieux s'assurer de la marche graduée de la nature, que dans la contemplation des *insectes*. Nous avons vu qu'il y en a qui ne changent jamais de forme ; il y en a encore d'autres qui tiennent le milieu entre ceux qui conservent toute leur vie la même forme, et ceux qui subissent des transformations. Les *insectes* dont nous voulons parler, ne passent pas proprement par l'état de nymphe ou de chrysalide : leur vie n'est partagée qu'en deux périodes ; ils marchent dans la première, ils volent dans la seconde. Ainsi toute leur métamorphose se réduit principalement à prendre des ailes, et cela s'exécute sans que leur forme et leur genre de vie souffrent d'altération considérable.

Encore une nouvelle exception. C'est une règle générale sans doute que tous les *insectes* ailés doivent passer par des transformations ; mais il y a également d'autres *insectes* qui, quoique non ailés, ne laissent pas néanmoins de passer aussi par des transformations : tels sont les *puces*, les *fourmis* non-ailées, les *vers luisans* ou *lampyres* femelles, et quelques espèces d'*ichneumons* sans ailes.

Les larves présentent entre elles, dans leurs formes, des différences aussi multipliées que celles qu'on remarque dans les *insectes* parfaits. Cet état de larve est véritablement celui de l'enfance dans ces *insectes* ; et cette comparaison est d'autant plus juste, que les *insectes* ne prennent d'accroissement qu'à cet état ; et ils ne peuvent engendrer, et sont entièrement privés des organes de la génération. Les larves mangent beaucoup, et prennent en peu de temps toute la grosseur qu'elles doivent avoir pour se changer en nymphes. Cet accroissement subit occasionne des renouvellemens de peau qui s'opèrent par quatre ou cinq mues successives.

On a pu remarquer quelque analogie, relativement à la mue ou changement de peau des *insectes*, entre ces animaux et d'autres, et même avec les plantes, en ce que, comme les oiseaux, les quadrupèdes et les plantes ont leur saison, les uns pour changer de plumes ou de poils, les autres pour quitter leurs feuilles ; les *insectes* ont pareillement leur temps pour changer de peau. Le rapport seroit un peu mieux marqué à l'égard des reptiles, parce qu'ils se dépouillent entièrement de leur peau. La mue des *insectes* n'arrive pas à tous dans le même temps et de la même manière. Les *araignées*, par exemple, semblables aux *serpens*, changent de peau une seule fois toutes les années.

La métamorphose diffère suivant la structure diverse de la larve et de la nymphe. 1°. Quand la larve et la nymphe marchent, sont agiles et ressemblent en tout à leurs père et mère, que toute la métamorphose consiste dans la mue ou dans quelque partie surajoutée, propre à la génération (l'*araignée* et tous les *aptères*, à l'exception de la *puce*), on nomme cette sorte de métamorphose *complète*. 2°. Quand la larve a six pattes, et qu'elle est agile, que cependant elle n'a point d'ailes, et que la nymphe a des rudimens d'ailes, on a donné à cette métamorphose le nom de *semi − complète* (*punaise*, *libellule*.) 3°. Lorsque la larve n'a point de pattes, ou qu'elle en a six dont elle a peine à se servir, et que la nymphe est immobile, quoique pourvue de pattes, on nomme cette sorte de métamorphose *incomplète* (les *scarabées*, et en général les *coléoptères*, les *fourmis* et presque tous les *hyménoptères*). 4°. Lorsque la larve a plus de six pattes, qu'elle est agile, succulente, et que sa nymphe est apode et comme emmaillottée, avec le corcelet et l'abdomen distinct, comme dans les *lépidoptères* ou *papillons*, on appelle cette métamorphose *obtecta*, ou recouverte. 5°. Enfin, si la larve est apode, formée d'anneaux et mobile, si la nymphe est hexapode, mais immobile et renfermée dans une enveloppe qui ne présente aucune partie distincte (les *dipteres*) ; en général, cette métamorphose est nommée *coarctée* ou *étranglée*.

Ayant traité de la transformation des *insectes*, avec un

grand détail, dans les articles Chenille, Chrysalide, Larve, Métamorphose, &c. nous croyons devoir y renvoyer. Dans l'article Chenille sur-tout, nous avons décrit les organes avec lesquels ces larves savent se filer des demeures sûres (les *cocons*) pour passer à l'abri de tout danger, leur état de chrysalides.

§. VI. *Des sensations et de leurs organes dans les Insectes.*

Les sensations dans les *insectes*, ainsi que dans tous les animaux, sont les effets que produisent en eux ou sur eux les différens corps par leurs propriétés chimiques ou physiques.

Le cerveau des *insectes*, le centre de la sensibilité, est très-petit et placé au-dessus de l'œsophage ou du conduit alimentaire : il en part deux branches nerveuses qui entourent ce canal et vont se réunir par-dessous. Là, prend naissance un cordon nerveux et blanchâtre, répondant à la moelle épinière des animaux vertébrés, s'étendant tout le long du corps, du côté du ventre, sous le canal intestinal, et ayant dans sa longueur douze à treize nœuds ou ganglions, de chacun desquels partent plusieurs filets très-déliés, ou les nerfs qui se distribuent à l'infini dans tout le corps. Ces nœuds ont été comparés à autant de cerveaux, et on a expliqué par-là, cette singulière faculté qu'ont la plupart des *insectes*, de vivre encore long-temps après avoir été privés de la tête, ou coupés en plusieurs morceaux.

La vue et l'odorat semblent être, ainsi que le remarque Alexandre Brongniart (préface de la partie des *insectes*, de l'édition de Buffon, par Déterville.), les sens les plus parfaits des *insectes*.

Les yeux sont de deux sortes : les uns sont formés extérieurement d'une membrane composée de facettes hexagonales, et dont le nombre est si considérable, qu'on en compte quatorze mille ; les autres ont leur surface lisse et sont beaucoup plus petits. Les premiers ou les *yeux à facettes*, se trouvent toujours au nombre de deux ; les autres, ou *petits yeux lisses*, sont placés sur le sommet de la tête de quelques *insectes*, et varient en nombre de deux à huit.

Chaque facette des yeux ordinaires est la base d'une pyramide hexagone, dont le sommet répond au fond de l'œil. Swammerdam n'y a pas trouvé les mêmes liqueurs qu'on observe dans les yeux des animaux des classes supérieures.

La membrane qui est au-dessous de la cornée, et qu'on appelle l'*uvée*, varie de couleur dans différens *insectes*. Plusieurs *diptères*, les *taons* notamment, l'ont agréablement nuancée.

Cuvier a donné l'anatomie des yeux de la *libellule*, ou du moins de la partie qu'on nomme la *choroïde*.

La face postérieure des facettes est enduite d'un vernis noirâtre : sous chacune, est un filet nerveux qui tient par une extrémité à ce vernis, et par l'autre, à une membrane qui a la même étendue que la cornée, et lui sert de doublure : c'est cette membrane que Cuvier regarde comme la choroïde. Elle se détache très-aisément des petits filets nerveux, et paroît à l'œil simple, rayée très-finement de blanc et de noir. Derrière elle, est encore une membrane de substance entièrement médullaire, et qui tient de chaque côté aux hémisphères du cerveau.

Les *insectes* sont pourvus du sens de l'ouïe ; c'est une chose que l'on ne sauroit aujourd'hui contester, les *cigales* et plusieurs *orthoptères* nous en ont donné des preuves sans réplique. La nature a donné aux mâles de ces *insectes* des moyens pour appeler leurs femelles, des instrumens qui produisent un son qu'elles entendent. Le mâle et la femelle de la *vrillette savoyarde* s'avertissent en frappant à coups redoublés avec leurs mandibules contre les meubles de vieux bois, les arbres morts où ils se trouvent.

L'existence de l'odorat dans les *insectes* est clairement démontrée : c'est le sens le plus parfait dont ils jouissent. Les *scarabées*, les *bousiers*, les *nitidules*, les *dermestes*, les *sylphes*, les *mouches*, &c. sentent à une distance très-considérable, les excrémens d'animaux et les cadavres, et se rendent en foule dans le lieu où sont ces matières, soit pour s'en nourrir, soit pour y déposer leurs œufs. La mouche bleue de la viande, trompée par l'odeur cadavéreuse d'une espèce d'*arum*, va pondre ses œufs sur cette fleur. Il est ainsi facile de constater la présence de l'odorat chez les *insectes* ; mais la découverte du siége de ce sens embarrasse davantage. Plusieurs naturalistes ont soupçonné qu'il résidoit dans les antennes. Duméril a publié en 1779, une dissertation pour prouver qu'il devoit être placé à l'entrée des conduits de l'air, vers les stigmates, ainsi que Baster l'avoit déjà pensé. Latreille ne croit pas qu'il faille abandonner pour cela l'opinion précédente, celle qui suppose l'odorat dans les antennes. Voici quelles sont les considérations qui le déterminent à incliner pour ce dernier sentiment.

« 1°. L'exercice de l'odorat ne consiste que dans l'action d'un air chargé de corpuscules odoriférès contre une membrane nerveuse ou olfactive qui transmet la sensation.

» S'il existe dans les *insectes* un organe ayant des nerfs semblables, et avec lesquels l'air imprégné de particules odoriférantes soit en contact, on pourra regarder cet organe comme celui de l'odorat. Si l'antenne présentoit un tissu ayant beaucoup de nerfs, pourquoi y auroit-il de l'inconvénient à supposer que ce tissu est olfactif? Cette hypothèse ne seroit-elle pas même plus simple, plus conforme aux règles de l'anatomie, que celle où l'on établit le siége de l'odorat à l'entrée des stigmates? D'ailleurs les crustacés, si voisins des *insectes*, me paroissent se soustraire à cette dernière explication.

» 2°. Un grand nombre d'*insectes* mâles ont des antennes plus développées que les femelles; ce fait trouve une solution facile, si on admet que ces organes sont le siége de l'odorat.

» 3°. Il est certain que la plupart des *insectes* qui vivent ou pondent dans les matières animales ou végétales corrompues, les eaux stagnantes, toutes les substances, en un mot, qui affectent momentanément une localité plutôt qu'une autre, ont presque tous les antennes plus développées : tels sont les *scarabées*, les *dermestes*, les *sylphes*, les *clairons*, les *ténébrions*, les *tipules*, les *bibions*, &c. Il falloit à ces *insectes* un odorat plus parfait; l'organisation des antennes vient s'y prêter.

» 4°. Un grand nombre d'*insectes* qui vivent uniquement de rapine, ont leurs antennes simples; ceux mêmes qui ont des mœurs semblables, et qui sont sédentaires, n'en ont pas du tout : tels sont les *acères*, ou une bonne partie des *arachnides* de Lamarck.

» 5°. Les *insectes* trouvent leur domicile, ainsi que leurs vivres, par le moyen de l'odorat. J'ai arraché les antennes à plusieurs *insectes*; ils sont tombés aussi-tôt dans un état de stupeur ou de folie, et m'ont paru ne pouvoir reconnoître leur habitation, ni la nourriture qui étoit à côté d'eux. Cette expérience mérite d'être suivie. Je conseillerois par exemple de prendre des *bousiers*, de leur vernisser ou de couvrir leurs antennes, et de placer ces *insectes* auprès des excrémens d'animaux dont ils sont si friands, pour savoir s'ils s'y rendroient comme de coutume.

» 6°. Les nerfs aboutissent aux antennes, et leurs articles, quoique couverts extérieurement d'une membrane assez épaisse, sont creux, revêtus à l'intérieur d'une substance molle, souvent aqueuse, et dont l'extrémité exposée à l'air, peut recevoir ses impressions.

» D'autres veulent, ajoute le même auteur, que les antennes soient l'organe du toucher; mais cette opinion n'est pas encore bien étayée. La briéveté de ces organes, la manière dont la plupart des *insectes* les portent, semblent prouver le contraire. Etant en outre défendues par des parties dures et écailleuses, ils doivent avoir le sens du toucher très-obtus; aussi les *acères*, chez lesquels il est moins foible, ont-ils la peau du corps molle et membraneuse. Les faucheurs ont une extrême sensibilité dans leurs pattes. On peut s'en convaincre, en leur touchant légèrement ces organes lorsqu'ils sont dans le repos; ils prennent aussi-tôt la fuite.

» Tel ou tel aliment étant propre à telle ou telle espèce d'*insecte*, dit encore le même naturaliste, on ne peut s'empêcher d'accorder à ces animaux en général le sens du goût. Vous offririez en vain à plusieurs chenilles des végétaux différens de ceux dont elles vivent habituellement, si elles ne sont pas du nombre des *poliphages*, ou de celles qui mangent indistinctement d'un grand nombre de plantes, elles périront plutôt de faim. Le sens du goût se rapportant à celui du toucher, je serois assez d'avis de croire que les palpes en sont le siége. Dans les *arachnides*, ces organes sont très-développés, et renferment, comme l'on sait, les organes de la génération du mâle. Ils sont donc, du moins pour eux, le siége principal du toucher. Tous les insectes qui ont une bouche très-saillante et fort avancée, soit qu'elle soit maxillaire, soit qu'elle ait la forme d'une trompe, ont leurs palpes ou nuls ou très-petits; les mâchoires, ou les parties qui les remplacent, sont alors dégustatrices. Au contraire les *insectes* qui ont les mâchoires et la lèvre inférieure très-courtes, ont les palpes beaucoup plus longs; on en voit des exemples dans les *névroptères* et les *hyménoptères*. Plusieurs *coléoptères* qui vivent dans les matières végétales ou animales putrides, me paroissent avoir les organes plus grands; le dernier article des palpes est même souvent sécuriforme. On les a cru peu propres à transmettre des sensations, parce que leur enveloppe est coriacée et assez dure. Si on avoit examiné l'extrémité de leur dernier article dans ceux sur-tout qui l'ont tronqué, on auroit vu qu'il est tapissé à l'intérieur d'une membrane molle, vésiculeuse ».

Ici nous terminons l'exposé rapide de tous les points remarquables qui constituent l'organisation interne des *insectes*. Nous croyons ne pouvoir mieux clore cet article, qu'en donnant ici l'exposé de la distribution méthodique de ces animaux, proposée par Latreille dans le troisième volume de son *Histoire générale et particulière des Insectes*.

Il partage la *classe* des INSECTES en cinq sous-classes: 1°. Les *tétracères*, dont la tête est munie de quatre antennes, et le corps de quatorze pattes; 2°. les *mille-pieds*, lesquels n'ont que deux antennes et plus de quatorze pattes; 3°. les *acères*, qui n'ont point d'antennes, et qui ont huit pattes; 4°. les *aptéro-dicères*, qui sont *aptères*, et qui sont munis de deux antennes et de six pattes ; 5°. enfin les *ptéro-dicères*, qui sont ailés, et qui ont six pattes et deux antennes.

La sous-classe des *tétracères* est formée de deux familles : 1°. Les *asellotes*, dont le dernier anneau du corps est beaucoup plus grand que les autres ; et 2°. les *cloportides*, dont ce dernier anneau est égal à-peu-près aux autres.

La sous-classe des *mille-pieds* est divisée en deux ordres : 1°. Les *chilognathes*, dont le corps est formé d'anneaux d'une seule pièce ; et 2°. les *syngnathes*, dans lesquels ces anneaux sont composés de deux plaques écailleuses, réunies de chaque côté par une membrane. Le premier ordre comprend les *jules*, les *gloméris*, &c. Le second renferme les *scolopendres* et les *scutigères*.

La sous-classe des *acères* se divise en *chelodontes*, qui ont des mandibules, et qui renferment les familles : 1°. des *scorpioïdes* à palpes en forme de bras ; 2°. des *arachnides* à palpes simples et à mandibules terminées par un seul crochet ; 3°. des *phalangiens* à palpes simples, à mandibules à deux serres, et à bouche non tubuleuse ; 4°. des *sycnogonides* à bouche tubuleuse et à palpes simples ; et en *solénostomes*, dont la bouche n'a point de mandibules, et qui comprennent la famille des *hydracnelles* à pattes natatoires, et celles des *tiques* à pattes ambulatoires.

La sous-classe des *aptéro-dicères* se forme des ordres, 1°. des *thysanoures*, à bouche garnie de mâchoires, et 2°. des *parasites*, à bouche formée en tube inarticulé. Le premier de ces deux ordres comprend la famille des *lepismènes* à antennes sétacées, et celle des *podurelles* à antennes filiformes ; le second se divise en deux genres, celui des *pous* et celui des *ricins*.

Enfin, la sous-classe des *ptéro-dicères* est composée de huit ordres. Voici les noms : Coléoptères, Orthoptères, Hémiptères, Nevroptères, Hyménoptères, Lépidoptères, Diptères et Suceurs.

L'ordre des Coléoptères, caractérisé par la présence de mandibules et de mâchoires, ainsi que par des élytres crustacées recouvrant des ailes pliées transversalement, est partagé en cinq sections.

La première section renferme les *coléoptères* qui ont cinq articles à tous les tarses ; ils sont rangés dans les familles suivantes, dont les premières sont caractérisées par le nombre des palpes qui est de six : *hydrocanthares*, pattes natatoires ; *cicindélètes*, pattes ambulatoires ; mâchoires onguiculées : et *carabiques* ; pattes ambulatoires, mâchoires sans ongles. Les milles qui viennent ensuite n'ont que quatre palpes ; ce sont : les *sternoxes*, dont le sternum forme une espèce de mentonnière, et dont les antennes sont filiformes, en scie ou pectinées ; les *cébrionates*, antennes filiformes, corps arqué, élyptoïde ou hémisphérique, souvent mou ; les *malacodermes*, antennes filiformes ou sétacées, corps droit, déprimé ; les *clairones*, antennes terminées en massue ou par un article plus gros, corps presque cylindrique ; les *ptiniores*, à antennes en scie ou pectinées, à tête presque globuleuse, enfoncée dans un corcelet bossu, corps presque cylindrique ; les *palpeurs* à antennes grenues et à palpes maxillaires très-grands ; les *nécrophages*, antennes renflées vers l'extrémité, tête inclinée, sternum en mentonnière ; les *nitidulaires* à antennes grossissant vers l'extrémité, souvent en massue perfoliée, tête non-inclinée ; les *staphylines*, élytres ne recouvrant que la moitié de l'abdomen ; les *sphéridiotes*, corps gibbeux, antennes n'ayant pas plus de neuf articles, souvent plus courtes que les palpes maxillaires ou de leur longueur environ ; les *coprophages* ont les antennes en masse feuilletée de neuf articles ; les *geotrupines*, antennes de même forme, de onze articles ; les *scarabeïdes*, mêmes antennes, de dix articles.

La seconde section renferme les *coléopterès*, qui ont cinq articles aux deux premières paires de pattes, et quatre seulement à la dernière. Ici viennent se ranger les familles des *ténébrionites* à mâchoires onguiculées et à corps entièrement noir ou d'un gris terreux ; des *diapérales* à mâchoires sans onglet et à palpes maxillaires filiformes ; des *cossypheurs* à mâchoires aussi sans onglet, à corps déprimé, et à palpes maxillaires en masse sécuriforme ; des *hélopiens* à mâchoires de la même façon et à antennes simples ; des *macrogastres* à antennes en scie. (*Nota*. Les *insectes* des familles dont les noms viennent d'être rapportés, ont les ongles simples ; ceux des suivantes les ont bifides ou fortement unidentés) ; les *horiales*, crochets des tarses dentelés ; *cantharidies*, crochets des tarses simplement bifides (les familles suivantes ont les crochets des tarses simples et sans appendices au-dessous) ; *mordellones*, tête ne formant point un museau avancé ; *cistélenies*, un museau plus ou moins avancé.

La troisième section comprend les *coléoptères* à quatre articles à tous les tarses. Les uns ont la bouche au bout d'un museau ; ce sont les *bruchèles*, qui ont une lèvre supérieure, et les *charansonites* qui n'en ont pas. Les autres n'ont point la bouche située au bout d'une trompe ou d'un museau ; ce sont : les *bostrichiens* à antennes en masse solide, globuleuse, et à penultième article des tarses bilobé ; les *xylophages* à antennes en masse perfoliée ou pectinée, et à tarses simples ; les *érotylines* à mâchoires onguiculées, palpes filiformes et antennes en massue de cinq articles ; les *cucujipes* à même caractère de mâchoires, mais à antennes moniliformes ; les *cérambicins* à antennes sétacées, toujours de la longueur du corps au moins, et à corps alongé ; les *chrysomélines* à corps ovalaire ou simplement alongé-ovalaire, et à antennes filiformes ou cylindriques, rarement plus longues que le corps.

La quatrième section de l'ordre des Coléoptères, renferme ceux de ces *insectes* qui ont trois articles à tous les tarses ; ils sont classés sous le nom de famille *trigidités*, en trois genres ; savoir : Eumorphe, Endomyque et Coccinelle.

Les *colopterères* de la cinquième section, ou les *pselaphicus*, n'ont que deux articles à tous les tarses.

Les *hémiptères*, ou *insectes* du second ordre des *ptérodicères*, ont un bec articulé renfermant un suçoir, et des élytres crustacées et moitié membraneuses ou entièrement coriaces. Les uns ont le bec inséré à la tête, et les élytres de consistance inégale. Ce sont les *cimicides*, vivant hors de l'eau, et les *punaises d'eau*, qui sont aquatiques ; les autres, les élytres d'une même consistance, et quelquefois le bec inséré sous la poitrine ; les *cicadaires* ont les tarses composés de trois articles, et le bec capital ; les *aphidiens* ont aussi le bec capital et les tarses composés d'un ou deux articles ; les *gallinsectes* ont les tarses ainsi conformés, mais leur bec est pectoral.

L'ordre des Orthoptères comprend les *insectes* pourvus de mandibules, de mâchoires, &c. à élytres coriacées et dont les ailes sont plissées ou simplement doublées dans leur longueur. Les uns ont le corps alongé, étroit, linéaire, les élytres très-courtes, ce sont les *forficules* ; d'autres ont le corps très-applati, de forme ovalaire, des élytres longues se recouvrant l'une l'autre, ce sont les *blattes* ; les autres n'ont point les pattes postérieures propres au saut, ni d'oviducte en forme de dard, ce sont les *mantides*. Les *grillones* ont, comme les précédentes, la lèvre inférieure à quatre divisions ; elles ont les tarses à trois articles et les élytres horizontales. Les *locustaires* ont la lèvre inférieure quadrifide ; les tarses à quatre articles, et les élytres en toit ; enfin, les *acrydiens* ont la lèvre inférieure seulement bifide, les tarses à trois articles, et les élytres en toit.

Les *névroptères* ont quatre ailes nues, ordinairement réti-

:ulées, et la bouche garnie de mâchoires. Ils sont partagés en deux sections : 1°. Les uns ont les ailes presque égales entr'elles, ce sont : les *libellulines*, à antennes terminées par une soie ; les *fourmilions*, à antennes renflées ou en massue à leur extrémité ; les *panorpates*, à antennes sétacées, à bouche logée sous un avancement en forme de bec, et à ailes horizontales ; les *hémérobiens*, à antennes sétacées, à bouche placée à l'ordinaire, et non pas sous une espèce de bec, et à ailes en toit réticulées ; les *mégaloptères*, à antennes sétacées ou filiformes, et à ailes grandes, en toit écrasé, obscures ; les *termitines*, à antennes filiformes et grenues, à ailes couchées horizontalement et à mâchoires cornées ; enfin, les *perlaires*, à mâchoires membraneuses, à antennes sétacées point grenues, et à ailes couchées horizontalement : les *phryganides* ont la bouche très-peu distincte, les palpes très-courts, les antennes longues dans le genre *phrygane*, et très-courtes dans celui des *éphémères*.

Les *hyménoptères* ont quatre ailes nues, veinées, toujours inégales, des mâchoires, &c. ils sont divisés en deux sections, le *porte-tarière* et le *porte-aiguillon* ; les *hyménoptères porte-tarière* ont un oviducte en forme de tarière à l'extrémité de l'abdomen ; ils sont *sessiliventres* quand l'abdomen est appliqué au corcelet par toute son épaisseur, et alors ils appartiennent à deux familles distinctes, à celle des *tenthredines*, quand les palpes maxillaires sont longs, et à celle des *brocerates* quand ces palpes sont courts. Ils sont *pédonculiventres* quand l'abdomen ne tient pas au corcelet par toute son épaisseur : dans ce cas, ce sont des *diplolépaires*, quand les antennes sont filiformes et droites, et que les palpes maxillaires sont courts ; des *proctrotrupiens*, quand les antennes sont un peu plus grosses vers le bout, et que les palpes maxillaires sont longs ; des *cynipsères*, lorsque les antennes sont brisées et renflées par le bout ; des *cleptioses*, lorsque ces antennes, brisées, ne sont pas renflées à l'extrémité ; des *chrysidides*, quand elles sont renflées et vibratiles, et que le corps est orné de belles couleurs métalliques ; des *ichneumonides*, quand les antennes sétacées, vibratiles, sont composées de vingt à quarante articles peu distincts, et que l'abdomen est inséré au-dessous de l'écusson ; enfin, des *évaniales*, quand les antennes filiformes sont composées de quinze à vingt articles, et que l'abdomen, porté par un long pédoncule, est inséré près de l'écusson.

Les *hyménoptères porte-aiguillons*, portent, du moins les femelles et les mulets, un aiguillon poignant, caché dans l'abdomen ; ils se divisent en *platiglossates*, dont la langue n'est pas musculaire et linéaire, et en *némoglossates*, dont la langue est musculaire et linéaire ; les premiers comprennent les familles des *sphégimes*, à antennes presque sétacées, insérées au milieu de l'entre-deux des yeux, vibratiles ; des *melliniores* à antennes amincies au troisième article, grossissant ensuite insensiblement, droites ; des *crabronités*, à antennes brisées, courtes, amincies au troisième article, grossissant ensuite insensiblement, la lèvre supérieure très-petite ; des *bombiciles*, à antennes comme celles des familles précédentes, et à lèvre supérieure très-grande ; des *scoliètes*, à antennes de même forme, un peu renflées à l'extrémité, et à lèvre inférieure à trois filets linéaires très-écartés au bout ; des *mutillaires*, à antennes filiformes insérées près de la bouche, et à lèvre inférieure cucullée à son extrémité ; des *formicaires*, à antennes filiformes, ou peu et insensiblement renflées vers l'extrémité, fortement coudées, et à mâchoires et lèvre inférieure très-petite ; des *philanteurs*, à antennes droites, renflées vers l'extrémité, à tête grosse et à tarses fort ciliés. (Les familles de la section des *platiglossates*, rapportées ci-dessus, ont les ailes supérieures toujours étendues ; celles qui suivent les ont doublées.) Ce sont les *masarides*, à antennes de huit articles, terminées en bouton, et les *guêpiaires*, qui les ont de douze ou treize articles, brisées, en massue, finissant en pointe.

Les *andrenètes* ont la gaîne de la lèvre inférieure fort longue, ce qui les distingue de tous les *insectes* des familles précédentes, qui l'ont très-courte. Les *porte-aiguillons némoglossates* ne comprennent que la famille des *apiaires*.

Les *lépidoptères* ont quatre ailes farineuses ; point de mâchoires, et une trompe en spirale ; ils sont partagés en *diurnes* et *nocturnes*. Les *diurnes* ont les antennes terminées par une masse dans les *papilionides*, sont renflées dans le milieu, et finissent en pointe dans les *sphingides*. Les *lépidoptères nocturnes* sont divisés en quatre familles : les *bombycines* à corps épais et à trompe courte ou nulle, et ailes en toit dans le plus grand nombre ; les *phalénites*, à corps foible et menu, alongé, à antennes plumeuses et à ailes larges et horizontales ; les *rouleuses*, à ailes alongées, souvent roulées, et quelquefois en forme de chape ; enfin, les *ptérophoriens*, à ailes divisées en quatre ou cinq barbes semblables aux plumes des oiseaux.

Les *diptères* sont les *insectes* à deux ailes, à trompe coudée ou dilatable, ou à bouche munie d'un tube inarticulé, renfermant un suçoir. Cet ordre est partagé en deux sections principales.

La première comprend les *diptères*, dont le suçoir est reçu dans la gouttière supérieure d'une organe en forme de trompe univalve, dont les balanciers sont toujours sensibles , et dont les crochets des tarses sont droits ou simplement arqués. Cette section renferme la famille des *tipulaires*, à trompe avancée, longue et cylindrique, et à suçoir de plusieurs soies, caractérisée principalement par la longueur des antennes, qui égale au moins celle du corcelet. (Les familles suivantes de la même section ont les antennes courtes , formées de trois articles.) Ce sont : les *bombilliers*, à corcelet élevé, arrondi et abdomen large, à trompe avancée et à ailes horizontales ; les *vésiculeux*, à trompe courbée sous le corps ou nulle , à ailes petites et inclinées, à abdomen renflé, et à antennes de deux pièces ; les *siphonculés*, à corcelet presque cylindrique, à abdomen conique et étroit, et à trompe perpendiculaire ; les *asiliques*, à corps alongé, à ailes couchées sur lui , et à balanciers longs ; les *taoniens* ont un suçoir composé de plus de deux soies, ce qui les distingue des familles précédentes, et les rappoche des suivantes ; les antennes sont terminées par une pièce formée de plusieurs articles très-serrés, alongés, sans soie latérale ; les *rhagionides* ont une soie latérale aux antennes qui sont à palettes, et composées de deux ou trois articles ; les *conopsaires* ont des antennes à palettes, avec un style latéral ou des antennes en fuseau ; leur suçoir est reçu dans une trompe cylindrique ou conique ; les *stratiomydes* ont un suçoir de deux soies, reçu dans une trompe entièrement rétractile ; leurs antennes composées de trois pièces principales, dont la dernière est articulée, ne sont point en palettes ; les *syrphies* ont une trompe longue et rétractile, dans laquelle est reçu un suçoir de deux soies au moins ; leur tête est un peu avancée, en forme de bec ; leurs antennes sont à palettes dans le plus grand nombre ; enfin les *muscides* ont un suçoir de deux soies au moins, reçu dans une trompe bilabiée, rétractile ; leurs antennes sont ordinairement à palette ; la dernière pièce est inarticulée (il n'y a point de trompe dans quelques-uns).

La seconde section de l'ordre des Diptères comprend ceux dont le suçoir est renfermé entre deux valves coriacées, ou dans une espèce de gaîne tubulaire ; leurs balanciers sont peu ou point sensibles ; enfin les crochets de leurs tarses sont comme doubles et contournés (il n'y a point d'ailes dans plusieurs.) La seule famille de cette section, nommée celle des *coriacés*, renferme uniquement les *hippobosques* et *insectes* voisins.

Enfin, l'ordre des Suceurs, qui ne comprend que le genre des *puces*, est caractérisé par l'absence des ailes et des balanciers, et la forme de la bouche, qui consiste en un *bec* articulé, avec deux écailles à sa base.

XII.   I

(*Voyez* tous les articles des *familles*, lesquels renverront à ceux des *genres*.) (O.)

INSECTES PÉTRIFIÉS. *Voyez* Entomolites et Fossiles. (Pat.)

INSECTIRODES, *Insectiroda*, famille d'insectes établie par Duméril, qui comprend les *ichneumons* et les *évanies*, dont Latreille a fait les familles des Ichneumonides et des Evaniales. *Voyez* ces mots. (Desm.)

INSERTION (*botanique*). Ce mot emporte avec lui deux idées, savoir : la manière dont quelques parties des plantes sont attachées sur d'autres parties, et le lieu où elles sont attachées. (D.)

INSIRE. Les nègres du Congo appellent ainsi le Vansire. *Voyez* ce mot. (S.)

INSPIRATION ou INHALATION (*botanique*). Faculté qu'ont les végétaux de se pénétrer des fluides qui les environnent. *Voyez* les mots Plante, Végétaux. (D.)

INSTINCT. Il n'est aucun sujet de l'Histoire naturelle qui ait autant occupé la sagacité des philosophes, que l'*instinct* des animaux ; mais plus on a fait d'efforts pour expliquer ce fait par des procédés purement mécaniques, plus on s'est éloigné du but, et plus on a démontré l'insuffisance de ces moyens. On a sur-tout confondu le produit de l'intelligence des animaux (car on ne peut plus douter qu'ils n'en aient une certaine portion) avec les déterminations de l'*instinct*, et c'est ce qu'il est très-essentiel de distinguer d'abord, parce que les principes qui gouvernent l'entendement et ceux qui poussent aveuglément l'*instinct*, sont très-différens entre eux. Le premier est le produit de la connoissance et des sensations ; mais le second est inné, et ne s'apprend jamais, car il est donné par la nature elle-même avec le trésor de la vie.

Pour rendre nos idées plus claires dans cette matière difficile, supposons un animal privé de cerveau, et par conséquent de toute l'intelligence dont il est l'organe ; prenons un ver, un polype qui semblent réduits à la vie purement végétale, nous y trouverons encore l'*instinct*, ce sera même la seule faculté qui mette ces êtres en mouvement.

L'animal est mû par deux causes primitives, le plaisir et la douleur : ces deux genres de sensations résident dans la fibre *vivante*, car la mort la rend indifférente à tout. Or la vie cherche le bien ou le plaisir, et fuit le mal ou la douleur : voilà sa direction naturelle et invariable. Si la vie cherche le plaisir et ce qui lui convient, elle est donc la source de l'amour de soi. Puisque la vie tend à sa conservation, il faut qu'elle puisse suivre ce penchant, ou qu'elle soit anéantie; mais comme la nature a organisé chaque être d'une manière très-favorable à son existence, il est clair que la vie se servira des organes comme d'autant d'instrumens nécessaires à sa conservation, à ses plaisirs et à ses avantages. Cette tendance de l'amour de soi vers un but qui lui est avantageux, en mettant en œuvre les organes propres à cet objet, est ce que nous nommons un *appétit.* Par exemple, le principe vital qui anime le polype, ayant faim, c'est-à-dire sentant la nécessité de se réparer, il lui faut chercher au-dehors quelque chose qui puisse satisfaire à ses besoins; il se sert, pour cet objet, de tous ses moyens, de tous ses organes; il est tout entier dans le desir de se nourrir; cet appétit est même dans chaque partie du corps; elles sentent toutes la faim : c'est par un effet naturel de la vie et de l'organisation qu'elles s'étendent pour atteindre des corps étrangers, et pour choisir parmi eux leur nourriture. Mais comment le polype distinguera-t-il le ver qui peut l'alimenter, du grain de sable dont il ne peut tirer aucune nourriture? C'est encore par le même principe vital qui se dirige constamment vers ce qui lui est agréable. Le sable n'a pas la saveur d'une substance nutritive; la fibre elle-même se contracte et rejette tout ce qui ne lui fait aucun plaisir, ou ce qui lui cause quelque douleur. Cette action est purement vitale, et n'exige aucune réflexion : d'ailleurs le polype n'en est point du tout capable, puisqu'il n'a pas un seul organe qui puisse servir à la pensée; il n'est qu'un estomac vivant qui ne cherche qu'à digérer et à se reproduire. Vous piquez un muscle, il se contracte indépendamment de la volonté; il se resserre, il craint en quelque sorte de laisser la moindre prise à la douleur, il voudroit s'anéantir; mais dans le plaisir, au contraire, il s'étend, se gonfle, se dresse; il cherche à s'identifier avec l'objet qui lui est agréable. Cette tendance dépend uniquement de la vie, et n'existe pas sans elle; c'est une propriété de la fibre animée; de même c'en est une de l'organe, c'en est une d'un assemblage d'organes, ou du corps entier de tout être vivant; il n'y a là ni pensée, ni réflexion; tout est *sentiment physique*, affection vitale simple : on ne peut aller au-delà : demander pourquoi une chose est agréable à la vie, et pourquoi telle autre lui est nuisible; c'est demander pourquoi la pierre tombe, c'est remonter à la cause première, et tenter d'expliquer ce qu'on ne peut connoître, puisqu'on n'a aucun moyen de comparaison.

On a prétendu que ces actions vitales étoient purement automatiques; mais l'on se trompe évidemment, car quelle machine peut sentir ainsi le bien et le mal? Le plus habile mécanicien pourra-t-il jamais donner à un automate ce sentiment qui sait distinguer l'un et l'autre? Une machine évitera-t-elle d'elle-même la main qui va la détruire? cherchera-t-elle le plaisir? Des ressorts de métal, des pièces de bois, ou de toute autre substance, arrangées par la main de l'homme, ressentiront-elles de la douleur lorsqu'on les brisera? Qui croira jamais que cela puisse avoir lieu?

La vie ne s'imite point, elle sent par elle-même; elle suit son penchant naturel, qui est celui de sa conservation; elle abhorre tout ce qui tend à la détruire; elle n'a besoin sur cela d'aucune réflexion, d'aucune idée; c'est un sentiment aveugle, mais sûr, qui la conduit. Sa tendance vers son bien propre est ce que nous nommons un appétit naturel, et l'*instinct* n'est rien autre chose qu'un desir de sa conservation; c'est un appétit général émané de la vie. La faim, la soif, le sommeil, le repos, le mouvement, le desir de se reproduire, le besoin de se débarrasser de ses excrémens, &c. sont les fonctions de la vie, c'est-à-dire celles de l'*instinct*; c'est l'amour de soi qui se métamorphose sous mille formes. Nous verrons bientôt que les actions les plus compliquées des animaux sont des branches du même tronc, et que le principe est le même dans toutes.

Condillac a dit: *L'instinct n'est que l'habitude privée de réflexion; à la vérité, c'est en réfléchissant que les bêtes l'acquièrent.* (*Traité des Animaux*, chap. 5.) Mais comment est-il possible que l'agneau naissant ait déjà contracté l'habitude de teter sa mère, dont il suce pour la première fois la mamelle tout aussi bien que la dernière fois? Est-ce par le moyen de la réflexion qu'il a reconnu le besoin de se nourrir? Est-ce en réfléchissant que l'enfant trouve le sucre doux et le fiel amer? Est-ce par habitude que l'estomac se soulève contre une matière incapable de nourrir, et qu'on essaie d'avaler? Qu'a-t-on besoin d'habitude et de réflexion pour détourner sa tête de la chute d'un caillou? On feint de toucher votre œil, la paupière se ferme machinalement sans que vous ayez le temps de vouloir et de réfléchir. L'action de la vie est plus prompte que la pensée. L'*instinct* est tellement aveugle, qu'il va même contre la raison. Une femme voit son fils tomber dans un torrent, elle s'y précipite sans réfléchir si elle peut le sauver, sans faire seulement attention au péril qui la menace. La louve prodigue son sang et sa vie pour mettre ses louveteaux à l'abri du danger. Nos métaphysiciens nous parlent de réflexion et d'habitude, lorsque c'est la machine organisée et vivante qui agit d'elle-même. Lorsque l'*instinct* et la nature commandent, l'esprit n'a pas le temps de faire tant de raisonnemens. Est-ce par degrés, est-ce en se trompant d'abord, puis en faisant mieux, que l'abeille fabrique sa cellule hexagone ? N'est-elle pas instruite parfaitement du premier coup ? Toutes les actions organiques se font bien dès la première fois, parce qu'elles dépendent toutes de l'*instinct*, c'est-à-dire du principe de vie. L'estomac n'a pas besoin de s'apprendre à digérer, ni le cœur à faire circuler le sang ; personne n'a montré aux vaisseaux lactés la manière de recevoir le chyle, et de se fermer à tout autre liquide. L'*instinct* est dans la fibre vivante de chaque partie du corps ; les parties de la génération sont pourvues de l'*instinct* de l'amour ; les organes de la nutrition ont l'*instinct* de la faim. La bête la plus brute qui n'a ni réflexion ni pensée, l'animal naissant qui n'a point encore d'habitude, ont déjà l'*instinct* qui leur est propre, par la seule raison qu'ils sont vivans et organisés. La plante même montre une sorte d'*instinct*, c'est-à-dire une tendance naturelle vers ce qui lui convient, et une espèce d'horreur de ce qui peut la blesser ; cependant elle ne réfléchit point. Je ne parlerai pas de la sensitive, qui s'épanouit au soleil et à la chaleur, qui se resserre au froid et devant la main qui la touche ; mais je considérerai les mouvemens organiques d'une foule de plantes bien moins irritables. Une graine germe en tournant la plumule en haut et la radicule en bas ; pourquoi la première se tourne-t-elle constamment en haut, et la seconde descend-elle malgré la position contraire qu'on leur donne ? La plumule sait-elle, avant de sortir de terre, que l'air lui est favorable ? Comment reconnoît-elle le chemin qui conduit hors de terre ? Pourquoi les plantes cherchent-elles la lumière ? Pourquoi le souci se ferme-t-il à l'approche de la pluie ? Pourquoi la feuille tourne-t-elle constamment un seul côté en dessus, même quand on renverse la branche ? Pourquoi ne voit-on rien de pareil quand le végétal est mort ? La vie seule fait l'*instinct*, car la plante ne peut avoir ni pensée ni habitude.

L'*instinct* n'est autre chose qu'une fonction de la vie, qui tend à la conservation et à la reproduction de l'individu vivant ; c'est un *amour de soi*, pris dans un sens général ; c'est un appétit, lorsqu'on l'examine dans ses particularités. L'*instinct* est le principe qui dirige tous les êtres ; les organes de leur corps sont ses instrumens ; il est le pouvoir exécutif de chaque individu, car aucun animal, aucun végétal n'agit que pour sa propre conservation ou pour la reproduction de son espèce, qui est une autre sorte de conservation, puisqu'il est vrai en un sens qu'on revit dans ses descendans ; c'est donc conserver sa vie que d'en transmettre à d'autres le dépôt.

Considérez le but de toutes les parties d'un corps animé quel qu'il soit, le jeu de tous ses organes, la fin qu'il se propose, les mouvemens qu'il se donne ; tout est pour son propre bonheur ou pour celui de sa postérité. Chaque être rapporte tout à soi dans la nature, et il tient à tout par ses besoins. S'il n'avoit pas un *instinct* conservateur, il périroit sur-le-champ. Tout être a donc un *instinct* ; l'homme lui-même, qui se vante de sa raison, ne seroit rien sans l'*instinct* ; c'est lui qui prescrit à l'enfant de tirer, par la succion, le lait du sein maternel ; c'est lui qui précipite l'homme dans les feux de l'amour ; c'est le maître qui nous dirige ; c'est la racine de toutes nos passions. Les facultés intellectuelles ne sont que des suppléans de l'*instinct* ; elles vont où celui-ci ne peut atteindre par ses propres forces, car elles ont le même but que lui. La pensée, la raison n'ont été données à l'homme que pour remplacer diverses qualités de l'*instinct* qu'il n'a pas, et pour augmenter son bonheur ou se délivrer de ses maux. C'est en effet notre commun desir, à tous tant que nous sommes, depuis l'imbécille qui ne songe qu'à manger, jusqu'à l'homme de génie qui veut s'immortaliser par ses découvertes ou ses travaux ; depuis le berger content de son troupeau, jusqu'au conquérant ambitieux d'asservir l'univers.

L'amour de soi, cette émanation de la puissance vitale, est donc la source de l'*instinct* et des appétits conservateurs. La vie est l'origine et le fondement de toutes les actions des corps organisés. L'intelligence est aussi une des fonctions de la vie ; elle lui est subordonnée, elle n'a point d'autre but que la conservation de l'individu ou de l'espèce ; c'est une loi générale de la nature qui est imprimée dans tous les êtres animés, dans la mousse comme dans l'arbre, dans le ver comme dans l'espèce humaine.

Mais cette tendance universelle vers le bien-être et la conservation, que nous observons dans tout ce qui jouit de la lumière de la vie, s'étend plus ou moins loin, suivant les besoins de chaque espèce ; et c'est ici qu'éclatent toute la prévoyance de la nature et la force inexplicable de ses loix. Chaque espèce a précisément le degré d'*instinct* qui convient à son existence ; c'est une fonction vitale, dont nous ne pouvons pas expliquer les principes, parce qu'ils tiennent, comme nous l'avons dit, aux causes premières qui sont la limite de l'esprit humain. En effet, nous ne connoissons rien que par comparaison ; mais tout ce qui est hors de comparaison est parfaitement unique et impossible à connoître. C'est ainsi que nous admettons la pesanteur sans en connoître la cause ; nous ne pouvons de même savoir quelle est la cause de la chaleur ou du feu, ni décomposer les corps simples de la nature. De même la vie est un être simple, indécomposable, dont on ne connoît que les effets, sans pouvoir en sonder la cause ; l'*instinct* qui en émane n'est qu'une fonction qui a rapport à l'existence de l'individu ou de l'espèce, mais il ne peut s'expliquer selon les loix connues de l'entendement, puisqu'il ne tient nullement à la pensée et au cerveau ; car les animaux les plus brutes, les espèces les plus stupides, celles même qui sont privées de cerveau, qui n'ont aucune trace d'idées, ont cependant l'*instinct* au plus haut degré. Les insectes n'ont pas de cerveau, à proprement parler, ils n'ont qu'un cordon nerveux dans la longueur de leur corps, avec quelques nœuds, cependant aucun être n'offre plus d'étendue et de force d'*instinct* qu'eux dans toutes les périodes de leur vie ; mais tout cela s'opère par le moyen de l'organisation, dirigée par la puissance vitale dont la divinité les a doués. Le polype, dans lequel on ne trouve même pas de nerfs, a beaucoup d'*instinct*.

1°. Tous les corps organisés tendent à leur reproduction par un *instinct* général, qui s'exécute différemment dans chaque espèce, suivant son organisation ; car c'est cette dernière qui détermine le mode d'action de l'*instinct*.

2°. Une seconde fonction générale de la vie, qu'on appelle *instinct*, est la recherche de la nourriture, et le moyen que chaque être emploie pour réparer ses pertes continuelles. C'est la seconde division de l'*instinct*.

3°. La troisième fonction générale est celle de conserver son existence propre, c'est-à-dire de fuir sa destruction. Tout l'*instinct* qu'on remarque dans les corps organisés, n'a que ces trois fins, et il n'est institué que pour elles. Je ne comprends pas comment nos métaphysiciens ont voulu d'abord l'expliquer avant de l'observer. S'ils avoient daigné considérer le poulet sortant de sa coque, qui se met à marcher, qui a déjà la notion de la distance, qui sait aussi-tôt que le grain de blé lui convient, et que la petite pierre voisine ne peut le nourrir ; s'ils avoient voulu regarder, dis-je, le moindre puceron, ils seroient tombés confondus, et ils n'eussent pas été si prompts à expliquer ce que le grand Locke refusa d'expliquer lui-même. Je rendrai justice à la sagacité de Condillac, pour déterminer les loix de notre entendement ; mais la nature est là pour anéantir ses raisonnemens sur l'*instinct* des animaux. Buffon, qu'il a voulu réfuter, avoit beaucoup mieux examiné la nature. Nous trouvons ici la preuve éclatante du besoin qu'a la métaphysique d'étudier les êtres avant d'établir ses systêmes.

L'instinct n'est pas toujours simple et limité ; souvent il s'étend à des faits inexplicables dans l'ordre de nos connoissances. On y découvre une sagesse, une prévoyance, qui étonnent et accablent l'esprit, quand on songe qu'il n'est pas et ne peut pas être le résultat de la pensée. Une jeune araignée prise en sortant de son œuf, isolée de ses parens, n'ayant personne qui puisse lui communiquer ce qu'elle doit faire pour vivre, sait filer aussi-tôt sa toile, la disposer avec une précision géométrique, attaquer la mouche aussi bien que faisoit sa mère. Une sorte de mouche qui ressemble à la demoiselle ou libellule, pond des œufs et meurt; de ceux-ci éclosent des larves ou vers, qui à peine nés, sans idée, sans indication, sans étude, sans maître, vont creuser dans le sable mobile des trous coniques, très-réguliers, avec des précautions extrèmement ingénieuses, se cachent en embuscade au fond, y attendent la fourmi, la mouche, qui peuvent y passer, les y couvrent de jets de sable, les y font précipiter, et là s'en nourrissent à leur aise. On voit que je parle du fourmilion, sorte de ver ventru, qui a six pattes articulées et de longues mâchoires dentelées. Quel génie profond imagineroît ainsi dès l'enfance un si sublime stratagême? Est-ce un frêle vermisseau, sans cerveau, sans instruction, qui peut inventer, tout en sortant de son œuf, ce qu'Archimède n'auroit peut-être pas inventé? Cependant la larve du fourmilion n'invente rien, ne perfectionne rien, pas plus que tout autre animal réduit au simple *instinct;* c'est une action organique vitale, c'est-à-dire un effet visible d'une cause aussi cachée que celle qui reproduit un nouvel être. La vie est incompréhensible ; elle répand son obscurité sur tous les objets qui en émanent ; à cet égard le métaphysicien n'est pas plus avancé que l'enfant à la mamelle. S'il est permis à quelqu'un d'entrevoir quelque lueur dans ces causes profondes, c'est au physiologiste et au naturaliste, parce qu'ils observent du moins la nature elle-même.

Mais pourquoi l'*instinct* est-il toujours dans toutes les espèces, uniforme, appris de lui-même, inné et naturel? c'est que la vie est toujours la même ; elle agit constamment de la même manière. Comme elle ne s'apprend pas, elle ne peut point se perfectionner. Ce qui induit en erreur la plupart des observateurs, c'est qu'ils confondent sans cesse le résultat de l'intelligence des animaux (car ils en ont un peu) avec leur *instinct*, comme si ces objets étoient absolument semblables. On a dit : le loup, le renard, s'apprennent peu à peu à chasser avec plus d'habileté; ils ont une science d'acquisition et d'expérience, un fonds de raisonnement et d'observation dont ils tirent parti. Cela est vrai ; comment ignorer que les quadrupèdes , les oiseaux , les reptiles, les poissons , &c. ont cinq sens , des nerfs , et un cerveau qui perçoit les sensations , et qui peut les combiner jusqu'à un certain point ? cependant tout cela n'est point de *l'instinct* , mais plutôt une portion d'intelligence ; ce qui est bien différent , puisque *l'instinct* est savant sans apprendre , parfait dès la première fois , naturel , inné , indépendant même de la volonté , car je suis porté à penser que l'abeille fait sa cellule par une nécessité analogue à celle qui nous oblige à manger ; *l'instinct* est un *besoin*, et non pas une *connoissance*. C'est véritablement une sorte de nécessité qui nous porte à la nourriture et à l'acte de la génération , mais point du tout un raisonnement , puisque les imbécilles s'en acquittent tout aussi bien que les personnes les plus intelligentes. Voilà ce qu'on ne sauroit trop distinguer ; sans cela l'on confondra, comme M. Roy , auteur de *Remarques sur l'instinct des animaux* , et nombre d'autres auteurs , ce qui vient de l'impulsion physique , avec ce qui est le résultat de l'éducation , de l'expérience ou de la réflexion.

Quand nous examinons un animal du côté du moral , nous devons d'abord en séparer tout ce qui dépend de son intelligence et de sa volonté ; ce sont des acquisitions postérieures à sa naissance , tandis que *l'instinct* est né avec nous, et ne s'apprend point, car il est le résultat immédiat de la vie agissante dans chaque organe ; par cette même raison , il ne se perfectionne point. Puisqu'il n'agit jamais imparfaitement, comment pourroit-il mieux opérer? Nous n'exécutons bien une chose que parce que nous l'avons d'abord mal faite, et c'est ce qui n'arrive point dans les actions de *l'instinct;* tandis que cette observation est journalière, au contraire , dans l'entendement. Ainsi l'esprit peut se perfectionner dans les animaux comme dans l'homme , par la raison qu'il est né dans l'imperfection et l'ignorance , caractère qui le sépare essentiellement de *l'instinct.*

Comme les passions sont des émanations de l'amour de soi, et qu'elles n'ont point d'autre usage que la conservation de chaque individu, ou son avantage particulier (comme l'amour, la haine, la crainte, l'avarice, l'intérêt, la colère, l'ambition , &c.), elles sont des branches de *l'instinct.* Aussi, loin d'appartenir à l'intelligence , elles lui sont très-contraires, puisqu'elles obscurcissent le jugement, troublent la pensée et dérangent l'imagination. Voilà une preuve bien convaincante de l'énorme distance qui sépare *l'instinct* de l'entendement, père de toutes nos réflexions et même de nos habitudes.

On peut contrarier l'*instinct*, et l'on veut conclure de là qu'il n'existe pas dans l'homme. Haller a dit : Un homme s'est habitué à ne pas cligner les paupières quand on feignoit de toucher ses yeux; donc le clignotement des paupières n'est pas le résultat de l'*instinct*. Mais j'observe d'abord que l'enfant, les quadrupèdes, les oiseaux ferment cependant la paupière dans un cas semblable, sans qu'on les ait instruits à le faire. Ensuite, l'exemple qu'on rapporte ne prouve rien, puisque cet homme s'est efforcé, par une longue habitude, à contrarier et détruire cette action naturelle de la paupière; car on ne peut nier qu'elle ne soit créée pour protéger le globe de l'œil. Un homme qui perdroit l'usage de ses pieds à force de se servir de béquilles, auroit-il le droit de conclure que l'*instinct* ne porte pas l'homme à marcher ?

Il faut donc distinguer dans tout animal, comme dans l'homme, deux *moi;* le premier qui vient de l'*instinct*, qui a la vie même pour racine; et le *moi* d'intelligence, qui nous vient du dehors par nos sens : celui-ci n'est pas essentiel à l'être; il est extérieur, il établit le rapport des objets étrangers avec lui, tandis que le premier *moi* se concentre dans sa seule existence. Voilà ce qui a fait reconnoître deux ames dans les êtres sentans : l'ame intérieure, ou celle de l'*instinct*, et l'ame extérieure, ou celle de l'esprit ou de la raison, division reconnue par les plus grands génies, tels que Platon, S. Paul, S. Augustin, Bacon, Leibnitz, Buffon, &c. Tout ce qu'on dit appartenir au cœur et au moral, est du domaine de l'*instinct;* tout ce qui peut se juger suivant les règles de l'entendement, appartient à l'*esprit*. Locke et Condillac ne nous ont donné que l'histoire de l'esprit; les moralistes ont approfondi le cœur humain; et c'est dans ce genre de science qu'il faut rechercher les traces de l'*instinct* originel de l'homme, de ce sentiment étouffé sous le poids de nos acquisitions sociales, aigri et dépravé par le crime et l'esclavage dont nous sommes le jouet continuel dans le cours de notre vie.

Le sentiment est toute autre chose en effet que la pensée; le premier est inné, mais le second s'acquiert. Le vieillard pense beaucoup et sent peu; c'est le contraire dans l'enfance et dans les brutes. L'homme semble être à cet égard la vieillesse morale du règne animal, et les brutes en être la jeunesse, toujours en proie à ses affections et à ses passions. Comme le sentiment est une portion de l'*instinct*, plus on aura l'un, moins on jouira de l'autre; au contraire, plus on aura d'entendement, moins on sera sensible à toutes les affections physiques et morales, comme nous en voyons la preuve en comparant les différens individus de l'espèce humaine. Quiconque vit tout entier dans sa tête, vit peu dans le cœur; c'est une loi générale de la nature animée, qui donne moins de vie à plusieurs organes, quand les autres en ont davantage, à cause que chaque individu n'a qu'une certaine quantité de puissance vitale. *Voyez* le mot CERVEAU.

Les anciens, qui avoient mieux compris la nature de l'*instinct* que la plupart des philosophes modernes, avoient dit qu'il étoit un *aiguillon intérieur* ; c'est ce que signifie le mot *instinctus*. J'observerai, à cet égard, que la plupart de nos philosophes se mettent dans un faux point de vue pour étudier l'*instinct*, car ils commencent par l'esprit ou l'entendement, au lieu qu'il est besoin d'être moraliste, et de descendre dans le cœur et dans la connoissance du principe vital. Puisque l'être vivant et sensible est double, il y a deux chemins et deux portes pour pénétrer dans son intérieur, et il est essentiel de prendre les plus convenables au but qu'on se propose.

Nous n'entrerons pas ici dans le détail de l'industrie de chaque animal, il est réservé pour le lieu qui en traitera; cet article seroit beaucoup trop long, et exposeroit à des répétitions. *Voyez* les mots ABEILLE, CASTOR, FOURMILION, ARAIGNÉE, CHENILLES, GUÊPES, MOUCHES, FOURMIS, TEIGNES, INSECTES, HARENGS, RENARD, &c. (V.)

INTERPRÈTE. *Voyez* TOURNE-PIERRE. (VIEILL.)

INTESTINS, *Intestina*. Ce sont les parties intérieures du ventre qui servent à la digestion des alimens, à la séparation du chyle et des excrémens, et qui exercent les principales fonctions de la nutrition. On nomme plus particulièrement *intestins*, les boyaux et le mésentère. Dans l'homme, on apperçoit, après avoir ouvert le péritoine ou la membrane qui recouvre tout l'appareil des organes destinés à la digestion, 1°. l'épiploon, membrane grasse, appelée vulgairement *la toilette* dans les animaux; elle recouvre les *intestins*. 2°. Les *intestins* proprement dits, qui remplissent la plus grande partie de la cavité abdominale. Les *intestins* grêles sont placés au centre, et les gros *intestins* les entourent. 3°. Le mésentère ou la membrane épaisse, grasse, qui attache les *intestins* : dans le veau, on l'appelle *ris*. 4°. L'estomac ou ventricule placé dans la partie supérieure du bas-ventre, plus à gauche qu'à droite. 5°. Le foie et la vésicule du fiel, au côté ou à l'hypocondre droit. 6°. La rate, au côté gauche, derrière l'estomac; elle adhère souvent au diaphragme et aux fausses-côtes. 7°. Derrière l'estomac se trouve aussi le pancréas, grosse glande placée entre le duodenum et la rate.

Les parties du bas-ventre qui ne sont pas renfermées dans la duplication du péritoine, sont les deux reins avec leurs uretères, la vessie urinaire, et les organes de la génération mâles ou femelles, comme les vésicules séminales, les vaisseaux déférens, la matrice, ses ligamens, les ovaires, les trompes de Fallope, &c.

Nous avons décrit au mot ENTRAILLES, les *intestins* gros et grêles ; on pourra le consulter. La structure de ces parties est membraneuse et composée de cinq tuniques. 1°. La tunique *membraneuse* ou commune, qui vient du péritoine, est extérieure. 2°. La *celluleuse* de Ruysch, qui est souvent remplie de graisse dans les quadrupèdes frugivores et herbivores, est continue avec le mésentère. 3°. La *musculaire*, formée de fibres disposées longitudinalement, et d'autres placées circulairement. Ces fibres servent aux mouvemens propres des *intestins*, à leur action péristaltique, ou de haut en bas, et antipéristaltique, de bas en haut (comme dans les vomissemens.) On peut comparer les *intestins* vivans à un grand ver replié qui éprouve des contractions circulaires ondulatoires. 4°. La *tunique nerveuse* formée de glandes, d'un lacis vasculaire et de nombreuses cellules ; elle est plus large que les autres, quoique plus intérieure ; c'est d'elle que sont formées les rides et les valvules internes des *intestins*. 5°. La *tunique veloutée*, qui contient les extrémités des vaisseaux sanguins, et les orifices des vaisseaux lactés. En la regardant au travers du jour, elle paroît criblée de petits trous.

Les artères des *intestins* sont les mésentériques, dont la supérieure se rend aux grêles, et l'inférieure, aux gros *intestins*. Leurs veines, appelées mésaraïques, se rendent à la veine-porte et au foie. Leurs nerfs sortent des nombreux plexus du grand intercostal et de la paire vague. Des vaisseaux chylifères ou lactés, et des lymphatiques rampent dans les *intestins*, et se rendent au mésentère, pour être portés au conduit thorachique, qui se rend à son tour à la veine sousclavière. On trouve deux sortes de glandes dans les *intestins* ; celles de Peyer, qui sont petites comme des grains de millet, et qui parsèment l'intérieur des *intestins* grêles. Elles sécrètent une humeur qui lubréfie toutes les parties. Les secondes sont celles de Brunner, et se rencontrent dans le duodenum. Le nombre de villosités que Lieberkuhn a observées dans l'intérieur des *intestins*, est extraordinaire ; on le porte à plus de 500,000. Aussi, il s'opère un afflux si considérable d'humeurs dans toutes ces parties, qu'il peut surpasser la quantité de celles que nous transpirons par la peau.

Aucun animal n'est privé d'*intestins* ou d'un sac digestif ; c'est le caractère essentiel de l'animalité ; aussi Boerhaave disoit que les plantes avoient leurs racines à l'extérieur ; mais que les racines des animaux étoient dans leur intérieur. En effet, on peut comparer les vaisseaux lactés et chylifères du mésentère et des *intestins* qui pompent le suc nutritif des alimens, au chevelu des racines d'un arbre, qui sucent l'humidité nourricière de la terre. L'animalcule, le polype, le zoophyte ont un sac digestif, qui est même agité d'un mouvement péristaltique, suivant l'observation de Schœffer (*blumen polypen.*) Les animaux privés de cœur, de vaisseaux, de cerveau et des autres organes aussi essentiels, ne manquent jamais d'*intestins*. Ils sont simples dans les animaux les plus simples, et se compliquent davantage à mesure qu'on s'élève dans l'ordre des animaux.

Il est important de remarquer que les polypes d'eau douce (*hydra*) qui ressemblent à un sac vivant, peuvent être retournés, et vivre, digérer ensuite comme à l'ordinaire. Dans ce renversement, leur peau extérieure devient un estomac, et leur estomac devient une peau extérieure ; de sorte que, chez eux, ces parties peuvent remplir réciproquement les mêmes fonctions, et sont de même nature. Il y a même une réciprocité d'action entre les *intestins* et la peau extérieure dans tous les autres animaux ; plus l'une de ses parties transpire, plus l'autre se dessèche ; plus l'une agit, plus l'autre est inactive. La peau est un *intestin* qui nous environne, et l'*intestin* est une peau intérieure. Si l'on pouvoit retourner un homme comme on retourne un gant, ou un polype, sa peau feroit les fonctions d'*intestins*. Nous ne digérons pas seulement dans l'intérieur du corps, mais encore tout ce qui nous environne et qui s'introduit dans notre peau, en est digéré ; c'est ainsi que les bouchers, les cuisiniers, toujours plongés dans un air rempli de molécules nourrissantes, mangent, pour ainsi dire, par tous les pores de leur peau, comme par autant de bouches ; c'est par cette raison qu'ils sont tous fort gras. On pourroit peut-être nourrir un homme qui ne pourroit rien avaler, en le baignant dans quelque liqueur nutritive. Des marins qui étoient sans eau douce, calmèrent leur soif pendant quelque temps, en se tenant plongés dans l'eau de la mer qu'ils ne pouvoient pas boire. Ils buvoient par les pores de leur peau.

Les animaux herbivores ont de plus grands *intestins* que les carnivores, parce qu'ils sont obligés de manger beaucoup, leurs alimens étant peu nourrissans. Les carnivores ont, au contraire, des *intestins* étroits et fort courts, parce qu'ils prennent une nourriture très-substantielle, et qui, étant susceptible de se putréfier promptement, ne doit pas séjourner long-temps dans les *intestins*. *Voyez* les mots CARNIVORE et HERBIVORE. (V.)

INTRANSMUTABLES. Rai, d'après Willugby, donne ce nom aux insectes qui ne subissent aucune transformation ; et par opposition, il nomme *transmutables*, ceux qui sont obligés de passer par différens états pour parvenir à celui de perfection. (O.)

INTUS-SUSCEPTION dans le règne minéral. *Voyez* JUXTA-POSITION. (PAT.)

INTUS-SUSCEPTION. *Voyez* à l'article de la NUTRITION, où nous traitons cet objet. (V.)

INULE, *Inula*, genre de plantes à fleurs composées, de la syngénésie polygamie superflue, et de la famille des CORYMBIFÈRES, dont le caractère consiste en un calice commun, imbriqué d'écailles lâches, et dont les extérieures sont ordinairement plus grandes ; un réceptacle légèrement convexe, ayant à la circonférence plus de dix demi-fleurons femelles, ligulés et supportant au centre des fleurons hermaphrodites, tubuleux, quinquéfides, ayant, dans la plupart des espèces, les anthères accompagnées de deux soies à leur base.

Le fruit consiste en plusieurs semences oblongues, couronnées d'une aigrette simple et sessile.

Lamarck observe que le caractère de ce genre, qui est figuré pl. 680 de ses *Illustrations*, diffère peu de celui des ARTÈRES et des VERGEDORS ; que les deux soies des anthères que Linnæus leur a cru essentielles, ne se rencontrent pas dans toutes, et même se trouvent dans des plantes de genres différens ; qu'enfin la couleur jaune constante qu'on remarque dans leurs fleurs est réellement le seul caractère qui les distingue des *astères*, comme le grand nombre de demi-fleurons de leur couronne est tout ce qui les distingue des *vergedors*.

Gœrtner a séparé plusieurs espèces de ce genre pour en former le genre *pulicaire*, sur la considération que ces espèces ont les semences couronnées d'aigrettes doubles. *Voyez* au mot PULICAIRE.

Les *inules* sont des herbes, la plupart vivaces et indigènes à l'Europe, dont les feuilles sont simples et alternes, et les fleurs le plus souvent en corymbe terminal. On en compte une quarantaine d'espèces connues, qui se divisent en deux sections.

Les principales de celles qui ont les feuilles amplexicaules et non décurrentes, sont :

L'Inule aunée, *Inula helenium*, qui a les feuilles ovales, rugueuses, velues en dessous, et les écailles du calice ovales. On la trouve dans toute l'Europe aux lieux frais, ombragés et montueux. C'est la plus grande et la plus belle espèce du genre. On la cultive même dans les jardins, à raison de sa racine, qui est grosse, d'une saveur âcre, un peu amère, aromatique, et d'une odeur douce et agréable lorsqu'elle est sèche. On l'emploie beaucoup en médecine sous le nom d'*Inule campanée* ou d'*aunée*. Elle est tonique, alexitère, stomachique, incisive, vermifuge, emménagogue, détersive et résolutive. On l'emploie avec succès pour fortifier l'estomac, relâché ou affoibli par des humeurs pituiteuses, pour favoriser l'expectoration dans l'asthme humide, pour tuer les vers, calmer les coliques venteuses, et remédier aux affections histériques, aux suppressions des règles et aux lochies. En général, elle est utile dans la cachexie, les pâles couleurs, les maladies de la peau, &c. On s'en sert à l'extérieur comme détersive.

L'Inule des prés, *Inula dyssenterica* Linn., a les feuilles en cœur oblong, un peu velues ; la tige velue, paniculée, et les écailles du calice sétacées. Elle est vivace et commune dans les prés et sur le bord des eaux. On la recommande contre la dyssenterie.

L'Inule aquatique, *Inula anglica* Linn., a les feuilles lancéolées, séparées, dentelées, velues en dessous ; la tige rameuse, droite et velue. On la trouve sur le bord des eaux.

Les principales de celles qui ont les feuilles sessiles ou décurrentes, sont :

L'Inule squarreuse, dont les feuilles sont ovales, glabres, veineuses, dentelées en leurs bords ; la tige pauciflore, et le calice à écailles recourbées. Elle se trouve dans les parties méridionales de la France.

L'Inule a feuilles de saule a les feuilles lancéolées, presque entières, glabres ; la tige glabre, supérieurement anguleuse et rameuse. Elle se trouve dans les prés montagneux.

L'Inule tubéreuse a les feuilles linéaires, lancéolées, ciliées, ouvertes ; la tige et les rameaux hérissés de poils. C'est l'*erigeron tuberosum* de Linn. (*Voyez* au mot Vergerette.) Elle se trouve dans les parties méridionales de la France,

dans les lieux peu éloignés de la mer. Sa racine est tubéreuse.

L'INULE DE MONTAGNE a les feuilles lancéolées, hérissées;
la tige uniflore, et les folioles du calice très-courtes. Elle se
trouve aux lieux secs et montagneux. (B.)

INVOLUCRE et INVOLUCELLE, petites feuilles placées à la base de plusieurs ombelles et ombellules. *Voyez*
OMBELLIFÈRES. (D.)

IOLITE ou YOLITHE. Les anciens naturalistes donnoient ce nom à des pierres de diverse nature qui, étant
mouillées, exhalent une odeur qui a quelque ressemblance
avec celle de la violette. *Voyez* PIERRE DE VIOLETTE. (PAT.)

IPÉCACUANHA, nom d'une petite racine qui nous est
apportée d'Amérique, et dont on fait le plus grand usage en
médecine. Elle est rangée au nombre des vomitifs et des alté-
rans. C'est le seul émétique tiré du règne végétal qu'on emploie aujourd'hui. Cette racine est noueuse, inodore, d'une
saveur âcre, nauséabonde; elle a une écorce épaisse res-
pectivement à sa grosseur, et de couleur brune, grise ou
blanche.

L'*ipécacuanha brun* est le plus estimé; il nous vient du
Brésil. « Ce furent les Portugais, dit Bomare, qui l'appor-
tèrent d'abord en Europe. On en fit peu d'usage jusqu'en
1686, qu'un marchand étranger, nommé Garnier, en ap-
porta de nouveau. Comme il en vantoit extraordinairement
les vertus, Adrien Helvétius, médecin de Reims, l'essaya, et
en obtint les plus heureux succès. C'est de lui que Louis XIV
l'acheta pour en rendre l'usage public ».

L'*ipécacuanha gris* est tiré principalement du Pérou. On
trouve cette racine, ainsi que la précédente, dans les forêts
humides et aux environs des mines d'or.

L'*ipécacuanha blanc*, ou *faux ipécacuanha*, est récolté
dans diverses contrées chaudes de l'Amérique. Il est en grande
partie employé dans les pays qui le produisent, et il s'en fait
dans le commerce un débit beaucoup moins considérable
que des deux autres espèces.

Ces divers *ipécacuanha* sont fournis par différens végétaux; mais les botanistes ne s'accordent pas tout-à-fait sur les
noms et sur les espèces de plantes auxquelles chacune de ces
racines appartient. Il y a sur ce point, dans les auteurs, un
peu de confusion, et des doutes qui demanderoient à être
éclaircis par des voyageurs instruits. Je m'étonne qu'aucun
d'eux n'ait décrit et fait connoître, d'une manière claire et
précise, l'espèce de plante qui produit l'*ipécacuanha* des
pharmaciens, c'est-à-dire celui qu'on administre tous les

jours comme vomitif, et dont on fait des pastilles chez tous les apothicaires. Comme il y a plusieurs racines exotiques qui portent ce même nom, et qui possèdent à différens degrés la vertu émétique, il est essentiel de ne pas les confondre avec le véritable *ipécacuanha*, qui, falsifié et mêlé à ces racines, peut, ou perdre une partie de ses propriétés, ou en acquérir de dangereuses.

Decandolle a fait, sur les diverses espèces d'*ipécacuanha*, des recherches intéressantes, qui se trouvent consignées dans le *Bulletin des Sciences par la Société Philomatique*, n° 64. J'offre au lecteur ce fragment tout entier, parce qu'il jette un grand jour sur l'objet traité dans cet article.

« Selon l'auteur de ces recherches, les noms d'*ipécacuanha*, *ipecacuan*, *picacuanha*, *picacuan*, *ipécaca*, *ipéca*, se retrouvent dans toute l'Amérique méridionale, et ne signifient autre chose qu'une racine émétique ; les plantes que nous confondons sous le nom d'*ipécacuanha*, sont tirées de diverses familles.

» Il est certain que l'*ipécacuanha* le plus usité provient de la famille des RUBIACÉES. Cette racine est ligneuse, rameuse, chargée d'anneaux ou de tubercules transversaux plus ou moins prononcés. On la reconnoît toujours, parce que son axe ligneux est plus mince que l'écorce. Decandolle a trouvé des tiges de cette plante dans les tonneaux des marchands ; il y a remarqué les rameaux opposés, et les traces des stipules qui caractérisent les *rubiacées*. Il n'est pas si facile de déterminer l'espèce à laquelle cette racine appartient. Mutis dit que dans le Pérou on récolte la racine de la *psychotria emetica*. Brotéro vient de publier à Londres un mémoire où il assure que l'*ipécacuanha* du Brésil est un genre nouveau de la famille des RUBIACÉES : il le nomme *callicocca*. C'est le même que celui désigné d'abord sous le nom de *tapogomea* par Aublet, et ensuite sous celui de *cephælis* par Swartz. L'espèce de ce genre qui produit la racine dont il s'agit, est appelée par Brotéro *callicocca ipécacuanha*. Elle se distingue par sa tige montante, presque ligneuse, sarmenteuse ; par ses feuilles ovales, lancéolées, pubescentes en dessous ; par sa tête de fleurs placée au sommet d'un pédoncule, entourée d'un involucre à quatre feuilles en cœur ; et enfin par sa corolle à cinq divisions. Ses racines sont tortueuses, ligneuses, brunes en dehors, blanches à l'intérieur, articulées et comme en collier. Cette plante est la même que celle décrite et figurée sans fleur dans la *Matière médicale* de Woodville, vol. 3, pag. 562, t. 203, sous le nom d'*ipécacuanha*. Elle croît dans les lieux ombragés et humides des forêts, dans différentes parties du Brésil : elle est nommée par les habitans *ipécacuanha, poaïa do matto* et *cypo.* Ainsi, il est probable que l'*ipécacuanha* du Brésil et celui du Pérou sont différens. Le premier est brun, le second est gris.

» Parmi les violettes, on trouve plusieurs espèces émétiques qui portent aussi le nom d'*ipécacuanha*; savoir, 1°. *Viola parviflora* Linn., suppl. 396. Cette plante croît au Brésil et au Pérou. Sa racine est ligneuse, perpendiculaire, peu rameuse, grise ou brunâtre, quelquefois crevassée en long; son axe ligneux est toujours plus épais que l'écorce. Cette racine se trouve mélangée dans le commerce avec l'*ipécacuanha des rubiacées.* 2°. *Viola ipécacuanha* Linn. Elle vient aussi au Brésil. Sa racine est blanche, à-peu-près cylindrique, très-peu fibreuse, striée en long; son axe ligneux est plus épais que l'écorce. On ne la trouve pas dans le commerce; mais elle est conservée dans les collections sous le nom d'*ipécacuanha blanc.* 3°. *Viola calceolaria* Linn., *viola itoubou* Aubl. Celle-ci croît à la Guiane et aux Antilles. Sa racine est d'un blanc gris, un peu jaune à l'intérieur, irrégulièrement crevassée ou tuberculée, à-peu-près cylindrique, peu rameuse. Cette racine a l'axe ligneux plus épais que l'écorce : elle est conservée dans les collections sous le nom d'*ipécacuanha blanc.*

» Les racines de quelques apocinées sont aussi douées de propriétés vomitives. Telles sont les racines des plantes suivantes appartenant à cette famille : 1°. *Cynanchum vomitorium* Lam., *Encycl.*; *Cynanchum ipecacuanha* Vild.; *Asclepias asthmatica* Linn., 6ᵉ suppl. Cette plante croît aux îles de France, de Java et de Ceylan. La comparaison des échantillons décrits par Burman et par Lamarck a prouvé l'identité de l'*Asclepias asthmatica* Linn. avec le *Cynanchum vomitorium* Lam. On n'y remarque point les cornets des *asclépiades,* ce qui montre qu'il faut laisser cette espèce parmi les *cynanchum.* Ses racines sont nombreuses, simples, cylindriques, dures, ligneuses, blanches, dépourvues d'anneaux et de tubercules, traversées par un axe ligneux extrêmement mince. Cette racine est employée dans l'Inde comme émétique, et aussi comme cathartique et expectorante : on la connoît sous le nom d'*ipécacuanha blanc de l'île de France.* 2°. *Cynanchum tomentosum* Lam., *Encycl.* Cette plante vient dans les îles de France et de Ceylan. Elle est employée dans les hôpitaux de Ceylan à la place d'*ipécacuanha.* 3°. *Asclepias curassavica* Linn. Elle croît dans les Antilles. Sa racine est rameuse, brune, marquée de fissures assez sensibles. Elle est employée comme vomitive à Tabago, et elle y est même nommée *faux ipécacuanha*. On ne la trouve plus dans nos pharmacies ; mais il paroît qu'elle y a été autrefo s mélangée avec le vrai *ipécacuanha*, car Douglas (*Phil. Trans.*, 1729.) la distingue sous le nom de *faux ipécacuanha brun*.

» On a cru quelque temps que l'*ipécacuanha* étoit produit par une euphorbe, à laquelle on a en conséquence donné le nom d'*euphorbie ipécacuanha*. Sa racine est à-peu-près cylindrique, grêle, peu rameuse, d'un gris un peu jaunâtre ; le bois est beaucoup plus épais que l'écorce. En Virginie et dans la Caroline, on fait usage de cette racine comme émétique ; mais elle n'est point apportée en Europe.

» On a quelquefois pris pour l'*ipécacuanha* le *caapia* du Brésil. Il y a deux espèces de *caapias* : l'un, appelé le *caapia des champs*, est la *dorstenia brasiliensis* Lam., *Encycl.*; l'autre, appelé *caapia des bois*, est la *dorstenia arifolia* du même auteur. L'un et l'autre sont réputés dans le Brésil pour émétiques, cardiaques et fébrifuges.

» Les doses auxquelles ces diverses racines font vomir sont très-différentes : le *cynanchum vomitorium* s'emploie à 22 grains ; la *psychotria emetica*, à 24 ; la *viola calceolaria*, de 60 à 72 ; la *viola ipecacuanha*, de 1 à 3 gros. Ces différences montrent l'importance de la distinction plus exacte des diverses espèces d'*ipécacuanha* ». DECANDOLLE.

On trouve à Saint-Domingue trois espèces de CRUSTOLLE (*Voyez* ce mot.), dont les racines excitent aussi le vomissement. Ces plantes, qui diffèrent de grandeur, sont connues dans le pays sous les noms de *coccis*, *plumer* ou *faux ipécacuanha*. Le *grand coccis* a une racine blanche et bulbeuse, qui ressemble à celle de l'*asphodèle ;* ses fleurs sont bleuâtres. Les deux autres *coccis* ont des fleurs violettes, et une racine fibreuse ; le *coccis moyen* offre le port de la mercuriale mâle ; et le *petit coccis* a l'apparence de la plante appelée *oreille de souris*.

L'*ipécacuanha ordinaire* ou *officinal*, est le plus sûr et le plus avantageux de tous les vomitifs. On en fait usage dans presque tous les cas où l'émétique est indiqué. Il ne survient, après son effet, ni anxiété, ni douleur dans la région épigastrique, ni diminution sensible des forces vitales et musculaires, ni mouvemens convulsifs. On le donne en poudre, depuis dix jusqu'à trente-cinq grains, délayé dans un véhicule aqueux, ou incorporé avec un sirop convenable : on le donne comme *altérant*, depuis quatre jusqu'à dix grains. L'emploi de cette racine en substance et pulvérisée, est préférable à son infusion aqueuse, et sur-tout à son infusion spirilueuse. En la pulvérisant, on doit séparer avec soin la partie ligneuse, ne pulvériser jamais que la dose présente, et renfermer, dans un vaisseau exactement bouché, la racine entière et bien mondée.

Daubenton, dans un Mémoire, particulier, dont les auteurs de la *Bibliothèque physico-économique* ont donné l'extrait (année 1786, tom. 1), indique l'usage journalier et modéré de l'*ipécacuanha*, comme un moyen de prévenir ou de détruire les mauvais effets des indigestions, qui commencent à être plus fréquentes pour la plupart des hommes à l'âge de quarante à quarante-cinq ans. « A cet âge, dit Daubenton,
» l'estomac demande des soins et des précautions. Les gens
» qui sont sujets aux indigestions, en ont alors de plus fré-
» quentes et de plus fortes; ceux qui n'en ont presque jamais
» éprouvé, si ce n'est dans des cas extraordinaires, com-
» mencent à en avoir pour des causes légères.

» Les indigestions les plus fréquentes ne sont pas celles
» qu'on connoît le mieux; à peine leur donne-t-on le nom
» d'ingestion, parce qu'elles n'ont point de symptômes graves,
» et qu'elles ne sont pas suivies de vomissement et de dé-
» voiement; mais elles ne sont pas moins réelles, ni moins
» dangereuses par leurs suites. Il est important de les con-
» noître pour prévenir les maladies dont elles sont le germe,
» et pour sortir de l'état de langueur dont elles sont la cause.

» La plupart des gens qui mènent une vie sédentaire, sans
» être obligés de s'exercer à un travail pénible, se plaignent
» de leur estomac; ils y sentent le poids des alimens après le
» repas; cette situation est accompagnée d'une sorte de tor-
» peur qui appesantit le corps et qui obscurcit l'ame. Cet état
» incommode change peu à peu; les mouvemens du corps se
» raniment, et communiquent à l'estomac assez de force pour
» surmonter l'obstacle qui lui résistoit; les progrès de son
» action se manifestent au-dehors par la quantité d'air qu'il
» fait remonter dans la bouche, et qui s'en échappe avec
» bruit.

» Quoique cet air n'ait le plus souvent ni goût ni odeur
» sensible, cependant ce n'est pas de l'air semblable à celui
» de l'atmosphère : les chimistes présument que c'est un mé-
» lange d'air fixe ou méphitique, d'air inflammable et d'air
» atmosphérique. Quoi qu'il en soit, pour éviter toute méprise
» sur la dénomination de ce mélange par rapport à ses qua-
» lités, je le nommerai *air de l'indigestion*. L'effort que fait
» l'estomac pour l'expulser, est souvent marqué par une sen-
» sation douloureuse, qui cesse à l'instant où il en est sorti;
» lorsqu'il est épuisé, l'indigestion finit, et l'estomac rentre

» dans son état naturel. Mais s'il ne peut se délivrer de l'air
» qui l'opprime, alors l'indigestion est plus forte et plus longue.

» La cause de ces indigestions vient de la liqueur des glandes
» de l'estomac. Lorsqu'il s'affoiblit, cette liqueur s'épaissit dans
» les glandes ; elle y devient visqueuse au point d'y rester en
» état de glaire, tandis qu'elle doit être fluide et couler con-
» tinuellement dans l'estomac, pour opérer la digestion en se
» mêlant avec les alimens. Il faut donc employer un moyen
» qui communique des forces successivement aux différentes
» parties de l'estomac, sans l'irriter au point de resserrer
» toutes ses parois, comme les purgatifs, ou de le rendre
» convulsif, comme les vomitifs ; il suffit que ce moyen donne
» du mouvement aux parties intérieures des parois de l'esto-
» mac, et du ressort à ses glandes sans les fermer, afin que les
» glaires qu'elles contiennent n'en puissent sortir.

» Par quel agent peut-on produire tous ces effets avec tant
» de justesse et de précision ? c'est par l'*ipécacuanha* en
» poudre, remède bien connu, mais qui n'est pas assez em-
» ployé, ni assez réputé comme le meilleur, pour les indi-
» gestions dans l'âge de retour. Il doit être pris à très-petites
» doses, pour qu'il ne cause aucun symptôme pénible de
» nausée, mais seulement une légère sensation du mouve-
» ment vermiculaire de l'estomac, qui suffit pour en détacher
» les glaires : car ce remède ne les dissout, ni ne les fond,
» puisqu'il les fait rendre dans leur état de viscosité.

» On ne peut pas fixer la dose où la poudre d'*ipécacuanha*
» ne cause point de nausées ; il y a des gens qui en prennent
» jusqu'à deux grains sans nausée, et d'autres qui n'en peuvent
» pas prendre plus d'un tiers ou d'un quart de grain. Il faut
» commencer par la plus petite dose, et l'augmenter peu à
» peu, s'il est nécessaire, jusqu'au point où l'action du remède
» commence à être sensible (1). J'en ai éprouvé des effets qui
» ont surpassé mes espérances ; je l'ai conseillé à beaucoup de
» gens pour qui il a eu le même succès ». (D.)

IPÉCACUANHA FAUX. On donne ce nom, à Saint-
Domingue, à la racine de trois plantes du genre *crustolle*,
principalement à celle de la *crustolle tubéreuse*, qui font vomir
comme le vrai *ipécacuanha*. Voyez le mot Crustolle et
l'article précédent. (B.)

---

(1) La forme des pilules ou pastilles, faites à un huitième, douzième et seizième de grain pour chacune, est commode, en ce qu'elle
donne la facilité de prendre si peu d'*ipécacuanha* que l'on veut à la
fois. Les pastilles sont préférées aux pilules, parce que celles-ci peuvent, par l'ancienneté, se durcir au point de sortir de l'estomac entières et sans y agir comme on le desire.

IPÉCA-GUACU du Brésil. *Voyez canard musqué* à l'article du Canard. (S.)

IPÉCATI-APOA, nom brasilien de l'*oie bronzée*. Voyez l'article de l'Oie. (S.)

IPÉRUQUIQUE. C'est le nom brasilien de l'*échénéis remore*. Voyez au mot Echénéis. (B.)

IPO, arbre très-vénéneux de l'île Célèbe; c'est la même chose que l'*upas* ou le *bubon upas*. Voyez au mot Upas. (B.)

IPOMOPSIS, *Ipomopsis*, genre de plantes établi par Michaux dans sa *Flore de l'Amérique septentrionale*, sur la *quamoclite à fleurs rouges* (*ipomea rubra* Linn. , *cantua coronopifolia* Wild.). Le principal caractère qui le distingue des *quamoclites*, est d'avoir le stigmate tripartite, tandis qu'il est globuleux dans ces dernières. *Voyez* au mot Quamoclite. (B.)

IPS, *Ips*, genre d'insectes de l'ordre des Coléoptères et de la famille des Nitidulaires.

Le nom d'*ips* a été appliqué par Degéer à plusieurs *dermestes* de Linnæus, qui sont des *scolytes* de Geoffroy et des *hylésines* de Fabricius. Ce dernier auteur a rassemblé, sous le même nom d'*ips*, des insectes qui avoient été placés par les autres auteurs parmi les *boucliers*, les *mycétophages*, les *cryptophages*, les *nitidules*, les *dermestes* et les *diapères*. En un mot, les entomologistes ont nommé *ips* tous les insectes coléoptères qu'ils ne connoissoient pas parfaitement, comme les minéralogistes ont appelé *schorls* ou *spaths* toutes les pierres peu connues.

Quoi qu'il en soit, les insectes que j'ai placés dans mon *Entomologie* sous le nom générique d'*ips* , ont pour caractère : cinq articles aux tarses; les antennes filiformes, terminées en masse alongée, ou grossissant insensiblement; la lèvre inférieure et la ganache carrées ; les élytres dures, dépassant l'abdomen, peu ou point rebordées; le corcelet droit en devant, et l'écusson petit et à peine marqué.

Les *ips* ont le corps alongé, presque linéaire, un peu déprimé, quelquefois cylindrique : on les trouve au printemps et pendant tout l'été sous l'écorce du bois mort, ou courant sur le bois même, lorsque, dans leur dernier état, ils abandonnent leur première demeure, ou lorsqu'ils y retournent pour déposer leurs œufs.

Les larves sont petites et très-alongées, d'un blanc jaunâtre. Elles ont la tête dure, écailleuse, munie de mandibules cornées, tranchantes, et de six pattes écailleuses, petites, très-courtes. Leur corps est glabre et composé de douze anneaux distincts. Elles vivent dans le bois mort, et attaquent la seconde écorce et l'aubier. Elles les sillonnent dans tous les sens, sans pénétrer dans l'intérieur du bois ; et c'est à la direction de ces sillons qu'on peut les reconnoître. Comme les *stilins*, elles remplissent de leurs excrémens, poussière même du bois qu'elles ont rongé, les petites cavités qu'elles forment et laissent à mesure. Parvenues à tout leur accroissement, elles se changent en nymphe dans le bois où elles ont vécu, pour n'en sortir que sous la forme d'insecte parfait.

Parmi les espèces assez nombreuses de ce genre, nous n'en citerons qu'une seule très-commune aux environs de Paris ; c'est l'IPS CELLERIER (*Ips cellaris*) ; il est testacé, sans tache ; son corcelet est légèrement denté. (O.)

IPSIDA. *Voyez* MARTIN-PÊCHEUR. (VIEILL.)

IRÉON, *Ireon*, arbuste décrit par Burmann, comme formant un genre dans la pentandrie monogynie : ses feuilles sont presque verticillées, terminales, en alène, ciliées par des dents glanduleuses à leur sommet ; ses fleurs naissent au nombre de trois ou six sur un pédoncule commun, à l'extrémité des rameaux ; chacune de ces fleurs a un calice de cinq folioles lancéolées et persistantes ; cinq pétales ovoïdes, égaux ; cinq étamines, dont les anthères sont enflées d'un côté en forme de bourse ; un ovaire supérieur, oblong, muni d'un style cylindrique, à stigmate légèrement trifide.

Le fruit est une capsule presque trigone, triloculaire, trivalve, et qui contient plusieurs semences.

Cet arbuste croît au Cap de Bonne-Espérance. (B.)

IRÉSINE, *Iresine*, plante vivace d'environ trois pieds de haut, dont la tige est grêle, noueuse ; les feuilles opposées, pétiolées, ovales, lancéolées, entières ; les fleurs très-petites, d'un blanc jaunâtre, et disposées sur une panicule rameuse et terminale.

Cette plante, qui est figurée pl. 813 des *Illustrations* de Lamarck, forme seule un genre dans la dioécie pentandrie, qui a pour caractère un calice de trois ou de cinq folioles, avec deux écailles à leur base ; point de corolle. Les mâles ont cinq étamines avec cinq écailles internes interposées ; les femelles, un ovaire chargé de deux stigmates sessiles.

Le fruit est une très-petite capsule ovale, uniloculaire, et qui contient quelques semences enveloppées d'un duvet très-fin.

Cette plante croît naturellement à la Jamaïque et en Virginie. On la cultive dans les jardins de botanique. (B.)

IRIARTÉE, *Iriartea*, petit palmier du Pérou, qui forme un genre dans la monoécie dodécandrie : il présente pour caractère une spathe universelle composée ; un spadix rameux simple, portant les fleurs mâles mêlées parmi des fleurs femelles ; un calice de trois folioles ; une corolle de trois pétales ; quinze étamines très-courtes dans les fleurs mâles ; un ovaire supérieur, à stigmate sessile, formé par trois petits points.

Le fruit est un drupe presque rond, renfermant une noix monosperme, striée, osseuse et très-dure.

Ces caractères sont figurés pl. 32 du *Genera de la Flore du Pérou*. (B.)

IRIDÉES, *Irides* Jussieu, famille de plantes dont le caractère consiste en une corolle (*calice*, Jussieu) tubuleuse à sa base, à limbe divisé en six parties égales ou inégales ; trois étamines insérées au tube de la corolle, et opposées aux divisions alternes de son limbe, à filamens distincts, ou rarement connés en un tube traversé par le style ; un ovaire inférieur (*adhérent*, Ventenat) à style unique, à trois stigmates ; une capsule triloculaire, trivalve et polysperme ; des semences souvent arrondies, disposées ordinairement dans chaque loge sur deux rangs, et attachées au bord central des cloisons ; un périsperme charnu ou cartilagineux ; l'embryon droit.

Les plantes de cette famille ont une racine tubéreuse ou bulbeuse ; leur tige rarement nulle, presque toujours herbacée, comprimée ou applatie par les côtés, porte des feuilles alternes, engaînantes, souvent ensiformes ; leurs fleurs, ou solitaires au sommet des tiges, ou disposées en épi et en corymbe terminal, sont renfermées en naissant dans des spathes membraneuses, souvent bivalves ; quelquefois elles sont accompagnées d'écailles spathacées.

Ventenat, de qui on a emprunté ces expressions, rapporte à cette famille, qui est la huitième de la troisième classe de son *Tableau du Règne végétal*, et dont les caractères sont figurés pl. 4, n° 6 du même ouvrage, huit genres sous deux divisions.

Les *iridées*, dont les étamines sont connées, BERMUDIENNE, FERRARE et TIGRIDIE.

Les *iridées*, dont les étamines sont libres, IRIS, MORÉE, IXIE, GLAYEUL et SAFRAN. *Voyez* ces mots. (B.)

IRIS, *Iris* Linn. (*triandrie monogynie*), genre de plantes à un seul cotylédon, de la famille des IRIDÉES, qui a des rapports avec les *morées* et les *ixies*, et qui comprend plus de cinquante espèces indigènes et exotiques, toutes vivaces par la racine, qui est ou traçante, ou bulbeuse, ou tubéreuse. La plupart de ces espèces ont leurs feuilles engaînées par les côtés, à bords tranchans, et terminées en pointe comme la lame d'une épée ; dans quelques *iris*, elles sont planes et linéaires ; dans d'autres, elles sont en gouttière ou à quatre angles. Le port de ces plantes leur est particulier : elles ont un aspect à-la-fois triste et noble ; elles sont sur-tout remarquables par la forme de leurs fleurs, et par les couleurs variées plus ou moins vives qui les nuancent agréablement : ce qui, sans doute, a fait donner au genre le nom d'*iris*. On sait que les anciens poètes appeloient ainsi la messagère des dieux, figurée par l'*arc-en-ciel*, et qu'ils la peignoient revêtue d'une robe de diverses couleurs, *varios induta colores*, Ovid. *métamorph.*

Voici les caractères de ce genre, qui sont figurés dans les *Illustrations* de Lamarck, pl. 53. Une spathe membraneuse, enveloppant une ou plusieurs fleurs : dans chaque fleur, une corolle à six divisions grandes et profondes, trois intérieures, trois extérieures, alternativement érigées et abaissées, et réunies en tube à leur base ; trois étamines couchées sur les divisions, réfléchies et plus courtes qu'elles, avec des anthères adhérentes aux bords des filets ; un ovaire inférieur, un style et trois stigmates fort grands qui recouvrent les étamines, et ont l'apparence de pétales : nulle autre plante n'a de tels stigmates ; ils suffisent seuls pour faire connoître les *iris*. Le fruit est une capsule angulaire et oblongue, ayant trois valves et trois loges, dans chacune desquelles sont renfermées plusieurs grosses semences à-peu-près rondes.

Nous allons faire connoître les espèces les plus intéressantes de ce genre, en commençant par celles qui ont les feuilles ensiformes et la corolle barbue.

Iris de Suze, *Iris Susiana* Linn. Sa racine est tubéreuse ; ses feuilles sont glabres, en lame d'épée et un peu étroites ; sa tige, haute de deux pieds et demi, porte une seule fleur très-grande, dont les pétales érigés sont minces, arrondis par le bout, et marqués de points pourpres ou violets sur un fond gris ; les pétales tombans sont d'une couleur plus foncée. Quelques jardiniers donnent par cette raison, à cette plante, le nom d'*iris en deuil* : on l'appelle aussi *iris de Chalcédoine*. Elle croît dans le Levant, et a été envoyée de Constantinople dans les Pays-Bas, en 1573. On la multiplie en divisant ses racines en été ; elle repousse en automne, fleurit en mai, et ne donne qu'une, ou, tout au plus, deux fleurs ; elle aime le soleil, se plaît dans une terre sèche et légère, et veut être à couvert des gelées. Elle vient mal en pot, ou, du moins, n'y fleurit pas si facilement qu'en pleine terre.

Iris de Florence, *Iris Florentina* Linn. Elle a une racine tubéreuse, noueuse et odorante ; des feuilles droites, glabres et d'un vert glauque, et une tige plus haute que les feuilles, portant deux belles fleurs blanches, sans pédoncules. Elle croît en Italie, dans la Carniole et dans les parties méridionales de l'Europe. On la cultive dans les jardins ; elle ressemble beaucoup à l'espèce suivante, dont elle n'est peut-être qu'une variété. De la racine d'*iris de Florence*, envoyée de cette ville à Paris pour être multipliée au Jardin des Plantes, a produit l'*iris flambe*. Cette racine a un goût âcre et amer ; elle est incisive, purgative, diurétique ; on peut en prendre depuis un scrupule jusqu'à un gros ; elle ne purge que lorsqu'elle est fraîche ; quand elle est sèche, elle a l'odeur de la violette ; les parfumeurs s'en servent pour donner cette odeur à la poudre.

Iris germanique ou la Flambe, *Iris germanica* Linn. C'est l'*iris* ordinaire, dont la racine est charnue, oblique et noueuse, et dont la tige, haute de deux pieds, porte deux ou trois fleurs qui s'épanouissent alternativement ; les divisions abaissées de la corolle sont d'un pourpre pâle tirant sur le bleu, et marquées dans leur longueur par des veines de couleur pourpre foncé, avec une raie de poils blancs et jaunâtres ; les divisions érigées sont d'un bleu clair ; la couleur des stigmates est un violet mêlé de blanc. Les feuilles, plus larges que celles d'aucune autre espèce, sont en glaive, engaînées, et de couleur pourpre à leur base, courbées en fer de faux, et plus courtes que la tige. Cette espèce croît en Europe, dans les bois, les lieux incultes, et sur les vieilles murailles. Elle fleurit en mai. Quoique très-commune, elle a beaucoup d'éclat, et peut orner, au printemps, de grands parterres ; elle offre d'ailleurs un grand nombre de variétés, dont les principales sont la *flambe bleue*, la *pâle* ou *très-pâle*, la *veinée*, la *violette*, &c. Ses fleurs fraîches, macérées, putréfiées et mêlées avec de la chaux, donnent une pâte ou fécule verte, connue sous le nom de *vert d'iris*, dont on se sert pour peindre en miniature ; si on les fait infuser dans du vitriol de Mars, on obtient une couleur noire.

Iris jaune sale, *Iris squalens* Linn. Celle-ci est originaire d'Allemagne, et se cultive aussi comme plante d'ornement. Sa racine est très épaisse, charnue, brune en dehors et blanche en dedans. Ses feuilles croissent en paquets, s'embrassent à leur base, et s'étendent vers le haut en forme d'ailes ; elles ont un pied et demi de long, sur deux pouces de large. La tige, plus haute que les feuilles, porte plusieurs fleurs, dont les trois pétales abaissés sont repliés et d'un pourpre livide, et les trois autres d'un jaune sale. Cette plante fleurit en juin, et perfectionne ses semences en août.

Iris panachée, *Iris variegata* Linn. Les feuilles de cette

espèce ressemblent à celles de la précédente, mais elles sont d'un vert plus foncé et souvent plissées; elles sont à-peu-près de la longueur de la tige; celle-ci, vers sa base, est garnie à chaque nœud d'une feuille amplexicaule : sa partie supérieure est nue, et soutient deux ou trois fleurs pédonculées et placées l'une sous l'autre; leurs pétales érigés sont jaunes, les autres sont panachés de pourpre. Ces fleurs ont souvent quatre stigmates : elles paroissent un peu plus tard que celles de l'*iris germanique*. On trouve cette plante en Hongrie. Elle mérite une place dans les jardins.

Iris plissée, *Iris plicata* Lam. Ses feuilles n'ont pas un pied de longueur; sa tige en a presque trois : elle est multiflore. On distingue aisément cette espèce à ses pétales qui sont tous singulièrement plissés et comme chiffonnés, sur-tout dans les premiers temps de l'épanouissement des fleurs, et à la petitesse de ses fleurs, une fois moins grandes que celles de l'*iris flambe*. Elles sont nuancées de blanc et de violet pâle, et ont une odeur qui approche de celle de la fleur d'orange.

Iris d'Hollande, *Iris Swertii* T. Cette espèce, très-printanière et beaucoup plus petite que l'espèce précédente, offre, au sommet de sa tige, trois à quatre fleurs dont les pétales sont blancs et bordés de violet. Sa racine est aromatique.

Iris a tige nue, *Iris aphylla* Linn. Dans celle-ci, les hampes ou les tiges qui portent les fleurs, ne naissent point au milieu, mais à côté des feuilles radicales, dont elles ont la longueur; ces tiges sont nues jusqu'à leur sommet, et portent trois ou quatre grosses fleurs, placées les unes au-dessus des autres, d'un pourpre clair, et dont les pétales réfléchis sont rayés de blanc. Elles paroissent au commencement de mai, et sont remplacées par une capsule triangulaire, émoussée et remplie de semences comprimées, qui mûrissent en août. Cette plante croît en Europe.

Iris naine ou Petite flambe, *Iris pumila* Linn. Sa tige, haute de quatre à six pouces, et plus courte que les feuilles, ne porte qu'une seule fleur très-belle, assez grande, bleue, ou pourpre, ou jaune, ou blanche, ou panachée, selon les variétés. Cette *iris* est précoce. Elle croît dans les lieux stériles et montueux des contrées méridionales de la France, en Autriche, en Hongrie, &c.; on la voit aussi sur les murailles et les chaumes des villages. On la cultive dans les jardins.

Toutes les espèces d'*iris* que nous venons de décrire, ont les trois pétales réfléchis de leur corolle plus ou moins velus. Dans les espèces suivantes, les six pétales sont nus et sans barbe.

IRIS DES MARAIS, *Iris jaune, faux acore, flambe bâtarde, glayeul des marais, iris pseudo-acorus* Linn. Ces différens noms, donnés à la même plante, prouvent qu'elle est commune ; on la trouve en effet par-tout en Europe, dans les marais et aux bords des fossés et des étangs. Elle est remarquable par sa fleur qui est tout-à-fait jaune, et dont les pétales érigés ou intérieurs sont très-petits. Ses racines s'étendent en tout sens près de la surface de la terre ; elles sont charnues, oblongues et garnies de fibres. Sa tige, haute de deux ou trois pieds, fléchie en zigzag, plus courte que les feuilles, est chargée de plusieurs fleurs alternes, et qui s'ouvrent l'une après l'autre. Elles paroissent en juin : elles peuvent teindre en jaune.

IRIS FÉTIDE, GLAYEUL PUANT, *Iris fœtida* Linn. Cette espèce a une racine tubéreuse, courbée et fibreuse, dont on fait quelquefois usage en médecine. Ses feuilles sont d'un vert foncé. Quand on les déchire, elles répandent une odeur de bœuf rôti et chaud, laquelle devient désagréable lorsqu'on les sent de près. Sa tige est droite, a un angle, et de la longueur des feuilles ; elle porte quelques petites fleurs d'un bleu pâle, tirant sur le pourpre. On trouve cette plante en France, en Angleterre, &c. dans les bois taillis et les lieux humides. Elle fleurit en juin. On la cultive pour la beauté de sa graine, qui est d'un rouge de corail, et qui paroît au commencement de l'automne.

IRIS JAUNE-BLANCHE, *Iris ochroleuca* Linn. Elle croît en Sibérie et dans le Levant, et fleurit à la fin de mai. On la distingue des autres à ses fleurs d'un jaune blanchâtre, à son germe à six angles, et à ses feuilles striées qui, écrasées entre les doigts, exhalent une mauvaise odeur, plus forte que dans l'espèce ci-dessus.

IRIS DES PRÉS, *Iris sibirica* Linn. Sa racine est fibreuse et noirâtre. Ses feuilles sont étroites et d'un vert foncé. Ses tiges, rondes et fistuleuses, s'élèvent au-dessus des feuilles ; elles ont deux pieds et demi environ de hauteur, et portent deux ou trois fleurs, dont les pétales intérieurs et érigés sont d'un bleu pâle, et les pétales extérieurs et réfléchis d'un bleu foncé, et veinés à leur base de jaune et de blanc. Cette *iris* vient dans les prés en Allemagne, en Suisse, en Autriche, &c. Les bestiaux ne la broutent point. Elle fleurit vers le milieu de mai.

IRIS GRAMINEA, *Iris graminée* Linn. Nulle autre espèce connue d'*iris* n'a des tiges aussi courtes que celle-ci, ni des feuilles proportionnellement aussi longues et aussi étroites. Ces feuilles plates et d'un vert clair sont semblables à celles des *graminées*. Leur largeur est de deux ou trois lignes, et leur longueur d'un pied et demi. Les tiges n'ont que six pouces de hauteur ; elles sont comprimées, à deux angles, et soutiennent deux petites fleurs qui ont un aspect très-agréable. Les pétales tombans sont d'un pourpre clair, rayé de bleu, et un pourpre rougeâtre, panaché de violet, colore les pétales intérieurs. Cette jolie espèce croît en Autriche au pied des montagnes. On la cultive au Muséum d'histoire naturelle de Paris, où elle fleurit à la mi-mai. Son ovaire est à six angles, et la capsule est courte et garnie dans sa longueur de trois bordures ou ailes.

IRIS TUBÉREUSE, FAUX HERMODACTE, *Iris tuberosa* Linn. Sa racine, qui est tubéreuse, sans chevelu, et digitée comme celle de l'*asphodèle*, pousse cinq à six feuilles étroites, lisses, creusées en gouttière, et quadrangulaires ; elles ont un pied à un pied et demi de longueur. De leur milieu s'élève une tige verdâtre, plus courte qu'elles, et qui soutient une petite fleur d'un pourpre foncé. Le fruit pend dans sa maturité. Cette espèce croît en Arabie et dans les îles de l'Archipel. Dans notre climat, elle fleurit en août, mais ne produit point de semences. On la multiplie par ses rejetons, qu'il ne faut pas laisser trop long-temps hors de terre. Elle demande une terre grasse, peu forte et peu profonde, veut l'exposition du Levant, et ne se déplace que tous les trois ans.

Toutes les *iris* dont il vient d'être parlé, et qui ont leurs racines charnues et traçantes, se multiplient en général de la même manière, c'est-à-dire par la division de ces racines, qui dans la plupart font des progrès rapides. L'automne est la saison la plus favorable pour cette opération. Ces plantes, l'*iris de Suze* exceptée, croissent dans presque tous les sols et à toutes les expositions. On peut les multiplier aussi par leurs graines, qu'il faut avoir soin de semer aussi-tôt qu'elles sont mûres.

IRIS A PETITES AILES, *Iris alata* P. Cette espèce a été trouvée par M. l'abbé Poiret sur la côte de Barbarie, aux environs de Bonne et à Hyppone. Elle croît sur les rochers : elle étoit en fleur au mois de novembre. Sa racine est un bulbe. Elle a beaucoup de rapports avec l'*iris de Perse ;* elle en diffère par ses feuilles faites en glaive, et larges de quatre ou cinq lignes ; par la couleur de sa fleur, qui est d'un bleu violet ; par ses stigmates, aussi longs que les grands pétales, et par la disposition de ses pétales intérieurs, qui représentent de petites ailes ouvertes horizontalement.

IRIS COMESTIBLE, *Iris edulis* Linn. Elle croît au Cap de Bonne-Espérance. Les Hottentots en recueillent les bulbes et les tiges, dont ils font des paquets ; ils les font cuire légèrement, et les mangent. Cet aliment, selon M. Thunberg, est d'un bon goût et fort nourrissant. Les singes en font aussi leur nourriture. Les fleurs de cette espèce varient dans leur couleur ; la tige est cylindrique et multiflore ; elle est engaînée inférieurement par une feuille linéaire trois fois plus longue qu'elle.

Iris bulbeuse, *Iris xiphium* Linn. Cette espèce est très-belle, et une des plus intéressantes à cultiver dans les jardins. Elle a produit un grand nombre de variétés ; il y en a à fleurs bleues (c'est la plus commune), à fleurs jaunes, à fleurs blanches, à fleurs bleues avec les pétales abaissés blancs ou jaunes, à fleurs violettes avec les mêmes pétales bleus, &c. Toutes ont pour racine un bulbe simple de la grosseur de celui d'une *tulipe*, mais plus alongé, fibreux à sa base, et produisant latéralement d'autres bulbes semblables. Les feuilles sont creusées, terminées en pointe, et embrassent la tige qui s'élève entr'elles et au-dessus d'elles, et qui soutient deux ou trois fleurs de la même forme que celles de l'espèce qui suit. L'*iris bulbeuse* croît naturellement en Espagne et en Portugal. Elle fleurit en mai, et ses semences mûrissent en août. Son oignon ne réussit pas par-tout ; il préfère la terre de bruyère, et se plante en octobre à une exposition chaude. On doit le couvrir de bonne paille sèche pour le garantir de la gelée. Il peut rester deux ou trois ans en terre ; on ne le relève qu'en juillet.

Iris de Perse, *Iris Persica* Linn. De sa racine ovale et bulbeuse sortent cinq à six feuilles, larges d'un pouce à leur base, longues de six pouces, d'un vert pâle, et terminées en pointe. Ces feuilles cachent une partie de la tige, qui est aussi courte qu'elles, et qui soutient une et quelquefois deux fleurs, assez grandes, fort belles et odoriférantes. Les six pétales sont d'un blanc bleuâtre satiné ; trois d'entr'eux ont dans leur milieu une raie jaune, et à leur sommet une belle tache violette. Cette espèce craint peu la gelée ; elle est moins délicate que l'*iris bulbeuse*. On l'élève et on la multiplie à-peu-près de la même manière. Elle est recherchée pour la beauté de sa fleur, qui est très-printanière, et qui paroît en février ou au commencement de mars.

Iris double-bulbe, *Iris sisyrrinchium* Linn. Elle croît naturellement en Espagne, en Portugal et sur la côte de Barbarie. Sa tige est haute de cinq à sept pouces, et porte deux ou trois fleurs d'un violet bleuâtre, qui s'épanouissent successivement. Les feuilles sont linéaires, ondées sur les bords, réfléchies et creusées en gouttière. Son caractère distinctif se tire de sa racine, qui est formée de deux bulbes inégaux posés l'un sur l'autre, comme dans le *safran*. Le supérieur, d'abord plus petit, prend de l'accroissement à mesure que l'ancien se dessèche. Ces bulbes ont une saveur douce, et peuvent se manger.

Il existe, selon Sonnini, dans les îles de l'Archipel, une espèce d'*iris* dont les femmes tirent une fécule qui leur tient lieu de fard. Voici comment cette fécule est préparée :

On nettoie les racines, et après en avoir enlevé la peau, on les râpe. La pulpe qui résulte de cette opération est pétrie et lavée trois fois dans de nouvelle eau, et chaque fois on la passe à travers un linge très-fin. A la troisième fois, on jette le marc, et on laisse déposer l'eau pendant quinze heures ; au bout de ce temps, on la verse en inclinant doucement le vase, au fond duquel on trouve un sédiment amilacé. On le fait sécher, et on le réduit en poudre subtile, que l'on garde dans des bouteilles pour s'en servir au besoin. Cette poudre se conserve très-long-temps. Lorsqu'on veut en faire usage, on en met une pincée sur la joue, et l'on frotte ensuite pendant quelques minutes avec la paume de la main. Cette application cause la première fois une petite cuisson ; mais les joues deviennent d'un rouge vermeil, parce que ce fard a la propriété de donner de l'éclat à la peau. Son effet dure plusieurs jours ; il n'est détruit ni par les lavages, ni par la sueur, et l'usage de cette poudre n'est point nuisible, ainsi que Sonnini, qui en a fait connoître la préparation, s'en est assuré sur les lieux mêmes. (D.)

IRIS ou PIERRE D'IRIS. Quelques naturalistes donnent ce nom aux cristaux de roche *irisés*, c'est-à-dire qui présentent dans leur intérieur des zônes concentriques, colorées comme l'arc-en-ciel. Ce phénomène est occasionné par un simple étonnement dans la pierre ; et d'un cristal ordinaire on peut faire, avec un coup de marteau ou par le moyen du feu, un cristal *irisé*, une *pierre d'iris*. (Pat.)

IROUCAN, *Iroucana*, arbrisseau à feuilles alternes, ovales, dentées, lisses, à stipules fort petites et caduques, et à fleurs blanches, petites, fasciculées, axillaires, qui forme un genre dans l'octandrie monogynie.

Ce genre offre pour caractère un calice divisé en cinq parties pointues ; point de corolle ; huit étamines, dont trois plus courtes, et en outre huit filamens courts et plumeux interposés entr'elles ; un ovaire supérieur ovale, chargé d'un style oblong, à stigmate à cinq rayons courts.

Le fruit est une capsule ovale, globuleuse, d'un vert teint de violet, uniloculaire, et qui s'ouvre en trois ou quatre valves charnues. Elle contient trois à cinq semences enveloppées d'une pulpe rouge, attachées à un placenta central.

Cet arbrisseau se trouve dans la Guiane, où il a été observé par Aublet, qui l'a figuré pl. 127 des *plantes* de ce pays. Son écorce, ses feuilles et ses fruits sont âcres et aromatiques.

Vahl l'a réuni aux *césaries* de Schreber, qui sont en partie des ANAVINGUES de Lamarck. *Voyez* ce mot. (B.)

IRRITABILITÉ DES PLANTES. Les physiologistes sont convenus d'appeler ainsi cette propriété particulière qu'ont les plantes de se contracter, soit d'elles-mêmes, soit seulement lorsqu'on les touche.

Il ne faut pas confondre l'*irritabilité* avec la *sensibilité*; ce sont deux facultés très-distinctes dans les corps organisés, et il n'est pas vrai de dire, comme on l'a avancé depuis peu, que l'*irritabilité* n'est que la *sensibilité* manifestée par le mouvement. Si cette assertion étoit fondée, les plantes ne seroient point irritables; car, n'éprouvant probablement aucun sentiment de douleur ni de déplaisir, elles ne peuvent donner aucun signe de cette sensibilité qui existe chez les animaux, et dont elles sont entièrement privées.

L'*irritabilité* diffère si bien de la *sensibilité*, que l'étendue ou l'intensité de l'une de ces facultés, dans les diverses classes d'animaux, est, pour ainsi dire, en raison inverse de l'étendue ou intensité de l'autre; c'est-à-dire que dans ceux où la *sensibilité* est presque nulle, l'*irritabilité* est très-remarquable, tandis qu'elle est au contraire très-foible dans l'homme, par exemple, et dans la plupart des quadrupèdes qui jouissent d'une sensibilité exquise. Quand ces derniers ont cessé de vivre, deux heures après il n'existe aucune *irritabilité* dans leurs muscles; et, si l'on éventre une grenouille, et qu'on en sépare du corps les principaux viscères, ces viscères donneront des signes sensibles d'*irritabilité* plus de vingt heures après la mort de l'animal. On peut observer aussi ce phénomène sur la vipère. C'est à la même cause qu'il faut attribuer les mouvemens assez long-temps perpétués dans les portions d'une anguille qui a été coupée par morceaux. Les membres d'un chien qu'on auroit ainsi mis en pièces, n'offriroient point de semblables mouvemens.

Ainsi, l'*irritabilité* survit à la *sensibilité*. La première a son siége dans les muscles, et la seconde dans les nerfs. Elles peuvent exister ensemble dans une même partie du corps, sans se confondre. Les parties qui réunissent l'une et l'autre sont sensibles par les nerfs, et irritables par les muscles; mais la *sensibilité* n'y est point proportionnée à l'*irritabilité*. L'estomac est extrèmement sensible ; les intestins le sont moins, et cependant ils sont plus irritables que l'estomac.

Ces deux facultés, considérées sous tous les rapports, offrent donc entr'elles une différence frappante.

On doit distinguer aussi l'*irritabilité* de l'*élasticité*. Par l'*élasticité*, un corps dilaté ou comprimé, aussi-tôt qu'il est livré à lui-même, réagit et se rétablit dans son premier état ; mais la force qui agissoit cessant d'avoir lieu, le jeu de l'*élasticité* cesse. Par l'*irritabilité*, au contraire, la partie irritée continue d'être en mouvement long-temps après que le stimulant a cessé d'agir. L'*élasticité* appartient aux matières organiques ou non-organiques, aux corps vivans ou morts : l'*irritabilité* n'appartient qu'aux corps vivans ou à ceux dont la vie vient d'être terminée.

Mais qu'est-ce enfin que cette *irritabilité* des plantes ? quelle en est la cause ? Nous l'ignorons. Quand on ne me parle point du temps, disoit S. Augustin, je sais ce que c'est ; mais je ne le sais plus, dès qu'on me prie de le définir. Existe-t-il réellement une véritable *irritabilité* dans les végétaux ? ou tous les mouvemens particuliers qu'on explique en eux par ce mot, sont-ils l'effet d'un pur mécanisme ? C'est sur quoi les physiologistes ne s'accordent point.

« Pour établir l'*irritabilité des plantes*, dit Sénebier, il semble qu'il faudroit définir cette propriété ; déterminer sa ressemblance ou sa différence avec l'*irritabilité des animaux* ; fixer les organes des plantes, ou plutôt leurs parties qui sont irritables ; placer les bornes de cette force ; mesurer son intensité ; caractériser son influence ; montrer sa dépendance ou son indépendance de l'organisation ; enfin démontrer qu'un mécanisme particulier ne sauroit remplacer l'*irritabilité*, ou qu'elle peut seule expliquer les phénomènes. Il semble au moins, ajoute le même auteur, que puisqu'on reconnoît généralement que le mouvement des étamines dans quelques espèces, est l'effet d'une cause mécanique, on peut soupçonner que les étamines des autres fleurs peuvent être mises en mouvement par une cause semblable ».

Si l'*irritabilité* existe dans les plantes, et si elle a de l'analogie avec celle des animaux, les phénomènes que présentent l'une et l'autre remontent-ils au même principe ? et la fibre végétale est-elle soumise aux mêmes loix que la fibre animale ? C'est ce qu'il faudroit rechercher. Selon Rutherford, les fibres des végétaux sont capables de s'alonger et de se raccourcir ; mais elles sont collées fortement entre elles, et ne sont point unies, comme les fibres animales, par un tissu cellulaire,

XII.   L

154 flexible et mou : aussi les muscles sont souples, et la fibre végétale est roide.

Plus on réfléchit sur le sens qu'on doit donner à ce mot *irritabilité*, plus on se trouve embarrassé. Il est clair que le phénomène qu'elle offre, est un mouvement quelconque dans certaines parties des plantes. Si ce mouvement n'est pas mécanique, c'est donc un mouvement d'attraction et de répulsion, ou un mouvement produit par quelque combinaison chimique ; car, dans le monde physique et non intellectuel, il n'y a que ces trois sortes de mouvemens, qu'il faut encore réduire à deux. Les plantes n'ont ni la faculté de sentir, ni celle de changer de lieu spontanément, comme les animaux. Lors donc que leurs parties se rapprochent ou s'éloignent les unes des autres, lorsqu'elles se resserrent, s'alongent, se replient sur elles-mêmes, ou se dirigent vers différens points du ciel ou de l'horizon, comment expliquer chacun de ces mouvemens, si l'on ne veut pas qu'ils soient déterminés par la présence ou l'absence d'un agent matériel, fluide ou solide, placé au-dehors ou au-dedans des plantes ? Or cet agent, quel qu'il puisse être dans chaque phénomène observé, doit produire nécessairement son effet, d'après les loix de la physique et de la chimie, auxquelles seules la vie organique des végétaux est soumise. Ainsi, que l'*irritabilité* des plantes tienne à leur organisation particulière, ou dérive de toute autre cause, on ne peut s'empêcher de la regarder comme un effet mécanique, ou, si l'on veut, *mécano-chimique*. C'est le sentiment de Lamarck, et de plusieurs autres célèbres botanistes et physiologistes.

Il est inutile d'exposer ici les différens systêmes qu'on a imaginés, pour expliquer l'*irritabilité des plantes* ; ce seroit embrouiller la matière au lieu de l'éclaircir. On peut sur cet objet, consulter les ouvrages de Duhamel, de Bonnet, Sénebier, &c. Il paroît plus convenable de présenter les phénomènes observés jusqu'à ce jour sur ce point intéressant. Ne pouvant les rapporter tous dans cet article, je suis obligé de faire un choix ; et je crois ne pouvoir mieux servir le lecteur, qu'en transcrivant entièrement le savant mémoire présenté, en 1787, à l'Académie des Sciences, par le professeur Desfontaines, sur l'irritabilité des organes sexuels des plantes.

MÉMOIRE sur l'irritabilité des organes sexuels d'un grand nombre de plantes, par M. DESFONTAINES.

« On appelle *irritabilité*, la propriété que la nature a donnée à certains corps de se mouvoir d'eux-mêmes, principalement lorsqu'on les touche. Cette force contractile qui nous offre dans les animaux des phénomènes si étonnans et si variés, n'est point, comme on le croit communément, un attribut particulier qui les distingue. Un grand nombre de plantes donnent aussi des signes d'irritation plus ou moins sensibles, selon leur âge, leur vigueur, la partie qu'on touche ou qu'on irrite. Divers auteurs en avoient déjà observé dans les feuilles et dans les corolles de plusieurs plantes. M. Duhamel a décrit avec beaucoup d'exactitude les mouvemens curieux de la sensitive, connus depuis bien des siècles. M. Bonnet, dans ses *Recherches sur l'usage des Feuilles*, a prouvé qu'elles se mouvoient d'elles-mêmes, qu'elles présentoient toujours leur surface à l'air libre, et qu'on ne sauroît déplacer les branches d'un arbre sans faire prendre aux feuilles de nouvelles positions. Linnæus a encore poussé plus loin ses recherches sur le même sujet : ce naturaliste célèbre a fait connoître les mouvemens journaliers des feuilles d'un nombre de plantes très-considérable, dans une dissertation intitulée, *Somnus Plantarum*, et il a prouvé qu'ils étoient indépendans de l'état de l'atmosphère. Le même auteur, après avoir observé qu'une grande quantité de fleurs s'ouvroient assez régulièrement à certaines heures du jour, a conçu l'idée, aussi agréable qu'ingénieuse, d'en faire une espèce d'horloge, qu'il a nommée *horloge de Flore* (*horologium Floræ*). On sait que l'extrémité des feuilles de la *dionæa muscipula* s'ouvre en deux valves, à-peu-près comme un piége, et qu'elles se ferment subitement lorsqu'on y excite une légère irritation. Enfin, celles de l'*hedysarum gyrans*, espèce de *sainfoin*, rapportée depuis quelques années des bords du Gange, et dont M. Broussonnet a donné la description dans les *Mémoires de l'Académie*, de 1784, présentent encore un phénomène plus étonnant; elles s'élèvent et s'abaissent alternativement pendant quelques heures.

» Ces divers mouvemens des feuilles et des pétales, de même que ceux que nous allons faire connoître dans les parties sexuelles, nous paroissent tenir essentiellement à l'organisation particulière des plantes, à leur vie propre. Les loix physiques et mécaniques connues, n'en rendront jamais mieux raison que de l'action musculaire des animaux, parce qu'ils dépendent sans doute de causes analogues, et qui nous seront inconnues à jamais.

» Si les mouvemens contractiles des feuilles et des corolles ont été observés et décrits avec soin, il n'en est pas ainsi de ceux qui se passent dans les organes sexuels au moment de la fécondation. On ne les avoit reconnus jusqu'à ce jour que dans l'épine-vinette, *berberis vulgaris* Linn., le *cactus opuntia* Linn., le *cistus helianthemum* Linn., et quelques autres espèces dont il est fait mention dans une *dissertation des Amœnit. acad.* intitulée : *Sponsalia Plantarum.* C'est néanmoins dans ces mêmes organes que l'*irritabilité* paroît se manifester d'une manière plus universelle, et même plus marquée que dans aucun autre. Nous allons établir cette vérité, en exposant les observations que nous avons faites sur les sexes d'un très-grand nombre de plantes. Nous traiterons d'abord des mouvemens des étamines ; puis nous ferons mention de ceux que nous avons découverts dans les styles, et même dans quelques stigmates ».

Des mouvemens des étamines.

« Les anthères de plusieurs espèces de *lis*, avant de s'ouvrir, sont fixées le long des filets parallèlement au style, dont elles sont éloignées d'environ cinq à six lignes. Dès l'instant où les poussières commencent à sortir des loges, ces mêmes anthères deviennent mobiles sur l'extrémité des filets qui les soutiennent ; elles s'approchent sensiblement du stigmate l'une après l'autre, et s'en éloignent presqu'aussi-tôt qu'elles ont répandu leur poussière fécondante sur cet organe. Ces mouvemens s'observent très-bien dans le *lilium superbum* Linn.

» Les étamines de l'*amaryllis formosissima* Linn., celles du *pancratium maritimum* Linn., et du *pancratium illiricum* Linn., nous présentent un phénomène très-curieux, et un peu différent de celui que nous venons de rapporter : les anthères de ces plantes, avant la fécondation, sont, comme celles des *lis*, fixées le long de leurs filets, parallèlement au style ; dès que les loges commencent à s'ouvrir, elles prennent une situation horizontale, et elles tournent quelquefois sur l'extrémité du filet comme sur un pivot, pour présenter au stigmate le point par où les poussières fécondantes commencent à s'échapper.

» Si nous observons attentivement les étamines du *fritillaria persica* Linn., nous y découvrirons encore une irritation plus sensible que dans celles dont nous venons de parler ; les six étamines de cette plante sont écartées du style à la distance de quatre ou cinq lignes avant la fécondation, mais cette situation change en peu de temps ; on les voit presqu'aussi-tôt après l'épanouissement de la fleur, s'approcher alternativement du style, et appliquer immédiatement leurs anthères contre le stigmate ; elles s'en éloignent après l'émission des poussières, et vont ordinairement dans l'ordre où elles s'étoient approchées,

reprendre la place qu'elles occupoient auparavant. Ce phénomène se passe quelquefois dans l'espace de vingt-quatre
heures. On observe encore des mouvemens analogues dans les
étamines du *butomus umbellatus* Linn., et même dans celles
de plusieurs espèces d'*ails*, d'*ornithogales* et d'*asperges*, où
ils sont, à la vérité, très-peu apparens.

» Nous n'avons découvert aucune irritation dans les organes sexuels de la *couronne impériale* (*fritillaria imperialis*
Linn.), et de la *fritillaire* (*fritillaria meleagris* Linn.); mais
ces deux plantes nous font connoître dans leur fécondation
un phénomène d'un autre genre, qui n'est pas moins intéressant que ceux qui viennent d'être exposés. Leurs étamines
sont naturellement rapprochées du style, et le stigmate les
surpasse en longueur; il paroissoit donc inutile que la nature
leur eût donné un mouvement particulier : aussi s'est-elle servi
d'un autre moyen pour favoriser la fécondation de ces plantes; leurs fleurs restent pendantes jusqu'à ce que les poussières
soient sorties des loges, afin que, dans cette situation, elles
puissent facilement tomber sur le stigmate, et le féconder. Ce
qui ajoute un nouveau degré de force à cette explication, c'est
qu'aussi-tôt que la fécondation est opérée, le pédoncule qui
soutient la fleur se redresse, et le germe devient vertical. La
même chose a encore lieu dans les *ancolies*, les *campanules*,
et plusieurs autres dont Linnæus avoit déjà fait mention.

» Les plantes de la classe des *liliacées*, que nous venons
d'indiquer, ne sont point les seules dont les étamines nous aient
donné des signes d'*irritabilité*; nous les avons encore observées
dans celles de plusieurs espèces qui appartiennent à des familles fort éloignées les unes des autres par leurs rapports. Les
rues vont d'abord nous en offrir un exemple très-frappant
et facile à vérifier. Toutes les plantes du genre qui porte ce
nom ont, comme l'on sait, huit à dix étamines, dont les unes
sont alternes avec les pétales, les autres leur sont opposées. Si
on les observe avant l'émission des poussières, on voit qu'elles
font toutes un angle droit avec le pistil, et qu'elles sont renfermées deux à deux dans la concavité de chaque pétale. Lorsque l'instant favorable à la fécondation est arrivé, elles se redressent seules, deux à deux ou même trois à trois, décrivent
un quart de cercle entier, approchent leurs anthères contre
le stigmate, et après l'avoir fécondé, elles s'en éloignent,
s'abaissent, et vont quelquefois se renfermer derechef dans la
concavité des pétales. Nous avons pareillement remarqué dans
celles du *zigophyllum fabago*, des mouvemens assez sensibles;
elles s'alongent l'une après l'autre hors de la corolle pour venir présenter leurs anthères au sommet du stigmate. Les éta-

mines du *dictamnus albus* Linn., qui appartient aussi à la famille des *rues*, nous offriront encore une observation curieuse et favorable à notre opinion. Avant la fécondation, les filets sont abaissés vers la terre, de manière qu'ils touchent, pour ainsi dire, les pétales inférieurs. Aussi-tôt que les bourses sont prêtes à s'ouvrir, et que l'action du pistil irrite les étamines, leurs filets se courbent en arc vers le style, les uns après les autres; par ce mouvement les anthères viennent se placer immédiatement au-dessous du stigmate, et les poussières séminales ne peuvent manquer de tomber sur cet organe, et de le féconder.

» Si l'on observe les étamines des *capucines* (*tropæolum*), lorsque les loges sont sur le point de s'ouvrir, on appercevra facilement que l'extrémité de chaque filet se fléchit en arc, et qu'il porte son anthère du côté du style. Ce rapprochement est, à la vérité, beaucoup moins prompt et moins sensible que dans le *dictamnus albus* Linn.; enfin le *geranium fuscum*, le *geranium alpinum* Linn., et le *geranium reflexum* Linn., vont encore nous faire connoître un phénomène analogue à ceux que nous venons de rapporter, et qui ne doit pas être passé sous silence; les étamines de ces plantes, avant l'ouverture des anthères, sont toutes fléchies de manière que leur sommet regarde le centre de la corolle. Dès l'instant où les loges commencent à s'ouvrir, les filets qui les soutiennent s'élèvent vers le style, et chacune d'elles vient ordinairement toucher le stigmate qui lui correspond. Celles des *ancolies* se redressent à-peu-près de la même manière peu de temps après l'épanouissement de la fleur.

» A quelle cause voudroit-on attribuer ces sortes de mouvemens, si ce n'est à l'action du pistil même, qui excite dans chaque étamine un orgasme analogue en quelque sorte à celui que nous connoissons dans les parties sexuelles des animaux. En effet, si ces mouvemens ne dépendent pas d'une irritation, pourquoi chaque étamine ne s'approche-t-elle du style qu'au moment où les anthères vont s'ouvrir? et pourquoi s'en éloigne-t-elle ordinairement aussi-tôt après qu'elle a répandu ses poussières sur le stigmate? Nous allons encore rapporter plusieurs faits relatifs à ceux que nous venons de faire connoître; ils serviront à prouver de plus en plus que les mouvemens des parties sexuelles des plantes ne dépendent point d'une cause mécanique. Prenons pour premier exemple les *saxifrages*; immédiatement après l'ouverture de la corolle, les dix étamines de la plupart de ces plantes sont écartées du style à la distance de quelques lignes; elles s'en rapprochent ensuite ordinairement deux à deux, et s'en éloignent dans le même ordre, après que les poussières sont sorties des loges des anthères. Les étamines de plusieurs plantes de la famille des *caryophyllées*, et entre autres celles des *stellaria*, de l'*alsine media*, du *moerhingia muscosa* Linn., nous ont aussi laissé appercevoir des mouvemens très-distincts vers le pistil. Celles du *polygonum tataricum* Linn., du *polygonum pensylvanicum* Linn., et de la plupart des autres espèces qui composent ce genre nombreux, ont des mouvemens presque semblables à ceux des *saxifrages*; ils en diffèrent seulement en ce que leurs étamines ne s'approchent ordinairement des styles que les uns après les autres. Nous avons pareillement observé la même contraction dans celles du *swertia perennis* Linn. Les étamines du *parnassia palustris* Linn., s'alongent très-promptement, leurs filets se courbent même de manière que chaque anthère vient se placer immédiatement au-dessus des stigmates, et après les avoir fécondés, elles s'en éloignent et s'inclinent vers la terre.

» Si l'on jette les yeux sur la fleur du *sherardia arvensis* Linn., aussi-tôt après qu'elle est épanouie, on appercevra aussi que les quatre étamines de cette plante vont, les unes après les autres, verser leurs poussières sur le stigmate, et que non-seulement elles s'en écartent au bout de quelques jours, mais qu'elles se recourbent même et s'abaissent en décrivant une demi-circonférence de cercle. Celles de plusieurs *véroniques* s'approchent sensiblement du centre de la corolle, immédiatement au-dessus du style, de manière que les poussières tombent perpendiculairement sur le stigmate : ceci s'observe très-bien dans le *veronica arvensis* Linn., et dans le *veronica agrestis* Linn. Les filets des étamines des *valérianes* sont droits et rapprochés du style pendant l'émission des poussières; dès qu'elles sont sorties des loges, ces filets se recourbent en bas comme dans le *sherardia arvensis*. Celles du *rhamnus paliurus* Linn., se réfléchissent encore de la même manière après la fécondation.

» Observons maintenant les étamines du *kalmia*. Chaque fleur dans ce genre, en renferme dix; elles sont maintenues dans une situation horizontale au moyen d'un nombre égal de fossettes creusées dans la partie moyenne de la corolle, où le sommet de chaque anthère est enfoncé. Lorsque les loges doivent s'ouvrir, on voit les filets se courber en arc avec effort, pour que l'anthère puisse vaincre l'obstacle qui la retient, et venir répandre ses poussières sur le style.

» Les étamines de toutes les plantes que nous avons observées jusqu'ici, s'approchent du style les unes après les autres, quelquefois deux à deux, ou même trois à trois; celles du *nicotiana tabacum* Linn., vont souvent toutes ensemble féconder le pistil, de manière que si on les observe dans le temps où elles transmettent leurs poussières, on les voit toucher le stigmate, et former une couronne autour de cet organe ; elles s'en éloignent aussi-tôt après la fécondation. Celles des *delphinium*, des *aconitum* et du *garidella*, nous offrent encore une particularité qui mérite d'être remarquée. Avant la fécondation, et pendant qu'elle se fait, toutes les étamines sont fléchies et serrées étroitement contre les styles ; elles se redressent ensuite, et s'éloignent du pistil à mesure qu'elles laissent échapper leurs poussières.

» Les deux plus courtes étamines des *stachys* ont aussi une sorte de mouvement très-marqué, et qui paroît avoir du rapport avec celui que nous venons de faire connoître dans les *delphinium* ; avant l'ouverture des anthères, elles sont renfermées dans la concavité de la lèvre supérieure de la corolle, et posées latéralement contre le style. Aussi après l'émission des poussières, elles s'écartent l'une à droite, et l'autre à gauche, de manière que l'extrémité du filet déborde même de beaucoup les parois latérales de la fleur. Cet écartement des étamines est si sensible et si constant, que Linnæus a établi le genre des *stachys* sur ce caractère, qui est absolument nul avant la sortie des poussières séminales. Le même phénomène s'observe aussi dans quelques espèces de *leonurus*.

» Les mouvemens des étamines des *asarum* méritent d'être rapportés ; elles sont, comme l'on sait, au nombre de douze dans chaque fleur, et le style est un cylindre couronné de six stigmates. Lorsque la corole est nouvellement épanouie, les filets des étamines sont pliés en deux, de manière que le sommet de chaque anthère est posé sur le réceptacle de la fleur. Dès que le temps destiné à la fécondation est arrivé, ces mêmes filets se redressent ordinairement deux à deux, les anthères deviennent verticales, et vont toucher le stigmate qui leur correspond.

» Enfin celles du *scrophularia* donnent encore des signes très-sensibles d'*irritabilité*. Toutes les fleurs de ce genre renferment quatre étamines, dont les filets sont roulés sur eux-mêmes dans l'intérieur de la corolle avant la fécondation ; ils se développent ensuite, se redressent les uns après les autres, et approchent leurs anthères du stigmate.

» Nous sommes d'autant plus portés à reconnoître l'*irritabilité* comme cause des mouvemens qui viennent d'être indiqués, que dans quelques espèces, telles que l'épine-vinette et presque tous les cistes, ils peuvent être accélérés à volonté, en irritant les étamines avec la pointe d'une épingle.

» Nous ne dissimulerons cependant pas qu'il y a des mouvemens dans les étamines de certaines plantes qui dépendent absolument d'une action mécanique ; tels sont ceux que l'on a observés dans la *pariétaire* et dans le *forskalea* ; la cause en est parfaitement connue. Nous avons aussi découvert un mouvement très-prompt et très-sensible dans celles des *mûriers* et des *orties*, que nous ne croyons pas devoir attribuer à une irritation. Leurs filets sont pliés en arc, et maintenus dans cette situation au moyen des parois du calice qui les compriment latéralement. Si l'on dilate tant soit peu ces mêmes parois, ou si l'on soulève légèrement les étamines avec la pointe d'une épingle, elles se redressent subitement et lancent au loin un jet de poussière. Il n'en est pas de même des mouvemens que nous avons cru dépendans d'une cause irritante ; ici les étamines sont dégagées de tout obstacle, et leur contraction est si marquée et si constante, qu'il est bien difficile de ne pas y reconnoître un principe d'*irritabilité*.

» Ce principe, il est vrai, ne se manifeste pas dans toutes les plantes ; il en est un grand nombre dont les étamines n'ont offert à nos recherches aucun signe d'irritation ; telles sont celles qui, par leur position naturelle, avoisinent de très-près le style et le stigmate, comme dans les composées, dans la plupart des *labiées*, des *personnées*, des *verveines*, des *pervenches*, des *phlox*, des *primevères*, des *borraginées*, des *papilionacées*, &c. Nous n'avons aussi observé que des mouvemens élastiques dans celles des plantes dioïques et monoïques, encore y sont-ils assez rares ; enfin il existe plusieurs plantes, même hermaphrodites, dont les étamines, quoique naturellement éloignées des styles, ne laissent cependant appercevoir aucun mouvement sensible ; celles des *crucifères*, des *pivoines*, des *pavots*, des *renoncules*, des *millepertuis*, &c., sont de ce nombre.

» Les anthères des plantes dioïques renferment des poussières dont les globules, observés à la loupe, nous ont paru en général beaucoup plus fins que ceux des plantes hermaphrodites. Le vent les enlève avec facilité, et c'est par ce moyen que la fécondation de ces plantes se fait quelquefois à de grandes distances ».

Des mouvemens des organes sexuels femelles.

« Après avoir exposé les phénomènes les plus intéressans que nous ont offerts les divers mouvemens des organes sexuels mâles, nous allons faire connoître ceux que nous avons découverts dans les styles, et même dans quelques stigmates ; ils sont moins universels et moins apparens en général que ceux des étamines ; comme si la loi qui porte presque tous les mâles des animaux à rechercher les femelles , s'étendoit aussi jus-qu'aux sexes des plantes ».

» On peut cependant établir pour principe général , que si les étamines égalent le pistil en longueur , alors elles se meuvent vers cet organe ; si au contraire elles sont fixées au-dessous des styles , ceux-ci s'abaissent plus ou moins sensi-blement du côté des étamines : nous allons citer quelques exemples.

» Si l'on observe les styles des *passiflora* aussi-tôt que la fleur est épanouie , on voit qu'ils sont droits et rapprochés les uns des autres au centre de la corolle. Au bout de quelques heures , ils s'écartent et s'abaissent ensemble vers les étamines , de ma-nière que chaque stigmate touche l'anthère qui lui correspond. Ils s'en éloignent sensiblement après avoir été fécondés. Ceux des *nigella* ont encore un mouvement à-peu-près semblable , et même plus marqué. Avant la fécondation , leurs styles sont droits comme ceux des *passiflora* , et réunis en un paquet au milieu de la fleur ; aussi-tôt que les anthères commencent à laisser sortir leurs poussières , les styles se fléchissent en arc , s'abaissent , et présentent leur stigmate aux étamines qui sont situées au-dessous d'eux ; ils se redressent ensuite , et repren-nent la même situation verticale qu'ils avoient auparavant. Ces mouvemens sont très-faciles à appercevoir, Linnæus les avoit déjà reconnus dans le *nigella arvensis cornuta* , C. B. Le style du *lilium superbum* Linn. , se réfléchit vers les éta-mines , puis il s'en écarte après qu'il a été fécondé. Le même phénomène a encore lieu dans les scrophulaires ; le style s'abaisse sur la lèvre inférieure de la corolle , et se recourbe en bas peu de temps après qu'il a reçu les poussières sé-minales. Celui de l'*epilobium angustifolium* Linn. , et de l'*epilobium spicatum* Lam. , est abaissé perpendiculairement vers la terre entre les deux pétales inférieurs , de manière qu'il forme un angle d'environ quatre-vingt-dix degrés avec les étamines , lorsque la fleur est nouvellement épanouie ; mais peu de temps après il commence à s'élever vers les éta-mines , et lorsqu'il est parvenu à leur niveau , ses quatre stig-mates qui avoient été rapprochés jusqu'alors , s'écartent et se recourbent en forme de corne de bélier du côté des anthères. Cette tendance du style vers les étamines est si forte dans les deux espèces d'*epilobium* dont je viens de parler , que des corps légers que j'y avois suspendus n'ont point empêché leur élévation.

» Les trois stigmates de la *tulipe des jardins* (*tulipa gesne-riana* Linn.), sont très-dilatés avant la fécondation , et m'ont paru se resserrer sensiblement après l'émission des poussières.

Linnæus avoit fait une observation semblable dans la *gratiole*: *Gratiola*, dit cet auteur, *œstro venereo agitata, pistillum stigmate hiat nil nisi masculinum pulverem affectans, at satiata rictum claudit.* Hort. Cliff. 9.

» Les divers mouvemens des organes sexuels des plantes, dont nous avons rapporté des exemples si frappans et si multipliés, nous paroissent tenir à leur vie même, et on ne peut selon nous leur refuser le nom d'*irritabilité*. Cette force motrice a été généralement reconnue et avouée dans les feuilles d'un grand nombre de plantes ; pourquoi ne l'admettroit-t-on pas aussi dans les organes sexuels, dont les mouvemens sont aussi marqués et aussi constans que ceux des feuilles ? Les uns et les autres nous paroissent dépendre d'une cause commune, qui est la vie végétale ; comment concevoir même qu'une plante quelconque puisse être fécondée, sans reconnoître un principe d'*irritabilité* dans les organes destinés à sa reproduction ?

» On pourroit demander maintenant pourquoi les organes sexuels ne donnent des signes d'*irritabilité* que dans le temps de la fécondation, tandis que cette force est toujours prête à se manifester dans les feuilles, par exemple, ou dans toute autre partie lorsqu'elle y réside ? Il me semble qu'il est facile de répondre à cette question : on sait que les parties sexuelles n'arrivent au terme de leur développement parfait qu'après l'épanouissement de la fleur, et qu'elles se flétrissent dès que la fécondation a été opérée, tandis que les feuilles conservent leur état de perfection pendant long-temps ; il n'est donc pas étonnant que l'*irritabilité* soit toujours prête à s'y manifester. Les organes sexuels des plantes ont même en cela quelque rapport avec ceux des animaux, dont le développement ne se fait qu'après celui des autres parties, et dont l'action s'anéantit aussi beaucoup plus promptement.

» Voudroit-on expliquer mécaniquement la contraction des parties sexuelles, en admettant, par exemple, du côté du filet ou du style, des vaisseaux plus larges que ceux du côté opposé, dans lesquels les sucs circuleroient plus rapidement au moment de la fécondation ? Dans cette supposition le filet de l'étamine pourroit facilement se porter ou se plier vers le style, et *vice versa* ? Nous répondrons à cette objection, 1°. que tous les vaisseaux externes et internes, vus à la loupe, ont un diamètre sensiblement égal ; que quand bien même ceux d'un côté auroient une ouverture plus large que les autres, on seroit toujours forcé d'admettre un mouvement d'irritation pour expliquer l'impulsion subite des fluides dans les mêmes vaisseaux.

» Tel est le résultat des observations que nous avons faites sur les sexes d'un nombre de plantes fort considérable ; nous avons rapporté avec exactitude les faits simples , tels qu'ils se sont présentés à nos recherches ; ils nous ont paru d'autant plus intéressans , qu'ils servent encore à confirmer la fécondation des plantes , et qu'ils établissent de nouveaux rapports entr'elles et les animaux. Nous pensons que ces observations méritent d'être suivies , et qu'elles peuvent offrir un champ vaste à la sagacité des naturalistes ». (D.)

ISABELLE, nom spécifique d'un poisson du genre *squale*, qui vit dans la mer du Sud. *Voyez* au mot SQUALE. (B.)

ISABELLE. C'est aussi le nom d'une coquille du genre des *porcelaines*, figurée pl. 18 , lettre P de la *Conchyliologie de* Dargenville. *Voyez* au mot PORCELAINE. (B.)

ISANA , oiseau du Mexique , que l'on dit être un ETOUR-NEAU. (VIEILL.)

ISANTHE , *Isanthus.* Genre de plantes établi par Michaux , *Flore de l'Amérique septentrionale* , dans la didynamie angiospermie , dont le caractère consiste à avoir un calice campanulé à cinq divisions presque égales , dont les inférieures sont plus rapprochées ; une corolle tubulée à cinq divisions arrondies , presque égales ; des étamines presque égales : un style bifide ; quatre semences rugueuses.

Ce genre ne contient qu'une espèce qui est figurée pl. 30 de l'ouvrage précité. C'est une plante annuelle à feuilles opposées , ovales , lancéolées , trinervées , sessiles , ciliées en leurs bords , et à fleurs bleuâtres , solitaires , ou géminées dans l'aisselle des feuilles supérieures , qu'on trouve en Caroline. (B.)

ISATIS (*Canis lagopus* Erxleben. Linn. *Syst. nat.* éd. 13, genr. 12 , sp. 6.)

L'*isatis* , très-voisin du *loup* , du *renard* , du *chien* , du *chacal* et de tous les autres quadrupèdes CARNASSIERS , du sous-ordre des CARNIVORES et de la famille dite des CHIENS , est assez caractérisé , cependant , pour ne pas permettre de douter qu'il n'appartienne à une espèce distincte.

L'*isatis* est assez petit ; la longueur de son corps , mesuré depuis l'extrémité du museau jusqu'à l'origine de la queue , est d'un pied dix pouces à deux pieds. La hauteur du train de devant est de près d'un pied ; celle du train de derrière est un peu plus considérable. « Il est , dit Buffon , tout-à-fait ressemblant au renard par la forme du corps et par la longueur de la queue , mais par la tête il ressemble plus au chien ; il a le poil plus doux que le renard commun , et son pelage est blanc dans un temps , et bleu cendré dans d'autres temps.

seve del.   V.e Tardieu Sculp.

1 . Isatis .   2 . Jaguar .   3 . Jocko .

La tête est courte à proportion du corps; elle est large auprès du cou et se termine par un museau assez pointu; les oreilles sont presque rondes; il y a cinq doigts et cinq ongles aux pieds de devant, et seulement quatre doigts et quatre ongles aux pieds de derrière; dans le mâle la verge est à peine grosse comme une plume à écrire; les testicules sont gros comme des amandes, et si fort cachés dans le poil, qu'on a peine à les trouver; les poils dont tout le corps est couvert sont longs d'environ deux pouces; ils sont lisses, touffus et doux comme de la laine; les narines et la mâchoire inférieure ne sont pas revêtues de poil; la peau est apparente, noire et nue dans toutes ces parties.

« Les *isatis* habitent le Nord, et préfèrent les terres des bords de la mer Glaciale et des fleuves qui y tombent; ils aiment les lieux découverts et ne demeurent pas dans les bois; on les trouve dans les endroits les plus froids, les plus montueux et les plus nus de la Norwège, de la Laponie, de la Sibérie et même de l'Islande. M. Sauer l'a trouvé sur les bords de la Kovima dans la Russie asiatique.

» Ces animaux s'accouplent au mois de mars, et ayant les parties de la génération conformées comme les *chiens*, ils ne peuvent se séparer dans le temps de l'accouplement; leur chaleur dure quinze jours ou trois semaines; pendant ce temps, ils sont toujours à l'air, mais ensuite ils se retirent dans des terriers qu'ils ont creusés d'avance; ces terriers, qui sont étroits et peu profonds, ont plusieurs issues; ils les tiennent propres et y portent de la mousse pour être plus à l'aise; la durée de la gestation est, comme dans les *chiennes*, d'environ neuf semaines; les femelles mettent bas à la fin de mai ou au commencement de juin, et produisent ordinairement six, sept ou huit petits. Les *isatis*, qui doivent être blancs, sont jaunes en naissant, et ceux qui doivent être bleu cendré, sont noirâtres, et leur poil à tous est alors très-court. La mère les alaite et les garde dans les terriers pendant cinq ou six semaines; après quoi, elle les fait sortir et leur apporte à manger. Au mois de septembre, leur poil a déjà plus d'un demi-pouce de longueur; les *isatis* qui doivent devenir blancs le sont déjà sur tout le corps, à l'exception d'une bande longitudinale sur le dos, et d'une autre transversale sur le dos (Cette indication est assez précise pour qu'on puisse croire, avec Erxleben, que le *vulpes crucigera* de Gesner, *Icon. quadr.* fig. pag. 190, et de Rzaczinski, *Hist. nat. de Pologn.* pag. 231, est le même animal que l'*isatis*.); mais cette croix brune disparoît avant l'hiver, et alors ils sont entièrement blancs et leur poil a plus de deux pouces de longueur; vers le mois de mai il commence à tomber, et la mue s'achève en entier dans le mois de juillet; ainsi la fourrure n'en est bonne qu'en hiver.

» *L'isatis* vit de rats, de lièvres et d'oiseaux; il a autant de finesse que le *renard* pour les attraper; il se jette à l'eau et traverse les lacs pour chercher les nids des canards et des oies; il en mange les œufs et les petits, et n'a pour ennemi dans des pays déserts et froids, que le *glouton*, qui lui dresse des embûches et l'attend au passage ». *Voyez* GLOUTON.

La voix de *l'isatis* tient de l'aboiement du *chien* et du glapissement du *renard*. Les marchands qui font commerce de pelleteries distinguent les deux variétés *d'isatis*, les blancs et les bleus cendrés; ceux-ci sont les plus estimés, et plus ils sont bleus ou bruns, plus ils sont chers : sur les bords de la Kovima une peau *d'isatis* vaut cinquante kopeks (environ 2 liv. 10 s. de notre monnoie).

L'isatis porte, en suédois, le nom de *fiall-racka* ou de *blarat;* en russe, celui de *Peszi* ou de *Cossac;* les Norwégiens désignent cet animal par les noms de *field-rac* et de *melrac.* (DESM.)

ISCHAKI. C'est *l'âne* en Tartarie. *Voyez* ANE. (S.)

ISCHÈME, *Ischemum*, genre de plantes unilobées, de la polygamie monoécie, et de la famille des GRAMINÉES, qui présente pour caractère une bale calicinale de deux valves transverses, roides, acuminées, laquelle renferme deux fleurs, dont une est mâle et l'autre hermaphrodite. La fleur mâle a une bale bivalve et trois étamines, et l'hermaphrodite a, de plus, un ovaire supérieur, oblong, chargé de deux styles à stigmates plumeux.

Le fruit est une semence oblongue, linéaire, convexe d'un côté, et enveloppée par la bale florale.

Ce genre est figuré pl. 839 des *Illustrations* de Lamarck. Il contient deux espèces vivaces, dont l'une, qui a des barbes, vient de la Chine, et l'autre, qui n'en a pas, croît dans l'Inde. (B.)

ISERINE, minéral encore peu connu en France, et que Werner place parmi les mines de *Titane.* Cette substance se trouve en grains dans le sable de l'*Iser*, petite rivière de Bohême, d'où lui est venu son nom. Ces grains arrondis par le frottement sont d'une couleur brune ferrugineuse; leur surface, quoiqu'un peu rude, est brillante; ils sont pesans, durs et aigres, leur cassure est conchoïde. Ils ne sont nullement attirables à l'aimant. *Brochant*, tom. 11, pag. 478. (PAT.)

ISERTIE, *Isertia*, genre de plantes à fleurs monopétalées,

de l'hexandrie monogynie, qui offre pour caractère un calice turbiné à six dents ; une corolle infundibuliforme à six divisions; six étamines; un ovaire inférieur, terminé par un style à stigmate bifide.

Le fruit est une pomme à six loges, renfermant chacune plusieurs semences.

Ce genre renferme deux espèces, dont l'une, figurée pl. 123 des *Plantes* d'Aublet, sous le nom de GUETTARD (*Voyez* ce mot.), est un arbre de moyenne grandeur, à rameaux tétragones, à feuilles opposées, oblongues, entières, à fleurs écarlates, dont le bord est jaune, et qui sont disposées en panicules terminales. Il vient dant les bois de la Guiane.

L'autre vient de l'île de la Trinité. Il est figuré tab. 15 des *Eclogues* de Vahl, et il a les feuilles presque en cœur. (B.)

ISIDION, *Isidium*, genre de plantes cryptogamiques, de la famille des ALGUES, établi par Achard aux dépens des *lichens* de Linnæus. Il offre pour caractères, des tubercules presque globuleux, sessiles, aux extrémités des rameaux ; une croûte solide, presque orbiculaire, un peu épaisse, irrégulière, formée de petits rameaux corolloïdes, simples ou divisés.

Ce genre, qui a été appelé STÉRÉOCAULON par Hoffmann, a pour type les LICHENS CORALLIN et VERRUQUEUX de Linnæus. *Voyez* au mot LICHEN. (B.)

ISINGLASS. Les Anglais appellent ainsi la COLLE DE POISSON. *Voyez* ce mot et celui ESTURGEON. (B.)

ISIS, *Isis*, genre de polypiers qui a pour caractère d'être branchu, composé d'articulations pierreuses, striées longitudinalement, jointes l'une à l'autre par une substance cornée ou spongieuse, et recouverte d'une enveloppe corticiforme, molle, charnue, floreuse, parsemée de cellules polypifères.

Les espèces de ce genre, comme tous les autres polypes coralligènes, ont été long-temps prises pour des plantes. (*Voyez* à l'article POLYPE CORALLIGÈNE.) Elles sont fixées sur les rochers par un empatement très-solide, et croissent continuellement en grosseur, en hauteur et en ramification, par la multiplication des polypes qui les habitent et les forment. Cette croissance, dans les *isis*, est encore plus difficile à expliquer que dans les autres genres de cet ordre (*Voyez* à l'article CORAIL.), à raison de la différence de nature des diverses parties de leurs tiges. On doit croire qu'elle est analogue à celle des SERTULAIRES. (*Voyez* ce mot.) Il paroît, par des observations positives, que cette croissance est très-rapide, sur-tout dans les pays chauds, où elle n'est interrompue dans aucun temps de l'année.

On a long-temps confondu les *isis* avec le *corail*, et Linnæus lui-même n'a pas su les distinguer. Ils ornent, encore aujourd'hui, sous le nom de *coraux articulés*, les cabinets des amateurs d'histoire naturelle. Leurs articulations cornées sont tantôt plus étroites et plus courtes que leurs articulations pierreuses, tantôt plus larges et plus longues. Les premières sont presque lisses, demi-transparentes et de couleur de corne. Les secondes sont quelquefois striées, toujours inégales, opaques et de couleur différente, suivant les espèces. Tantôt elles sont recouvertes, dans leur état naturel, par une enveloppe molle, percée régulièrement de pores, qui contiennent, chacun, un polype à tentacules, dont la base est unie à celle des autres par une membrane; tantôt il n'y a que les articulations pierreuses de recouvertes. Dans l'un et l'autre cas, cette enveloppe devient friable par la dessication, et il est rare qu'elle subsiste sur les *isis* qu'on voit dans les cabinets.

Il est très-probable que les grains oviformes qu'on a reconnus dans les *isis*, ne servent qu'à la reproduction de nouvelles souches.

On connoît quatre espèces d'*isis*, dont une seule est commune. C'est l'Isis pesse, *Isis hippuris* Linn., qui a les articulations pierreuses striées, et les cornées plus étroites. Elle est figurée dans Solander et Ellis, tab. 3, fig. 1 — 5. Elle se trouve dans toutes les mers.

Les autres n'habitent que dans la mer des Indes. (B.)

ISLE. *Voyez* Ile. (Pat.)

ISLET ou ISLOT. *Voyez* Ilet. (Pat.)

ISNARDE, *Isnardia*, plante à fleurs incomplètes, de la tétrandrie monogynie, et de la famille des Calycanthèmes, qui forme un genre dont les caractères sont d'avoir un calice monophylle, campanulé, à quatre divisions pointues et ouvertes; point de corolle; quatre étamines saillantes, et dont les filamens sont attachés au calice; un ovaire inférieur, chargé d'un style simple à stigmate épais.

Le fruit est une capsule quadriloculaire, enveloppée par le calice, dont la base est tétragone, et qui contient plusieurs semences dans chaque loge.

Cette plante, qui est figurée pl. 77 des *Illustrations* de Lamarck, est annuelle, a les tiges noueuses, foibles, couchées sur la terre ou flottantes sur l'eau, et poussant des racines de tous leurs nœuds. Ses feuilles sont opposées, ovales, entières et un peu charnues; ses fleurs petites, verdâtres, axillaires, opposées, sessiles et solitaires. Elle croît en Europe dans les marais, sur le bord des étangs, dans les fossés où il y a peu d'eau. Elle existe également à la Jamaïque, au rapport de

Swartz, et je l'ai abondamment trouvée en Caroline. Je pense, ainsi que ce botaniste et Walter, qu'elle ne doit pas être séparée des LUDWIGIES (*Voy.* ce mot.), dont elle ne diffère absolument que par le manque de corolle, qu'elle prend même quelquefois dans les pays ci-dessus cités. (B.)

ISOCARDE, *Isocardium*, genre de coquilles établi par Lamarck. Les espèces qui le composent sont cordiformes, à crochets écartés, unilatéraux, roulés et divergens; elles ont deux dents cardinales, applaties et intrantes; une dent latérale isolée, située sous le corcelet.

Ce genre faisoit partie des *cames* de Linnæus. Il a pour type le *chamacor*, figuré tab. 252 des planches des *Vers* de l'*Encyclopédie*, et dans Gualtiéri, pl. 71, fig. E. *Voyez* au mot CAME. (B.)

ISOÈTE, *Isoetes*, genre de plantes cryptogames de la famille des FOUGÈRES, qui comprend deux espèces de plantes aquatiques, vivaces, à feuilles simples, subulées, radicales, ramassées en faisceaux, lesquelles sont monoïques et présentent pour caractère un organe mâle situé dans la base des feuilles intérieures, et constitué par une écaille en cœur et une anthère arrondie et sessile; et un organe femelle placé dans la base interne des feuilles extérieures, biloculaire et polysperme, formant une sorte de capsule enchâssée dans la substance de la feuille.

Ce genre, qui est figuré pl. 862 des *Illustrations* de Lamarck, laisse encore quelque chose à desirer dans l'examen des parties de sa fructification. Lamarck pense que des tubercules qu'il a remarqués entre les racines, pourroient bien être les organes femelles, et ce que Linnæus a pris pour eux, être au contraire les organes mâles. Quoi qu'il en soit, cette singulière plante, qui est presque toujours sous l'eau, y exécute l'acte de la fécondation comme si elle étoit en plein air, puisque le fluide ne peut pas atteindre les parties qui y concourent. Ces parties sont indiquées par une tache carrée qui est une continuation de l'épiderme et le couvercle de la fossette dans laquelle elles sont placées.

La première de ces espèces, l'ISOÈTE DES ÉTANGS, se trouve dans beaucoup d'endroits en France, en Angleterre et en Allemagne. Elle a les feuilles subulées et demi-cylindriques. La seconde, l'ISOÈTE SÉTACÉE, les a beaucoup plus grêles, et n'a encore été trouvée que dans le lac de Saint-Andréol sur les montagnes du Gévaudan. (B.)

ISOPYRE, *Isopyrum*, genre de plantes à fleurs polypétalées, de la polyandrie polygynie, et de la famille des RENONCULACÉES, qui a pour caractère un calice de cinq folioles

ovales, pétaliformes et colorés ; une corolle de cinq pétal
tubuleux, tridentés, plus courts que le calice ; un grand no
bre d'étamines insérées au réceptacle ; plusieurs ovaires ov
les, à style simple et à stigmate obtus.

Le fruit consiste en plusieurs capsules recourbées, uni
culaires et polyspermes.

Ce genre ne diffère de celui des *hellébores*, que par s
port et par ses pétales tridentés ; aussi plusieurs botanistes,
entr'autres Lamarck, l'ont-ils réuni à ce dernier. Cependa
d'autres n'ont pas saisi cet exemple, et en conséquence on
conserve ici, en observant que ce qu'on appelle calice
la corolle de Linnæus, et corolle, les nectaires du mê
auteur.

Les *isopyres*, donc, comprennent trois espèces de plan
annuelles ou vivaces, à feuilles une ou deux fois terné
stipulées, et à fleurs terminales, dont deux se trouvent da
les Alpes ; savoir, l'Isopyre thalictroïde, qui a les stipul
ovales et les folioles du calice obtuses, et l'Isopyre aquil
gioïde, qui a les stipules à peine visibles. La troisième, l'Is
pyre fumaroïde, qui a les stipules en alène, et les foliol
du calice aiguës, vient en Sibérie, et est annuelle. (B.)

ISPIDA. C'est, en latin moderne, le nom du Martin
pêcheur ; il a été appliqué par Linnæus au Guêpier. *Voy*
les articles de ces deux oiseaux. (S.)

ISTHME, langue de terre qui joint une presqu'île au con
tinent. Les plus connus sont : l'*isthme de Panama*, qui joi
l'Amérique méridionale à l'Amérique septentrionale ; l'*isthm*
de Suez, qui joint l'Afrique à l'Arabie ; l'*isthme de Corinth*
qui joint le Péloponèse ou la Morée au Continent de la Grèc
l'*isthme de Malaca*, qui joint la presqu'île de ce nom a
royaume de Siam, &c. (Pat.)

ISTIOPHORE, *Istiophorus*, genre de poissons de la d
vision des Thoraciques, que Lacépède a établi pour plac
le Scombre voilier, *Scomber gladius* Bloch, qui ne lui
pas paru devoir faire partie de ce dernier. *Voyez* au m
Scombre.

Cette espèce, qui est l'*istiophore porte-glaive*, n'a point
rayons articulés et libres auprès des nageoires pectorales,
de plaques osseuses au-dessous du corps ; sa première nageoi
du dos est arrondie, très-longue, et d'une hauteur supérieu
à celle du corps, qui a deux rayons à chaque nageoire thora
cine ; elle a deux nageoires anales ; enfin sa mâchoire supé
rieure est prolongée en forme d'épée.

Ce poisson, qui parvient à une longueur de dix à dou

pieds, est figuré dans Bloch, pl. 345, et dans l'*Histoire naturelle des Poissons*, faisant suite au *Buffon*, édition de Déterville, vol. 4, pag. 289. Les matelots le connoissent sous le nom de *brochet volant* et de *bécasse de mer*. Il a beaucoup de rapports avec les *xiphias*, par sa forme et ses habitudes. Il jouit d'une grande force, d'une grande agilité et d'une grande audace. Il habite dans les mers, entre les Tropiques, se tient à la surface de l'eau, au-dessus de laquelle sa nageoire dorsale paroît d'assez loin semblable à une voile. Il se jette sur de très-gros poissons, ne recule pas devant l'homme, et quelquefois enfonce son glaive dans le bordage des vaisseaux. Il ne rentre pas, comme la plupart des autres poissons, dans la profondeur des mers, à l'approche des tempêtes, et au contraire il semble annoncer leur approche par sa présence, comme les *marsouins*. Il se nourrit de poissons, qu'il avale entiers, car ses dents sont très-petites. Quand il est jeune, sa chair est assez bonne à manger; mais vieux, elle est dure, indigeste, et souvent extrêmement grasse.

Le dos de l'*istiophore porte-glaive* est noir, son ventre est argentin, et ses nageoires bleuâtres. L'os de sa mâchoire supérieure est rond à sa pointe et fort dur. Ses écailles sont solides, oblongues, et ne se touchent pas. (B.)

ISTONGUE. Catesby donne ce nom à une espèce de *colibri*, qui se trouve à la Caroline. *Voyez* au mot Colibri. (S.)

ISWOSCHIKI, nom que les Cosaques donnent à une espèce de *pingouin*, parce qu'elle siffle comme les conducteurs de chevaux. C'est un *pingouin perroquet*. Voyez à l'article des Pingouins. (S.)

ITÉ, *Itea*, genre de plantes à fleurs polypétalées, de la pentandrie monogynie, et de la famille des Rhodoracées, dont le caractère consiste en un calice divisé en cinq parties aiguës; cinq pétales linéaires, attachés au réceptacle; cinq étamines attachées à la base du calice; un ovaire supérieur, ovale ou pyramidal, chargé d'un style persistant à deux stigmates obtus.

Le fruit est une capsule ovale, mucronée, biloculaire par la rentrée des rebords des deux valves qui la forment, contenant un grand nombre de semences.

Ce genre, qui est figuré pl. 147 des *Illustrations* de Lamarck, comprend deux espèces, dont l'une formoit le genre Cyrille de Linnæus. *Voyez* ce mot.

La première, l'Ité de Virginie, a les feuilles alternes, dentelées, les fleurs disposées en épis terminaux, accompagnées de bractées, et les capsules pyramidales et velues. Il croît dans les parties méridionales de l'Amérique septentrionale. En Caroline, où je l'ai observé, il couvre quelquefois des arpens entiers, dans les terreins frais et humides. Rarement il s'élève à plus de trois pieds. Ses longs épis, dont les fleurs s'épanouissent successivement, lui donnent un aspect fort agréable. Il passe aisément l'hiver en pleine terre à Paris, où on le cultive beaucoup dans les jardins d'agrément, dans les bosquets d'été, où il forme une des dernières enceintes. On le multiplie de marcottes.

La seconde, l'ITÉ DE CAROLINE, *Itea cyrilla* l'Hérit., a les feuilles alternes, entières, les fleurs disposées en grappes axillaires, accompagnées de bractées, les capsules ovales et glabres. Il croît en Caroline dans les lieux humides, sur le bord, mais à quelque distance des eaux. C'est un arbuste qui atteint jusqu'à douze ou quinze pieds de haut sur huit à dix pouces de diamètre. Il est quelquefois si surchargé de fleurs, qu'on ne voit point les feuilles. C'est un des plus beaux arbres des bois de la Caroline ; aussi en conserve-t-on des pieds dans le voisinage des habitations, lorsqu'on défriche le terrein, ainsi que je l'ai fréquemment remarqué. Les fleurs des vieux pieds sont très-exposées à avorter. On cultive ce bel arbuste dans quelques jardins de Paris. (B.)

ITING. *Voyez* GOULIN. (VIEILL.)

ITIRANA, oiseau du Brésil à gorge rouge. (VIEILL.)

ITTIDE. *Voyez* ICTIS. (S.)

ITZCEUIN TEPORZOTLI, espèce de *chien* qui, suivant Nieremberg (*Hist. nat.*, lib. 9, cap. 36, pag. 173.), se trouve à la Nouvelle-Espagne. Ce *chien* ressemble à celui de Malte ; son poil est varié de blanc, de noir et de fauve ; il porte entre les épaules une proéminence ou bosse qui lui couvre tout le cou, qu'il a très-court. Cette sorte de difformité ne déplaît point, et l'animal n'en est pas moins joli ni moins agréable par sa douceur et ses gentillesses. (S.)

IULE, *Iulus*, genre d'insectes que Linnæus, Geoffroy et Olivier ont placés dans l'ordre des APTÈRES, que M. Fabricius range dans celui des MITOSATES, et que je mets dans ma sous-classe des MILLE-PIEDS, ordre des CHILOGNATHES. Il a pour caractères : point d'ailes ; tête distincte ; deux antennes ; corps vermiforme, formé d'un grand nombre d'anneaux, portant, presque tous, deux paires de pattes ; point d'appendices à l'anus.

Les anciens paroissent s'être servis de ce nom pour désigner les mêmes insectes ou quelques autres qui en approchent beaucoup, les *scolopendres*. On les a aussi appelés *mille-pieds*.

Ce genre n'avoit pas été divisé, quoiqu'il renfermât des insectes dont les formes différoient essentiellement entre elles. Les espèces qui ont le corps oblong et qui se mettent en boule, comme les *armadilles*, forment mon genre GLOMÉRIS; celles qui ont le corps alongé, applati, et sans appendices à son extrémité postérieure, sont des *polydêmes*. Les *iules*, qui sont alongées, déprimées, et terminées à l'anus par des appendices en forme de pinceaux, composent mon genre *pollyxène*; les véritables *iules* sont donc restreints aux espèces qui ont une forme de serpent ou de ver, c'est-à-dire qui sont longues, cylindriques, et qui se roulent sur elles-mêmes. De la réunion de ces genres est formé l'ordre des CHILOGNATHES. (*Voyez* ce mot.). Il auroit été possible de rassembler, dans une même coupe, les *scutigères*, les *scolopendres* ou mes SYNGNATHES, avec les genres précédens; mais comme ici les instrumens de la manducation diffèrent numériquement de ceux des autres, j'ai été autorisé à créer deux ordres composés, celui-là des *iules* et de ses démembremens, celui-ci des *scolopendres* et des *scutigères* de Lamarck. Les SYNGNATHES ont d'ailleurs les anneaux de leur corps formés de deux plaques écailleuses, l'une supérieure, l'autre inférieure, liées de chaque côté par une membrane musculaire; les anneaux des CHILOGNATHES sont entièrement écailleux ou du moins de la même consistance dans leur contour. Les antennes des premiers sont sétacées, composées d'un grand nombre d'articles; celles des seconds sont presque en massue et de sept articles; si l'on en excepte les *scutigères*, genre qui ne renferme que deux ou trois espèces, dont une seulement indigène, et qui est même rare, les SYNGNATHES n'ont qu'une paire de pattes à chaque anneau, tandis que les CHILOGNATHES en ont deux, ou un très-grand nombre; les dernières pattes ici ne diffèrent pas des autres; là elles sont beaucoup plus longues. Nous exposons à chacun de ces ordres les caractères que nous offre la bouche; les deux grands crochets qui accompagnent la lèvre inférieure des SYNGNATHES, signalent très-bien les insectes de cet ordre.

Le corps des *iules*, ainsi que nous l'avons dit, est fort alongé, cylindrique, composé d'un très-grand nombre d'anneaux courts, d'une substance dure, un peu calcaire et unie. Le nombre de ces anneaux varie suivant les espèces; à l'exception des deux ou trois de chaque extrémité, ils sont égaux, et portent chacun en dessous deux paires de pattes, contiguës ou très-rapprochées à leur naissance. La tête des *iules* est de la largeur du corps, plate en dessous, convexe et arrondie en dessus postérieurement, un peu plus étroite et presque carrée ensuite, à partir des yeux ; le bord antérieur est échancré au milieu. Les yeux se noient dans la surface de la tête ; ils sont ovales, plans, et formés de petits grains à figure irrégulièrement hexagonale. Tout près de leur côté interne sont insérées les deux antennes, qui ne sont guère plus longues que la tête, assez grosses, de sept articles, dont le premier très-court, les quatre suivans presque coniques ou cylindriques, et amincis insensiblement à leur base ; le cinquième un peu plus gros, le sixième également un peu plus gros, conico-ovalaire, tronqué, et au bout duquel on apperçoit l'extrémité pointue d'un septième article qui est fort petit.

La bouche est composée de deux grandes mandibules et d'une grande pièce crustacée, ou espèce de lèvre inférieure, couvrant transversalement le dessous de la tête.

Les mandibules ont des rapports avec celles des *cloportes* et une structure toute particulière, dont on ne trouve plus d'analogues dès qu'on est sorti de la sous-classe des Mille-pieds. Elles sont formées d'une tige écailleuse, à l'extrémité de laquelle est un article également écailleux et surmonté d'une pièce où sont implantées transversalement de petites parties cornées, tranchantes, qui sont autant de dents ; le dos de chaque mandibule est en outre emboîté extérieurement dans une capsule écailleuse, grande, articulée à sa base, anguleuse, comme formée de deux plans, dont l'extrémité de chacun est échancrée.

La lèvre inférieure est divisée par plusieurs sutures ou lignes imprimées ; on voit inférieurement et au milieu, une pièce dont les bords sont anguleux, au-dessus de laquelle s'élèvent parallèlement deux pièces étroites et en carré long, contiguës à leur bord interne, et dont l'extrémité est obtusément rebordée ; ces parties peuvent être prises pour la lèvre inférieure proprement dite ; de chaque côté, à prendre de la ligne commune, servant de base, s'élève dans le sens des précédentes une pièce écailleuse de la même figure que les deux du milieu, mais plus grande, un peu élargie, et arrondie sur le côté extérieur, au sommet, et ayant, vers l'angle interne, deux petits tubercules, que l'on prend pour deux palpes. La pièce générale est plate, et ressemble, étant très-mince, à un feuillet membraneux. Je l'ai examinée dans une espèce d'*iule exotique*, l'*iule terrestre* ; celle-ci qui est la plus commune parmi nous, a cette lèvre inférieure figurée un peu différemment ; les deux pièces latérales et extérieures, les représenta-

tives des mâchoires, sont dilatées à leur base et en dedans.
Ces dilatations sont longitudinalement contiguës au bord interne, et au-dessus d'elles sont les deux pièces du milieu,
avec une petite partie triangulaire, dans leur entre-deux, à
leur base.

Les deux premiers anneaux du corps ne forment évidemment pas le cercle entier ; ils sont ouverts inférieurement ;
aussi les deux premières paires de pattes ont-elles un support
membraneux particulier, qui remplit les intervalles : ces
deux premières pattes, et même encore les secondes,
semblent être appliquées sous la bouche ; le premier anneau
est sur-tout très-ouvert, en forme de plaque, une fois plus
long que chacun des autres ; c'est une sorte de corcelet ; le
troisième anneau, quoique formant presque un tour entier,
est cependant ouvert, et n'a qu'une seule paire de pattes, insérées de même que les précédentes; le quatrième segment est
plus fermé que le précédent, mais n'a encore qu'une paire
de pattes. La gémination ne commence qu'au cinquième ;
ainsi en supposant que le premier, ou la plaque qui répond au
corcelet n'a pas de pattes, la première paire de ces organes
du mouvement répondra au second segment, la seconde au
troisième, la troisième au quatrième, et les quatrième, cinquième, au sixième. Cette gémination continuera ensuite
sans interruption dans les femelles ; mais dans les mâles, le
septième segment en est dépourvu ou n'en a qu'une paire,
les organes sexuels entraînant un changement en cette
partie.

La détermination des espèces d'*iules* ayant été établie sur
le nombre des pattes, il doit y avoir de l'erreur dans les caractères spécifiques, car tous les auteurs ont généralement
cru que chaque anneau avoit deux paires de pattes. Les deux
derniers anneaux en sont absolument privés; le pénultième
a le milieu de son bord postérieur avancé en pointe ; il reçoit
en partie le segment terminal, qui est formé de deux valves
arrondies au bord interne, appliquées l'une contre l'autre,
et s'ouvrant pour laisser passer les excrémens et les œufs.

Les pattes sont très-petites, disposées sur deux séries, très-
rapprochées de l'une à l'autre, et dans un sens horizontal, à
leur base, faisant ensuite le crochet; elles sont composées
de six petits articles et d'une pointe conique et cornée.

Les *iules*, malgré leur grand nombre de pattes, ne sont
pas agiles ; au contraire, ils marchent très-lentement, et
semblent glisser comme les vers de terre. Ils font alors agir
leurs pattes l'une après l'autre, régulièrement et successivement; chaque rangée forme une espèce d'ondulation ; ils

remuent en même temps leurs antennes, semblant s'en servir pour tâter le terrein et le corps sur lequel ils se promènent. Dans le repos, ces insectes ont le corps roulé en cercle ou en spirale, la tête étant au milieu : on les prendroit pour de petits serpens.

Les *iules* se trouvent sous les pierres, dans le tan des vieilles souches, sous les écorces des arbres. Ils aiment, en général, les lieux un peu humides et sombres. Le Midi en offre cependant une espèce assez grosse, qui se tient à découvert et en grande quantité dans des terreins calcaires. Degéer a vu un *iule* ronger une larve de mouche et la manger en partie. Il est donc probable que ces insectes ont un naturel carnassier; cependant le sentiment le plus commun est qu'ils se nourrissent de terreau.

Les *iules* sont ovipares; j'ai ouvert plusieurs femelles, et je leur ai trouvé les ovaires remplis d'un assez grand nombre d'œufs blancs et assez gros. Degéer n'a vu aux petits, au moment où ils éclosent, que six pattes, qui étoient attachées par paire aux trois premiers anneaux; le nombre total des anneaux du corps n'est même alors que de sept ou de huit; mais dans quatre jours de temps il leur pousse quatre autres paires de pattes et quelques anneaux de plus à l'extrémité postérieure. Les antennes qui n'avoient d'abord que quatre articulations apparentes, en ont maintenant six. Ce naturaliste n'a pas apperçu de vestiges de dépouilles auprès de ces insectes; il est néanmoins probable qu'ils avoient changé de peau pour acquérir le développement de ces parties. L'exactitude des recherches de Degéer ne nous permet pas de douter de la vérité de cette observation. Les *iules* subissent donc une véritable métamorphose, puisque le nombre de leurs organes du mouvement et des segmens du corps, s'accroît avec leur âge, et sans doute par le moyen de mues successives.

Ce genre est peu nombreux en espèces. L'Amérique nous en donne un très-remarquable par sa grandeur.

J'avois d'abord coupé ce genre en trois familles, *corps ovale, corps alongé cylindrique*, et *corps alongé déprimé*. Ces subdivisions sont maintenant inutiles, puisqu'elles ont été, avec quelques autres considérations, le sujet d'autant de genres.

Les environs de Paris en offrent quatre espèces : l'IULE TERRESTRE, l'IULE DES SABLES, l'IULE PALLIPÈDE (*Encyclop.*) et une qui est inédite, très-petite, et qui se trouve sous l'écorce des arbres. Nous ne ferons connoître que les deux premières.

IULE TERRESTRE, *Iulus terrestris* Linn. Il est d'un brun

noirâtre, avec deux raies longitudinales roussâtres ou feuille-morte sur le dos. On lui donne deux cents pattes. Ce nombre n'est pas tout-à-fait aussi considérable, par les raisons que j'ai déduites plus haut.

On le trouve particulièrement sur les bords des chemins, dans les bois, &c.

Iule des sables, *Iulus sabulosus.* Le corps est cendré ou grisâtre, avec le bord postérieur des anneaux obscur, et un point également obscur, de chaque côté, sur chaque anneau. Le dernier segment ne forme pas une pointe aussi saillante que dans le précédent. On lui donne cent vingt paires.

On le trouve plus spécialement sur le sable.

L'Iule très-grand, *Iulus maximus* Linn., a le corps de l'épaisseur du pouce ou plus gros, d'un jaune obscur; ses pattes sont au nombre de cent trente-quatre paires.

Il se trouve dans l'Amérique méridionale. L'Afrique nous fournit aussi des *iules* très-grands, et qu'on a peut-être confondus avec cette espèce. (L.)

IVA, *Iva*, genre de plantes à fleurs composées, de la monoécie pentandrie et de la famille des Corymbifères, qui présente pour caractère un calice commun, hémisphérique, composé de trois ou de cinq folioles ovales et égales, renfermant, sur un disque chargé de paillettes, des fleurons mâles, tubuleux, quinquéfides, à cinq étamines libres, placés au centre; et environ cinq fleurons femelles, quelquefois sans corolle, avec un ovaire chargé de deux styles placés à la circonférence.

Le fruit consiste en quelques semences nues, ovales, oblongues, obtuses et épaissies supérieurement.

Ce genre, qui est figuré pl. 766 des *Illustrations* de Lamarck, renferme des plantes annuelles ou frutescentes, à feuilles opposées ou alternes, et à fleurs disposées en épis ou en panicule. On en compte quatre espèces, toutes originaires d'Amérique, dont les deux plus connues sont:

L'Iva annuel, dont les feuilles sont ovales et la tige herbacée. Il vient de l'Amérique méridionale. On le cultive au Jardin des Plantes de Paris depuis quelque temps.

L'Iva frutescent, dont les feuilles sont lancéolées et la tige frutescente. Il vient du Pérou. On le cultive au Jardin des Plantes de Paris, où il passe l'hiver dans l'orangerie, et conserve ses feuilles.

J'ai rapporté de la Caroline deux autres espèces; savoir, l'Iva imbriqué et l'Iva monophylle. (B.)

IVE ou IVETTE. On donne vulgairement ce nom à deux

plantes du genre de la GERMANDRÉE, *Teucrium iva* et *Teu-crium chamæpitys* Linn., qu'on trouve dans les lieux sablonneux. *Voyez* au mot GERMANDRÉE. (B.)

IVOIRE, *Ebur.* C'est le nom des défenses de l'éléphant ou de ces grosses dents coniques qui sortent de sa bouche. Ces défenses sont de véritables dents placées dans l'os incisif de la mâchoire supérieure : on peut donc les considérer comme des incisives ; mais leur forme est fort différente de celles des autres animaux. Elles sont arrondies, coniques, et se relèvent de chaque côté de la trompe de l'éléphant. On diroit que ce soient deux cornes placées dans la bouche. Leur extrémité n'est pas très-pointue, mais un peu arrondie et applatie vers les côtés. La partie de leur surface qui se trouve en-haut, est plus colorée et plus jaune que la partie inférieure. Souvent ces défenses sortent de trois pieds ou plus hors de la mâchoire supérieure. On a trouvé quelques défenses d'un très-grand poids ; quelques-unes ont l'épaisseur de la cuisse d'un homme, et sont longues de neuf pieds ; on prétend même qu'en Afrique, il s'en rencontre qui pèsent plus de cent vingt-cinq livres chacune. Lopez assure qu'il y en a du poids d'environ deux cents livres, et Drack confirme cette assertion ; celles des éléphans, apportées au Cap de Bonne-Espérance, pèsent soixante à cent vingt livres, suivant Kolbe. On rencontre en Sibérie beaucoup d'*ivoire fossile*, et on en conserve au Cabinet d'Histoire naturelle de Paris, de très-gros tronçons trouvés près de Rome. *Voyez* la fin de l'article ÉLÉPHANT.

Lorsque l'*ivoire* est exposé à l'air, il devient jaunâtre. En sciant une défense, on trouve son intérieur teint de diverses nuances ; ce qui a fait distinguer, parmi les ouvriers, diverses espèces d'*ivoire*. Celui qui a une nuance verdâtre ou olivâtre, s'appelle *ivoire vert*, et c'est le plus estimé ; car on prétend qu'il jaunit moins à l'air que les autres. L'*ivoire vert* ne se trouve que dans les défenses enlevées depuis peu de temps de l'éléphant, car en se desséchant ensuite, il prend une teinte blanche et mate, sur-tout lorsqu'il est exposé à l'air ou à la lumière du soleil. L'*ivoire blanc* est donc plus sec que l'olivâtre ; mais son état blanc est voisin de son état jaune. Celui-ci est un commencement de décomposition de la matière gélatineuse de l'*ivoire* par sa combinaison avec l'air ; car l'intérieur de l'*ivoire* reste blanc. On remarque dans cette substance des fibres qu'on nomme le *grain* ; il est quelquefois très-apparent. Au milieu de la défense règne un canal très-fin, qui s'étend depuis son extrémité jusqu'à la racine de cette dent, où ce canal s'élargit. Les fibres de l'*ivoire* forment des

losanges, par l'entrecroisement des lignes ; celles-ci se ramifient à mesure qu'elles approchent de la circonférence de la
défense.

Il paroît que les défenses de l'éléphant sont formées par des
couches coniques qui s'emboîtent les unes dans les autres. On
nomme *écorce*, la couche externe qui est plus dure, plus
brune et moins exposée à jaunir ; on la prend de préférence
pour faire des dents artificielles. Les défenses sont creuses à
leur base et s'augmentent par couches additionnelles. Les
coupes longitudinales de l'*ivoire* montrent moins de *grain*
que les coupes transversales. On en fait ainsi des lames pour
les peintres en miniature, qui peignent dessus en détrempe,
après les avoir dégraissées avec une dissolution de potasse dans
l'eau.

Les défenses d'éléphans n'ont pas de véritable émail
comme les dents, aussi l'*ivoire* n'est pas aussi dur qu'elles, et
s'altère bien plus facilement. On remplace l'*ivoire*, pour
faire des dents artificielles, avec les grosses dents canines des
hippopotames, qui donnent une espèce d'*ivoire* très-blanc,
très-dur et qui ne jaunit pas. Les défenses de la vache marine
ou du morse sont aussi fort estimées pour cela, car leur texture
est plus serrée et plus solide que celle de l'*ivoire* des éléphans.

On sait qu'il se fait un grand commerce d'*ivoire* sur presque
toutes les côtes d'Afrique et dans les Indes. Ces défenses
d'*ivoire* brut se nomment du *morfil* ou *morphil*. C'est pour
vendre ce morphil aux Européens que les Nègres font une
guerre d'extermination aux éléphans.

Dans le Bas Languedoc, à Simmore, à Laymont, du côté
d'Auch, à Castres, on trouve des mines de turquoises qui
sont des dents, des os d'animaux ou de l'*ivoire* pétrifiés et
colorés en bleu, par une chaux ou un oxide de cuivre dont
ces objets sont imprégnés. (*Mém. acad. sc.* 1715, Réaumur.)
La chaleur graduée du feu donne à ces substances une belle
couleur bleue.

L'*ivoire* trouvé en Sibérie, dans la terre où il paroît être
déposé depuis beaucoup de siècles, n'est cependant pas altéré,
et on peut le travailler comme de l'*ivoire vert* ou *récent* ; sa
couleur n'est pas jaunie. On en a rapporté en France. Il y a
même plusieurs lieux dans l'Europe, soit en Allemagne, soit
en Italie, en France, en Angleterre, en Espagne, dans lesquels on a trouvé de l'*ivoire fossile*. On en a même retiré
dans la plaine de Grenelle près Paris. Mais c'est principalement en Sibérie et en Tartarie qu'on en trouve en grande
quantité. Les Jakutes et les autres nomades tartares les appellent os de *mammout*. On les a confondus quelquefois avec

les débris des morses ou vaches marines, ou bêtes à la grand-dent. L'*ivoire fossile* de Sibérie, qui a jadis appartenu à de vrais éléphans, et dont on reconnoît très-bien la ressemblance avec les défenses ordinaires de ces animaux, cet *ivoire*, dis-je, est très-abondant et se montre en masses si grosses, qu'elles ont dû appartenir à de très-grands individus. Les dents des animaux sont plus dures que l'ivoire, qui est une dent d'une nature moins solide.

L'*ivoire* étant de la même nature chimique que les os (c'est-à-dire du phosphate de chaux uni à une matière géla-tineuse), et n'en différant que par sa texture, sa dureté et sa blancheur, les préparations qu'on lui fait subir dans les arts conviennent également aux os des animaux. La blancheur que l'*ivoire* acquiert, dépend d'abord de sa dessication ; mais lorsqu'il jaunit, sa matière gélatineuse s'altère par l'air, et se combine avec le gaz oxigène de l'atmosphère : ce qui prouve cette assertion, c'est que cette coloration en jaune ne pénètre pas dans l'*ivoire*, à moins qu'il ne soit fêlé, mais ne se montre qu'à la surface. L'acide muriatique oxigéné peut rétablir la blancheur de l'*ivoire*, lorsqu'on le fait tremper dans cette liqueur ; mais il ne faut pas qu'il y demeure long-temps.

On assure que l'*ivoire* de Ceylan ne jaunit jamais ; c'est pour cela qu'on le vend plus cher. Les artisans distinguent deux sortes de *morphil* ou *ivoire*, le *blanc* et le *vert*, par le moyen de leur écorce de couleur blanchâtre ou citrine à l'un, brune et noirâtre à l'autre ; le vert est préférable, parce qu'il est d'un grain plus serré, et que cette teinte verte se dis-sipe aisément pour ne laisser que le plus beau blanc, sans jamais jaunir ; mais aussi sa fragilité est plus grande.

La chaleur ne fait point redresser l'*ivoire* ; cependant elle le ramollit, ce qu'elle n'opère pas de même sur les dents ; il faut donc le scier, soit à sec, soit dans l'eau, afin qu'il s'échauffe peu et s'éclate moins. On le polit avec la pierre-ponce et le tripoli. On prétend que l'*ivoire* trempé dans de la moutarde, s'y ramollit ; mais ce ramollissement est plus sûr dans un acide minéral étendu d'eau, comme l'eau-forte (*acide nitrique*), ou dans l'huile de vitriol (*acide sulfurique*). Les *os* et l'*ivoire* se ramollissent aussi dans une lessive alcaline de soude et de chaux vive.

On prépare le *noir* d'*ivoire* en brûlant cette substance dans des vaisseaux fermés qu'on fait rougir au feu. On en retire l'*ivoire* qui est noir et friable ; on le broye à l'eau sur un por-phyre, et il sert de couleur noire fort belle et veloutée en pein-ture, soit à l'huile, soit en détrempe. La corne de cerf brû-lée, et même les os de mouton ou de plusieurs autres animaux, donnent aussi une couleur noire lorsqu'on les fait calciner dans des vaisseaux clos.

En exposant l'*ivoire* à la vapeur de la chaux qu'on éteint dans l'eau, et en le lavant dans cette eau de chaux, on le blanchit lorsqu'il est devenu jaune. Une dissolution d'alun, ou la lessive de savon noir, peuvent aussi blanchir l'*ivoire* devenu roux. L'eau de chaux blanchit les os quand on les y met tremper.

Les os se peuvent teindre de diverses couleurs, en vert, par le vert-de-gris; en noir, par la litharge et la chaux, en beau rouge, par la bourre d'écarlate lessivée dans une eau alcaline, &c. Les os râpés et dissous dans une eau alcaline, et chargée de chaux vive, peuvent former un magma gélatineux qu'on moule à volonté tandis qu'il est chaud. En se refroidissant, il prend la forme du moule et la dureté des os. On pourra voir une foule d'autres procédés dans les ouvrages qui traitent des arts et métiers.

Dans la médecine, on fait usage de la râpure d'*ivoire*, comme de celle de corne de cerf. On la regarde comme adoucissante; elle arrête les cours de ventre. On la fait bouillir dans de l'eau pour la prendre en tisane, comme astringente, rafraîchissante. Le *spodium* des Arabes est l'*ivoire* brûlé. On appelle encore l'*ivoire fossile*, *unicorne fossile*; et par sa calcination, il fournit souvent des turquoises fort belles et fort dures; mais il ne faut pas trop pousser la chaleur. La turquoise est, comme on sait, un os imprégné de chaux de cuivre (*oxide de cuivre*); sa couleur est d'un bleu clair et opaque. Son nom lui vient de ce que les Turcs l'ont fait connoître les premiers en Europe, en l'admettant au nombre de leurs ornemens. *Voyez* TURQUOISE; *consultez* surtout l'article de l'ELÉPHANT. (V.)

IVOIRE, nom donné, par les marchands, à une coquille du genre *buccin* de Linnæus. Lamarck en a fait un genre nouveau, sous le nom d'EBURNE. *Voyez* ce mot. (B.)

IVOIRE FOSSILE. *Voyez* DENTS FOSSILES, MAMONT et FOSSILES. (PAT.)

IVRAIE. *Voyez* ci-après IVROIE. (B.)

IVROIE ou IVRAIE, *Lolium* Linn. (*triandrie digynie*), genre de plantes de la famille des GRAMINÉES, figuré dans les *Illustrations de Botanique* de Lamarck, pl. 48. Un épi tant soit peu fléchi en zigzag, garni d'épillets sessiles, distiques et alternes : une bale calcinale persistante, en alène, placée en dehors de chaque épillet, et comprimant plusieurs fleurs; une corolle à deux valves lancéolées, aiguës, concaves et inégales ; trois étamines à filets capillaires et à anthères mobiles ; un ovaire supérieur, chargé de deux styles plumeux ; et une semence oblongue, convexe d'un côté, applatie et sillonnée de l'autre : tels sont les caractères naturels de ce genre, qui comprend trois ou quatre espèces ; savoir :

L'Ivroie vivace, *Lolium perenne* Linn., à épi sans barbes, long environ de sept pouces, et dont les épillets sont formés par plusieurs fleurs. Cette plante, qu'on appelle aussi *fausse ivroie*, fleurit tout l'été, et croît naturellement en Europe, le long des chemins et aux bords des champs. C'est le *rai-grass* des Anglais. Ils le cultivent pour nourrir le bétail, qui l'aime beaucoup. On l'emploie aussi à faire des gazons. Ce graminée se plaît dans les terreins les plus maigres ; mais il est bas et sujet à se durcir, si on ne le coupe pas assez tôt ; et lorsqu'il est jeune, il ne fournit qu'un pâturage peu abondant.

L'Ivroie menue, *Lolium tenue* Linn., à épi sans barbes, rond ; à épillets de trois fleurs, et très-menus. Elle fleurit en juillet.

L'Ivroie multiflore, *Lolium multiflorum* Lam., à épi muni de barbes courtes, ayant de vingt à vingt-cinq épillets, dont chacun, trois fois aussi long que le calice, est composé de douze à dix-huit fleurs. Cette *ivroie* se trouve aux environs de Péronne ; sa tige est haute de trois pieds, son épi long d'un pied et demi ; et il n'y a que les épillets supérieurs qui soient chargés de barbes.

L'Ivroie annuelle ou enivrante, *Lolium temulentum* Linn., à épi muni de barbes et composé d'épillets de la longueur du calice, renfermant chacun plusieurs fleurs. Cette espèce, qu'on appelle aussi *zizanie, herbe d'ivrogne*, est celle qui croît malheureusement dans les champs, avec le blé, l'avoine et l'orge. Ses racines sont fibreuses, étagées et verticillées ; elles poussent des tiges ou chaumes de deux à quatre pieds, semblables à ceux du blé, ayant quatre ou cinq nœuds, de chacun desquels naît une feuille longue, étroite, verte, épaisse, cannelée, embrassant la tige par sa base. Ses chaumes sont terminés par des épis longs de huit à dix pouces, chargés de grains de couleur rougeâtre, plus menus que ceux du blé, et peu farineux. Ces grains tombent à l'époque de leur maturité, et peuvent se conserver sains en terre au moins jusqu'aux semailles suivantes. Voilà pourquoi il est assez difficile d'extirper l'*ivroie* des champs, et pourquoi, dans ceux qui sont mal préparés, cette mauvaise plante croît à côté du froment, et se récolte souvent avec lui.

Le pain et la bière où il est entré beaucoup de grain d'*ivroie*, enivrent et causent des vertiges, des nausées, des vomissemens. (*Infelix lolium*, dit Virgile.) Lorsque ce grain a été cueilli peu mûr, ses effets sont beaucoup plus dangereux que lorsqu'il a été cueilli dans sa parfaite maturité. C'est particulièrement dans son eau de végétation que résident ses qualités malfaisantes.

« L'*ivroie* (Rozier, *Cours d'Agriculture*.) a souvent produit plusieurs épidémies chez les hommes, et plusieurs épizooties parmi les animaux; on en cherchoit bien loin la cause, tandis qu'elle étoit l'effet de l'imprudence ou de la négligence. Cette plante est heureusement annuelle; il est donc au pouvoir de l'homme d'en purger ses champs. Lorsque les blés sont en herbe, et avant qu'ils montent en épi, on doit les faire sarcler rigoureusement. Ce n'est point assez de couper l'herbe entre deux terres, il faut l'arracher avec sa racine; sans quoi, comme elle est très-végétative, elle repousse de nouvelles tiges, et leurs grains ne sont pas mûrs lorsque l'on coupe le blé. Comme les tiges de l'*ivroie* se trouvent confondues avec celles du blé dans les gerbes, ses grains sont détachés par le fléau, et restent mêlés avec le bon grain du blé. Pour peu qu'on y fasse attention, il est aisé de distinguer du froment, du seigle, la plante d'*ivroie*; ses feuilles sont plus étroites, moins alongées et plus touffues. Après cette opération sur les blés en vert, il est prudent de la répéter lorsqu'ils commencent à monter en épi; c'est alors qu'on distingue très-bien cette plante dangereuse. On peut encore, lorsque l'on moissonne, placer des femmes, des enfans en avant des moissonneurs, afin d'arracher l'*ivroie*, d'en faire des gerbes, de les porter hors des champs et de les brûler,

» Une terre ainsi purgée pendant plusieurs récoltes consécutives, ne produira plus d'*ivroie*, à moins qu'on ne jette son grain en terre, confondu avec le blé que l'on sème. Si on a eu la précaution de choisir grain à grain le blé de semence, on évitera les dépenses postérieures et les sollicitudes.

» La forme du grain d'*ivroie* fait qu'il reste avec le bon grain, quoique bluté ou passé aux différens cribles. Il en tombe beaucoup, j'en conviens; mais il en reste beaucoup trop.

» On a la coutume, dans plusieurs fermes, de rassembler toutes espèces de grains séparés par le crible ou par le blutoir. Les uns donnent ces épluchures aux bestiaux; les autres les conservent pour nourrir les oiseaux de basse-cour pendant l'hiver. Dans le premier cas, on est tout surpris des différens accidens qui surviennent aux bestiaux, et dans le second, les poules mangent le peu de bons grains et laissent l'*ivroie* : elle reste confondue avec le fumier du poulailler ou avec la terre de la cour; enfin, en dernière analyse, le tout est porté dans les champs, et voilà une nouvelle récolte d'*ivroie* plus assurée que celle du *blé*.

» Afin d'éviter ces désagrémens, on ne devroit jamais donner ces épluchures aux animaux; et pour que les poules pussent profiter du peu de bons grains qui y restent, il faudroit les leur jeter tous les jours à la même place, et, après qu'elles se sont retirées, balayer, enlever le tout et le porter au feu. Comment persuader à un paysan que cette légère attention et ce petit assujétissement sont de la plus grande utilité?

» Bonnet fait mention, dans son savant ouvrage intitulé *Recherches sur les Feuilles*, d'une plante mi-partie *blé* et *ivroie*. C'étoit une plante de froment d'un seul tuyau, de l'un des nœuds duquel sortoit un second tuyau qui portoit à son extrémité un très-bel épi d'*ivroie* bien fourni de grains : le tuyau commun se prolongeoit et se terminoit par un chétif épi de froment. Calandrini ayant disséqué ces deux tuyaux, à l'endroit de leur insertion, a trouvé leurs membranes parfaitement continues. Voilà, dit Bonnet, un fort argument en faveur de ceux qui admettent la métamorphose du *blé* en *ivroie* par dégénération. On a cherché à rendre raison de ce phénomène, en supposant que deux plantes, l'une de *froment*, l'autre d'*ivroie*, ayant crû fort près l'une de l'autre, s'étoient greffées par approche. Duhamel, à qui Bonnet a communiqué le fait, a regardé cette conjecture comme fausse; il a préféré de recourir à la confusion des poussières des étamines. La plante mi-partie *blé* et *ivroie* est un phénomène extrêmement rare. Des personnes, sans le savoir, ensemencent des champs avec du *blé* mêlé d'*ivroie* : on ne doit pas y récolter du blé pur; le champ doit offrir à-la-fois et du *blé* et de l'*ivroie*. Il y a des années où le terrein et d'autres circonstances ayant été plus favorables à l'*ivroie* qu'au *blé*, les graines de l'*ivroie* ont prospéré, et celles du *blé* ont manqué en partie : de là, la dégénération apparente ». Bomare, *Dict. d'Hist. nat.*

La semence d'*ivroie* est acide au point de rougir les couleurs bleues végétales. Parmentier assure qu'on peut dépouiller les graines de cette plante de leur qualité nuisible, en les exposant à la chaleur du four avant de les faire moudre; on doit ensuite faire bien cuire le pain, et attendre, pour le manger, qu'il soit parfaitement refroidi; ces précautions, ajoutetil, devroient toujours être observées lorsqu'on use de grains trop nouveaux. (D.)

IWAFICURN. Selon quelques anciens voyageurs, on appelle ainsi, sur les côtes du Japon, une espèce de *baleine* qui se nourrit principalement de sardines. *Voyez* au mot BA-LEINE. (S.)

IXIE, *Ixia* Linn. (*triandrie monogynie*), nom d'un genre de plantes à un seul cotylédon, de la famille des IRIDÉES, et dont le caractère est d'avoir une spathe uniflore et persistante qui renferme le germe; une corolle monopétale (ou calice coloré), en cloche, à cinq divisions profondes et égales; trois étamines plus courtes que la corolle; un style mince avec un stigmate divisé en trois; et un ovaire ovale et à trois angles, placé au-dessous de la fleur. Cet ovaire, après avoir été fécondé, se change en une capsule de la même forme, qui a trois valves et trois loges; chaque loge contient plusieurs semences à-peu-près rondes. *Voyez*, pour la représentation des caractères, l'*Illustr. des Genr.* de Lamarck, pl. 31.

Les *ixies* ont de grands rapports avec quelques genres de la même famille, tels que l'*iris*, le *glayeul*, la *bermudienne*, &c. mais on les distingue des *iris* par leurs stigmates, qui n'ont point la forme de pétales; des *glayeuls*, par la régularité de leur corolle; et des *bermudiennes*, par leurs étamines libres. La plupart des *ixies* sont des herbes exotiques et ont une racine bulbeuse. Dans les quarante espèces que comprend à-peu-près ce genre, il y en a beaucoup de très-jolies qui sont recherchées des amateurs, et qui servent à l'ornement des jardins; les unes fleurissent au printemps, les autres en automne, quelques autres au commencement de l'hiver. Leur patrie est le Cap de Bonne-Espérance. Nous prévenons le lecteur que toutes celles que nous allons décrire, sont originaires de ce pays, à l'exception de l'*ixie bulbocode*, qui est la seule espèce qu'on trouve en Europe.

Les plus belles *ixies* du Cap, et les plus intéressantes à cultiver, sont:

L'IXIE ODORANTE, *Ixia cinnamomea* Linn., dont la fleur répand, sur-tout le soir, une odeur suave de cannelle; elle s'ouvre à quatre heures après midi, embaume l'air pendant la nuit, et se referme vers le jour. Son oignon est ovale et tronqué à sa base : il pousse deux ou trois feuilles glabres et lancéolées, de deux lignes de largeur et à bords crépus; la tige, beaucoup plus longue que les feuilles, n'a pourtant que cinq à sept pouces : elle est cylindrique et d'un vert pourpré; les fleurs sont alternes, sessiles et tournées d'un seul côté; les trois divisions extérieures de leur corolle sont pourprées en dehors et blanches en dedans; les trois intérieures sont tout-à-fait blanches. Cette *ixie* croît sur les collines.

L'Ixie sétacée, *Ixia setacea* Linn. Dans cette espèce, qui, selon Thunberg, offre plusieurs variétés, les feuilles sont linéaires, aiguës, plus courtes que la hampe, et ont une ligne élevée dans leur milieu. La hampe est mince, droite, fléchie en zigzag, et longue comme le doigt : elle porte un petit nombre de fleurs : les découpures de la corolle sont alternativement blanches et rayées de rouge, les spathes sont vertes et striées.

L'Ixie a fleurs de scille, *Ixia scillaris* Linn. Son nom lui vient de la ressemblance qu'ont ses fleurs avec celles de plusieurs *scilles*. C'est une fort jolie espèce qui a une tige droite, haute d'un pied : des rameaux grêles et nus ; des feuilles en glaive, marquées de quatre ou cinq nervures plus courtes que la tige ; et des fleurs nombreuses, disposées en épis terminaux : elles sont assez petites ; leur corolle est ouverte en étoile, et teinte d'un pourpre violet mêlé de jaune. Les stigmates sont en crochet, et les anthères sillonnées.

L'Ixie pendante, *Ixia pendula* Linn. C'est, de toutes les *ixies* connues, celle qui s'élève le plus, et une de celles qui portent les plus grandes fleurs ; elle est encore remarquable par ses longues spathes membraneuses et transparentes. Sa tige a la grosseur d'une plume à écrire, et quatre ou cinq pieds de hauteur. Les rameaux sont capillaires : à leur base on apperçoit des bractées sétacées ; et leurs sommets penchent sous le poids des fleurs, qui sont rougeâtres et disposées en épis. Les feuilles faites en lame d'épée ont environ un pied de longueur sur deux lignes et demie de largeur. On trouve cette plante dans les lieux humides.

L'Ixie bulbifère, *Ixia bulbifera* Linn. Celle-ci se distingue des autres par ses petits bulbes qui naissent aux aisselles des feuilles, et qui, étant plantés, croissent et produisent des fleurs. Sa tige est haute d'un pied et demi, droite, et un peu rameuse ; ses feuilles sont lancéolées ou en glaive, étroites et longues de sept à huit pouces ; ses fleurs sont assises alternativement sur la tige : leur corolle est couleur de soufre, et leur spathe est déchirée et frangée. On cultive cette espèce au *Muséum*.

L'Ixie frangée, *Ixia fimbriata* Lam., a quelques rapports avec la précédente : ses fleurs sont de la même couleur, et ses spathes présentent la même forme. Mais elle en diffère par sa tige anguleuse et beaucoup moins élevée, par ses feuilles plus courtes et plus larges, et par ses fleurs même, qui sont plus grandes, au nombre de trois ou environ, et distantes les unes des autres. D'ailleurs, cette espèce ne produit point de bulbes aux aisselles des feuilles.

L'IXIE TACHÉE, *Ixia maculata* Linn. Ses fleurs varient beaucoup; elles sont jaunes ou violettes, ou d'un rouge foncé, ou panachées de jaune et de blanc, ou jaunes enfin à l'extérieur, avec des bordures pourpres; toutes ont une spathe colorée supérieurement, et une tache obscure à la base de chaque division de la corolle. Dans cette *ixie*, la tige s'élève à-peu-près à un pied : elle est simple, quelquefois rameuse et enveloppée dans sa partie inférieure par des feuilles linéaires et ensiformes plus courtes qu'elle. Les fleurs alternes et rapprochées les unes des autres, forment une espèce de corymbe terminal.

L'IXIE A FLEURS VERTES, *Ixia viridi flora* Linn. Cette *ixie*, qu'on cultive depuis plusieurs années au Muséum et dans le jardin de M. Cels, est très-remarquable par la grandeur, et sur-tout par la couleur verte de sa fleur, dont la corolle a un diamètre de deux pouces, avec ses découpures ouvertes en étoile, et une belle tache noirâtre à sa base. La tige est très-simple et s'élève à deux pieds; les feuilles sont très-étroites, striées et courbées; et les spathes sont membraneuses et blanches.

L'IXIE ORANGÉE OU SAFRANÉE, *Ixia crocata* Linn. C'est une des plus belles espèces de ce genre. Son bulbe est ovale et un peu plus gros qu'une noisette; il en sort trois ou quatre feuilles étroites, minces, d'un pied de longueur, et faites en lame d'épée; la tige est un peu plus longue : elle a un ou deux rameaux, quelquefois trois, terminés par des fleurs sessiles, alternes, disposées en épi et souvent unilatérales. Ces fleurs ont beaucoup d'éclat : elles sont grandes et de couleur orangée, ou d'un jaune de safran; la base du limbe de la corolle est transparente et comme membraneuse. On cultive, depuis long-temps, cette plante au Muséum. Elle fleurit au commencement de mai, et ses semences mûrissent en juin.

L'IXIE POURPRE, *Ixia purpurea* Lam. Elle n'a pas moins de beauté que la précédente; Thunberg soupçonne qu'elle en est une variété; cependant elle offre des différences qui sont constantes. Sa tige est plus droite et très-simple : ses feuilles sont plus étroites, plus courtes et plus nerveuses, et ses fleurs sont d'un rouge de feu ou pourpré très-éclatant. D'ailleurs, son bulbe a des tuniques fibreuses et réticulaires.

L'IXIE BULBOCODE, *Ixia bulbocodium* Linn. Cette espèce est remarquable par le très-grand nombre de variétés qu'elle offre, et parce qu'elle croît dans des pays très-éloignés les uns des autres : on la trouve dans le midi de la France, en Espagne, en Italie, en Portugal, sur la côte de Barbarie, et même au Cap de Bonne-Espérance. Ses variétés principales sont à grandes et à petites fleurs bleues, violettes, ou panachées de blanc et de jaune. Son bulbe est ovale, et garni à la base de racines fibreuses; ses feuilles sont filiformes et sillonnées; la hampe, plus courte qu'elles, est rameuse; et les rameaux ne portent qu'une fleur. En Europe, cette plante fleurit au commencement du printemps : ses fleurs sont petites et de peu de durée, mais jolies : on apperçoit, sur les pétales, des veines obliques et longitudinales.

Toutes les *ixies* que nous venons de décrire (la dernière exceptée) sont trop délicates pour résister au froid de nos climats; il faut les élever dans des pots remplis de terre légère, et les tenir en hiver sous des châssis : on doit les garantir des souris qui aiment beaucoup leurs racines. Ces plantes se multiplient par leurs rejetons.

Miller parle d'une *ixie* qui croît naturellement dans les Indes, et qu'il appelle IXIE DE LA CHINE, *Ixia Chinensis*. Ses tiges s'élèvent, dit-il, à la hauteur de cinq ou six pieds ; sa racine est charnue, fibreuse, et de couleur jaunâtre; ses feuilles, longues d'un pied, larges d'un pouce, et sillonnées dans leur longueur, embrassent les tiges de leur base et se terminent en pointes aiguës. La tige et ses rameaux se divisent en deux pédoncules, dont chacun soutient une fleur, qui est de couleur d'orange en dehors et jaune en dedans, avec des taches noires et rouges. En Europe, cette plante ne parvient qu'à la hauteur de deux ou trois pieds; elle fleurit en juillet et août, et produit des fruits dans les années chaudes. On la multiplie par ses semences ou en divisant ses racines : on doit l'élever d'abord sous châssis; mais la seconde année on peut la mettre en pleine terre, à une exposition chaude, pourvu qu'on la couvre en hiver pour la garantir des fortes gelées. On la place actuellement parmi les MORÉES. *Voy.* ce mot. (D.

IXODE, *Ixodes*, genre d'insectes de ma sous-classe des ACINES, et de ma famille des TIQUES. Ses caractères sont : corps aptère; tête confondue avec le corcelet; point de mandibules; organes de la manducation formant un tube; un suçoir de lames cornées, renfermées entre deux palpes courts très-obtus, et imitant un bec avancé; huit pattes propres pour la course.

Le genre des MITES, *acarus*, ne présentoit qu'une grande famille : j'ai essayé de l'analyser; un examen des plus délicats et des plus attentifs m'a fait découvrir de grandes différences dans l'organisation des parties de la bouche de ces petits animaux, et je me suis vu forcé de créer un grand nombre de nouveaux genres. Celui d'*ixode* est très-naturel, et c'est sur les insectes qui le composent que M. Fabricius avoit fondé les caractères du genre *acarus*.

D'anciens naturalistes les désignèrent en latin sous le nom de *ricinus*, que j'aurois adopté avec plaisir, si Degéer ne l'avoit pas déjà affecté à un nouveau genre formé des *poux* qui vivent sur les oiseaux. Les *ixodes* sont appelés, en France, *tiques*. Il en est deux espèces qui sont plus particulièrement connues : l'une tourmente quelquefois les chiens de chasse, et les piqueurs la nomment *louvette*, *tique des chiens*; l'autre nuit beaucoup aux bœufs, aux moutons, si on la laisse se multiplier; elle est le *reduvius* de quelques auteurs.

Les *ixodes* ont le corps presque orbiculaire ou ovale, très-plat, lorsque l'insecte n'a pas pris depuis long-temps de nourriture; pourvu d'un petit bec obtus en devant, et de chaque côté de quatre pattes courtes et souvent recoquillées. La peau est assez ferme, et ne présente aucune distinction d'anneaux; le corcelet est incorporé avec la masse du corps, et n'est remarquable que par un petit espace arrondi, couvert d'une peau écailleuse, située à la partie antérieure du corps, immédiatement après le bec; les yeux ne sont presque pas sensibles.

Ce bec consiste en un support, une gaîne et un suçoir; le support ou la base du bec est formé d'une petite pièce carrée et écailleuse, servant de boîte à la naissance du suçoir, et reçue dans une échancrure pratiquée au-devant du corcelet.

La gaîne est de deux pièces fort courtes, écailleuses, concaves au côté interne, arrondies, et même un peu plus larges vers leur extrémité. Vues à la loupe, le milieu de leur surface supérieure paroît coupé transversalement par une ligne. Voilà deux articles; la base en a un troisième, et qui est fort petit. Si nous consultons l'analogie, nous pourrons considérer ces deux demi-tuyaux articulés comme deux palpes.

Le suçoir est composé de trois lames cornées, très-dures, coniques; les deux latérales sont plus petites, et en recouvrement sur la troisième. Celle-ci est grande, large, moins colorée, un peu transparente, obtuse au bout, mais très-remarquable par un grand nombre de dents en scie et très-fortes. On ne doit donc pas être surpris de ce que ces insectes tiennent si fortement à la chair des animaux auxquels ils se sont accrochés. Cette lame a un sillon au milieu dans sa longueur; les côtés et toute la surface inférieure sont hérissés de dents.

Les pattes sont placées de chaque côté à-peu-près à égale

distance les unes des autres, et augmentent insensiblement de grandeur à commencer aux antérieures; elles sont composées de six articles, dont les deux derniers forment un tarse conique et terminé par un petit corps mobile, une pelote se rejetant sur un des côtés, et garni de crochets au bout. Cette partie est à l'insecte d'un grand secours pour se fixer aux animaux qui passent auprès de lui. Les *ixodes* ont d'ailleurs une habitude qui, sous ce rapport, les facilite davantage; ils se tiennent dans une situation verticale, accrochés simplement avec deux de leurs pattes, et tenant les autres étendues. Il m'a semblé que ceux d'Europe habitent de prédilection les genêts: ils se montrent dès les premiers jours du printemps.

Le dessous de l'abdomen présente un petit espace circulaire et écailleux, qui paroît indiquer les organes de la génération et l'anus.

Ces insectes pullulent prodigieusement: j'ai vu un bœuf tellement rongé par eux, qu'il en succomboit presque, étant d'une maigreur extrême, et pouvant à peine marcher. Il faut visiter avec soin les bestiaux que l'on a menés paître dans les bois fourrés, les *ixodes* y étant plus communs. Le ventre de ces insectes est, comme nous l'avons dit, très-plat lorsqu'ils ont jeûné; mais, par la succion, il enfle et augmente tellement, que l'animal occupe un volume considérable et n'est plus reconnoissable. La couleur et les taches de la peau disparoissent à force qu'elle s'étend: le ventre est alors entièrement cendré ou grisâtre.

Les *ixodes* marchent lentement et avec pesanteur; mais ils ont une grande facilité à s'attacher, avec leurs pattes, aux objets qu'ils rencontrent, même au verre le plus poli.

Degéer a fait sur l'*ixode réduve* une observation des plus curieuses. Il a trouvé, sous le ventre de plusieurs, un autre individu de la même espèce, tout noir, et beaucoup plus petit, n'ayant que la grandeur d'une graine de navet, qui leur embrassoit le ventre avec ses pattes, se tenoit là dans un parfait repos, renversé exactement entre les deux pattes postérieures, et jamais plus haut ni plus bas. Sa tête se trouve toujours placée dans cet endroit inférieur du ventre, où nous avons dit qu'étoient les organes de la génération, dans les femelles du moins. Degéer a vu cet *ixode* plus petit y enfoncer sa trompe. Ses bras étoient alors considérablement écartés vers les côtés et appliqués sur la peau de l'individu plus grand. Il garde cette position plusieurs jours sans bouger de place, toujours dans un parfait repos, et se laisse transporter. Ce petit individu a beaucoup de conformité avec le grand.

Degéer conjecture que c'est un mâle, et qu'il est alors accouplé.

Les *ixodes* sont si avides de sang, et ils enfoncent si fort leur suçoir dans la peau des animaux, qu'il est souvent difficile de les en arracher sans les blesser. L'homme lui-même est quelquefois surpris par ces insectes. C'est sur-tout dans plusieurs contrées de l'Amérique que ces insectes sont redoutés. On en trouve dans les bois une quantité innombrable, et ils y sont un vrai fléau. Ils se tiennent sur les buissons, les plantes, et sur-tout sur les feuilles sèches, dont le terrein est jonché. Pour peu qu'on vienne à s'asseoir par terre, on en a bientôt les habits et le corps ensuite couverts. Ils cherchent à l'instant à s'y fixer, en introduisant leur trompe dans la peau. Kalm dit avoit vu des chevaux qui avoient le dessous du ventre et d'autres parties du corps si couverts de ces animaux, qu'à peine pouvoit-on introduire entr'eux la pointe d'un couteau. Ils s'étoient profondément enfoncés dans sa chair, et le cheval fut tellement épuisé, qu'à la fin il en succomba, et mourut dans de grandes douleurs.

Le même naturaliste observe que quand ces insectes sont bien rassasiés de sang, ils tombent d'eux-mêmes de l'endroit où ils se sont fixés. Le nombre de leurs œufs, suivant le même, est prodigieux : une seule femelle en pondit sous ses yeux plus de mille, et elle ne s'en tint pas là.

Les *ixodes* ont la vie très-dure, leur peau coriacée les défendant ; elles donnent même des signes d'existence long-temps après être privées des parties qui semblent former leur tête.

Sans vouloir attribuer aux *ixodes* tout ce qu'on a dit des *chiques* des Indes, on peut néanmoins mettre sur leur compte une partie des faits que les voyageurs ont rapportés.

On peut employer, pour détruire ces insectes, les mêmes moyens dont l'on se sert lorsqu'on veut faire périr les *poux* ; mais je pense que l'usage doit en être plus fréquent, attendu que les *ixodes* ont la peau plus ferme et sans stigmates apparens. Les préparations mercurielles sont, de tous les remèdes, les plus efficaces.

On doit rapporter à ce genre, outre les espèces que nous allons citer, les *acarus* suivans de M. Fabricius : *elephantinus, pallipes, hispanus, œgiptius, undatus, lipsiensis, marginatus, iguanœ, cajennensis, lineatus, aureolatus, holsatus, indus*, &c.

IXODE RICIN, *Ixodes ricinus, Acarus ricinus* Linn. Corps d'un rouge de sang foncé ; corcelet plus foncé ; deux lignes imprimées. La peau du ventre devient très-pâle, presque blanchâtre après la succion. Sa longueur alors est de trois lignes, tandis qu'elle étoit au moins de moitié plus petite auparavant.

Degéer caractérise ainsi cette espèce : noir-violette, à tête et pattes brunes, à corps ovale et renflé.

Ixode réduve, *Ixodes reduvius*, *Acarus reduvius*. Le même naturaliste caractérise ainsi cette espèce : corps ovale et applati, avec une plaque ronde, noire en devant, et des pattes noires.

Cette espèce est du double au moins plus grande que l'autre. Je crois que ses couleurs s'altèrent beaucoup par la succion, et qu'on a pris les individus qui sont dans leur état primitif et naturel pour une autre espèce. (*Voyez* l'Acarus reticulatus.) On trouve très-fréquemment en France un *ixode* dont le dessus du corps est cendré, et marqué de petites taches et de petites lignes annulaires d'un brun rougeâtre. C'est, je pense, l'ixode réduve : j'ai du moins un grand individu d'*ixode* très-gonflé, qui offre encore les vestiges de ces couleurs sur son corcelet.

Ixode sanguisuge, *Ixodes sanguisugus*, *Acarus sanguisugus* Fab. Il est de la grandeur du premier; son abdomen est d'un rouge pâle; son corcelet et ses pattes sont d'un brun rougeâtre foncé; son bec est plus alongé que dans les précédens.

On le trouve en Europe.

Ixode nigua, *Ixodes nigua*, *Acarus nigua* Deg. ; *Acarus americanus* Linn. Il est long d'environ trois lignes et demie, ovale, applati, rouge, avec une tache blanche sur le dos, et les jointures des pattes blanchâtres.

Il se trouve dans l'Amérique septentrionale. C'est sur cette espèce que Kalm a fait les observations rapportées plus haut. (L.)

IXORE, *Ixora*, genre de plantes à fleurs monopétalées, de la tétrandrie monogynie et de la famille des Rubiacées, qui offre pour caractère un calice très-petit à quatre dents; une corolle monopétale à tube long, grêle et à limbe quadrifide; quatre étamines à anthères presque sessiles au sommet du tube; un ovaire inférieur, arrondi, chargé d'un style filiforme saillant, à stigmate épais et bifide.

Le fruit est une baie arrondie ou globuleuse, couronnée ou ombiliquée à son sommet, biloculaire, et qui contient quatre semences, dont une ou deux sont sujettes à avorter.

Ce genre est figuré pl. 66 des *Illustrations* de Lamarck. Il est composé d'une demi-douzaine d'espèces, qui croissent dans les parties les plus chaudes de l'Inde et de l'Amérique. Ce sont des arbrisseaux à feuilles simples, opposées, accompagnées de stipules intermédiaires, à fleurs terminales disposées en cime ombelliforme, et ordinairement vivement colorées.

La seule espèce qui soit cultivée dans les jardins de Paris, est l'IXORE A FLEURS ÉCARLATES, dont les feuilles sont ovales, en cœur, presqu'amplexicaules, les fleurs en faisceaux, et les découpures de la corolle lancéolées. C'est le *sinara* ou *buisson ardent* des Malabares. C'est un très-bel arbuste lorsqu'il est en fleurs, et il y reste fort long-temps.

Jussieu rapporte à ce genre le *chèvrefeuille en corymbe* de Linnæus, et Lamarck le *chomel épineux* de Jacquin. Plusieurs botanistes lui ont réuni celui des *pavettes*, qui n'en diffère que parce que le fruit n'a que deux semences. *Voyez* au mot PAVETTE. (B.)

IZANATL, vrai nom mexicain de l'ISANA. *Voyez* ce mot. (S.)

IZARI. C'est le nom oriental de la GARANCE. *Voyez* ce mot. (B.)

IZQUEPOTL, USQUIEPATLI ou YSQUIEPATL. C'est ainsi que les Mexicains nomment le COASE. *Voyez* ce mot. (S.)

IZQUIERDE, *Izquierdia*, arbre du Pérou, qui forme un genre dans la polygamie monoécie. Ce genre offre pour caractère un calice petit, à quatre dents; une corolle de quatre pétales ovales, concaves; quatre étamines; un ovaire presque rond, supérieur, surmonté d'un stigmate sessile et ovale; un drupe monosperme.

Les fleurs mâles sont sur d'autres pieds que les hermaphrodites, mais n'en diffèrent que par l'avortement du germe.

Les caractères de l'*izquierde* sont figurés pl. 3o du *Genera* de la *Flore du Pérou.* (B.)

J

JAAIA, nom que les nègres donnent au PALÉTUVIER. *Voyez* ce mot. (B.)

JABEBINETTE. C'est une espèce de *raie* qu'on pêche sur les côtes du Brésil. On ignore à quelle espèce il faut la rapporter. *Voyez* au mot RAIE. (B.)

JABET, nom donné par Adanson, à une espèce d'*arche*, l'*arche africaine*. Voyez au mot ARCHE. (B.)

JABIK. Adanson appelle ainsi une espèce de ROCHER, *Murex scrobilator* Linn., qu'il a décrite et figurée dans son *Histoire des Coquilles du Sénégal*, pl. 8, fig. 13. *Voyez* au mot ROCHER. (B.)

JABIRU, (*Mycteria*), genre d'oiseaux dans l'ordre des ECHASSES. (*Voyez* ce mot.) Caractères génériques, selon M. Latham : le bec un peu recourbé en arc vers le haut, pointu, avec sa mandibule supérieure triangulaire; le front chauve; les narines linéaires; quatre doigts aux pieds.

Le JABIRU D'AMÉRIQUE OU JABIRU PROPREMENT DIT. (*Mycteria Americana* Lath. fig. pl. enl. de l'*Hist. nat.* de Buffon, n° 817.) *Jabiru* est le nom que cet oiseau porte chez les naturels du Brésil. Les Hollandais l'ont appelé *negro ;* et on le connoît dans notre colonie de la Guiane, sous le nom de *touyouyou*, que les sauvages lui donnent. Cette dernière dénomination a été le sujet d'une forte méprise dans l'*Hist. nat. des oiseaux* par Buffon et Guénau de Montbeillard. Ce dernier auteur, faute de renseignemens suffisans, a appliqué le nom de *touyouyou*, et plusieurs traits de l'histoire de cet oiseau, à une espèce très-éloignée, à une *autruche* que j'ai appelée AUTRUCHE DE MAGELLAN. (*Voyez* ce mot.) Mauduyt, qui, dans l'*Encyclopédie méthodique*, n'est guère que le copiste de Buffon et de Montbeillard, reproche à Bajon, auteur de quelques *Mémoires sur Cayenne*, d'avoir représenté le *touyouyou* comme le même oiseau que le *jabiru ;* mais ce reproche est une erreur de Mauduyt. Toutes les observations, les miennes en particulier, ne laissent aucun doute sur l'identité complète du *jabiru* et du *touyouyou :* et Bajon a eu raison de dire : *Toutes ces faussetés n'annoncent - elles pas que les auteurs qui ont parlé du* touyouyou, *ne l'ont jamais ni vu ni connu ?*

1 . Ibis à masque noir .   2 . Ibis sacré .
3 . Jabiru d'Amérique .   4 . Jacobin .

Il n'est pas hors de propos de prévenir que si l'on veut recourir à l'ouvrage du premier naturaliste qui ait fait mention du *jabiru*, c'est-à-dire, à l'*Hist. nat. du Brésil* par Marcgrave, l'on aura une double erreur à rectifier : l'une, de la gravure incorrecte du *jabiru*, et l'autre, de transposition, par l'effet de laquelle la figure de cet oiseau est placée sous la description du Nandapoa (*Voyez* ce mot.), et la figure de celui-ci se trouve sous la description du premier.

Aux traits principaux de conformation dont les ornithologues méthodistes ont fait les caractères génériques des *jabirus*, et que j'ai rapportés au commencement de cet article, j'en ajouterai quelques-uns de détail, non moins importans pour la connoissance de l'espèce dont nous nous occupons. Plus l'oiseau vieillit, plus son bec prend de courbure ; elle est peu sensible dans l'oiseau jeune ; la pièce supérieure est un peu plus longue que l'inférieure, et à l'endroit où elle se joint à celle-ci, ses bords sont légèrement échancrés. Les ouvertures des narines ne sont qu'une fente très-étroite ; elles paroissent s'étendre jusqu'à un pouce de la pointe du bec, par une rainure qui en est la continuation, mais qui ne pénètre point dans l'intérieur du bec. Sur le front, l'on n'apperçoit que quelques barbes rares. Le cou, dans l'oiseau adulte, est entièrement dénué de plumes ; et la peau de cette partie, de même que celle du front, est flasque, ridée, et noire. Le jeune *jabiru* n'a que la moitié supérieure du cou sans plumes ; elles tombent à mesure qu'il avance en âge, et la peau des portions qui se dégarnissent est jaunâtre avant de devenir noire ; la queue courte n'est point étagée ; les ailes pliées atteignent presque son extrémité ; les jambes sont nues à six pouces et demi au-dessus du talon, et recouvertes sur cet espace, ainsi que les pieds, de plaques rhomboïdales ; le doigt du milieu est le plus long de tous, celui de derrière, le plus court ; les ongles sont obtus et peu saillans.

La couleur du plumage des jeunes *jabirus* est d'abord d'un gris pâle ; elle prend ensuite une teinte de rose, et finit vers la troisième année par être blanche ; le bec, la partie nue des jambes et les pieds sont noirs.

Ces oiseaux se nourrissent de poissons et de reptiles ; ils sont très-voraces, et il leur faut une grande quantité de nourriture pour les rassasier ; mais ils la trouvent en abondance sur les terres inondées de l'Amérique méridionale. On les rencontre fréquemment dans les vastes savanes noyées de la Guiane. Ils volent haut, nichent sur les arbres élevés, et leur ponte consiste en deux œufs, quelquefois en un seul. Lorsque les *jabirus* sont jeunes, ils se laissent prendre et s'apprivoisent assez facilement. Bajon rapporte qu'un petit nègre prit un *jabiru* qui avoit acquis presque toute sa grandeur, en se cachant seulement le visage avec une petite branche d'arbre : par ce moyen, il approcha d'assez près pour saisir l'oiseau par les jambes et s'en rendre le maître. La chair de ces jeunes *jabirus* est assez bonne à manger, mais elle contracte avec l'âge de la sécheresse, de la dureté, et un goût d'huile fort désagréable.

Au reste, le *jabiru* égale au moins le *cygne* en grosseur; son cou, quoique long, est fort gros; l'oiseau a plus de quatre pieds et demi de hauteur verticale, et près de six pieds de longueur totale.

Le JABIRU DES INDES. (*Mycteria Asiatica* Lath.) Je ne pense pas que l'oiseau indiqué sous cette dénomination par M. Latham, puisse être rapporté avec exactitude au genre du *jabiru* dont il paroît s'éloigner par des traits particuliers de conformation. Quoi qu'il en soit, cet oiseau qui se nourrit de coquillages, a sur le bec une sorte de protubérance cornée, et en dessous un renflement; un large trait noir sur chaque côté de la tête; le croupion, les ailes et la queue noirs; le reste du plumage de couleur blanche, et les pieds rouges.

Le JABIRU DE LA NOUVELLE-HOLLANDE. (*Mycteria australis* Lath. fig. pl. 138 du second supplément au *General Synopsis of birds* de M. Latham.). Cette espèce nouvellement découverte à la Nouvelle-Hollande, est de la même grandeur que le *jabiru d'Amérique*; sa gorge est à demi nue et rouge, mais son cou et sa tête sont revêtus de plumes d'un vert noirâtre; les plumes scapulaires et les couvertures supérieures des ailes et de la queue sont noires : c'est aussi la couleur du bec; le plumage est blanc dans le reste, et les pieds sont rouges.

Le JABIRU DU SÉNÉGAL. (*Mycteria Senegalensis* Lath. fig. pl. 3, tom. 5, des *Transactions de la Société Linnéenne de Londres*.). Celui-ci, que le docteur Shaw a décrit récemment, surpasse en grandeur le *jabiru d'Amérique*. Il a le corps blanc; les plumes scapulaires, le cou et les pieds noirs; le bec rouge vers sa pointe, blanchâtre dans le reste, avec une bande noire à sa base et une tache de chaque côté. (S.)

JABIRU GUACU. *Voyez* NANDAPOA. Quoique cette dénomination de *jabiru guacu* signifie dans la langue du Brésil, *grand jabiru*, le *nandapoa* est néanmoins plus petit que le *jabiru*, et ce dernier n'est vraisemblablement pas connu dans les cantons où l'on donne au *nandapoa* le surnom de *grand*. (S.)

JABORANDI. C'est le POIVRE EN OMBELLE de Saint-

Domingue. C'est aussi la MONIÈRE TRIPHYLLE. *Voyez* ces mots. (B.)

JABOROSE, *Jaborosa*, genre de plantes à fleurs polypétalées, de la pentandrie monogynie et de la famille des SOLANÉES, qui a été établi par Jussieu. Il offre pour caractère, un calice divisé en cinq découpures pointues ; une corolle monopétale, tubuleuse, divisée en cinq lobes pointus ; cinq étamines, dont les filamens sont planes, fort courts, et insérés au sommet du tube ; un ovaire supérieur, chargé d'un style simple, de la longueur du tube de la corolle, et à stigmate en tête.

Le fruit n'est pas connu. Commerson croit que c'est une baie à trois loges.

Ce genre, qui est figuré pl. 114 des *Illustr.* de Lamarck, renferme deux espèces, dont l'une a les feuilles entières et l'autre les feuilles rongées. Toutes deux les ont radicales, et leurs hampes sont simples et uniflores. Elles croissent naturellement au Brésil. (B.)

JABOT, *Ingluvies*. C'est une dilatation de l'œsophage des oiseaux granivores sur-tout, qui leur sert de premier estomac. Cette poche membraneuse est placée à l'entrée de la poitrine des oiseaux, au-devant de leur sternum. Elle est intérieurement parsemée d'une foule de glandes milliaires, qui sécrètent une humeur lymphatique. Les semences déposées dans cette cavité y sont ramollies et macérées par cette humeur, qui les rend plus propres à être broyées dans le gésier, et plus susceptibles d'être digérées. Aussi les oiseaux carnivores ou rapaces n'ont pas de *jabot* proprement dit, parce que leur nourriture n'a pas besoin de cette macération préliminaire. Chez les pigeons, les poules, les faisans, et une foule d'autres oiseaux, soit gallinacés, soit échassiers ou scolopaces, soit de petites espèces granivores, le *jabot* est très-dilatable ; ce qui étoit nécessaire, puisque les graines se gonflent beaucoup dans cette macération ; elles y éprouvent même quelquefois une sorte de fermentation acidule qui les réduit en bouillie ; telle est la pâtée que les pigeons dégorgent à leurs pigeonneaux, et les autres oiseaux granivores à leurs petits. Ce dégorgement est comparable à l'alaitement chez les quadrupèdes, et l'amour contribue peut-être à la digestion de ces graines dans le temps que les oiseaux ont soin de leur couvée, comme il contribue à la sécrétion du lait dans les mammelles des vivipares.

Le *jabot* des oiseaux de fauconnerie se nomme *mulette*. Il y a plusieurs analogies entre le *jabot* des oiseaux granivores, et les poches de l'estomac des quadrupèdes ruminans, appelées la *panse* et le *bonnet ;* elles imbibent aussi les aliments d'une humeur lymphatique. Les gallinacés sont dans la classe des oiseaux, ce que les ruminans sont parmi les quadrupèdes. *Consultez* l'article OISEAU. (V.)

JABOTAPITA, nom spécifique d'une espèce d'*ochna* qui croît au Brésil. *Voyez* au mot OCHNA. (B.)

JABOTIÈRE, dénomination donnée à l'*oie de Guinée*, dont la gorge est enflée et pendante en manière de poche ou de petit fanon. *Voyez* à l'article des OIES. (S.)

JABOUTRA. *Voyez* CRACRA. (VIEILL.)

JABU, JAPU, JAPUJUBA. *Voyez* YAPOU. (VIEILL.)

JACA. C'est la même chose que le JAQUIER DES INDES. *Voyez* ce mot. (B.)

JACACAII, nom d'un oiseau du Brésil, qui a une petite tête, le bec long de dix lignes, droit et un peu crochu à son extrémité ; la tête et le dessus du cou noirs ; les ailes variées de noir et de blanc ; une tache transversale de cette dernière couleur entre les ailes et la queue ; le reste du plumage jaune, et la taille de l'*alouette*. (VIEILL.)

JACAMAR (*Galbula*, genre de l'ordre des PIES. *Voyez* ce mot.). *Caractères :* le bec long, droit, quadrangulaire et pointu ; les narines ovales, placées près de la base du bec ; la langue courte et pointue ; le devant du tarse couvert de plumes ; deux doigts en avant, deux en arrière. LATHAM.

Dans le système de Linnæus, les *jacamars* sont dans la famille des *martin-pêcheurs ;* mais le caractère, tiré de la position des doigts, doit les en exclure. C'est sans doute d'après cette disposition que Willugby, Klein, &c. les ont placés avec les *pics*, et probablement encore d'après la forme assez semblable du bec, mais le bec est plus délié ; de plus, leur langue est différente ; ils s'en éloignent encore par la conformation des pennes de la queue, et ils n'en ont point les habitudes.

Le petit nombre d'espèces qui composent ce genre se trouve dans l'Amérique méridionale, et paroît confiné dans les vastes forêts de la Guiane et du Brésil.

Le JACAMAR (*Galbula viridis* Lath. *Alcedo galb.* Linn. édit. 13. *Oiseaux dorés*, pl. 1 de l'*Hist. des Jacamars.*). Un beau vert doré, à reflets cuivrés, colore la tête, le dos, le croupion, la poitrine, les couvertures supérieures des ailes et de la queue ; la gorge est blanche ; le ventre, le bas-ventre, les couvertures inférieures de la queue sont d'une teinte rousse ; les pennes alaires et caudales d'un brun violet ; la queue est étagée ; le bec noir et garni à sa base de soies noires et roides qui se dirigent en avant ; l'iris est bleu ; les pieds sont jaunâtres ;

la longueur totale de ce *jacamar* est communément de sept pouces trois quarts ; mais leur grandeur varie, ce qui a donné lieu à Latham de faire une variété d'un individu qui ne diffère que par une queue plus longue.

Cet oiseau se trouve au Brésil et à Cayenne, où les créoles l'appellent *grand colibri des bois*, parce qu'il en a les couleurs brillantes, et qu'il ne se trouve qu'au centre des forêts. Ce *jacamar*, d'un naturel solitaire, et qui ne se plaît que dans les endroits les plus fourrés, est d'un caractère si indolent, qu'il reste perché pendant la plus grande partie du jour sur la même branche ; c'est de là qu'il s'élance pour saisir au passage les insectes dont il se nourrit. La femelle n'est pas connue ; peut-être est-ce la variété dont je viens de parler, peut-être est-ce celui figuré pl. 2 dans les *Oiseaux dorés*, sous le nom de *jacamar à gorge rousse*, seule différence qui existe entre ces deux oiseaux. On voit encore des individus où cette partie du corps est jaunâtre, d'autres ont des couleurs moins brillantes, légères dissemblances qu'on doit attribuer à l'âge ou au sexe.

Le JACAMAR A BEC BLANC (*Galbula albirostris* Lath.). Quoique ce *jacamar* ait le devant du cou blanc et le dessus du corps vert doré, on ne peut le confondre avec les précédens ; il est d'une taille inférieure, et sa queue est arrondie à l'extrémité ; le bec est blanc ; la tête d'un vert rougeâtre ; un vert doré couvre le dessus du corps, les couvertures supérieures, les pennes secondaires des ailes, et les deux intermédiaires de la queue ; toutes les latérales sont rousses, ainsi que le dessous du corps ; toutes les primaires sont brunes. Longueur, six pouces deux lignes.

La femelle, ou plutôt l'individu que je présume telle, a la gorge d'un roux sombre, ainsi que les autres parties inférieures du corps ; le dessus est d'un vert très-peu doré ; du reste elle ressemble au précédent.

Dans l'*Histoire des Jacamars* (*Oiseaux dorés*, pl. 4 et 5.), j'ai désigné cette espèce par le nom de *venetou*, que les sauvages de la Guiane appliquent généralement à tous les oiseaux de cette famille.

Le JACAMAR A LONGUE QUEUE (*Galbula paradisea* Lath. *Alcedo parad.* Linn. édit 13. *Oiseaux dorés*, pl. 3 de l'*Hist. des Jacamars.*). Le seul rapport qu'on apperçoit entre cet oiseau et le *jacamar* proprement dit, consiste dans la plaque blanche de la gorge ; du reste, il en diffère essentiellement. Quoiqu'il vive aussi d'insectes, il a un tout autre genre de vie ; il fréquente les lieux découverts, se perche à la cime des arbres, et se plaît dans la société de ses pareils. On le trouve dans les mêmes pays.

La tête, le dessus du corps, les plumes qui sont à la base de la mandibule inférieure, les couvertures supérieures des ailes, les pennes et celles de la queue, sont d'un brun violet changeant en vert sur la tête et le croupion, à reflets dorés sur les pennes secondaires des ailes et les moyennes couvertures, et à reflets d'un bleu violet sur le bord extérieur des pennes alaires et caudales; on remarque deux taches blanches sur les côtés du ventre; la queue est composée de douze pennes, dont les deux intermédiaires sont plus longues que les autres de vingt-quatre à trente lignes; longueur totale, onze pouces; bec et pieds noirs.

La femelle a les couleurs plus ternes, sans reflets, et les deux plumes du milieu de la queue plus courtes. La variété que décrit Latham dans le premier supplément du *Gener. Synop.*, a la tête brune, et les teintes du corps sombres; c'est probablement un jeune oiseau. (VIEILL.)

JACAMARS. *Voyez* JACAMAR. (S.)

JACAMMACIRI (*Galbula grandis* Lath., *Alcedo grandis* Linn., édit. 13, ordre PIES, genre du JACAMAR. *Voyez* ces mots.). Pour distinguer ce *jacamar* des précédens, je lui ai donné le nom que portent ces oiseaux au Brésil. (*Oiseaux dorés*, pl. 6.) Sa grosseur approche de celle du *pivert*, et sa longueur totale est de dix pouces; un rouge cuivré à reflets dorés couvre la tête, le dessus du corps, les couvertures supérieures de la queue, celles des ailes et les pennes secondaires; les primaires sont brunes; les caudales vertes en dessus, et en dessous d'un gris changeant en violet; les plumes de la base de la mandibule inférieure, de la teinte du dos; au-dessous de ces plumes on remarque une bande blanche; la gorge et les autres parties inférieures sont rouges; bec noir, long de vingt-deux lignes, carré avec les côtés applatis; pieds de la même teinte; narines découvertes. (VIEILL.)

JACANA (*Parra*, genre de l'ordre des ECHASSIERS. *Voy.* ce mot.). *Caractères :* bec mince, pointu, très-épais vers le bout, et caronculé à la base; narines ovales, placées sur le milieu du bec; ailes armées d'éperons aigus; quatre doigts très-longs, trois en avant, un en arrière; ongles très-grands et très-pointus. LATHAM.

Le JACANA (*Parra jacana* Lath., pl. enl., n° 322 de l'*Hist. nat. de Buffon*.). Ce *jacana* a le bec jaune jonquille; la membrane qui se couche sur le front se divise en trois lambeaux, et deux barbillons tombent sur les côtés; la tête, la gorge, le cou et le reste du dessous du corps sont d'un noir teint de violet; le ventre est varié de blanc dans quelques individus;

le dos, les couvertures supérieures des ailes et les plumes scapulaires sont d'une belle teinte de marron ; les grandes pennes alaires verdâtres ; chaque aile est armée d'un éperon pointu qui sort de l'épaule, et d'une forme absolument pareille à ces épines que l'on voit sur la *raie bouclée* ; la queue est courte et arrondie à son extrémité ; les deux pennes intermédiaires sont mélangées de marron et de brun, et terminées de noir ; les pieds d'un cendré verdâtre ; grosseur du râle d'eau ; longueur totale, près de dix pouces ; ongles ronds, droits, effilés comme des aiguilles.

Cette espèce se trouve à Cayenne, au Brésil et à Saint-Domingue ; elle est très-sauvage, et on ne peut l'approcher qu'en usant de ruses ; elle fréquente les lagunes, les marais, le bord des étangs et des ruisseaux. Ces oiseaux vont ordinairement par couple ; ils ont divers cris, parmi lesquels on remarque celui de réclame pour se rappeler si quelque accident les sépare, et un autre qu'ils jettent lorsqu'on les fait lever : ce cri est aigu, glapissant, et s'entend de loin. On appelle cet oiseau à Saint-Domingue, *chevalier mordoré armé* ; Brisson l'a décrit sous le nom de *chirurgien brun*. Ce nom de *chirurgien* vient de l'éperon du pli de l'aile que l'on a comparé à une lancette.

Le JACANA CANNELLE (*Parra africana* Lath.). Cette espèce, que Latham nous dit se trouver en Afrique, a près de neuf pouces de longueur ; le bec noirâtre et terminé d'une couleur de corne brunâtre ; la peau nue du front rouge vif ; le dessus de la tête et du corps d'une teinte cannelle claire ; la gorge blanche ; la poitrine jaune, tachetée et rayée de noir, ainsi que les côtés du cou ; le reste du dessous du corps pareil au dos, mais d'une teinte plus foncée ; les grandes pennes des ailes noires ; l'éperon plus court que dans les autres espèces ; une bande noire qui part de l'œil, descend le long du cou et finit au dos ; les pieds sont d'un noir verdâtre.

Le JACANA DE L'ÎLE DE LUÇON (*Parra Luzoniensis* Lath.). Ce *jacana* qu'a fait connoître Sonnerat, sous le nom de *chirurgien de l'île de Luçon*, a, selon cet observateur, moins de grosseur que le *vanneau commun* d'Europe ; le dessus de la tête d'un brun foncé ; une raie longitudinale blanche au-dessus de l'œil ; elle ne le dépasse pas, mais elle reparoît un peu plus loin, descend le long du cou jusqu'à l'aile, où elle prend la teinte d'un jaune citron ; elle est bordée de brun dans toute sa longueur, depuis l'angle des deux mandibules. Cette couleur brune couvre le dos sous une nuance plus claire ; la gorge et le ventre sont blancs ; une large tache d'un brun clair, ondé de raies transversales noires, est sur le haut de la poitrine ; les plus courtes des pennes alaires sont blanches, et les plus longues noires. Ce *jacana* est sur-tout caractérisé par trois filets cartila gineux qui naissent des trois dernières grandes pennes de chaque aile ; les appendices de couleur noire sont d'abord étroits, et se terminent ensuite en une petite plume qui a la forme d'un fer de lance alongé. Ils ont environ deux pouces de long, et naissent au milieu de chaque plume où ils sont attachés, n'étant qu'un prolongement ou une branche dépassée du tuyau ; le bec est grisâtre, et les pieds sont d'un noir lavé.

Le Jacana noir, *Parra nigra* Lath. Cet oiseau, de la taille du premier *jacana*, se trouve au Brésil ; il a la tête, la gorge, le cou, le dos et la queue, noirs ; le reste du dessous du corps, les couvertures supérieures des ailes, bruns, ainsi que l'extrémité des pennes qui sont vertes dans le reste de leur longueur ; les éperons et le bec sont jaunes ; les pieds et les ongles cendrés ; la membrane de la tête est rougeâtre ; c'est le *chirurgien noir* de Brisson.

Le Jacana-péca (*Parra brasiliensis* Lath.). Les Français de la Guiane donnent à cet oiseau le nom de *poule d'eau*, et les naturels celui de *kapoua* ; au Brésil, il s'appelle *agua pecara*. Il est de la grosseur et de la longueur du *jacana vert*, avec lequel il a des couleurs très-analogues, mais elles sont plus foibles ; les ailes sont brunes, et sa tête n'a point de coiffe membraneuse ; l'éperon dont chaque aile est armé est droit, très-pointu et jaune. Brisson a décrit cette espèce sous le nom de *jacana armé* ou de *chirurgien*.

Le Jacana varié (*Parra variabilis* Lath., pl. enl., n° 846), est le *chirurgien varié* de Brisson : il a environ neuf pouces de longueur ; une bande blanche sur chaque côté de la tête ; elle passe par-dessus les yeux, et s'étend jusqu'à l'occiput ; une autre noire qui part de l'origine du bec enveloppe les yeux, et descend sur les côtés du cou ; les joues et tout le dessous du corps sont blancs : cette couleur est variée de quelques taches rougeâtres sur les côtés du ventre et le haut des jambes ; le dessus de la tête et du cou est brun, mais plus foncé sur ce dernier ; le dos, le croupion et les couvertures supérieures de la queue sont d'un marron pourpré ; les petites des ailes de même teinte, les moyennes brunes, et les grandes noires ; les pennes, excepté les quatre plus proches du corps qui sont brunes, d'un beau vert et terminées de noir ; celles de la queue pareilles au dos ; l'éperon est assez gros et jaune ; le bec d'un jaune orangé ; les pieds sont d'un cendré bleuâtre ; grosseur du *jacana* proprement dit. Cet oiseau se trouve au Brésil, dans les environs de Carthagène d'Amérique et à la Guiane.

Le **Jacana vert** (*Parra viridis* Lath.). Brisson fait de cette espèce la première de son genre, sous le nom de *jacana*. Sa grosseur est celle d'un *pigeon* ; la membrane du dessus de la tête est ronde et d'un bleu clair; celle-ci, la gorge, le cou, la poitrine, sont d'un noir vert changeant en un violet éclatant, ainsi que les pennes des ailes et de la queue ; le reste du plumage est d'un vert noirâtre sans aucuns reflets, à l'exception des couvertures inférieures qui sont blanches; le bec est dans une moitié rouge écarlate, et dans l'autre, jaune : cette teinte prend sur les pieds un ton verdâtre.

Ce *jacana* habite le Brésil. (Vieill.)

JACAPU. Marcgrave dit que cet oiseau du Brésil a la taille de l'*alouette*. Le plumage tout noir, avec une tache rouge sous la gorge ; le bec un peu courbé, noir et long ; les jambes courtes, et la queue longue. (Vieill.)

JACAPUCAIO, nom brasilien du Quatelé. *Voyez* ce mot. (B.)

JACARA. C'est le nom brasilien du *crocodile caïman.* Voyez au mot Crocodile. (B.)

JACARANDE, *Jacaranda*, genre de plantes à fleurs monopétalées, de la didynamie angiospermie, et de la famille des Bignonées, qui a été établi par Jussieu pour placer quelques espèces des Bignones de Linnæus, qui lui ont paru avoir des caractères suffisans pour être séparées des autres. Ce genre offre un calice à cinq dents ; une corolle tubuleuse à sa base, dilatée à son orifice, divisée à son limbe en cinq lobes inégaux ; quatre étamines fertiles, dont deux plus courtes, et une cinquième stérile, plus longue et velue à son sommet; un ovaire supérieur, surmonté d'un style à stigmate bilamellé.

Le fruit est une capsule comprimée, orbiculaire, ligneuse, s'ouvrant sur les bords en deux valves, à cloisons charnues opposées aux valves, et à semences nombreuses, membraneuses sur leurs bords.

Les espèces de ce genre sont des arbres à feuilles opposées, bipinnées avec impaire, et à fleurs disposées en panicules. Les *bignones bleue* et *brasilienne* de Linnæus en font partie. *Voyez* au mot Bignone. (B.)

JACARD. C'est, selon Belon, le nom que porte le *chacal* en Barbarie. *Voyez* Chacal. (Desm.)

JACARINI. Ce *tangara* de Buffon et de Brisson est le même oiseau que le Moineau de Cayenne. *Voyez* ce mot.
(Vieill.)

JACÉE, *Jacea* Juss., *centaurea* Linn. (*Syngénésie poly-*
2

gamie frustranée.), genre de plantes de la famille des CINA-ROCÉPHALES, qui a des rapports avec les *centaurées* et les *bluets*, et qui comprend des herbes devenant quelquefois ligneuses, à feuilles simples ou découpées, et à fleurs composées flosculeuses. Dans chaque fleur, les fleurons du disque sont hermaphrodites ; ceux de la circonférence sont femelles et stériles ; un réceptacle garni de soies roides porte les uns et les autres, et ils sont entourés par un calice formé d'écailles cartilagineuses, ciliées à leur sommet, et qui se recouvrent comme des tuiles. Les semences sont garnies d'aigrettes soyeuses, quelquefois ciliées.

Ce genre faisoit partie des *centaurées* de Linnæus ; mais Jussieu, à l'imitation de Tournefort, l'en a séparé. Il lui rapporte quinze espèces de *centaurées ;* mais ce ne sont pas celles à calice uni qui forment la première division de Linnæus, appelée *jaceæ ;* les *centaurea lippi, montana, paniculata acaulis, scabiosa* et *nigra* en font partie, ainsi que les suivantes.

JACÉE DES PRÉS, *Centaurea jacea* Linn. C'est une plante vivace, qu'on trouve en Europe dans les prés secs, sur le bord des bois et des haies des villages. Elle s'élève à la hauteur d'un à trois pieds. Elle a une racine épaisse, ligneuse, fibreuse, et des feuilles alternes, lancéolées, quelquefois linéaires : les radicales sont sinuées et dentées. Sa tige est anguleuse, cannelée, ferme, remplie de moelle, et porte à son sommet deux ou trois fleurs d'une jolie couleur purpurine : les écailles de leur calice ont les bords dentés et ciliés.

Cette plante fleurit tout l'été. Elle est bonne à conserver dans les pâturages, parce que tous les bestiaux la mangent; mais elle est inutile et même nuisible dans les prairies, étant trop dure pour être mêlée avec avantage au foin. Elle fournit une belle teinture jaune, comme la *sarrette*, et peut lui être substituée. Sa racine a une saveur astringente et qui cause des nausées. Les Italiens mettent la *jacée* au nombre des plantes vulnéraires, et ils l'appellent *herba delle ferite*. La décoction ou infusion de ses fleurs convient en gargarisme pour guérir les aphtes de la bouche, les tumeurs de la gorge, des amygdales et de la luette. Ses feuilles pilées et appliquées en forme de cataplasme, sont regardées comme excellentes pour accélérer la guérison des ulcères.

JACÉE DE RAGUSE, JACÉE D'ÉPIDAURE, *Centaurea Ragusina* Linn., plante d'un aspect agréable, remarquable par la blancheur de ses feuilles, et qui croît près de Raguse, dans l'île de Candie, en Barbarie, et dans plusieurs autres endroits sur les bords de la Méditerranée. Elle s'élève rarement au-dessus de trois pieds dans notre climat. Sa tige est vivace et

divisée en plusieurs branches garnies de feuilles molles, cotonneuses, ailées, à folioles ovales, obtuses, très-entières, terminées par une foliole plus grande. Des parties latérales des
branches et sur de courts pédoncules, s'élèvent de grosses
fleurs d'un jaune brillant, renfermées dans un calice velu, à
écailles pointues et ciliées. Ces fleurs paroissent en juin et
juillet.

Cette plante mérite d'être cultivée dans les jardins : elle y
produit une agréable variété par ses feuilles blanches qu'elle
conserve toute l'année. Elle demande à être garantie des fortes
gelées. Si elle est bien exposée et placée dans un sol léger et
peu riche, elle résistera en plein air dans les hivers doux.
On peut la multiplier de bouture dans tous les mois de l'été,
en coupant ses jeunes branches qui ne portent point de fleurs,
et en les plantant à l'ombre. Ces boutures prennent aisément
racine, et souffrent en automne la transplantation.

JACÉE BLANCHE OU CENDRÉE, *Centaurea cineraria* Linn.,
plante vivace qu'on distingue de la précédente à ses fleurs
purpurines et aux découpures de ses feuilles qui sont de
même persistantes et très-blanches. C'est une belle espèce qui
croît en Italie sur les bords des champs : on peut en orner
les jardins. Elle offre une variété à fleurs plus petites et à
feuilles supérieures entières. On la multiplie de la même manière que la *jacée de Raguse*.

JACÉE ARGENTÉE, *Centaurea argentea* Linn. Elle croît
dans l'île de Candie. Sa racine est vivace. Ses feuilles sont
cotonneuses ; les radicales ailées ou à folioles en forme de
spatule, les autres petites et oblongues. Elles ont leurs calices
dentés en scie. Cette plante est très-blanche dans toutes ses
parties, et fait variété dans un jardin. On la cultive comme les
deux précédentes. Elle est un peu plus délicate.

JACÉE DE PORTUGAL, *Centaurea sempervirens* Linn. Cette
jacée, originaire du pays dont elle porte le nom, a ses tiges
vivaces et ses feuilles toujours vertes. C'est-là son principal
mérite, car sa fleur, qui est de couleur purpurine, n'a guère
plus de beauté que celle du *bluet ordinaire*. On multiplie cette
espèce par ses graines qu'on sème en avril sur une terre légère. Bien exposée et traitée convenablement, elle peut supporter le froid de nos hivers ordinaires. (D.)

JACHÈRE, *Vervactum*. En agriculture, on entend par ce
mot, l'état d'une terre labourable, qu'on laisse ordinairement
reposer de deux, de trois ou de quatre années l'une, pour
être ensuite cultivée et ensemencée de nouveau. Pendant tout
le temps qu'une terre est en *jachère*, les herbes qui y croissent
spontanément servent de pâture aux bestiaux. (D.)

JACINTHE, *Hyacinthus* Linn. (*Hexandrie monogynie*), genre de plantes à un seul cotylédon, de la famille des Li-liacées, auquel on doit rapporter le genre Muscari de Tournefort. Les *jacinthes* sont des herbes à feuilles simples et radicales ; elles ont beaucoup de ressemblance avec les *scilles*, dont elles diffèrent principalement par deux caractères ; 1°. par la forme de leur corolle fermée en grande partie, et dont le limbe seul est ouvert, tandis que dans les scilles elle est ouverte ou demi-ouverte en roue ; 2°. par l'insertion de leurs étamines à la partie moyenne de la corolle, lorsque les scilles ont les leurs adhérentes à la base même des pétales.

Une racine bulbeuse ; des fleurs en grappe ou en épi ; un calice coloré, en cloche ou en grelot, découpé au sommet, et quelquefois jusqu'à sa base en six segmens réfléchis ; six étamines renfermées dans la fleur, à anthères oblongues ; un ovaire arrondi, marqué de trois sillons et de trois pores melli-fères ; un style surmontant l'ovaire, à stigmate simple ; une capsule à trois angles et à trois loges, dont chacune renferme deux ou plusieurs semences ; tels sont les caractères de ce genre, très-bien figurés dans les *Illustrations* de Lamarck, pl. 238. Il comprend de quinze à vingt espèces, parmi les-quelles se trouve la belle *jacinthe orientale*, qui fait l'ornement des parterres et les délices des amateurs de fleurs. Comme elle mérite seule une place distinguée dans cet article, nous allons en parler tout-à-l'heure avec quelque détail, après avoir décrit les autres espèces qui sont les plus remarquables. Ce sont :

La Jacinthe des prés ou des bois, *Hyacinthus non scriptus* Linn., *hyac. pratensis* Lam., *Fl. fr.* Elle croît na-turellement en France, dans les bois et dans les prés ; on la trouve en abondance dans ceux de la Picardie et de la Flandre. Elle a des feuilles étroites, linéaires, en partie droites, et point complètement couchées. Sa tige grèle, et qui s'élève à la hau-teur d'un pied ou un peu plus, soutient une grappe mince, légèrement penchée, et composée d'environ cinq fleurs de couleur bleue et d'une odeur agréable ; ces fleurs sont tubu-leuses, presque cylindriques, et souvent tournées d'un même côté ; leur corolle est découpée en six parties jusqu'à sa base, au-dessous de laquelle on voit deux longues bractées linéaires et colorées.

Cette *jacinthe* fleurit au mois de mai. Leroux, pharma-cien de Versailles, a retiré de son bulbe, au moyen de l'eau, après l'avoir écrasé, une gomme qui peut remplacer, dans les arts et dans la médecine, celle qu'on tire du Sénégal. On l'a employée avec succès dans les manufactures de toiles peintes et dans la chapellerie. Cette découverte peut devenir utile et demande à être suivie. La proportion de cette gomme dans les oignons arrachés avant la fleuraison, est de dix-huit parties sur cent. Les expériences qui ont donné ce résultat, sont consignées dans le n° 119 des *Annales de Chimie*.

La JACINTHE AMÉTHYSTE, *Hyacinthus amethystinus* Linn., Lam., a de grands rapports avec la précédente, dont elle n'est peut-être qu'une variété. Elle en diffère par ses feuilles plus larges et tout-à-fait couchées; par ses fleurs plus grosses, plus nombreuses, d'une belle couleur d'améthyste, et disposées en une grappe droite, et enfin par ses bractées, la plupart plus longues que les fleurs. L'odeur de cette *jacinthe* est agréable, mais moins marquée que dans la *jacinthe des prés*. On la trouve en Espagne.

La JACINTHE MUSQUÉE, *Hyacinthus muscari* Linn. Cette espèce, qui croît spontanément en Asie et dans le Levant, a peu de beauté; mais la bonne odeur de ses fleurs la fait rechercher. Sa racine est un assez gros bulbe, composé de beaucoup de tuniques. Ses feuilles ont huit à dix pouces de longueur, et cinq à six lignes de largeur; elles sont creusées en gouttière inférieurement, presque planes vers le haut, et étalées sur la terre; au milieu d'elles, s'élève une hampe, terminée par un épi long de deux ou trois pouces, composé de fleurs nombreuses, presque sessiles, et rapprochées les unes des autres; elles sont d'une couleur triste, quelquefois jaunâtres, et communément d'un rouge brun. Les bractées qui les accompagnent sont fort courtes, ainsi que les découpures de leur corolle. Cette *jacinthe* fleurit au printemps; les jardiniers lui donnent le nom de *muscari*, parce qu'elle a une foible odeur de musc.

La JACINTHE BOTRIDE, *Hyacinthus botryoïdes* Linn. Ses fleurs sont en grelot, ordinairement bleues, quelquefois blanches ou cendrées; elles viennent au haut d'une hampe, portées par de très-courts pédicelles, et formant un épi serré, composé de vingt à trente fleurs. Leur odeur est presque nulle; elle approche de celle de noyaux de prunes frais. Les feuilles sont longues de six pouces, larges de trois lignes, et creusées en gouttière, sans être cylindriques. Cette plante fleurit en avril; elle vient d'elle-même dans les vignes et dans les champs de l'Italie, de la Suisse et du midi de la France. Quand elle est une fois établie dans un jardin, dit Miller, il n'est pas aisé de la détruire, parce que ses bulbes se multiplient considérablement; et si on lui laisse répandre ses semences, tout le terrein en est bientôt rempli.

La JACINTHE A FEUILLES DE JONC, *Hyacinthus juncifolius*

Lam. ; *Hyac. racemosus* Linn., croît à-peu-près dans les mêmes lieux que celle qui précède ; elle semble en être une variété. Cependant elle s'en distingue constamment par ses feuilles cylindriques, plus étroites, plus nombreuses et plus lâches, par son épi plus dense et d'une couleur plus foncée, et par ses fleurs odorantes : les fleurs supérieures de l'épi sont stériles. Cette espèce fleurit en avril ; sa tige n'a que six pouces de hauteur.

La Jacinthe a toupet, *Hyacinthus comosus* Linn. Il y a des plantes qu'on desire avoir, parce qu'elles sont agréables ou utiles ; il en est d'autres qu'il est bon de connoître, parce qu'elles sont nuisibles : celle-ci est de ce nombre, voilà pourquoi j'en fais mention. On la trouve en France, en Piémont, en Suisse, en Allemagne ; elle vient sur le bord des bois et dans les champs cultivés, qu'elle infeste par son abondance et par sa poussière séminale, pernicieuse aux blés. (*Voyez* la note de la page 219 du tome 3.) Cette *jacinthe*, qui fleurit à la fin d'avril ou au commencement de mai, s'élève à un pied de hauteur, et quelquefois davantage. Sa tige est droite, cylindrique et lisse. Ses feuilles, longues de huit pouces ou plus, et larges de quatre ou cinq lignes, sont étalées sur la terre ; leur surface unie et verte, est creusée en gouttière vers le bas des feuilles, et plane à l'extrémité opposée. Les fleurs sont nombreuses, et forment un épi de quatre à six pouces de longueur. Les fleurs placées au bas de l'épi, ont une corolle presque cylindrique et d'un brun jaunâtre ; elles sont portées sur des pédoncules ouverts horizontalement, et de la longueur des corolles. Les fleurs supérieures sont redressées et plus rapprochées les unes des autres. Celles qui terminent l'épi sont plus petites, purpurines et stériles ; elles forment à son sommet, au moyen de leurs longs pédoncules, une espèce de toupet lâche, bien coloré et remarquable. On doit, autant qu'il est possible, purger entièrement ses champs de cette plante, ayant soin de la faire arracher avant l'épanouissement de ses fleurs.

La Jacinthe paniculée, *Hyacinthus paniculatus* Lam. ; *Hyac. monstrosus* Linn. Cette plante a été trouvée aux environs de Pavie, dans les champs. On la cultive pour sa singularité, et on la multiplie par ses bulbes. Ses feuilles sont presque planes, couchées sur la terre, longues de huit à dix pouces, larges de quatre à cinq lignes, et terminées en pointe obtuse. Sa tige est moins élevée que dans la *jacinthe* précédente : elle est terminée par une panicule bleuâtre, composée de fleurs toutes stériles, n'ayant ni étamines ni germe ; les pédoncules de ces fleurs sont rameux et colorés, et les corolles sont faites en cloche, pointues vers leur base, et découpées très-profondément en six parties oblongues et étroites. Cette plante fleurit au mois de mai : quand ses fleurs sont passées, les tiges et les feuilles périssent jusqu'à la racine, qui en repousse de nouvelles au printemps suivant.

De la *Jacinthe* orientale.

Les anciens poètes racontent que le jeune Hyacinthe fut aimé passionnément de Zéphire et d'Apollon. Un jour Zéphire, piqué de le voir jouer avec le dieu, qu'il regardoit comme son rival, jeta un palet à la tête de Hyacinthe, et le tua. Apollon ne pouvant le rappeler à la vie, le métamorphosa en fleur, qui porta depuis son nom, changé dans notre langue en celui de *jacinthe*.

Dans cette fiction ingénieuse, Apollon paroît être l'emblême du retour du soleil vers notre hémisphère, et Zéphire semble désigner les vents tièdes du Midi. C'est en effet l'haleine des zéphyrs, échauffée par les rayons bienfaisans de l'astre du jour, qui, chaque année, donne naissance à la *jacinthe*, et développe ses calices brillans et parfumés. De toutes les fleurs que les premiers jours du printemps voient éclore, il n'en est point qui surpasse celle-ci en éclat et en beauté. L'élégance de son épi, ses nombreux grelots que le moindre souffle agite, leurs jolies formes, la richesse et la variété des couleurs dont ils sont peints, et l'odeur suave qu'ils exhalent en entr'ouvrant leurs sommets dentelés, tout plaît et charme les sens dans la *jacinthe* ; tout concourt à la rendre une des plus agréables fleurs printanières. Elle est digne des soins de l'homme ; elle doit être chérie de tous ceux qui la cultivent, et il ne faut pas s'étonner que les poètes, sous le nom d'Hyacinthe, lui aient donné Zéphire et le dieu du jour pour amans.

Le parfum et la beauté ne sont pas le seul mérite de cette fleur ; à ces avantages elle en réunit beaucoup d'autres. Elle a celui de former un bouquet parfait d'une seule de ses tiges ; elle n'est point sujette à dégénérer ; on peut retarder ou accélérer à volonté son développement ; on la multiplie aisément par ses cayeux, et ses graines, semées avec soin, donnent au jardinier patient une nombreuse postérité de *jacinthes* semblables à leur mère, mais enrichies de formes et de parures nouvelles ; enfin, cette aimable fleur a la propriété de végéter dans l'eau comme dans la terre ; on n'en orne pas seulement les jardins, on en décore aussi les appartemens ; on en couvre les consoles, les cheminées ; elle croît auprès de nous dans la saison des frimas, mêle son éclat à celui du feu qui nous réchauffe, et annonce ou rappelle au sein de l'hiver les beaux jours du printemps.

Cette plante est originaire de l'Orient. Sa beauté la fait rechercher dans tous les pays ; tous les jardiniers de l'Europe la cultivent, et les variétés nouvelles qu'ils obtiennent chaque année, sont le prix de leurs peines. Il n'y a cependant que la Hollande qui puisse nous fournir de très-belles *jacinthes doubles*. La qualité de son sol, la patience, les soins, la persévérance de ses jardiniers, la mettent seule en état de nous faire jouir de ce qu'il y a de plus beau dans cette espèce : aussi les fleuristes de ce pays en font-ils l'objet d'un commerce assez important. C'est principalement à Harlem que la culture de cette fleur est très-perfectionnée.

Selon Gouffier, ce qui empêche la *jacinthe* de réussir aussi bien parmi nous, c'est qu'on en connoît mal la culture, et qu'on a voulu jusqu'à présent suivre à la lettre celle de la Hollande. « Il faut savoir, dit-il, que le sol de Harlem et de ses environs, est un sable pur, toujours baigné à quinze ou seize pouces de profondeur, à cause d'une croûte de glaise qui se trouve au-dessous, laquelle est épaisse de sept à huit pouces, et si ferme, qu'elle ne peut être pénétrée par aucune racine, ni par l'eau qui surnage à sa surface. Les fleuristes hollandais font, par des défoncemens, débarrasser leur terrein de cette croûte nuisible ; et ont coutume d'élever leur couche à fleurs de trois ou quatre pieds, pour obvier à la grande humidité du sol. L'oignon végétant dans une atmosphère aussi épaisse, qui tempère l'action trop vive des rayons du soleil, est perpétuellement dans un bain de vapeurs, et dans un état de fraîcheur qui aide à son développement.

» En France, le climat et le sol sont bien différens ; en voulant y donner à cette fleur, comme en Hollande, une terre légère et sablonneuse, on expose la *jacinthe* à être bientôt desséchée par un soleil plus ardent, et à être dépouillée de ses sucs nourriciers ; d'où s'ensuivent des maladies qui la font périr en peu de temps. Une terre trop forte et trop lourde seroit de même préjudiciable à son oignon, qui est naturellement tendre et plein d'un suc visqueux. Cette terre venant à se resserrer dans les temps secs, comprimeroit trop l'oignon, et ce suc ne pouvant plus servir à son accroissement, tourneroit alors à sa perte, et y causeroit, en se corrompant, la fonte et la pourriture. Il est donc essentiel de trouver un juste milieu pour obvier à ces inconvéniens, en donnant à cette plante une terre qui lui convienne, et qui soit propre au pays où on la cultive ». *Voyez* ci-après quelle est cette terre.

La *jacinthe* fleurit communément entre la fin de mars et le commencement d'avril. Les fleurs simples se montrent les premières, et les belles variétés à fleurs doubles un peu plus tard. On obtient celles-ci par les semences, et on les conserve en plantant leurs oignons ou bulbes. Quelques-unes de ces variétés présentent des fleurs si larges, si pleines et si agréablement colorées, qu'on vend leurs racines à des prix très-considérables. On compte plus de deux mille variétés de *jacinthes*, qui ont chacune leur nom, et cependant la culture en produit tous les jours de nouvelles. « C'étoit autrefois, dit » Bomare, un usage en Hollande, de ne donner un nom à la » fleur nouvelle qu'avec beaucoup de cérémonie et de gaîté. » On invitoit à cette fête tous les curieux du voisinage : chacun » opinoit à son gré ; les voix étoient comptées, et la pluralité » l'emportoit ».

Dans son état naturel et non changé par la culture, la JACINTHE ORIENTALE, *Hyacinthus orientalis* Linn., offre les caractères suivans : d'abord un oignon ou bulbe écailleux, composé d'environ trente tuniques qui se recouvrent les unes les autres, et entourent une couronne ou un bourrelet commun d'où naissent les racines. Chacune de ces tuniques n'enveloppe pas entièrement l'oignon, les plus grandes n'en couvrent que les deux tiers. Toutes partent du fond, et montent jusqu'à la partie supérieure, d'où sortent cinq à six feuilles, droites, longues de six à huit pouces, et plus larges que dans les autres espèces. Ces feuilles sont vertes, lisses, finement striées, un peu succulentes, et pliées en gouttière. Elles doivent être regardées, dit Gouffier, comme des prolongations des tuniques du centre. Lorsqu'elles se sont desséchées après leur maturité, leur base ne sert plus qu'à protéger les jeunes tuniques destinées à reproduire les années suivantes. En effet, si l'on dissèque alors avec soin un oignon, on trouve au bas de sa tige une petite section simplement appliquée contre elle, et qui offre dans son milieu, les fanes qui doivent pousser l'année d'ensuite, et l'épi des boutons à fleurs déjà formé.

Du centre des feuilles de la *jacinthe* part une tige moelleuse plus ou moins forte, qui s'élève au-dessus d'elles, et croît depuis trois jusqu'à douze pouces de hauteur ; elle a une surface luisante et sans nœuds ; et vers son extrémité elle soutient une grappe droite, formée ordinairement de six à dix-huit fleurs odorantes, assises sur des pédicelles. Ces fleurs sont ou blanches, ou bleues, ou rouges, ou jaunes, ou nuancées de teintes et demi-teintes qui participent de ces couleurs. Chacune d'elles a une corolle monopétale en cloche, un peu ventrue à sa base, ouverte à son sommet, et divisée jusqu'à moitié en six parties rabattues en dehors. Au bas des pédoncules on voit deux bractées ou écailles membraneuses, beaucoup plus courtes qu'eux. Telle est la *jacinthe orientale* simple, et sortant des mains de la nature. On la cultive depuis deux cents ans dans les jardins de l'Europe. Bientôt elle y a doublé; mais les variétés à fleurs doubles ont d'abord été rejetées, et ne sont cultivées tout au plus que depuis un siècle. Ce sont celles qu'on préfère aujourd'hui.

CARACTÈRES qui font le mérite d'une Jacinthe.

Son oignon doit être lisse, passablement gros et sans défaut, ce qui doit être considéré pour la perfection, car les plus belles *jacinthes* rouges n'ont que de petits oignons, et la plupart des belles *jacinthes* pleines, blanches, mêlées de rose, ont la peau écailleuse.

Il est à desirer que la *jacinthe* ne pousse pas sa fane de trop bonne heure; les gelées de février et de mars pourroient endommager considérablement cette partie encore tendre, et pénétrer ainsi jusqu'à l'oignon.

On voit de fort belles *jacinthes* terminer quelquefois leurs tiges par cinq ou six boutons maigres et desséchés. Lorsque ce défaut est habituel, il faut abandonner ces espèces.

La *jacinthe*, comme toutes les plantes, a un temps limité pour fleurir. La double peut retarder sa fleuraison jusqu'à trois semaines après la simple; mais l'une et l'autre doivent fleurir dans l'intervalle de mars et avril, un peu plus tôt ou un peu plus tard, selon la température du climat et des lieux où elles croissent. Si les *jacinthes* avancent beaucoup, la fleur passe avant qu'on ait pu en jouir : si elles sont trop tardives, leur bouton alors reste vert. On peut hâter le développement de ces *jacinthes* lorsqu'elles sont belles, en les plaçant sous une cloche, aussi-tôt que les boutons commencent à paroître.

Chaque tige doit porter quinze à vingt fleurs, au moins douze si elles sont grandes; trente sont ce qu'on peut attendre de mieux dans les doubles et dans les pleines. On doit rebuter toute *jacinthe*, bornée à six ou sept fleurs.

C'est une beauté dans la *jacinthe*, qu'une tige bien droite et bien proportionnée, forte dans toute sa longueur, ni trop haute, ni trop basse, et dont les feuilles sont dans une direction moyenne entre la droite et l'horizontale; trop droites, elles empêcheroient qu'on ne vît la fleur; mais on regarde peu les défauts à cet égard, lorsqu'ils sont compensés par de grandes beautés.

Il faut que les fleurs soient larges, courtes, bien nourries, et qu'elles ne passent pas trop vite. Elles doivent se détacher de la tige, la garnir également, et se soutenir à-peu-près dans une direction horizontale, à l'exception de la fleur terminale, qui doit rester droite. Enfin elles doivent former par leur réunion une espèce de pyramide, et par conséquent il est nécessaire que leur pédicule diminue de longueur par degrés, de bas en haut.

Quelle que soit la *jacinthe pleine* qui fixe le plus les curieux, la *simple* a un mérite qui lui attire bien des partisans. Elle est plus hâtive; elle forme un plus grand bouquet, quelquefois de trente à cinquante fleurs : une planche entière de *jacinthes simples* fleurit d'une manière uniforme, en sorte qu'en l'arrangeant avec art, on se procure le spectacle d'un champ couvert de fleurs. On ne peut pas attendre le même agrément de la *jacinthe pleine*. Pour avoir une jouissance complète, il faut donc cultiver des *pleines* et des *simples*, afin que les plus hâtives transmettent jusqu'aux plus tardives, une succession de fleurs dans leur beauté.

De dix mille *jacinthes*, à peine en trouve-t-on une bleue qui devienne blanche, ou une double qui dégénère en simple. On en a vu, après une durée de cinquante ans, conserver encore leur beauté.

Culture de la Jacinthe.

Plusieurs auteurs ont fait des traités particuliers sur la culture de cette fleur, ou en ont parlé en décrivant les autres fleurs des parterres. On peut consulter à ce sujet, l'ouvrage de Vander-Groen, *Bruxelles*, 1672; celui de Van-Zompel, un des plus étendus en ce genre; le *Dictionnaire des Jardiniers* de Miller; le *Traité sur la connoissance et la culture des Jacinthes*, imprimé à *Avignon*, en 1765; le *Mémoire* de Gouffier, sur cette plante, inséré dans ceux de la *Société d'Agriculture de Paris*, trimestre d'hiver, 1787; enfin l'article Jacinthe du supplément à l'ancienne *Encyclopédie*. C'est dans les deux derniers que j'ai emprunté une partie de ce qui suit, principalement dans l'article de l'*Encyclopédie*, qui est un extrait du *Dictionnaire* de Miller, et de l'ouvrage de Van-Zompel.

I. *Qualités de la terre. Amendemens. Exposition.*

Les auteurs dont je viens de parler, proposent différentes recettes pour le mélange des terres propres aux *jacinthes*. La difficulté, c'est de trouver une terre qui, sans dessécher le bulbe de cette fleur, puisse le garantir de la pourriture; car ce qui dégoûte sur-tout nos jardiniers français de la culture et de la propagation de la *jacinthe*, c'est que son oignon pourrit facilement, et qu'on en voit souvent périr les trois quarts, au moins dans les belles espèces, qui paroissent plus délicates que les communes.

Un sol crétacé et argileux est absolument contraire aux *jacinthes*. Selon Van-Zompel, la terre sablonneuse est celle qui leur convient le mieux, pourvu qu'on ait soin d'en ôter le sable rouge, le blanc et le maigre. Le meilleur sable, dit-il, est le gros, lorsqu'il est un peu gluant et gras, et qu'il ne se convertit pas en poussière jaune en séchant; la terre sablonneuse qu'il recommande est grise ou de couleur fauve noirâtre; l'eau qui en découle est douce. Tel est au moins, ajoute-t-il, le sol des environs de Harlem, si favorable aux *jacinthes*.

D'autres prétendent que la terre de bruyère, mêlée avec une terre légère, mais substantielle, est la plus convenable. D'autres conseillent de faire simplement usage d'une terre de potager ordinaire, d'un demi-pied de profondeur. On indique aussi, comme très-bonne, une composition bien simple; c'est de prendre trois parties de terre neuve ou de taupinière, deux parties de débris de couches bien terreautées, et une partie de sable de rivière.

Quant aux amendemens, on ne doit point employer les curures des fossés et des puits, et il faut écarter avec soin tout fumier frais. Celui de cheval, de brebis, de porc, capable de hâter les progrès de la plante, occasionne des chancres pernicieux aux oignons. La poudrette ne peut pas ici servir d'engrais. Le seul fumier de vache suffit pour mettre la terre à laquelle on le mêle en état de nourrir de belles *jacinthes*. On peut y substituer les feuilles d'arbres bien consommées, ou le tan réduit en terreau à force d'avoir servi dans le jardin.

Quelques fleuristes élèvent leurs *jacinthes* sans terre, dans un mélange de moitié fumier de vache, et moitié feuilles et tan bien consommés. On travaille ce mélange pendant deux ans, et la réussite est aussi certaine que dans les sables gris, pourvu que le tan ait été tiré des fosses deux ans avant de le mêler avec le fumier, en sorte qu'il soit déjà à demi-consommé.

Quand on fait des monceaux de fumier, mélangés de terre, pour se procurer du terreau propre aux *jacinthes*, on doit y employer une terre de potager qui n'ait de long-temps servi à ces fleurs ; et ces monceaux doivent être placés au grand soleil.

En Hollande, on mêle ensemble deux parties de sable gris ou fauve noirâtre, trois parties de fumier de vache, et une partie de feuilles ou de tan consommés. On préfère le fumier frais à celui d'un an, parce qu'il se consomme plus vîte, et se marie mieux. On fait le monceau le plus mince que l'on peut, relativement à la place, afin que le soleil ait plus de facilité à le pénétrer. Les matières y sont rangées par lits. Pendant les six premiers mois, on ne remue ce mélange qu'autant qu'il faut pour ôter les mauvaises herbes encore jeunes ; après quoi on le retourne de six en six semaines. Sa préparation ne dure pour l'ordinaire qu'un an ; on peut travailler le tout pendant une seconde année pour le perfectionner ; mais un plus long temps l'affoibliroit. On ne l'emploie à nourrir les *jacinthes* qu'un an. Lorsqu'on tire à la fin de l'année les oignons que l'on y a mis, on défait cette espèce de couche, pour en exposer la terre au soleil et la remuer ; elle est ensuite en état de servir aux tulipes, renoncules, anémones, oreilles-d'ours, &c. ; on n'en fait pas usage pour les œillets, parce que l'expérience a prouvé que la *jacinthe* communique à cette terre une qualité qui leur est contraire.

L'endroit que l'on destine aux *jacinthes* doit être bien aéré, élevé, et seulement assez sec pour que les eaux n'y s'éjournent pas en hiver. L'exposition la plus avantageuse à cette plante, est celle du levant ou du midi. Au levant, elle reçoit moins directement l'influence des rayons du soleil ; aussi la plupart des fleuristes préfèrent l'exposition du midi, mais alors il faut avoir un bâtiment ou une haie pour briser le vent de ce côté, qui alongeant la fane diminueroit la beauté de la pyramide, et en même temps pour affoiblir l'action du soleil, et empêcher ainsi la fleur de passer trop vîte.

II. *Semis des Jacinthes.*

La *jacinthe* se multiplie de graines ou par ses cayeux. Elle doit ses variétés à ses graines ; on n'a pas d'exemple que, propagée par ce dernier moyen, elle ait jamais donné sa semblable. Ainsi, plus on a de semences, plus on se procure de hasards ; c'est aux espèces simples qu'on est redevable de presque toutes les *jacinthes*, qui ont une grande beauté. On obtient aussi de belles variétés de la graine des semi-doubles ; mais les semences que donnent quelquefois les doubles, produisent rarement des espèces parfaites ; cependant les curieux les recueillent avec grand soin.

La couleur de la fleur ne doit pas déterminer à recueillir la graine de telle *jacinthe* préférablement à telle autre. Il est mieux de se régler sur les qualités indiquées ci-dessus. Outre cela, comme on cherche à se procurer des *jacinthes pleines*, et que celles-ci sont toujours tardives, une culture bien entendue prescrit de faire choix de graines plutôt formées sur des pieds tardifs que sur des pieds hâtifs.

Quand on ne se soucie pas de la graine d'une *jacinthe*, on coupe sa fleur dès quelle a produit son effet. L'oignon prend alors plus de nourriture.

La maturité de la graine s'annonce par une couleur noire. On se dispose à la recueillir quand la pellicule dont elle est environnée jaunit et commence à s'ouvrir. Alors ayant enlevé la tige, on la met dans un vase un peu profond, où le soleil ni la pluie ne puissent pas donner. La semence achève de s'y perfectionner, après quoi on la nettoie bien, et on la garde dans un lieu sec.

Une terre préparée comme celle où l'on met les oignons de *jacinthe*, est propre à recevoir la graine. On la sème en Hollande à la fin d'octobre. Si on y devançoit ce temps, les jeunes plantes sortant en hiver, seroient surprises de la gelée qui les feroit périr; d'un autre côté, en différant davantage, la levée seroit fort incertaine, ou au moins assez retardée pour occasionner une année de perte. En France, on peut semer, suivant les lieux, depuis août jusqu'en novembre, et même en mars. On sème en rayon ou à la volée. La graine étant couverte d'un pouce de terre, on y répand un peu de tan à demi consommé, pour la garantir du froid lorsqu'elle levera.

On ne lève les oignons qui en proviennent que la troisième année; on doit arracher soigneusement et avec précaution les mauvaises herbes qui naissent autour d'eux. Aux approches du premier hiver que ces jeunes plantes doivent soutenir, on les fortifie par un demi-pouce de tan. On n'arrose jamais ces jeunes oignons; durant les sécheresses de l'été, leur végétation est très-lente, et en tout autre temps ils trouvent une humdité capable de faire pousser leurs racines, souvent à six ou huit pouces de profondeur. Quand une fois on les enlève de terre, on les gouverne comme ceux qui sont plus avancés.

Il y en a un certain nombre qui fleurissent au bout de quatre ans, d'autres au bout de cinq, beaucoup davantage l'année suivante, et communément tous à la septième; on jette alors ceux qui ne donnent pas. A chaque fleuraison l'on observe les degrés de perfection que ces fleurs acquièrent, afin de ne pas garder inutilement celles qui ne paroissent pas promettre jusqu'à un certain point.

III. *Plantation des Jacinthes.*

En Hollande, on regarde les mois d'octobre et de novembre comme la saison la plus convenable pour planter les *jacinthes*. En France, on met leurs oignons en terre dans les mois d'août et de septembre ; et l'on forme une pépinière de petits cayeux qu'on place à un ou deux pouces de distance, et qu'on recouvre d'un pouce seulement de terre.

En général, on enterre les oignons à quatre ou cinq pouces ; on enfonce davantage quelques espèces hâtives, et l'on donne moins de profondeur aux tardives, afin que les unes et les autres puissent fleurir en même temps. L'oignon en terre à plus de cinq pouces, ne produit communément qu'une tige maigre, et des fleurs qui ne sont pas bien pleines.

Les oignons doivent être plantés à un demi-pied de distance. Quant au choix, il n'y a point de règle à observer ; il dépend du savoir et de l'intelligence du fleuriste. S'il a du goût, il mélangera avec art les différentes espèces de *jacinthes*, les disposera dans un ordre élégant, et les associera sur la même planche, de manière que leur réunion puisse offrir à l'oeil une variété assortie de couleurs qui se fassent valoir les unes les autres. Les Hollandais n'y mettent pas tant de recherche ; comme ils sont très-riches en oignons, ils réunissent communément sur la même plate-bande toutes les *jacinthes* semblables.

Entre les oignons qui acquièrent une belle grosseur, ceux qui pèsent depuis une jusqu'à une once et demie, sont en état de fleurir parfaitement ; deux onces et demie annoncent une vigueur extraordinaire et de longue durée. On voit de tels oignons fleurir quelquefois treize ans de suite avant de commencer à s'épuiser en cayeux.

La *jacinthe* est moins susceptible des effets de la gelée que la renoncule et l'anémone, mais plus que la tulipe et l'oreille d'ours. On prévient les fortes gelées en couvrant la terre avec deux ou quatre pouces de tan, ou de feuilles d'arbres que l'on a soin de retirer dès que les gelées sont finies. Selon Van-Zompel, un froid qui ne se fait sentir que jusqu'à deux pouces dans la terre, n'est pas contraire à cette plante.

J'ai dit que les oignons de *jacinthe* étoient fort sujets à pourrir. Degrace a observé qu'en les plantant sur le côté, le cul en face du midi, et au pied d'un mur, ayant cette exposition, on en perdoit beaucoup moins que de toute autre manière. Des oignons plantés de la sorte, se conservent très-sains, et l'on peut les laisser en terre pendant trois ou quatre ans sans les relever; mais cette plantation n'est point agréable à l'œil. Il y a des fleuristes qui, pour préserver les oignons de toute pourriture, bouchent avec de la cire le trou de la tige de la fleur lorsqu'on l'a coupée. Par cet expédient ils empêchent la pluie de s'introduire dans le cœur de l'oignon. Cette méthode est bonne; mais quelle patience ne demande-t-elle pas? S'il survient, avant la levée des oignons, une grosse pluie, et qu'elle soit suivie d'un rayon de soleil très-ardent, comme cela arrive quelquefois en été, il y a beaucoup à craindre qu'une partie ne soit pourrie. On pourroit se garantir de cet accident en jetant des paillassons sur la plate-bande. Quelques cultivateurs soulèvent avec une houlette, l'oignon lorsqu'il est défleuri, et prétendent que, par ce moyen, il peut achever de mûrir sans être exposé à la pourriture. On dit que cette méthode est pratiquée en Hollande.

IV. *Multiplication des Jacinthes par leurs cayeux.*

L'oignon de *jacinthe* se reproduit par ses enfans, qui sont les cayeux. Quand leur nombre oblige de les détacher du maître oignon, s'ils sont encore petits, on en forme des pépinières, et on les plante à un ou deux pouces de distance sous un pouce seulement de terre; s'ils sont assez gros, on les distribue parmi ceux d'où ils ont été tirés.

La faculté reproductive de cette plante est telle, qu'il naît des cayeux au bord de toutes les plaies qui arrivent aux tuniques de l'oignon, soit par l'effort de la sève abondante qui les divise, soit par les incisions que l'on peut y faire. Cette observation a suggéré le moyen de multiplier considérablement quelques espèces indolentes. Voici comment on y parvient.

Un peu avant le temps de lever les oignons, on tire de terre celui dont on veut avoir promptement de la postérité, et l'ayant fendu en croix depuis le bas jusques vers le tiers de sa hauteur, on le remet en terre, en ne le couvrant que de l'épaisseur d'un pouce. Quatre semaines après on le retire, on le fait sécher comme les autres, et on le replante avec eux et dans le même temps. Il ne donne point de fleurs l'année suivante, mais il produit depuis quatre ou six jusqu'à dix cayeux, lesquels, au bout de deux ans, ont acquis toute leur perfection. En faisant un plus grand nombre d'incisions à l'oignon, on peut en retirer de cette manière jusqu'à vingt à trente cayeux; mais cette dernière division n'est pas sans danger pour le chef.

V. *Tuteurs et parasols pour soutenir la tige , et pour conserver la couleur des Jacinthes.*

La tige de la *jacinthe* est succulente et foible , elle ne peut ré-sister aux grands vents ; pour l'assurer contre leur violence, on lui donne un soutien : c'est une baguette souple , droite, unie, grosse comme le tuyau d'une plume d'oie , et longue d'envi-ron deux pieds ; on l'enfonce à une profondeur suffisante , aussi près de la tige qu'il est possible, sans entamer ou du moins sans offenser l'oignon , et on lie ensemble la tige et la baguette avec de la laine verte que l'on noue un peu lâche , au-dessus de la plus basse fleur. Il faut que la tige ait la facilité de flotter au gré du vent.

Si l'on veut jouir pendant assez long-temps des belles cou-leurs qu'offrent les *jacinthes* , il faut avoir soin de garantir ces fleurs de la trop grande ardeur du soleil ; autrement elles pâ-liroient, passeroient bien vîte. On conserve leur fraîcheur, en donnant à chacune de celles qui s'épanouissent les premières , un parasol en forme de demi-bonnet , fait de bois léger ou de fer blanc, et supporté par un bâton fiché en terre. Quand la plupart des *jacinthes* d'une planche sont en fleurs , on substi-tue à ces parasols particuliers un parasol général fait de toile , qui est tendu en pente au-dessus de la planche , et soutenu par des pieux de bois léger à une hauteur convenable , pour qu'on puisse se tenir debout commodément dans les sentiers. Cette toile doit être disposée de manière qu'on puisse à volonté la replier ; par ce moyen , les *jacinthes* pourront être rafraî-chies soir et matin par la rosée , et leur possesseur se procurera , quand il voudra , le plaisir de voir d'un coup-d'œil toute la planche découverte. La toile doit être tendue toutes les fois que le soleil donne sur les fleurs , quand il pleut , et lorsque la nuit est trop fraîche. On la supprime dès que la plus grande partie des *jacinthes* commence à passer , attendu que les oi-gnons ont besoin de la chaleur du soleil pour profiter.

VI. Temps et manière de lever les Oignons.

Il y a des fleuristes qui ne lèvent leurs oignons de *jacinthe* qu'au bout de trois ans ; mais la plupart les lèvent chaque année ; cette dernière méthode est en effet préférable. Un oignon qu'on laisse en terre pendant tout l'été, pousse trop en cayeux , et ne produit souvent , l'année d'après , qu'une tige foible et peu garnie de fleurons. Le temps de les lever est lorsque la fane est presque jaune et sèche. Cependant il ne faut pas scrupuleusement enlever chaque oignon à ce point.

2

Il vaut mieux, comme le conseille Van-Zompel, les laisser en terre, quoique leur fane soit entièrement sèche, jusqu'à ce que toute la planche puisse être levée ensemble. Il y a, selon lui, beaucoup d'inconvéniens à se trop presser de les tirer de terre.

En les levant, on doit prendre garde de les blesser. Après avoir séparé la fane, qui se détache sans peine, on lève les oignons avec leurs racines, sans en ôter les cayeux ni la terre qui peut y tenir, opération que l'on réserve pour le temps de la plantation. On enlève toutes les enveloppes chancreuses. Si quelques oignons sont altérés, il faut les nettoyer jusqu'au vif.

Van-Zompel propose une méthode particulière pour lever et conserver les oignons. On les lève par un beau jour, on coupe la fane tout contre l'oignon, si elle ne s'en détache pas d'elle-même ; on ne doit frotter, manier, ni nettoyer l'oignon, mais le remettre aussi-tôt sur le côté, la pointe dirigée vers le nord, dans le même endroit, presqu'à fleur de terre, après avoir rempli le trou et égalisé le terrein ; puis, avec la terre qui se trouve auprès de l'oignon, on le couvre de toutes parts, en forme de taupinière épaisse d'un pouce. Si le temps est au sec, il faut visiter la terre tous les jours, examiner si elle n'est point descendue, et si l'oignon n'est pas à découvert ; car le soleil occasionneroit, durant les premiers jours, une fermentation violente dans les sucs dont l'oignon est rempli, et sa perte seroit certaine. C'est pourquoi il est même avantageux de couvrir les taupinières, seulement pendant les deux ou trois heures où le soleil est plus fort ; elles ne seroient pas couvertes le reste du jour, sans produire une moisissure très-difficile à détruire, et qui altère toujours la fraîcheur et la beauté de l'oignon. On laisse ordinairement les oignons ainsi enterrés l'espace de trois semaines ou un mois, après quoi on leur trouve la peau unie, saine, rouge, brillante, et presqu'aussi dure et sèche que celle de la tulipe ; en les levant alors tout-à-fait, on les nettoie, on les garde dix à douze jours dans une chambre sèche et bien éclairée, dont on ouvre les fenêtres quand l'air est pur et serein ; puis on peut, sans risque, les transporter où l'on veut, et les tenir empaquetés et privés d'air pendant cinq à six mois ; ce qui seroit impraticable, si l'oignon n'avoit pas été ainsi mûri, et les sucs digérés et perfectionnés par l'action de la pluie ou du soleil sur la terre qui les touchoit de toute part.

Pour lever les oignons de cette manière, il faut attendre, selon Van-Zompel, que le plus grand nombre de *jacinthes* aient la fane jaune, et ne point imiter la précipitation de ceux qui lèvent les oignons dès que les pointes de leur fane annoncent que sa croissance va se rallentir. Ce cultivateur annonce qu'en empêchant l'oignon de croître davantage, on a presque toujours le chagrin de voir qu'il ne devient ensuite ni mûr, ni ferme, et qu'il s'y forme un moisi vert, qui, pénétrant l'intérieur et jusqu'à la couronne des racines, les fait gâter, malgré tous les soins de cette méthode laborieuse et assujétissante.

Au reste, cette méthode n'est pas sans inconvéniens, lors même qu'on l'a suivie avec le plus d'exactitude. Il y a par exemple des années, où les mois de juin, de juillet et août sont fort chauds, et s'il y survient de la pluie, la surface de la terre entre en fermentation; les oignons s'y cuisent, deviennent infects, et sont morts lorsqu'on les lave : on prévient néanmoins cet accident, en les mettant sur une petite élévation d'où l'eau s'écoule promptement, et en les garantissant de la pluie et du soleil quand la chaleur est excessive.

VII. *Conservation des Oignons hors de terre.*

Après avoir relevé les oignons de *jacinthe* suivant la méthode ordinaire, on met chacun dans une case étiquetée, qui fait partie d'une grande layette, distribuée exactement comme la planche. Cette layette est ensuite déposée sur une table, à l'ombre, et dans un lieu sec et aéré. Chaque oignon doit être renversé, la couronne en l'air; c'est presque toujours dans cet endroit que la pourriture se manifeste.

Quelques fleuristes, convaincus, par plusieurs expériences, que les insectes sont la cause de ce mal ou l'augmentent, mettent les oignons qui en sont menacés dans de l'eau distillée de tabac, ou dans une forte décoction de tanaisie; ils les laissent tremper dans ce bain environ une heure, qui suffit pour étouffer les animalcules, les font sécher après, ainsi que ceux qui sont bien sains, et les enferment ensuite dans une boîte. Cette attention est suffisante pour la conservation des oignons que l'on veut planter en octobre.

Si on a dessein de les garder plus long-temps, on les dépose dans une petite caisse remplie de sable bien desséché, et on les met par couches alternatives de sable et d'oignons. Préparés et gardés ainsi dans un endroit bien sec, ils peuvent être plantés dans les mois d'avril, de mai ou de juin, pour donner leur fleur dans ceux de juillet et d'août. On ne sauroit cependant conserver ces oignons au-delà d'une année.

Ceux qui ont été placés dans la layette sans avoir été maniés et dans le même état où ils ont été élevés, demeurent ainsi jusqu'au temps de la plantation. C'est seulement alors qu'on les nettoie de la terre qui y est restée, qu'on en sépare les cayeux, et qu'en examinant l'état de chaque oignon, on lui destine dans la layette une place convenable à l'effet qu'il devra produire dans la planche.

Lorsqu'on veut transporter au loin les oignons, on doit les envelopper chacun à part dans un papier doux et bien sec, et les mettre ensuite dans une boîte fermée de manière qu'il n'y pénètre absolument ni air ni humidité; pour cet effet, on entoure la boîte de toile cirée; et si on l'envoie par eau, on recommande qu'elle soit placée dans l'endroit le plus sec du bâtiment.

Van-Zompel blâme la pratique d'empaqueter les oignons de *jacinthe* avec de la mousse d'arbre, quelque sèche qu'elle soit, parce que ces oignons demeurant toujours remplis d'un suc abondant, communiquent à la mousse une humidité qu'elle pompe très-vîte, et qui, de là, passant à la couronne, fait pousser de longues racines au grand préjudice de l'oignon renfermé.

VIII. *Jacinthes élevées dans des pots et dans des carafes.*

On peut avoir des *jacinthes* en fleur de très-bonne heure, même dès le mois de janvier, en plantant les espèces hâtives dans des pots remplis d'une terre bien préparée, et en les couvrant d'un pouce de terre seulement. Les pots de six à huit pouces de diamètre peuvent contenir trois ou quatre oignons. Pour hâter la floraison, on place ces pots dans une serre chaude près de la fenêtre, ou dans une couche de tan échauffé, ou bien dans l'orangerie ou dans une chambre, mais loin d'un poîle ou d'une cheminée. Lorsque le temps est doux, on doit exposer les pots à l'air, si nécessaire aux aux plantes. On arrose médiocrement l'oignon jusqu'à ce qu'il fleurisse, et même lorsqu'il est en fleurs. Quand elles sont passées, on diminue la quantité d'eau. Alors il est à propos de mettre les pots à l'ombre et de les garantir de la pluie; ils seroient très-bien sous un hangar exposé au nord, ou au fond de l'orangerie. On les lève dans le même temps et de la même manière que ceux plantés en planches.

On se procure encore des fleurs de *jacinthe* en hiver, en mettant, dès le mois d'octobre, des oignons dans des carafes placées sur l'appui d'une cheminée ou sur une table, dans un appartement dont la température est à-peu-près à dix degrés. Ces carafes doivent être hautes de sept à neuf pouces, et assez larges dans leur partie supérieure, pour que l'oignon y pose commodément. On les remplit presqu'entièrement d'eau de pluie fraîche ou d'eau froide de rivière, et après avoir lavé l'oignon, qui souvent a de la terre, on le place à l'orifice de la carafe, de manière qu'il plonge dans l'eau jusqu'au-dessus de la couronne. Comme il boit beaucoup, sur-tout dans le commencement, on doit avoir soin de remplir les carafes tous les jours. On conserve la même eau ; mais si elle devenoit louche, ce seroit une preuve que l'oignon se gâteroit. On le visite alors ; on gratte jusqu'au vif tout ce qui est malade ; on lave bien l'oignon, la carafe, et l'on met de l'eau nouvelle. Quand la chaleur de l'appartement ou des tablettes de la cheminée est assez forte pour échauffer sensiblement l'eau, cette liqueur se décompose, contracte une mauvaise odeur, et les racines de l'oignon pourrissent ; on prévient cet accident, en plaçant les carafes à une température plus douce.

Les oignons qui ont fleuri dans l'eau en hiver, étant ensuite mis en terre, y reprennent de la vigueur ; on les lève dans la même saison que les autres. Ils ne sont pas en état de donner une seconde fois des fleurs ; mais l'année suivante, ils jettent beaucoup de cayeux.

Non-seulement la *jacinthe* vient dans l'eau, mais elle y croît et y fleurit l'oignon renversé. Gouffier a fait voir ce phénomène à la Société d'agriculture de Paris, en 1787, et il en rend ainsi compte dans un court mémoire inséré parmi ceux de cette société, de la même année, trimestre d'hiver.

« Au mois de novembre dernier, dit-il, je pris un vase cylindrique de quinze pouces de haut sur deux de diamètre. J'adaptai à son orifice un support de plomb en forme d'anneau, pour soutenir l'oignon, après l'avoir rempli d'eau de rivière clarifiée. Je disposai un oignon de la *jacinthe bleue porcelaine*, nommée *pasquin*, de manière à ce que son extrémité supérieure plongeât dans l'eau sans que le bourrelet d'où naissent les racines, et le milieu du corps de l'oignon y participassent. Au bout de trois semaines la végétation se déclara, et les racines ne parurent point. Peu à peu les fanes et la tige se sont développées, leur accroissement s'est fait, et la plante a fleuri dans l'eau comme en pleine terre. Le bout de la tige s'est un peu étiolé, les fanes ont acquis un peu plus de longueur qu'à l'ordinaire, et leur verdeur est la même qu'en pleine terre. Les fleurs que j'ai dit être bleues dans cette espèce, étoient vertes à leur extrémité comme de coutume ; et lorsqu'elles ont été entièrement épanouies, elles sont devenues blanches, avec une teinte de bleu à peine visible. L'eau a été changée sur la fin de ce mois, parce qu'elle exhaloit une mauvaise odeur, et que les fleurs commençoient à pourrir ».

Après avoir offert ce phénomène, Gouffier cherche à l'expliquer ; il met beaucoup de sagacité dans la recherche des causes auxquelles on peut l'attribuer ; mais ses raisonnemens, quoique très-ingénieux, ne satisfont point entièrement l'esprit, et demanderoient à être appuyés sur de nouvelles expériences.

IX. *Possibilité d'avoir des Jacinthes aussi belles qu'en Hollande.*

On répète dans tous les livres, que les Hollandais doivent être regardés comme les seuls possesseurs de la *jacinthe*, et que nulle part on ne parvient à la conserver et à la propager comme chez eux. Gouffier même, qui a fait sur cette fleur différens essais, dit qu'il n'en a obtenu que des résultats peu satisfaisans, et que bien qu'il ait possédé une aussi belle planche de *jacinthes* qu'il soit possible de l'avoir à Harlem, il n'a pu la soutenir qu'en renouvelant, chaque année, un sixième des oignons. Nous seroit-il donc impossible d'imiter, à cet égard, l'industrie des Hollandais ? Je ne le crois pas. Nos jardiniers fleuristes et nos amateurs en paroissent persuadés, puisqu'ils font venir, tous les ans, de la Hollande, une grande quantité des plus beaux oignons de *jacinthes*, et qu'ils en tirent également beaucoup de renoncules et de tulipes. Dans ce commerce, la France paye à l'étranger un tribut considérable pour des productions qu'elle pourroit, selon moi, avoir dans son sein. Le jardin de Tripet, situé à Paris, avenue de Neuilly, en offre la preuve.

Cet estimable fleuriste est parvenu à rivaliser les Hollandais dans la culture des trois espèces de fleurs dont je viens de parler. Rien n'égale l'art avec lequel il sait les soigner, les multiplier, et en améliorer les variétés. Quoique peu riche et chargé d'une nombreuse famille, il a sauvé et réuni les plus riches collections en ce genre, qui existoient en France avant la révolution ; celles du comte d'Artois, de Richelieu, de Soubise, de Gouffier, &c. La sienne est aujourd'hui la plus belle de l'Europe ; il possède plus de cent mille oignons portant fleurs, et composant neuf cents espèces choisies de *tulipes*, trois cents de *renoncules*, et deux cent cinquante de *jacinthes*. Le maréchal de Soubise, qui dépensoit, chaque année, dix mille francs pour ses *jacinthes*, n'en avoit que vingt-cinq à trente espèces rares. Des dix mille oignons de cette fleur, qui formoient la collection du comte d'Artois, le fleuriste de l'avenue de Neuilly, n'en a trouvé qu'un seul digne de figurer dans son jardin. Qu'on juge par-là de son talent, de son goût, et de la sévérité avec laquelle il sacrifie toutes les espèces communes, pour ne présenter aux curieux que les plus belles et les plus dignes de leur admiration! Tripet peut avoir des imitateurs qui le surpassent même, et qui, par une culture chaque jour mieux entendue de la *jacinthe*, soient bientôt en état de fournir à la France cette quantité innombrable d'oignons que nous achetons si chèrement aux Hollandais.

Maladies des Jacinthes.

La plus cruelle de toutes est une espèce de chancre qui se manifeste par un cercle ou demi-cercle brun, s'étendant depuis la surface dans tout l'intérieur de l'oignon, et répondant à la couronne; c'est une corruption dans les sucs de l'oignon. Quand le mal n'a pas fait de grands progrès, il n'occupe qu'une partie de l'oignon, et l'on s'en apperçoit rarement tant qu'il est en terre, parce qu'il donne également sa fleur. Mais dès que le cercle est entièrement formé, la maladie est mortelle; l'oignon ne profite plus, et l'état de sa fane au printemps indique qu'il est prêt de périr. Lorsque ce vice attaque d'abord la couronne, il gagne tout l'intérieur sans qu'on s'en doute, et se déclare au-dehors quand il n'y a plus de remède. Si au contraire il commence par la pointe, on en arrête les progrès en coupant en dessous, jusqu'à ce qu'on ne découvre rien de corrompu; l'oignon même, réduit à moitié, se répare ensuite, et si on l'expose au soleil derrière un verre, aussi-tôt après l'opération, la partie blessée sèche et se cicatrice promptement.

Ce mal étant contagieux, il faut jeter tous les oignons qui en sont infectés sans espérance de remède; tout ce qui en proviendroit auroit le même vice. On doit donc visiter chaque oignon avant de le planter, et enlever avec un couteau tous les endroits suspects; si le dessous est blanc, on n'a rien à craindre. Les autres préservatifs sont, de ne point planter de bons oignons auprès de ceux qui sont infectés de ce mal; de ne point se servir de terre qui ait nourri des *jacinthes* plusieurs fois de suite; de ne pas mettre ces plantes dans un endroit où l'eau séjourne pendant l'hiver; de n'y employer aucun fumier de cheval, de brebis, ni de cochon, à moins qu'ils ne soient entièrement consommés.

Quelquefois l'oignon se corrompt en terre, devient gluant et infect. Si ce mal pénètre l'intérieur, on perd l'oignon. Il contracte sur-tout cette viscosité, quand il n'est pas enterré à une certaine profondeur.

Lorsqu'au printemps la tige naissante d'une *jacinthe* sèche et s'affoiblit, on peut conjecturer que ses racines ont été endommagées, soit par la gelée, soit par quelqu'autre accident; on y remédie en levant l'oignon, pour nettoyer les racines, et en retrancher les endroits malades, puis couper toute sa pousse, après quoi on remet l'oignon en terre, et on le couvre très-légèrement; il y sèche, et peut l'année suivante donner des cayeux qui réussiront bien.

L'avortement d'une fleur de *jacinthe* prête à se former, ne doit pas être regardé comme une maladie de cette plante; c'est un accident qui résulte presque toujours de la pression qu'elle a soufferte dans une terre gelée. Les oignons plantés au mois de novembre y sont moins sujets que ceux que l'on a mis plus tôt en terre.

A la surface de l'oignon qui est hors de terre, il se trouve quelquefois des peaux malsaines qui le rongent pendant tout le temps qu'il est à l'air. Avant que les peaux gâtent les racines, il faut les couper, et si on néglige de le faire, elles y portent la mort. Le mal ôté, la plaie sèche vîte, et l'oignon, quoique diminué de grosseur, redevient vigoureux dans la terre.

On doit aussi avoir soin d'ôter un moisi vert qui se forme sur l'oignon, quand il n'a pas été levé dans un temps convenable, ou qu'il n'est pas gardé bien sèchement. (D.)

JACINTHE DES INDES. C'est la Tubéreuse. *Voyez* ce mot. (B.)

JACKAASHAPUCK. Les Sauvages de l'Amérique septentrionale appellent ainsi toutes les espèces d'*airelles* dont ils mangent les fruits, soit frais, soit conservés sous forme de confiture. *Voyez* au mot Airelle. (B.)

JACKAL. En Perse, on donne ce nom au Chacal. *Voyez* ce mot. (Desm.)

JACKANAPER, nom donné à quelques *singes* des îles du Cap-Vert et de la côte occidentale de l'Afrique. Il paroît que ce sont des *callitriches* (*simia sabœa* Linn.) ou des *patas* (*simia rubra* Linn.); ils sont d'un naturel vif, turbulent, et presque indomptables; quelques-uns mordent fortement; au reste, ils sont très-amusans par leurs postures, par leur adresse et leurs tours de force. Quoique naturellement frugivores, ils ne dédaignent pas la chair, les œufs, &c. Lorsqu'on les enivre, ils sont extrêmement gais et font mille extravagances. Il y a beaucoup d'espèces de *singes* en Afrique et aux Indes qui n'ont pas encore été décrites, et quoiqu'on en connoisse déjà beaucoup, il paroît que le nombre en est au moins double dans les différentes parties de la Zône torride. (V.)

JACKIA, nom spécifique d'une *grenouille* de Surinam. *Voyez* au mot GRENOUILLE. (B.)

JACKON; Dampier désigne ainsi le *ara rouge*. Voyez l'article ARA. (S.)

JACNAH, nom hébreu de l'AUTRUCHE. *Voy.* ce mot. (S.)

JACO, nom que l'on donne ordinairement à plusieurs espèces de *perroquets*, et particulièrement au *perroquet cendré*, parce qu'ils paroissent se plaire à prononcer le mot *jaco*. (S.)

JACOBÉE, nom spécifique d'une plante du genre des *seneçons*. *Voyez* au mot SENEÇON. (B.)

JACOB-EVERTSEN, nom spécifique d'un poisson du genre BODIAN (*Voy.* ce mot.) Ce nom est celui d'un matelot hollandais, fort gravé de petite vérole, et auquel on compara ce poisson au moment où il fut pris. (B.)

JACOBIN (*Loxia malacca*, Var., Linn., pl. enl., n° 139, fig. 3 de l'*Hist. nat.* de *Buffon*, ordre PASSEREAU, genre du GROS-BEC. *Voyez* ces mots.) Les petits *gros-becs* des Indes que l'on nomme en France *jacobins* et *dominos*, ont été tellement confondus dans les ornithologies, qu'il est difficile de distinguer les espèces que désignent ces deux noms; des naturalistes en font des races distinctes; d'autres des variétés les unes des autres; enfin, on les donne encore pour mâle et femelle de la même espèce. Ce qu'il y a de certain, c'est que deux appelés *dominos* par les curieux, sont plus petits que les *jacobins*; quant à leur plumage, il a beaucoup d'analogie avec celui des autres; on distingue dans leur race le mâle de la femelle, par les taches du ventre, et celles-ci par l'uniformité de sa couleur.

On voit quelquefois en France ces oiseaux vivans; j'en ai possédé plusieurs; ils sont assez familiers, et il seroit facile de les faire multiplier en leur donnant les mêmes soins que j'ai indiqués pour les *sénégalis* et les *bengalis :* leur nourriture est la même.

Le *jacobin* a quatre pouces et demi de longueur; le bec d'une teinte cendrée bleuâtre; l'iris noir; la tête, le cou, le milieu du ventre et les couvertures inférieures de la queue d'un beau noir; la poitrine et les côtés du ventre blancs; le dos, le croupion et les couvertures supérieures des ailes d'un marron clair; les pennes des ailes et celles de la queue, de la même teinte à l'extérieur, et brunes à l'intérieur : les pieds sont d'un brun clair.

La femelle, selon Brisson, diffère du mâle, en ce que les plumes des jambes sont d'un marron clair, et que la couleur de sa queue est moins vive et moins brillante. Il est probable, dit Buffon, que c'est l'oiseau, n° 1, de la même planche enluminée, et dénommé le *gros-bec des Moluques*. (VIEILL.)

JACOBIN HUPPÉ, (*Cuculus melanoleucos*, Lath., pl. enl., n° 872, de l'*Hist. nat. de Buffon*, ordre PIES, genre du Coucou. *Voyez* ces mots.) Le *coucou* de la côte de Coromandel a onze pouces de longueur totale; le bec, les pieds, le dessus du corps, les ailes et la queue noirs; le dessous blanc, ainsi qu'une tache sur le bord de l'aile et l'extrémité des pennes caudales : celles-ci sont étagées.

Montbeillard regarde comme une variété de cette espèce, un individu venant du Cap de Bonne-Espérance; il en diffère en ce qu'il a un pouce de plus de longueur totale, que son plumage est tout noir tant dessus que dessous, à l'exception de la tache blanche des ailes, et en ce que des dix pennes de la queue, la seule paire extérieure est plus courte que les autres de dix-huit lignes. Latham fait de ce *coucou* une variété du troisième COUKEEL. *Voyez* ce mot. (VIEILL.)

JACOBINE. *Voyez* OISEAU-MOUCHE A COLLIER. (VIEILL.)

JACODE, nom vulgaire de la DRAINE. *Voyez* ce mot.
(VIEILL.)

JACQUINIER, *Jacquinia*, genre de plantes à fleurs monopétalées, de la pentandrie monogynie et de la famille des HILOSPERMES, qui présente pour caractère un calice de cinq folioles arrondies, concaves et persistantes; une corolle monopétale à tube campanulé, ventru, une fois plus grand que le calice, et à limbe partagé en dix découpures arrondies, dont cinq sont intérieures et plus courtes; cinq étamines attachées au réceptacle; un ovaire supérieur, ovale, chargé d'un style à stigmate en tête.

Le fruit est une baie ovale, uniloculaire, contenant une semence cartilagineuse.

Ce genre, qui est figuré pl. 121 des *Illustrations* de Lamarck, contient six arbrisseaux de l'Amérique, à feuilles presque opposées ou verticillées, et à fleurs disposées en grappes ou solitaires, dont le plus commun est :

Le JACQUINIER A BRACELET, qui a les feuilles ovales, cunéiformes, disposées six par six, et les fleurs en grappes. Il croît à la Martinique, où il est connu sous le nom de *bois à bracelet*, parce qu'on se sert de ses semences, qui sont d'un jaune brun et très-lisses, pour faire des bracelets. L'odeur de ses fleurs approche de celle du jasmin. On le trouve aussi dans le Mexique. (B.)

JACUA-ACANGA, nom qu'on donne dans le Brésil à une espèce d'*héliotrope* figurée pag. 7 de l'ouvrage de Marcgrave. *Voyez* au mot HÉLIOTROPE. (B.)

JACUPEMA. *Voyez* Yacou. (S.)

JACURUTU. C'est, au Brésil, le *grand-duc*, selon Marc-grave. *Voyez* au mot Duc. (S.)

JACUTA, l'un des noms du *geai* en vieux français. (S.)

JADE, NÉPHRITE, ou PIERRE NÉPHRÉTIQUE. Cette pierre étoit fameuse autrefois par la propriété qu'on lui attribuoit de préserver de la colique néphrétique, en la portant en amulette pendue au cou. Elle est d'une couleur verdâtre plus ou moins foncée, d'une dureté très-considérable, demi-transparente sur les bords, et susceptible d'un assez beau poli, mais qui est toujours gras à l'œil et sous le doigt. A la dureté près, elle a beaucoup de ressemblance avec les *stéatites* : souvent même on a donné ces dernières pour des *pierres néphrétiques*.

Le *jade* se trouve dans plusieurs contrées de l'Asie méridionale, et notamment en Chine, où l'on en fait des tasses, des vases de différentes formes, et divers objets d'ornement. Sa couleur est d'un blanc verdâtre ; celui des Indes est d'un vert plus foncé. On en trouve également en Europe, dans les Alpes de Suisse, du Dauphiné, en Piémont, en Corse. La *pierre des amazones*, qui vient de l'Amérique méridionale, est aussi un *jade*, et non pas un *feld-spath vert*, comme l'ont dit quelques auteurs. *Voyez* FELD-SPATH.

Le *jade* d'Europe est un peu plus pesant que le *jade oriental :* la pesanteur spécifique de ce dernier est d'environ 3,000 ; celle du *jade* des Alpes passe 3,500.

On ne connoît point le gisement du *jade oriental ;* le *jade* de l'Amérique méridionale n'a été rencontré que parmi les cailloux roulés de la rivière des Amazones, qui descend des Cordilières du Pérou. Les naturels de ces contrées en faisoient des *haches ;* et il est certain que de toutes les pierres c'est le *jade* qui peut le mieux remplacer les métaux, non-seulement par sa *dureté*, mais encore par sa *ténacité*, c'est-à-dire la propriété qu'il a de ne pas sauter en éclats comme le quartz et autres pierres qui sont dures, mais aigres. Les minéralogistes allemands ont fait, on ne sait pas bien pourquoi, une distinction entre le *jade*, qu'ils nomment *néphrite*, et la *pierre des amazones*, à laquelle ils ont donné le nom de *beilstein* ou *pierre de hache*. VOYEZ HACHES DE PIERRE.

Le *jade* d'Europe a été trouvé, par Saussure, en cailloux roulés près du lac de Genève : il entre dans la composition de plusieurs granits dont il forme l'élément principal ; leurs autres parties composantes sont, ou la hornblende, ou le grenat et le mica.

Le même observateur a trouvé du *jade* dans les cailloux roulés de la *Durance ;* ainsi il n'y a nul doute que nos Alpes n'en contiennent des masses ou des filons. Voici la description qu'il donne de celui ci. « Cette pierre, dit-il, prend au » dehors, en se roulant, une surface unie, luisante, un peu » grasse au toucher. Sa cassure est **extrêmement écailleuse,** et » ses écailles petites, nombreuses, demi-transparentes ; *sa* » *couleur est d'un vert d'olive dans quelques endroits, et dans* » *d'autres de la même pierre, elle est d'un violet pâle.* Elle » donne beaucoup de feu contre l'acier, et se laisse pourtant » un peu entamer à la lime : très-tenace ou difficile à casser, » et assez pesante, elle se fond au chalumeau en un verre » noir luisant ».

Cette réunion de couleurs vert-d'olive et violet pâle que présentent les *jades* roulés de la Durance, m'a fait soupçonner que ces cailloux pouvoient avoir été amenés dans cette rivière par le torrent qui s'y jette près de Briançon, et qui descend du pays d'Oisan, où se trouve le schorl violet ou axinite qui présente si souvent ces deux couleurs par son mélange avec la *chlorite ;* et que ce *jade* panaché de vert et de violet, pourroit fort bien n'être autre chose que la *chlorite* et l'*axinite* agrégées en grandes masses.

Ce soupçon a été confirmé, du moins quant à la partie verte, par le rapprochement des analyses qui ont été faites de la *chlorite commune* et du *jade vert de Suisse* par le célèbre chimiste Hœpfner, qui en a obtenu des résultats tout-à-fait semblables.

CHLORITE COMMUNE.		JADE DE SUISSE.
Silice.	41	47
Magnésie.	39	38
Alumine.	6	4
Chaux.	1	2
Fer.	10	9

(*Brochant, minéral.* tom. 1, pag. 411 et 468.)

On ne sauroit douter de l'identité de ces deux substances, d'après l'identité de leurs parties constituantes, et qui s'y trouvent dans des proportions aussi rapprochées ; le *jade* des Alpes ne seroit donc autre chose qu'une *chlorite* durcie.

C'est à ce *jaspe* de Suisse que le savant minéralogiste Lamétherie a donné le nom de *lémanite*, parce qu'il fut trouvé d'abord par Saussure aux environs du lac *Léman.* Il seroit à desirer qu'on fît l'analyse du *jade oriental ;* la différence assez notable qu'il présente dans sa pesanteur spécifique, fait pré-

...mer qu'il y en auroit quelqu'une dans la proportion de ses parties constituantes.

Parmi les cailloux roulés de la Durance, Saussure en a trouvé de granit qui, au lieu de mica, contenoient de la *chlorite* qui se fond en émail noir et brillant tout comme le *jade* (§. 1539.), ce qui achève d'établir l'identité qui me paroît exister entre ces deux substances.

Le *jade lémanite* mêlé avec la substance que Saussure a nommée *smaragdite*, à cause de sa belle couleur verte, forme cette précieuse roche connue sous le nom de *vert de Corse*, dont on fait des tables et d'autres ouvrages d'un grand prix.

Cette roche ne se trouve pas seulement en Corse, Saussure en a vu des blocs considérables près de Turin, au pied de la montagne de serpentine, nommée *le Musinet*, d'où ils paroissoient s'être détachés.

Le *jade* qui forme le fond de cette roche est d'une couleur blanche passant quelquefois au lilas; il est si dur, que la lime, bien loin d'y mordre, laisse elle-même une trace sur cette pierre comme celle de la mine de plomb; et ce qu'il y a de plus remarquable, ajoute Saussure, c'est que, malgré sa grande dureté, elle est fusible au chalumeau.

Lorsque le *jade* ne fait que de sortir de son gîte natal, il n'a sans doute que peu de dureté; mais il en acquiert une beaucoup plus considérable par la dessication, ainsi que cela arrive à toutes les pierres, et sur-tout à celles qui abondent en magnésie; ainsi il n'est pas surprenant que les cailloux roulés et les blocs détachés observés par Saussure, lui aient offert une si grande dureté, puisqu'ils avoient eu tout le temps de perdre ce fluide qui pénètre intimement les pierres les plus dures tandis qu'elles sont dans le sein de la terre, et qu'on nomme leur eau de carrière.

Mais les vases et autres ornemens faits de *jade oriental*, offrent quelquefois un travail si délicat, si recherché, et qui paroît exécuté avec aisance, qu'on ne peut pas supposer que la pierre eût, dans le moment où on la travailloit, la même dureté qu'on lui voit aujourd'hui. Ce travail eût été d'une difficulté inconcevable, et l'on voit que ce n'étoit qu'un badinage, puisqu'on s'est amusé à en former des chaînes d'un grand nombre d'anneaux qui ont été tirés du même morceau, car on n'y apperçoit pas la moindre solution de continuité. Le prix modique de ces sortes d'ouvrages n'auroit d'ailleurs nulle proportion avec le travail inoui qu'auroit exigé l'excessive dureté de la pierre, si l'on supposoit qu'elle eût toujours été la même. *Voyez* SMARAGDITE et VERT DE CORSE. (PAT.)

JAGAQUE. C'est le nom brasilien d'un poisson du genre

Chétodon, *Chætodon saxatilis* Linn. ou le Glyphisodon mouchara de Lacépède. *Voyez* au mot Glyphisodon. (B.)

JAGON. C'est le nom qu'a donné Adanson à une coquille bivalve que Gmelin appelle *venus eburnea*. Voyez au mot Vénus. (B.)

JAGORACUCU. *Voyez* Jaguarette. (S.)

JAGRA, nom du sucre qu'on retire de la liqueur du *cocotier*. Voyez au mot Cocotier. (B.)

JAGUACAGUARE. *Voyez* Jagaque. (S.)

JAGUACATI, (*Alcedo alcyon* Latham, ordre Pies, genre du Martin-pêcheur. (*Voyez* ces mots.) Cette espèce est répandue dans l'Amérique septentrionale, depuis Saint-Domingue jusqu'à la baie d'Hudson, et sur les côtes occidentales; mais elle n'habite le Nord que pendant l'été; elle s'y nourrit de poissons et de petits lézards.

Brisson a fait deux espèces, du *martin-pêcheur huppé de la Caroline* et de celui de Saint-Domingue; Latham fait de l'un une variété de l'autre; Buffon les a réunis comme oiseaux de la même espèce.

Ce *martin-pêcheur* a près de onze pouces de longueur; le bec noir; l'iris noisette; une tache blanche entre le bec et l'œil; la tête couverte de plumes longues et effilées d'un gris ardoisé foncé; le dessus du corps, les petites couvertures des ailes et les supérieures de la queue d'un bleu ardoisé; les grandes de la même couleur, et terminées par des gouttes blanches; les pennes noirâtres avec des taches transversales blanches à l'intérieur et blanches à leur extrémité; la queue pareille aux ailes; la gorge blanche, sur le bas de laquelle est une bande transversale d'un bleu ardoisé, bordée sur le haut de la poitrine d'un brun roux, qui est aussi la teinte des flancs; le reste du dessous du corps et les couvertures inférieures de la queue blancs; les pieds noirs.

La femelle diffère du mâle en ce que la bande transversale de la gorge est grise, plus étroite, et sans feston roux; la queue moins chargée de gouttes blanches, et les flancs sont pareils au ventre. Les naturels de la baie d'Hudson le nomment *kiskeman* ou *kiskemanasue*.

Le Jaguacati guaca du Brésil a été donné par Buffon, comme étant de la même race; Latham en fait une variété, et Brisson une espèce distincte. Quoiqu'il y ait dans le plumage de ces oiseaux un ensemble assez analogue, je crois que le *martin-pêcheur du Brésil* est d'une autre race, mais très-voisine de celle de l'Amérique septentrionale. Il est un peu plus petit, et son bec est plus long; la tête, le dessus du cou et du corps, le croupion, les couvertures supérieures des ailes et de la queue sont d'une couleur ferrugineuse lustrée et coupée sur le cou par un collier blanc ; le dessous du corps est de cette dernière couleur, les pennes des ailes et de la queue sont pareilles au dos avec des taches transversales blanches ; les yeux, le bec et les pieds sont noirs.

On a conservé à ce *martin-pêcheur* son nom brasilien ; les Portugais l'appellent *papapeixe*. (Vieill.)

JAGUACINI, nom brasilien du Crabier, quadrupède. *Voyez* ce mot. (S.)

JAGUAR, (*Felis onça* Linn.), quadrupède du genre et de la famille des Chats, ordre des Carnassiers, sous-ordre des Carnivores.

Le *jaguar* ressemble à l'*once* par la grandeur du corps, par la forme des taches dont son pelage est semé : sa longueur, mesurée depuis le bout du museau jusqu'à l'origine de la queue, est de près de quatre pieds ; sa hauteur est de deux pieds et demi ; la queue est longue de vingt-deux à vingt-quatre pouces ; tout le dessus du corps est jaunâtre, nuancé sur la tête, le cou et les quatre jambes, de taches noires, pleines et irrégulières, et notablement plus grandes aux jambes. Du haut de l'épaule à la queue, court une bande noire formée de petites parties, et qui se divise en deux au-dessus de la croupe. Le *jaguar* a en outre une bande étroite et noire sur la poitrine. Le reste du pelage, c'est-à-dire, la partie inférieure du corps, ainsi que la face intérieure des membres, est d'un assez beau blanc parsemé de beaucoup de taches noires, pleines, la plupart arrondies, quoiqu'irrégulières et grandes. Tel est l'abrégé de la description du *jaguar* donnée par d'Azara, tom. 1, pag. 119. Cet auteur a remarqué dans beaucoup de peaux de *jaguars* quelques variétés dans la distribution des taches, et, dit-il, dans le même individu, elles ne sont point égales ni exactement symétriques ou correspondantes les unes aux autres sur l'un et sur l'autre côté de l'animal.

Le *jaguar* se trouve au Brésil, où il porte le nom de *janouara*; au Paraguay, on le nomme *yagouarèté*; au Tucuman, à la Guiane, au pays des Amazones, au Mexique, et dans toutes les contrées méridionales de l'Amérique.

Sonnini a fait plusieurs bonnes observations sur les habitudes des *jaguars*; il les communiqua à Buffon, qui les inséra dans son supplément à l'article du *jaguar*. « Cet animal, dit-il, n'est pas aussi indolent ni aussi timide que quelques voyageurs, et d'après eux M. de Buffon, l'ont écrit : il se jette sur tous les chiens qu'il rencontre, loin d'en avoir peur ; il fait beaucoup de dégât dans les troupeaux : ceux qui habitent dans les déserts de la Guiane, sont même dangereux pour les hommes. Dans un voyage que j'ai fait dans ces grandes forêts, nous fûmes tourmentés pendant deux nuits de suite par un *jaguar*, malgré un très-grand feu que l'on avoit eu soin d'allumer et d'entretenir ; il rôdoit continuellement autour de nous ; il nous fut impossible de le tirer, car dès qu'il se voyoit couché en joue, il se glissoit d'une manière si prompte, qu'il disparoissoit pour le moment ; il revenoit ensuite d'un autre côté, et nous tenoit ainsi continuellement en alerte ; malgré notre vigilance, nous ne pûmes jamais venir à bout de le tirer ; il continua son manège pendant deux nuits entières : la troisième il revint ; mais lassé apparemment de ne pouvoir venir à bout de son projet, et voyant d'ailleurs que nous avions augmenté le feu, duquel il craignoit d'approcher de trop près, il nous laissa en hurlant d'une manière effroyable. Son cri *hou hou*, a quelque chose de plaintif ; il est grave et fort comme celui du bœuf ».

« Les *jaguars*, dit le même voyageur, sont d'une agilité singulière ; ils grimpent avec beaucoup de légèreté sur les arbres les plus élevés ; j'ai vu au milieu des forêts de la Guiane les empreintes que les griffes d'un *jaguar* avoient laissées sur l'écorce lisse d'un arbre de quarante à cinquante pieds de haut, d'environ un pied et demi de tour, et qui n'avoit de branches que vers sa cime. Il étoit aisé de suivre les efforts que l'animal avoit faits pour arriver jusqu'aux branches ; quoiqu'il enfonçât fortement ses ongles dans le corps de l'arbre, il avoit glissé plus d'une fois, mais il remontoit toujours ; et attiré sans doute par quelque proie, il étoit arrivé au haut de l'arbre ».

On a prétendu ridiculement que les *jaguars* préféroient la chair des naturels du pays à celle des Nègres ou des Européens.

On a dit aussi que le *jaguar* perd son courage lorsqu'il est rassasié, c'est une erreur ; le vrai est, que se trouvant repu, il ne commet plus de dommages, et qu'il fuit au contraire toute rencontre ; et ce n'est pas qu'il manque de force ou de valeur.

La femelle du *jaguar* fait, dit-on, deux petits, dont le poil est moins lisse et moins beau que dans les adultes. La mère les guide dès qu'ils peuvent la suivre ; les protège et les défend, en attaquant même sans calculer le péril. Cet animal fréquente les endroits marécageux et les grandes forêts, en préférant le voisinage des grandes rivières, qu'il traverse en nageant avec adresse et habileté. Il donne la chasse aux veaux, aux génisses, aux vaches et même au taureaux de quatre ans, aux ânes, aux chevaux, aux mulets, aux chiens ou à de moindres animaux, et il les tue d'une manière étrange, parce qu'il leur

ute sur le cou, et qu'en leur posant une patte de devant
sur l'occiput, et de l'autre saisissant le museau, il lève sa vic-
ime et lui brise la nuque en un moment. Personne, dit d'A-
zara, n'ignore au Paraguay, la facilité avec laquelle l'*yagoua-
été* (*jaguar*) traîne un cheval ou un taureau mort, et le
conduit dans les bois.... Il chasse en surprenant, comme le
chat par rapport au rat; quoique très-prompt dans son premier mouvement et sûr de sa proie, il est très-peu léger quand
il faut se retourner ou courir.

Le *jaguar* est féroce et incapable d'être apprivoisé; et ceux
qui l'ont élevé depuis sa tendre enfance, et adouci jusqu'à
jouer avec lui, s'en sont repentis, parce qu'il a toujours donné
la mort à son maître ou à toute autre personne.

D'Azara décrit la manière dont on chasse le *jaguar :* « Il arrive quelquefois, dit-il, que l'*yagouarèté* entre dans un pa-
onal, (lieu rempli de broussailles) ou dans un bois, où l'on ne
peut pas l'enlacer et dont il ne veut pas sortir; il y a des hommes
si téméraires, qu'enveloppant leur bras gauche d'une peau
de brebis non préparée, ils l'attaquent avec une lance d'environ cinq pieds, qu'ils lui enfoncent dans la poitrine, évi-
tant son premier élan avec la peau garnie de laine, et esqui-
vant le corps; ce qui favorise l'animal, car il s'élève sur les
deux pieds de derrière pour se jeter en avant, et se lance d'une
manière droite, ce qui donne le temps de se préparer pour
une seconde attaque, tandis qu'il se retourne. Quelquefois le
lancier est accompagné d'une autre personne armée d'une
fourche de bois, avec laquelle elle réprime et arrête l'*yagouarèté*, lorsqu'il va sauter; mais ceux qui se livrent à ces excès
d'audace, finissent par y succomber. On prend aussi le *jaguar*
au lacet. (DESM.)

JAGUAR, nom vulgaire d'un poisson du genre BODIAN,
Bodianus pentacanthus Bloch. *Voyez* au mot BODIAN. (B.)

JAGUAR DE LA NOUVELLE-ESPAGNE. Buffon
donne ce nom à un quadrupède du genre des *chats*, qui
lui fut envoyé de la Nouvelle-Espagne par M. Lebrun,
inspecteur général du Domaine. Cet animal pouvoit avoir
neuf à dix mois d'âge. Sa longueur, du museau jusqu'à l'anus,
étoit d'un pied onze pouces, sur treize à quatorze pouces de
hauteur au train de derrière. Quoique de pays différens, il y
a une grande conformité entre ce quadrupède et le *jaguar*. Il
y a des différences dans les taches, qui ne paroissent être que
des variétés individuelles; l'iris est d'un brun tirant sur le
verdâtre; le fond des yeux est noir avec une bande blanche
au-dessus comme au-dessous; la couleur du poil de la tête
est d'un fauve mêlé de gris. Cette même teinte fait le fond des

taches du corps, qui sont bordées ou mouchetées de bandes noires. Ces taches ou ces bandes sont sur un fond d'un blanc sale roussâtre, et tirant plus ou moins sur le gris. Les oreilles sont noires et ont une grande tache très-blanche sur la partie externe; la queue est fort grande et bien fournie de poils.

D'Azara pense avec raison que ce prétendu *jaguar* de Buffon, n'est autre chose que le *chibiguazou*, décrit sous le nom d'*ocelot* (*felis pardalis* Linn.) *Voyez* OCELOT. (DESM.)

JAGUAR A POIL NOIR de Pison et de Marcgrave. *Voyez* JAGUARÈTE. (DESM.)

JAGUARÈTE (*Felis discolor* Linn.). Ce quadrupède, très-voisin du *jaguar* par la forme de son corps, en diffère par la taille et par les couleurs; il est plus petit, et son pelage composé de poils courts et lustrés, est d'un noir assez foncé, parsemé de taches encore plus noires.

Le *jaguarète* décrit par Pison et Marcgrave sous ce nom, ou sous celui de *jaguar à poil noir*, a été vu par Sonnini dans les forêts de la Guiane. Il porte, à Cayenne, le nom de *tigre noir*. On dit qu'il est très-méchant et très-carnassier : cependant, il craint l'homme et s'enfuit précipitamment dès qu'il l'apperçoit. (DESM.)

JAGUAROI. *Voyez* JAGUAR. (S.)

JAIHAH, nom abyssin du CARACAL. *Voyez* ce mot. (S.)

JAIRAIN. *Voyez* TZEÏRAN. (S.)

JAIS ou JAYS, ou JAYET. *Voyez* BITUMES. (PAT.)

JAJAMADOU. C'est, à Cayenne, le MUSCADIER. *Voyez* ce mot. (B.)

JAKAMAR. *Voyez* JACAMAR. (S.)

JALAP, *Convolvulus jalapa* Linn., plante dont la racine est communément employée en médecine. Son nom lui vient de *Xalepa*, ville du Mexique, aux environs de laquelle on la trouve. On s'est servi long-temps de cette racine sans connoître la plante qui la fournissoit; Tournefort et d'autres auteurs ont cru mal-à-propos qu'elle appartenoit à une *belle-de-nuit*. (*Voyez* au mot NICTAGE.). Il est reconnu aujourd'hui que le *jalap* est une espèce de LISERON. (*Voyez* ce mot.). Sa racine est fort grosse, d'une forme ovale ou oblongue, compacte, jaunâtre en dehors, blanchâtre en dedans, et remplie d'un suc laiteux; elle pousse plusieurs tiges herbacées et tortillantes, qui s'élèvent, dit Miller, à la hauteur de huit à dix pieds; ces tiges sont garnies de feuilles alternes de différentes formes, mais plus ordinairement en cœur, légèrement ondulées sur les bords, et supportées par de longs pétioles. Les fleurs viennent une à une sur des pédoncules un peu moins longs qu'elles; elles sont axillaires, assez grandes et d'un blanc jaunâtre, et elles produisent des fruits contenant des semences couvertes d'un duvet épais et blanchâtre.

Cette plante étant originaire des contrées chaudes de l'Amérique, ne peut être cultivée en grand que dans celles d'une température analogue. Miller dit que le docteur Houstoun l'avoit introduite à la Jamaïque, où elle avoit très-bien réussi, mais qu'elle y a péri par la négligence de la personne qui avoit été chargée d'en prendre soin et de la propager. Il ajoute que les distillateurs et les brasseurs anglais ayant découvert que sa racine étoit propre à exciter la fermentation, en emploient maintenant dans leur art une quantité considérable, et qu'à raison de cette propriété, jointe à ses propriétés médicinales, cette racine pourroit devenir un objet de commerce national assez intéressant pour fixer l'attention des cultivateurs des Antilles, et même des parties méridionales de l'Europe.

Bosc, qui a cultivé en Caroline un grand nombre de pieds de *jalap*, provenant de graines récoltées par Michaux dans la Floride, adopte complètement ces résultats. C'est à ce naturaliste que sont dus les *jalaps* qu'on voit en ce moment dans les serres du Muséum d'histoire naturelle de Paris, lesquels ont donné lieu à un mémoire du professeur Desfontaine, qui ne tardera pas à être livré à l'impression, et contiendra sans doute beaucoup de faits importans.

En France, on peut élever et conserver ce liseron sans le secours des serres chaudes. On répand ses graines au printemps sur une couche; on transplante ensuite dans des pots les plantes qui en proviennent, et elles sont plongées dans une couche chaude de tan. Leurs racines étant charnues et succulentes, doivent être très-peu arrosées, sur-tout en hiver. Si on leur donne trop d'eau, elles pourrissent. Il faut *les* planter, par la même raison, dans une terre légère, sablonneuse et peu riche. Enfin, on les tient constamment dans la couche de tan de la serre chaude.

C'est de la *Vera-Cruz* qu'on nous apporte la racine de *jalap*, sèche et coupée en tranches. Elle est de couleur grise, inodore, et d'une saveur âcre.

« Une once de cette racine (*Dict. des Jardin.*, *notes.*), soumise à l'analyse, fournit à-peu-près la moitié de son poids d'extrait gommeux, et environ deux scrupules de principe résineux: ni l'une ni l'autre de ces deux substances ne purge bien; la première pousse plutôt par les urines, et la seconde évacue avec trop de violence; de manière qu'il est beaucoup plus avantageux d'administrer cette racine en substance et réduite en poudre, que sous toute autre forme ».

Le *jalap* est un des meilleurs purgatifs connus ; plus doux que la plupart des autres, il peut les remplacer tous ; il agit en petite dose, n'a point d'odeur, et n'est point désagréable à prendre. On peut l'employer dans tous les cas, sans distinction d'âge ni de sexe : sa dose est pour les adultes depuis un scrupule jusqu'à deux, et pour les enfans, depuis quatre grains jusqu'à vingt.

La résine qu'on retire du *jalap* par le moyen de l'esprit-de-vin, est également très-purgative ; mais elle ne doit pas être préférée, comme quelques praticiens le prétendent, à la racine même.

La seule préparation que les Espagnols du Mexique donnent à la racine du *jalap* qu'ils mettent dans le commerce, consiste à la couper en rouelles et à la faire ensuite sécher à l'ombre. (D.)

JALMA ou ZALMA. Les Calmouks donnent ce nom à l'Alagtaga. *Voyez* Gerboise alagtaga. (Desm.)

JALOUSIE, nom que les jardiniers donnent à l'Amaranthe tricolor. *Voyez* ce mot. (B.)

JAMAC, JAMACAII, est le nom que le Carouge porte au Brésil. (Vieill.)

JAMAÏQUE, nom que les marchands donnent à une coquille du genre des *vénus*, qui vient de la Jamaïque. C'est la *venus pensylvanique*, figurée pl. 21, fig. N de la *Conchyliologie* de Dargenville. *Voyez* au mot Vénus. (B.)

JAMAR, coquille du genre *cóne*, figurée sous ce nom par Adanson, planche 6 de son ouvrage sur les coquillages du Sénégal. C'est le *conus germanus* de Linn. *Voyez* au mot Cóne. (B.)

JAMBE, *Tibia*. Dans les insectes, on donne ce nom à la pièce articulée qui se trouve comprise entre la *cuisse* et le *tarse*. Cette pièce varie dans ses formes, suivant les habitudes des insectes : dans ceux qui fouillent la terre, elle est dentelée sur les bords et fait l'office de bèche ; dans ceux qui ne quittent pas les eaux, elle est comprimée et sert de rame : quelques espèces ont la partie inférieure de la jambe dilatée en forme de palette ; d'autres toute garnie de poils ou d'épines, &c. *Voyez* Patte. (O.)

JAMBELONGE. C'est le fruit du *jambosier*. Voyez ce mot. (B.)

JAMBLE, nom vulgaire des *patelles* sur les côtes voisines de la Rochelle. *Voyez* au mot Patelle. (B.)

JAMBOA. C'est le *citron* des Philippines. *Voyez* au mot Oranger. (B.)

JAMBOLIER , *Jambolifera* , arbre de l'Inde , à feuilles opposées, pétiolées, ovales, aiguës, très-entières et vénéneuses, et à fleurs disposées en panicule ou en corymbes axillaires , qui forme un genre dans l'octandrie monogynie.

Ce genre a pour caractère un calice à quatre dents, persistant et très-court ; quatre pétales linéaires, lancéolés, courbés en dehors ; huit étamines, à filamens applatis ; un ovaire inférieur , ovale , velu supérieurement , chargé d'un style filiforme , à stigmate simple.

Le fruit est une baie ovale , oblongue, qui contient une seule semence.

Lamarck avoit jeté du doute sur l'existence de ce genre ; mais Vahl l'a fixé, en figurant, tab. 61 de ses *Symboles* , le JAMBOLIER PÉDONCULÉ ; et Loureiro l'a augmenté de deux nouvelles espèces , le JAMBOLIER ODORANT et le JAMBOLIER RÉSINEUX, qui croissent à la Cochinchine.

On mange les baies de la première ; on emploie comme aromates les feuilles de la seconde, et la décoction des racines de la troisième sert à goudronner les filets des pêcheurs et autres objets qu'on veut garantir de la pourriture. (B.)

JAMBOLOM , espèce de *myrte* qui croît dans l'Inde, et dont on confit le fruit, qui ressemble à une grosse olive, pour le manger avant le repas et exciter l'appétit. *Voyez* au mot MYRTE. (B.)

JAMBON , nom que quelques anciens naturalistes donnoient à la plus grande espèce de *pinne* , à la *pinne ronde* , figurée pl. 8 de la *Conchyliologie* de Gualtiéri , à raison de sa forme. (B.)

JAMBON DE SAINT-ANTOINE. C'est l'*onagraire bisannuelle* , dont les racines se mangent dans quelques endroits. *Voyez* au mot ONAGRAIRE. (B.)

JAMBONNEAU , nom que, par la raison de leur forme, on a donné aux petites espèces de PINNES MARINES (*Voyez* ce mot.). Adanson a aussi appelé *jambonneau* un genre dans lequel il a fait entrer avec une *pinne* , plusieurs MOULES , une CHAME et l'AVICULLE. *Voyez* ces mots. (B.)

JAMBOS. L'on nomme ainsi les enfans d'un sauvage de l'Amérique et d'une *métive* , c'est-à-dire d'une femme issue d'un Européen et d'une Américaine. (S.)

JAMBOS. *Voyez* ci-après le mot JAMBOSIER. (B.)

JAMBOSIER , *Eugenia*. Linn. (*Icosandrie monogynie*.), genre de plantes de la famille des MYRTOÏDES , qui a des rapports avec les *myrtes* proprement dits, et qui comprend des arbres et des arbrisseaux exotiques , dont les feuilles sont entières et opposées, et dont les pédoncules axillaires ou terminaux portent une ou plusieurs fleurs. Chaque fleur a un calice découpé en quatre segmens obtus et persistans, une corolle à quatre pétales, rarement à cinq, un grand nombre d'étamines (trente à soixante), dont les filets attachés à la base du calice portent des anthères sillonnées, et un germe inférieur, fait en forme de poire, surmonté d'un style aussi long que les étamines. Le fruit est un drupe ovoïde ou rond, couronné par le calice, et contenant, dans une seule loge, un ou plusieurs noyaux entourés d'une pulpe plus ou moins charnue.

Ce genre, dont on voit les caractères figurés dans *les Illustrations de Botanique*, de Lamarck, est nombreux en espèces. Ce botaniste en compte près de quarante. Nous ne citerons que celles qui sont remarquables par la beauté de leurs fleurs ou par la bonté de leurs fruits. Dans les six premières qui vont être décrites, les pédoncules sont branchus et soutiennent plusieurs fleurs. Ces espèces sont :

Le Jambosier de Malaca, *Eugenia Malaccensis*. Linn. C'est un arbre qui croît naturellement aux Indes orientales, où il est fort estimé. On le cultive dans les Deux-Indes pour la bonté de ses fruits. Il s'élève à la hauteur d'un beau prunier. Son tronc gros, et revêtu d'une écorce brune ou grisâtre, porte un grand nombre de branches, qui répandent beaucoup d'ombre et forment une belle cime. Elles sont garnies de feuilles ovales, lancéolées, très-entières, longues quelquefois d'un pied. Les fleurs, d'un rouge vif, sont réunies au nombre de cinq ou sept sur des pédoncules latéraux. Les fruits ont à-peu-près la forme et la grosseur d'une poire ; ils contiennent une pulpe blanche, succulente et charnue, qui exhale le parfum de la rose, et dont la saveur, légèrement acide, est très-agréable. Cette pulpe recouvre un noyau assez gros, presque rond et anguleux. La presqu'île de Malaca est, dit-on, la partie de l'Inde où croissent les meilleurs fruits de cette espèce de *jambosier* ; ils sont plus délicats et plus gros que ceux de l'espèce suivante. Avec l'écorce de cet arbre, triturée et infusée dans du petit-lait, on forme une boisson propre à calmer la dyssenterie.

Le Jambosier a feuilles longues, *Eugenia jambos*. Linn., vulgairement le *jamrosade*, le *pommier-rose*. Il est, ainsi que le précédent, originaire des Grandes-Indes, d'où on l'a apporté dans le continent et les îles de l'Amérique. On le cultive à Saint-Domingue. C'est un arbre de la troisième grandeur, qui a un port élégant, et un beau feuillage. Il est presque toujours chargé de fleurs ou de fruits. Ses feuilles ont la forme d'une lance; elles sont unies, et d'un vert foncé et luisant. Lorsqu'on les regarde à la loupe, on apperçoit, à leur surface, de petits points transparens. Ses fleurs grandes, et d'un blanc pâle, sont réunies plusieurs ensemble sur des pédoncules branchus, et forment, au sommet des rameaux, les grappes courtes et lâches; elles ont, comme les fleurs du câprier, un grand nombre d'étamines très-longues, et elles produisent des fruits presque ronds, moins gros et moins estimés que ceux du *jambosier de Malaca*. Ces fruits, d'un blanc jaunâtre, ont l'odeur de la rose; aussi portent-ils aux Antilles le nom de *pommes roses*. On fait, avec leur suc, une limonade délicieuse et très-rafraîchissante. Leur chair est sèche et cassante quand elle est crue; on ne la mange ordinairement qu'en compote; elle est alors douce, savoureuse, et très-agréable au goût.

Les habitans du Malabar ont une grande vénération pour cet arbre, parce qu'ils prétendent que leur dieu Wistnow est né sous son ombrage.

Le JAMBOSIER CARYOPHYLLOÏDE, *Eugenia caryophyllifolia*. Lam., vulgairement le *jambolongue* ou *jamlongue*. Cette espèce est un grand arbre dont les fruits sont également bons à manger. Ses rameaux sont lisses, et de couleur grisâtre. Ses feuilles, ovales et lancéolées, sont portées par un long pétiole, et se terminent en une pointe aiguë. Ses fleurs, presque sessiles et disposées par faisceaux de trois, six ou neuf, forment des panicules lâches aux nœuds des branches, et quelquefois à leur sommet; elles ont trente à quarante étamines, avec un calice comme tronqué. On trouve ce *jambosier* aux Indes orientales, et il est cultivé dans le jardin national de l'Île de France.

Le JAMBOSIER DES MOLUQUES, *Eugenia jambolana*. Lam. Il forme un arbre aussi élevé que le *jambosier de Malaca*; ses feuilles sont ovales, presque obtuses, veinées, et marquées de petits points transparens. Ses fleurs naissent toutes aux parties latérales des branches, en panicules assez serrés; elles ont, comme l'espèce ci-dessus, trente à quarante étamines, et un calice qui paroît tronqué. Ses fruits, d'un rouge pourpre et même noirâtre dans leur maturité, sont presque de la grandeur de nos *olives*, légèrement courbés et ombiliqués à leur sommet. On les confit dans la saumure, ou on les mange crus avec du sel et du poisson; mais le peuple seul s'en nourrit. Cet arbre est commun dans l'île de *Java*, les *Moluques* et les *Philippines*. Ce n'est point le *jambolifera* de Linné.

Le JAMBOSIER A ÉPI, *Myrthus zeylanica*. Linn. Celui-ci

est peu élevé, mais d'un port élégant. Il répand une odeur assez semblable à celle du *citron*. Ses rameaux nombreux sont couverts de feuilles ovales, fermes et luisantes, terminées par une pointe aiguë. Ses fleurs, petites et blanches, naissent en épi à l'extrémité des rameaux, assises plusieurs ensemble sur des pédoncules courts et branchus; elles sont remplacées par des fruits ronds, blancs, et gros comme un pois, remplis d'une pulpe douce et parfumée. On trouve cette espèce dans l'Inde et l'île de Ceylan.

Le Jambosier divergent, *Eugenia divaricata*. Lam. C'est un arbrisseau qui croît à la Martinique et à Saint-Domingue, où on l'appelle *le bois à petites feuilles*. Ses feuilles sont en effet assez petites, ovales et aiguës. Ses fleurs blanches et odorantes, ne sont pas aussi grandes que celles du myrte commun; elles ont cinq pétales, et naissent aux parties latérales des branches, sur des pédoncules axillaires dont les ramifications sont opposées et très-divergentes. Les drupes qu'elles produisent sont ovoïdes, couronnés d'un bleu noirâtre, et un peu plus petits que nos olives; ils contiennent un osselet. Le bois de ce *jambosier* est dur, compacte, rougeâtre, et fort recherché des menuisiers.

Dans les deux espèces qui nous restent à citer, les pédoncules sont simples et à une fleur. L'une est le Jambosier de Micheli, *Eugenia Micheli*. Lam., arbre élevé de douze à quinze pieds, et d'une jolie forme. Sa cime est régulière, arrondie, et présente un grand nombre de feuilles ovales, aiguës, luisantes, d'un vert agréable, et portées par de courts pétioles. Ses fleurs sont blanches et petites; son fruit est rouge, globuleux, et à côtes arrondies; il contient un seul noyau qui entoure une pulpe molle, légèrement acerbe et rafraîchissante. Cet arbre croît aux Grandes-Indes, à la Chine, et dans l'Amérique méridionale, où on le cultive pour l'élégance de son port, et pour ses fruits très-bons à manger. On l'appelle vulgairement *le roussailler*.

L'autre espèce est le Jambosier goyavier-batard de la Martinique, *Eugenia pseudopsidium*. Linn. On le trouve dans les bois montagneux. Il a à-peu-près le port d'un jeune *poirier*; c'est, selon M. Jacquin, un arbre de la troisième grandeur. Ses feuilles sont ovales et lancéolées. Ses fleurs ont des pétales blancs, et naissent aux côtes et à l'extrémité des rameaux. Elles sont remplacées par de petits fruits de forme sphérique, rouges, et formant une pulpe de la même couleur, molle et fort douce.

On multiplie les *jambosiers* par leurs noyaux. Ces arbres ne peuvent être élevés et conservés en Europe, que dans une serre chaude. Ils y fleurissent quelquefois , mais ils n'y fructifient que rarement. Cependant il y a chez M. Lemonnier, à Versailles , un *jambosier* à longues feuilles , ou *pommier - rose* , qui donne des fruits depuis plusieurs années. Le *jambosier* de Micheli , fleurit chaque année au Muséum. (D.)

JAMROSADE ou JAMVERMEILLE. *Voyez* Jambosier. (B.)

JANDIROBE , plante rampante de l'Amérique méridionale. Son fruit contient trois amandes , dont on retire une huile qui est d'un grand secours contre les rhumatismes. On ignore à quel genre appartient cette plante. (B.)

JANFRÉDÉRIC (*Tardus phœnicurus* , Lath. , ordre Passereaux , genre du Merle. *Voyez* ces mots). Le nom de cet oiseau vient du chant du mâle , qui répète sans cesse les trois syllabes qui le composent, mais sur des tons variés. Le cri de la femelle est assez semblable à celui de notre *rouge-gorge*, et semble exprimer *tic-tic.* Cette espèce se plaît dans les jardins , et ne paroît pas craindre l'homme ; on la trouve ordinairement sur les arbrisseaux et dans les buissons; c'est là qu'elle place son nid, à une petite élévation au-dessus de la terre ; elle le compose de mousse, de filamens et de racines ; la ponte est de quatre à cinq œufs, d'un roux clair , semé de petites taches rougeâtres et très-nombreuses au gros bout : sa nourriture ordinaire sont les insectes ; mais elle aime aussi beaucoup les fruits , et sur-tout le raisin. Selon Levaillant, c'est à leur nid que divers *coucous* d'Afrique (le *criard* , le *coucou vert doré*), donnent la préférence pour y déposer leurs œufs.

Le mâle a le front blanc, ainsi que le sourcil ; les yeux sont entourés d'une tache noire ; la gorge, la poitrine, le croupion , et toutes les pennes latérales de la queue , sont d'un roux vif; le dessus du corps est gris-brun olivâtre , plus foncé sur le bout des ailes et sur les deux pennes intermédiaires de la queue ; celle-ci est étagée et pointue à son extrémité. Le bec , les pieds, les ongles , sont cendrés , et l'iris est d'une teinte marron : longueur totale, six pouces et demi.

La femelle est un peu plus petite ; sa poitrine et sa queue sont d'un roux moins vif. Le *janfrédéric*, dans son jeune âge , n'a du roux que sur la gorge ; les plumes de la poitrine sont seulement bordées de cette couleur ; la tête et le derrière du cou sont roussâtres ; ce n'est qu'à la troisième mue qu'il prend sa belle couleur.

Cette espèce est très-commune au Cap de Bonne-Espérance , sur-tout dans les environs de la ville. (Vieill.)

JANIPABA. C'est la même chose que le Genipayer. *Voyez* ce mot. (B.)

JANOUARA, ou **JANOUARE.** Les premiers historiens de l'Amérique ont appelé ainsi le Jaguar. (*Voyez* ce mot.) Cependant M. d'Azara soupçonne que le mot *janouara* est une corruption de *guazouara*, nom que le *couguar* porte au Paraguay. (S.)

JANTHINE, *Janthina*, genre de coquilles qui a pour caractère d'être preque globuleuse, presque diaphane, d'avoir l'ouverture presque triangulaire, avec un sinus anguleux au bord droit.

La coquille qui, seule, forme ce genre, avoit été confondue avec les *helices* par Linnæus. Elle est très-mince, à quatre tours de spire, striée transversalement et longitudinalement, et d'une couleur bleue plus ou moins intense. Son ouverture est presque triangulaire, avec un sinus assez profond à l'angle du côté droit, et une légère échancrure du côté de la lèvre ; sa columelle n'est pas visible.

L'animal qui l'habite a une tête qui paroît demi-cylindrique, mais qui développée montre un corps claviforme, enveloppé par deux membranes ou deux lèvres alongées, presque ovales, ciliées postérieurement. Ces lèvres cachent une bouche ronde, et s'implantent, ainsi que le corps claviforme, par un pédicule très-épais et très-court, sur un col cylindrique encore plus épais et tronqué circulairement.

Forskal dit qu'il a de plus quatre cornes recourbées.

Le pied ne sort jamais en entier de la coquille. Il est plat du côté qui regarde la tête, arrondi du côté opposé. La partie plate est garnie d'une membrane transparente qui se prolonge bien au-delà de son extrémité et qui saille du côté opposé, et qui est composée d'une grande quantité d'utricules d'inégales grandeurs (celles du milieu étant les plus larges) qui se remplissent d'air et se gonflent à la volonté de l'animal.

La liqueur contenue dans le réservoir de la pourpre est bleue, teint de cette couleur toutes les parties de l'animal et la coquille même. Il peut l'évacuer à volonté en assez grande quantité pour colorer l'eau à la distance d'un demi-pied et plus.

J'ai fait des observations sur la *janthine ;* je l'ai dessinée sur le vivant et fait graver, pl. 51 de l'*Histoire naturelle des Coquillages*, faisant suite au *Buffon*, édition de Déterville.

Lorsque la mer est calme, on apperçoit les *janthiniers*, souvent en très-grandes bandes, nager la coquille renversée sur la surface de l'eau au moyen des vésicules aériennes dont il a été parlé. Alors leur tête, qui est située à l'échancrure de la lèvre, est très-saillante, et le pied se porte dans le sinus du côté droit, de manière que la ligne des vésicules forme un angle avec le milieu de la coquille.

Lorsque la mer s'agite, le *janthinier* absorbe l'air de ses vésicules, change la direction de son pied, contracte toutes les parties de son corps, et se laisse couler à fond. Il fait la même manœuvre à l'apparition d'un poisson vorace, et de plus, lâche sa liqueur, qui, obscurcissant l'eau, lui fournit les moyens de se sauver. J'ai remarqué sur des *janthines* que j'avois rassemblées dans un baquet à bord du navire qui me portoit, que cette liqueur ne se reproduisoit qu'après plusieurs heures de repos.

Les *janthines* ne se trouvent que dans la haute mer. Elles sont éminemment phosphoriques pendant la nuit, et leur marche est quelquefois un spectacle brillant. Leurs ennemis sont nombreux, non-seulement parmi les poissons, mais encore parmi les oiseaux, qui les enlèvent avec une grande dextérité, malgré la vivacité qu'elles peuvent donner à leur retraite. La couleur qu'elles fournissent est fort voisine de celle de la pourpre, et pourroit certainement être employée de même à la teinture. Un linge, sans préparation, taché par cette couleur, a conservé une partie de la vivacité de sa nuance. (B.)

JAPACANI (*Oriolus brasilianus* Lath., ordre Pies, genre du Loriot. *Voyez* ces mots.). Ce *troupiale* du Brésil est de la grosseur de l'*étourneau*, et long de huit pouces. Le bec est noir, long, pointu, un peu courbé ; la tête noirâtre ; l'iris couleur d'or ; un mélange de noir et de brun clair couvre la partie postérieure du cou, le dos, les ailes et le croupion ; les pennes de la queue sont noirâtres par-dessus et tachetées de blanc par-dessous ; la poitrine, le ventre, les jambes, variés de jaune et de blanc, avec des lignes transversales noirâtres ; les pieds sont bruns, et les ongles noirs et pointus.

Brisson, en rapportant à ce *troupiale* le *gobe - mouche jaune et brun* de Sloane, a copié l'erreur de ce naturaliste, qui a cru que c'étoit le même oiseau que celui-ci. Montbeillard a jugé que ces deux oiseaux étoient d'espèce distincte, non-seulement d'après leur plumage, mais parce que l'un étoit une fois plus gros que l'autre. Latham et Gmelin ont adopté son opinion, néanmoins ils ont donné le nom brasilien à l'oiseau de la Jamaïque, et ont désigné le vrai *japacani* par le nom très-peu significatif de *troupiale du Brésil*, puisqu'il se trouve plus d'une espèce de *troupiale* dans cette partie de l'Amérique, ce qui jette une sorte de confusion dans leur nomenclature : pour l'éviter, je décrirai celui-ci, ainsi que l'a fait Montbeillard, sous la dénomination de *petit*

Oiseau jaune et brun ; car , d'après la forme de son bec, ce ne peut être un *gobe-mouche*, comme l'a pensé Sloane ; je présume , d'après le peu qu'en dit cet observateur, que ce n'est pas même un *troupiale* , et qu'il est du nombre de cette grande quantité d'espèces étrangères qui demandent de nouvelles observations pour être rangées dans l'ordre qui leur convient. (VIEILL.)

JAPON. C'est ainsi qu'on a appelé un poisson de la mer du Japon , une *perche* de Linnæus, qui aujourd'hui fait partie des *lutjans* de Lacépède. *Voyez* au mot LUTJAN. (B.)

JAPPEMENT , cri ou aboiement du *chien.* (S.)

JAPU. *Voyez* YAPOU. (S.)

JAQUE-PAREL , nom que le *chacal* porte dans le-Bengale , selon quelques voyageurs. *Voyez* CHACAL. (S.)

JAQUES , nom populaire du *geai* dans quelques parties de la France. (S.)

JAQUETTE , l'un des noms de la *pie* en vieux français. (S.)

JAQUIER , *Artocarpus* , genre de plantes à fleurs incomplètes de la monoécie monandrie et de la famille des URTICÉES , dont une des espèces est très-connue sous le nom d'*arbre à pain.*

Ce genre , qui est figuré pl. 744 et 745 des *Illustrations* de Lamarck , a pour caractère des chatons mâles et femelles portés sur le même individu, mais renfermés, chacun séparément , dans leur jeunesse , entre deux écailles caduques. Le chaton mâle cylindrique , épais , entièrement couvert de fleurs nombreuses , sessiles , à calice bivalve , et à une seule étamine fort courte. Le chaton femelle épais et en massue , couvert dans tous les points de sa surface de fleurs sessiles, très-serrées , ayant un calice alongé , prismatique, hexagone, presque charnu , et un ovaire à style filiforme , persistant , terminé par un ou deux stigmates.

Les semences sont en nombre égal à celui des ovaires, aristées à leur sommet , entourées chacune d'un arille pulpeux, enfoncées dans une masse charnue, et formant, toutes ensemble , par leur réunion, une baie ovale , arrondie, raboteuse , et parsemée à sa surface extérieure d'aréoles pentaèdres ou hexaèdres dues à la partie supérieure des calices qui s'est entièrement fermée.

Les *jaquiers* sont des arbres lactescens, dont les rameaux sont terminés par un bourgeon pointu , formé de deux grandes écailles ou stipules caduques, dont les feuilles sont simples, alternes, entières ou découpées ; les chatons axillaires a terminaux, les fruits d'un volume considérable, et situés ordinairement sur les grosses branches, ou sur le tronc, ou à l'extrémité des rameaux.

On en compte cinq à six espèces, dont la plus importante est sans contredit le JAQUIER DÉCOUPÉ, l'*Artocarpus incisa*, dont les feuilles sont ovales, très-profondément découpées et aiguës. Il croît naturellement dans les îles de la mer du Sud, dans les Moluques, les îles Mariannes et à Batavia. Il est actuellement cultivé à l'île de France, à la Jamaïque et à Cayenne, &c.

C'est cet arbre qui fournit le *fruit à pain* ou *rima*. Il s'élève à quatre ou cinq toises. Son tronc est droit et de la grosseur d'un homme; son écorce est grisâtre, gercée ou crevassée, parsemée de petits tubercules; sa cime est ample, arrondie, hémisphérique, et composée de branches rameuses. Les petits rameaux portent les feuilles, et sont marqués de cicatrices circulaires, indicatives des anciennes feuilles. Ces feuilles sont longues d'environ deux pieds, larges d'un, et divisées à leur sommet en sept ou neuf échancrures profondes.

Le fruit est rond ou globuleux, gros au moins comme les deux poings, et souvent comme la tête; verdâtre, raboteux à l'extérieur, avec des aréoles pentagones ou hexagones. Il contient, sous une peau épaisse, une pulpe qui d'abord est très-blanche, comme farineuse et un peu fibreuse, mais qui dans la maturité devient jaunâtre et succulente ou d'une consistance gélatineuse. Cette pulpe est épaisse et couvre de toutes parts un axe ou un réceptacle alongé, épais, fibreux et fongueux. Dans les individus fertiles, on trouve dans la pulpe des fruits, des graines ovales, oblongues, légèrement anguleuses, un peu pointues aux deux bouts, de la grosseur d'une forte olive, et recouvertes de plusieurs membranes; mais par la culture ces graines avortent, et le fruit est entièrement pulpeux. Cette variété est si préférable à l'autre, qu'on la multiplie exclusivement, par drageons, aux îles des Amis et autres lieux où les hommes en font leur principale nourriture.

Lorsque le fruit du *jaquier sans noyaux* est parfaitement mûr, sa pulpe est succulente, fondante, et d'une saveur douçâtre, alors il est très-laxatif et se corrompt facilement; mais avant sa maturité, sa chair est ferme, blanche, comme farineuse, et c'est dans cet état qu'on le choisit pour l'usage ordinaire. Toute la préparation qu'on lui donne consiste à le faire rôtir ou griller sur les charbons ardens, ou bien à le

faire cuire en entier dans un four ou dans l'eau. Alors on l
ratisse et on mange le dedans qui est blanc et tendre comm
de la mie de pain frais , et qui constitue un aliment sain e
agréable. La saveur de cet aliment approche du pain de fro
ment avec un léger mélange de goût de cul d'artichaut ou d
topinambour (*hélianthe tubéreux*). Les habitans jouissen
de ce fruit frais pendant huit mois consécutifs, et pendant le
quatre mois qu'ils en sont privés, ils mangent une pâte fer
mentée et acide qu'ils préparent avec sa pulpe , et qu'il
conservent pour la faire cuire à mesure du besoin.

Dans quelques endroits , et principalement dans les île
Célèbes et les Moluques , les habitans mangent les noyau
même ou les semences du fruit, en les faisant rôtir o
cuire dans l'eau, comme nos châtaignes. Ils leur trouven
une saveur agréable. Ils savent se former des vêtemen
avec sa seconde écorce , c'est-à-dire avec la partie qu'o
nomme le liber. Son bois leur sert à bâtir des maisons
des bateaux, &c. Ses chatons mâles leur tiennent lieu d'ama
dou. Ils enveloppent leurs alimens avec ses feuilles; en u
mot, ils font avec son suc laiteux, épaissi , une excellent
glu pour prendre les oiseaux. Deux ou trois de ces arbre
suffisent pour nourrir un homme pendant l'année entière
et sa culture se réduit, comme celle de nos pommiers
presqu'à rien. Aussi les habitans des pays où il croît en ti
rent-ils d'innombrables avantages , au rapport des voya
geurs qui les ont fréquentés. Cook , le dernier et le plus cé
lèbre d'entr'eux, ne tarit pas sur les éloges qu'il donne à c
arbre , dont le fruit servoit, dans toutes ses relâches à Otahi
et autres îles de la mer du Sud , de principale nourriture vé
gétale à ses équipages, et rétablissoit promptement ses mala
des. Quelles obligations a-t-on donc à ceux qui ont entrepr
de l'introduire dans les colonies de l'Inde et de l'Amériqu
Les Français d'abord, et les Anglais ensuite, ont fait des ex
péditions dans ce but, et elles ont réussi. On le cultive à l'île d
France , des pieds que Lahaye a rapportés de son voyag
dans la mer du Sud : on le cultive également à Cayenne , à
Guadeloupe, à la Jamaïque , et autres colonies d'Amériqu
et il y réussit si bien, qu'il y a lieu de croire que sa culture
fera des progrès rapides. Déjà on en sent les avantages
Cayenne , où le sol lui est on ne peut plus favorable.

On ne finiroit pas, si on vouloit entrer dans toutes les co
sidérations que présente cet arbre, qu'on ne doit pas dése
pérer de voir naturaliser dans les parties méridionales
l'Europe , puisqu'il peut subsister par-tout où l'orang
prospère.

« Les autres espèces de *jaquiers* sont :

Le Jaquier hétérophylle, dont les feuilles sont les unes très-entières, les autres munies de deux ou trois découpures profondes, et dont les chatons mâles sont relevés et garnis à leur base d'un involucre en anneau. Il se trouve dans l'Inde et sur-tout aux Moluques et aux Philippines. On mange la chair et les noyaux de son fruit, mais c'est un aliment grossier et difficile à digérer.

Le Jaquier des Indes, ou le *jaquier proprement dit*, *Artocarpus jaca*, qui a les feuilles ovales, toutes très-entières et le fruit ovale, très-gros. Il vient dans les Indes, et est cultivé à l'île de France. On mange sa pulpe, qui est jaune, et dont le goût est sucré ; on fait rôtir ses graines comme les châtaignes, et elles ont un très-bon goût. Il découle de son tronc une liqueur qui en se desséchant devient une résine élastique semblable au caout-chouc. Gærtner en a fait un genre sous le nom de Sitodion, et Loureiro sous le nom de Polyphème. *Voyez* ces mots.

Le Jaquier velu a les feuilles larges, ovales, très-peu divisées, hérissées en dessous, le chaton mâle pendant, et les bourgeons velus. C'est un très-grand arbre qui croît à la côte de Malabar, et qui vit fort long-temps. Il rend un suc laiteux, plus abondant que dans les autres espèces. Ses fruits, à peine gros comme le poing, sont acides, et se mangent lorsqu'ils sont mûrs. Son bois sert à différens ouvrages de menuiserie. C'est avec son tronc que les Indiens font ces pirogues appelées *mansjous*, dont quelques-unes ont jusqu'à soixante pieds de long sur deux de large, mais qui sont sujettes à la pourriture et aux vers, sur-tout dans les eaux douces. Le bois du précédent a les mêmes qualités et est plus durable.

Le Jaquier dourian, qui a les feuilles entières, glauques, et les fruits couverts de tubercules épineux. Il croît, au rapport de Lahaye, à Java et autres Moluques. Son fruit est rempli d'une pulpe douce, d'une odeur désagréable, que l'on mange à la cuiller, et qui plaît beaucoup aux habitans. (B.)

JARAVE, *Jarava*, plante graminée, vivace, à feuilles rudes et à fleurs disposées en épis, composés d'épillets rapprochés dans leur jeunesse et écartés dans leur maturité, qui forme un genre dans la monandrie digynie. Ce genre offre pour caractère une bale calicinale uniflore et bivalve ; une bale florale d'une seule valve aristée et garnie de longs poils à son sommet ; une étamine ; un ovaire surmonté de deux styles plumeux.

On emploie cette plante, qui est originaire du Pérou, et qui est figurée pl. 6 de la *Flore* de ce pays, à entretenir le feu, à faire des nattes, à couvrir les maisons et à nourrir les bestiaux. Elle se trouve dans les hautes montagnes et fleurit toute l'année. Son nom vulgaire est *ichu*. (B.)

JARDIN. On appelle ainsi toute enceinte où l'on cultive certaines espèces de plantes utiles ou agréables, ou qu'on plante d'arbres propres à donner du fruit ou seulement de l'ombre pendant la chaleur du jour. Il en est de plusieurs sortes, savoir :

Le *jardin potager* ou *légumier*.

Le *jardin à fruit*.

Le *jardin à fleurs*.

Le *jardin de botanique*.

Le *jardin français*.

Le *jardin anglais*.

Ces divisions ne sont cependant rien moins que rigoureuses ; car il arrive presque toujours que le *jardin potager* est en même temps *jardin à fruits et à fleurs*. On a voulu seulement dire, en les indiquant, que chacune exige une culture particulière.

Un *jardin* où on ne cultive des arbres que pour les greffer et ensuite les planter autre part ou les vendre, se nomme une PÉPINIÈRE. *Voyez* ce mot.

Tout *jardin* doit être entouré par des murs, des haies ou des fossés, pour qu'il soit à l'abri de la rapacité des voleurs et de la dent des bestiaux ; mais il en est quelques-uns pour qui les murs sont d'une nécessité absolue, ainsi qu'on le verra plus bas.

Les *jardins potagers* sont les plus communs et certainement les plus utiles. C'est en conséquence ceux qu'on doit soigner davantage, et dont on doit chercher à perfectionner la culture avec le plus d'empressement.

Ces sortes de *jardins*, lorsqu'ils ne sont pas en plaine, doivent être, autant que possible, au bas d'un coteau exposé au levant. Ceux qui sont placés au nord, sont désavantageux sous tous les rapports. Il faut, lorsqu'on en établit, faire attention aux vents dominans et aux moyens naturels d'arrosement, &c. ; il n'est donné qu'à bien peu de personnes de jouir à cet égard de toute la liberté nécessaire, car des circonstances étrangères au *jardin* même, décident presque toujours de sa position.

L'eau, si on peut employer ce terme trivial, est l'ame d'un *jardin potager*. Sans eau, on ne peut avoir ni de beaux, ni de bons, ni de nombreux légumes. Il faut donc s'en procurer à tout prix, soit de source, soit de puits, soit de pluie ;

les localités seules décident ordinairement, mais la dernière est préférable. (*Voyez* au mot Eau.) Les eaux de source et de puits doivent toujours être exposées à l'air dans des bassins plus larges que profonds au moins vingt-quatre heures avant leur emploi, afin de prendre la température de l'atmosphère et de déposer une partie de la sélénite ou de la pierre calcaire qu'elles tiennent fréquemment en dissolution et qui sont essentiellement nuisibles aux plantes, autour des feuilles et des racines desquelles elles se fixent. Un propriétaire éclairé dispose, lorsqu'il le peut, la prise de ses eaux de manière à ce qu'il puisse les conduire par des tuyaux souterrains, dans les différentes parties de son *jardin*, afin qu'on la répande plus facilement et plus économiquement par-tout où il en est besoin, soit avec des arrosoirs, soit avec des pompes, soit enfin avec des tuyaux de cuir. Cette dernière méthode est certainement la meilleure sous tous les rapports; mais aussi c'est celle à laquelle les localités se prêtent le plus rarement.

Il est utile, dans un grand nombre de cas, de mettre des fumiers ou des matières végétales et animales dans les eaux destinées à l'arrosement; mais il n'est pas vrai, comme quelques personnes le prétendent, qu'il soit nécessaire d'arroser toujours avec des eaux ainsi surchargées de graisse et de fétidité. *Voyez* au mot Engrais.

Lorsqu'on n'est point gêné par des propriétés voisines, on donne ordinairement à son *jardin* la forme rectangulaire, comme la plus naturelle et la plus agréable à la vue. On le subdivise, selon son étendue, en un plus ou moins grand nombre de parties, par des allées destinées au passage et aux transports; ces parties portent généralement le nom de *carrés* ou *carreaux*, quoiqu'elles n'aient pas toujours rigoureusement la forme que ce mot indique.

La terre des allées est rejetée sur les carrés, qui se subdivisent eux-mêmes, après leur labourage, en longs parallélogrammes qu'on appelle *planches*, et qui ne doivent avoir qu'une largeur de quatre à cinq pieds au plus, afin que l'on puisse atteindre, des deux côtés, leur milieu avec la main. Ces allées sont ensuite remplies avec de petits cailloux ou des platras recouverts de gros sable, pour qu'on puisse les fréquenter en tout temps sans craindre la boue. On gratte leur surface trois ou quatre fois par an pour détruire les plantes qui tenteroient d'y végéter.

Ordinairement on garnit les bordures des carrés avec des plantes propres à retenir le terrein, telles que l'oseille, la ciboulette, le persil, le cerfeuil, la primprenelle, le fraisier, &c. &c. Quelquefois aussi on emploie le gazon, le buis, la sauge, la sariette, &c. Rarement on l'encaisse avec des pierres, parce que cette opération est trop coûteuse, et n'a d'autre utilité qu'une plus grande propreté. Ordinairement ces bords sont accompagnés d'une plate-bande qui leur est parallèle, et où l'on plante des arbres nains, ou des arbres en éventail, ou des arbres en buissons. *Voyez* au mot ARBRE.

La terre d'un *jardin potager* doit être profonde et très-meuble; aussi, lorsqu'elle n'a pas ces deux qualités, faut-il les lui donner, quoi qu'il en coûte. On y parviendra en la remuant au moins à trois pieds de profondeur, en y transportant des terres sablonneuses ou de la marne, en y répandant annuellement une grande quantité de fumier non consommé, et tous les débris de végétaux qu'on aura à sa disposition.

En général, les légumes qui croissent dans un terrein trop fumé acquièrent un volume qui dispose en leur faveur, mais ils perdent d'autant plus en qualité. C'est pourquoi ceux que l'on mange en Hollande et aux environs des grandes villes paroissent si insipides et souvent même si désagréables aux personnes qui sont accoutumées à faire usage de ceux venus dans leurs *jardins*.

Cependant, on l'a dit depuis long-temps, et le fait est vrai, sans l'abondance des fumiers il n'est point de *jardin légumier*, parce que les plantes qu'on y cultive, et dont l'amélioration est due à la main de l'homme, ne tardent pas à dégénérer, à revenir à un état voisin du sauvage, lorsqu'on ne continue pas à leur fournir cette surabondance de sucs qui les a modifiées d'abord, et dont elles épuisent la terre plus rapidement que celles qui sont dans l'état naturel. Il faut donc mettre du fumier tous les ans, et même quelquefois plusieurs fois dans l'année, mais juste que ce qui est nécessaire. Le fumier de cheval est en général meilleur; cependant dans les terres très-sèches et très-légères, le fumier de vache doit être préferé, parce qu'il les divise moins; ou mieux, leur donne la consistance qui leur manque.

C'est pendant l'hiver ou au commencement du printemps que l'on donne ordinairement les grands labours aux *jardins potagers*; mais un jardinier entendu n'en doit pas laisser en jachère une seule partie, pour peu qu'il soit assuré du débit de ses productions. Il faut qu'il imite les cultivateurs des légumes des faubourgs de Paris, qu'on appelle *maraichers*, c'est-à-dire qu'il laboure et plante un carré ou même une planche de son *jardin* aussi-tôt qu'elle est vide. Par cette méthode, il entretient la terre toujours meuble, ne perd point d'espace et gagne beaucoup de temps.

L'époque des semis, dans les *jardins légumiers*, ne peut être fixée, puisqu'elle varie suivant le climat, les abris, l'état de l'atmosphère, le but du propriétaire et la nature des plantes. En général, elle dure pendant presque toute l'année, c'est-à-dire le temps des gelées seul excepté; mais c'est au printemps que cette opération se fait le plus généralement et avec le plus de succès.

La manière de semer varie selon les lieux et l'espèce des plantes. Elle n'est pas cependant indifférente, car des plantes qui étalent leurs feuilles doivent être moins rapprochées que celles qui ne les étalent point; il en est de même de celles dont les racines doivent être arrachées les unes après les autres; il en est encore de même de celles qui s'élèvent à une grande hauteur, et ont besoin de beaucoup de soleil ou d'air pour acquérir toute leur perfection.

On trouvera aux articles particuliers de chaque plante les notions qu'on pourra desirer sur ces différens objets; ainsi on se dispense de les mentionner ici.

Il est un accessoire des *jardins légumiers* dont on peut se passer à la rigueur dans les parties méridionales de l'Europe, mais qui est indispensable dans celles du nord, toutes les fois qu'on veut cultiver des légumes d'une certaine délicatesse: ce sont les couches. On en distingue, dans ce cas, de deux sortes, les vieilles et les nouvelles. Les premières se font avec les restes de celles de l'année précédente, et sont destinées à recevoir la semence des plantes qui demandent peu de chaleur et un bon terrein. Les secondes sont construites avec du fumier de cheval et de vache mêlé ensemble dans des proportions variables. Elles donnent une chaleur moins forte, mais plus durable que si elles étoient composées uniquement de fumier de cheval. On les emploie pour semer toutes les plantes dont on veut avancer la végétation, et qui, la plupart, doivent être ensuite transplantées à demeure en pleine terre. Ces couches sont couvertes au moins d'un demi-pied de terreau. Leur longueur est indéterminée, mais leur largeur est au plus de cinq pieds pour la facilité des sarclages, serfouissages, &c. Leur hauteur est généralement de trois pieds, dont un ou deux seulement hors de terre.

On place toujours les couches dans la partie du *jardin* la plus exposée au soleil du matin ou du midi, et sur-tout la plus à l'abri des vents froids; on les couvre pendant la nuit, avec des toiles ou des paillassons; certaines espèces de plantes plus délicates, et qui demandent plus de chaleur, restent constamment sous des cloches de verre.

Les châssis sont des couches placées dans des encaissemens de pierre ou de bois, et couvertes d'un vitrage à larges carreaux. C'est une couche renforcée, qui se conduit positivement de même que les couches ordinaires, si ce n'est qu'il faut lui donner de l'air tous les matins, lorsqu'on ne craint pas la gelée, en levant le châssis en tout ou en partie.

Les couches, comme les châssis, se réchauffent en les entourant de nouveau fumier de cheval dans toute sa force.

Les plantes levées, soit sur terre, soit sur couche, doivent être sarclées avec soin, arrosées fréquemment, et serfouies le plus souvent possible. Ces trois opérations influent singulièrement sur leur accroissement et sur leur beauté; aussi n'y a-t-il que les jardiniers paresseux qui les négligent.

L'époque de la journée où il convient d'arroser n'est pas indifférente. Le matin au lever du soleil, et le soir à son coucher, sont les instans les plus avantageux. Lorsqu'on le fait pendant la chaleur du jour, on est exposé à perdre considérablement de jeunes plantes, qui sont saisies par le froid, ou dont les feuilles sont brûlées par les rayons du soleil qui se réfractent dans les gouttes d'eau, qui font, dans ce cas, l'effet d'un verre convexe. La force et le nombre des arrosemens dépend de la nature du terrein, de l'espèce de la plante, et de l'époque de sa croissance. En effet, on sent qu'un terrein sablonneux, qui laisse facilement imbiber ou évaporer l'eau qu'on lui donne, en demande davantage que celui qui est argileux et compacte; qu'une jeune plante dont les racines sont à fleur de terre, souffre plus de la chaleur que celle dont la même partie va chercher l'humidité à plusieurs pouces de profondeur; que celle qui est succulente a plus besoin d'eau que celle dont la contexture est sèche et aride. Les pieds qu'on a transplantés en ont également plus besoin que les autres, attendu que leurs racines ne sont plus disposées de manière à pouvoir remplir leurs fonctions, et qu'il leur faut ordinairement plusieurs jours pour reprendre la position et la direction qui leur conviennent. D'ailleurs, ces arrosemens tassent la terre autour d'elles, et la mettent en contact avec la totalité de leurs suçoirs. *Voyez* au mot RACINE.

Outre ces objets, un jardinier vigilant doit veiller sur les taupes, les courtilières, les larves de hannetons, les chenilles, et autres insectes, les limaces et autres vers, qui tous, séparément ou ensemble, causent beaucoup de dommage aux *jardins.*

Le *jardin fruitier* est celui qu'on consacre le plus particulièrement à la culture des arbres à fruits. Il diffère du *verger*, également destiné à cet objet, parce que les arbres de ce dernier, une fois plantés et greffés, sont abandonnés à eux-mêmes, tandis que ceux du premier sont annuellement palissadés, taillés, ébourgeonnés, &c., et que leur pied est labouré, déchaussé, fumé, &c. *Voyez* au mot VERGER.

C'est à la Quintinie qu'on doit la connoissance des principes qui guident aujourd'hui dans la direction des *jardins fruitiers*, et c'est aux habitans de Montreuil qu'on doit celle de ceux qui méritent la préférence dans la taille des arbres. *Voyez* au mot ARBRE.

L'enceinte d'un *jardin fruitier* peut être, et est généralement, semblable à celle d'un *jardin légumier;* mais comme il est plus important, sur-tout dans les pays du nord, d'y former des abris, pour pouvoir y établir un grand nombre d'espaliers, on doit la fermer avec des murs, en modifier la forme. Celle qui a été proposée par Dumont Courset, dans son excellent ouvrage intitulé le *Botaniste cultivateur*, est un trapèze, dont le plus grand des côtés parallèles, où est l'entrée, est au midi, et dont les côtés divergents sont les plus longs. Il résulte de cette construction, que les espaliers placés le long des murs de ces deux derniers côtés ont, les uns le matin et les autres le soir, le soleil perpendiculaire, et que tous deux l'ont peu obliquement au milieu de la journée, tandis que dans la forme ordinaire les expositions latérales n'ont de soleil que la moitié de la journée.

Dans beaucoup de *jardins* on construit des murs intérieurs parallèles à ceux exposés au midi, uniquement pour multiplier les moyens de placer plus d'espaliers.

Les matériaux dont on construit les murs des *jardins fruitiers* ne sont point indifférens. Les pierres noires sont préférables aux blanches, en ce qu'elles absorbent et conservent mieux la chaleur du soleil. Le plâtre vaut mieux que la chaux, parce qu'il reçoit plus facilement le poli et les clous ; mais on n'est pas toujours le maître de choisir. Les murs en pisai, qu'on peut construire par-tout, seroient les meilleurs, s'il étoit facile de les entretenir en bon état à travers les branches des arbres qui leur sont adossés.

La hauteur de ces murs varie de huit à dix pieds ; rarement en ont-ils moins ou plus. Il est bon qu'ils soient recouverts de tuiles ou de larges dalles de pierre, qui forment une saillie propre à empêcher la pluie de les dégrader.

C'est contre ces murs que l'on place tous les arbres appelés *en espaliers*, c'est-à-dire ceux qui sont les plus délicats, ou dont on veut avoir les plus beaux fruits. Le choix des espèces de ces arbres n'est pas indifférent, car de lui dépend ordinairement le succès de la plantation ; mais il est impossible de donner des régles à cet égard, ce choix dépendant de la latitude du lieu, de son exposition, de la nature du sol; il n'est pas possible d'indiquer des bases positives pour le déterminer. Il faut donc se contenter de dire ici que la meilleure exposition doit être destinée aux abricotiers, aux pêchers et aux poiriers les plus précieux. On trouvera à l'article de chaque espèce d'arbre les notions qu'on peut desirer à cet égard, et au mot ARBRE, celles qu'il est nécessaire d'avoir pour les planter, les tailler dans leur jeunesse, et en général les conduire pendant toute leur vie.

L'intérieur d'un *jardin fruitier* se divise comme celui d'un *jardin potager*, excepté que le long des murs et sur le bord des carrés, il y a toujours une plate-bande qui leur est parallèle, et qui est plantée d'arbres, savoir celle qui est le long des murs de contr'espaliers, et celle qui est autour des carrés, d'éventails, de buissons, de quenouilles, &c. Tantôt, et c'est le plus ordinairement, l'intérieur des carrés est cultivé en légumes, et alors le *jardin* devient potager et fruitier en même temps; tantôt il est planté d'arbres de différentes formes et grandeurs. Quelquefois il est transformé en démi-verger, c'est-à-dire qu'on y sème de l'herbe, excepté au pied de chaque arbre, où on conserve un espace de trois à quatre pieds carrés en état continuel de culture.

Les *jardins fruitiers* ont moins besoin d'eau que les *jardins potagers*, en conséquence il est possible de les établir avec succès dans un plus grand nombre d'endroits. On peut sur-tout profiter des coteaux exposés au levant, et dont la pente est rapide, parce qu'on y établit facilement des terrasses, que les fruits y sont toujours plus savoureux et plus colorés que dans les plaines, et qu'ils sont moins sujets aux accidens atmosphériques.

Ces espèces de *jardins* se contentent de peu de labours; cependant il leur en faut au moins un à la bêche, et cinq à six binages ou sarclages à la houe, par an. Mais lorsqu'on en forme un, il est nécessaire de défoncer le terrein bien plus profondément que pour un *jardin potager*; les racines des arbres, sur-tout lorsqu'on leur conserve le pivot, comme la raison le commande, s'enfoncent et s'étendent bien plus que celles des légumes; aussi un remuement de terre de quatre à cinq pieds de hauteur n'est-il jamais de trop à cette époque; c'est alors aussi qu'il est bon de fumer à fond le terrein, car les engrais annuels doivent être ménagés, comme influant trop, en mal, sur la saveur des fruits. Un propriétaire entendu, préférera même de renouveler la terre au pied de ses arbres, par des enlèvemens faits dans les bois, dans les friches, sur les grandes routes, dans sa cour, &c. Il évitera sur-tout d'y mettre des fumiers trop consommés et fétides. Le meilleur engrais pour les arbres est sans contredit celui qui résulte des cornes, des ongles, ou des poils des animaux ; le seul sabot d'un cheval, par exemple, enterré sous le pied d'un jeune arbre qu'on plante, suffit pour lui servir d'engrais pendant dix à douze ans, parce que sa décomposition est progressive, et qu'elle se ralentit pendant l'hiver, à l'époque où l'arbre n'a pas besoin qu'elle agisse.

Quelques espèces d'arbres demandent à être déchaussés à la fin de l'hiver, pour fournir des fruits hâtifs et abondans ; d'autres, au contraire, demandent à être butés. Tous doivent être débarrassés des lichens qui croissent sur leur écorce, des chenilles qui mangent leurs feuilles, &c.

Quant aux travaux successifs qu'exige chaque espèce d'arbre, on renvoie à leur article particulier et au mot Arbre.

Les *jardins à fleurs* peuvent être placés à toutes expositions, cependant il est bon qu'ils soient abrités des vents les plus dangereux, c'est-à-dire de ceux du nord. Les eaux y sont nécessaires ; mais leur abondance peut être moindre que dans les *jardins potagers*, attendu qu'on ne les emploie guère que dans les très-grandes sécheresses, ou lorsqu'on sème et qu'on transplante les objets qu'on y cultive plus spécialement. Généralement ces jardins sont les plus petits de tous, et c'est principalement dans les villes ou dans leurs environs qu'ils se trouvent. Dans les campagnes on ne les sépare pas des *jardins potagers* ou *fruitiers*, c'est-à-dire qu'on plante dans les bordures des carrés ou carreaux, les fleurs qui plaisent le plus au propriétaire, ou qu'on consacre, sous le nom de parterre, à les recevoir exclusivement, la partie du terrein qui est la plus voisine de la maison. Il paroît même qu'aujourd'hui cette sorte de *jardin*, qui étoit un objet du luxe de nos pères, tombe de mode ; car il est rare qu'on en construise de nouveaux dans les lieux où les progrès des lumières et du goût se font le plus sentir ; les gens riches y donnent la préférence aux *jardins* dits *anglais*.

La forme de l'enceinte des *jardins à fleurs* est soumise aux mêmes considérations que celle des *jardins légumiers* et *fruitiers* ; mais les distributions y varient plus fréquemment, c'est-à-dire y sont presque toujours subordonnées au goût ou au caprice. Cependant on plante ordinairement les fleurs dans des plate-bandes, tantôt parallèles, tantôt imitant des compartimens de toute espèce.

Les *jardins à fleurs* en terrasse ont quelques avantages qui ne doivent pas être négligés.

Quelle que soit, au reste, la disposition des plate-bandes de ces sortes de *jardins*, elles n'ont jamais quatre à cinq pieds de large, sont bordées des deux côtés, soit de dalles de pierre, soit de planches de chêne peintes à l'huile, soit de buis, soit de plantes vivaces à fleurs durables, comme le *statice vulgaire*, l'*œillet plumeux*, &c. et la terre qu'elles contiennent doit être composée et former un dos d'âne saillant, au moins de six pouces, dans son milieu.

La composition de la terre dans les *jardins* des fleuristes est une des opérations qui influe le plus sur la conservation et la beauté des objets qu'on y cultive spécialement. Les plantes à oignons, telles que les *jacinthes*, les *tulipes*, &c., à tubercules, comme les *renoncules*, les *anémones*, &c., demandent une terre très-légère, fortement amendée par des débris de végétaux, mais privée de fumiers ; elles pourriroient dans une terre forte et humide, tandis que les *primevères*, les *œillets*, &c., pousseroient beaucoup en racines dans une pareille terre et très-peu en fleurs ; et en conséquence il leur faut une terre substantielle et souvent fumée.

Pour remplir ces objets, on consacre dans un coin du *jardin* un lieu destiné au mélange des terres. On les prépare deux ans avant de les employer, et pendant cet intervalle on les remue, on les combine au moins quatre fois, c'est-à-dire à chaque automne et à chaque printemps.

Il seroit difficile de donner ici des règles pour guider un amateur dans cette opération, car elle doit varier dans chaque localité, d'après la nature de la terre du *jardin*, et la possibilité de s'en procurer d'autre facilement et sans trop de dépense. On trouvera quelques données à cet égard aux articles des plantes que les fleuristes cultivent le plus habituellement. Il suffira de dire, qu'en général, il faut rendre plus légères les terres fortes, et plus fortes les terres légères. L'expérience est dans ce cas préférable à tous les raisonnemens.

Un *jardin à fleurs* doit avoir des couches et des châssis, pour semer quelques espèces de plantes qui fleuriroient trop tard sans cette précaution, et un local destiné à conserver à l'abri de l'humidité et de la gelée les oignons ou les bulbes des plantes qu'on ne laisse pas en terre pendant toute l'année. Il doit de plus avoir quelques instrumens aratoires de plus que les autres *jardins*, tels que des cribles en fil de fer, ou en bois, et des claies pour passer les terres, des pots de différentes grandeurs pour y placer certaines fleurs, qui produisent plus d'effet sur les gradins, ou celles qui demandent à être rentrées dans l'orangerie pendant l'hiver.

Les gradins dont il vient d'être parlé sont des espèces d'es-

liers en bois, que l'on démonte ordinairement pendant
l'hiver, et qu'on place contre les murs de la maison, ou vis-
à-vis et à peu de distance, et où l'on ne met les pots qu'à l'époque où les plantes qu'elles contiennent sont en fleur, de
sorte que leur aspect change presque tous les quinze jours.
Souvent on couvre les plantes de ces gradins, pendant la plus
grande chaleur du jour, d'une espèce de tente ou de rideau
mobile, qui intercepte les rayons du soleil, et prolonge la
conservation de leurs fleurs. On couvre aussi de la même manière les plate-bandes où sont plantées les tulipes, les jacinthes, les renoncules, les anémones, et autres plantes qu'on
cultive rarement dans des pots. On ôte ou on plie tous les soirs
les toiles, qui doivent être suffisamment éloignées des fleurs
pour que l'air puisse librement circuler autour d'elles.

Plus qu'aucun autre, le *jardin à fleurs* a besoin d'être
entretenu dans la plus grande propreté. Il ne faut pas qu'on
voie une pierre ou une mauvaise herbe dans les plate-
bandes; les allées doivent être ratissées au moins tous les huit
jours; les buis taillés plusieurs fois dans l'année; enfin, tout
doit y être peigné, comme on le dit vulgairement, aussi complètement que possible.

On trouvera les indications sur le temps de semer, de
planter et de soigner les fleurs, aux différens articles qui les
concernent : j'y renvoie le lecteur.

Le *jardin de botanique*, proprement dit, est un espace
consacré à la culture des plantes, uniquement sous le point
de vue de leur étude comme objet d'histoire naturelle; en
conséquence, c'est presque toujours un établissement public
situé dans ou très-près d'une grande ville; mais on appelle
souvent de ce nom les *jardins* où des particuliers cultivent
les plantes indigènes ou exotiques par amour pour la science
ou par goût pour la variété, et alors ils peuvent être placés
dans le sol et l'exposition la plus favorable.

Ces deux sortes de *jardins* sont assez différens pour mériter
chacun un article particulier; les uns et les autres ont besoin
d'être pourvus d'eaux abondantes, le dernier sur-tout.

Les distributions intérieures d'un *jardin de botanique* proprement dit, doivent toutes être subordonnées à trois de
ces parties; savoir, l'*école*, les *couches* simples ou à châssis,
et les *serres*.

On appelle l'*école*, le lieu où les plantes sont rangées à côté
les unes des autres, et où les élèves vont, le livre à la main,
les étudier, les comparer les unes aux autres, et prendre à
leur égard toutes les notions qui peuvent être acquises par le
simple regard, ou au plus la dissection de leurs fleurs et de

leurs fruits. Ce lieu étant destiné à recevoir des plantes de tou
les climats, de tous les sols et de toutes les expositions, ne peu
être approprié aux besoins de chacune d'elles ; mais il fau
qu'il soit, autant que possible, dans une situation intermédiaire qui permette l'application de quelques moyens particuliers de conservation souvent contradictoires dans des distances très-rapprochées.

En conséquence, l'école doit toujours être placée au levan
ou au midi, formée d'une suite de plate-bandes parallèle
d'au-moins deux et d'au-plus quatre pieds de large, lesquelle
auront leurs bords garnis de dalles de pierre, de buis ou d
toute autre chose propre à empêcher l'éboulement des terres
Ces plate-bandes seront en dos-d'âne, défoncées au moin
de trois à quatre pieds, et formées d'une terre composée
moyenne entre les terres appelées *légères* et les terres appelée
fortes, c'est-à-dire une terre analogue à celle dont il a été fai
mention à l'article des *jardins à fleurs*, mais un peu plu
substantielle. Les sentiers qui les séparent auront une largeur proportionnée à l'espace dont on peut disposer, mai
toujours suffisante pour que deux personnes au moins puissen
s'y tenir de front.

C'est dans ces plate-bandes que l'on place les plantes dan
l'ordre qui est indiqué par le système ou la méthode adopté
par le professeur. Ainsi, si on suit le système de Linnæus, l
première plate-bande renfermera les plantes de la monandrie
et la dernière celles de la cryptogamie ; si on suit la méthod
de Jussieu, la première planche contiendra les plantes don
la fructification est imparfaitement connue ou les champi-
gnons, et la dernière celles qui ont plusieurs cotylédons, telle
que les CONNIFÈRES. (*Voyez* ce mot et le mot PLANTE.) L
distance à mettre entre ces plantes est proportionnée à leu
nombre et à l'espace dont on peut disposer ; mais il doit toujours être suffisant pour qu'elles ne se gênent pas réciproquement, non-seulement par leurs tiges, mais encore par leur
racines. Tantôt on met ces plantes dans le milieu des plate-
bandes, tantôt on les met sur les deux bords.

Les plantes d'une école de botanique peuvent être divisée
en cinq groupes ; savoir, 1°. les plantes vivaces qui ne craignent point la gelée, et qui, une fois mises en place, s'y conservent un laps de temps indéterminé sans qu'on s'en occup
particulièrement ; 2°. les plantes annuelles qui doivent êtr
semées tous les printemps en place, et dont il faut avoir soir
de recueillir la graine dans sa maturité ; 3°. les plantes de
campagnes environnantes qui se refusent à la culture, e
qu'on est obligé d'y apporter toutes les années ; 4°. les plante

exotiques vivaces ou frutescentes qu'on est obligé de rentrer pendant l'hiver dans la serre ou l'orangerie, et qui sont en conséquence dans des pots ou dans des caisses ; 5°. enfin, les plantes annuelles qui ont besoin, pour lever, de la chaleur du châssis ou de la couche, et qu'on a également semées dans des pots.

Parmi ces espèces de plantes, il en est d'aquatiques, pour lesquelles on est obligé de faire faire de grands pots, qu'on enterre dans la plate-bande, et où on entretient toujours une certaine quantité d'eau ; d'autres qui demandent une chaleur forte et continuelle, qu'on recouvre de cloches ou de cages de verre ; d'autres qui craignent, au contraire, si fort les rayons du soleil, qu'il est nécessaire, pour les conserver, de les placer derrière des abris demi-circulaires en bois ou en fer. Le jardinier, sur l'indication du professeur, doit donc faire attention à ces différentes circonstances, et se conduire en conséquence.

Dans la plupart des *jardins de botanique*, on met devant chaque plante le nom spécifique, et quelquefois le nom vulgaire qu'elle porte, et par suite le nom du genre à la tête du genre, et celle de la classe ou de la famille à la tête de la classe ou de la famille. Ces noms sont écrits sur des étiquettes d'émail à tige de bois, ou de fer, peint à l'huile. Les uns et les autres de ces moyens sont sujets à des inconvéniens, et il seroit à désirer qu'on en trouvât d'autres.

Les travaux de jardinage proprement dit que demande une école, consistent en un ou deux labourages par an, et un serfouissage tous les mois d'été ; à empêcher les plantes vivaces de s'étendre au-delà des limites qui leur sont fixées, et les arbres de trop s'élever ou trop se garnir de branches ; mais ceux relatifs à l'ordre à entretenir et à la conservation des plantes, sont de tous les momens : aussi un jardinier en chef qui a le goût de son état, visite-t-il son école presque tous les jours, pour voir s'il y a des plantes qui souffrent ou du chaud', ou du froid, ou de la sécheresse, pour récolter les graines qui mûrissent, pour sauver du pillage les plantes rares qui pourroient tenter les desirs cupides des étudians, &c. &c. Au printemps, il met en place les pots qui ont passé l'hiver dans la serre ou l'orangerie, plus tard ceux qui renferment les plantes qui ont levé sur couche. A la fin de l'été, il dépotte et rempotte toutes ses plantes pour renouveler leur terre, pour séparer les pieds ou les œilletons ou les rejetons, ou faire des marcottes. Au commencement de l'hiver, il rentre tous ces objets ; et lorsque les gelées commencent à se faire sentir, il couvre avec des pots renversés ou du fumier non consommé, les plantes restées en pleine terre, et qui peuvent craindre leur action. Il entoure aussi de paille les arbustes qui se trouvent dans le même cas. Les plantes ainsi empaillées doivent être découvertes avec précaution au printemps, car alors la plus petite gelée suffit pour leur causer de grands dommages.

Comme le fumier ou la paille peuvent quelquefois nuire aux plantes ou aux arbustes, soit en les privant d'air, soit en les entretenant toujours humides, soit enfin en déformant leurs branches, il est bon de faire précéder les opérations ci-dessus de la plantation de trois ou quatre bâtons, qui convergent au-delà du sommet de la plante, et autour desquels on place longitudinalement la paille qu'on affermit de distance en distance avec des liens d'osier.

C'est dans le lieu le plus abrité du *jardin*, à l'exposition du levant et du midi, que se placent les couches, les châssis et les serres, qui presque toujours s'accompagnent.

Les premières se construisent comme celles du *jardin* potager, mais s'accouplent ordinairement, c'est-à-dire qu'on en met deux parallèles l'une contre l'autre, de manière qu'il n'y ait qu'un pied d'intervalle. Cet espace est destiné à être rempli de fumier neuf pour les réchauffer lorsqu'elles commencent à se refroidir, et à servir de sentier pour le travail. Ces couches se font presque toujours avec du fumier de cheval pur et sortant de l'écurie, ou du tan : car ici on ne craint point que la grande chaleur qui se développe d'abord nuise aux graines, attendu qu'on les sème rarement sur la couche même, mais dans des pots remplis de terre préparée, qui se rangent les uns contre les autres. Ces pots sont pourvus d'un numéro, inscrit sur une lame de plomb ou sur un morceau de bois applati, lequel numéro correspond à son pareil porté sur le catalogue que tient le jardinier, des noms ou des indications de pays. On arrose presque tous les jours ces pots, le soir ou le matin, mais légèrement, et on les couvre de paillassons lorsqu'on a quelques raisons de craindre la gelée. A mesure que les plantes qu'elles contiennent entrent en fleurs, on les ôte pour les placer à leur rang dans l'école.

A la fin de l'été, on enlève tous les pots dont la graine n'a pas levé, et on les met dans un lieu à l'abri de la gelée, pour être de nouveau placés sur la couche au printemps suivant : car il y a des espèces de plantes qui ne lèvent que la seconde et même la troisième année.

Les châssis sont des couches encadrées dans de la maçonnerie ou dans des madriers, peints à l'huile ou charbonnés dans leur partie intérieure, et recouverts de panneaux de vitrages en recouvrement, dont le bois est également peint.

Le côté postérieur du cadre est plus élevé que l'antérieur, et les côtés sont taillés de manière à faire présenter à ces panneaux, lorsqu'ils sont fermés, une obliquité d'environ 25 degrés, plus ou moins, selon la latitude du lieu.

C'est sous ces châssis qu'on seme les plantes intertropicales, que la chaleur simple de la couche ne suffiroit pas pour faire lever ou pousser avec assez de rapidité, qu'on met sur-tout celles des arbres et arbustes presque toujours plus difficiles à faire germer que les autres ; on y place aussi souvent des plantes exotiques déjà grandes, soit pour les rétablir lorsqu'elles sont malades, soit pour favoriser leur floraison et la maturité de leurs graines.

Mallet, jardinier à Paris, fit valoir, il y a une quinzaine d'années, les châssis à panneaux courbes, comme produisant plus d'effets que ceux à panneaux droits. On ne peut nier que la chaleur du soleil ne s'y concentre davantage, et n'accélère d'autant la végétation des plantes qui s'y trouvent ; mais la dépense de leur fabrication et l'embarras de leur service se ont opposés à ce qu'ils fussent adoptés par la majeure partie des cultivateurs.

Dernièrement un autre particulier a proposé de les tenir constamment à la même température, par le moyen de conduits de cuivre qui circuloient tout autour, et qui contenoient de l'eau chaude renouvelée par un procédé fort ingénieux. Mais l'expérience a prouvé que cette chaleur toujours égale, n'étoit point favorable aux plantes, qu'elle occasionnoit la chute des feuilles, la pourriture, &c.

Un des meilleurs moyens qu'on puisse employer pour améliorer les châssis actuels, c'est de les faire doubles, c'est-à-dire de couvrir celui où est la couche par un plus grand, en laissant un intervalle d'un à deux pouces entre eux. Il est certain que, dans ce cas, la chaleur produite soit par le soleil, soit par la couche, s'accumule, et ne se disperse que fort peu pendant la nuit. *Voyez* au mot CHALEUR.

Il faut, dans tous les cas, préférer les verres légèrement colorés, tels que ceux qui ont reçu un excès de manganèse dans leur fabrication, parce qu'ils absorbent mieux la lumière du soleil. *Voyez* au mot CALORIQUE.

On peut, au lieu de châssis de verre, se contenter de châssis de papier huilé, et même de grandes caisses de bois ; mais alors il ne faut les placer que la nuit, ou dans les gelées, sur les plantes.

Il est indispensable de donner de l'air au châssis pendant le milieu du jour, toutes les fois que l'état de l'atmosphère le permet, et même de l'ouvrir entièrement, lorsque la chaleur

est trop considérable, que le temps est disposé à l'orage, sa~
à le garantir de l'action directe des rayons du soleil ou d'u~
forte pluie, en étendant dessus des toiles très-claires ou d~
claies en osier.

Les couches des châssis n'étant pas exposées aux influences d~
l'air, perdent fort peu par l'évaporation, et doivent être pa~
conséquent arrosées avec modération, et de loin en loin. I~
est difficile de donner des règles à cet égard; mais un jardi~
nier intelligent les remplace facilement par le simple coup~
d'œil.

Les plantes sont au reste, dans les châssis, disposées comm~
sur les couches, et se conduisent à-peu-près de même.

Les *serres* sont destinées à conserver, pendant l'hiver, le~
plantes qu'il y auroit impossibilité de laisser en pleine terre,~
quoique couvertes, à raison de leur disposition à geler ou d~
l'époque de leur végétation. On distingue deux principale~
sortes de serres, les *orangeries* et les *serres chaudes*.

L'orangerie est une chambre plus longue que large, percée~
du côté du levant ou du midi, d'un grand nombre de large~
fenêtres, à doubles châssis, dans laquelle on range, pendan~
l'hiver, toutes les plantes des parties méridionales de l'Europe~
ou des autres parties du monde, qui craignent la gelée, mai~
qui se conservent à un degré de chaleur à peine supérieure~
au zéro du thermomètre de Réaumur.

On n'a, pendant long-temps, employé l'orangerie que pou~
retirer, comme son nom l'indique, les orangers, à la culture~
desquels les gens riches se bornoient autrefois; mais aujourd'hu~
on la garnit généralement d'une grande quantité de végétaux~
Une bonne orangerie ne doit pas craindre, lorsqu'elle est fer~
mée, les gelées ordinaires : dans les gelées extraordinaires, on~
l'en défend par quelques réchauds de braise ou de petits poêles~
que l'on place dans les endroits les plus exposés. On y rang~
les plantes, qui sont toujours en pots ou en caisses, de ma~
nière que les plus hautes soient sur le derrière, et les plu~
basses sur le devant. Sa conduite consiste à ouvrir les fenêtre~
pendant le milieu du jour, toutes les fois que l'état de l'atmo~
sphère le permet; à enlever de temps en temps les feuille~
mortes et toutes les ordures qui se déposent sur les caisses e~
sur le sol; à arroser, lorsque cela devient absolument néces~
saire, mais toujours avec modération, car l'excès de l'humi~
dité est le plus grand fléau des orangeries, et détruit souven~
plus de plantes qu'une forte gelée.

Des couches à châssis que l'on couvre de paillassons pen~
dant la nuit, servent fréquemment d'orangerie dans les *jar*~

dins *de botanique*, et ont souvent plus d'avantages ; mais on
ne peut y mettre que des plantes peu élevées.

Les serres chaudes sont destinées aux plantes intertropicales, qui ont toujours besoin d'un haut degré de chaleur, et
à celles des terres australes, qui fleurissent chez nous à l'époque
des frimas. On y entretient constamment une chaleur supérieure à celle de dix degrés du thermomètre de Réaumur,
par le moyen de poêles, où on allume du feu au moins pendant la nuit. On doit les placer dans un lieu sec et aéré, à
l'exposition du levant ou du midi. On varie beaucoup dans
le mode de leur construction. Dans l'impossibilité d'en mentionner toutes les espèces, on se contentera de la description
de celle de Dumont Courset, à Boulogne, qui paroît remplir
toutes les conditions desirables, description prise dans son
ouvrage déjà cité. Ses proportions, qu'on indiquera rigoureusement, serviront de type pour en construire de plus
grandes ou de plus petites, en les augmentant ou en les diminuant dans les mêmes rapports. Ceux qui voudront des détails
sur plusieurs autres sortes de serres en usage à Paris et ailleurs,
les trouveront dans le nouveau *la Quintinie* et ailleurs.

La longueur de la serre de Dumont Courset, y compris ses
ailes, est de cinquante pieds, et sa largeur de treize dans
œuvre : le mur de derrière a vingt pouces d'épaisseur et quinze
pieds de hauteur ; les murs des côtés ont seize pouces d'épaisseur et celui du devant seulement huit. Ce dernier, qui n'a
que deux pieds de hauteur, porte une sablière, dans laquelle sont implantés douze montans perpendiculaires qui
soutiennent un faîte sur lequel sont assemblés les chevrons du toit ; cet espace entre le dessus du petit mur et le
faîte, est garni de onze vitraux, qui s'ouvrent et se ferment à coulisse, en allant l'un sur l'autre. Le toit, qui est
entièrement vitré, pose donc sur ces chevrons ou poutrelles,
d'un bout sur le faîte de devant, et de l'autre sur celui du
mur du fond. Il a, en conséquence de ces dimensions, une
inclinaison de cinquante-deux degrés sur la perpendiculaire,
ou de trente-huit sur la ligne horizontale, ce qui revient au
même. Le soleil tombe ainsi d'à-plomb sur le toit, dans le
printemps. Le bout des chevrons qui est enclavé dans le sommet du mur de derrière, y est fortement arrêté par des ancres.
Cette circonstance est importante, parce que si les chevrons
n'étoient pas bien solidement fixés en haut, le poids du toit
pousseroit sur le devant, et lui ôteroit nécessairement son
à-plomb. Les poutrelles sont maintenues dans leur direction
par plusieurs traverses. Le toit est composé de vingt-deux
vitraux dont onze supérieurs, et onze inférieurs : les onze

premiers, qui excèdent les inférieurs, doivent rouler dans des rainures à gueule de loup et à noix, sur ces derniers, par le moyen de poulies attachées au faîte, de manière qu'on puisse, dans les jours chauds, donner à la serre l'air salutaire d'en haut. Les carreaux des vitrages sont placés en recouvrement les uns sur les autres, et fixés sur les feuillures par un bon mastic. Le tout doit être solidement construit et hermétiquement fermé.

Cette serre est divisée, dans sa longueur, en trois parties, par deux cloisons qui sont percées d'une porte vitrée ; celle du milieu forme la serre chaude proprement dite, et a trente pieds ; les deux autres forment ce qu'on appelle la serre tempérée.

Le fourneau destiné à chauffer cette serre, est placé en dehors, au coin gauche de la serre chaude et contre la cloison de ce côté ; il est enfoncé en terre de manière que sa voûte est à deux pieds au-dessous de l'aire de la serre. Il a seize pouces carrés sur deux pieds de longueur, et est pourvu en dessous d'une grille et d'un cendrier. Son tuyau de chaleur monte de deux pieds le long de la cloison, ensuite il devient horizontal, borde le devant de l'aire de la serre, s'enfonce en terre, au coin, pour laisser un passage, remonte bientôt sur l'aire, et arrivé au coin de derrière, s'élève d'un à deux pieds sur le sol, pour gagner, en suivant le mur de derrière, la cheminée qui est au-dessus du fourneau ; là est son point de départ. Le tuyau de chaleur fait ainsi le tour de la serre ; il est isolé, c'est-à-dire distant d'environ deux pouces des murs qu'il accompagne. Sa grandeur, sur le devant, est d'un pied de haut sur huit pouces de large ; et sur le derrière, de dix pouces sur six. Il est formé par des briques exactement jointes par un excellent mortier.

Outre ce tuyau de chaleur, ou mieux de fumée, cette serre a un tuyau dont les orifices en dedans et en dehors sont vis-à-vis la place du fourneau : il a six pouces carrés. Arrivé au fourneau, il se divise en deux branches de trois pouces chacune ; l'une entre dans un gros tuyau de fonte qui traverse le fond du fourneau, entre ce dernier et le commencement du tuyau de chaleur, au niveau de la grille : l'autre circule au-dessus de la voûte du fourneau ; ils se réunissent de nouveau à l'autre extrémité du tuyau de fonte ; le tuyau d'air côtoye le tuyau de chaleur jusqu'à ce qu'il devienne horizontal ; alors il passe dessous et l'accompagne dans tout son cours. Les trente-six pouces d'air chaud qu'il contient, entrent dans l'intérieur de la serre par sept orifices, dont deux sur le devant de cinq pouces, un sur la cloison droite de six pouces, deux sur le derrière de quatre pouces, et un de six pouces dans chacune des ailes ou serres tempérées.

La porte d'entrée de la serre est dans le pignon de l'aile gauche; elle donne dans un petit vestibule fermé, pour que l'air extérieur n'entre pas dans l'aile lorsqu'on l'ouvre. L'endroit où est le fourneau est aussi fermé.

Il y a deux manières de disposer les plantes dans les serres; on les place quelquefois dans des pots sur des gradins, de manière qu'elles jouissent toutes également, autant que possible, des bienfaits de la lumière. Les arbustes et les plantes des pays voisins des tropiques, et ceux ou celles des terres australes, se contentent ordinairement du degré de chaleur qu'elles y trouvent; mais celles des pays situés dans le voisinage de la ligne, ont de plus besoin, pour végéter avec succès, d'avoir leur pot dans une couche qu'on peut établir en fumier, mais qu'il est plus avantageux de faire avec du tan, parce que la chaleur s'y conserve plus long-temps, et que les émanations en sont moins nuisibles aux plantes et moins désagréables aux hommes.

Dans la serre de Dumont Courset, la tannée se trouve au milieu de la longueur de la serre chaude, dans une fosse qui a vingt-un pieds de long sur cinq de large et trois de profondeur, et dont les parois sont revêtues de briques de quatre pouces de large. C'est dans cette tannée qu'on enterre les pots, en les disposant comme dans l'orangerie, c'est-à-dire ceux qui contiennent les plus grandes plantes sur le derrière. On la renouvelle ordinairement par moitié deux fois par an; cependant on a reconnu, par expérience, qu'il étoit plus avantageux de ne faire cette opération qu'une fois, au printemps, mais de mettre deux tiers de tan neuf, et de l'employer immédiatement à sa sortie de la cuve.

Il est bon de garnir ces serres chaudes en dehors, à leur sommet, de paillassons ou de toiles roulées, dont on couvre le toit dans les grands froids, à l'époque des orages, et même lorsque le soleil est trop vif en été.

Les serres chaudes demandent à être arrosées souvent, sur-tout pendant l'été, alternativement avec le goulot sur la terre, et avec la pomme sur les feuilles. L'eau qu'on emploie, doit toujours être à la température de la serre, et en conséquence contenue dans un réservoir intérieur placé à un de ses angles. Quant au reste, leur direction est la même que celle des châssis et des orangeries, seulement il faut y mettre encore plus de soin. Il est impossible de prescrire des règles générales pour l'entrée, la sortie, le placement des plantes, pour la conduite du feu, l'ouverture des vitrages, &c. &c.;

toutes circonstances qui varient d'un lieu à un autre, et souvent plusieurs fois le même jour dans le même endroit. C'est de l'expérience du jardinier et de son exactitude à remplir ses devoirs, qu'on doit le plus espérer dans ce cas : celui qui ne craint point sa peine, doit, sur-tout l'hiver, visiter plusieurs fois, le jour et la nuit, les serres qui lui sont confiées; regarder aux thermomètres, toujours suspendus à différentes places, quelle est la température de l'air; tirer le bâton qui est placé dans le tan, pour, à l'aide de la sensation que son extrémité inférieure fait éprouver à la main, juger de celle où se trouvent les pots; examiner si le fourneau est approvisionné de bois, le réservoir d'eau, &c.

Il n'y a pas de doute que si l'on vouloit faire la dépense de mettre un double vitrage aux serres de cette sorte, on obtiendroit un degré de chaleur plus égal et plus durable avec beaucoup moins de feu. La grande serre du Jardin national des Plantes de Paris, qui est devenue meilleure depuis qu'on en a construit une plus petite sur sa longueur antérieure, le prouve évidemment.

Il seroit très-avantageux pour beaucoup de plantes, et encore mieux pour beaucoup d'arbres, d'être plantés en pleine terre dans la serre; mais l'augmentation de dépense qui en seroit la suite, s'y oppose généralement. Je ne connois que le jardin impérial de Schœnburn, près Vienne, où on cultive ainsi un grand nombre d'articles.

Il est encore une espèce de serre chaude plus économique que la précédente, mais qu'on ne peut employer que pour les plantes d'une petite hauteur, c'est celle qu'on appelle *serre à ananas*, du nom du fruit qu'on y cultive le plus habituellement. Elle diffère de la précédente, principalement par son peu d'élévation et la grande obliquité du vitrage qui la ferme en dessus. Ce n'est réellement qu'un grand châssis, devant ou derrière la couche duquel on a creusé un chemin très-étroit. On y descend au moyen d'un escalier, près lequel est placé le foyer, muni d'un tuyau de chaleur circulant, semblable à celui précédemment décrit. Cette sorte de serre qui n'a souvent dans sa plus grande élévation, c'est-à-dire sur son derrière, que cinq à six pieds de haut, conserve beaucoup mieux la chaleur que les autres; en conséquence elle a besoin de bien moins de feu; mais elle est exposée aussi à des inconvéniens plus graves et plus difficiles à prévenir. Ce n'est que par une surveillance de tous les instans qu'on peut espérer d'y conserver des plantes de différentes natures, sans crainte de les voir périr en un instant par un coup de soleil, un développement d'humidité surabondante, &c. Le meilleur usage qu'on en puisse faire dans les *jardins de botanique*, c'est d'y semer les graines de la zone torride, qui y trouvent la température chaude et humide qui leur convient. Les pots y sont au reste disposés dans la tannée comme dans la grande serre.

Les *jardins* où des amateurs instruits cultivent des plantes étrangères, doivent être pourvus de couches, de châssis et de serres, semblables en tout point à celles qui viennent d'être mentionnées ; mais comme le propriétaire n'a pas pour but d'enseigner la botanique, au lieu de ranger ses plantes à côté les unes des autres dans l'ordre de leurs rapports scientifiques, il les place dans celui que la nature du terrein et de l'exposition qu'elles préfèrent lui indique. En conséquence, il n'a point d'école ; mais son enceinte est disposée de manière qu'on y trouve des terreins secs et montueux, exposés aux vents, des vallons gras et humides, des bois sombres, des champs et des prairies, des rochers à toutes les expositions, des eaux dormantes et courantes, c'est un véritable *jardin*, dit *Anglais*, semblable à ceux dont on parlera plus bas. C'est dans ces divers lieux qu'il disperse, à demeure, ses plantes indigènes et même ses plantes exotiques, toutes les fois qu'elles peuvent supporter la température de l'hiver ; c'est encore là qu'il fait successivement placer, après l'hiver, celles de ces dernières qui n'ont pas besoin de rester tout l'été dans la serre. Ainsi ces plantes se trouvant dans des circonstances presque semblables à celles où la nature les a destinées à végéter, ne souffrent point de leur transplantation. Elles poussent avec force ; elles se conservent, et même se multiplient comme dans leur pays natal. Là, on ne trouve point le *populage* sur une colline, ni l'*anémone pulsatile* au milieu d'un marais ; mais la *parisette* se voit à côté du *trillon*, parce qu'ils demandent tous deux une terre forte et ombragée ; là, enfin, les plantes aréneuses ne sont pas dans un sol humide, et les aquatiques sur le sommet d'un monticule de sable, &c. Un grand nombre de plantes, même indigènes, telles que les *orchides*, telles que les *mousses*, qui se refusent à la culture dans les *jardins* ordinaires, peuvent y être introduites avec succès. Mais cette manière de cultiver les plantes, suppose et beaucoup de connoissances et beaucoup de fortune de la part du propriétaire. Elle n'est nulle part en activité en France. C'est en Angleterre, dans les superbes *jardins* de Kew, appartenant au roi, qu'il faut aller jouir des avantages immenses qu'elle présente. On croit, en parcourant ces *jardins*, être dans un pays de féerie, tant la variété et la vigueur des plantes qui s'y voient frappent l'imagination.

Les amis de la belle nature et de la botanique, doivent donc faire des vœux pour que quelque *jardin* du même genre s'établisse autour de Paris, où le climat est doux, et où les sites favorables sont très-multipliés.

Les *jardins*, dit *Français*, sont ceux que faisoient construire nos pères. Ils sont remarquables par la sévère symétrie et le luxe d'apparat qui y règne. Tout y est soumis à l'art. Ils présentent toujours des lignes droites, des allées à perte de vue, des quinconces, des étoiles régulières, des bosquets peignés, des arbres taillés au ciseau, &c. &c. On les compare à une vieille coquette qui doit son faux éclat aux frais immenses d'une toilette raffinée. En effet le premier coup-d'œil de ces *jardins* frappe, mais le second est plus tranquille, et au troisième l'art paroît et le prestige s'évanouit. Aussi s'y ennuie-t-on bientôt, et leurs propriétaires même, leur préfèrent la promenade des champs, où ils trouvent la simplicité et la variété de la nature, et par conséquent des beautés toujours nouvelles.

Ces sortes de *jardins* doivent en conséquence être réservés pour les promenades des habitans des villes. C'est là qu'on peut jouir de leur somptuosité, sans se dégoûter de leur monotonie, parce qu'on n'y va que pour voir ou être vu, et que tout y favorise ce double but. Les *jardins des Tuileries* de Paris, pour ceux dont les bornes sont très-circonscrites, et de Versailles, pour ceux qui ont une très-grande étendue, peuvent être cités comme modèles en ce genre. Il n'est personne qui n'ait été frappé de la grandeur et de la majesté qu'ils présentent lorsqu'on y entre pour la première fois, et de la science qui a présidé à leur plantation lorsqu'on les étudie en détail.

Le Blond, élève de Lenotre, a publié sur la formation des *jardins français*, des préceptes ou des règles générales, qu'il suffira sans doute de rapporter ici par extrait, pour les faire suffisamment connoître. Ceux qui desireront de plus grands détails, les trouveront dans son livre.

L'étendue du *jardin* doit être proportionnée à la grandeur de la maison. Il faut toujours y descendre par un perron de trois marches au moins, d'où l'on découvre la totalité ou au moins la majeure partie de son ordonnance. Un parterre est la première chose qui doit se présenter à la vue. Il occupera les places les plus voisines du bâtiment, soit en face, soit sur les côtés, tant parce qu'il met le bâtiment à découvert, que par rapport à sa richesse et à sa beauté, qui sont sans cesse sous les yeux et qu'on découvre de toutes les fenêtres. On doit accompagner les côtés d'un parterre de parties qui le fassent valoir, comme de bosquets, de palissades, à moins qu'il n'y ait une belle vue à conserver, dans lequel cas on les remplacera par des boulingrins ou des pièces plates.

Les bosquets sont le capital des *jardins*, et on ne peut jamais en trop planter.

On choisit pour accompagner les parterres des bosquets découverts à compartimens, quinconces, salles vertes, avec des boulingrins, des treillages, et des fontaines dans le milieu. Ces accessoires sont d'autant plus précieux près du bâtiment, que l'on trouve tout-à-coup de l'ombre sans l'aller chercher loin, ainsi que la fraîcheur si précieuse en été.

Il seroit bon aussi de planter quelques petits bosquets d'arbres verts ; ils feront plaisir pendant l'hiver, et leur verdure contrastera très-bien avec les arbres dépouillés de leurs feuilles.

On décore la tête d'un parterre avec des bassins ou pièces d'eau, et au-delà avec une palissade en forme circulaire, percée en patte-d'oie, qui conduit dans de grandes allées. On remplit l'espace, depuis le bassin jusqu'à la palissade, avec des pièces de broderie ou de gazon, ornées de caisses ou de pots de fleurs.

Dans les *jardins* en terrasse, soit de profil ou en face d'un bâtiment d'où on a une belle vue, il faut, pour continuer cette belle vue, pratiquer plusieurs pièces de parterre tout de suite, en broderie ou en compartiment, ou par des pièces coupées, qu'on séparera d'espace en espace par des allées de traverse, en observant que les parterres de broderie soient toujours près du bâtiment comme étant les plus riches.

On fera la principale allée en face du bâtiment, et une autre grande de traverse d'équerre à son alignement. Bien entendu qu'elles seront doubles et très-larges. Au bout de ces allées, on percera les murs par des grilles afin de prolonger la vue, et on tâchera de faire coïncider plusieurs allées secondaires à ces mêmes grilles.

S'il y avoit quelqu'endroit qui fût bas et marécageux, et qu'on ne voulût pas faire la dépense de le remplir, on y pratiquera des boulingrins ou des pièces d'eau ; on pourra même y planter des bosquets, en se contentant d'en mettre les allées de niveau avec celles qui y conduisent par des relèvemens de terre.

Après avoir disposé les maîtresses allées, ainsi que les principaux alignemens, et avoir placé les parterres et les pièces qui accompagnent ses côtés et sa tête, suivant ce que demande le terrein, on pratiquera dans le haut et le reste du *jardin*, plusieurs différens dessins, comme bois de haute-futaie, quinconces, cloîtres, galeries, salles vertes, cabinets, labyrinthes, boulingrins, amphithéâtre, ornés de fontaines, de canaux, statues, &c. Toutes ces pièces distinguent fort un jardin, et ne contribuent pas peu à le rendre magnifique.

On doit observer en traçant et en distribuant les différentes parties d'un *jardin*, de les opposer toujours l'une à l'autre. Par exemple un bois contre un parterre ou un boulingrin, et ne pas mettre tous les parterres d'un côté et tous les bois d'un autre ; comme aussi un boulingrin contre un bassin, ce qui feroit vide contre vide. Il faut de la variété non-seulement dans le dessin général, mais encore dans chaque pièce séparée. Si deux bosquets, par exemple, sont à côté l'un de l'autre, quoique leur forme extérieure et leur grandeur soient égales, il ne faut pas pour cela répéter le même dessin dans tous les deux. La variété doit s'étendre jusque dans les parties séparées. Par exemple si un bassin est circulaire, l'allée du tour doit être carrée ou octogone. Il en est de même des boulingrins et des pièces de gazon qui sont au milieu des bosquets.

On ne doit répéter les mêmes pièces que dans les lieux découverts, comme les parterres, où l'œil, en les comparant ensemble, peut juger de leur conformité.

En fait de dessin, évitez les matières mesquines. Il vaut mieux n'avoir que deux ou trois pièces un peu grandes, qu'une douzaine de petites.

Avant de planter un *jardin*, il faut considérer ce qu'il deviendra quand les arbres seront grossis et les palissades élevées. Un plan qui a paru quelquefois beau, et dans les proportions requises, lorsque le *jardin* étoit nouvellement planté, devient quelquefois petit et ridicule par la suite.

Après toutes ces règles générales, il faut distinguer les différentes sortes de *jardin*. Elles se réduisent à trois, le *jardin de niveau parfait*, le *jardin en pente douce*, et le *jardin dont le terrein est entrecoupé de terrasses, de glacis, de talus, de rampes*, &c.

Les *jardins de niveau parfait* sont les plus beaux, soit à cause de la commodité de la promenade dans les longues allées et enfilades où il n'y a ni à monter ni à descendre, soit à raison de l'économie de l'entretien.

Les *jardins en pente douce* ne sont pas si agréables ni si commodes, en ce qu'on y fatigue beaucoup, et que les pluies y forment des ravins et occasionnent des réparations continuelles.

Les *jardins en terrasse* ont leur mérite et leur beauté particulière, en ce que de leur point le plus élevé on découvre tout leur ensemble ; que les pièces des autres terrasses forment autant de différens *jardins* qui se succèdent, et enfin que les eaux semblent se multiplier en tombant d'une terrasse sur une autre. Mais ils sont d'un entretien très-dispendieux.

Les travaux de culture dans ces sortes de *jardins*, n'exigent pas beaucoup de talens dans celui qui les dirige, mais ils demandent beaucoup de bras. Les allées nombreuses et très-larges qui les divisent doivent être recouvertes de sable tous les deux ou trois ans, et grattées cinq à six fois dans un été pour empêcher l'herbe de croître. Tous les arbres de ces allées doivent être taillés au moins deux fois avec le croissant ou les ciseaux, pour conserver à leurs branches la forme et l'alignement qu'on leur a primitivement imposés. Il en est de même des arbres des bords des bosquets et de ceux de leurs allées, auxquels on ne permet pas qu'une branche dépasse une autre. Les buis qui entourent les parterres, et tous les arbustes à fleurs qui les ornent, y sont encore plus sévèrement tondus; car dans ces sortes de *jardins* l'art se plaît à dénaturer la nature, à la contrarier perpétuellement. On a vu des ifs sur-tout, arbres qui autrefois y étoient en grande faveur, et qui supportent facilement la tonte, prendre sous le ciseau les formes les plus compliquées et les plus ridicules, représenter des maisons, des hommes, &c. Quant aux gazons, il faut également qu'ils soient coupés plusieurs fois dans le cours d'un été, mais d'ailleurs on s'inquiète peu de leur beauté et de leur fraîcheur.

Les espèces d'arbres que l'on plante dans les *jardins français*, se réduisent à un très-petit nombre, presqu'au marronnier d'Inde pour les grandes allées, au tilleul pour les petites, et à la charmille pour le bord des bosquets et les palissades. On ne permet aux autres arbres de nos forêts de croître que dans les massifs. Quant aux plantes à fleurs des parterres, elles ne sont guère plus variées. Ordinairement le milieu de chaque plate-bande (qui est formée comme celle du *jardin à fleurs*) contient quelques arbustes taillés en boules ou d'autres formes, entre lesquels sont des touffes de grandes plantes vivaces; des deux côtés sont des plantes vivaces plus petites, entre lesquelles on en place d'annuelles, qu'on renouvelle une ou deux fois dans l'année. Les mêmes espèces se répètent par-tout avec la plus constante régularité.

Les eaux, quelqu'abondantes qu'elles soient, ne fournissent jamais que des pièces d'une petite étendue, d'une forme toujours régulière, ordinairement pourvue, lorsque la localité le permet, d'un jet d'eau dans son milieu, ou bien ce sont des fontaines sortant d'une maçonnerie très-coûteuse, et décorée par des sculptures, des rocailles, des coquillages, &c.; car il n'y a qu'un petit nombre de ces *jardins* où la richesse des propriétaires ait permis d'entreprendre ces grandes cascades et ces jets d'eaux compliqués qu'on admire à Saint-Cloud, et qui ont réellement quelque chose d'imposant par leur effet et par l'idée que l'imagination se forme des dépenses que leur établissement a dû occasionner.

Les *jardins français* sont ordinairement remplis de statues et de vases régulièrement alignés avec les arbres ou placés dans les parterres, et toujours symétriquement, soit pour le lieu, soit pour le sujet. Ces statues représentent presque partout des objets de mythologie ou des allégories, et par conséquent n'ont aucune action sur le cœur, et ne se regardent pas lorsque, comme cela arrive trop souvent, elles n'ont aucun mérite du côté de l'art. Il en est de même des vases avec leurs bas-reliefs et leurs nombreux ornemens. Il n'y a que les étrangers qui y jettent un coup-d'œil.

Mais il est temps de quitter ces *jardins* où l'art surmonte la nature, pour entrer dans les *jardins anglais*, où il ne se présente nulle part, et où, comme dans la campagne, on trouve de vertes prairies, de silencieux bocages, et ici de tranquilles, là de murmurantes eaux; *jardins* où tous les âges de la vie, excepté celui de l'ambition, se promènent avec plaisir, parce que le cœur s'y trouve disposé aux douces affections, et l'esprit à la méditation.

C'est aux Chinois qu'on doit la première idée de ces sortes de *jardins*, qui ont été d'abord imités en Angleterre, d'où la mode en est passée en France et dans le reste de l'Europe. Leur essence consiste à imiter la nature dans toutes ses irrégularités, et à rapprocher les scènes qu'elle présente dans un espace plus ou moins circonscrit. Ainsi une étendue de quelques lieues carrées, prise dans un pays montagneux, arrosé et boisé, ne porte pas le nom de *jardin anglais*, parce que cette étendue est trop considérable pour qu'on puisse la parcourir dans le cours d'une promenade; mais qu'on en réduise toutes les parties, qu'on les imite fidellement dans une enceinte de quelques arpens, c'est un véritable *jardin anglais*.

La perfection de ces *jardins* consiste dans la beauté et la diversité des sites. Pour cela, ils doivent rassembler les objets les plus remarquables de la nature, et les combiner de manière qu'ils paroissent avec plus d'éclat, et que leur ensemble forme un tout agréable et frappant; cependant il ne faut pas qu'on s'apperçoive des efforts que l'art a faits pour arriver à ce but. On doit faire en sorte que tout paroisse à sa place, et que cependant tout excite la surprise. Les lignes droites si estimées dans les jardins français y sont proscrites. On ne voit jamais que ce qu'il faut pour compléter une sensation; mais on dispose l'ordonnance de manière que cette sensation soit suivie d'une sensation opposée. Ainsi en quittant un riant gazon émaillé de fleurs, on trouve, derrière le bosquet qui le borne, un rocher stérile qui menace de sa chute; ainsi, lorsqu'on a traversé l'obscure caverne qu'il renferme, on arrive sur le bord d'un lac dont les eaux pures et tranquilles réfléchissent les rayons du soleil, et peignent à rebours les îles verdoyantes qu'elles entourent; ainsi au milieu d'un bois sombre, on monte insensiblement sur un tertre au sommet duquel est un petit temple à l'amitié, d'où la vue s'étend indéfiniment d'un côté sur une riche campagne, et de l'autre sur de fertiles coteaux; ainsi, enfin, en descendant de l'autre côté du même tertre, on rencontre un assemblage de rochers, d'où tombe une bruyante cascade dont les eaux, après avoir serpenté encore quelque temps sous les arbres, à travers des pierres couvertes de mousses, vont se rendre dans une vaste prairie animée par des vaches mugissantes, et y continuent lentement leur cours.

Un autre artifice qu'il ne faut pas négliger, c'est de cacher une partie de la composition par le moyen d'arbres, de collines, de bâtimens ou de rochers. Il faut exciter continuellement la curiosité du promeneur, lui ménager une surprise, ou laisser à son imagination de quoi s'exercer sans cesse.

Dans les bosquets, il faut varier les formes, même les couleurs des arbres, et les mettre en opposition les unes avec les autres, sans cependant contrarier la nature. On disposera les arbres ou les plantes de manière qu'il y en ait toujours quelques-uns en fleur sur les premiers rangs.

Ces sortes de *jardins*, loin de repousser les statues, en retirent un grand intérêt; mais il faut qu'elles y soient peu nombreuses, et que le sujet soit ou concordant avec le lieu, ou donne matière aux douces rêveries, ou ait un rapport direct avec le propriétaire. Par exemple, une Diane, demi-nue, endormie sur le bord d'une fontaine, sous des arbres élevés, produira un bon effet; un Amour silencieux, placé dans un réduit, au milieu d'un bocage, y joue un rôle convenable; des bustes d'amis, rangés dans un petit temple, y sont vus avec plaisir, même par les indifférens. Les monumens qui rappellent de tristes souvenirs s'y mettent aussi avec avantage. On aime à penser à un père, à une épouse, à un fils, devant l'urne qu'on a élevée à leur mémoire dans un local qui dispose à la mélancolie, ou sur le modeste monument qui recouvre leurs restes. Les inscriptions, soit en vers, soit en prose, lorsqu'elles sont bien choisies, qu'elles parlent au sentiment plutôt qu'à l'esprit, n'y sont pas inutiles, mais il faut les ménager ; sans quoi on manque son but.

On voit, d'après cet exposé, qu'il est absolument impossible de donner des règles, pour construire un *jardin anglais,* applicables à tous les cas. C'est au propriétaire qui a du goût, ou à l'architecte en qui il a confiance, à en dessiner l'ordonnance d'après la localité et la dépense qu'on veut faire. Il est des lieux où, avec fort peu de travail, on peut former des *jardins* de toute beauté, et d'autres où on emploieroit des sommes énormes pour ne rien faire de bon. C'est être fou, par exemple, que de se ruiner, comme tant d'hommes, pour entasser montagnes sur montagnes, roches sur roches, bâtimens sur bâtimens dans une enceinte de quelques arpens ; c'est être ridicule que de multiplier les ponts sur un ruisseau qu'on peut enjamber sans peine ; de creuser des rivières et des lacs, lorsqu'on ne peut disposer que de l'eau d'un puits. Une pelouse irrégulière entourée de quelques bouquets d'arbres où serpentent des sentiers, sera toujours plus agréable dans un petit *jardin* situé en plaine, que tous ces colifichets que la sottise multiplie aujourd'hui à si grands frais dans les maisons de campagne voisines des grandes villes.

La description sommaire d'un *jardin anglais* dans le bon genre fera mieux connoître ce qu'ils doivent tous être, que le détail des règles qu'on doit suivre dans leur formation. En conséquence on choisira celui des environs de Paris qui remplit le mieux son but, c'est-à-dire celui d'Ermenonville, construit par Girardin, et célèbre sur-tout depuis que les restes de J. J. Rousseau y ont été déposés.

Le village d'Ermenonville est situé dans une vallée étroite qui s'étend du Nord au Midi, et dont les hauteurs sont bornées à l'Est par une plaine argileuse fertile, à l'Ouest par des sables arides rocailleux et par une forêt. Une petite rivière coule dans cette vallée.

Le château, bâti il y a deux siècles, est placé au milieu de la vallée, et la grande rue du village passe devant sa face méridionale. La vue dont on jouit de ce château, embrasse la plus grande partie des *jardins*, et se prolonge même bien au-delà du côté du Nord. Il faudroit de longs détails pour en donner une imparfaite idée. J'en ai joui plusieurs fois, et je puis assurer que les éloges qu'on lui a donnés en France et dans l'étranger, ne sont point exagérés.

On sort du château, du côté du Midi, par une barrière qui tient à un pavillon qui sera célèbre à jamais : c'est celui qu'habitoit J. J. Rousseau. C'est là qu'il a terminé sa carrière, et qu'on montre encore sa chambre, ainsi que les meubles et effets qui étoient à son usage. On traverse la grande rue, au-delà de laquelle on voit de grands peupliers qui ombragent la fontaine publique du village. En entrant dans la partie du parc qui est du côté du midi, par une barrière, car là il n'y a de mur nulle part, on suit un sentier qui longe la rivière et qui conduit à une grotte tapissée de plantes rampantes, au fond de laquelle est une cascade, dont l'eau jaillissante brille d'autant plus que le lieu est très-obscur. Un escalier ménagé entre les rochers de la voûte indique la sortie et mène sur le bord d'un grand lac, qui paroît n'avoir d'autres bornes que celles de la vallée et des bois qui l'entourent. On distingue à son extrémité une île plantée de peupliers. Ce lac ajoute un grand intérêt à l'agrément du magnifique paysage qui l'entoure, et son effet est d'autant plus frappant qu'il étoit absolument inattendu.

Les eaux qui sortent du lac pour alimenter la cascade forment un courant qu'on traverse à l'aide de grosses pierres. Le reste de la chaussée, couvert d'une pelouse fine, offre une très-agréable promenade qui se perd sous une voûte de tilleuls, au fond de laquelle sont deux colonnes qui soutiennent un péristile et indiquent l'entrée d'un temple.

Sur la droite, un petit sentier, pratiqué à travers les rochers, ramène au pied de la cascade, s'enfonce ensuite parmi des arbres touffus, suit le cours de la rivière, et conduit à un site disposé dans le genre italien. Arrivé au haut d'un rustique escalier, on peut enfiler une allée régulière, ou entrer dans le bâtiment à deux colonnes. Le rez-de-chaussée de ce bâtiment est une brasserie, et le dessus une grande salle, à laquelle tient un pont de bois qu'on traverse pour gagner la forêt. Là, le chemin se soutient quelque temps à mi-côte sur un terrein âpre et difficile; puis il descend tout-à-coup dans un enfoncement dont les bords sont couronnés de bois et de rochers; il continue ensuite entre les arbres et même a un abri sous un rocher, d'où il se rapproche de la rivière dans un lieu où, resserrée entre des rochers, elle ne forme plus qu'un ruisseau rapide, dont les petites cascades donnent un charme de plus à la fraîcheur de cet asyle.

Là, entre les arbres qui ombragent le cours de la rivière, on apperçoit un autel de forme ronde, que J. J. Rousseau a dédié lui-même à la Rêverie, dans un de ses momens de bonheur méditatif.

Le sentier se continue entre la rivière et le coteau, et conduit à un endroit où la vallée s'élargit un peu, et, où sur une éminence escarpée, on a construit au milieu du bois un ermitage dont la situation solitaire est agréable, mais dont on est bientôt décidé à descendre lorsqu'on a vu à travers les arbres, de l'autre côté de la rivière, qu'on passe sur un pont de bois, l'île des peupliers et le simple monument qui couvroit les restes de J. J. Rousseau, avant qu'on les eût transportés au Panthéon.

Quelles sont douces, les émotions que fait naître en ce beau lieu le souvenir de l'homme célèbre qui y repose ! Combien de jeunes femmes ont versé de douces larmes sur le *banc des mères de famille*, qui est presqu'en face et d'où on jouit le mieux de l'ensemble du tableau ! Je ne puis en ce moment même, après des années passées dans le tourbillon de la révolution, me rappeler sans sentir s'humecter mes paupières, les trop courts instans que j'y ai passés. Mais il n'est point de *jardins anglais* dans le monde, où on puisse trouver un semblable accessoire. Quel écrivain comparer à l'auteur de l'*Émile*, de la *Nouvelle Héloïse* et du *Contrat social* ? Quel est celui qui ait su remuer aussi puissamment le cœur et parler aussi éloquemment à la raison, qui ait eu enfin autant d'influence sur son siècle ?

L'île des peupliers est presque ovale et suffisamment étendue ; sa distance du bord n'est pas considérable. Le style du tombeau est entièrement dans le genre antique, et ses quatre faces sont ornées de bas-reliefs en concordance avec l'homme dont ils rappellent allégoriquement les plus importans bienfaits.

Il faut cependant s'arracher de ce lieu, en exprimant ses regrets ou en gardant un morne silence, et continuer son chemin vers la pointe du lac, où on voit le modeste monument d'un peintre mort au château d'Ermenonville. On arrive bientôt à la petite rivière qui fournit de l'eau à toute la vallée, et le long de laquelle passe un chemin public.

Après avoir traversé le premier pont qu'on rencontre sur la droite, on entre dans un bois d'aunes, où se trouvent un grand nombre de petits ruisseaux, et une pièce d'eau, des bords de laquelle la vue s'étend sur une belle prairie. Sur le devant est une cabane de roseaux, appuyée contre un vieux chêne. On circule ensuite dans la forêt qu'on avoit quittée ; on passe au pied d'un chêne qui porte un trophée champêtre ; on s'arrête à plusieurs endroits dont l'ombrage et la vue invitent à se reposer sur des bancs de pierre ou de gazon, et on arrive à un temple rustique couvert de chaume, et soutenu par des troncs d'arbres encore pourvus de leur écorce. Plus loin est un vieux et superbe chêne isolé, qu'on a consacré à un cultivateur homme de bien, ensuite un petit obélisque dédié aux poètes qui ont chanté le mieux le bonheur des champs, c'est-à-dire à Gesner, Thompson, Virgile et Théocrite.

Le chemin s'enfonce encore plus dans la forêt, et mène à un endroit où une fouille a fait trouver un caveau rempli d'ossemens d'hommes morts dans une bataille du temps des guerres de religion; ce qu'une inscription rappelle.

En général, il y a beaucoup, et même beaucoup trop d'inscriptions, dans ces *jardins*. On en trouve à chaque pas. Cette profusion fatigue. Encore si elles étoient toutes comme celle qui est sur le chemin aux approches du château!

> Ici l'aimable nature,
> Dans sa douce simplicité,
> Est la touchante peinture
> D'une tranquille liberté.

Ou celle qui est sur le banc *des mères de famille*, vis-à-vis de l'île des Peupliers, et qui a trait à J. J. Rousseau.

> De la mère à l'enfant il rendit les tendresses;
> De l'enfant à la mère il rendit les caresses;
> De l'homme à sa naissance il fut le bienfaiteur,
> Et le rendit plus libre, afin qu'il fût meilleur.

Mais la plupart tendent trop à indiquer des prétentions à l'esprit, ou ont un rapport trop forcé avec l'objet qu'elles veulent indiquer. Beaucoup sont en grec, en latin, en anglais ou en italien, ce qui les rend inutiles pour la plupart des promeneurs. On descend ensuite à l'ermitage déjà cité, dont l'extérieur est accompagné d'un *jardin* enclos, et l'intérieur meublé selon la convenance: de là on remonte, par un petit vallon, sur un sommet où est situé le temple de la philosophie. Cette fabrique, qu'on découvre de presque par-tout, et qui de loin fait toujours un très-bel effet, domine sur tout le pays. C'est une rotonde soutenue par six colonnes d'ordre toscan. Elle est dédiée à Montaigne, et chacune de ses colonnes porte une épithète caractéristique et le nom d'un des soutiens de la philosophie moderne; savoir: de Newton, Descartes, Voltaire, Penn, Montesquieu et J. J. Rousseau.

On apperçoit autour des morceaux d'entablement, des chapiteaux, des colonnes, et autres objets censés destinés à continuer ou à augmenter ce temple, lorsque d'autres génies privilégiés viendront encore éclairer le monde.

On s'éloigne de ce monument dont l'idée est grande et même sublime, et on descend à travers le bois, dans une place circulaire voisine du château , et attenant au grand chemin, où est un gros hêtre entouré d'un échafaud. C'est sur cette place que dansent les habitans aux jours de fêtes. On y a construit un grand hangar en planches où ils se retirent lorsqu'il pleut.

Arrivé là, on a fini de parcourir toute la partie méridionale du *jardin* d'Ermenonville. Pour entrer dans la partie septentrionale, on s'enfonce dans une futaie, où le premier objet qui frappe les regards est un autel carré, sous un chêne antique. Une inscription apprend que ce lieu est destiné à rappeler la religion de nos pères, non pas de nos pères des derniers siècles, mais de nos pères les Gaulois, avant qu'ils fussent asservis par les Romains. Plus loin est une baraque construite avec des souches, et sur la porte de laquelle on lit : *Le charbonnier est maître chez lui.*

Le désert où on entre ensuite est un terrain sablonneux et inculte fort étendu, d'où l'on voit à gauche des coteaux parsemés de rochers, plantés de pins, de bruyères, de genêt, &c. A droite, une grande étendue d'eau, différente du lac où est l'île des Peupliers, et devant, une perspective sans bornes, où une abbaye éloignée figure avantageusement.

Cette partie d'Ermenonville est, par la nature du sol, en contraste perpétuel avec ce qu'on a vu ci-devant et ce qu'on verra ensuite ; de sorte que les sensations qu'elle fait naître sont fort différentes. On traverse un petit bois de pins, et on monte sur une hauteur, où est pratiquée une grotte ceintrée, soutenue par un pilier. Après avoir fait encore beaucoup de chemin dans un terrain rocailleux et très-pittoresque, on arrive à une vallée sablonneuse, de là, à travers des rochers de grès, au sommet de la montagne. Sur ce sommet s'élève une maison couverte de chaume, et bâtie de gros morceaux de rochers. Elle est dédiée à J. J. Rousseau. Là, on jouit d'une vue extrêmement étendue, mais d'un tout autre genre que celle du temple de la philosophie.

En descendant cette montagne, on est conduit sur le bord du lac déjà indiqué plus haut, et on y trouve un banc ombragé par des aunes, des rochers, dont les eaux baignent le pied, dont le sommet est couvert de sapins, et les interstices parsemés de rosiers et autre arbustes. Ce lieu porte le nom de *Monument des anciennes amours.* Il fait allusion aux rochers de Meillerie, et à la promenade que Julie, après son mariage, y fit avec St. Preux. De nombreuses inscriptions mettent sur la voie.

De là, on peut continuer la promenade sur le bord de l'eau, ou la reprendre sur les hauteurs. Dans le premier de ces deux cas, on arrive à un endroit où la rivière sort du lac, où traverse une chaussée qui le sépare d'une autre pièce d'eau plus petite, et où est une baraque qu'on appelle la *Maison du pêcheur*. On jouit, en cette maison, de deux vues bien différentes ; l'une au midi, sur le lac et les *jardins* ; l'autre au nord, sur la campagne et l'abbaye.

En quittant la maison du pêcheur, on entre bientôt dans un bois planté sur une côte ; et à la suite d'un assez long chemin, après avoir passé près le *Banc des genévriers*, après avoir traversé le *Bois des rossignols*, et une route publique, avoir joui des nombreux points de vue qu'on y rencontre, on rentre dans le parc, à l'endroit où le trop plein de la rivière vient former une cascade sous un petit pont : non loin de là est une fabrique cachée sous des peupliers. Elle n'est qu'un regard ; mais elle est ornée d'une urne et d'une porte, et a été appelée le *Tombeau de Laure*.

Après avoir traversé une grande étendue de prairies, on arrive à un joli bois d'aunes, qu'on appelle le *Bocage*. L'entrée en est annoncée par un bâtiment dédié aux Muses. On s'arrête ensuite avec ravissement à l'entrée d'une grotte sur un banc de mousse, vis-à-vis le bassin d'une eau claire et limpide, du fond duquel sortent sept sources. Rien de plus frais que ce réduit ; on s'en arrache avec peine, pour continuer de marcher le long du ruisseau, afin d'arriver à un petit monument dans le genre antique, construit sous un saule pleureur, et sur lequel est écrit : *Ici règne l'amour.* Le même sentier conduit en tournoyant sur le bord du lac, où un bateau, de l'espèce appelée *Va et viens*, parce qu'on le conduit soi-même, au moyen d'une double corde, vous amène dans une île peu éloignée, au pied d'une tour, accompagnée d'une petite maison.

Cette tour a, dit-on, été construite par Gabrielle d'Estrées, qui a habité à Ermenonville. De nombreuses inscriptions y rappellent ses amours. On voit à la porte, en nature, et disposées en trophée, les armes de Dominique de Vic, à la même époque seigneur de cette terre. On y jouit d'un grand nombre de beaux points de vue ; mais je m'y suis déplu, probablement à cause des idées immorales que j'avois été forcé d'y prendre, et qui contrastoient trop avec celles qu'avoient amenées les scènes antérieures : du reste, c'est une jolie fabrique.

En quittant l'île de Gabrielle, on traverse une prairie, et un sentier qui, tournant autour des potagers, ramène au château, au point d'où on étoit parti.

Tels sont les principaux objets qui frappent dans les *jardins* d'Ermenonville ; mais il en est une infinité d'autres qu'on ne peut décrire, et qui cependant se sentent vivement. Il faut les voir pour les apprécier. Ce n'est pas qu'on ne puisse leur faire quelques reproches; mais ceux qui s'occupent de les critiquer, lorsqu'ils s'y promènent, ne sont point propres à jouir des beautés qu'ils présentent. C'est pour les ames sensibles, les vrais amans de la nature, qu'ils sont faits.

Il est, dit-on, en Angleterre, des *jardins* plus beaux que celui d'Ermenonville. On cite particulièrement le *jardin de Stowe*, qui a quatre cents arpens, et, qui, par conséquent, est beaucoup plus grand.

La plantation mécanique des *jardins anglais* demande des connoissances assez étendues en histoire naturelle, sur-tout depuis qu'on y a introduit un grand nombre d'espèces d'arbres étrangers. Il faut savoir quel sol et quelle exposition conviennent à tel arbre, pour ne pas être exposé à le voir périr, et par conséquent à faire des dépenses superflues. Il faut ne pas ignorer quelle est la hauteur à laquelle il parvient ordinairement, pour fixer la place où il doit être. Il faut pouvoir apprécier l'effet que produira la disposition de ses branches, la couleur de ses feuilles et de ses fleurs, relativement aux arbres voisins, et même à l'intention locale. Il faut enfin faire attention à un grand nombre de considérations de diverses sortes, qu'il seroit trop long de détailler, et que même on sent le plus souvent sans pouvoir les rendre. Il est donc donné à peu de personnes d'en savoir diriger en même temps la composition et la plantation.

En général, plus on introduit d'espèces d'arbres ou de plantes dans un *jardin anglais*, et plus on le rend agréable. Le plus séduisant de tous est certainement le *jardin de Kew*, dont on a déjà parlé, et il doit sa supériorité principalement à la grande variété qu'on y observe sous ce rapport. Le *jardin de Trianon*, qui lui étoit si inférieur de toutes manières, a pu cependant en donner une légère idée à ceux qui l'ont vu dans toute sa beauté.

Après les bosquets, ce sont les gazons qui doivent être les plus soignés. C'est de leur fraîcheur que les *jardins anglais* tirent leur plus beau lustre. Ils seront en conséquence formés d'une seule espèce de graminée. Il faut les tenir le plus garnis possible, et en conséquence les tondre souvent pour les faire tasser davantage, et les arroser toutes les fois que l'absence des pluies le rend nécessaire. La plante qu'on emploie le plus communément, quoique ses larges feuilles la rendent inférieure à plusieurs autres, est l'*ivraie* vivace, le *ray-grass* des Anglais. Aussi doit-on, dans les terreins secs sur-tout, lui préférer les différentes espèces de Canches. *Voyez* ce mot.

On ne parlera pas des eaux, qu'on peuplera autant que possible de poissons, et les bosquets d'oiseaux, ni des fabriques de pierres ou de bois, parce que cela mèneroit beaucoup trop loin, et qu'on est obligé de se borner. C'est, on le répète, au propriétaire à tirer parti de son local avec le plus d'avantage et le moins de dépense possible. Il remplira ces deux buts lorsqu'il ne s'écartera pas de la nature, et qu'il consultera le bon goût.

Les *jardins anglais* une fois plantés, ne demandent, comme les *jardins français*, qu'un jardinier ordinaire en chef, et des hommes à la journée, dans les temps des grands travaux. Son entretien consiste principalement à tenir propres, par plusieurs grattages annuels, les allées et les sentiers; à tondre les gazons avant que les herbes qui les composent fleurissent, à couper les branches mortes des arbres et des buissons, et celles qui gênent les passages ou nuisent à l'effet de l'ensemble; enfin à réparer tout ce qui se dégrade. (B.)

JARDIN (*fauconnerie.*), lieu où l'on expose les oiseaux de vol au soleil pendant la matinée. Cette opération s'appelle *jardiner*. (S.)

JARET. On donne ce nom, à Toulon, à une petite espèce de *spare*, voisine de la *mendole*. Voyez au mot SPARE. (B.)

JARGON. C'est le nom que les joailliers donnent à une espèce de pierre précieuse qui vient de Ceylan. Quelques étymologistes, beaucoup trop ingénieux, ont prétendu qu'elle a été ainsi nommée parce qu'elle *jargonne* le jeu du diamant. Mais dans les étymologistes, comme dans beaucoup d'autres choses, trop de raffinement écarte toujours de la vérité. Le nom de *jargon* est tout simplement le nom que donnent à cette pierre les habitans de Ceylan, prononcé à la française; les Anglais l'écrivent *zircon*, et le prononcent à-peu-près *jerkonn*, d'où nous avons fait *jargon*.

Le *jargon* ou *zircon* de Ceylan paroît différer assez peu de l'*hyacinthe* d'Europe, excepté pour la forme; celle du *jargon* est ordinairement un prisme rectangulaire, quelquefois très-court, dont les pyramides, très-obtuses, sont à quatre faces, qui répondent à celles du prisme. Je possède plusieurs centaines d'*hyacinthes* du Puy en Velay; aucune n'a cette forme, mais seulement celle où les faces des pyramides sont rhomboïdales. Cette pierre a la propriété de perdre sa couleur au feu, sans rien perdre de sa limpidité, et quand elle est taillée elle a un jeu assez agréable. *Voyez* HYACINTHE. (PAT.)

JAROSSE. C'est une variété de la *gesse commune*, qu'on cultive dans quelques parties de la France. *Voyez* au mot GESSE. (B.)

JARRAFA. On donne ce nom à l'*alose* sur la côte d'A-
frique. *Voyez* aux mots ALOSE et CLUPÉE. (B.)

JARS, le mâle dans l'espèce de l'OIE. *Voyez* ce mot. (S.)

JARSETTE. *Voy.* GARSETTE. (S.)

JASEUR (*Ampelis garrulus* Lath., ordre des PASSEREAUX,
genre du COTINGA. *Voyez* ces mots.) Brisson a rangé cet
oiseau parmi les *grives*. Montbeillard l'en a séparé avec raison,
ainsi que Linnæus ; mais ce dernier l'a associé avec les *pie-
grièches*, dont il n'a ni les caractères méthodiques ni les habitudes ; enfin, Latham et Gmelin en font un *cotinga*. Est-il
mieux placé ?

Cette espèce est erratique, et l'on n'est pas d'accord sur
son pays natal ; on a supposé qu'elle habitoit la Bohême,
d'où lui sont venues les dénominations de *jaseur de Bohême*,
de *geai de Bohême* et d'*oiseau de Bohême*. Mais l'on sait
qu'elle n'y fait que passer comme dans beaucoup d'autres
contrées. Quoique le *jaseur* soit rangé parmi les oiseaux de la
Grande-Bretagne, on ne l'y voit que très-rarement ; il se
montre quelquefois en France, mais ce n'est qu'au fort de
l'hiver et lorsqu'il est très-rigoureux. J'en ai tué deux dans les
environs de Rouen, un en 1776 et l'autre en 1788. Ces
oiseaux, selon Latham, paroissent tous les ans en grand
nombre dans les environs d'Edimbourg, et disparoissent au
printemps ; ils fréquentent très-rarement l'Italie, où autrefois on les voyoit arriver en volées assez considérables ; ils
passent en grand nombre dans diverses contrées de l'Allemagne, mais ils n'y restent pas pendant l'été ; l'on ne sait pas
au juste dans quel pays ils nichent ; les uns disent que c'est
dans les environs de Pétersbourg ; Linnæus assure qu'ils font
leur ponte dans les pays au-delà de la Suède, mais l'on n'a
aucuns détails sur cette ponte et sur tout ce qui la concerne.
Au reste, ils ne suivent pas, dans leurs migrations, la même
route, et ne visitent pas tous les ans les mêmes pays ; on ne les
voit ordinairement que tous les trois ou quatre ans, et même
dans certains endroits il y a des intervalles de six à neuf années.
L'espèce est répandue jusqu'en Sibérie et dans d'autres contrées boréales de l'Asie ; elle y est même assez nombreuse.
Elle se nourrit de diverses baies, de raisins et d'autres
fruits ; à leur défaut elle mange toutes sortes d'insectes ; car
le *jaseur*, d'un naturel gourmand, n'est pas difficile sur sa
nourriture ; mais il ne touche point aux graines, à moins
qu'elles ne soient concassées. Il s'accoutume promptement à
la cage, et ne paroît point regretter sa liberté pendant les premiers mois ; mais lorsque les beaux jours indiquent le temps
de son départ, il s'inquiète, et s'il ne trouve point d'issue

pour la recouvrer, il s'abandonne à l'ennui et au dégoût, dessèche et périt.

Les *jaseurs*, hors le temps de la ponte, aiment à vivre en société, se réunissent en grandes troupes, y restent pendant tout l'hiver et une partie du printemps : ceux qu'on voit seuls à ces époques, sont des oiseaux égarés. Etant d'un naturel stupide, ils se laissent approcher de très-près, et donnent dans tous les piéges ; il n'est guère d'oiseau plus silencieux, quoique leur nom indique le contraire ; ils font seulement entendre de temps en temps un cri assez foible, qui semble exprimer les syllabes *zi*, *zi*, *ri*. Peut-être, dans la saison des amours, ont-ils le chant très-agréable que leur donne le prince Aversperg ; mais il est certain que le *jaseur de l'Amérique septentrionale* n'en a dans aucun temps.

Une bande noire borde le bec, descend sur la gorge et entoure les yeux, dont l'iris est d'un beau rouge ; les plumes de la tête sont longues, effilées, et composent une huppe que l'oiseau redresse très-souvent ; la teinte vineuse qui les colore est plus ou moins foncée sur la tête, le cou, le dos, la poitrine et le ventre ; un joli cendré couvre le croupion et les couvertures supérieures de la queue ; le bas-ventre est blanchâtre ; les couvertures qui recouvrent les pennes des ailes sont noirâtres ; les premières et quelques-unes des dernières, ont leur extrémité blanche du côté extérieur ; d'autres sont terminées de jaune ; cette même couleur frange le bout des pennes de la queue, qui sont cendrées à leur origine et noirâtres dans le reste de leur longueur ; plusieurs des secondaires sont terminées par des lames plates de couleur rouge ; ces oiseaux ont plus ou moins de ces palettes ; on en compte jusqu'à huit ; leur nombre n'est pas quelquefois le même sur les deux ailes de certains individus, et d'autres n'en ont point du tout. Ceux-ci sont regardés comme des femelles ; on ajoute encore à cette distinction des sexes, qu'elles n'ont point de taches jaunes aux ailes ; mais la différence qui distingue le mâle de la femelle, est peu connue. Le bec et les pieds sont noirs, et la longueur totale est de sept pouces et demi.

Le Jaseur d'Afrique a ailes rouges (*Red Winged chatterer* Lath.). Cet oiseau est de la grosseur de l'*alouette*, et a sept pouces de longueur ; le bec est noir, échancré à sa pointe, et long de neuf lignes ; les plumes du front s'avancent jusque sur les narines ; son plumage est généralement coloré d'un noir bleu, avec des reflets de couleur d'acier poli, excepté les petites couvertures des ailes, qui sont d'un très-beau rouge ; la queue a trois pouces neuf lignes ; les pieds sont noirs. Latham, qui a décrit cette espèce d'après un individu qui est dans le Muséum britannique, dit qu'elle se trouve en Afrique.

Le JASEUR DE LA CAROLINE (*Ampelis garrulus* Var. Lath., pl. imp. en couleurs, de mon *Hist. des Ois. de l'Amérique septent.*). Ce *jaseur américain* n'a que cinq pouces di lignes de longueur ; le bec est noir ; la huppe, le dessus de la tête et du cou sont d'un gris roux, mais la teinte est plus foncée sur cette dernière partie ; une bande noire couvre le front, descend sur les côtés, enveloppe l'œil et se termine sur les joues ; cette couleur se trouve encore sur la gorge ; le croupion est gris-ardoisé, ainsi que les pennes des ailes, dont la bordure extérieure est d'une nuance plus claire ; les secondaires les plus proches du corps sont de cette dernière teinte à l'intérieur ; la queue est pareille aux ailes et terminée de jaune ; une ligne blanche borde la mandibule inférieure et s'étend jusque sous l'œil ; la poitrine est d'un gris roux ; le ventre gris jaunâtre ; le bas-ventre et les couvertures inférieures de la queue sont gris blancs ; les pieds noirs ; l'iris est noisette ; les appendices rouges de l'extrémité des pennes secondaires varient en nombre sur les individus, comme on le voit dans les *jaseurs d'Europe*, mais ils sont plus étroits ; j'ai peine à croire que ce soit le caractère distinctif des mâles, ou il y auroit dans cette espèce beaucoup plus de femelles. Sur douze *jaseurs*, on en trouve rarement deux qui aient cet ornement. J'ai possédé un individu qui avoit, de plus que les autres, plusieurs pennes de la queue terminées comme les secondaires.

Cette espèce a les mêmes mœurs, les mêmes habitudes, et vit des mêmes alimens que celle d'Europe ; elle est de même erratique ; elle étend ses courses de la baie d'Hudson au Mexique, et même quelques-uns de ces *jaseurs* ont voyagé jusqu'à Cayenne. Les Mexicains donnent à cet oiseau le nom de *caquantototl*, et les Canadiens celui de *récollet*, à cause de quelques rapports entre sa huppe en repos et le capuce du moine. (VIEILL.)

JASEUSE, PETITE-JASEUSE, nom vulgaire du *tirica*, espèce de *touis* ou *perruches à queue courte*. Voyez au mot TOUI. (S.)

JASIONE, *Jasione*, genre de plantes de la syngénésie monogamie et de la famille des CAMPANULACÉS, qui a les fleurs pédicellées, ramassées en un réceptacle commun hémisphérique, munie à sa base d'une collerette de dix à douze folioles planes, ovales, pointues, situées sur deux rangs, et qui présente pour caractère une corolle presque polypétale ou divisée très-profondément en cinq découpures linéaires, lancéolées, étroites, droites, plus longues que le calice, et jointes ensemble à leur base ; cinq étamines un peu moins longues que la corolle, et réunies inférieurement; un ovaire inférieur, arrondi, chargé d'un style à stigmate échancré.

Le fruit est une petite capsule presque ronde, à cinq angles, couronnée par le calice et partagée intérieurement en deux loges, qui contiennent plusieurs semences ovoïdes, et qui s'ouvrent par un trou au sommet.

Ce genre, qui est figuré pl. 724 des *Illustrations* de Lamarck, renferme trois ou quatre espèces, dont deux d'Europe. Ce sont des plantes à tiges ordinairement simples et à feuilles alternes. L'une, la JASIONE ONDULÉE, *Jasione montana* Linn., a les feuilles ondulées, plus étroites à leur base, velues et la racine annuelle. Elle se trouve très-fréquemment dans les terreins secs et sablonneux. L'autre, la JASIONE VIVACE, a les feuilles linéaires, planes, obtuses, presque glabres et la racine perenne. Elle se trouve sur les hautes montagnes du Mont-d'Or. (B.)

JASINE. C'est ainsi que les Brabançons nomment le BRUANT. *Voyez* ce mot. (S.)

JASMIN, *Jasminum* Linn. (*Diandrie monogynie.*), genre de plantes très-connu de la famille des JASMINÉES, qui comprend des arbrisseaux, la plupart toujours verts, dont les feuilles sont ordinairement composées, et dont les fleurs, situées au sommet des rameaux, sont presque toutes odorantes. Chaque fleur a un calice court et à cinq dents; une corolle monopétale en entonnoir, à tube plus long que le calice, et à limbe découpé en cinq segmens ouverts et obliques; deux étamines insérées dans le tube de la corolle, et un germe supérieur arrondi, surmonté d'un style simple et à stigmate fourchu. Le fruit est une baie ovale, très-lisse, à deux loges, contenant deux semences, plates d'un côté, convexes de l'autre, et recouvertes d'une arille. Ces caractères sont représentés dans les *Illustr. des Genr.* de Lamarck, pl. 7.

Les *jasmins* ne sont pas nombreux en espèces, mais ils sont tous agréables à cultiver. Les uns résistent très-bien en pleine terre, tels que le *jasmin blanc* et deux espèces de *jasmin jaune*. Les autres exigent la serre chaude ou l'orangerie. La plupart ont une origine étrangère, et ce sont ceux qui méritent le plus d'être recherchés pour l'odeur suave de leurs fleurs.

Le JASMIN COMMUN BLANC, *Jasminum officinale* Linn., est le plus connu et le plus généralement répandu. On le trouve dans tous les jardins, qu'il orne et parfume pendant une grande partie de l'été. C'est un joli arbrisseau, dont le feuillage est très-élégant. Ses tiges, sarmenteuses et flexibles, s'élèvent jusqu'à dix ou douze pieds quand elles trouvent un appui. Ses jeunes rameaux sont verts, lisses et garnis de feuilles opposées, ailées, avec impaire. Les lobes ou folioles sont ordinairement au nombre de sept : la foliole terminale est beaucoup plus longue que les autres, et fort pointue.

Ce *jasmin* est, dit-on, originaire de la côte de Malabar, d'où il a été apporté il y a très-long-temps en Europe. Il y fut d'abord élevé en serre chaude : on le fit ensuite passer dans les orangeries. Il s'est ainsi endurci par degrés, au point qu'on le plante aujourd'hui sans risque en pleine terre. Pourvu qu'il soit placé à une exposition convenable, il supporte assez bien nos hivers les plus rigoureux. Le temps et l'habitude pourront peut-être le naturaliser entièrement, comme il l'est déjà dans la Suisse. Il se couvre ordinairement en juin d'une très-grande quantité de fleurs blanches, qui tombent facilement. Quoique toujours simples, elles ne donnent jamais de fruits dans nos climats. Ces fleurs entrent dans la composition des parfums ; elles communiquent leur odeur suave à différens liquides, aux huiles grasses, au sucre, à l'esprit-de-vin. On en forme des bouquets dans la belle saison ; on en orne les appartemens ; et comme le charmant arbrisseau qui les porte a des rameaux déliés et d'une grande souplesse, on l'emploie à garnir des terrasses, des murs, des cabinets, des tonnelles. On en fait quelquefois des haies : on le jette aussi en buisson parmi des arbustes toujours verts, qui lui servent de support et d'abri. Sous toutes ces formes, il produit un effet très-agréable, et, dans les jours chauds, chacun s'empresse d'aller respirer auprès de lui un air frais et embaumé.

On ne peut multiplier le *jasmin commun* que de marcottes ou de boutures. Ses branches, couchées en terre, prennent racine dans l'espace d'une année. On les sépare alors du tronc, et on les place à demeure près d'une muraille ou d'un treillage. Quelquefois on élève cet arbrisseau en plein vent, pour en former une boule. Cette méthode est vicieuse, parce qu'on est forcé de retrancher les branches à fleurs qui poussent toujours aux extrémités des rejetons de l'année : les boutures plantées de bonne heure en automne réussissent bien.

Cette espèce offre deux variétés à feuilles panachées, l'une en blanc, l'autre en jaune : celle-ci est la plus commune et la moins estimée. On les multiplie toutes deux en les greffant sur le *jasmin ordinaire*. Elles sont délicates, et sujettes à périr dans les fortes gelées.

Le Jasmin a grandes fleurs, *Jasminum grandiflorum* Linn., qu'on appelle dans quelques pays le *jasmin d'Espagne*, a la même origine que le précédent, et beaucoup de ressemblance avec lui. Cependant, ses branches sont beaucoup plus grosses; ses feuilles ont leurs folioles ou leurs lobes plus rapprochés; ses fleurs, rougeâtres en dehors et blanches en dedans, sont plus grandes, et ont les segmens de leur corolle plus épais. Il diffère encore du *jasmin commun* par son port; sa tige droite et assez ferme s'élève à la hauteur de deux ou trois pieds, et se divise en plusieurs branches rameuses et foibles, formant une touffe lâche, mais élégante. Ses fleurs exhalent l'odeur la plus suave.

Quoique ce *jasmin* nous soit venu originairement de l'Inde, on le trouve aussi en Amérique, dans l'île de Tabago, où les bois en sont remplis. Il est cultivé dans les jardins de l'Europe. Quelques personnes le préfèrent à l'espèce ci-dessus. Cependant, il est un peu délicat, et demande à être élevé en caisse ou en pot, pour pouvoir être garanti du froid en hiver. On le multiplie en le greffant sur le *jasmin commun*. Ce sont les Génois qui nous fournissent, en grande quantité, ce *jasmin* tout greffé. Ils nous l'envoient par petits paquets de quatre ou cinq pieds, qu'ils ont soin d'envelopper de mousse. Quand on les reçoit, il faut retrancher les rejetons qui ont pu pousser dans la route, parce qu'ils épuiseroient toute la nourriture de la plante et détruiroient la greffe. Cet arbrisseau fleurit communément en automne, et même pendant une partie de l'hiver. Au printemps, on doit le tailler, et ne lui laisser que trois ou quatre yeux.

C'est cette espèce, et non la précédente, qui donne l'*essence de jasmin* qu'on nous apporte d'Italie et de Provence. Pour l'obtenir, on imbibe du coton d'huile de ben. On le dispose par lits, qu'on couvre de fleurs de *jasmin*. Le principe aromatique de la fleur passe dans l'huile, et y reste assez long-temps, si on a soin de bien boucher les flacons qui la renferment. On peut, en s'y prenant à-peu-près de même, faire contracter au sucre la même odeur. Veut-on la communiquer à l'esprit-de-vin, on verse ce liquide sur de l'huile de ben déjà aromatisée, et on agite fortement le mélange. L'odeur de jasmin abandonne entièrement l'huile grasse, et passe dans l'esprit-de-vin; mais il la laisse échapper avec la plus grande facilité.

Le Jasmin des Açores, *Jasminum Azoricum* Linn., est un arbrisseau toujours vert, dont les branches, minces et foibles, peuvent, étant soutenues, s'élever jusqu'à la hauteur de vingt pieds. Ses feuilles sont opposées et ternées. Il porte des fleurs blanches d'une odeur très-agréable, mais plus petites que celles du *jasmin commun* : elles naissent à l'extrémité des rameaux, et quelquefois aux aisselles des feuilles supérieures. Ce *jasmin* est une plante d'orangerie : il commence à fleurir en automne. On le multiplie de marcottes ou de la même manière que le précédent.

Le Jasmin a feuilles de cytise ou le Jasmin jaune commun, *Jasminum fruticans* Linn., est indigène des parties méridionales de la France et de l'Europe. Il croît dans les haies. Ses tiges sont droites et menues; ses rameaux sont grêles, verts, anguleux, et garnis de feuilles nombreuses, petites, entières, alternes et ternées. Ses fleurs, dont la corolle est jaune et sans odeur, viennent à l'extrémité des rameaux supérieurs et latéraux.

Cet arbre, avec des soutiens, atteint la hauteur de huit ou dix pieds. Il forme quelquefois de jolis buissons. Cependant, il n'est pas très-recherché dans les jardins, parce qu'on ne peut pas l'élever en plein vent, et parce qu'on lui préfère avec raison les espèces à odeur. D'ailleurs, il produit de sa racine un grand nombre de rejetons nuisibles aux plantes voisines. C'est par ces mêmes rejetons qu'on le multiplie, ou en semant ses baies, qui sont noires.

Le Jasmin d'Italie, *jasminum humile* Linn., plus connu sous le nom de *jasmin jaune d'Italie*, est un très-petit arbrisseau qu'on nous apporte de ce pays avec les orangers. Ses fleurs sont petites, et n'ont presque pas d'odeur; mais son feuillage est brillant et d'un vert agréable. Il a des rameaux anguleux comme le précédent, et des feuilles alternes découpées en trois ou en cinq folioles. Il fleurit plus tard que le *jasmin jaune commun*, et il est plus délicat; cependant, placé à une exposition chaude, il supporte le froid de nos hivers ordinaires. On peut, si l'on veut, le multiplier de marcottes; mais la méthode de le greffer sur le *jasmin commun* est préférable.

Le Jasmin jonquille, *Jasminum odoratissimum* Linn. De tous les *jasmins* odorans, c'est celui qui exhale le parfum le plus agréable. Sa fleur est de la couleur de la *jonquille*, et en a l'odeur. Cet arbrisseau vient de l'Inde, et croît aussi au Cap de Bonne-Espérance. Sa hauteur, dans nos serres, est communément de trois ou quatre pieds; mais il s'élève beaucoup plus dans son pays natal. Ses branches foibles ont besoin de soutien; elles sont garnies de feuilles luisantes, alternes, obtuses, et la plupart ternées. Ces feuilles, d'une texture un peu ferme, conservent leur verdure toute l'année, et contribuent à faire briller les fleurs qui paroissent au

milieu de l'été, et se succèdent pendant plusieurs mois, quelquefois jusqu'à l'entrée de l'hiver. On élève ce beau *jasmin*
en pot ou en caisse, parce qu'il faut le garantir des injures
de l'hiver, et on le multiplie de graines ou de marcottes.

Il y a encore le JASMIN A FEUILLES DE TROÈNE, *Jasminum
ligustrifolium* Lam., qu'on croit originaire du Cap de Bonne-
Espérance. Nous n'en faisons mention que parce qu'il est la
seule espèce connue de ce genre dont les feuilles ne soient pas
composées. C'est un arbuste qui porte des fleurs blanches : on
le cultive depuis quelque temps au Muséum de Paris. (D.)

JASMIN ODORANT ou JASMIN DE VIRGINIE.
C'est, en Caroline, la BIGNONE TOUJOURS VERTE. *Voyez* ce
mot. (B.)

JASMINÉE. Dumont Courset a donné ce nom à la GEL-
SÉMINE. *Voyez* ce mot. (B.)

JASMINÉES, *Jasmineæ* Juss., famille de plantes qui présente pour caractère un calice à quatre ou huit divisions plus
ou moins profondes; une corolle tubuleuse, régulière; ordinairement deux étamines; un ovaire simple à style unique et
à stigmate bilobé; un péricarpe charnu, biloculaire, disperme ou uniloculaire, et contenant une, deux ou quatre
semences quelquefois arillées; un périsperme oléagineux, ou
charnu, ou cartilagineux, quelquefois nul; un embryon
droit; des cotylédons foliacés; une radicule souvent supérieure.

Les plantes de cette famille ont une tige frutescente ou
arborescente, des feuilles simples, rarement ternées ou ailées,
des fleurs disposées en corymbe ou en panicule terminale ou
axillaire.

Ventenat, de qui on a emprunté ces expressions, rapporte
six genres à cette famille, qui est la sixième de la huitième
classe de son *Tableau du règne végétal*, et dont les caractères
sont figurés pl. 9, n° 1, du même ouvrage.

Ces genres sont : CHIONANTHE, OLIVIER, FILARIA, MO-
GORI, JASMIN et TROÈNE. *Voyez* ces mots. (B.)

JASPE, matière pierreuse que sa grande dureté, la finesse
de sa pâte, la beauté de ses couleurs et le poli parfait dont
elle est susceptible, rendent propre à faire des bijoux, des
vases et des plaques d'ornement. On trouve même quelquefois des blocs de *jaspe* assez grands pour pouvoir en tirer des
tables.

La couleur la plus ordinaire des *jaspes* est le rouge et le
vert, dont ils offrent toutes les nuances, depuis les plus claires
jusqu'aux plus foncées. On en trouve aussi de bleu, de jaune,

de gris, de brun; mais le noir pur et le blanc de lait sont
extrêmement rares.

Le *jaspe* est tantôt d'une seule couleur, sur-tout le vert et
le rouge, et tantôt de couleurs variées qui sont ou distribuées
par bandes, comme dans les *jaspes rubanés*; ou *pontillées*,
comme dans le *jaspe sanguin*; ou *panachées*, comme dans le
jaspe fleuri; ou disposées par petits cercles concentriques,
comme dans le *jaspe œillé*; mais ce dernier accident est fort
peu commun.

Exposé au chalumeau, le *jaspe* perd assez souvent sa couleur, mais il est infusible sans addition.

La dureté du *jaspe* est à-peu-près la même que celle de
l'*agate* et des autres pierres silicées, qui, en général, sont un
peu moins dures que le *quartz*. Il est aigre et assez facile à
casser : sa cassure est conchoïde à grandes cavités. Il est parfaitement opaque; et dès qu'une pierre de cette nature est un
peu translucide, ce n'est plus un *jaspe* : si son tissu est uniforme, c'est un *horn-stein* ou un *pétrosilex*; s'il a des parties
translucides et des parties opaques, c'est une *agate jaspée*.

Quelques auteurs qui confondent le *quartz* avec le *silex*,
regardent le *jaspe* comme un quartz *empâté d'argile ferrugineuse*. Mais le *jaspe* a les caractères qui distinguent nettement le *silex* d'avec le *quartz*, c'est de n'être point susceptible de cristalliser, et sur-tout d'avoir la propriété d'être pénétré et coloré par la dissolution d'argent; caractère vraiment
tranchant, et sur lequel j'ai principalement établi la différence de ces deux substances.

La manière la plus exacte de définir le *jaspe*, seroit de dire
que *c'est une argile dont la silice a passé à l'état pierreux*.

Il y a long-temps que Bergmann a dit : « Je n'ai jamais
» examiné d'argile que je ne l'aie trouvée contenir une por-
» tion considérable de terre siliceuse, et très-souvent au-delà
» de la moitié ». (*Sciagraph.* §. CXIII.) Les analyses qu'il a
faites des argiles, même les plus onctueuses, prouvent combien ces terres sont abondantes en silice. La terre à foulon
d'Angleterre, si célèbre par sa qualité savonneuse, en contient plus de la moitié de son poids : celle d'*Osmund* en Dalé-
carlie, qui jouit de la même propriété, en est plus chargée
encore : elle en contient 60 pour 100. *Voyez* ARGILE.

Or, pour convertir en *jaspe* ces *argiles*, il suffiroit que la
silice qui s'y trouve dans un état de mollesse, par la désunion
de ses molécules, prît de la solidité par l'effet de leur rapprochement et d'une combinaison plus intime, soit entr'elles,
soit avec l'alumine et les molécules ferrugineuses qui s'y trouvent ordinairement disséminées; et cet effet a lieu par des des-

séchemens lents et réitérés : c'est ce que prouve clairement une observation curieuse de Pallas. Ce célèbre naturaliste a vu, dans un ruisseau voisin de Wolodimer (à 60 lieues à l'est de Moscow), des masses globuleuses formées d'un beau *jaspe*, le plus souvent d'une couleur noirâtre; « et ce qu'il y » a de plus remarquable, dit-il, c'est qu'on peut suivre la » gradation que la nature a observée en les faisant passer à » cet état. *Ce sont d'abord des masses d'argile très-visqueuse,* » que l'eau arrondit et que l'air durcit peu à peu; et enfin » elles acquièrent, comme le silex, la propriété de faire feu » avec le briquet. (*Voyag.* tom. 1, pag. 28, *in-4°.*

D'après un fait observé d'une manière aussi précise par un naturaliste tel que Pallas, on ne sauroit douter que le *jaspe* ne soit en effet une argile changée en pierre. Le célèbre Werner a lui-même si bien reconnu cette vérité, qu'il a placé le *jaspe* parmi les matières argileuses.

Ne voyons-nous pas d'ailleurs qu'on peut, par le moyen du calorique, opérer subitement ce que la nature ne fait qu'avec beaucoup de temps par des dessications lentes et réitérées? On parvient à imiter le *jaspe* avec des *argiles* cuites, de manière à tromper des yeux qui ne seroient pas très-exercés. L'on connoît ces petites pièces de terre cuite d'Angleterre, où, par des mélanges d'argiles diversement colorées, on imite les plus jolis accidens que présentent les cailloux d'Egypte, et qui sont susceptibles d'un si beau poli, qu'on en fait de la bijouterie.

Werner a si bien reconnu pareillement que l'*argile* se convertissoit en *jaspe* par la simple cuisson, qu'il a placé parmi les *jaspes*, le *thon-schiefer* ou schiste purement argileux qui forme le toit des couches de charbon-de-terre, lorsqu'il a souffert l'action du feu par l'embrasement accidentel de ces mêmes couches de charbon. Il l'appelle *jaspe porcelaine*, parce que la nature l'a converti en *jaspe* par le moyen du *feu* dans son sein, comme nous convertissons l'*argile* en *porcelaine* dans nos fourneaux.

La conversion de l'*argile* en *jaspe* me paroît dépendre d'une assez légère modification qu'éprouve la silice si abondamment contenue dans l'argile. On peut se former une idée de cette modification, en comparant l'état où se trouve la terre siliceuse dans l'*argile ductile*, à une matière farineuse qui ne seroit que simplement délayée dans de l'eau froide, et dont les molécules, presque entièrement isolées les unes des autres, n'auroient aucune consistance et diminueroient à peine la fluidité de l'eau. Mais si, par l'effet de la fermentation ou par l'action du calorique, ces mêmes molécules farineuses viennent à se développer et à se combiner mutuellement, elles formeront un tout homogène et capable de prendre une solidité considérable, comme on le voit dans les matières glutineuses qu'on mêle avec la chaux vive, et qui lui donnent la consistance d'une pierre. On voit même des substances mucilagineuses qui, sans aucun autre mélange, peuvent contracter un degré surprenant de dureté. Nous en avons un exemple dans la *pâte de riz* dont les Chinois ont l'art de faire des bas-reliefs et d'autres ornemens de petite sculpture, qui, par leur demi-transparence et leur dureté, ont une telle ressemblance avec une pierre siliceuse, que quelques personnes ont cru que les vases de *jade* n'étoient autre chose que de la *pâte de riz*. Cette erreur est grossière sans doute, quant à la nature des parties constituantes de ces deux substances; mais le mode d'agrégation de leurs molécules paroit avoir beaucoup d'analogie. Il faudroit se refuser à l'évidence pour ne pas reconnoître que la matière des silex a été dans un état véritablement *gélatineux*, ainsi qu'on peut le remarquer sur-tout dans les pierres silicées les plus pures, telles que les *calcédoines* et les *agates orientales*, dont les formes mamelonées, la demi-transparence nébuleuse et tous les autres caractères qui frappent les yeux, rappellent l'idée d'une gelée animale ou végétale, bien plutôt que celle d'une pierre.

Il y auroit donc lieu de croire que l'*argile* passe à l'état de *jaspe* lorsque la *silice* qu'elle contient passe de l'état *pulvérulent* à l'état *gélatineux*, qui lui donne la faculté de lier ensemble, avec la plus grande force, les molécules d'alumine et d'oxide de fer qu'elle enveloppe de toutes parts; de la même manière que les gelées des substances organiques mêlées avec le plâtre ou la chaux vive, donnent à celle-ci la dureté d'une pierre, et augmentent considérablement celle que le plâtre auroit acquise avec l'eau pure.

Quoique le fer soit communément en proportion assez notable dans le *jaspe*, il ne paroît pas néanmoins qu'il y soit nécessaire, comme l'insinuent quelques auteurs. Du moins, l'analyse qu'en a faite le célèbre Kirwan ne lui en a pas présenté une quantité considérable, ainsi qu'on peut le voir par le résultat suivant:

Silice. 75
Alumine. 20
Oxide de fer. 5

Il y a beaucoup de substances minérales qui sont plus chargées de fer que le *jaspe*, et où cependant, bien loin de le regarder comme un ingrédient essentiel, on ne le considère que comme une *souillure*.

Werner divise son espèce *jaspe* en quatre sous-espèces dans l'ordre suivant : 1°. Le *jaspe égyptien* (que nous nommons *caillou d'Egypte*) : 2°. le *jaspe rubané* : 3°. le *jaspe porcelaine* : 4°. le *jaspe commun*.

D'autres naturalistes en admettent un plus grand nombre, d'après leurs couleurs et la manière dont elles sont disposées.

Mais une distinction que je crois importante pour ceux qui veulent ne pas séparer l'étude des minéraux d'avec celle de leurs rapports géologiques, c'est la division des *jaspes* en *primitifs* et *secondaires*. Ils ont d'ailleurs un caractère qui les distingue assez ordinairement : c'est que les *jaspes primitifs* sont parfaitement opaques, tandis que les *jaspes secondaires* ont presque toujours quelques parties plus ou moins translucides. Les *jaspes primitifs* ont une cassure plus mate, plus terreuse ; celle des *jaspes secondaires* est plus vitreuse, plus luisante, et leur pâte se rapproche davantage de celle des *agates*. Le caillou d'Egypte fait exception, et, quant à l'opacité et à la nature de sa pâte, il se rapproche des *jaspes primitifs* ; on en voit cependant quelques-uns, et j'en possède moi-même qui sont translucides sur les bords, et dont quelques parties même sont à l'état de pur silex.

Jaspes primitifs.

Les collines primitives composées de couches de pétrosilex, contiennent assez souvent du *jaspe*, qui, par son gisement, ne diffère en rien du reste de la couche dont il fait partie : il semble n'être qu'une simple modification du *pétrosilex*, qui lui-même avoit d'abord été sans doute un simple schiste argileux, et l'on passe du *pétrosilex* au *jaspe* par des transitions tellement insensibles, que je possède un échantillon de *jaspe vert* moins gros que le poing, dont une partie est un *jaspe* parfaitement opaque, à cassure conchoïde ; et la partie opposée, qui est d'une teinte plus pâle, est un simple *pétrosilex* à cassure écailleuse et translucide sur les bords.

J'ai recueilli ce morceau sur une colline de la Daourie, sur les bords de l'Argounn, qui est une branche du fleuve Amour. On donne à cette colline le nom imposant de *Montagne de Jaspe* ; elle est en effet couverte en partie de fragmens de jaspe vert d'une assez belle pâte, mais ces fragmens sont la plupart si menus, qu'ils ne sauroient être d'aucun usage. Tout ce qui est roche solide n'offre que du *pétrosilex* et des schistes quartzeux et argileux.

Il semble que l'influence de l'atmosphère contribue p[...]
beaucoup à la conversion du *pétrosilex* en *jaspe*. C'est[...]
moins une observation que j'ai eu souvent occasion de fai[...]
en Sibérie, que jamais on n'a trouvé de *jaspe* dans l'in[...]
rieur, mais uniquement à la surface des collines : dès qu'[...]
veut pénétrer au-delà, on est assuré de ne trouver que [...]
pétrosilex dont les couleurs même n'ont aucune vivacité. [...]
Pallas est convenu, en parlant des tombeaux des Tartare[...]
où ils ont entassé des pierres parmi lesquelles on trouve l[...]
plus beaux échantillons de *jaspe*, que l'action du soleil [...]
des météores développoit dans ces pierres le principe coloran[...]
Mais il est certain aussi que tous les *pétrosilex* n'ont pas la pro[...]
priété de devenir *jaspe*.

La contrée qui est peut-être la plus riche en *jaspe*, c'e[...]
la partie méridionale des monts Oural ; c'est de là qu'on tir[...]
tous les beaux *jaspes* de Sibérie, notamment les variétés suivantes.

Le *jaspe rubané*. On lui a donné ce nom parce qu'il e[...]
composé de couches alternativement rouges et vertes très-
distinctes, quoique parfaitement adhérentes les unes au[...]
autres, et comme pour l'ordinaire on le scie perpendiculai[...]
rement au plan de ses couches, leur tranche présente des raie[...]
parallèles comme des rubans placés à côté les uns des autres.
On pourroit également l'appeler *jaspe onyx*, puisqu'on peu[...]
le scier parallèlement à ses couches, de manière que chaque
plaque soit rouge d'un côté et verte de l'autre : elles seroient
propres alors à faire de très-beaux *camées*.

Le *jaspe œillé*. Il fut découvert en 1786, dans le temps où
j'étois dans cette contrée ; mais on me fit un secret de son lieu
natal. J'en ai rapporté un superbe échantillon ; c'est un des
plus singuliers *jaspes* que je connoisse, sur-tout parmi les
jaspes primitifs. Sur un fond brun parfaitement opaque, il
offre une multitude de petits yeux d'une à deux lignes de diamètre, composés de deux ou de trois cercles concentriques
d'un beau blanc de lait. Ces cercles sont bien nettement
circonscrits et détachés du fond ; ils ont un point blanc au
milieu. Ils sont environnés en tous sens par des lignes blanches qui n'ont que l'épaisseur d'un fil, qui souvent sont
doubles et triples, mais toujours parallèles entr'elles, et qui,
malgré leurs sinuosités, ne se coupent ni ne se confondent
jamais.

Une variété de ce *jaspe* est à fond rouge clair, avec des
veines parallèles les unes aux autres, d'une jolie couleur
d'olive, dont les bords sont festonnés comme des dentelles,
et dont tous les contours sont accompagnés d'un filet blanc

presqu'aussi fin qu'un cheveu qui suit avec précision tous leurs moindres contours. On observe fréquemment de semblables phénomènes dans des *agates* ; mais j'avoue qu'ils me paroissent fort singuliers dans une pierre de formation primitive. Ceci confirme ce que j'ai dit plus haut en parlant de la conversion de l'*argile* en *jaspe*, que la terre silicée de l'argile passe à l'état de *gelée*, et, dans cet état, les diverses molécules ont pu se mouvoir librement, et prendre toutes les formes qui étoient déterminées par leurs affinités respectives.

Ces mêmes collines offrent encore un *jaspe* à fond couleur de paille, rayé de rouge.

Un *jaspe* à petites raies de deux rouges différens, qui ressemble à du bois pétrifié.

Un *jaspe* couleur de chair, avec des veines de chrysoprase.

Un *jaspe brun et blanc*, par grandes taches nettement séparées.

Un *jaspe gris*, avec des veines et des dendrites noires.

Des *jaspes verts* de plusieurs teintes différentes, &c.

Les *jaspes primitifs* ne sont pas communs en Europe : les contrées où l'on en trouve sont la Sicile, la Bohême, la Saxe, l'Espagne.

Dolomieu en avoit rapporté de Sicile une fort belle collection : les *jaspes rouges* sur-tout étoient d'une pâte très-fine. Ils contenoient des pyrites, ce qui arrive assez fréquemment aux *jaspes primitifs*, sur-tout à ceux où le rouge domine.

La Bohême a du *jaspe rayé* vert et blanc ; elle en offre aussi une très-belle variété rayée de jaune, de rouge et de violet.

En Saxe on voit des *jaspes* rayés de jaune et de vert, et d'autres rayés de gris et de noir.

J'observerai, relativement à ces *jaspes rayés*, que quoique, pour l'ordinaire, ils soient primitifs, on en peut trouver néanmoins qui ne le soient pas.

Trébra nous apprend qu'on trouve au Hartz un *jaspe* qui est indubitablement *primitif*, et qui est remarquable par sa couleur noire et son tissu feuilleté. Il est immédiatement superposé aux roches granitoïdes, ce qui annonce que c'étoit probablement une *hornblende schisteuse*, qui, par l'influence de quelque cause locale, a passé à l'état de *jaspe*.

Jaspes secondaires.

La plupart des *jaspes secondaires* sont formés comme les *agates*, dans les soufflures et les autres cavités des anciennes laves que les minéralogistes allemands appellent *mandelstein* (*amygdaloïdes*). Ils ont, de même que les *agates*, la forme sphéroïdale ou ovoïde qu'ils tiennent de l'alvéole où ils se sont formés ; et la seule différence qu'il y ait entre l'*agate* et le *jaspe secondaire*, c'est que les alvéoles qui ont servi de berceau à celui-ci, se trouvoient plus ou moins remplies de guhr terreux et d'oxide de fer qui provenoient de la décomposition de la lave, et qui avoient été déposés par les eaux dans ces cavités. Les fluides qui auroient formé de l'*agate* pure, venant à se mêler avec ces molécules terreuses et métalliques, ont formé du *jaspe*. Mais, comme je l'ai remarqué ci-dessus, ce *jaspe* étant formé par un fluide siliceux adventice plus abondant que les matieres terreuses, il est rare qu'il soit tout-à-fait opaque.

Les *jaspes* les plus beaux et les plus fins, sont des *jaspes secondaires*, tels que le *jaspe sanguin*, qui, sur un fond d'un beau vert un peu foncé, présente des taches rouges qui ressemblent à de petites gouttes de sang.

Le *jaspe héliotrope* diffère du *jaspe sanguin*, en ce que le fond est un peu bleuâtre et les taches d'un rouge plus clair ; il est d'ailleurs un peu translucide.

Le *jaspe fleuri* est panaché de trois couleurs, qui, par leur distribution, rappellent l'idée d'un gazon émaillé de fleurs.

Le *jaspe universel* offre un mélange de quatre à cinq couleurs différentes, distribuées par ondes ou par petites masses vagues comme des nuages.

Quand ces *jaspes* ont des parties translucides un peu nombreuses et d'une étendue de quelques lignes, on les nomme *jaspe-agates* ; quand les parties translucides l'emportent sur les parties opaques, c'est une *agate jaspée*. Voyez Héliotrope.

Caillou d'Egypte.

Quoique le *caillou d'Egypte* soit aussi un *jaspe secondaire*, il est, pour l'ordinaire, opaque : quelquefois aussi il décèle son origine par des parties translucides. J'en possède un qui est remarquable, non-seulement parce qu'un tiers de sa masse environ est à l'etat de silex presque pur, mais encore parce qu'il a, dans son centre, un vide d'un pouce de diamètre, tapissé de petits cristaux quartzeux. Cet accident est extrêmement rare ; quoique j'aie vu beaucoup de *cailloux d'Egypte*, je ne l'ai observé que deux ou trois fois dans les plus riches collections, notamment dans celle de Faujas.

La forme du *caillou d'Egypte* est ordinairement ovoïde, comme celle des *géodes ferrugineuses*, dont il a extérieurement l'apparence et la couleur rousse tirant sur le brun ou l'olivâtre.

Ses couleurs intérieures ne sont ni bien brillantes, ni bien variées; c'est le jaunâtre, le brun, le noir, rarement le bleu, et quelques parties un peu blanchâtres. Mais ces diverses nuances sont nettement tranchées, point nébuleuses, et présentent quelquefois de jolis accidens. Pour l'ordinaire, vers les bords de la pierre on voit une suite plus ou moins nombreuse de couches très-minces, mais bien distinctes, d'une teinte noirâtre, qui sont assez irrégulières, mais parallèles entr'elles, et qui, malgré leurs sinuosités, sont en total parallèles à la surface du caillou, ce qui prouve clairement que la forme ovoïde de ces pierres n'est point due au frottement, comme celle des galets, et qu'ils l'ont eue dès leur origine.

Le centre de la pierre offre communément des teintes beaucoup moins rembrunies, et cette disposition de couleurs, jointe aux dendrites qui partent quelquefois des couches extérieures, présente l'aspect d'une grotte ou d'un paysage. On ne manque pas aussi d'y découvrir des figures d'hommes ou d'animaux, et d'autres objets qui amusent l'imagination; et ces petits accidens donnent un prix plus ou moins considérable à la pierre, qui, étant d'ailleurs susceptible d'un beau poli, est souvent employée en bijouterie.

Quant à la manière dont les *cailloux d'Egypte* ont été formés, je crois qu'ils diffèrent, à quelques égards, des autres *jaspes secondaires :* il paroît qu'ils ont été d'abord des *géodes ferrugineuses* ordinaires, comme celles qui se forment dans les terreins marneux chargés d'oxide de fer : la grande quantité qu'ils contiennent de ce métal qui, d'après l'analyse rapportée par Lamétherie, s'élève au sixième de leur poids, est une assez bonne preuve de cette origine, indépendamment de leur structure intérieure, qui est toute semblable. Ces *géodes* sont toujours composées de couches concentriques par l'effet des attractions mutuelles des molécules ferrugineuses qui tendent sans cesse à se réunir plus étroitement, et à former des couches distinctes du reste de la masse. Dans cette opération, les matières purement terreuses ont été successivement repoussées vers le centre de la *géode* où elles forment le noyau presque purement argileux des *géodes ferrugineuses*, et la partie blanchâtre qu'on observe souvent au milieu du *caillou d'Egypte*.

Caillou de Rennes.

C'est par une opération de la nature toute semblable à celle qui a converti en *jaspe* les *argiles* de Wolodimer et les *géodes ferrugineuses d'Egypte*, qu'on voit des *glèbes d'argile*, dans quelques ruisseaux des environs de Rennes, prendre l'apparence d'un *pouding siliceux*. Cette *argile* contient abondamment deux oxides de fer, l'un rouge et l'autre jaune. Et comme c'est une propriété des oxides de fer de se réunir chacun à part, suivant leurs divers degrés d'oxidation, l'oxide jaune s'est aggloméré sous la forme de petites masses tantôt arrondies, tantôt irrégulières, auxquelles l'oxide rouge sert de fond; mais fort souvent le centre même des globules jaunes contient une assez grande quantité d'oxide rouge. En total, ce caillou présente en petit les mêmes accidens que la brèche calcaire connue sous le nom de *brèche violette.*

Je sais que, parmi les *cailloux de Rennes*, il y en a qui sont de vrais *poudings*; d'autres qui sont en même temps, et *brèche*, et *pouding*. Je possède ces différentes variétés. Lorsque les *glèbes argileuses* étoient encore dans un état de mollesse, elles ont empâté les graviers sur lesquels elles reposoient; et, lorsqu'elles ont été converties en jaspe, comme celles que Pallas a observées près de Wolodimer, elles ont formé avec ces graviers un véritable *pouding*; mais la partie de la *glèbe* qui étoit exempte de graviers, a formé une masse de pur *jaspe* jaune ou rouge, ou bien une brèche de *jaspe* où ces deux couleurs servent réciproquement de fond l'une à l'autre: je vois, dans le même échantillon, des parties rouges qui contiennent des globules jaunes, et des parties jaunes qui contiennent des globules rouges.

Jaspe porcelaine.

Werner a cru devoir donner ce nom à des schistes argileux contenant quelquefois des empreintes de végétaux, et qui formoient les salbandes des couches de charbon-de-terre qui ont été la proie de quelque incendie souterrain. Ces schistes ont passé de la couleur noire, qui leur est naturelle, à différentes teintes grises, bleuâtres, jaunes ou rouges plus ou moins foncées, suivant le degré de feu qu'ils ont souffert. Ils ont acquis, par cette cuisson long-temps continuée, une dureté considérable, sans presque rien perdre de l'aspect des matières pierreuses intactes. Quelquefois ils peuvent faire feu contre l'acier, et sont susceptibles d'un certain poli.

On en trouve beaucoup aux environs des mines de charbon de Bohême, de Saxe, du pays de Deux-Ponts, du Forez, &c. Parmi ceux que j'ai rapportés de cette dernière contrée, il y en a qui sont formés de couches alternativement rouges et bleues bien distinctes, mais dont les teintes sont foibles. Ils font voir que les *jaspes rubanés* ne sont autre chose que des *schistes argileux* (*primitifs* pour l'ordinaire) que la nature a fait passer par des voies moins violentes à l'état de vrai *jaspe*. (Pat.)

JATARON, nom qu'Adanson a donné à la coquille appelée, par Linnæus, *chama gryphoïdes*. (Voyez au mot Came.) On l'appelle, chez les marchands, *vieille ridée*. (B.)

JATON. C'est le nom qu'Adanson a donné à une espèce de *rocher*, que Gmelin a mentionné sous celui de *murex decussatus*. Voyez au mot Rocher. (B.)

JATROPHA, nom latin du Manioc. *Voyez* ce mot. (B.)

JAVA, nom spécifique d'un poisson du genre *teuthis*, qu'on trouve dans la mer des Indes. *Voyez* au mot Teuthis. (B.)

JAVARI. *Voyez* Pécari. (S.)

JAUCOUROU, nom de pays de la *couleuvre daboie*. Voyez au mot Couleuvre. (B.)

JAVELOT. On donne souvent ce nom à la *couleuvre dard*. Voyez au mot. Couleuvre. (B.)

JAUNAR. C'est, en Auvergne, le nom de la *rouge-gorge*. Voyez ce mot. (S.)

JAUNATRE, nom spécifique d'un poisson du genre Labre, *labrus rufus* Linn. *Voyez* au mot Labre. (B.)

JAUNE-ANTIQUE, nom que les artistes donnent à un *marbre* que les anciens tiroient de Numidie, et dont on voit divers monumens à Rome et dans d'autres villes d'Italie. Sa couleur est vive et approche quelquefois du *souci*. Voyez Marbre. (Pat.)

JAUNE DE MONTAGNE, on donne ce nom à une *ocre* ou *argile* de couleur jaune, chargée d'oxide de fer, qui est fort bonne à être employée, soit en peinture, soit pour colorer les peaux chamoisées, mais qui seroit trop pauvre en métal, pour être exploitée comme mine de fer. On en trouve des dépôts considérables dans plusieurs contrées de la France, notamment dans les provinces de Brie, de Nivernois, et surtout dans le Berry, où elle est disposée par couches de quelques pouces d'épaisseur, qui reposent sur une couche de glaise un peu jaunâtre, et qui ont pour *toit* une couche de sable quartzeux blanc et pur. Ces couches d'ocre jaune ont été formées par la même cause qui a produit les couches de mine de fer en grains qu'on trouve dans les mêmes contrées. Les parties métalliques s'y trouvoient seulement dans une proportion bien moins considérable. Les unes et les autres sont dues à ces émanations soumarines qui ont formé en général les couches secondaires du globe terrestre. (Pat.)

JAUNE DE NAPLES, *giallolino* des Italiens. On a cru long-temps que cette matière jaune, qui a une apparence terreuse, étoit un produit naturel des volcans, mais on sait aujourd'hui que c'est un ouvrage de l'art.

Pour le préparer on a deux méthodes : la première, qui est usitée en France, consiste à faire un mélange de deux parties de *céruse* (ou *oxide blanc de plomb*), deux parties d'*antimoine diaphorétique* (ou *oxide blanc d'antimoine*), une partie de *sel ammoniac* (ou *muriate d'ammoniaque*), et une demi-partie d'alun calciné. On passe le tout ensemble au tamis, et l'on fait calciner ce mélange, à feu doux, dans une capsule découverte, jusqu'à ce qu'il ait acquis une belle couleur jaune. C'est cette matière qu'on emploie dans la peinture en émail et sur les belles porcelaines de Sèvre. (*Collect. acad.* tom. XIV, pag. 207.)

Le procédé qu'on suit à Naples est plus simple, mais la couleur a beaucoup moins d'intensité. On fait un mélange de trois parties de litharge et d'une partie d'antimoine ; on en met l'épaisseur d'un pouce dans des capsules très-évasées qu'on expose à la réverbération de la flamme dans la partie supérieure des fours à poterie. (Pat.)

JAUNE D'ŒUF. (*Voyez* l'article de l'ŒUF et les mots OVIPARE, OVAIRE.) On trouve quelquefois des *œufs* qui ont deux *jaunes* dans la même coque ; et lorsqu'ils ont été couvés, ils produisent des poulets monstrueux, des embryons doubles et accolés, comme certaines monstruosités des quadrupèdes et des fœtus humains qué l'on conserve dans les cabinets comme des curiosités ; mais ces objets ne sont pas plus étonnans que deux cerises, deux prunes, deux poires, ou tout autre fruit, soudés ensemble. (V.)

JAUNE D'ŒUF, nom que les marchands donnent à une coquille du genre *natice*, qui est figurée dans Gualtiéri, pl. 67, lettre L. *Voyez* au mot NATICE. (B.)

JAUNE D'ŒUF, nom que les habitans de Saint-Domingue donnent à un fruit dont la pulpe ressemble à un *jaune d'œuf*, et qui est très-nourrissante. C'est le fruit du CAIMITIER. Il paroît aussi qu'on donne le même nom à celui d'un arbre du genre LUCUMA. *Voyez* ces mots. (B.)

JAUNOIR DU CAP DE BONNE-ESPERANCE (*Turdus morio* Lath., pl. enl. n° 199 de l'*Hist. nat. de Buffon*, ordre PASSEREAUX, genre de la GRIVE. *Voyez* ces mots.). Le nom imposé à cet oiseau, par Montbeillard, ne peut lui convenir, puisqu'il avoue lui-même que la teinte qu'il dit jaune est plutôt du roux; le nom de *roupenne* que lui a donné Levaillant, dans son *Ornithologie d'Afrique*, est donc celui qui lui convient, puisque le roux est la couleur dominante des pennes alaires; il est très-foncé et teint les onze premières pennes des ailes; le reste du plumage est entièrement noir, changeant en vert sur le dessus de la queue et des ailes, luisant sur le dos, mat sur le ventre, le dessous de la queue, le bec, les pieds et les ongles; enfin, brun à l'extrémité des pennes rousses. Grosseur de la *draine*. Longueur, onze pouces; queue composée de douze pennes étagées et formant une espèce de fer de lance arrondi par le bout.

La femelle qui est un peu plus petite, a sa teinte noire lustrée, et les pennes des ailes d'un roux moins foncé; les plumes de la tête, du cou et du haut de la poitrine, grisâtres, avec un trait noir dans leur milieu.

Ces oiseaux, très-communs au Cap de Bonne-Espérance, volent en troupes nombreuses, et font de grands dégâts dans les vergers, sur-tout dans les vignes; ils vivent aussi de diverses baies et d'insectes qu'ils cherchent à la suite des bestiaux, comme les *étourneaux*. Les fentes des rochers leur servent de retraite pendant la nuit; c'est-là aussi qu'ils nichent en société, plaçant leurs nids les uns à côté des autres; deux pontes ont lieu chaque année, et chacune est de quatre œufs. Leur chair, comme celle des *grives*, acquiert, sur-tout lorsqu'ils se nourrissent de raisin, une très-grande délicatesse. Les colons du Cap de Bonne-Espérance les désignent par les noms de *berg-spreuw* (*étourneau de montagne*), ou *rooye-vlerk-sprew* (*étourneau à ailes rousses*.) Nous devons ces détails aux observations de Levaillant, qui ajoute que ces oiseaux gazouillent comme nos *étourneaux*, et jettent de temps à autre un cri qu'il exprime par les syllabes *pillio, pillio*, ou *kouëk, kouëk*.

(VIEILL.)

JAY. Le *geai* en vieux français. (S.)

JAYET ou JAIS. *Voyez* BITUMES. (PAT.)

JAYON. Le *geai* en vieux français. (S.)

JAYS ou JAIS, ou JAYET. *Voyez* BITUMES. (PAT.)

JEAN-DE-GAND, ou JEAN-VAN-GHENT des navigateurs Hollandais, oiseau qui, disent-ils, a la grosseur et la figure de la cigogne, le plumage blanc et noir, la vue fort perçante et le vol très-rapide. On le trouve dans la mer d'Espagne, et presque par-tout dans celle du Nord, mais principalement aux endroits où se fait la pêche des harengs.

Ce *jean-de-Gand*, d'après les conjectures très-fondées de

Buffon, pourroit bien être le *goëland à manteau noir*. Voy. au mot GOELAND. (S.)

JEAN DE JANTEN, nom que les navigateurs hollandais ont donné à l'ALBATROS. *Voyez* ce mot. (S.)

JEAN-LE-BLANC (*Falco gallicus* Lath., fig. pl. enlum. de l'*Hist. nat. de Buffon*, n°. 413.), oiseau du genre du FAUCON. (*Voy.* ce mot.) « Les habitans des villages, dit Belon le premier naturaliste qui en a fait mention, connoissent un oiseau de proie, à leur grand dommage, qu'ils nomment *jean-le-blanc*, car il mange leur volaille plus hardiment que le *milan*.... Ce *jean-le-blanc* assaut les poules des villages, et prend les oiseaux et connins; car aussi est-il hardi; il fait grande destruction des perdrix, et mange les petits oiseaux; car il vole à la dérobée le long des haies et de l'orée des forêts, somme qu'il n'y a paysan qui ne le connoisse.... Quiconque le regarde voler, advise en lui la semblance d'un héron en l'air, car il bat des ailes, et ne s'élève pas en amont comme plusieurs autres oiseaux de proie, mais vole le plus souvent bas contre terre, et principalement soir et matin ». (*Hist. nat. des Oiseaux*, pag. 103). A ce tableau fidèle et presque complet des habitudes du *jean-le-blanc*, j'ajouterai qu'il ne chasse guère que le matin et le soir, quoiqu'il voie très-bien pendant le jour; qu'outre les volailles qu'il peut attraper, et le menu gibier auquel il fait une guerre très-active, il mange encore les mulots, les souris, les lézards, les grenouilles; qu'il saisit d'abord ces dernières avec ses ongles, et les dépèce avant de les manger, au lieu qu'il avale les souris entières, et en rend les peaux en petites pelotes; qu'il fait entendre une espèce de sifflement aigu; que son nid se trouve tantôt sur des arbres élevés, tantôt très-près de terre, dans les terreins couverts de bruyères, de fougères, de genêts et de joncs; enfin, que sa ponte est ordinairement de trois œufs d'un gris d'ardoise.

Si l'on cherche à comparer le *jean-le-blanc* par son port et l'ensemble de ses formes extérieures, à d'autres espèces d'oiseaux de proie, l'on s'appercevra qu'il tient en même temps de l'*aigle* et de la *buse* : sa longueur totale est de deux pieds, et son vol de plus de cinq; mais le diamètre de son corps est plus grand que celui de l'aigle commun; ses pieds sont dénués de plumes, et il est un peu haut monté sur jambes, d'où quelques-uns l'ont nommé *chevalier blanche queue*. Dans l'état de repos, les ailes dépassent un peu le bout de la queue, longue de dix pouces; il est en dessus d'un brun cendré, et en dessous d'un blanc varié de longues taches rousses; des bandes d'un brun roux, traversent la queue; l'iris des yeux est d'un beau jaune citron, et la membrane du bec d'un blanc sale;

eve del.

Voisard Sculp.

1 . Jean le blanc.   2 . Jupuba.

3 . Kuyameta .

es pieds sont jaunes. La femelle est presque toute grise, et n'a du blanc sale que sur le croupion.

L'espèce du *jean-le-blanc* est assez commune en France, et paroît rare dans les autres contrées de l'Europe ; aussi MM. Linnæus et Latham, l'ont-ils distingué par la dénomition spécifique de *faucon français* (*falco gallicus*). (S.)

JEFFERSONE, *Jeffersonia*, genre de plantes établi par Michaux, dans sa *Flore de l'Amérique septentrionale*, pour placer le *podophylle diphylle*, qu'il n'a pas trouvé avoir les parties de la fructification semblables à celles du *podophylle pelté*. Voyez au mot PODOPHYLLE.

Les caractères de ce nouveau genre, sont : calice de cinq folioles (rarement moins) lancéolées, concaves, colorées et caduques ; une corolle de huit pétales ; huit étamines très-courtes ; un ovaire supérieur, oblong, à style court ; à stigmate pelté et crénelé ; une capsule ovale, légèrement stipulée, coriace, à une loge s'ouvrant en demi-cercle vers sa pointe, et contenant un grand nombre de semences ovoïdes et ailées à leur base.

Cette plante se trouve dans les lieux ombragés de l'état de Tennassée. Je l'ai cultivée aux environs de Paris. C'est une plante fort remarquable par son aspect. Michaux l'appelle *jeffersonne de Barten*. (B.)

JEIRAN. *Voyez* TZEIRAN. (S.)

JEJEMADOU, nom que les créoles de Cayenne donnent au *muscadier porte-suif*, c'est-à-dire, au *virola* d'Aublet. *Voyez* au mot MUSCADIER. (B.)

JEJERECOUX, nom imposé par les Nègres de Cayenne au XYLOPE VELU. *Voyez* ce mot. (B.)

JEK, serpent aquatique du Brésil, qui est si visqueux, que les animaux qui le touchent se collent après sa peau : que l'homme même qui s'aviseroit de le prendre se trouveroit dans l'impossibilité de s'en détacher. Il est probable que c'est une espèce de CÉCILE, voisine de la CÉCILE VISQUEUSE, dont les qualités ont été exagérées. *Voyez* ce mot. (B.)

JECKO. *Voyez* GECKO. (B.)

JELDOVESIS, race de *dromadaires* propre à la course ; ils s'appellent, en turc, *jeldovesis*, et en arabe, *hadgine*. *Voyez* DROMADAIRE. (S.)

JELIN, nom d'un coquillage du Sénégal, figuré pl. 11 de l'*Histoire des Coquilles* d'Adanson. C'est le *serpula intestinalis* de Gmelin. *Voyez* au mot SERPULE. (B.)

JEMURANTSCHIK, nom russe de la petite variété de l'*alagtaga*. Voyez GERBOISE ALAGTAGA. (DESM.)

JENAC. C'est ainsi qu'Adanson a appelé une coquille du

genre *crepidule* de Lamarck. C'est le *patella goreensis* d
Gmelin. *Voy.* au mot Crépidule. (B.)

JENDAYA (*Psittacus jendaya*, Lath.), espèce de Perriches (*Voyez* ce mot.) à queue longue et égale, que l'on trouve au Brésil, et qui a été décrite par Marcgrave. Elle a la grosseur d'un *merle*, tout le dessus du corps d'un vert d'aigue-marine, la tête, le cou, et la poitrine d'un jaune orangé, le bout des ailes noirâtre, l'iris de l'œil d'une belle couleur d'or, le bec et les pieds noirs. (S.)

JENTJE-BIBI, nom que porté, dans quelques cantons de la colonie du Cap de Bonne-Espérance, une espèce de *merle* que Levaillant a appelé *bachakiri*, et qui est le *merle de Ceylan.* Voyez l'article Merle. (S.)

JERBO. *Voyez* Gerboise. (Desm.)

JERBOA ou YERBOA. C'est le nom arabe du Gerbo. *Voyez* Gerboise. (Desm.)

JERBUA ou JERBUAH, noms arabes du *Gerbo.* Voyez Gerboise. (Desm.)

JEREPOMONGA. *Voyez* Jek. (S.)

JEROSE, *Anastatica*, petite plante annuelle, à rameaux composés, à feuilles alternes, ovales, spatulées, un peu obtuses, munies de quelques petites dents, à fleurs blanches, ramassées par paquets, qui forme seule un genre dans la tétradynamie siliculeuse, et dans la famille des Crucifères, et qui est figuré, pl. 555 des *Illustrations* de Lamarck.

Ce genre a pour caractère un calice de quatre folioles ovales, oblongues, droites, concaves et caduques ; quatre pétales oblongs, obtus, unguiculés et ouverts en croix ; six étamines tétradynamiques, dont les filamens subulés, portent des anthères arrondies ; un ovaire supérieur, petit, velu, bifide, muni d'un style à stigmate globuleux.

Le fruit est une silicule très-courte, biloculaire, munie à son sommet de deux ailes opposées, arrondies, concaves en leur côté intérieur, et qui sont une production de ses valves. Entre ces ailes s'élève le style persistant, et chaque loge renferme une seule semence arrondie.

Cette plante, qu'on appelle vulgairement *rose de Jéricho,* croît aux lieux maritimes et sablonneux de la Syrie et de l'Arabie. Lorsque ses semences sont mûres, ses feuilles tombent, ses rameaux se rapprochent, s'entrelaçent en un peloton de la grosseur du poing, que le vent enlève et roule dans les déserts. C'est dans cet état qu'on l'apporte en Europe ; qu'elle est sensible aux impressions hygrométriques de l'air, s'ouvrant par l'humidité et se contractant par la sécheresse, et que les charlatans s'en servent pour tromper la créduité des ignorans. Les uns , ce sont les moines , prétendent qu'elle ne s'ouvre que le jour de Noël ; les autres , ce sont les empiriques, l'indiquent comme propre à apprendre si un accouchement sera facile ou difficile , heureux ou malheureux. (B.)

JESEF, nom arabe du Babouin. *Voyez* ce mot. (S.)

JESON. C'est le nom d'une coquille du Sénégal, qui fait partie du genre Cardite, de Bruguière. (*Voy.* ce mot.) Elle est figurée dans Adanson. (B.)

JESSE. C'est le nom spécifique d'un poisson du genre Cyprin , *cyprinus jeses* , Linn. *Voyez* au mot Cyprin. (B.)

JET (*fauconnerie*), entrave que l'on met au pied d'un oiseau de vol.

Jeter un oiseau , c'est le débarrasser de ses entraves , et lui faire prendre l'essor. L'usage, parmi les fauconniers , est de dire *jeter* le faucon , et *lâcher* l'autour. (S.)

JET. On donne ce nom aux cannes faites avec le Rotang. *Voyez* ce mot. (B.)

JET-D'EAU-MARIN. Des voyageurs ont ainsi appelé les *ascidies*, qui, lorsqu'on les touche , lancent par leurs deux orifices l'eau contenue dans leur corps. *Voyez* au mot Ascidie. (B.)

JETAIBA. C'est le Courbaril. *Voyez* ce mot. (B.)

JET-SUREAU , plante aquatique des Antilles , qu'on dit apéritive , et qui paroît être une espèce du genre Poivre , *scaururus* de Plumier. *Voyez* au mot Poivre. (B.)

JETONS-D'ABEILLES. *Voyez* Abeille. (L.)

JEU (*fauconnerie*). Donner *jeu* aux oiseaux de vol, c'est leur laisser plumer la proie. (S.)

JEUNEMENT (*Vénerie.*) On dit qu'un cerf est de *dix cors jeunement* , lorsqu'il est à sa cinquième tête, c'est-à-dire quand il est à la sixième année de sa vie. (S.)

JEVRASCHKA ; les Sibériens appellent ainsi le Souslik. *Voyez* ce mot. (S.)

JEUX , ou DÉS DE VAN-HELMONT. Concrétion pierreuse, qui a constamment la forme d'un pain rond , et qui renferme , dans son intérieur , des parties cristallisées sous une forme à-peu-près cubique. Cette matière minérale est plus connue sous le nom latin de *ludus-helmontii* , ou simplement *ludus*. Voyez Concrétion. (Pat.)

JEUX-DE-LA-NATURE. On donne ce nom à des matières pierreuses qui présentent *accidentellement* des formes plus ou moins bizarres, et auxquelles on se plaît à trouver quelque ressemblance avec des figures d'hommes , d'ani-

maux, ou d'autres corps organisés ; comme sont les dessins
que présentent certaines pierres polies, notamment les cailloux d'Egypte, ou des formes en relief comme certaines concrétions ; mais pour appliquer à ces dernières substances le
nom de *jeux-de-la-nature*, il faut que leurs formes soient
uniquement dues à des causes purement *accidentelles* ; car il
seroit inconvenant de qualifier de ce nom des produits d'une
cause constante, telle que la *cristallisation*, quelque bizarre
qu'elle puisse paroître, comme, par exemple, celle qui produit des pyrites en cylindres un peu recourbés, et qui semblent noués aux deux bouts, précisément comme un cer-
velas. Cette forme, quelque singulière qu'elle soit, se trouvant
répétée un grand nombre de fois, doit avoir une cause constante, et n'est pas plus *un jeu* que la forme d'un homme ou
d'une mouche que présente la fleur de quelques plantes
orchidées. Il en est de même des végétations pierreuses,
connues sous le nom de *flos ferri*: elles sont le résultat, non
d'un pur *jeu du hasard*, mais bien de cette tendance perpétuelle de la matière à prendre des formes symétriques, que
dans leur premier degré de simplicité nous appelons *formes
régulières* ou *cristallines*, mais qui, par des combinaisons de
plus en plus compliquées, passent enfin à l'organisation proprement dite. *Voyez* MARNE. (PAT.)

JILGUERO. C'est, parmi les Espagnols du midi de l'Amérique, le nom du FIU. (*Voy.* ce mot.) *Jilguero*, en espagnol,
veut dire *chardonneret*. (S.)

JIMEL, nom corrompu du mot arabe *djemel*, et que
les Maures d'Afrique emploient pour désigner le DROMA-
DAIRE. *Voyez* ce mot. (S.)

JIRATAKACIN ; ce mot signifie, au rapport de Dapper,
dans la langue éthiopienne, *queue menue*, et les Ethiopiens en
ont fait le nom de la GIRAFE. *Voyez* ce mot. (S.)

JOCASSE, nom vulgaire de la DRAINE. *Voyez* ce mot.
(VIEILL.)

JOCKO ou ENJOCKO. C'est, au royaume de Congo, le
petit ORANG-OUTANG. *Voyez* ce mot. (S.)

JOUDELLE ou JUDELLE, nom de la FOULQUE en
Picardie. *Voyez* ce mot. (VIEILL.)

JOEL. On donne vulgairement ce nom, sur les côtes de
la Méditerranée, à un poisson du genre ATHERINE, *Athe-
rina hepsetus*, Linn. *Voy.* au mot ATHERINE. (B.)

JOHN, *Johnius*, genre de poissons établi par Bloch,
mais réuni, par Lacépède, avec les *labres*. Ce genre com-
prenoit deux espèces, qui s'appellent le LABRE KARUT et le
LABRE ANEI. *Voyez* ces mots. (B.)

JOL. Adanson a figuré sous ce nom, planche 10 de son *Histoire des Coquilles du Sénégal*, une petite coquille qui paroît appartenir au genre *buccin* de Linnæus. *Voyez* au mot BUCCIN. (B.)

JOLITE ou **IOLITE.** *Voyez* PIERRE DE VIOLETTE. (PAT.)

JONC, *Juncus*, genre de plantes unilobées de l'hexandrie monogynie, et de la famille des JONCOÏDES, qui présente pour caractère un calice de six folioles ovales, lancéolées, pointues, concaves, coriaces et persistantes; six ou trois étamines, dont les filamens très-courts, portent des anthères oblongues; un ovaire supérieur ovale, pointu, trigone, chargé d'un style divisé supérieurement en trois stigmates filiformes, ordinairement velus ou plumeux.

Le fruit est une capsule ovale, trigone, uniloculaire dans certaines espèces par la contraction des cloisons, triloculaire dans d'autres, et qui renferme plusieurs semences.

Ce genre, qui est figuré pl. 250 des *Illustr.* de Lamarck, renferme une quarantaine d'espèces, dont les tiges sont graminées, simples et aphilles sans nœuds; les feuilles radicales courtes et cylindriques, ou noueuses; à feuilles engaînantes dans les nœuds; à rameaux spathacés à leur base, dont les fleurs sont terminales ou latérales, disposées en corymbe ou en panicule. La plupart sont vivaces et propres à l'Europe.

Les principales espèces de *joncs* à tiges nues sont :

Le JONC GLOMÉRULÉ, qui a ses fleurs disposées en tête latérale et sessile. Il est commun dans les marais, les lieux humides, sur le bord des fossés.

Le JONC ÉPARS, *Juncus effusus* Linn., a ses fleurs en panicule latérale. Il croît dans les mêmes endroits que le précédent, et est encore plus commun. On en fait un grand usage pour lier la vigne, pour fabriquer des paniers, des corbeilles, &c. En croisant deux épingles au-dessous de la panicule, et en les tirant ensemble vers la base, on fait sortir une moelle blanche, légère, qui est propre, lorsqu'elle est sèche, pour servir de mêche aux lampes, sur-tout à celles qu'on appelle *veilleuses*.

Le JONC AIGU a la panicule terminale presque en ombelle, et accompagnée d'une spathe de deux feuilles inégales et aiguës. Il se trouve sur les côtes de la mer. On lui rapporte mal-à-propos une espèce commune autour des mares de l'intérieur de la France.

Parmi les espèces de *joncs* à tiges feuillées, il faut remarquer :

Le JONC ARTICULÉ, dont les feuilles sont légèrement applaties, paroissent articulées intérieurement lorsqu'on les

comprime avec les doigts, et dont les fleurs sont disposées en
panicule rameuse. Il est très-commun dans les bois maré-
geux, offre plusieurs variétés, dont la plus intéressante est
celle où les fleurs sont devenues vivipares et foliacées, de manière qu'il suffit de mettre en terre leur panicule pour former
une nouvelle touffe.

Le Jonc bulbeux a les feuilles linéaires, canaliculées, et
les capsules ovales, plus longues que le calice. Il est des plus
communs dans les marais et les prés humides. Sa racine est
un peu épaisse et oblique.

Le Jonc des crapauds, *Juncus bufonius* Linn., a la tige
dichotome ; les fleurs souvent solitaires, très-pointues, et les
capsules plus courtes que le calice. On le trouve très-abon-
damment dans les lieux humides, sur le bord des mares, dans
les bois. Il est annuel. La même espèce se trouve aussi en Asie,
en Afrique et en Amérique.

Parmi les espèces de *joncs* à feuilles planes, les plus communes sont :

Le Jonc des bois, *Juncus pilosus* Linn., a les feuilles
chargées de longs poils, les fleurs en ombelle, presque simples
et solitaires. Il se trouve dans les bois, et fleurit de très-bonne
heure.

Le Jonc des champs a les feuilles légèrement velues, les
fleurs disposées en épis sessiles et pédonculés. Il est très-commun dans les prés secs, sur les pelouses des montagnes, le long
des chemins. C'est, comme le précédent, une des premières
plantes qui entre en fleur au printemps ; aussi les botanistes
les voient-ils chaque année avec un nouveau plaisir.

C'est à cette famille qu'appartient un *jonc* que j'ai rapporté
de la Caroline, et que j'ai appelé *juncus flabellatus*, parce
que ses feuilles sont disposées en éventail. Au centre de chaque
éventail, est un faisceau de fleurs sessiles à double calice de
trois feuilles, dont l'intérieur est très-long et très-aigu, et à
trois étamines, des côtés duquel partent un ou deux pédoncules qui portent ou un nouvel éventail semblable au premier, ou simplement un faisceau de fleurs, et cela, trois à quatre
fois de suite. Cette plante est annuelle, vient dans les lieux où
l'eau séjourne pendant l'hiver, et d'un aspect tout-à-fait remarquable et fort différent des autres *joncs*. (B.)

JONC ÉPINEUX. L'Ajonc (*Voyez* ce mot.), porte ce
nom dans quelques cantons. (B.)

JONC FAUX. C'est le Troscart des marais. *Voyez* ce
mot. (B.)

JONC FLEURI. On appelle ainsi le Butome. *Voyez* ce
mot. (B.)

JONC DES INDES. Le rotin porte généralement ce nom en Europe. *Voyez* ce mot. (B.)

JONC A LIENS. Ce *jonc* s'appelle communément ainsi, parce qu'il sert plus fréquemment que les autres à lier les vignes, les salades, &c. C'est le *jonc épais* ou le JONC AIGU des mares. *Voyez* ce mot. (B.)

JONC MARIN. C'est l'AJONC. *Voyez* ce mot. (B.)

JONC ODORANT. Le BARBON SCHENANTE (*Voyez* ce mot.), porte cette dénomination dans quelques boutiques. (B.)

JONCIER. C'est le GENÊT D'ESPAGNE. *Voyez* ce mot. (B.)

JONCINELLE, *Eriocaulon*, genre de plantes unilobées de la tétrandrie digynie, et de la famille des JONCOÏDES, dont le caractère consiste à avoir les fleurs agrégées, ou ramassées dans un calice commun, imbriqué d'écailles rondes et scarieuses. Chaque fleur est composée d'un calice de deux folioles, très-grandes, écailleuses, velues en leurs bords, d'une corolle monopétale, membraneuse, plus courtes que les folioles du calice et à quatre divisions; de quatre étamines, à filamens inégaux et à anthères didymes; d'un ovaire supérieur, chargé de deux styles, ou peut-être d'un style à deux divisions profondes.

Le fruit est une capsule membraneuse, extrêmement mince, qui se déchire, et contient deux et quelquefois une seule semence ronde, cordée, marquée d'un point enfoncé.

Ce genre, qui est figuré pl. 50 des *Illustr.* de Lamarck, est placé par Linnæus, dans la triandrie trigynie; et dans Lamarck, *Dictionnaire*, dans la monoécie; mais j'ai observé, sur le vivant en Caroline, que les JONCINELLES DÉCANGULAIRES et TARDIVES, au moins, sont constamment de la tétrandrie digynie. Il est probable que ce qui a occasionné l'erreur de Lamarck, c'est que les fleurs sont très-serrées sur leur réceptacle, que celles de la circonférence fleurissent les premières, et qu'elles pressent si fort celles du centre par leur augmentation de volume après la floraison, que ces dernières avortent complètement, et que les intermédiaires ne peuvent se féconder.

On compte huit espèces de ce genre, toutes vivaces, et la plupart à tiges simples, nues, et portant une seule tête de fleurs et à feuilles radicales, entières, graminiformes, courtes et disposées sur la terre en rosette, du centre de laquelle sort une ou deux tiges. Aucune de ces espèces n'est cultivée en Europe. Des trois espèces que j'ai vues en Amérique, deux, celles qui sont mentionnées ci-dessus, croissent dans les lieux humides des bois, mais non dans les marais. Chaque pied est solitaire. La troisième, qui est la JONCINELLE COMPRIMÉE, l'*anceps* de Walter, *Fl. Carol.* petite plante à tige velue et aplatie, se trouve en larges touffes dans les lieux secs. (B.)

JONCIOLE, *Aphyllantes*, petite plante qui a le port d'un petit jonc, mais dont la fleur a l'aspect de celle d'un œillet. Sa racine est fibreuse, vivace, et donne naissance à un faisceau de tiges nues, grêles, striées, à la base desquelles sont des gaînes qui s'alongent comme de petites feuilles. Chaque tige porte à son sommet une ou deux fleurs bleues.

Cette plante forme un genre dans l'hexandrie monogynie et dans la famille des JONCOÏDES, dont le caractère est d'avoir un calice glumacé, composé de quatre à cinq écailles s'enveloppant les unes sur les autres; une corolle de six pétales ovales, obtus, onguiculés et ouverts; six étamines courtes; un ovaire supérieur, turbiné, trigone, chargé d'un style à trois stigmates oblongs.

Le fruit est une capsule turbinée, à trois loges, à trois valves, et contenant plusieurs semences.

Cette plante, qui est figurée pl. 252 des *Illustrations* de Lamarck, croît aux lieux montueux, pierreux et stériles des parties méridionales de la France. On l'appelle *bragalou* à Montpellier, et *nonfeuillée* dans quelques autres endroits. (B.)

JONCOIDES, *Junci* Jussieu, famille de plantes, qui présente pour caractère un calice divisé en six parties, tantôt égal, glumacé ou pétaloïde; tantôt inégal, à trois découpures intérieures, alternes, plus grandes et pétaloïdes; point de corolle; six (quelquefois trois) étamines insérées à la base du calice; un ovaire supérieur, simple, quelquefois trilobé au sommet, à style unique ou triple, à stigmate simple ou trifide; une capsule triloculaire, s'ouvrant ou en trois valves ou au sommet, quelquefois trilobé, et s'ouvrant alors intérieurement dans la longueur de chaque lobe; des semences attachées confusément à l'angle interne des loges, ou insérées aux parois des valves; un périsperme charnu ou cartilagineux.

Les plantes qui appartiennent à cette famille sont toutes herbacées. Leur tige est tantôt simple, nue ou presque nue, tantôt rameuse et feuillée. Les feuilles ressemblent dans quelques genres à celles des graminées, les radicales et les caulinaires inférieures sont alternes, engaînantes; les florales et les caulinaires supérieures sont communément spathiformes et sessiles. Les fleurs, presque toujours munies de spathes, sont hermaphrodites et présentent plusieurs différences dans leur disposition.

Ventenat, de qui on a emprunté ces expressions, rapporte à cette famille, qui est la quatrième de la troisième classe de son *Tableau du règne végétal*, et dont les caractères sont figurés pl. 4, n° 2 du même ouvrage, sept genres sous trois divisions, savoir:

Les *joncoïdes* à calice glumacé et à semences attachées confusément à l'angle interne des loges JONCIOLE et JONC.

Les *joncoïdes* à calice semi-pétaloïde, à semences insérées aux parois des valves, COMMELINE et ÉPHÉMÈRE.

Les *joncoïdes* à calice pétaloïde et à semences insérées aux parois des valves, NARTHÈCE, VARAIRE et COLCHIQUE. *Voyez* ces mots. (B.)

JONCS. On appelle fréquemment ainsi toutes les plantes aquatiques dont les tiges ou les feuilles sont longues et spongieuses. Ainsi les *massettes*, les *scirpes* et les *roseaux* sont des *joncs* pour quelques personnes; mais on ne doit réellement appliquer ce nom qu'aux espèces du genre JONC. (B.)

JONCS-DE-PIERRE. Quelques naturalistes ont donné ce nom aux *tubipores* pétrifiés, attendu que leurs cylindres réunis parallèlement, ont quelque ressemblance avec une poignée de *joncs*. (PAT.)

JONESE, *Jonesia*, genre de plantes établi par Roxburgh dans l'heptandrie monogynie. Il a pour caractère un calice de deux folioles; une corolle infundibuliforme à tube charnu, fermé, et à limbe à quatre divisions; un godet à la gorge du tube, sur lequel sont implantées sept étamines; un ovaire supérieur, pédicellé, terminé par un style simple.

Le fruit est un légume recourbé, qui contient de quatre à huit semences.

Ce genre est formé sur un arbre des Indes, de grandeur médiocre, dont les feuilles sont alternes, pinnées, avec une impaire, et les folioles au nombre de quatre à six paires oblongues et glabres, et dont les fleurs, d'un jaune orangé, sont disposées en panicules terminales et axillaires. Il est figuré sous le nom d'*asjogam* dans l'*Hortus malabaricus* de Rheed, vol. 5, tab. 59. (B.)

JONGERMANNE, *Jungermannia*, genre de plantes cryptogames, de la famille des HÉPATIQUES, qui est monoïque, quelquefois dioïque, et offre pour caractère, dans les fleurs mâles, des vésicules pulvérulentes, ordinairement solitaires et sessiles, nues ou renfermées dans une membrane, cachées quelquefois dans les expansions ou les sinus des feuilles; dans les fleurs femelles une gaîne sessile, tubulée, à limbe dilaté et irrégulier, contenant un ovaire recouvert d'une membrane arilliforme, stylifère, s'ouvrant de différentes manières, et laissant alors voir une capsule d'abord sessile, ensuite pédiculée, parfaitement quadrivalve et remplie de filets élastiques séminifères.

Les plantes de ce genre, dont on voit des figures pl. 875 des *Illustrations* de Lamarck, sont toutes terrestres ou parasites. Leurs expansions sont tantôt simples, monophylles, diversement découpées, florifères à leur surface ou sur leurs bords, tantôt polyphylles, à folioles imbriquées ou distiques et à fleurs axillaires ou terminales. Quelques espèces ont l'aspect des *lichens*, d'autres de certaines *mousses*. Elles préfèrent les bois frais et humides, et fleurissent généralement pendant l'hiver. On en compte plus de quatre-vingts espèces, presque toutes d'Europe. On les divise en *jongermannes caulescentes, ramifiées et véritablement feuillées*, et en *jongermannes sans tiges, ou à expansions membraneuses, rampantes, lobées ou découpées, tenant lieu de tiges et de feuilles*.

Les premières se subdivisent en quatre sections, d'après la disposition des feuilles.

1°. Celles à feuilles distiques, simples sur chaque rangée, dont les plus communes sont :

La JONGERMANNE ASPLÉNOÏDE, dont les tiges sont pinnées, florifères à leur extrémité, et les feuilles ovales, obtuses, légèrement ciliées. Elle croît dans les bois humides, au pied des arbres et dans les fossés ombragés. Elle est commune ; mais il est très-rare de la voir en fleur.

La JONGERMANNE DOUBLE POINTE, a ses tiges florifères dans leur milieu, et ses feuilles bidentées. Elle se trouve dans les mêmes endroits que la précédente.

2°. Celles à feuilles distiques auriculées ou geminées sur chaque rang.

La JONGERMANNE BLANCHATRE a les tiges rameuses, florifères à leur extrémité, et les feuilles oblongues et recourbées. Elle se trouve dans les lieux frais et couverts. Elle n'est pas rare.

La JONGERMANNE PORELLE, qui a les tiges rameuses, florifères dans leur milieu, les fleurs presque sessiles, et leur gaîne ovale et enflée. Elle se trouve en Pensylvanie. C'est la *porelle pinnée* de Linnæus, qui a été établie en titre de genre d'après de faux caractères, ainsi que l'a prouvé Dickson, dans les *Actes de la société Linéenne de Londres*, vol. 3.

La JONGERMANNE DES BOIS a les tiges relevées, presque rameuses, épaisses et florifères à leur extrémité, les feuilles un peu ovales, dentelées et ciliées. On la trouve dans les bois. Elle n'est pas commune.

3°. Celles à feuilles imbriquées sur deux rangs ou sur deux côtés.

La Jongermanne applatie , dont les tiges sont rampantes , un peu rameuses , applaties , et les feuilles presque rondes , imbriquées et appendiculées en dessous. Elle est très-commune dans les grands bois sur le tronc des arbres.

La Jongermanne cupressiforme , qui a les tiges rampantes , très-rameuses , comprimées , les feuilles imbriquées sur un double rang , convexes et auriculées en dessous. Elle est encore plus commune que la précédente , et se trouve dans les mêmes endroits.

La Jungermanne noiratre , *Jungermannia tamarisci* Linn. , a les tiges rampantes , extrêmement rameuses , les feuilles imbriquées , convexes , très-petites et noirâtres. On la trouve sur les troncs des arbres. C'est la plus commune de toutes aux environs de Paris.

La Jongermanne ciliée a les tiges bipinnées, rameuses , l'extrémité des rameaux frisée , et les feuilles multifides et ciliées. Cette belle espèce croît dans les marais et autres lieux humides. Elle n'est pas des plus communes.

4°. Celles à feuilles éparses ou imbriquées sans ordre.

La Jongermanne julacée , dont les tiges sont cylindriques , les feuilles imbriquées tout autour , et les fleurs pédonculées. Elle se trouve en Angleterre et en Allemagne , dans les lieux montagneux et humides.

Parmi les Jongermannes de la seconde division , c'est-à-dire qui n'ont point de tiges , il faut noter comme les plus communes :

La Jongermanne foliacée , *Jungermannia epiphylla* Linn., dont les feuilles sont membraneuses, presque rameuses, lobées, les lobes florifères dans leur milieu. Elle est commune sur la terre humide , sur le revêtement des fossés où coule une eau vive. Elle varie d'aspect selon les saisons.

La Jongermanne fourchue a les feuilles membraneuses, linéaires, rameuses , fourchues à leur extrémité. On la trouve sur les pierres , sur les troncs d'arbres voisins , ou même dans l'eau des sources et des ruisseaux des montagnes.

Les *jungermannia rupestris* et *alpina* de Linnæus , servent de type à un nouveau genre , qu'Erhard a appelé *andrée ,* dont le caractère est d'avoir la fleur femelle en urne turbinée , terminale et à péristome de quatre dents réunies à leur extrémité. (B.)

JONQUILLE , nom spécifique d'une plante du genre des *narcisses ,* qu'on cultive dans les jardins à raison de l'agréable odeur et de la belle couleur de ses fleurs. *Voyez* au mot Narcisse. (B.)

JONTHLASPI, nom spécifique latin d'une espèce de *clypéole*, la CLYPÉOLE ALYSSOÏDE. *Voyez* ce mot. (B.)

JOOSIE, nom que les Japonais donnent à une espèce de *graminée*, qu'ils estiment bonne contre la pierre. (B.)

JORO, nom japonais de la DENTZIE A FEUILLES RUDES. *Voyez* ce mot. (B.)

JOTA (*Vultur jota* Molin. et Lath.), espèce de VAUTOUR. (*Voyez* ce mot.) On la trouve au Chili, selon l'abbé Molina. (*Hist. nat. du Chili.*) Tout son corps est noir; ses ailes et ses jambes sont brunes; la peau nue et ridée de sa tête a une couleur rousse, et son bec gris a la pointe noire. L'oiseau encore au nid est presque blanc; il ne prend qu'avec l'âge la couleur noire, et c'est sur le dos qu'en paroît la première tache.

L'on n'entend jamais crier le *jota*; c'est un oiseau lâche, dégoûtant, à odeur infecte, et si paresseux, qu'il reste souvent pendant des heures entières au soleil, sur les toits ou les rochers, immobile et les ailes étendues; il ne se donne pas même la peine de construire un nid, et la femelle se contente de déposer ses œufs, au nombre de deux et blanchâtres, sur quelques feuilles sèches, entre les rochers ou sur la terre. (S.)

JOUA. Sous ce nom, l'*Histoire générale des Voyages* fait mention d'un oiseau d'Afrique, gros comme une *alouette*, et qui dépose ordinairement ses œufs sur les chemins. Les nègres de Sierra-Léona ont une grande vénération pour le *joua*, et sont persuadés que si quelqu'un d'eux cassoit par mégarde les œufs de cet oiseau, il perdroit bientôt ses enfans. Une pareille notice est bien loin de donner une connoissance précise de cet animal sacré chez les Africains. (S.)

JOUBARBE, *Sempervivum*, genre de plantes à fleurs polypétalées, de la dodécandrie dodécagynie, et de la famille des SUCCULENTES, qui présente pour caractère un calice persistant, divisé profondément de six à dix-huit découpures; une corolle de six à dix-huit pétales, connés à leur base, et même monopétale dans quelques espèces; douze à trente-six étamines; six à dix-huit ovaires oblongs, pointus, disposés en rond, et se terminant chacun par un style simple, courbé en dehors, à stigmate en sillon longitudinal, adné à la face interne du style.

Le fruit consiste en six à dix-huit capsules oblongues, pointues, un peu comprimées sur les côtés, uniloculaires, s'ouvrant longitudinalement dans leur milieu, et contenant plusieurs semences attachées à la suture.

Ce genre, qui est figuré pl. 413 des *Illustr.* de Lamarck, renferme des plantes herbacées ou frutescentes, à feuilles éparses ou imbriquées, ou disposées en rosettes radicales, toujours très-simples , très-épaisses, succulentes, charnues et tendres, et à fleurs en panicule terminale, ou en cime rameuse. On en compte quatorze espèces, la plupart d'Europe, et les autres des Canaries.

Les plus remarquables de ces espèces sont :

La JOUBARBE EN ARBRE, dont la tige est arborescente , unie et rameuse. Elle croît dans les parties méridionales et orientales de l'Europe. On la cultive dans les jardins , à raison de son aspect remarquable ; mais elle craint les fortes gelées.

La JOUBARBE DES TOITS a les feuilles inférieures disposées en rosette et ciliées en leur bord , et la tige terminée par des rameaux en épis recourbés et hérissés. Elle croît sur les toits de chaume , les vieux murs , dans les lieux pierreux. Ses feuilles sont rafraîchissantes, un peu astringentes et très-anodines : leur suc exprimé se donne dans les fièvres intermittentes et dans toutes celles qui sont accompagnées d'une grande chaleur. On en fait cependant plus usage à l'extérieur qu'à l'intérieur , principalement pour amollir les cors des pieds , calmer les douleurs de la goutte ou celles des hémorrhoïdes.

La JOUBARBE ARACHNOÏDE a les feuilles inférieures disposées en rosettes , et chargées de longs filets blancs cotonneux qui se croisent. Elle se trouve sur les montagnes des parties méridionales de l'Europe. On la cultive à cause de la singularité de ses filets , qui semblent être une toile d'araignée.

La *joubarbe* (*petite*) des herboristes est l'ORPIN BLANC. *Voyez* ce mot.

La *joubarbe des vignes* est l'ORPIN TÉLÈPHE. *Voyez* ce mot. (B).

JOUDARDE. Dans Belon, c'est la FOULQUE. *Voyez* ce mot. (S.)

JOVELLANE , *Jovellana*, genre de plantes à fleurs monopétalées, de la diandrie monogynie, dont le caractère consiste en un calice persistant , divisé en quatre parties, dont les inférieures sont plus larges; une corolle irrégulière , retournée , à tube presque nul , à limbe composé de deux lobes presqu'égaux , dont le supérieur est concave et l'inférieur renflé ; deux étamines recourbées , opposées , et à anthères biloculaires , persistantes; un ovaire supérieur , à style recourbé et à stigmate pelté ; une capsule ovale , conique , à deux sillons , à deux loges , à deux valves bifides dans sa partie supérieure.

Ce genre diffère peu des *calcéolaires*. Il contient deux espèces, dont l'une a les feuilles opposées et les fleurs disposées en panicule spiciforme, et l'autre les feuilles radicales et les hampes uniflores. Elles se trouvent toutes les deux au Pérou, et sont figurées pl. 18 de la *Flore* de ce pays, par Ruitz et Pavon.

Cavanilles en a depuis figuré une troisième pl. 453 de ses *Icones plantarum*. Elle a les feuilles pinnatifides et les fleurs triandres. Elle croît aussi au Pérou. (B.)

JOUETTE (*chasse*). Les chasseurs appellent *jouette*, un trou peu profond que le *lapin* creuse en jouant. (S.)

JOUGRIS. *Voyez* GRÈBE AUX JOUES GRISES. (VIEILL.)

JOUÏ, espèce de liqueur nourrissante et fortifiante que font les Japonais, et dont ils tiennent la composition secrète; ils la vendent fort cher aux Chinois et autres Orientaux qui en font grand cas, et la regardent comme un puissant restaurant. Cette liqueur, ou plutôt ce jus, car elle ressemble à du bouillon épais, a pour base, selon Lemery, du jus de bœuf exprimé après qu'il a été rôti. Il peut se conserver pendant plusieurs années. Valmont de Bomare dit avoir goûté du *jouï* à la table d'un grand, à Paris, et lui avoir trouvé l'odeur d'ambre et la propriété d'exciter l'appétit. (S.)

JOUR ASTRONOMIQUE. On appelle ainsi le temps qui s'écoule du moment que le soleil quitte le méridien d'un lieu, jusqu'à ce qu'il revienne à ce même méridien.

JOUR CIVIL, intervalle du temps qui s'écoule depuis le lever jusqu'au coucher du soleil.

JOUR SYDÉRAL, durée d'une révolution du ciel.

Le *jour astronomique* est plus grand que le *jour sydéral*, car tandis que, dans le temps d'une révolution du ciel, le soleil, par son mouvement diurne, est emporté d'orient en occident, il s'avance, en vertu de son mouvement propre, d'occident en orient, dans l'écliptique; d'où il résulte que s'il traverse le méridien au même instant qu'une étoile, le jour suivant il y arrivera plus tard, et que, dans l'intervalle d'une année, il passera une fois de moins que l'étoile au méridien.

Les *jours astronomiques* ne sont point égaux; deux causes. 1°. Le soleil ne parcourt pas tous les jours un espace égal dans l'écliptique; donc l'excès du *jour astronomique* sur le *jour sydéral* n'est pas constamment le même. 2°. L'écliptique est inclinée à l'équateur; d'où il résulte que quand même le soleil avanceroit également tous les jours dans l'écliptique, l'excès du *jour astronomique* sur le *jour sydéral* ne seroit pas constant; car le mouvement du soleil étant oblique à l'équateur, il faut le décomposer en deux, dont l'un soit parallèle à l'équateur, et l'autre perpendiculaire. Il ne faut considérer que le mouvement parallèle, pour déterminer l'excès du *jour astronomique* sur le *jour sydéral*; et il est évident que cet excès est inégal, par la différente inclinaison de l'écliptique et par la différente distance du soleil au pôle : quelquefois ces causes d'inégalité concourent ensemble, quelquefois elles sont opposées.

Le *jour astronomique* se divise en vingt-quatre parties égales, qu'on appelle *heures*; chaque heure se divise en soixante minutes, chaque minute en soixante secondes, et ainsi de suite.

L'inégalité des *jours astronomiques* doit évidemment faire varier en différens jours les parties qui les composent. Les astronomes les réduisent à l'égalité, en considérant le nombre des heures d'une ou de plusieurs révolutions dans l'écliptique, et divisant le temps total en autant de parties égales qu'il y a d'heures, dont vingt-quatre font un jour. On appelle *temps moyen*, celui dont on rend les parties égales par cette méthode; et la réduction se nomme *équation du temps*. Dans la détermination des mouvemens périodiques des corps célestes, il est toujours question des jours et des heures du temps moyen.

La durée du *jour civil* est constamment de douze heures pour tous les peuples situés sous l'équateur : dans cette position il n'y a pas de latitude, donc il n'y a point d'élévation du pôle qui égale toujours la latitude; donc l'équateur et tous ses parallèles sont perpendiculaires à l'horizon, qui les partage conséquemment en deux parties égales. Les jours sont donc constamment égaux aux nuits, c'est-à-dire de douze heures.

Les habitans des pôles, s'il y en a, ont la sphère parallèle : la moitié de l'écliptique est sur leur horizon ; le soleil leur est visible pendant le temps qu'il emploie à la parcourir; il devient invisible lorsqu'il parcourt l'autre moitié. Ces peuples voient le soleil se lever et se coucher une fois dans l'année : elle est donc composée d'une seule nuit et d'un seul jour, dont la réfraction prolonge cependant la durée. Les habitans du pôle boréal ont le soleil sur l'horizon, pendant qu'il décrit les six premiers signes, depuis le Bélier jusqu'à la Balance; aussi à ce pôle, le jour surpasse-t-il la nuit d'environ sept jours astronomiques, sans compter l'augmentation produite par la réfraction.

Les habitans de la terre situés entre l'équateur et les pôles, ont la sphère oblique : l'équateur et tous ses parallèles sont coupés obliquement par l'horizon. L'équateur est coupé au centre ; mais tous ses parallèles sont coupés à différentes distances du centre, ce qui fait naître, dans la durée des jours, une grande variété. A mesure que le soleil s'avance de l'équateur vers le tropique du Cancer, ses hauteurs méridiennes sur notre horizon croissent de plus en plus. Les arcs des parallèles qu'il parcourt, augmentent chaque jour, et font croître la durée des jours jusqu'à ce que le soleil, parvenu au tropique du Cancer, ait acquis sa plus grande hauteur méridienne ; il redescend ensuite vers l'équateur, le traverse de nouveau ; et de là, décrivant des arcs qui vont chaque jour en décroissant, il parvient au tropique du Capricorne, où sa hauteur méridienne est à son *maximum* : parvenu à ce terme, il remonte vers l'équateur.

La latitude des peuples situés entre l'équateur et les cercles polaires, est moindre que 66 degrés et demi, ainsi que la distance du pôle à l'horizon ; tandis que la distance du pôle au tropique est de 66 degrés et demi. Les horizons de tous les peuples situés entre l'équateur et les cercles polaires, coupent donc le tropique et tous les parallèles ; d'où il résulte que le soleil doit se lever et se coucher pour eux pendant la durée de chaque *jour astronomique*.

La latitude des peuples situés sous le cercle polaire, est de 66 degrés et demi, ainsi que l'élévation du pôle : la distance du pôle à l'horizon égale donc la distance du pôle au tropique, et conséquemment le tropique effleure l'horizon des peuples placés sous le cercle polaire ; d'où il suit qu'une fois dans l'année, le soleil fait une révolution diurne, dans laquelle il ne descend pas au-dessous de l'horizon.

Quant aux peuples situés entre les pôles et les cercles polaires, leur latitude est plus grande que 66 degrés et demi, ainsi que l'élévation du pôle : la distance du pôle à l'horizon surpasse donc celle du pôle au tropique, qui se trouve conséquemment sur l'horizon avec un nombre de parallèles d'autant plus grand que les peuples sont plus près des pôles. Le jour et la nuit les plus longs durent donc d'autant plus pour ces peuples, que le lieu qu'ils habitent est moins éloigné du pôle, jusqu'à ce qu'enfin il n'y a au pôle qu'un jour et qu'une nuit dans l'année. (Lib.)

JOURDIN, nom vulgaire d'un poisson appelé *anthias bifasciatus* par Bloch. C'est l'*holocentre rabaji* de Lacépède. *Voyez* au mot HOLOCENTRE. (B.)

JOURET, coquille figurée pl. 17 de l'*Hist. des Coquilles du Sénégal*, d'Adanson. C'est la *venus nivea* de Gmelin. *Voyez* au mot VÉNUS. (B.)

JOUSION. On appelle ainsi le *squale marteau* dans quelques pays. *Voyez* au mot SQUALE. (B.)

JOUTAI, *Outea*, arbre élevé, à feuilles alternes, ailées, sans impaires stipulées à leur base, et composées de deux folioles ovales, obtuses, et à fleurs violettes, munies de deux bractées ovales et opposées, naissant sur des rameaux axillaires, qui seul forme un genre dans la triandrie monogynie.

Ce genre, qui est figuré pl. 26 des *Illustrations* de Lamarck, et qui a été établi par Aublet, a pour caractère un calice monophylle, turbiné, très-petit, à quatre ou cinq dentelures; une corolle de cinq pétales inégaux, dont un supérieur, est relevé, très-grand, et les quatre autres inférieurs et très-petits, tous arrondis et attachés à la parois interne supérieure du calice; trois étamines fertiles, à filamens trèslongs et à anthères vacillantes, et en outre un filament stérile, velu, court, attaché à la base de l'onglet du pétale supérieur; un ovaire supérieur, ovale, oblong, porté sur un long pédicule, qui naît du fond du calice, et terminé par un style simple, à stigmate arrondi et concave.

Le fruit n'est pas connu.

Cet arbre croît à la Guiane. (B.)

JUANULE, *Juanulloa*, plante frutescente, parasite, à racines fibreuses, à rameaux pendans, à feuilles pétiolées, oblongues, aiguës, très-entières, épaisses, blanchâtres en dessous, et sortant plusieurs ensemble du même point; à fleurs rougeâtres, disposées en panicules dichotomes et pendantes, qui forme un genre dans la pentandrie monogynie.

Ce genre offre pour caractère un calice grand, ovale, enflé, coloré, persistant, divisé en cinq parties lancéolées; une corolle tubuleuse, rétrécie à son ouverture, et divisée en cinq lobes arrondis; cinq étamines insérées à leur base; un ovaire supérieur à style filiforme et à stigmate émarginé; une baie ovale recouverte par le calice, biloculaire, et contenant plusieurs semences réniformes.

La *juanule* croît au Pérou, sur le tronc des vieux arbres. Elle est figurée pl. 185 de la *Flore* de ce pays. Ses feuilles sont âcres et astringentes. (B.)

JUB, nom spécifique d'une *perche* décrite et figurée par Bloch. Elle vient de la mer du Brésil, où elle passe pour un des meilleurs poissons. *Voyez* au mot PERCHE. (B.)

JUBARTE, espèce de cétacée du genre des *baleines* (*Balæna boops* Linn. et Bonnaterre, *Encycl. cétol.*, p. 6.). Il paroît que le mot *jubarte* est une corruption du nom de *gibbar*, cétacée du même genre. Les pêcheurs biscayens et xaintongeois appellent ainsi ces *baleines*, à cause de la bosse élevée qu'elles portent sur le dos dans le voisinage de la queue. *Vocant* gibbar, *a gibbero dorso, id est in tumorem elato*, dit Rondelet, *de Piscibus*, liv. 16, c. 12.

Cette *baleine* est presqu'aussi grande que les vraies *baleines*; mais elle est moins grasse et moins épaisse; son bec est plus pointu et plus alongé; sa mâchoire inférieure est aussi plus courte et plus mince que la supérieure. De même que les vraies *baleines*, elle porte, au lieu de dents, des fanons larges en bas, noirâtres ou blanchâtres, très-fragiles, de forme triangulaire et seulement longs de deux pieds. Suivant Otho Fabricius, qui a vu pêcher cet animal, son corps est rond, épais vers les nageoires des côtés, mais si aminci vers la queue, qu'un homme peut l'embrasser. Le museau est large; la tête porte deux évents très-rapprochés et entourés de trois rangs d'éminences circulaires. Derrière les yeux, qui sont placés fort bas, et de la grosseur de ceux du bœuf, on trouve les orifices des oreilles, qui sont très-étroits. La langue, dont la couleur approche de celle du foie, est longue de plus de cinq pieds; c'est un grand morceau de chair grasse et spongieuse. Tout le dessous du corps est couvert d'une peau plissée et sillonnée longitudinalement. A chaque extrémité du corps, ces plis se réunissent. Les nageoires des flancs sont de figure ovale, ronde, échancrée par-devant; celle de la queue est en forme de croissant et posée horizontalement. Toute la peau du dos et des flancs est d'un noir bleuâtre, qui se blanchit à mesure qu'il s'approche du ventre; cette coloration se rencontre dans tous les cétacés de la même manière. La *jubarte* peut dilater les plis ou les rides de son ventre, lorsqu'elle prend beaucoup de nourriture; elle peut avoir plus de vingt pieds de circonférence dans sa grande épaisseur, et cinquante à soixante dans sa longueur. Sous la peau se trouve le lard, dont la couche est assez mince et rend peu d'huile; aussi cette espèce est moins recherchée que celle de la *baleine franche*. On en retire environ quatorze à quinze tonneaux d'une huile claire et aqueuse, qui s'évapore presque toute lorsqu'on l'expose au feu. Ce gros animal est assez curieux à voir, lorsqu'ouvrant une gueule énorme et spacieuse, il semble vouloir boire la mer, en avalant des poissons par tonnes; alors les plis de son ventre s'élargissent, et laissent voir leur sillon d'un beau rouge de vermillon, qui éclate sur le fond blanc du ventre et tranche avec le noir du dos et des fanons. La *jubarte* souffle l'eau de ses évents avec un effort prodigieux, et s'enloutit ensuite dans la mer, la tête la première, et la queue elevée comme les tritons de la Fable. Elle plonge pendant ong-temps. Lorsque la mer est calme, elle s'étend à la surace des ondes et s'y endort mollement comme sur un grand it. Quand elle est éveillée, on la voit bondir et fendre les agues écumantes avec une grande vigueur et une agilité extraordinaire. Tantôt elle frappe l'eau avec force et se jette sur e dos; tantôt, d'un saut rapide, elle s'élève en pirouettant dans l'air, et retombe bien loin, avec une merveilleuse habileté, en faisant rejaillir l'onde amère et résonner les vagues ous le poids de sa masse. Un moyen sûr de la tuer est de la rapper à coups de lance derrière les nageoires des flancs; orsque ses intestins sont percés, elle plonge sur-le-champ dans la mer; quand elle se voit prise, elle pousse des hurlemens affreux, comme un cochon qu'on égorge, et lance des flots d'eau ensanglantée. Cette *baleine* est furieuse dans l'attaque; elle ne fuit pas comme les autres espèces, mais s'avance droit aux chaloupes et les brise en éclats d'un coup de queue. Une de ces *baleines* enleva d'un seul coup trois hommes, qui tombèrent meurtris et écrasés dans la mer. Le mâle accompagne souvent la femelle, et lorsque l'un d'eux est tué, l'autre ne veut pas le quitter, et s'étend sur le mort en poussant des cris terribles. Les vieux individus de cette espèce portent souvent attachés à leur peau des glands de mer (*Lepas balœnaris* ou *diadema* Linn.). Ces coquillages multivalves entrent profondément dans la peau, et s'enfoncent jusque dans la graisse. Selon les Indiens de l'Amérique septentrionale, ces coquillages marquent la vieillesse des *baleines*, dont la peau dure leur sert de support.

La *jubarte*, qu'Anderson appelle aussi *poisson de Jupiter* (*Jupiter fisch.*), que les Groënlandais connoissent sous le nom de *keporkak*, et les Islandais sous celui de *hrafu-reydus*, se nourrit de limaçons planorbes du Nord, qui couvrent la mer par leur immense multitude. Elle vit aussi d'une petite espèce de saumon du Nord et de l'appât de vase (*Ammodytes tobianus* Linn.). Elle habite dans les mers du Nord près du Groënland, et plus rarement dans les autres parages. En hiver, elle demeure en pleine mer entre le 65 et le 61e degrés de latitude boréale. Elle vient en été et en automne sur les côtes; elle entre dans les grandes anses vers Pamiuk et Pissukbik. Il paroît qu'on la rencontre aussi dans les parages des Bermudes. Les baleineaux y sont appelés *cubs* (*Phil. Trans.*, n° 1, p. 12.). Leur force est aussi étonnante que leur agilité. Ils suivent leur mère, qui n'en produit qu'un seul à chaque portée, jusqu'à une nouvelle gestation; ce qui n'arrive pas toujours chaque année. Lorsque ces baleineaux sont blessés, ils jettent des cris affreux; la plus petite plaie suffit pour faire périr ces animaux , car elle se gangrène aussi-tôt , et ils vont périr au loin dans les solitudes de l'Océan. Leur graisse est en petite quantité , et d'une qualité assez mauvaise , car elle ressemble à de la gelée. Bonnaterre , *Encycl. méth. cétolog.* pl. 3 , fig. 2. a représenté la *jubarte*. On la confond souvent avec le *gibbar*. En effet, ces deux espèces sont fort analogues entr'elles (*Voyez* GIBBAR.), et même Anderson les croit de la même espèce. (V.)

JUBIS, raisins secs de Provence. (S.)

JUGOLINE. C'est le nom vulgaire du SESAME D'ORIENT. *Voyez* ce mot. (B.)

JUGULAIRES (LES). On appelle ainsi des poissons dont les nageoires ventrales sont placées à la gorge , et par conséquent plus près de l'ouverture de la bouche que les nageoires pectorales. Ils forment la seconde division de cette classe d'animaux. *Voyez* au mot ICHTYOLOGIE et au mot POISSON. (B.)

JUIF , nom vulgaire du MARTINET NOIR. *Voyez* MARTINET. (VIEILL.)

JUIF. On donne quelquefois ce nom au *squale marteau* (*Voyez* au mot SQUALE.), et à un autre poisson d'Afrique dont on ne connoît pas le genre , mais dont on dit la chair excellente. (B.)

JUJUBIER , *Ziziphus* Linn. (*Pentandrie digynie.*), genre de plantes de la famille des RHAMNOÏDES , comprenant des arbrisseaux épineux, à feuilles simples et alternes, et à fleurs planes et axillaires. Chaque fleur est composée d'un calice à cinq divisions, de cinq pétales ouverts en étoile, de cinq étamines à anthères arrondies, et d'un disque charnu , dans lequel est enfoncé un ovaire, surmonté de deux styles à stigmate obtus. Le fruit est un drupe ovale ou oblong, contenant, sous un brou charnu ou pulpeux , un noyau à deux loges et à deux semences.

Ce genre, dont les caractères sont figurés dans les *Illustrations* de Lamarck, pl. 185 , renferme environ douze espèces connues. Les plus intéressantes sont :

Le JUJUBIER COMMUN , *Rhamnus ziziphus* Linn. C'est un grand arbrisseau dont la tige est tortueuse et l'écorce rude et gercée. Les jeunes branches sont pliantes , et garnies , à leur insertion , de deux aiguillons durs presqu'égaux. Ses feuilles sont pétiolées , ovales, oblongues , simples, à trois nervures, dentées en scie , luisantes , unies , et d'un vert clair ; elles tombent tous les hivers. Les fleurs attachées à de courts pédoncules, viennent aux aisselles des feuilles, et s'épanouissent communément dans le mois de juin. Elles sont jaunes, et les fruits qui leur succèdent sont d'un beau rouge dans leur maturité; ils ont à-peu-près la forme et la grosseur d'une olive.

Ce *jujubier* croît naturellement dans le Languedoc, la Provence, et en général dans le midi de l'Europe. On le cultive dans ces pays et même à la côte de Barbarie, pour son fruit, qu'on y sert en hiver sur les tables, et qui est employé en médecine. Dans les contrées septentrionales de la France on peut élever cet arbrisseau en pleine terre; il supporte les hivers ordinaires, pourvu qu'il soit abrité et à une bonne exposition; mais il y fructifie rarement. Ses fruits, qu'on nomme *jujubes*, sont nourrissans et agréables, quoiqu'un peu fades. On les fait sécher sur des claies, au soleil, et on les envoie, en cet état, aux droguistes et aux apothicaires. Par leur mucilage doux, ils appaisent les irritations de la poitrine et des poumons, calment les toux fâcheuses, et corrigent l'âcreté de la pituite. On en compose des tisanes pectorales. On en fait aussi usage dans les ardeurs des reins et de la vessie.

Le JUJUBIER DES LOTOPHAGES, *Rhamnus lotus* Linn., Desf. Cette espèce forme un arbrisseau de trois à cinq pieds de hauteur, dont les rameaux sont nombreux, fléchis en zigzag et d'un gris blanchâtre; ils sont armés, à chaque noeud, de deux piquans inégaux, l'un court et courbé en crochet, l'autre droit et un peu plus long, et ils portent des feuilles ovales, obtuses, longues de dix lignes, larges de quatre, entières, à trois nervures et presque sessiles. La surface supérieure de ces feuilles est glabre et verte, et l'inférieure plus pâle. Les fleurs petites et d'un blanc jaunâtre, viennent une à quatre ensemble sur des pédoncules communs; elles sont remplacées par des fruits presque ronds, d'une couleur roussâtre dans leur maturité, et d'une saveur agréable, mais non délicieuse.

Cet arbrisseau qui fleurit en mai, et dont les fruits mûrissent en août ou septembre, croît spontanément sur la côte septentrionale d'Afrique, dans le royaume de Tunis, et principalement aux environs de la Petite-Syrthe, où il est fort abondant, et où Desfontaines, pendant son séjour dans ce pays, a eu occasion de l'observer. Ce savant professeur en a donné une description fort détaillée, dans un mémoire qu'il a lu à l'académie des sciences, en 1788, et qui a été imprimé dans le *Journal de Physique* de la même année. Il a prouvé que ce *jujubier* étoit le vrai *lotus* des anciens.

« Les habitans de la Petite-Syrthe, dit-il, et sur-tout ceux de l'île Gerbi, étoient nommés anciennement *lotophages*, parce qu'ils se nourrissoient avec les fruits du *lotus* ou *jujubier*, dont il est ici question ; et l'île Gerbi portoit le nom de *Lotophagite*, parce que ce *lotus* y croissoit en abondance.

» Théophraste raconte que le *lotus* étoit si commun dans l'île *Lotophagite*, et sur-tout sur le continent adjacent, que l'armée d'Orphellus ayant manqué de vivres en traversant l'Afrique pour se rendre à Carthage, se nourrit des fruits de cet arbre pendant plusieurs jours.

» Aujourd'hui les habitans des bords de la Syrthe et du voisinage du désert, recueillent encore les fruits du *jujubier*, que je prends pour le *lotus* ; ils les vendent dans tous les marchés publics, les mangent comme autrefois, et en nourrissent même leurs bestiaux. Ils en font aussi de la liqueur, en les triturant avec de l'eau. Il y a plus, c'est que la tradition que ces fruits servoient anciennement de nourriture aux hommes, s'est même conservée parmi eux.

» Cette plante est fort mal décrite dans Pline et Théophraste ; mais, à l'exception des parties de la fructification, on ne peut pas mieux la décrire qu'elle ne l'a été par Polybe. Cet auteur nous apprend la manière dont on préparoit anciennement son fruit. Lorsque le *lotus* est mûr, nous dit-il, les Lotophages le recueillent, le broient, et le renferment dans des vases. Ils ne font aucun choix des fruits qu'ils destinent à la nourriture des esclaves, mais ils choisissent ceux qui sont de meilleure qualité pour les hommes libres ; ils les mangent préparés de cette manière. Leur saveur approche de celle des figues et des dattes ; on en fait aussi du vin, en les écrasant ou en les mêlant avec de l'eau : cette liqueur est très-bonne à boire ; mais elle ne se conserve pas au-delà de dix jours.

Le JUJUBIER DES IGUANES, *Rhamnus iguaneus*, Linn. vulgairement *croc de chien*. C'est un arbrisseau peu élégant, qu'on trouve dans les Antilles et dans l'île de Curaçao, où on l'appelle *arbre des iguanes*, parce que l'*iguane*, espèce de lézard, se repose souvent sur sa tige. Ses fruits sont arrondis, jaunâtres, et ont une pulpe assez douce, que les enfans et les naturels du pays mangent. Ce *jujubier* porte de petites fleurs d'une couleur herbacée, et disposées en grappes courtes aux aisselles des feuilles, lesquelles sont ovales, aiguës, et dentées, ayant trois nervures à leur base, et deux pouces et demi de longueur sur une largeur à-peu-près d'un pouce. Les aiguillons qui défendent les rameaux, sont ouverts et légèrement courbés ; chaque nœud inférieur n'en a qu'un, et il y en a deux dans les nœuds supérieurs.

Le J∪J∪BIER COTONNEUX, *Rhamnus jujuba*, Linn., vulgairement le *masson*. On le trouve aux Indes orientales. Il est peu garni de piquans, et a des feuilles ovales, obtuses, presqu'entières, dont la surface inférieure est, ainsi que les jeunes rameaux, couverte d'un duvet cotonneux, serré et blanchâtre. Ses fleurs sont réunies au nombre de dix à quinze aux aisselles des feuilles ; elles donnent naissance à des fruits à-peu-près ronds, gros comme des petites prunes, et jaunâtres ou rougeâtres dans leur maturité. Ces fruits sont un peu styptiques, et estimés des Indiens. On dit que cet arbrisseau, dans son pays natal, est souvent chargé, en été, de fourmis ailées, qui font la gomme lacque sur ses branches.

Le J∪J∪BIER A ÉPINES DROITES, *Rhamnus spina christi* Linn. Celui-ci varie, à rameaux droits, munis ou dépourvus de piquans, et à rameaux fléchis en zigzag. Il a des épines érigées, postées par paires à chaque nœud, et des feuilles beaucoup plus grandes que celles du *jujubier commun* et du *jujubier* des Lotophages ; leur longueur est de deux pouces, et leur largeur d'un pouce ou un peu plus : elles sont ovales, médiocrement pointues, un peu dentées, vertes des deux côtés, et marquées de trois nervures. On trouve ce *jujubier* en Syrie, en Egypte, et à la Chine. Il porte de petites fleurs jaunes, réunies en bouquets aux aisselles des feuilles ; et il fleurit dans ce pays deux fois par an, au printemps et en automne, mais au printemps ses fruits parviennent rarement à une parfaite maturité. Ils sont arrondis, gros comme de petites noix, et d'une saveur agréable. On les mange crus.

Le J∪J∪BIER SOPORIFÈRE a les épines éparses, les feuilles lancéolées, sans nervures, et les fleurs solitaires. Il se trouve à la Chine. On emploie la décoction de ses fruits pour appeler le sommeil, diminuer les douleurs aiguës, et fortifier les viscères. C'est un puissant narcotique, dont les médecins chinois font fréquemment usage.

Culture.

Dans notre climat, on ne voit ces arbrisseaux que dans les jardins des curieux ou dans ceux de botanique. Les cinq espèces que je viens de décrire exigent une éducation et des soins différens. On multiplie la première (le *jujubier commun*), en plantant les drupes, dès qu'ils sont mûrs, dans des pots remplis d'une terre fraîche et légère. Ces pots doivent être tenus, en hiver, sous un vitrage ordinaire de couche chaude,

et à l'abri des fortes gelées. Au printemps, on les plong
dans une couche tiède , qui fait germer les semences. Quand
les plantes paroissent, on les accoutume, par degrés, au plein
air, auquel ou les expose tout-à-fait au mois de juin, e
les plaçant contre un mur ou une haie, dans un temps for
sec, et on les arrose souvent. L'hiver on les tient dans une
serre ou sous châssis, pour les garantir du froid. On les traite
ainsi chaque année , pendant leur jeunesse, parce qu'elle
sont alors fort délicates. Mais après trois ou quatre ans, on
peut les mettre en pleine terre , à une exposition convenable.
Dans les provinces du Midi, on n'a pas besoin d'employer
toutes ces précautions. Le *jujubier commun* est planté tout
simplement avec les arbres fruitiers ordinaires. On ne le
multiplie point par ses noyaux, mais par les jeunes pieds qui
sortent de terre , autour du tronc. Sa végétation est lente,
mais il n'exige aucune culture particulière. On pourroit, dit
Rosier, faire des haies impénétrables avec cet arbrisseau, en
plantant près et en inclinant ses jeunes branches.

La seconde espèce (le *jujubier des Lotophages*) étant
moins dure que la première, on doit la laisser toujours dans
les pots, et la placer en hiver dans une serre ; mais il ne
faut pas trop l'arroser dans cette saison , sur-tout après qu'elle
a perdu ses feuilles. On la multiplie par ses graines, qu'on se
procure des pays où cette espèce croît naturellement.

Les trois autres *jujubiers*, qui sont encore plus délicats que
le précédent, ne peuvent réussir dans nos climats , sans le secours d'une serre chaude. On les multiplie aussi par leurs
noyaux. Mais ils doivent être élevés et traités avec un soin
particulier. Miller dit que , dans aucun temps de l'année,
on ne doit les exposer entièrement au plein air; cependant il
faut leur en procurer beaucoup dans les jours chauds de
l'été. (D.)

JUJURU, nom d'une espèce de *giraumont* qu'on cultive
dans l'Amérique méridionale. *Voyez* au mot COURGE. (B.)

JUKA , nom caraïbe du *manihot*. Voyez au mot KET-
MIE. (B.)

JULAN, nom donné par Adanson , au *pholas pusilla*
de Linnæus. *Voy.* au mot PHOLADE. (B.)

JULE. *Voyez* IULE et SCOLOPENDRE. (L.)

JULIENNE. Quelques auteurs ont donné ce nom au
GADE MOLVE. *Voyez* ce mot. (B.)

JULIENNE ou JULIANE , *Hesperis* , Linn. (*Tétradynamie siliqueuse*), genre de plantes que l'on confond souvent avec le genre GIROFLÉE, dont il se rapproche beaucoup.

Il appartient, comme ce dernier, à la famille des CRUCI-FÈRES ; ses caractères principaux sont : un calice serré à quatre folioles caduques, beaucoup plus courtes que les onglets des pétales ; quatre pétales ouverts en croix, et souvent fléchis obliquement ; six étamines (dont deux moins longues) ayant des anthères linéaires ou en fer de flèche ; un ovaire supérieur, sans style, et surmonté d'un stigmate à deux lames, plus conniventes au sommet qu'à leur base. Ce stigmate persiste dans le fruit, lequel est une silique cylindrique, quelquefois légèrement comprimée, ayant deux valves, deux loges, et une cloison de la longueur des valves. Elle contient plusieurs semences nues et sans rebord membraneux. Dans les *giroflées*, au contraire, les graines sont toujours entourées d'une membrane. *Voyez* la pl. 564 des *Illustr.* de Lamarck.

Les *juliennes* sont des herbes à feuilles alternes et simples, et à racine annuelle, bisannuelle ou vivace. On en compte environ dix-sept à vingt espèces, parmi lesquelles on doit distinguer, comme plantes utiles ou d'agrément, celles qui suivent, savoir :

La JULIENNE DES JARDINS, *Hesperis matronalis* Linn. Elle est sauvage ou cultivée, et originaire des parties australes de l'Europe, où elle croît dans les prés et les lieux un peu couverts. Ses fleurs simples ou doubles, blanches ou purpurines, exhalent, sur-tout le soir, un parfum agréable. Elles sont attachées à un pédoncule, et disposées, vers l'extrémité des rameaux, en grappes claires ou denses, qui offrent un joli aspect. La tige, qu'elles couronnent, est droite, haute d'un pied et demi, cylindrique, un peu velue, tantôt simple, tantôt rameuse, et garnie de feuilles ovales lancéolées, dentées à leurs bords, pointues, et portées par un court pétiole. Les siliques sont longues, menues et glabres ; elles contiennent des semences ovales, applaties et rousses, qui fournissent, par l'expression, une huile propre à brûler. Ainsi la culture de cette plante, qui fait l'ornement des jardins, peut encore avoir un objet utile. On la multiplie de boutures, ou en éclatant les pieds, ou communément de graines, qu'on doit semer de préférence en automne. Elle fleurit la seconde année. Pour en obtenir des fleurs doubles, il faut l'élever dans une terre très-substantielle.

C'est Delys, cultivateur en Artois, qui, le premier, a exprimé de l'huile de la graine de *julienne*. Il s'est assuré des propriétés de cette huile. Elle brûle, dit-il, très-bien, ne répand aucune mauvaise odeur, et sa fumée ne noircit point un morceau de papier blanc, exposé à quatre pouces audessus de la lumière. Elle peut servir aux manufactures,

comme l'huile de *colza*. Delys prétend même que la culture
en grand de la *julienne*, seroit plus avantageuse que celle du
colza, parce que la *julienne* réussit, selon lui, dans les terreins les plus médiocres et peu profonds, n'exige aucun fumier, et se propage elle-même, ou peut être propagée avec
une extrême facilité ; le moindre labour lui suffit. D'ailleurs,
elle n'est point sujette à être attaquée des pucerons, comme le
colza, et fleurit plus tard ; elle ne craint point les gelées
printanières. Si sa graine est plus petite, elle est aussi plus
abondante, et il y a de ce côté compensation. Pour tout le
reste, c'est à l'expérience à prononcer ; elle seule peut décider quelle est celle de ces deux plantes qui, pour la production de l'huile, mérite en effet la préférence.

La JULIENNE A FLEURS BRUNES, *Hesperis tristis*, Linn.
Elle est ainsi nommée par les botanistes, parce qu'elle a des
fleurs sans beauté, et d'une couleur triste et obscure. Mais
leur odeur forte et suave, plus agréable encore que celle de
la *julienne* des jardins, a aussi mérité à cette plante le nom de
violier des dames. En effet, les dames, sur-tout en Allemagne, en recherchent beaucoup les fleurs, qu'elles placent
le soir dans leur appartement, pour jouir de leur parfum.
Elles paroissent en mai et juin. Cette espèce croît spontanément en Hongrie et dans l'Autriche ; elle est bisannuelle, et
s'élève à deux pieds. On la cultive comme la précédente, et
on la reconnoît à sa tige ouverte et rameuse, chargée de poils
blancs très-fins, et à ses feuilles bordées de petites dents à leur
base, et entières par-tout ailleurs.

La JULIENNE DÉCOUPÉE, *Hesperis lacera* Linn. C'est une
plante basse et annuelle, originaire du Portugal. Ses feuilles
sont lancéolées, et découpées à-peu-près comme celle du *pis-
senlit* ; ses fleurs rougeâtres et odorantes ; de petits poils droits
couvrent leur calice ; et les siliques, qui leur succèdent, offrent
des nœuds à leur surface et trois dents à leur sommet. On
sème la graine de cette espèce au printemps, sur des plate-
bandes abritées et à demeure. Elle fleurit en juillet, et ses
semences mûrissent en automne.

La JULIENNE A FEUILLES ÉTROITES, *Cheiranthus tristis*
Linn. Celle-ci est vivace et s'élève rarement au-dessus de huit
ou neuf pouces. Elle croît aux environs de la mer, en Languedoc, en Provence, en Espagne et en Italie. Sa tige prend
avec le temps la solidité de celle d'un arbrisseau. Elle est
garnie de feuilles très-étroites, dentelées, légèrement cotonneuses et d'un vert blanchâtre, et elle porte des fleurs rapprochées, d'une odeur agréable et d'une couleur d'abord pâle
ou roussâtre, puis rougeàtre ou purpurine. Cette espèce,

moins dure que les autres , exige quelque abri pendant l'hiver.

La JULIENNE DES SALINES , *Cheiranthus salinus* Linn. On lui a donné ce nom parce qu'on la trouve dans les salines de la Sibérie et de la Tartarie. Elle ressemble à la *giroflée des jardins* , mais elle est , dit Lamarck , huit fois plus petite. Sa fleur a la même odeur; la corolle est purpurine et jaunâtre à son orifice , et les anthères sont cachées dans le tube. Le lieu natal de cette plante indique assez qu'elle doit peu redouter le froid. Ses tiges sont droites et subsistent quelques années.

La JULIENNE DE MAHON , *Cheiranthus maritimus* Linn. Malgré la petitesse de cette plante et la foiblesse de sa tige diffuse et rude, on la trouve dans tous les jardins; on l'y sème fort épais , soit en massif, soit plus communément en bordure , seule ou mêlée avec d'autres plantes basses et annuelles comme elle , et de couleur différente. Ses fleurs sont lilas , assez grandes , très-nombreuses, et disposées en grappes courtes et terminales. Leur éclat et leur quantité laissent à peine voir les feuilles qui ont à-peu-près la forme de spatule , avec quelques dents anguleuses à leurs bords ; elles sont verdâtres des deux côtés. On trouve cette espèce dans les lieux maritimes et sablonneux du Languedoc , du comté de Nice et des îles Baléares.

La JULIENNE DE CHIO , *Cheiranthus Chius* Linn. Elle croît dans l'île qui porte ce nom sur les côtes de Barbarie et en Espagne. Elle est annuelle , et a beaucoup de rapports avec la précédente. Mais ses feuilles sont plus étroites et ses fleurs une fois plus petites. Dans l'une et l'autre espèce, elles sont inodores et à-peu-près de la même couleur. Les fleurs de celle-ci ont des stigmates aigus , et les lames de leurs pétales médiocrement échancrées. Ces deux juliennes se multiplient de la même manière. On peut semer celle de *Mahon* depuis mars jusqu'en août inclusivement ; on en a ainsi tout l'été. L'autre , quoique moins brillante , est très-agréable à cultiver.

La JULIENNE ALLIAIRE ou l'ALLIAIRE , *Erysimum alliaria* Linn. C'est une plante d'Europe, vivace et fort commune, qu'on trouve par-tout dans les haies et sur le bord des fossés. Elle s'élève environ à deux pieds. Sa racine ressemble à un navet. Sa tige est cylindrique , herbacée, simple ou rameuse. Ses feuilles sont en cœur , crénelées dans leur contour, vertes et lisses à leurs deux surfaces, et portées par des pétioles plus ou moins longs. Les feuilles inférieures sont quelquefois réniformes. Les fleurs petites et blanches viennent en grappes à l'extrémité de la tige ou des rameaux ; elles produisent des siliques longues d'un pouce et demi, qui renferment des semences obrondes et noires.

L'amertume de cette plante et l'odeur d'ail qu'elle exhale quand on la pile ou qu'on en froisse seulement les feuilles, lui ont fait attribuer plusieurs propriétés. Elle passe pour diurétique, incisive, carminative, et on la croit bonne pour guérir les ulcères et la gangrène. Selon Vitet, ses feuilles diminuent quelquefois l'oppression, et rendent l'expectoration plus libre dans l'asthme pituiteux et dans la toux catarrhale ; mais ses autres vertus demandent à être constatées. On ne se sert que de l'herbe dont on fait des cataplasmes. Les feuilles fraîches se donnent, depuis deux drachmes jusqu'à une once, infusées dans cinq onces d'eau ; les feuilles sèches, depuis demi-drachme jusqu'à demi-once, en infusion dans la même quantité d'eau.

On retire de l'*alliaire*, par la distillation, une huile essentielle mêlée avec le principe aromatique. Miller dit qu'autrefois les gens du peuple mangeoient cette plante en salade. (D.)

JUMARS (*Onotaurus*), mulet produit par l'accouplement du taureau et de la jument, ou du taureau et de l'ânesse, ou de l'âne et de la vache.

L'existence de cette sorte de mulets n'est pas généralement reconnue. Des auteurs d'un grand poids, Buffon, dans son discours sur la *Dégénération des Animaux*, Haller, dans sa *Physiologie*, Erxleben (*Règn. animal.*), Huzard (*Encyclop. méthod.*), et plusieurs autres, regardent les *jumars* comme des êtres imaginaires ; et s'il m'étoit permis de joindre mon opinion à des autorités aussi imposantes, je dirois que je ne crois pas non plus que des animaux de conformation et de nature aussi différentes puissent engendrer ensemble. « Columelle, dit Buffon, est, je crois, le premier qui en ait parlé ; Gesner le cite, et ajoute qu'il a entendu dire qu'il se trouvoit de ces mulets auprès de Grenoble, et qu'on les appelle en français, *jumars*. J'ai fait venir un de ces *jumars* de Dauphiné ; j'en ai fait venir un autre des Pyrénées, et j'ai reconnu, tant par l'inspection des parties extérieures que par la dissection des parties intérieures, que ces *jumars* n'étoient que des *bardeaux*, c'est-à-dire des mulets provenans du cheval et de l'ânesse. Je crois donc être fondé, tant par cette observation que par l'analogie, à croire que cette sorte de mulet n'existe pas, et que le mot *jumars* n'est qu'un nom chimérique et qui n'a point d'objet réel. La nature du taureau est trop éloignée de celle de la jument, pour qu'ils puissent produire ensemble ; l'un ayant quatre estomacs, des cornes sur la tête, le pied fourchu, &c. ; l'autre étant solipède et sans cornes, et n'ayant qu'un seul estomac ; et les parties de la génération étant très-différentes, tant par la grosseur que pour les proportions, il n'y a nulle raison de présumer qu'ils puissent se joindre avec plaisir, et encore moins avec succès. Si le taureau avoit à produire avec quelque autre espèce que la sienne, ce seroit avec le buffle, qui lui ressemble par la conformation et par la plupart des habitudes naturelles ; cependant nous n'avons pas entendu dire qu'il soit jamais né des mulets de ces deux animaux, qui néanmoins se trouvent dans plusieurs lieux, soit en domesticité, soit en liberté. Ce que l'on raconte de l'accouplement et du produit du cerf et de la vache, m'est à-peu-près aussi suspect que l'histoire des *jumars*, quoique le cerf soit beaucoup moins éloigné, par sa conformation, de la nature de la vache, que le taureau ne l'est de celle de la jument ».

J'ai cherché toute ma vie à voir des *jumars*, et l'on n'a jamais pu m'en montrer ; on les disoit moins rares qu'ailleurs en Barbarie et en Egypte, cependant je n'en ai découvert aucun dans cette dernière contrée, quoique j'aie fait à cet égard beaucoup de perquisitions.

Et ce qui ajoute encore aux doutes assez fondés au sujet de l'existence des *jumars*, c'est le peu d'accord qui règne dans les descriptions que l'on en a données ; les uns, par exemple, disent que ces animaux métis ont des cornes assez petites, tandis que d'autres les leur refusent absolument.

Il faut néanmoins convenir que les raisonnemens, quelque concluans qu'il paroissent pour faire rejeter la possibilité d'un accouplement fécond entre des espèces aussi éloignées, et les faits que l'on allègue à leur appui, ne forment que de fortes probabilités et des preuves négatives, tandis que plusieurs hommes recommandables, en attestant l'exi tence des *jumars*, présentent des preuves positives qui devroient prévaloir si l'on étoit bien assuré qu'il n'y a pas eu de méprise dans les observations, et que l'on n'a pas regardé comme des *jumars*, quelques mulets provenans du cheval et de l'ânesse, ou peut-être des variétés individuelles dans le genre des bœufs. Quoi qu'il en soit, voici les principaux témoignages rapportés en preuve de la réalité d'une sorte de mulets fort extraordinaires.

Le docteur Shaw dit avoir vu en Barbarie une espèce de mulet qui se nomme *kumrab*, et qui est le fruit de l'accouplement de l'âne et de la vache. Léger, dans son *Histoire des Vallées du Piémont*, rapporte que l'on nomme *bif* le mulet né d'un taureau et d'une ânesse, et *baf* celui qui est engendré par un taureau et une jument. On cite la Suisse, l'Espagne, le Dauphiné, la Navarre, le Vivarais et la Provence, pour la patrie des *jumars*; mais Buffon a reconnu des bardeaux dans ceux qu'on lui envoya de quelques-uns de ces pays. On parle de deux *jumars* tirés du Dauphiné, et qui étoient nourris en 1767 à l'Ecole vétérinaire de Paris; un autre, âgé de trente-sept ans, se trouvoit à l'Ecole vétérinaire de Lyon. Bourgelat en a donné une longue description anatomique; Sarcey de Sutières, très-habile agriculteur, s'est servi long-temps d'un *jumart*.

Au reste, on attribue à ces animaux une force et un courage extraordinaire, la puissance de supporter de longs jeûnes, une vigueur incomparable, mais en même temps beaucoup de méchanceté; on convient d'ailleurs qu'il est très-difficile d'obtenir de semblables productions; en sorte qu'en supposant la possibilité de se procurer des *jumars*, ils ne seront jamais d'une utilité importante, et ne pourront passer que pour des objets de curiosité. (S.)

JUMENT, femelle dans l'espèce du Cheval. *Voyez* ce mot. (S.)

JUNCO. Ce nom est donné, d'après quelques habitudes, tantôt à la Rousserolle, tantôt à l'Alouette de mer. *Voy.* ces mots. (Vieill.)

JUNGHANSIE, *Junghansia*, nom que Gmelin a donné au genre ici mentionné sous le nom de Curtis. *Voyez* ce mot. (B.)

JUNGHILL (*Tantalus leucocephalus* Lath. Ordre des Echassiers, genre de l'Ibis. *Voyez* ces mots.). Taille du *héron*; bec peu courbé, jaune, ainsi que la partie nue de la tête; plumage d'un blanc grisâtre; couvertures, pennes des ailes et de la queue noires; les premières bordées de blanc; plumes du croupion et couvertures de la queue aussi longues que les pennes, et de couleur violette. Un individu de cette espèce différoit en ce que les couvertures des ailes étoient mélangées de brun, et en ce qu'il avoit sur la poitrine une bande transversale de cette couleur. Latham assure que ces dissemblances caractérisent le sexe. On trouve cette espèce dans l'Inde; elle est très-commune sur les bords du Gange, où elle est connue sous le nom de *junghill*. Les plumes du croupion de cet oiseau, comme celles de l'*autruche*, servent fréquemment pour la parure des dames indiennes. C'est par méprise que, dans l'*Hist. nat. de Buffon*, édit. de Sonnini, l'on a décrit cet oiseau avec le physique de l'Ibis a tête noire (*Tantalus melanocephalus*) Latham. (Vieill.)

JUNGIE, *Jungia*. Linnæus a donné ce nom à une plante de l'Amérique méridionale, à tiges ligneuses, velues, couverte de poils couleur de rouille; à feuilles alternes, pétiolées, arrondies, à cinq lobes obtus, en cœur à leur base, et hérissées de poils qui sont blancs en dessous, à fleurs disposées en petites têtes sur une grande panicule terminale.

Cette plante forme un genre dans la syngénésie polygamie agrégée, qui a pour caractère un calice commun, triflore; un réceptacle couvert de paillettes et de fleurons tubulés, bilabiés, à lèvre extérieure ligulée, et à lèvre intérieure fourchue, tous hermaphrodites.

Le fruit est une semence solitaire, anguleuse, surmontée d'une aigrette sessile et plumeuse.

Gærtner a donné le même nom à un arbrisseau des îles de la mer du Sud, de la pentandrie monogynie, qui a de très-grands rapports avec les *escalones*, c'est-à-dire qui a pour caractère générique un calice divisé en cinq parties; une corolle de cinq pétales; cinq étamines; un ovaire inférieur biloculaire dans sa jeunesse.

Le fruit est une capsule uniloculaire, coriace, évalve, s'ouvrant au sommet par un large trou. *Voyez* Gærtner, de *Sem. et Fruct. plant.*, tab. 35, fig. 5.

Le même botaniste a appelé la première de ces plantes, Trinacté. *Voyez* ce mot. (B.)

JUPATIMA, l'un des noms brasiliens du Sarigue. *Voy.* ce mot. (S.)

JUPICAI, nom que donne Aublet à une espèce de Xyris. *Voyez* ce mot. (B.)

JUPITER. *Voyez* l'article Planète. (Lib.)

JUPUBA (*Oriolus hæmorrhous* Lath., pl. enl. n° 482 de l'*Hist. nat. de Buffon*. Ordre, Pies, genre du Loriot. *Voyez* ces mots.), a le bec de couleur de soufre; la partie inférieure du dos, le croupion et les couvertures du dessus de la queue d'un rouge très-vif; le reste du plumage noir; grosseur, un peu au-dessus de celle du *merle;* longueur, onze pouces. La femelle est beaucoup plus petite que le mâle.

Montbeillard fait de ce *cassique* une variété de l'*yapou*, ou *cassique jaune;* mais Sonnini, qui a observé cet oiseau à Cayenne, prouve que c'est une espèce particulière, moins commune que l'*yapou :* de plus, elle vit séparément, et jamais elle ne se mêle ni se confond avec l'autre.

Les *cassiques rouges* construisent leurs nids sur les arbres dont les branches s'avancent sur l'eau, soit des rivières, soit des criques. Ce nid est composé de brins d'herbe desséchés, et a une forme cucurbitacée; le fond où sont déposés les œufs est beaucoup plus épais que le reste; l'ouverture est un peu plus basse que la partie d'en-haut, et le conduit est oblique, de sorte que la pluie ne peut entrer dans le nid, de quelque côté qu'elle vienne. C'est par la partie supérieure que le nid est suspendu à l'extrémité des petites branches; il a de longueur totale environ dix-huit pouces, et un pied de cavité intérieure. Le *jupuba* fait plusieurs pontes dans l'année; l'une a lieu au mois de décembre, et une autre en mars. Ces pontes ne consistent qu'en deux œufs. Les *jupubas* nichent en famille, et l'on a vu quelquefois quatre cents de leurs nids sur un seul arbre, de ceux que les Brasiliens appellent *uti.*

Cette espèce, que l'on trouve aussi à Cayenne, est dénommée *cul-jaune dos rouge,* pour la distinguer des autres *cassiques,* dont le nom générique est *cul-jaune.* (Vieill.)

JURÉPÉBA, nom brasilien de la *morelle paniculée,* dont les feuilles sont employées pour déterger les ulcères, et regardées comme un puissant diurétique. *Voyez* au mot Morelle. (B.)

JURUCO. *Voyez* Guêpier. (Vieill.)

JURUCUA, nom brasilien de la *grande tortue de mer, testudo mydas* Linn. *Voyez* au mot Tortue. (B.)

JUSÈLE. C'est ainsi qu'on nomme, dans quelques cantons, le *spare mendole,* poisson de la Méditerranée. *Voyez* au mot Spare. (B.)

JUSQUIAME, *Hyoscyamus* Linn. (*Pentandrie monogynie.*), genre de plantes de la famille des Solanées, qui se rapproche des *nicotianes* et des *molènes.* Son caractère est d'avoir un calice tubuleux, persistant, et à cinq divisions; une corolle monopétale en entonnoir, dont le tube est court, et le limbe ouvert et découpé obliquement en cinq segmens obtus et inégaux; cinq étamines insérées au tube de la corolle, et inclinées; un ovaire supérieur arrondi, portant un style mince, couronné par un stigmate rond. Le fruit est une capsule ovale, sillonnée de chaque côté, et recouverte d'un opercule qui s'ouvre dans sa maturité. Cette capsule a deux cellules formées par une cloison à laquelle sont attachées les semences. (*Voyez* la pl. 117 des *Illustr.* de Lamarck.) Les *jusquiames* sont des herbes qui ont les feuilles alternes; leurs fleurs naissent aux aisselles des feuilles et à l'extrémité des rameaux : elles sont souvent unilatérales.

Les botanistes comptent à-peu-près huit espèces de *jusquiames.* Nous n'en décrirons que trois, la Jusquiame

NOIRE, la JUSQUIAME BLANCHE et la JUSQUIAME DORÉE. Quoique celle-ci soit la plus belle espèce du genre, il importe encore, comme on le verra tout-à-l'heure, de bien connoître les deux autres.

La JUSQUIAME NOIRE, *Hyoscyamus niger* Linn., est une de ces plantes (heureusement assez rares) qui, à la première vue, repoussent au lieu d'attirer. Elle a un aspect sombre et triste. Tout, en elle, est désagréable ; sa mauvaise odeur, la couleur mal prononcée de ses fleurs, le duvet épais et visqueux qui couvre ses tiges et ses feuilles, en la faisant bientôt remarquer, semblent annoncer en même temps qu'elle est dangereuse et malfaisante, et qu'il faut s'en défier. En effet, cette plante est mise au nombre des poisons narcotiques et stupéfians ; et quoiqu'un médecin célèbre de Vienne, M. Storck, ait osé faire usage de son extrait, et l'ait même employé, dit-on, avec succès dans plusieurs maladies qui ne cédoient point à d'autres remèdes, nous ne conseillons cependant à personne d'avoir recours à celui-ci ; au contraire, nous faisons des vœux pour que la *jusquiame* soit tout-à-fait proscrite de la médecine. Elle ne peut être, quoi qu'on en dise, administrée avec sûreté intérieurement, à quelque foible dose que ce soit ; et même il n'est pas prouvé qu'on puisse, sans aucun danger, l'employer extérieurement, soit comme topique, soit de toute autre manière. D'ailleurs, pourquoi chercher des remèdes dans des poisons, quand la nature a donné à l'homme, pour soulager ses maux, tant de plantes salutaires, ou dont il n'a au moins rien à redouter ? Malgré ces réflexions, nous allons, d'après Bomare, et pour la satisfaction du lecteur, rapporter les essais faits par M. Storck ; nous décrirons ensuite la plante dont il s'agit, afin qu'en la voyant, chacun puisse aisément la reconnoître, et se garantir de toute méprise funeste.

« M. Storck, si connu par les belles expériences qu'il a faites sur l'usage interne de la *ciguë*, de la *pomme épineuse* et de l'*aconit*, qu'il fait prendre avec succès dans beaucoup de maladies, a aussi travaillé sur l'usage interne de l'extrait de *jusquiame*. Son premier essai fut fait sur un chien. Tant qu'il ne lui administra l'extrait qu'en petites doses, l'animal n'en parut rien ressentir ; mais, à plus forte dose, il commença à boire et manger avec avidité, puis il devint craintif et languissant ; il avoit les yeux menaçans, sa marche étoit chancelante ; il heurtoit tout ce qu'il rencontroit, comme s'il ne voyoit point : à ce phénomène succéda le sommeil, et ensuite un vomissement, une turbulence, un tremblement, une défaillance, une déjection d'excrémens liquides ; enfin, il parut immobile. (Tous ces symptômes étoient à-peu-près semblables à ceux qu'avoient éprouvés, le 25 mars 1649, les bénédictins du couvent de *Rhinow*, qui avoient mangé d'une salade dans laquelle leur jardinier avoit mis par mégarde quelques feuilles de *jusquiame*, qu'il avoit prise pour de la *chicorée blanche*.) Mais, au bout d'un second sommeil, le chien parut plus tranquille, et il fut bientôt dans son état naturel, éveillé, gai, plein d'appétit, et toujours alerte. Cet animal ayant continué à se bien porter, M. Storck jugea que l'extrait de *jusquiame*, pris à petite dose, ne peut faire de mal, mais qu'une forte dose cause des accidens très-funestes. D'après cette connoissance, ce médecin prit, pendant huit jours, tous les matins à jeun, un grain d'extrait, sans que sa santé ni sa vue éprouvassent le moindre changement : il avoit seulement, pendant cette huitaine, le ventre plus libre, et un beaucoup plus grand appétit. Un tel essai sur lui-même étoit bien capable de le porter à faire prendre de cet extrait a ses malades, dans les cas où les autres médicamens n'auroient point de succès. M. Storck a opéré, par le moyen de cet extrait, plusieurs guérisons dont il a publié les détails. On y remarque que ce remède peut convenir particulièrement aux personnes qui ont des tremblemens convulsifs, des soubresauts involontaires, des frissons et des syncopes, des terreurs subites, &c. Malgré l'authenticité de ces cures, il faut se méfier d'un tel remède, à moins qu'on ne soit entre les mains d'un médecin sage, tel que M. Storck lui-même ». Bomare, *Dictionn. d'Hist. nat.*

« On a vu des personnes, dit aussi Bomare, qui s'étoient endormies, pendant les fortes chaleurs de l'été, dans un endroit tout entouré de plants de *jusquiame*, se trouver, à leur réveil, attaquées, les unes de maux de tête, d'étourdissemens, d'autres, de vomissemens et de saignemens de nez considérables. Qu'on tienne sur le feu, dans un lieu clos et peu spacieux, des racines, des tiges ou des feuilles de *jusquiame*, même les graines, la vapeur qui en résulte suffit quelquefois pour altérer les fonctions de l'ame d'une façon singulière, et pour jeter tout le corps dans une perplexité affreuse. On doit avertir qu'il y a des charlatans qui guérissent les maux de dents, soit en y portant de la poudre de la graine de *jusquiame*, soit en leur faisant recevoir la vapeur de cette graine, qu'on jette sur les charbons ardens. Nombre de personnes en ont été soulagées, à la vérité ; mais combien d'entre elles ont été depuis sujettes aux vertiges et à la stupidité ! C'est procurer un mal réel et fixe en échange d'une douleur passagère. Si, par imprudence ou par hasard, ou par le conseil d'un empirique téméraire, on avoit pris de la *jusquiame*, et qu'elle commençât à exercer ses qualités nuisibles, il faudroit aussi-tôt avoir recours aux vomitifs et aux adoucissans les plus gras ou les plus huileux, et sur-tout aux antidotes des narcotiques ».

La *jusquiame noire* ou *commune*, qu'on appelle aussi l'*hanebonne*, la *potelée*, est une plante bisannuelle, dont les racines, longues et charnues, s'enfoncent profondément dans la terre : elles sont épaisses, ridées, en forme de navet, brunes en dehors, blanches en dedans. Ses tiges, qui s'élèvent à la hauteur d'environ deux pieds, sont cylindriques, branchues, couvertes d'un duvet épais, et garnies de grandes feuilles d'un vert pâle, qui les embrassent de leur base, et qui ont leur surface cotonneuse et leurs bords sinués ou profondément découpés. Les fleurs, unilatérales et presque sessiles, forment, par leur disposition, des épis terminaux et feuillés. La corolle a son limbe d'un jaune très-pâle, son fond presque noir, et son milieu veiné de pourpre : ces trois couleurs sont nuancées et mélangées de manière qu'elles offrent un ensemble triste et discordant. La capsule est cachée dans le calice, et ressemble à un petit vase couvert ; elle contient des semences arrondies, plates, ridées et cendrées.

Cette plante est commune en Europe ; elle croît dans les lieux incultes, gras et escarpés. On la trouve aussi sur le bord des chemins et des fossés, dans les cours, sur les vieux fumiers et parmi les décombres. On devroit la détruire dans le voisinage des villages et des villes, et dans les endroits sur-tout qui peuvent être fréquentés par les enfans. Miller dit qu'en 1729, il y eut trois enfans empoisonnés par la semence de cette plante, près de *Tottenham-Court*. Deux d'entr'eux dormirent deux jours et deux nuits avant qu'on pût les éveiller, et ce fut avec bien de la peine qu'ils furent guéris : le troisième, plus fort et plus âgé, souffrit beaucoup moins.

La JUSQUIAME BLANCHE, *Hyoscyamus albus* Linn., a les mêmes propriétés malfaisantes que l'espèce ci-dessus ; mais elle agit avec moins de véhémence, et elle passe pour être moins vénéneuse. Elle s'en distingue par sa tige plus courte et moins rameuse, par ses feuilles moins découpées, et par ses fleurs sur-tout, qui sont d'un blanc sale, plus petites, et produites en plus gros paquets. Cette espèce est annuelle, et croît naturellement dans les climats chauds de l'Europe. Elle est connue en médecine sous le nom de *jusquiame blanche des boutiques*. Ses semences sont en effet blanches, caractère qui la distingue encore de la précédente.

La JUSQUIAME DORÉE, *Hyoscyamus aureus* Linn., peut

être cultivée comme plante d'ornement. Elle est vivace. On
la trouve dans le midi de la France, dans le comté de Nice,
dans le Levant, principalement dans l'île de Candie. Ses fleurs
ont des couleurs décidées et un aspect agréable ; le fond de la
corolle est d'un pourpre foncé, et le limbe d'un très-beau
jaune ; les filets des étamines sont violets ; sa tige est cylindrique, velue et foible : elle exige un soutien. Ses feuilles
éparses et presque rondes, ont des dentelures aiguës et irrégulières, et des pétioles assez longs.

Cette plante fleurit communément en été, et perfectionne
quelquefois ses semences en automne. On répand ses graines,
dit Miller, aussi-tôt qu'elles sont mûres, dans des pots qu'on
tient en hiver sous un vitrage de couche. Les plantes paroissent
au printemps ; mais quand on les sème dans cette saison, elles
réussissent rarement. Pour les conserver pendant plusieurs
années, il faut les serrer en hiver, et les garantir de la gelée.
On multiplie aisément cette espèce par boutures, qui prennent
racine dans l'espace d'un mois ou d'un mois et demi. On les
plante en été sur une plate-bande à l'ombre ; on les met en
pots en automne, et on les traite ensuite comme les vieilles
plantes. (D.)

JUSSIE, *Jussiaea*, genre de plantes à fleurs polypétalées, de la décandrie monogynie et de la famille des Epilo-
biennes, qui offre pour caractère un calice de quatre à cinq
folioles ovales, pointues et persistantes ; quatre à cinq pétales
ovales, arrondis, sessiles, ouverts, alternes avec les folioles
du calice ; huit à dix étamines ; un ovaire inférieur oblong,
chargé d'un style simple à stigmate en tête, marqué de quatre
à cinq stries.

Le fruit est une capsule oblongue, anguleuse, quelquefois
cylindrique, couronnée par le calice, qui s'ouvre longitudinalement par les angles en quatre ou cinq valves. Elle a autant
de loges, qui renferment un grand nombre de semences
attachées à un placenta central.

Ce genre, qui est figuré pl. 280 des *Illustrations* de Lamarck, ne diffère véritablement des *onagres* que parce que
le calice est persistant sur la capsule ; car le nombre cinq, dans
les parties de la fleur, y est aussi fréquent que le nombre
quatre ; mais les espèces qui le composent ont un aspect fort
différent, sur-tout par la position des fleurs toujours solitaires
dans les aisselles des feuilles. *Voyez* au mot ONAGRE.

On compte une douzaine d'espèces de *jussies*, une partie
naturelle aux Indes, et l'autre à l'Amérique. Elles croissent,
en général, dans les lieux humides et marécageux. On les
cultive difficilement dans les jardins d'Europe. J'en ai observé

eux espèces nouvelles en Caroline, qui semblent réunir en-tr'elles l'ensemble des caractères génériques. L'une a quatre parties dans sa fructification et la capsule quadrangulaire ; c'est une des plantes confondues sous le nom de JUSSIE DROITE. L'autre a cinq parties dans sa fructification et la capsule cylindrique. La première vient dans les lieux simplement humides, et est annuelle ; la seconde vient sur le bord de l'eau et dans l'eau même. Elle a une tige rampante, noueuse, radicifère et vivace, qui pousse un grand nombre de rameaux droits, hérissés de poils blancs, des feuilles lancéolées, hérissées sur leur nervure principale, des fleurs longuement pédon-culées, et des pétales très-grands. Elle est voisine de la JUSSIE RAMPANTE, et peut être appelée la JUSSIE PROSTRATE.

Le genre CUBOSPERME établi par Loureiro, ne paroît pas différer de celui-ci par des caractères suffisamment impor-tans. (B.)

JUTAY, nom brasilien de la pulpe du fruit du *tamarin*. *Voyez* au mot TAMARIN. (B.)

JUXTA-POSITION. L'on emploie ce mot pour exprimer la manière dont se forme l'accroissement des minéraux par l'addition successive et *purement mécanique* d'une couche sur une autre.

Je ne sais s'il existe beaucoup de minéraux qui acquièrent de l'accroissement de cette manière *purement mécanique* ; mais je suis bien convaincu qu'il en existe où l'accroissement se fait par intus-susception, à la manière des végétaux. Je ne crois pas, par exemple, qu'on puisse dire que les végétations pierreuses connues sous le nom de *flos-ferri*, dont les tiges déliées poussent également en tous sens comme une touffe de gui sur une branche d'arbre, soient formées sur les parois d'une grotte par une application *mécanique* d'une couche sur une autre. Leur petit tube central qui se prolonge jusqu'à l'extrémité des rameaux ; la structure admirablement régu-lière de ceux-ci, qui sont composés d'une infinité de petits entonnoirs emboîtés les uns dans les autres, et où l'on voit par-tout des stries qui aboutissent du tube central ou médul-laire à l'écorce du rameau : tout cela et mille autres détails qu'on peut observer, et qui tous se rassemblent dans chaque rameau, n'annoncent guère un dépôt purement mécanique.

Les *stalactites*, dont la structure intérieure est si semblable à celle d'un tronc d'arbre, et qui présente de même des cercles concentriques d'une épaisseur par-tout égale, liés ensemble par des prolongemens médullaires, ne ressemblent guère non plus à des corps formés accidentellement par une stilla-tion purement mécanique.

Il faudroit être, ce me semble, bien fasciné par l'esprit de système, pour ne pas reconnoître, avec l'immortel Tournefort, que la nature agit dans le règne minéral d'après les mêmes loix que dans le règne végétal, et que par-tout ses loix, quoiqu'uniformes quant au principe, sont modifiées à l'infini quant à leurs effets; et il y a sans doute moins de distance de l'organisation d'une stalactite à celle d'une truffe que de cette dernière à celle d'une rose. *Voyez* CRISTALLISATION, FLOS-FERRI, STALACTITE et STALAGMITE. (PAT.)

JYA. C'est ainsi que, selon Marcgrave, la *saricovienne* est appelée au Brésil. *Voyez* SARICOVIENNE. (S.)

JYNX. C'est le *torcol* en latin formé du grec. *Voyez* TORCOL. (S.)

K

KAABE. C'est, en Norwège, le *phoque commun*, celui de notre océan, que l'on nomme généralement *veau-marin*. Voyez à l'article des PHOQUES. (S.)

KAARSAAK. L'oiseau que les Groënlandais appellent *kaarsaak*, en pensant exprimer son cri par son nom, paroît être une GRÈBE (*Voyez* ce mot.) Ils l'appellent aussi *oiseau d'été*, parce que son arrivée annonce la belle saison; selon eux, il présage la pluie ou le beau temps, suivant que le son de sa voix est rauque et rapide, ou doux et prolongé. La femelle va pondre auprès des étangs d'eau douce, et on prétend qu'elle chérit sa couvée au point de rester dessus quand même la place est inondée. (*Hist. générale des Voyages*, tom. 29, page 45.) (S.)

KAAT. On appelle ainsi dans l'Inde la décoction, ou mieux l'extrait des rameaux du *barleria histrix*, auquel on joint, pour le dessécher, la farine d'une graminée et de la sciure de bois. La pâte qui en résulte passe pour astringente, pour spécifique contre les ophtalmies, la rage et les ulcères des gencives. *Voyez* au mot BARRELIÈRE. (B.)

KAATH, le *coucou* en langue hébraïque; quelques-uns disent que c'est le *plongeon*. (S.)

KABAN. C'est le nom qu'Adanson donne à une espèce de *strombe*, qu'il a trouvé sur les côtes du Sénégal; c'est le *strombus lentiginosus* Linn. C'est à lui, au rapport de Rondelet, qu'appartient cet opercule, connu sous le nom de *blatte de Bizance*. Voyez au mot STROMBE. (B.)

KABASSOU, nom que porte, à la Guiane française, la grande espèce de *tatous*, le *tatou à douze bandes*, et que Buffon a adopté. *Voyez* l'article des TATOUS. (S.)

KABELIAU. C'est le nom que les pêcheurs de nos côtes donnent à la MORUE, *Gadus morhua* Linn., qu'ils y prennent. *Voyez* au mot GADE et au mot MORUE. On écrit plus habituellement *cabileau*. (B.)

KABO. Rasis dit que c'est le nom arabe de l'HYÆNE. *Voy.* ce mot. (S.)

KACHIN. C'est ainsi qu'Adanson appelle une coquille du Sénégal, du genre TOUPIE. C'est le *trochus pantherinus* de Gmelin. *Voyez* au mot TOUPIE. (B.)

KACHO, poisson du Kamtchatka, qui a la tête longue et plate, le museau recourbé, et des dents semblables à des crocs de chien. Son dos est noir et son ventre blanc. Ce poisson est très-abondant, et fournit un bon aliment aux habitans. On ignore à quel genre il appartient; mais il y a lieu de soupçonner que c'est un SQUALE. *Voyez* ce mot. (B.)

KACPIRE. C'est la BERGKIE DU CAP. *Voyez* ce mot. (B.)

KAFAL, nom arabe du BAUMIER. *Voyez* ce nom. (B.)

KAFTAAR, nom persan de l'HYÆNE. *Voy.* ce mot. (S.)

KAGENECKE, *Kageneckia*, genre de plantes de la polygamie dioécie, dont le caractère consiste en un calice campanulé, à cinq divisions ovales; cinq pétales ovales, émarginés, concaves, insérés sur le calice; seize à vingt étamines insérées sur le calice; cinq ovaires ovales, supérieurs, surmontés de styles courts, à stigmates peltés; cinq capsules disposées en étoile, s'ouvrant longitudinalement, et contenant plusieurs semences entourées d'une aile membraneuse.

Les fleurs mâles sont, dans ce genre, sur des pieds différens des hermaphrodites femelles; mais elles n'en diffèrent que par l'absence des germes.

Les caractères des *kageneckes* sont figurés pl. 37 du *Genera de la Flore du Pérou*. Ils sont fort voisins de ceux du SMÉGURADERMOS et du QUILLAI. *Voyez* ces mots. (B.)

KAIA. C'est le nom caraïbe du MOSAMBEY A CINQ FEUILLES. *Voyez* ce mot. (B.)

KAINOUK. *Voyez* GHAÏNOUK. (S.)

KAIOR ou KAIOVER (*Columba Groënlandica Batavorum* de Steller et de Krachenninikow.). C'est, selon toute apparence, le PETIT GUILLEMOT. (*Voyez* ce mot.) Il a, dit Krachenninikow (*Hist. de Kamtchatka*), le bec et les pieds rouges; il construit son nid au haut des rochers dont la mer baigne le pied, et crie ou siffle fort haut, d'où vient que les Cosaques l'ont surnommé *ivoskik* ou le *postillon*. (S.)

KAIR. Les Indiens donnent ce nom à une espèce *gade*, qui ne diffère pas beaucoup du *merlus*. Voyez au m GADE. (B.)

KAJABOUBOUL. En turc, c'est le MERLE SOLITAIRE *Voyez* ce mot. (S.)

KAJOU. On nomme ainsi, dans les contrées arrosées par l fleuve immense de l'Amazone, dans l'Amérique méridional une espèce de *sajou* à barbe grise. C'est, ou le saï (*simia ca pucina* Linn.), ou le *sajou brun* (*simia appella* Linn.), ou peut-être une espèce non décrite. On prétend que la figure de cet animal ressemble à celle d'un vieillard, et qu'il a une longue queue ; mais on ne dit point si elle est prenante ; en ca cas, il appartiendroit à la famille des SAPAJOUS. *Voyez* ce mot et celui de SAGOUIN. (V.)

KAKAHOILOTL de Fernandez, variété du *pigeon sau vage* au Mexique. *Voyez* PIGEON. (S.)

KAKAKOZ. C'est, dans Gesner, par corruption du grec le COUCOU. *Voyez* ce mot. (S.)

KAKATOËS. Ce sont les plus grosses espèces de *perro quets* de l'ancien continent. Il sont remarquables par leur plumage unicolore, leur queue courte et coupée carrément, et par une belle huppe mobile sur la tête. Leur nom de *kaka toës* (ou *cacatou*, *catacoua*), a été dérivé de leur cri, qui exprime ces mots. Ils habitent principalement les îles de l'Océan indien, telles que les Moluques, les Philippines, celles de la Sonde et de la mer Pacifique.

Ces oiseaux s'apprivoisent très-facilement ; ils sont dociles et familiers, mais ils apprennent malaisément à parler. Leur bec est plus crochu et plus arrondi que celui des autres espè ces de perroquets, ce qui nuit peut-être à la prononciation des mots. Rien de plus amical et de plus familier que l'hu meur de ces perroquets ; ils semblent devenir volontairement les commensaux de l'homme ; ils posent leurs nids sur sa cabane rustique ; ils viennent, quoique sauvages, recevoir les fruits de sa main ; ils aiment la société ; remplis d'intelligence et de docilité, ils semblent écouter la voix de l'homme, ils cherchent à pénétrer dans sa pensée ; leur affection, leur douce amitié, leurs caresses pour leur maître font sentir ce que leur langue ne peut exprimer. On en a vu qui savoient compter ; répondre par signes à des questions, saluer et indiquer l'heure. Le mâle et la femelle ont beaucoup de tendresse l'un pour l'autre ; ils se donnent des baisers en se prenant le bec l'un dans l'autre. Leur démarche est vive et agile ; ils grimpent très-facilement, et se servent de leur bec pour s'accrocher aux branches. On en connoît environ sept espèces.

Deseve. del.   Letellier

1 . Kabassou .   2 . Kanguroo .
3 . Kevel.

Le Kakatoes a huppe blanche de Buffon, éd. Sonn., *Hist. des Oïs.*, t. 63, p. 64, et ses pl. enlum. 263. Le *psittacus cristatus* Linn. habite dans les îles Moluques. Son plumage est tout blanc, avec une teinte de soufre sous les ailes et sur les côtés de la queue. Son bec et ses pieds sont noirs. Une belle huppe composée de douze pennes fermes et placées sur le front, forme une couronne ou une espèce d'éventail qui peut se baisser et se relever à volonté.

Le Kakatoes a huppe jaune Buffon, *ibid*, p. 66, pl. enlum. 14, *psittacus sulphureus* Linn. : il ressemble au précédent par son plumage blanc, mais sa huppe est colorée en jaune serin, de même que le dessus des ailes et de la queue. Les plumes de sa huppe sont effilées et plus molles que dans la première espèce. On observe deux races dans cette espèce, et Latham parle d'une troisième variété longue de deux pieds trois pouces, et qui se trouve à la Nouvelle-Galles, dans l'Océan austral. La race ordinaire montre beaucoup d'intelligence, de douceur et d'amitié. Il aime beaucoup les caresses, et les rend avec complaisance. La cage lui déplaît extrêmement ; mais il est si familier, qu'il ne s'échappe jamais. Il obéit lorsqu'on lui commande de s'éloigner, et témoigne son regret en tournant souvent la tête pour voir si son maître le rappelle. Il est fort propre, ses mouvemens sont gracieux, et il mange de tout ce qui est doux.

Le Kakatoes a huppe rouge Buffon, *ib.*, p. 70, pl. enlum. 498, *psittacus Moluccensis* Linn., a le plumage d'un blanc tirant sur le rose, avec une huppe d'un beau rouge. Les côtés de la queue sont de couleur de citron. Il habite dans les îles Moluques. C'est une des plus grandes espèces.

Le petit Kakatoes a bec couleur de chair Buffon, *ib.*, p. 71, pl. enlum. 191, *psittacus Philippinarum* Linn., est d'un blanc rougeâtre vers les tempes et sur les couvertures du dessus de la queue. Sa huppe, d'un beau jaune clair, est blanche à son extrémité. Sa taille est assez petite. On le trouve aux îles Philippines, et dans presque toutes les autres de l'Archipel indien.

Le Kakatoes noir Buffon, *ib.*, p. 74. Levaillant, *Hist. des Perroq.*, pl. 12 et 13, *psittacus aterrimus* Linn., est un grand et beau perroquet d'un noir lustré et ardoisé, avec des reflets bleuâtres. Sa huppe, d'un cendré noirâtre, est grande et se relève très-bien. Près des yeux, il a un espace nu garni d'une peau de couleur de chair, comme les *aras*, dont il a la taille ; mais il en diffère par son habitation dans les îles de l'Océan indien, par les habitudes et la conformation. Son large bec a deux grandes échancrures latérales. On prétend que sa langue a la forme d'une trompe, et qu'elle sert à piquer les morceaux de fruits divisés par le bec. Cette langue ou trompe ne peut pas se replier comme celle du papillon ou de l'éléphant. On trouve ce perroquet dans l'île de Ceylan. Il paroit bien certain que le KAKATOES GRIS, appelé *ara gris à trompe* par Levaillant (*Hist. nat. des Perroq.*, pl. XI, p. 3o), est une variété, ou bien la femelle de ce *kakatoës noir*. Son plumage est d'un très-beau gris d'ardoise. La taille, les habitudes et la demeure sont absolument les mêmes. Ils ont des joues nues comme les aras, et la peau en est d'une couleur de chair vive.

Un autre KAKATOES NOIR A HUPPE COURTE (Virey, dans Buffon, *ibid*, p. 81.) *psittacus banksii* Linn., est long d'environ deux pieds. Son plumage, d'un noir éclatant, a quelques point jaunâtres sur la tête et les ailes. Les côtés de la queue sont de couleur écarlate, et de petites raies jaunes traversent le dessus du corps. On le trouve à Botany-Bay. Une variété plus petite a des plumes jaunes au cou et à la gorge, et une autre a le cou et la gorge d'une couleur brune olivâtre.

Le prétendu *kakatoës* que Bancroft a découvert à la Guiane, et qui se rencontre aussi à Surinam, est un fort beau perroquet, mais qui n'appartient point à la famille des *kakatoës*, puisque ceux-ci sont tous habitans de l'Ancien-Monde. Son corps est peint en vert, avec un rebord azuré à chaque plume. Sa huppe, d'une couleur écarlate brillante, est couronnée à son sommet d'un bleu très-vif. Son front est orné de plumes jaunes ; les pennes latérales de la queue sont d'un beau bleu, et l'anus porte des plumes rouges. Latham appelle ce perroquet *psittacus coronatus*.

M. Brisson a fait mention d'un *kakatoës à ailes et queue rouges*, que Latham désigne sous le nom de *psittacus erythroleucus* ; on ne connoît sa description que d'après Aldrovande. Cet auteur nous dit qu'il a la taille d'un *chapon*, le plumage d'un blanc cendré, le bec noir et très-crochu, le croupion, la queue et les ailes peints en vermillon.

En général, les *kakatoës* paroissent les plus intelligens de tous les perroquets ; leur huppe les fait paroître coiffés à la grecque, et leur gros bec crochu leur donne un air réfléchi. D'ailleurs, très-agiles, très-vifs, ils sont ardens en amour, jaloux avec leurs femelles. Ils aiment beaucoup les caresses ; et lorsqu'on leur passe la main sur le dos, ils s'accroupissent et battent les ailes de volupté. Ils rendent caresse pour caresse, et se donnent les plus doux baisers. La cage leur déplaît, et ils n'abusent pas de la liberté qu'on leur laisse. Leurs mouvemens sont pleins de grace ; ils aiment les fruits, les graines, les œufs, la pâtisserie, et mangent volontiers de tout. *Voyez* PERROQUET. (V.)

KAKATOUS. *Voyez* KAKATOES. (S.)

KAKERLAQUE, *Kacrela.* Voyez BLATTE. (L.)

KAKERLIK (*Perdix kakerlik* Lath., *Tetrao kak.* Linn., édit. 13, ordre des GALLINACÉES, genre de la PERDRIX. *Voyez* ces mots.) Le nom de cet oiseau vient de son cri, qui semble exprimer *kakerlik :* il a la taille du *pigeon à grosse gorge ;* le bec, l'iris et les pieds sont rouges ; la poitrine est cendrée, et le dos ondulé de blanc et de gris.

Cette espèce est nombreuse dans les déserts de la Bucharie.

(VIEILL.)

KAKILE, *Kakile,* genre de plantes formé par Tournefort, mais réuni par Linnæus, avec les BUNIADES. (*Voyez* ce mot.) Desfontaines l'a rétabli dans sa *Flore atlantique,* et lui a donné pour caractère un calice de quatre folioles écartées ; une corolle de quatre pétales ; six étamines, dont deux plus courtes ; un ovaire supérieur, surmonté d'un style persistant, à stigmate simple.

Le fruit est une silicule épaisse, presque charnue, pointue, ne s'ouvrant point, articulée, émarginée, et accompagnée de deux appendices à sa base ; les articulations monospermes ; la supérieure plus grande ; l'inférieure rétrécie.

La *kakile* a les tiges couchées ; les feuilles alternes, charnues, pinnatifides, à découpures, écartées, obtuses, inégales, dentées ou découpées ; les fleurs d'un blanc violâtre, et disposées en épis.

Elle est annuelle, et se trouve sur les bords de la mer, en Espagne et en Barbarie. (B.)

KAKOCOZ, nom de la *huppe* en hébreu, suivant Gesner. *Voyez* HUPPE. (S.)

KAKONGO, nom d'un poisson des rivières d'Afrique, qui est d'un goût délicat, et que les rois de ces contrées se réservent. On ignore positivement son genre ; mais il y a lieu de présumer que c'est une espèce de SALMONE. *Voyez* ce mot. (B.)

KAKOPIT, nom que Séba donne à un prétendu *colibri* des Indes orientales, que Brisson a décrit sous la dénomination de *colibri d'Amboine.* Comme il est certain que cette famille n'habite que l'Amérique, il paroît que c'est d'un *souïmanga,* que ces auteurs ont voulu parler. *Voy.* SOUÏ-MANGA D'AMBOINE. (VIEILL.)

KAKURLACKO ou KURUI-LACKO. On donne ce nom aux Indes à des individus de l'espèce humaine, qui ne sortent que de nuit, parce que leurs yeux sont offusqués de la lumière du jour, comme ceux des *chats-huans*. C'est un vrai état de maladie. Les voyageurs nous ont peint ces hommes comme des êtres merveilleux, comme des espèces de singes nocturnes, qui se cachoient pendant le jour dans des grottes profondes, et rôdoient pendant les nuits à la manière des prétendus *loups-garoux*, enlevant les femmes, les enfans, &c. Ce sont les mêmes êtres qu'on nomme *dondos*, à Loango; *albinos* ou *nègres blancs*, en Afrique; *chacrelas* ou *kakerlaks*, en Asie; *dariens*, à l'isthme de Panama, et *blafards*, en Europe. (Nous renvoyons, à ce sujet, à l'article Homme.) Ces individus sont appelés *kakerlaks* ou *chacrelas*, parce qu'on les compare aux *blattes* ou *ravets*, ou *kakkerlaques*, espèce d'insectes fort incommodes (*blatta orientalis* Linn.), et qui se tiennent toujours dans l'obscurité. (V.)

KALA-KURULGOYA, nom que porte, à l'île de Ceylan, l'Epervier a collier. *Voyez* ce mot. (S.)

KALANCHÉE, *Kalanchoée*, genre de plantes à fleurs monopétalées, de l'octandrie tétragynie, et de la famille des Succulentes, qui ne diffère des Cotylets que par le nombre des parties de sa fructification, c'est-à-dire qui n'a que quatre étamines, quatre ovaires, &c. C'est Decandolle qui, dans l'ouvrage sur les plantes grasses de Redouté, a effectué cette séparation, déjà indiquée par Adanson.

Il en figure deux espèces : l'une, la Kalanchée d'Egypte, a les feuilles presque rondes, concaves, légèrement crénelées, glabres, et les fleurs rouges. Elle est originaire d'Egypte, et s'y cultive dans les jardins à raison de la couleur vive de ses fleurs. On la cultive aussi au Muséum et chez Cels. L'autre, la Kalanchée en spatule, a les feuilles presque rondes, foiblement crénelées, glabres, et les fleurs jaunes. Elle est originaire de la Chine.

Toutes deux sont vivaces, et s'élèvent à environ un pied. On les multiplie de boutures. (B.)

KALANDEA d'Oppien, est la Calandre. *Voyez* ce mot. (S.)

KALI, nom arabe de la Soude. *Voyez* ce mot. (B.)

KALISSON, nom qu'Adanson donne à un très-petit *oscabrion*, qu'il a trouvé sur la côte du Sénégal. *Voyez* au mot Oscabrion. (B.)

KALLINGAK. Les Groënlandais donnent ce nom à l'espèce de *macareux*, que Buffon a nommée Macareux de Kamtchatka. *Voyez* ce mot. (S.)

KALMIE, *Kalmia* Linn. (*Décandrie monogynie*.), genre

le plantes de la famille des RHODORACÉES, dont le caractère est d'avoir un calice persistant, divisé en cinq parties; une corolle monopétale, en forme de soucoupe, creusée intérieurement de dix fossettes, auxquelles correspondent à l'extérieur autant de mamelons saillans; dix étamines courbées vers le milieu de la corolle, et un style plus long qu'elles, placé sur un germe rond, et couronné par un stigmate obtus. Le fruit est une capsule ovale ou sphérique, s'ouvrant par cinq valves, et partagée en cinq loges remplies de très-petites semences. Ces caractères sont figurés dans Lam., *Illustr. des Genr.*, pl. 363.

On cultive en France, dans les jardins des curieux, deux espèces de *kalmie*, qui nous viennent de l'Amérique septentrionale; ce sont des arbrisseaux ou des arbustes toujours verts, qui ont des feuilles simples ou ternées, et de très-belles fleurs disposées en corymbe sur les côtés des branches ou à leur sommet.

La KALMIE A FEUILLES LARGES, *Kalmia latifolia* Linn., est la plus belle des deux espèces. Cet arbrisseau croît naturellement sur les rochers, et dans les lieux stériles de la Virginie et de la Pensylvanie, où il s'élève à la hauteur de dix à douze pieds: dans nos climats, il est communément haut de deux pieds. Sa tige est branchue et garnie de feuilles ovales, entières et très-roides, de deux pouces de longueur sur un de largeur, d'un vert luisant en dessus, d'un vert pâle en dessous, supportées par de courts pétioles, et placées sans ordre autour des branches. Les boutons de fleurs de l'année suivante se forment entre ces feuilles et aux extrémités des rameaux; ces boutons se gonflent pendant l'automne et au printemps qui suit, jusqu'au commencement de juin: alors les fleurs sortent de leurs calices; comme elles sont très-nombreuses, d'une forme élégante et d'un beau rouge pourpré, elles offrent un coup-d'œil très-agréable: elles se succèdent pendant une grande partie de l'été, et font un des ornemens de nos parterres. On peut, dans nos climats, cultiver cet arbrisseau en pleine terre; il aime un sol frais, un peu humide, facile à pénétrer, tel que le terreau de bruyère, et un peu ombragé. Il trace beaucoup, et produit des rejets propres à le multiplier. Son bois est dur; celui de sa racine est jaune comme notre buis, aussi les Américains s'en servent pour les mêmes usages.

La KALMIE A FEUILLES ÉTROITES, *Kalmia angustifolia* Linn., est originaire des mêmes contrées que l'espèce ci-dessus, avec laquelle elle a beaucoup de rapports. Dans son pays natal, c'est un arbrisseau qui s'élève de trois à six pieds; dans nos jardins, c'est un arbuste qui atteint à peine la hauteur d'un pied et demi. Sa tige, peu épaisse, se divise en petites branches droites, lisses et très-rapprochées, couvertes d'une écorce d'un gris obscur, et garnies de feuilles coriaces, ternées et lancéolées. Ses fleurs, plus petites que celles de l'espèce précédente, naissent en corymbes clairs aux parties latérales des rameaux : elles sont d'abord d'un rouge clair, et prennent dans la suite une couleur de fleurs de *pécher*. Les capsules sont rondes et surmontées du style qui persiste. Cet arbuste offre une variété encore plus petite que lui dans toutes ses parties, dont les feuilles sont un peu glauques. Il fleurit aussi pendant plusieurs mois de l'été, se plaît dans un terrein sec et inculte, et se multiplie de lui-même par ses racines rampantes. (D.)

KAMAN, coquille du genre des *bucardes*, qu'Adanson a figuré dans son *Histoire des Coquilles du Sénégal ;* c'est le *cardium costatum* de Gmelin. *Voyez* au mot BUCARDE. (B.)

KAMBEUL. C'est ainsi qu'Adanson appelle une coquille terrestre du Sénégal, qui fait partie du genre *bulime* de Bruguière ; c'est l'*helix flammea* de Gmelin. *Voy.* au mot BULIME. (B.)

KAMELOS, nom grec du CHAMEAU. *Voy.* ce mot. (S.)

KAMENNOIÉ-MASLO. *Voyez* BEURRE DE PIERRE et BITUMES. (PAT.)

KAMICHI (*Palamedea*), genre d'oiseaux de l'ordre des ECHASSES. (*Voy.* ce mot.) M. Latham assigne pour caractères aux oiseaux de ce genre, le bec conique et dont la pince supérieure est crochue ; les narines ovales ; quatre doigts séparés aux pieds. Deux espèces composent le genre *kamichi*, le KAMICHI PROPREMENT DIT, et le CARIAMA. *Voy.* l'article de ce dernier. (S)

KAMICHI (*Palamedea cornuta* Lath., fig. Lath. *Synops.*, vol. 5, tab. 74.), oiseau du genre auquel on a donné son nom. *Voy.* l'article précédent.

En parcourant de la pensée la galerie immense de toutes les espèces d'oiseaux qui peuplent les airs, donnent la vie aux forêts et aux vergers, se promènent sur les rivages de la mer, et sur les bords fangeux des lacs, des étangs et des mares, ou sillonnent mollement la surface des eaux, en vain l'on en chercheroit une dont la tête fût armée comme celle du *kamichi*. Un grand nombre d'espèces portent une huppe ou une touffe de longues plumes qui se relèvent en panache élégant, ou se dessinent avec grace en descendant sur le cou ; d'autres ont une aigrette légère ; la nature a donné une couronne à plusieurs, et une sorte de diadême charnu à quelques autres.

Aucun de ces ornemens de formes si variées, ne pare la tête du *kamichi*; une arme menaçante s'élève sur son front; c'est une corne pointue, longue de trois à quatre pouces, et dont la base a deux ou trois lignes de diamètre; elle est droite dans toute sa longueur, excepté à sa pointe qui se courbe un peu en avant; sa base est revêtue d'un fourreau semblable au tuyau d'une plume.

Indépendamment de sa corne à la tête, le *kamichi* a sur chaque aileron deux forts éperons triangulaires, qui se dirigent en avant lorsque l'aile est pliée, et dont le supérieur est plus long et plus gros que l'inférieur; ce sont des apophyses de l'os du métacarpe, et leur base est entourée d'un étui semblable à celui de la corne.

Si l'on jugeoit du naturel de l'oiseau par l'appareil de ses armes, on le regarderoit comme le tyran le plus féroce et le plus dangereux, cherchant les combats, la destruction et le carnage. Par une exception remarquable, la nature lui a donné des mœurs douces et une sensibilité profonde. C'est un exemple ou plutôt un modèle qu'elle présente aux hommes, auxquels les grands intérêts, ou pour mieux dire, les abus et les vices des sociétés, font un devoir et une habitude d'avoir les armes à la main.

Le *kamichi* n'attaque point les autres animaux, au milieu desquels il vit en paix. Sa nourriture ordinaire consiste en herbe tendre, qu'il pâture à la manière des oies; il mange aussi les graines de plusieurs espèces de plantes, mais jamais de proie vivante. Le nombre de ses armes est donc un vain appareil de guerre, et elles ont été départies à l'un des oiseaux les moins disposés à en faire usage. Il n'est qu'une occasion où les éperons des ailes deviennent des armes offensives, mais c'est à l'espèce même du *kamichi* qu'elles deviennent funestes. Lorsque dans la saison des amours, plusieurs mâles se rencontrent, la possession d'une femelle est un sujet de combat; de vigoureux coups d'ailes, soit à terre, soit au vol, sont assénés et rendus avec acharnement, jusqu'à ce que le plus fort ou le plus adroit ait mis ses rivaux en fuite et soit resté maître du champ de bataille souvent ensanglanté, et du prix de la victoire. L'amour alors dépose ses fureurs, il n'existe plus que tendresse et fidélité. Et ces sentimens ont tant de vivacité, que les deux époux ne se séparent plus, et que si l'un vient à mourir, l'autre ne cesse d'errer, en poussant, comme la tourterelle, des sons plaintifs autour des lieux où la mort l'a privé de ce qu'il aime, se consume et finit par périr victime de ses regrets. *Voyez* Marcgrave et Pison.

L'espèce du *kamichi* se trouve au Brésil, à la Guiane, et

vraisemblablement dans d'autres contrées de l'Amérique méridionale. Par-tout elle paroît rare, soit parce qu'elle est peu féconde, soit, comme je le présume, parce qu'elle ne fréquente que les lieux reculés et solitaires. Elle se plaît dans les savanes à demi-noyées, où il est bien difficile de l'atteindre; sa ponte, qui n'a lieu qu'une fois par an, dans les mois de janvier et de février, consiste en deux œufs de la grosseur de ceux de l'*oie;* le nid est placé sur des broussailles ou au milieu des joncs. Ces oiseaux se perchent rarement, se tiennent presque toujours à terre, et n'entrent point dans les forêts. Leur démarche est grave, ils portent le cou droit et la tête haute. Leur voix est si forte que leur cri retentit au loin, et a quelque chose d'effrayant. Marcgrave lui donne l'épithète de *terrible*, et l'exprime par *vyhou-vyhou : terribilem clamorem edit, vyhu, vyhu vociferando.* (*Histoire nat. du Brésil*, pag. 215.) C'est d'après ce cri que les Indiens des bords de l'Amazone, ont nommé ces oiseaux *cahuitahu;* ceux de la Guiane française les appellent *kamouki*, d'où les Créoles ont formé la dénomination de *camoucle;* à Surinam, on les nomme *arend;* au Brésil, *anhima;* enfin, quelques naturalistes les ont désignés sous le nom d'*aigles d'eau cornus.* L'on peut voir, par ce qui précède, combien cette dernière désignation est fautive, et la conformation extérieure et intérieure des *kamichis* les éloigne autant des *aigles*, que leurs mœurs et leurs habitudes.

Ils se rapprochent du *dindon* par la forme du corps, mais ils sont plus gros et plus charnus. Leur bec a plus de rapports avec celui des gallinacés, qu'avec le bec des oiseaux de proie. Ils ont les narines grandes, les yeux ronds, saillans et noirs, les ailes très-amples, et qui atteignent presque le bout de la queue qui est longue, les jambes grosses et recouvertes dans leur partie nue, aussi bien que les pieds, d'une peau noire et écailleuse, les doigts de longueur inégale; celui du milieu long de quatre pouces et demi, et l'interne de deux pouces, tous munis d'ongles longs et peu crochus; entre lesquels celui du doigt le plus long se trouve le plus court. Les parties internes diffèrent peu de celles des gallinacés; le jabot a une ampleur considérable, aussi bien que l'estomac, qui diffère par sa forme de celui des gallinacés. La membrane externe de ce viscère est très-musculeuse : l'interne est veloutée de même que dans la plupart des quadrupèdes. Les intestins sont longs, et leurs tuniques sont très-fortes.

Quand le *kamichi* a acquis tout son accroissement, la couleur générale de son plumage est un noir d'ardoise; de petites taches grisâtres se font remarquer sur le cou, le dos, le jabot, une partie de la poitrine, les ailes et la queue; le ventre est blanc et le dessous des ailes d'un gris teinté de roux; la tête est garnie de petites plumes, douces au toucher, semblables à du duvet, et mêlées de blanc et de noir. La longueur ordinaire de l'oiseau, prise du bout du bec à celui de la queue, est de deux pieds quatre pouces, et l'envergure de plus de cinq pieds; les plumes les plus longues des ailes ont quatorze à quinze pouces; elles sont plus grosses que celles des oies, mais elles ont moins de consistance, et l'on ne peut s'en servir pour écrire; celles de la queue ont huit à neuf pouces, et sont égales entr'elles. (S.)

KAMINI-MASLO, ou plutôt KAMENNOIÉ-MASLO. *Voyez* BEURRE DE PIERRE. (P.AT.)

KAMOUKI. C'est ainsi que les naturels de la Guiane française appellent le KAMICHI. *Voyez* ce mot. (S.)

KANDAR. Les Nègres du Sénégal donnent ce nom à l'ANHINGA. (S.)

KANDEN, arbre fort épineux, à feuilles opposées ou ternées, un peu pétiolées, ovales, pointues et entières; à épines axillaires, droites et aiguës; à fleurs petites, odorantes, d'un vert blanchâtre, disposées sur des grappes axillaires, moins longues que les feuilles, qui est figurée pl. 56, vol. 5, des *Plantes du Malabar*, par Rheed.

Ses fleurs ont un calice monophylle à quatre divisions; quatre étamines non saillantes; un pistil terminé par un stigmate en tête. Ses fruits sont des baies arrondies, comprimées, d'un pourpre bleuâtre, et qui contiennent sous une pulpe succulente, d'une saveur agréable, deux noyaux séparés l'un de l'autre.

Cet arbre, qui est toujours vert, paroît devoir constituer un genre particulier; il se trouve sur la côte de Malabar. (B.)

KANDEQUE, arbre de l'Inde, qui n'est connu que par ce que Rheed en a publié, pag. 25, tab. 13, de son cinquième volume des *Plantes du Malabar*. Lamarck pense qu'il se rapproche du GRIGNON. *Voyez* ce mot. (B.)

KANGIAR. C'est la coutume chez presque tous les peuples de l'Asie méridionale de porter un poignard à sa ceinture; celui des Indiens se nomme *kangiar*, celui des Malais *crit*, &c. On les voit dans les cabinets des curieux. La poignée de ces instrumens meurtriers est de forme singulière; elle est formée de deux branches ou montans parallèles entr'eux, et dont l'espace intermédiaire est vide; deux bandes transversales maintiennent les deux branches. Cet instrument ne se prend pas à poignée; mais on place ses doigts entre les branches, de manière qu'on peut lancer ce poignard en droite ligne à quelques pas. Comme la jalousie et la vengeance sont des passions qui croissent en proportion de la chaleur des climats, chaque homme est toujours prêt, dans les pays chauds, à immoler un ennemi ou à punir un adultère. La lame large du *kangiar* est coupante des deux côtés, et quelquefois flamboyante ; elle est souvent empoisonnée , soit avec la bave d'un reptile (du *gecko* ou de quelques serpens), soit avec des sucs vénéneux de plantes. Une seule égratignure de ces perfides instrumens suffit, dans les pays chauds, pour causer une gangrène mortelle dans la plaie. Les Malais, peuple féroce, font un grand usage du *crit* ou de leur poignard. Cette arme dangereuse semble être la défense des hommes lâches, qui, n'osant attaquer de front, assassinent en traîtres. Aussi les seuls habitans des pays chauds en font usage ; la chaleur affoiblit beaucoup les corps, et ne leur permettant pas d'agir par le courage et la force, les oblige en quelque sorte à se venger par la cruauté et la trahison qui égalent le foible au fort, mais qui est la voie de la lâcheté. (V.)

KANGUROO ou **KANGUROU** (*Kangurus*), genre de quadrupèdes de la première section de l'ordre des RONGEURS (*Voyez* ce mot.), dont la formation est due au professeur Geoffroi. « Les *kangurous*, dit-il, ont à la mâchoire supérieure six incisives larges, tandis qu'à la mâchoire inférieure ils n'en ont que deux seulement horizontales, fort longues ; ils appartiennent aux *rongeurs*, non-seulement par ces deux incisives inférieures, mais encore par le caractère propre à cette famille, c'est-à-dire, l'absence des canines se manifestant sur-tout par le long intervalle qui se trouve entre les incisives et les molaires. De si grandes différences dans les organes de la mastication en annonçoient d'autres dans le reste, au moins aussi essentielles. En effet, les jambes de devant sont fort courtes, et, au contraire, celles de derrière sont grosses et excessivement longues ; celles-ci sont seules utiles à la course, et les *kanguroos* ne s'en servent qu'en faisant de très-grands sauts, à la manière des *gerboises* ; celles de devant paroissent alors collées contre la poitrine, et ne paroissent propres qu'à creuser la terre.

» Ces animaux n'ont plus, comme les *didelphes* ou *sarigues*, les pieds de derrière semblables à de véritables mains, divisées en cinq doigts bien détachés, tous mobiles, tous flexibles, agissant et obéissant à la volonté de l'animal ; mais au contraire les doigts en sont tellement enveloppés sous la peau, qu'il est même assez difficile de les compter ; on n'en distingue que trois au-dehors, celui du milieu, qui correspond à l'annulaire de la main de l'homme, qui est extrêmement long et gros ; l'externe lui est tout-à-fait semblable, à l'exception qu'il est près de la moitié plus petit ; enfin l'externe est terminé par deux ongles, ou plutôt ce sont deux doigts différens, dont toutes les phalanges, même celle du métatarse, sont adhérentes entre elles, mais dont la division néanmoins est indiquée par une suture longitudinale : ces deux doigts répondent au deuxième et troisième de la main ; ainsi réunis ils sont encore bien plus petits et plus courts que le doigt externe. Il n'y a pas de pouce apparent au-dehors ; cependant on en retrouve sous la peau le rudiment, qui se manifeste par un os qui appartient au métatarse : comme il est fort court, et que les os du métatarse et les phalanges sont très-longs, il se trouve très-reculé, et forme par-dessous la peau, une tubérosité fort voisine des os du carpe, plus sensible au toucher qu'à la vue ; les ongles sont longs, épais, plats en dessous et arrondis en dedans.

» Il se trouve aussi d'autres différences dans la forme de la tête ; elle n'est pas aussi exactement conique, aussi semblable à celle des *fouines* que celle des *didelphes ;* mais elle se rapproche tout-à-fait de celle des *lièvres ;* les mâchoires sont beaucoup moins fendues ; la lèvre supérieure est bifide ; les oreilles sont longues et velues, au lieu que celles des *didelphes* sont rondes, nues et membraneuses : enfin leur queue est velue dans toute son étendue, extrèmement grosse à son origine ; celle des *didelphes* est nue et écailleuse dans une partie de sa longueur. Toutes ces différences paroissent distinguer si évidemment les *kanguroos* des *didelphes*, que j'aurois eu lieu d'être étonné que les Pallas, les Schreiber, les Pennant et tant d'autres naturalistes célèbres, les eussent si long-temps confondus ensemble, si d'ailleurs ces savans si estimables n'y eussent été conduits par un rapport d'une grande importance, qui rapproche véritablement ces animaux. Ce rapport essentiel est la bourse, caractère également propre aux *kanguroos*, et indicateur d'organes sexuels analogues. Nous sommes assurés que l'analogie ne nous a pas induits en erreur, depuis que M. Home nous a appris que les organes de la génération du *kanguroo* étoient semblables à ceux des *didelphes* ».

Ce genre, particulier aux parties les plus orientales de notre continent, est composé de trois et peut-être de quatre espèces, dont nous allons détailler les caractères et rapporter les traits connus de leurs habitudes.

Le **Kanguroo géant** (*Didelphis giganteus* Linn.). Cet animal, lorsqu'il a pris toute sa croissance, est à-peu-près de la taille du *mouton*. La tête et les épaules sont très-petites en proportion des autres parties du corps ; il n'a point de moustaches ; la queue est non prenante, presque aussi longue que le corps, très-épaisse à sa naissance, et se termine en point vers l'extrémité ; les jambes de devant ont huit à dix pouces de long , et celles de derrière de vingt-deux à vingt-six ; la tête ressemble assez à celle du *lièvre*, mais elle est plus alongée ; les oreilles sont longues et droites , du moins dans les individus adultes ; le dessus du corps est couvert de poils assez fins , d'un brun clair, tirant sur le cendré ; le dessous est d'une couleur moins foncée ; la queue , noirâtre à sa base, est tout-à-fait noire à son extrémité.

Ces animaux , nommés *kanguroos* par les naturels de la Nouvelle-Hollande , paroissent être l'espèce de quadrupède la plus grande et la plus commune en ce pays. Ils furent observés pour la première fois en 1770 , par le capitaine Cook et par M. Joseph Bancks , qui accompagnoit ce célèbre voyageur. Ils les trouvèrent en abondance dans les terres de la baie d'Endeavour , et ayant essayé de les chasser à l'aide d'un lévrier , ils furent surpris de voir que ces animaux , qu'ils avoient pris pour des chiens à la première vue , laissoient bientôt le lévrier derrière eux , en sautant par-dessus l'herbe longue et épaisse qui les empêchoit de courir. Etant enfin parvenu à tuer un de ces quadrupèdes , ils en firent une description assez détaillée , et ne jugeant alors que par les formes extérieures de son corps , ils crurent devoir ranger cet animal parmi les *gerboises* , et plusieurs auteurs adoptèrent cette opinion; mais du moment qu'on sut que la femelle du *kanguroo* avoit une poche , quoiqu'il n'eût que six dents incisives , et que ce fait fût parfaitement connu , on le replaça dans le genre des *didelphes* , c'est-à-dire dans un genre d'animaux ayant les trois sortes de dents. Enfin dans le mémoire dont nous avons donné l'extrait au commencement de cet article, Geoffroi a prouvé évidemment que cet animal appartenoit à un genre particulier, intermédiaire entre l'ordre des *pédimanes* et celui des *rongeurs*.

Lorsque le *kanguroo* marche , ou bien il saute à la manière des *gerboises* sur les jambes de derrière, tenant celles de devant pressées contre sa poitrine, et en relevant la partie antérieure du corps et la tête dans une situation peu inclinée; ou bien marchant sur ses quatre pattes , et s'aidant de sa queue , il avance à l'aide d'un mouvement assez compliqué et qui mérite d'être décrit ; ayant placé à terre les deux jambes antérieures , et par conséquent couché le corps en avant, il replie sa queue en dessous en l'appuyant par l'extrémité contre le sol , il contracte les muscles de cette queue , et enlève de cette façon la partie postérieure du corps ; sou-

nu ainsi comme sur un trépied , il place ses jambes de
derrière près celles de devant, et transportant de suite le centre
de gravité sur la verticale de ces deux pattes postérieures ,
il fait avancer les antérieures qu'il pose à terre , et ayant re-
lié sa queue de nouveau , il continue le même manège et
ne laisse pas de se mouvoir ainsi avec quelque vitesse. Lorsque cet animal est effrayé et poursuivi , il fait des sauts de
vingt à vingt-huit pieds d'étendue , et de cinq à six de hauteur ; dans ces sauts sa queue, qui est grosse et longue et qu'il
tient étendue , fait l'office d'un balancier , de sorte qu'il peut
tenir sa tête levée , et le corps dans une situation presque
droite. Dans l'état de repos le *kanguroo*, appuyé sur ses tarses
postérieures et sur la base de sa queue, se tient debout, lève
la tête , et laisse pendre ses pattes de devant.

La grandeur et le poids de la queue du *kanguroo* prouvent
qu'elle lui sert à la fois d'arme défensive et d'arme offen-
sive ; il semble même que la nature ne l'a muni d'aucun autre
moyen de défense ; la gueule, et en général la tête de cet animal , sont trop petites proportionnellement à son corps pour
que ses morsures puissent être dangereuses ; ses pattes de devant, dont il se sert comme les écureuils pour porter sa nourriture à sa bouche , sont trop disproportionnées pour annoncer une force suffisante.

John White rapporte que plusieurs prisonniers de Botany-Bay observèrent la manière dont un *kanguroo* se sauvoit,
en se défendant des attaques d'un vigoureux dogue de Terre-
Neuve ; avec sa queue il frappoit son adversaire d'une manière terrible : les coups étoient portés avec une si grande
vigueur, que le chien fut blessé jusqu'au sang sur plusieurs
parties de son corps. Ils remarquèrent encore que le *kanguroo* ne faisoit usage ni de ses dents ni de ses pieds de derrière , il se contentoit de battre le chien de sa queue , et quoique les déportés n'en fussent qu'à une petite distance , il
échappa avant qu'ils pussent arriver pour assister leur chien.

On ignore encore toutes les autres habitudes de cet animal
singulier , ainsi que ses mœurs particulières. Les individus
vivant actuellement à la ménagerie de Paris , se nourrissent de
carottes et d'autres racines.

Suivant le rapport du capitaine Cook , la chair du *kanguroo*
est un excellent manger.

Le KANGUROO BICOLOR (*Kangurus bicolor.*) est plus commun
que le précédent dans l'intérieur des terres de la Nouvelle-Hollande. Sa forme est absolument celle du *kanguroo géant*, seulement son museau est un peu moins alongé et ses oreilles sont plus
courtes ; il est plus petit ; les poils de son corps sont d'un gris-

brun, terminés d'un peu de fauve ; ceux qui entourent les oreilles sont d'un roux vif, ceux qui recouvrent les quatre pattes sont d'un brun noirâtre ; la queue est brune, terminée seulement par quelques poils fauves ; le dessous du corps est plus clair que le dessus, et les poils ne sont pas annelés. Cette espèce a été établie par Geoffroy sur un individu empaillé de la collection du Jardin des Plantes.

Le KANGUROO FILANDRE (*Kangurus Brunii.*). En 1717, Bruyns vit à Java, décrivit et dessina, sous le nom de *filander*, un animal qui sautoit sur les pieds de derrière, et qui avoit une bourse ; cette espèce différoit à tel point des *didelphes*, qu'on n'eut aucune confiance dans l'auteur : elle fut négligée par les naturalistes, jusqu'à l'époque où l'on eut connoissance du *kanguroo* ; alors on la plaça dans le genre des *didelphes*, et quoiqu'elle s'en éloignât singulièrement par la conformation de ses dents et de ses pattes postérieures, elle y resta, jusqu'à l'époque où Geoffroy, en établissant le genre KANGUROO, lui assigna la véritable place qu'elle devoit occuper, c'est-à-dire, qu'il ne la regarda, ni comme un *rongeur*, ni comme un *pédimane*, mais comme appartenant à un genre particulier. Cet animal peu connu, se trouve dans les îles de l'Archipel indien. On l'élève en domesticité dans l'île de Java. Il est haut de deux ou trois pieds, d'un brun noirâtre en dessus, et d'un roux clair en dessous.

Le KANGUROO RAT (*Poto-roo.*) *Didelphis murina*, se trouve à la Nouvelle-Hollande ; il a beaucoup de ressemblance avec le *kanguroo géant* ; mais il n'est pas plus gros qu'un *rat* : ses pattes antérieures sont courtes en comparaison des inférieures, mais leur disproportion est beaucoup moins considérable que dans le *kanguroo*. Ses pieds ressemblent entièrement à ceux de cet animal, par le nombre, par la proportion, et par la forme des doigts et des ongles. La tête est applatie en arrière ; le museau est alongé et pointu ; les oreilles sont à proportion de la même grandeur que celles de la *souris*. Les moustaches sont de moyenne longueur ; la queue est couverte de poils dans toute sa longueur, comme dans le *kanguroo*. Le poil du corps est de deux sortes : un duvet très-fin, et un poil ordinaire qui est plus long que le précédent, et qui le cache. Ces poils sont d'un gris brun à-peu-près comme le poil du lapin, avec une teinte de vert-jaunâtre. La femelle a une poche longitudinale sous le ventre, dans laquelle se trouvent quatre mamelons.

On ignore la manière de vivre de cet animal. (DESM.)

KANGUROU. *Voyez* KANGUROO. (DESM.)

KANKAN, nom donné par les Ethiopiens à la CIVETTE. *Voyez* ce mot. (DESM.)

KANNA, racine qui croît au Cap de Bonne-Espérance, et que les Hottentots mangent comme propre à exciter à la gaîté et à donner des forces. On ignore à quelle plante elle appartient. (B.)

KANNA-GORAKA. On appelle ainsi dans l'île de Ceylan, l'arbre qui produit la *gomme-gutte*. Voyez les mots CAMBOYE et MANGOUSTAN (S.)

KANTUFFA, nom que donne Bruce à une espèce d'*accaie*, qui est si épineuse qu'elle fait le tourment de tous les habitans de l'Abyssinie. Il ne paroît pas que cette espèce qu'il a figurée, soit encore connue des botanistes. *Voy.* ACCAIE. (B.)

KAOLIN, ou **FELD - SPATH - ARGILIFORME.** *Voyez* FELD-SPATH-KAOLIN. (PAT.)

KAOUANE. C'est le même mot que *caouane*, c'est-à-dire, une espèce de *tortue de mer*. Voyez au mot TORTUE. (B.)

KAPAMARA. C'est le nom brasilien de l'ACAJOU A POMME. *Voyez* ce mot. (B.)

KAPIRA, nom vulgaire d'un poisson que Pallas a appelé *gymnotus notopterus*, et dont Lacépède a formé un genre sous celui de NOTPOTÈRE. *Voyez* ce dernier mot. (B.)

KAPOUA. C'est le *jacanapéca* chez les Indiens de la Guiane française. *Voyez* JACANAPÉCA. (S.)

KARA. *Voyez.* ARAU. (S.)

KARABÉ, ou **AMBRE JAUNE**, matière bitumineuse, dont l'origine paroît être végétale ou peut-être animale, qu'on trouve enfouie dans les sables, sur les côtes méridionales de la Baltique, et principalement sur celles de la Poméranie. Après les tempêtes, on en trouve de petites masses sur la grève même où la mer les a rejetées. *Voyez* SUCCIN. (PAT.)

KARACATIZA, nom que les Turcs donnent à la *sèche octopode*. Voyez au mot. SÈCHE. (B.)

KARAGAN (*Canis karagan* Pal. et Gmel.), quadrupède du genre du CHIEN. *Voyez* ce mot.

Dans la relation de ses *Voyages en Russie et dans l'Asie septentrionale*, M. Pallas rapporte que les Kirguis viennent échanger dans la ville d'Orenbourg, entr'autres pelleteries communes, des peaux de *renards* des Landes, qu'ils appellent *karagan*. Ces renards, ajoute ce célèbre naturaliste, ont à-peu-près la couleur des loups; on en tire également des Landes calmouques. (tome 1, *in-4°.*, pag 161 de la traduction française.)

Nous n'avons point d'autres renseignemens au sujet de ce renard *karagan* : ce qui a fait dire avec toute raison à Erxleben (*Syst. regn. animal.*) que c'étoit une espèce un peu obscure, *animal subobscurum.* (S.)

KARAKAPA, le Geai en grec moderne. *Voy.* ce mot. (S.)

KARAMBOLIER. *Voyez* Carambolier. (B.)

KARA-NAPHTI, c'est-à-dire *naphte noire*. C'est le nom que les Persans donnent au *pétrole* qu'ils recueillent aux environs de Derbent et de Bakou, sur la mer Caspienne. *Voyez* Bitumes. (Pat.)

KARAPAT, nom indien du Ricin. C'est aussi aux Indes le nom des Tiques. *Voyez* ces mots. (B.)

KARARA, nom de l'*anhinga*, chez les peuplades éparses dans la Guiane française. *Voyez* Anhinga. (S.)

KARAROUINIMA, nom générique sous lequel les naturels de la Guiane française comprennent toutes les espèces de Toucans. *Voyez* ce mot. (S.)

KARATAS, nom d'une espèce d'*ananas, bromelia caratas* Linn. *Voyez* au mot Ananas. (B.)

KARBUS. C'est l'Arbousier. *Voyez* ce mot. (B.)

KARGOS. Les Persans donnent ce nom au Lièvre. *Voy.* ce mot. (S.)

KARIBEPON. C'est un des noms indiens de l'Azederach. *Voyez* ce mot. (B.)

KARIBOU. *Voyez* Caribou. (S.)

KARKOLIX, nom corrompu du grec, que Gesner applique au Coucou. *Voyez* ce mot. (S.)

KARMOUTH, poisson du genre *silure*, observé par Sonnini dans le Nil, et figuré pl. 22 de son *Voyage en Egypte*; c'est le *silurus niloticus* de Forskal, qui a été mal-à-propos réuni avec le *silurus glarias* ou le *barbarin*. (*Voyez* au mot Silure.) C'est un des plus mauvais poissons du Nil. Il a la vie extrêmement dure. On lui compte huit barbillons aux lèvres, soixante-quatre rayons à la nageoire du dos, aux ventrales six, à l'anale cinquante-quatre, et à la caudale, qui est arrondie, vingt-deux; sa couleur est d'un brun verdâtre, varié de gris, plus clair sur le ventre; ses nageoires pectorales sont noires, avec une large bande rouge en dessus et en dessous, grises à leur base, rouges en leur milieu, et noirâtres à leur extrémité; toutes ont du rouge dans quelques-unes de leurs parties; il y a près de la nageoire anale un appendice rouge. (B.)

KARODIE, plante singulière de l'Inde, qui est figurée pl. 51 et 52 du septième volume de Rheede. Elle a le port d'une *igname*, et les fleurs analogues à celles d'une *anguine*; sa racine est tubéreuse et d'une saveur âcre; sa tige sarmenteuse et garnie de piquans; ses feuilles sont alternes, ternées, à folioles ovales, irrégulières à leur base; ses fleurs sont axillaires, olitaires, formées par une corolle monopétale partagée en sept à huit parties, dont le bord est velu ou frangé.

Il est à croire que cette plante forme un genre encore inconnu aux botanistes. (B.)

KARRAH-KULLAK. Le *caracal* en langue turque. *Voyez* l'article de ce quadrupède. (S.)

KARROCK (*Corvus cyanoleucus* Lath. , genre du CORBEAU, de l'ordre des PIES. *Voyez* ces mots.). Cet oiseau de la Nouvelle-Galles du Sud, où il est connu sous le nom de *karrock*, est d'une taille inférieure à celle de la *pie ;* le bec et les pieds sont noirâtres; l'iris est brun; le milieu de la tête, la nuque, le bas du cou, une partie du dos, la plus grande partie des ailes et l'extrémité de la queue dans un tiers de sa longueur, sont d'un bleu foncé ; le reste du plumage est blanc, excepté sur le bas des jambes où l'on voit un peu de brun.

Cette *nouvelle espèce* que nous fait connoître Latham , lui semble avoir plus d'analogie avec les *grives*, n'ayant point la base du bec recouverte de plumes comme le *corbeau.* (VIEILL.)

KARUKA (*Gallinula phœnicura* Lath. , ordre des ÉCHASSIERS , genre GALLINULE. *Voyez* ces mots.). Gmelin a placé cet oiseau parmi les *râles* (*rallus phœnicurus*); mais ayant la plaque frontale des *gallinules*, Latham l'a mis à la place qui lui convient. Cette *poule sultane* a l'occiput, le cou , le dos et les ailes noirs, avec des taches bleues sur les pennes; le sommet, les côtés de la tête et tout le dessous du corps jusqu'au bas-ventre, d'un blanc de neige ; celui-ci et la queue, d'un roux nué de rouge; le bec verdâtre , et les pieds d'un vert un peu rougeâtre : longueur totale, huit pouces environ.

Cette espèce se trouve dans l'île de Ceylan , où elle porte le nom de *kalu-kerenaka ;* on la voit encore fréquemment dans la presqu'île de l'Inde, et il est à présumer qu'elle se trouve aussi chez les Chinois , puisque sa figure est souvent sur leurs papiers peints.

Latham donne comme variété de cette espèce, la POULE SULTANE BRUNE ; mais c'est une race distincte. (*Voyez* ce mot.) Une seconde variété , selon cet ornithologiste, est une autre *poule sultane*, dont Kolbe parle très-succinctement dans son *Voyage ;* il la dit fort commune au Cap de Bonne-Espérance. Elle a la plaque du front blanche ; le dessus du corps d'un noir brillant, le dessous blanc ; le bas-ventre rouge , et les pieds jaunes. (VIEILL.)

KARUT, nom spécifique d'un poisson, que Bloch a placé dans un nouveau genre qu'il a formé , et appelé JOHN.

(*Voyez* ce mot.) C'est un LABRE dans Lacépède. *Voyez* ce mot. (B.)

KARYOKATAKTES, dénomination grecque, formée par Gesner, pour l'appliquer au CASSE-NOIX. *Voyez* ce mot. (S.)

KASARKA. *Voyez* OIE KASARKA. (S.)

KASCHOUÉ. C'est le nom égyptien d'un poisson du Nil que Sonnini a figuré pl. 21 de son *Voyage en Egypte*. Ce naturaliste pense, avec Belon, que c'est l'*oxyrinchus* des anciens. Il se rapproche infiniment du *brochet* par la forme et par les mœurs. C'est un des meilleurs poissons du Nil. Il est d'un gris bleuâtre sur le dos et blanchâtre sous le ventre ; son museau est rouge, et sa tête parsemée de petits points blancs. Voyez le *Voyage* de Sonnini, vol. 2, et les mots BROCHET et ESOCE. (B.)

KASSIGIAK, espèce de *phoque* sans oreilles externes. (*Voyez* à l'article des PHOQUES.) Les Groënlandais la connoissent sous le nom de *kassigiak* : dans le premier âge, elle est noire en dessus et blanche en dessous ; elle prend ensuite des taches semblables à celles du tigre.

La plupart des ouvrages de nomenclature ne séparent pas le *kassigiak* du *phoque commun*, quoique Buffon en ait fait une espèce distincte. (S.)

KASTOR. C'est, en grec, le nom du CASTOR. *Voyez* ce mot. (S.)

KASTOR. Les habitans de la Guinée emploient ce nom pour désigner la CIVETTE. *Voyez* ce mot. (DESM.)

KATAF, nom arabe du BALSAMIER DE LA MECQUE. *Voyez* ce mot. (B.)

KATALEPTIQUE. *Voyez* CATALEPTIQUE et DRACOCÉPHALE. (B.)

KATO DE AGALI. Les Portugais désignent ainsi la CIVETTE. *Voyez* ce mot. (S.)

KATOU CANNA. C'est une *acacie* de l'Inde, à bois rouge. *Voyez* au mot ACACIE. (B.)

KATOU INCHI KUA. On appelle ainsi le *gingembre* dans les îles de l'Inde. (B.)

KATOU INDEL, espèce de *palmier* du Malabar, qui remplace l'*arec* dans le bétel des pauvres. *Voy.* au mot AREC. (B.)

KATRACA. Le P. Feuillée a décrit sous ce nom, l'oiseau que l'on appelle à la Guiane PARRAKOUA. *Voy.* ce mot. (S.)

KAVALAM. C'est le nom indien d'une espèce de *sterculia* Linn. *Voyez* au mot TONGCHU. (B.)

KAVAUCHE, nom d'une *carpe* que les Tartares font

sécher pour s'en nourrir pendant l'hiver. *Voyez* au mot CYPRIN. (B.)

KAVIAC. C'est la même chose que le *caviar*, c'est-à-dire une préparation des œufs d'*esturgeon* ou autres poissons. *Voyez* au mot ESTURGEON. (B.)

KAURIS, nom que les nègres donnent à une coquille du genre *porcelaine*, qui leur sert de petite monnoie. *Voyez* au mot PORCELAINE. (B.)

KAYOPOLLIN. *Voyez* CAYOPOLLIN. (S.)

KAYOUROURÉ, nom que porte, chez les naturels de la Guiane française, le *sajou gris*. Voyez au mot SAJOU. (S.)

KEBOS ou KEPOS. Les anciens Grecs donnoient ce nom au *singe à longue queue*. Voyez les mots MONE et GUENON. (S.)

KÉKROPIS, en grec, l'HIRONDELLE DE CHEMINÉE. *Voyez* ce mot. (S.)

KEKUSCHKA (fig. pl. 26 et 27 du *Voyage en Russie*, par S. G. Gmelin, tom. 3.), espèce de SARCELLE. (*Voyez* ce mot.) Elle fréquente les eaux de la mer Caspienne. Tout le dessous de son corps a la blancheur éclatante de la neige, et le dessus la couleur de l'ocre, à l'exception du croupion, qui, de même que la queue, est d'un noir très-foncé ; quatre des moyennes pennes de l'aile ont l'extrémité blanche. La longueur totale de l'oiseau est à-peu-près d'un pied et demi. C'est un assez mauvais gibier, à cause de la saveur huileuse de sa chair. (S.)

KELÉOS, le LORIOT en grec. *Voyez* ce mot. (S.)

KELIN, plante de l'Inde, figurée pl. 132, n° 1 du cinquième volume du *Jardin d'Amboine* de Rumphius. Sa racine est tubéreuse ; ses tiges rampantes, rameuses et carrées ; ses feuilles opposées, alternes, ovales, pétiolées, ridées, dentées ou crénelées à leur sommet ; ses fleurs sont petites, disposées en épi terminal. Il est probable qu'elle forme un genre particulier ; mais on ne connoît pas encore les parties de sa fructification.

On mange les tubérosités de cette plante, après les avoir fait cuire dans l'eau ou sous la cendre. (B.)

KÉNIGE, *Kœnigia*, petite plante annuelle à tige succulente ; à feuilles alternes, ovoïdes, très-entières, un peu succulentes, stipulées, les supérieures quaternées ; à fleurs terminales, fasciculées, nombreuses, petites, accompagnées de bractées membraneuses, qui forme un genre dans la triandrie trigynie et dans la famille des CHÉNOPODÉES.

Ce genre a pour caractère un calice partagé en trois folioles ovales, concaves et persistantes ; point de corolle ; trois étamines ; un ovaire supérieur, ovale, surmonté de deux ou trois stigmates rapprochés, colorés ou velus.

Le fruit est une semence nue, ovale, de la longueur du calice.

Cette plante, qui est figurée pl. 51 des *Illustrations* de Lamarck, se trouve en Islande aux lieux argileux et inondés. (B.)

KENLIE ou ZENLIE. C'est, selon Kolbe, le nom hottentot du CHACAL. *Voyez* ce mot. (S.)

KENNA. C'est la même chose que le HENNÉ. *Voyez* ce mot. (B.)

KENNEL-KOHLE, variété de *houille* ou de *charbon de terre*, qu'on trouve dans les mines de Kilkenny en Irlande. Il a beaucoup de ressemblance avec le *jayet*. Il est de même susceptible de poli, et on l'emploie aux mêmes usages.

Kirwan a réuni le *kennel-coal* ou *cannel-coal*, avec le *kilkenny-coal*; mais Magellan prétend que ce sont deux variétés distinctes : il est vrai que les différences ne sont pas fort importantes : l'un et l'autre sont susceptibles de poli. *Voyez* HOUILLE. (PAT.)

KÉRATOPHYTES. C'est le nom commun qu'on donnoit, il y a cent ans, à toutes les productions *polypeuses* dont la contexture étoit cartilagineuse. Ils comprenoient les genres qu'on appelle aujourd'hui GORGONNE, ANTIPATE, PENNATULE, CORALLINE, TUBULAIRE, SERTULAIRE, CELLULAIRE, FLUSTRE et CELLEPORE. *Voyez* ces différens mots. (B.)

KERELLA (*Picus Bengalensis*, Var. Lath.). Ce *pic de* Ceylan a de grands rapports avec le *pic vert du Bengale*; aussi Latham en fait une variété produite par la différence du sexe; sa longueur a un pouce de plus; son bec est un peu plus petit et de couleur de plomb; il diffère en ce que sa tête est variée d'un plus grand nombre de taches blanches; le haut du dos est noir, où celui de l'autre est jaunâtre; un beau rouge remplace la teinte brune qui couvre le milieu du dos et une partie des ailes; la gorge et la poitrine sont brunes, avec des taches blanches irrégulières; les pennes de la queue sont brunes; les primaires des ailes sont de la même couleur et marquées de blanc. (VIEILL.)

KÉRÉRÉ, nom qu'on donne, à Cayenne, à une espèce de *bignone sarmenteuse* employée à faire des liens et des paniers. *Voyez* au mot BIGNONE. (B.)

KERFA. On croit que c'est le RAVELANA. *Voyez* ce mot. (B.)

KERKEDAM; Herbelot, dans sa *Bibliothèque orientale* dit que les Arabes appellent ainsi le RHINOCÉROS. *Voyez* ce mot. (S.)

KERMÈS, *Chermes*, genre d'insectes de l'ordre des Hémiptères. Linnæus et Geoffroy ne comprennent pas, sous
ce nom, les mêmes insectes. Le premier y voit ceux que
nous appelons *psylles*, et qui sont à la vérité de la même famille, mais essentiellement différens. Le second voulant
rendre au mot de *kermès* le sens de son acception ordinaire,
injustement détourné par le Naturaliste suédois, désigne sous
cette dénomination les *gallinsectes* de Réaumur, du nombre
desquels est le *kermès* de la teinture, nommé aussi *graine d'é-*
carlate.

Nous avons dit à l'article Cochenille, que ce genre étoit
peu distingué de celui de Kermès, et qu'il valoit mieux les
réunir. Dans le premier, les femelles ont encore, sous leur
forme de galle, des apparences d'anneaux; de là le nom de
progallinsectes. Dans le second, les individus du même sexe
ont la peau du corps tellement distendue, qu'elle ne présente
pas le moindre vestige d'incisions; ils ressemblent davantage
à des galles, et ce sont les *gallinsectes* proprement dits. Ici,
comme là, d'ailleurs, mêmes caractères, mêmes différences
entre les sexes, mêmes habitudes et mêmes métamorphoses;
le mâle est ailé; ses antennes sont longues, composées de neuf
à dix articles; son corps est alongé, terminé par deux filets
sétacés; ses deux ailes sont horizontales.

La femelle est sans ailes; sa bouche, qui prend naissance
sous le corcelet, entre la première et la seconde paire de
pattes, est composée d'un tuyau charnu, d'où sort un filet
long, qu'elle enfonce dans les écorces des plantes, pour
prendre sa nourriture; son corps est composé de cinq anneaux et d'abord de forme ovale; il prend ensuite la figure
d'une galle ou d'une graine, finit par se dessécher, et sert à
couvrir les œufs.

Dans leur jeunesse, les femelles ressemblent à de petits
cloportes blancs qui n'auroient que six pattes; elles courent
sur les feuilles, et ensuite se fixent sur les tiges ou les branches
des arbres et des arbrisseaux, où elles passent plusieurs mois
de suite; c'est alors qu'elles prennent la figure d'une galle
ou d'une excroissance.

C'est sur les arbrisseaux et les plantes qui passent l'hiver
que croissent ces insectes. Il leur faut une plante qui les
nourrisse pendant près d'un an, terme fixé pour la durée
de leur vie. Après avoir pris leur accroissement, les uns ressemblent à de petites boules attachées contre une branche,
et dont la grosseur varie de celle d'un grain de poivre à celle
d'un pois; les autres ont une forme sphérique, tronquée ou
alongée; ceux-là sont oblongs; ceux-ci, et c'est le plus grand

nombre, ressemblent à un bateau renversé; les couleurs sont diversifiées.

Les arbres fruitiers, et sur-tout les pêchers, sont quelquefois tellement couverts de *kermès*, tant d'une espèce en bateau renversé, que d'une autre en petits grains, que leurs branches en paroissent toutes galeuses. Ces insectes ne parviennent au terme de leur accroissement que vers le milieu, ou au plus tard vers la fin du printemps. Si on observe les pêchers à cette époque, on remarque sur leurs branches des tubérosités qui sont des *kermès* dont les uns sont vivans et immobiles, et les autres morts dès l'année précédente. On distingue ces insectes les uns des autres, en ce que les premiers sont très-adhérens à la plante, et que la place où leur corps est attaché est couverte d'une matière cotonneuse, sur laquelle leur ventre, qui est aussi renflé qu'il peut l'être, est appliqué. Si on observe ces insectes un peu plus tard, leur peau ne paroît plus être qu'une simple coque sèche contenant et couvrant une infinité de petits grains rougeâtres, oblongs, qui sont des œufs; les petits qui en sortent restent encore, pendant quelques jours, sous la peau de leur mère.

On ne peut voir, sans admiration, la manière dont les femelles couvrent leurs œufs et leurs petits. Quantité d'insectes savent filer des coques dans lesquelles ils renferment les leurs avec beaucoup d'art : c'est avec son propre corps que la femelle du *kermès* couvre les siens; il leur tient lieu d'une coque bien close; elle ne les laisse pas un instant exposés aux impressions de l'air, les mettant parfaitement à l'abri, et les couvant pour ainsi dire dès le moment où elle vient de les pondre; elle est encore utile à ses petits même après sa mort, puisqu'ils restent plusieurs jours sous son corps desséché.

Les femelles meurent peu de temps après avoir fait leur ponte; celles de quelques espèces, selon plusieurs auteurs, ne pondent que deux mille œufs, tandis que celles de quelques autres en mettent au jour quatre mille. Les petits sortent de dessous leur peau par une ouverture qui se trouve à la partie postérieure de leur corps. A peine les jeunes *kermès* ont-ils quitté leur berceau, qu'ils courent sur les feuilles; leur accroissement est très-lent, depuis la fin du printemps ou le commencement de l'été, époque de leur naissance, jusqu'au printemps de l'année suivante; mais alors ils grossissent rapidement. Si on observe ceux du pêcher au renouvellement de la belle saison, on voit sur leur dos un grand nombre de petits tubercules, et quelques fils ou poils assez longs qui partent des différens endroits de leur corps. Ces poils, qui sont dirigés en plusieurs sens, vont s'attacher sur le bois assez loin de l'insecte. Les femelles continuent à croître jusqu'au moment de la ponte.

On a été assez long – temps à savoir comment ces femelles étoient fécondées; quelques auteurs ont cru qu'elles jouissoient des deux sexes et qu'elles pouvoient pondre sans le concours du mâle; mais on sait actuellement que l'accouplement du *kermès*, en forme de grain hémisphérique, qui vit sur le pêcher, a lieu vers la fin du printemps. Réaumur, qui a été témoin de l'union des sexes, a vu le mâle parcourir le corps de la femelle, et finir par introduire l'espèce d'aiguillon dont il est pourvu dans l'ouverture qu'elle a à l'extrémité de son corps, celle par où sortent les petits. Ces femelles, qui paroissent immobiles, ne sont point insensibles aux approches du mâle; des mouvemens que Réaumur leur a vu faire, l'en ont convaincu.. D'après cet accouplement, et les observations de quelques auteurs qui n'ont vu qu'une partie des *kermès* de l'oranger pondre des œufs, on peut croire que l'autre partie est composée de mâles, et que ces insectes, ainsi que tous ceux de ce genre, s'accouplent comme le *kermès* du pêcher.

Tous les jeunes *kermès* se ressemblent, ne prennent la forme qui leur est particulière que lorsqu'ils croissent. L'espèce la plus renommée est celle dont la figure approche d'une boule dont on auroit retranché un petit segment. Ce *kermès* vient sur une espèce de petit chêne vert, qui n'est qu'un arbrisseau qui s'élève à environ deux ou trois pieds, *Quercus coccifera* Linn. Ce chêne croît en grande quantité dans les terres incultes des parties méridionales de la France, en Espagne et dans les îles de l'Archipel. C'est sur ces arbrisseaux que les paysans vont faire la récolte du *kermès* dans la saison convenable.

Ce *kermès* a excité pendant long-temps la curiosisé des naturalistes, avant d'en être bien connu. Il a donné lieu à une expérience qui a réussi et qui a induit en erreur M. de Marcilly. Tout le monde connoît la composition de l'encre; on sait que c'est par le mélange de la noix-de-gale que la dissolution de vitriol prend une couleur noire. M. de Marcilly éprouva s'il feroit de l'encre avec le *kermès* et le *vitriol*, et il en fit; de là il conclut que le *kermès*, produisant un effet semblable à celui des galles qu'on trouve sur les grands chênes, étoit une galle de petit chêne, mais il s'est trompé sur la nature de ces insectes. Cette expérience nous découvre un fait curieux; c'est que les matières végétales propres à faire de l'encre, conservent cette propriété après avoir passé dans le corps d'un animal.

Le *kermès* qui a pris toute sa grosseur, paroît comme une

petite coque sphérique fixée contre l'arbrisseau ; sa couleur est d'un rouge brun, il est légèrement couvert d'une poussière cendrée. Celui que l'on obtient par la voie du commerce est d'un rouge très-foncé, et ne doit sa couleur qu'au vinaigre avec lequel il a été arrosé.

Les habitans des pays où on fait la récolte des *kermès*, considèrent cet insecte sous trois états différens ; le premier a lieu au commencement du printemps : à cette époque il est d'un très-beau rouge, presqu'entièrement enveloppé d'une espèce de coton qui lui sert de nid ; il a la forme d'un bateau renversé, *lou vermeou groue*, disent les Provençaux, le *ver couve*. Le second état, celui, où dans le même langage, *lou vermeou espelis*, le *ver éclot*, se prend de l'instant auquel l'insecte parvient à toute sa croissance, et que le coton qui le couvroit s'est étendu sur son corps sous la forme d'une poussière grisâtre ; il semble alors être une simple coque remplie d'une liqueur rougeâtre. Enfin le *kermès* arrive à son troisième état vers le milieu ou la fin du printemps de l'année suivante ; c'est à cette époque qu'on trouve sous son ventre dix-huit cents ou deux mille petits grains ronds qui sont les œufs, et que les Provençaux appellent *freisset*. Ils sont une fois plus petits que la graine du pavot, et remplis d'une liqueur rougeâtre. Le microscope les fait paroître parsemés de points brillans couleur d'or. Parmi ces œufs il y en a de blanchâtres et de rouges. Les premiers donnent des petits d'un blanc plus sale, plus applatis que les autres, et dont les points brillans ont une couleur argentine. Ces individus sont moins communs, suivant Réaumur, que les rouges. On les regarde faussement, dans le pays, comme les mères des *kermès*.

Vers son second état, le *kermès* femelle se prépare à sa ponte, en rapprochant la partie inférieure de son ventre du dos ; il ressemble alors à un *cloporte* demi-roulé. Le vide formé par cette contraction est rempli par les œufs. La mère s'étant acquittée des devoirs que lui imposoit la nature, ne tarde pas à périr. Son cadavre se dessèche ; les traits qui le caractérisoient comme insecte s'oblitèrent, disparoissent ; on n'apperçoit plus qu'une sorte de galle.

Les œufs éclosent ; les petits abandonnent leur berceau, se répandent sur les feuilles de l'arbrisseau où ils viennent de naître, et se nourrissent de leur suc, en le pompant avec leur trompe.

Le mâle a d'abord la plus grande conformité avec la femelle. Il se fixe ainsi qu'elle, se métamorphose en nymphe dans sa coque, devient insecte parfait, soulève sa coque, et en sort le derrière le premier.

Il voit la lumière, et, déjà aiguillonné par le besoin de se reproduire, on le voit sautiller, voltiger autour des femelles, qui attendent patiemment que l'amour les favorise. Le mâle se promène sur le dos de quelques-unes, va et vient de leur tête à leur queue, les excite, les presse de répondre aux vœux de la nature, est satisfait, et cesse d'exister.

La récolte des *kermès* est plus ou moins abondante, selon que l'hiver a été plus ou moins doux : on espère qu'elle sera bonne lorsque le printemps se passe sans brouillards et sans gelées. On a remarqué que les arbrisseaux les plus vieux, qui paroissent les moins vigoureux et qui sont les moins élevés, sont les plus chargés de *kermès*. Le terroir contribue à sa grosseur et à la vivacité de sa couleur; celui qui vient sur des arbrisseaux voisins de la mer, est plus gros et d'une couleur plus éclatante que celui qui vient sur des arbrisseaux qui en sont éloignés.

On prétend que les pigeons aiment beaucoup le *kermès*, ce qui oblige de les veiller dans le temps de sa récolte.

Si quelques espèces de *kermès* font du tort aux arbres, nous en sommes amplement dédommagés par l'usage qu'on fait de celui dont nous venons de parler; il tient une place distinguée parmi les animaux qui nous sont utiles. Les paysans de certains cantons de la France, et de quelques pays étrangers, font ainsi tous les ans une récolte précieuse, sans avoir la peine de labourer et de semer. Ils vont détacher cet insecte, que Pline nomme *cocci granum*, et qu'on appelle aujourd'hui *graine d'écarlate*, *vermillon*. C'est avec cette graine écarlate qu'on fait le sirop de *kermès* (1). Si on doute de l'avantage que la médecine retire de cette drogue, on ne peut douter que l'art de la teinture ne tire un parti utile du *kermès*, qui sert à teindre la soie et la laine en un beau rouge cramoisi. Il faut pourtant avouer que depuis que la *cochenille* a été découverte, le *kermès* a cessé d'être une matière aussi importante qu'elle l'étoit autrefois; peut-être aussi n'en tire-t-on pas aujourd'hui tout le parti possible. Ce sont des femmes qui font cette récolte; elles enlèvent avec leurs ongles le *kermès* de dessus les arbrisseaux; telle femme en ramasse deux livres par jour, et il n'est pas rare d'en avoir deux récoltes dans l'année; celui de la seconde est attaché contre les feuilles : il n'est jamais ni aussi gros, ni aussi propre à donner tant de teinture que le premier. On arrose de vinaigre le *kermès* destiné pour la teinture; on ôte la pulpe ou la poudre rouge renfermée

---

(1) On en fait aussi des pastilles que l'on envoie dans les pays étrangers, sous les noms de *pastel d'écarlate*, *écarlate de graine*.

dans le grain ; on lave ensuite ces grains dans du vin , et, après les avoir fait sécher au soleil , on les lustre en les frottant dans un sac , et on les enferme en les mêlant avec une quantité de poudre basée sur le produit de ces grains (dix à douze livres par quintal). La cherté de ces grains dépend du plus ou du moins de poudre qu'ils rendent. La première poudre est celle qui sort du trou qui est du côté où le *kermès* est fixé à l'arbre ; celle qui reste attachée au grain vient, dit-on, d'un petit animal qui avorte sous la coque, et l'a percée d'un trou très-petit.

Le vinaigre altère la couleur du *kermès ;* on en use ainsi pour détruire la postérité de l'insecte.

On trouve sur de grands chênes plusieurs espèces de *kermès* de différentes formes et de différentes couleurs, dont un rouge, qui ressemble beaucoup à celui du petit chêne : il n'est pas propre à la teinture ; mais on le regarde comme aussi bon pour la confection d'*alkermès*, que celui qui vient sur l'*ilex cocci glandifera*.

Toutes les femelles des *kermès* finissent leur ponte sans qu'on s'en apperçoive, parce que leur corps couvre tous les œufs. Cependant il y en a quelques espèces dont il n'en couvre qu'une partie. Les œufs de celles-ci sont logés dans une masse de fils de soie ou de coton très-blanc, qui les fait prendre pour des œufs d'araignée. On trouve de ces œufs, qui sont d'espèces différentes, sur la charmille, le chêne et la vigne, particulièrement sur certains pieds de vigne en espalier.

La masse qui couvre les nichées d'œufs est ordinairement de forme arrondie par-dessus ; pour peu qu'on la touche ou qu'on la dérange, l'enveloppe s'attache aux doigts, qui enlèvent une infinité de fils parallèles les uns aux autres. Les *kermès* ne filent point de cette matière cotonneuse, elle s'échappe de dessous leur coque, de même qu'il s'en échappe du corps de certains pucerons, et de quelques larves qui les mangent. Ce n'est point par des filières semblables à celles des chenilles et des araignées que sort cette matière, les *kermès* ont au-dessous du ventre un très-grand nombre d'ouvertures imperceptibles, analogues aux filières des autres insectes, qui lui donnent passage : les principales sont autour du corps. Les espèces qui font de ces nids cotonneux sont celles qui, avant leur ponte, ont la forme d'un bateau renversé.

Les *kermès* connus se trouvent en Europe : ils forment un genre qui renferme une vingtaine d'espèces.

KERMÈS OBLONG DU PÊCHER, *Chermes persicæ oblongus* Geoff.

Le mâle est d'un rouge foncé ; ses ailes sont blanches , plus longues que le corps , bordées extérieurement d'un peu de rouge ; son abdomen est terminé par deux filets alongés , entre lesquels est une espèce de queue recourbée en dessous ; la femelle est oblongue , très-convexe , d'un brun foncé.

On le trouve en Europe.

Kermès du petit chêne , *Chermes ilicis. Coccus ilicis* Linn. Fab.

La femelle est sphérique, d'un rouge luisant, légèrement couverte d'une poussière blanche ; elle est fixée sur les tiges , et quelquefois sur les feuilles d'une petite espèce de chêne à feuilles épineuses.

On la trouve dans les parties méridionales de la France , en Espagne. *Voyez* les Généralités.

Kermès panaché , *Chermes variegatus* Geoffr.

Il est arrondi , presque sphérique, de l'épaisseur d'un pois, d'un jaune fauve avec quatre bandes longitudinales, brunes, et quelques points de même couleur entre les bandes. On le trouve collé sur les rameaux du chêne.

Kermès de l'orme , *Chermes ulmi, coccus ulmi* Linn.

Le mâle de cette espèce étoit inconnu. Je vais donner un extrait de la description que j'en ai faite dans un mémoire particulier, joint à mon *Histoire naturelle des Fourmis* , chez Barrois le jeune.

Son corps est long d'environ une demi-ligne ; les antennes sont de la même longueur , assez grosses , rapprochées, insérées vers le sommet de la tête, entre les yeux, brunes, velues, de dix articles presque égaux. La tête est petite , arrondie, brune, garnie de dix petits grains polis , luisans, qui ressemblent à des petits yeux lisses : le corcelet est plus large que la tête , arrondi , d'un brun luisant, avec un enfoncement dorsal et postérieur ; l'abdomen est sessile, conique, déprimé, brun , assez long, de huit à neuf anneaux ; l'anus est renflé et terminé par une pointe formée de deux valvules réunies , accompagnées chacune d'un filet latéral très-blanc , filiforme, divergent , plus long que le corps ; les ailes sont un peu transparentes , plus larges et plus longues que le corps , couchées l'une sur l'autre horizontalement, blanches, avec des nervures fines et la côte un peu brune : on voit deux espèces de balanciers , semblables à ceux des diptères , placés un de chaque côté à la base de l'abdomen ; les pattes sont petites, d'un brun clair, avec les tarses assez longs, paroissant de deux ou trois pièces, dont la dernière très-mince, pointue, terminée par des poils et des crochets peu sensibles.

On ne découvre ni trompe ni organe qui tienne lieu de

bouche, on voit seulement à la place qu'elle occupe ordinairement dans les autres insectes, des petits grains ou mamelons, au nombre de dix, très-rapprochés, cinq de chaque côté, savoir, deux plus gros en avant, deux autres de la même grandeur par-derrière, et trois petits en triangle sur chaque côté. Ces grains sont polis, luisans, et ressemblent à de petits yeux lisses.

Les larves de cet insecte, trouvées en germinal, presque au moment de se changer en nymphe, se fermèrent dans une petite coque ovale, longue de près d'une demi-ligne, formée d'une membrane très-mince, papyracée, et fort blanche. Ces nymphes n'avoient que les antennes et les pattes de libres, différence très-remarquable entre ces insectes et les autres hémiptères, dont les nymphes sont toujours ambulantes et ne diffèrent de l'insecte parfait, que parce qu'elles n'ont que les rudimens des ailes et des élytres. Vers la fin d'avril cet insecte se dépouille de son enveloppe de nymphe, pour prendre sa nouvelle et dernière forme. Réaumur avoit observé que les gallinsectes sortoient de leur coque d'une manière opposée aux autres insectes, c'est-à-dire, le derrière le premier : l'observation de ce célèbre naturaliste est conforme à celle qui a été faite sur le mâle de ce *kermès*. (L.)

KERMÈS, nom spécifique du *chêne* sur lequel on trouve la *cochenille kermès*. Voy. l'article précédent et le mot CHÊNE. (B.)

KERMÈS MINÉRAL NATIF, oxide d'antimoine rouge, granuleux ou en plumes, c'est-à-dire, en cristaux capillaires. « Cette mine d'antimoine, dit Romé-Delisle, se trouve, ainsi » que la mine d'antimoine grise, en plumes, à la surface et » dans les interstices de quelques mines d'antimoine grises, » qui ont éprouvé une décomposition plus ou moins com- » plète. La forte odeur sulfureuse qu'elle exhale, indique » d'une manière très-sensible, *le foie de soufre volatil* (ou » *hydro-sulfure*) *qui la minéralise*. (*Cristallographie* 111, » page 60 ».

Le célèbre chimiste Berthollet a pleinement confirmé l'opinion de Romé-Delisle, et a démontré que cette mine d'antimoine est exactement de la même nature que l'*oxide d'antimoine rouge hydro-sulfuré*, des pharmacies, vulgairement connu sous le nom de *kermès minéral*.

On trouve cette curieuse mine d'antimoine à Braunsdorf en Saxe ; à Kremnitz en Hongrie ; dans les mines de la Toscane, et notamment dans la mine d'argent d'Allemont en Dauphiné. *Voyez* ANTIMOINE. (PAT.)

KERMÈS DU NORD, KERMÈS DE RACINES. *Voy.* COCHENILLE. (L.)

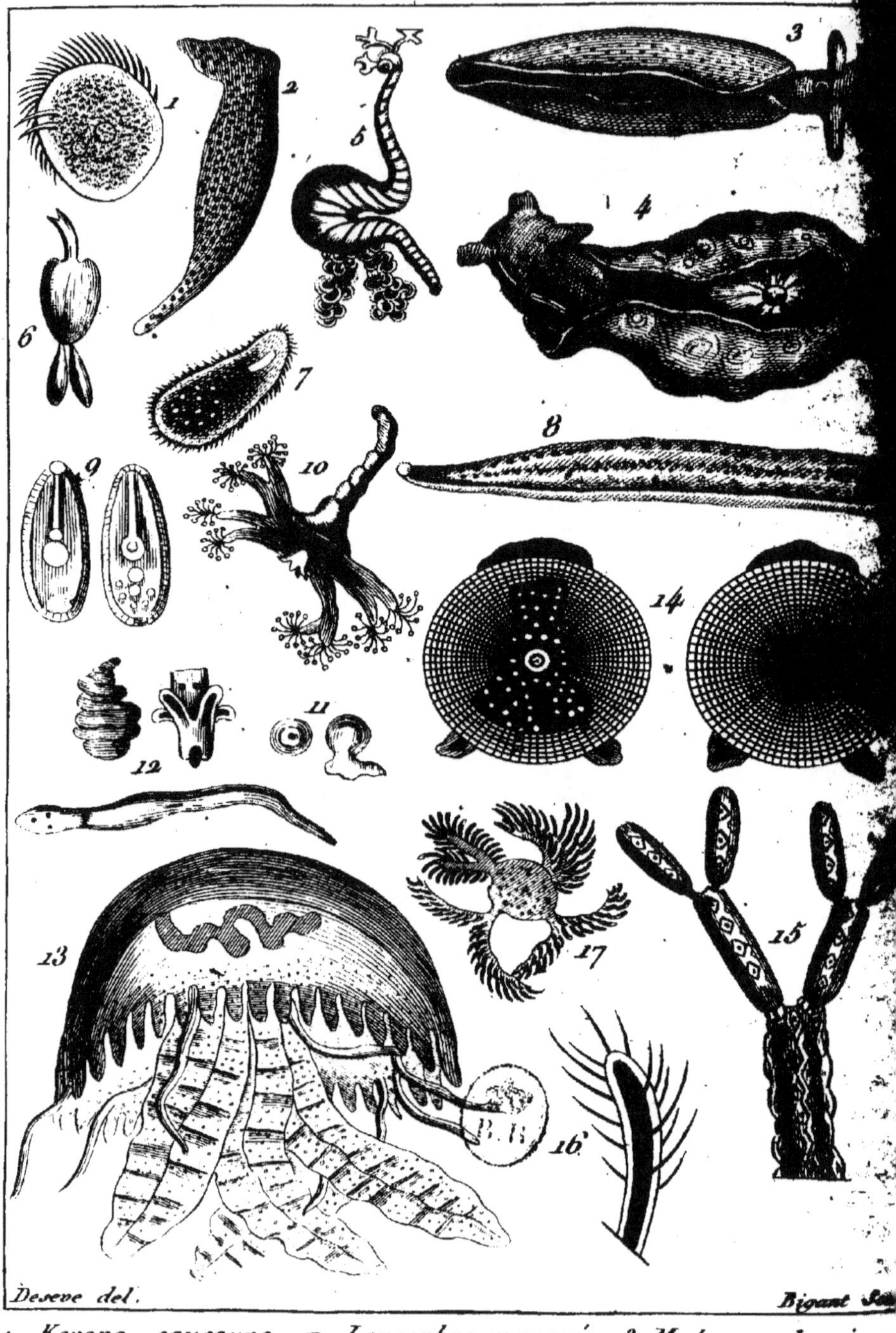

1. Kerone soucoupe.
2. Klopode botte.
3. Laplesie verte.
4. Laplesie depilante.
5. Lernée branchiale.
6. Lernée uncinate.
7. Leucophre marquée.
8. Limace carolinienne.
9. Lingualule découpée.
10. Lucernaire à 4 cornes.
11. Mammaire mamelon.
12. Massette des plies.
13. Meduse pelasgique.
14. Porpite appendiculée.
15. Cellulaire salicor.
16. Coryne sétacée.
17. Cristatelle de roesel.

KÉRONE, *Kerona*, genre de vers polypes amorphes, ou d'animalcules infusoires, dont le caractère est d'être munis sur une partie de la superficie, de piquans courbés semblables à des cornes.

Ce genre diffère des *himantopes*, parce que les parties saillantes qu'on y remarque sont roides dans l'un et molles dans l'autre. Du reste, il y a beaucoup de rapports de forme et de manière d'être.

Il y a encore plus de rapports entre les *kérones* et les *tricodes*, dont le caractère est d'être garni de poils. Ce n'est réellement qu'une nuance qui les distingue. *Voyez* les mots HIMANTOPE, TRICODE, et ANIMALCULE INFUSOIRE.

Les *kérones* commencent la série des animaux véritablement infusoires; car une partie des espèces se trouve dans les eaux de la mer et de marais, et l'autre, qui est la plus petite, dans les infusions végétales. Muller en a décrit, dans son important ouvrage intitulé *Animalcula infusoria*, quatorze espèces, parmi lesquelles on distingue :

La KÉRONE RATEAU, qui est orbiculaire, membraneuse, avec un angle sur le côté et une des faces garnie de trois rangs de cornes. Elle est figurée dans l'*Encyclopédie*, partie des *vers*, pl. 17, fig. 1, 2. Elle se trouve dans les eaux douces et salées.

La KÉRONE SOUCOUPE est orbiculaire, armée de cornes vers le milieu. Sa partie antérieure est membraneuse, velue, et sa partie postérieure nue. Elle est figurée dans l'*Encyclopédie*, pl. 17, fig. 16 et 17. Elle se trouve dans les eaux douces parmi la lenticule.

La KÉRONE CRIBLE est ovale, un peu comprimée, garnie de cornes en avant, de soies en arrière; un des bords recourbé, l'autre cilié. Elle est figurée dans l'*Encyclopédie*, pl. 18, fig. 6, 7. Elle se trouve dans l'eau de mer.

La KÉRONE MOULE est presque en forme de massue, pourvue de cornes en avant, et de soies en arrière; ses extrémités sont élargies, diaphanes et ciliées. Elle est figurée dans l'*Encyclopédie*, pl. 18, fig. 11 et 14. Elle se trouve dans l'eau gardée long-temps.

La KÉRONE LIÈVRE est ovoïde, a l'extrémité antérieure ciliée, et la postérieure velue. Elle est figurée dans l'*Encyclopédie*, pl. 18, fig. 17 à 20. Elle se trouve dans les infusions animales.

La KÉRONE CHAUVE est oblongue, large, munie de cornes brillantes sur le devant, et terminée en arrière par deux soies droites. Elle est figurée dans l'*Encyclopédie*, pl. 18, fig. 21 à 23. Elle se trouve dans les infusions végétales. (B.)

KESCHÉE, nom arabe d'une perche du Nil, *perca Ni-lotica*, Linn., qui est mentionnée et figurée pl. 22 du *Voya[ge] en Egypte* par Sonnini. C'est le CENTROPOME NILOTIQUE [de] Lacépède. *Voyez* au mot PERCHE et au mot CENTROPOME.

Sonnini pense que ce poisson est le même que les Gre[cs] appeloient *latos*, et qui étoit sacré. Il est un des plus gros [et] des meilleurs poissons du Nil. On en trouve qui pèse[nt] jusqu'à trois cents livres, et qui sont par conséquent d'une extrême voracité (B.)

KETMIE, *Hibiscus* Linn. (*monadelphie polyandrie*) genre de plantes de la famille des MALVACÉES, dans leque[l] on compte cinquante et quelques espèces, et qui comprend des herbes et des arbrisseaux exotiques, dont les feuilles son[t] alternes, et les fleurs, presque toutes, grandes et belles. Chaque fleur a deux calices : l'intérieur est à cinq dents, et ordinairement persistant ; l'extérieur est composé de cinq à trente folioles linéaires, quelquefois caduques. La corolle offre cinq pétales en cœur, réunis dans leur partie inférieure, et plus grands qu'aucun des calices. Les étamines sont nombreuses et placées les unes au-dessus des autres : les filets, joints ensemble par le bas, forment une espèce de colonne qui adhère à la base de la corolle : leurs sommets sont libres et portent des anthères réniformes. Le style, posé sur un ovaire supérieur et arrondi, traverse le milieu de la colonne et se divise, au-dessus des étamines, en cinq parties que couronnent des stigmates globuleux. Le germe devient une capsule qui varie de forme, selon les espèces ; elle a cinq loges et cinq valves : et chaque loge contient une ou plusieurs semences oblongues de la même forme que les anthères. On trouve ces caractères représentés dans les *Illustr. de Botan.* de Lamarck, pl. 584.

Dans le grand nombre de *ketmies* connues, on distingue les suivantes, qui toutes ont des capsules à loges polyspermes. Les unes sont des herbes annuelles ou vivaces, les autres sont des arbustes ou des arbrisseaux.

KETMIES annuelles.

La KETMIE A FEUILLES DE VIGNE, *Hibiscus vitifolius* Linn. Sa tige a quelques aspérités et s'élève à trois pieds ; ses feuilles sont pétiolées, crénelées, et à trois ou cinq lobes ; ses fleurs grandes, jaunes et teintes d'un pourpre violet dans leur moitié inférieure. Le calice extérieur a de neuf à douze folioles sétacées ; et la capsule est globuleuse et garnie, du sommet à la base, de cinq ailes applaties. Cette plante croît dans l'Inde.

La KETMIE A FEUILLES DE FIGUIER, *Hibiscus ficulneus*

Linn. On la trouve aussi dans l'Inde et à Ceylan. Ses fleurs sont petites et blanches, avec un fond pourpré : les folioles du calice extérieur, au nombre de cinq ou six, tombent avant l'épanouissement de la fleur ; et le calice intérieur, qui est cotonneux, s'ouvre, comme une spathe, pour laisser sortir la corolle. Sa tige a la hauteur d'un à deux pieds, et la grosseur d'une plume à écrire ; les feuilles sont palmées et pétiolées.

La KETMIE A FEUILLES DE CHANVRE, *Hibiscus cannabinus* Linn. Une tige de cinq ou six pieds ; trois sortes de feuilles, les inférieures en cœur, les moyennes à trois lobes, et les supérieures digitées ; de grandes fleurs axillaires et sessiles, d'un jaune pâle et tachées de pourpre à leur base ; un calice extérieur composé de neuf folioles, et une capsule ovale, pointue et velue : tels sont les caractères qui, réunis, distinguent cette espèce des autres. Elle vient spontanément dans l'Inde et au Sénégal. On mange ses feuilles dans ces pays, et on fait des cordes avec son écorce.

La KETMIE MUSQUÉE, *Hibiscus abelmoschus* Linn., vulgairement l'*ambrette, la graine musquée*. On la reconnoît à l'odeur de musc très-marquée qu'ont ses semences, dont on fait un commerce, et qui entrent dans la composition des parfums ; la capsule qui les contient est pyramidale, pentagone, longue de deux pouces, et un peu rétrécie en pointe inférieurement. Cette plante est velue dans le plus grand nombre de ses parties. On la trouve aux Indes orientales et dans les pays chauds de l'Amérique. Ses fleurs sont jaunes, avec un fond pourpre, et leur calice intérieur est caduc.

La KETMIE GOMBO, *Hibiscus esculentus* Linn. Dans cette espèce, les graines n'ont point une odeur de musc, et la capsule est applatie et comme tronquée à sa base ; c'est ce qui la distingue principalement de la précédente, avec laquelle elle a beaucoup de rapports. On la cultive comme plante potagère dans l'Amérique méridionale et aux Antilles ; et on y mange ses fruits, avant leur maturité, coupés par tranches et apprêtés de plusieurs manières ; leur suc doux, visqueux et rafraîchissant, épaissit la soupe et les ragoûts dans lesquels ils entrent, et leur donnent un goût délicat. Souvent on les fait cuire seuls dans la graisse avec quelques autres herbes, et on les assaisonne de piment et de jus de citron. Ce mets très-simple et qui est fort en usage en Amérique, s'appelle un *gombaut :* les habitans de nos colonies, les femmes sur-tout, en sont très-friands ; dans ce pays on invite les étrangers et ses amis à venir manger d'un *gombaut,* comme chez nous on engage à un thé les personnes de sa connoissance. On cultive le grand et le petit *gombo.*

La **Ketmie vésiculeuse** ou **Trifoliée**, *Hibiscus trio-num* Linn. Les anciens botanistes ont connu cette *ketmie* qui croît dans la Carniole aux environs de Venise et dans le comté de Nice; elle est remarquable par le calice intérieur de sa fleur, qui est anguleux, vésiculeux, transparent et coloré, et par sa fleur même, dont les pétales sont comme tronqués obliquement à leur sommet, et offrent un mélange de couleurs jaune-soufre, pourpre et noirâtre. Sa tige ne s'élève guères au-dessus d'un pied. Ses feuilles sont découpées en trois segmens profonds. Ses fleurs durent très-peu de temps, ce qui les a fait appeler *fleurs d'une heure* : mais elles se succèdent sur le même individu pendant les trois derniers mois de l'été. Cette plante vient facilement dans nos jardins; il faut la semer en automne ou au printemps, et à la place où elle doit rester.

La **Ketmie acide**, *Hibiscus sabdarifa* Linn. On l'appelle communément *oseille de Guinée*, parce qu'elle est originaire de ce pays, et à cause de l'acidité de ses feuilles et de son écorce. Sa tige est rougeâtre et s'élève d'un pied et demi à six pieds. Ses feuilles ont des pétioles alongés et glanduleux : les inférieures sont ovales et sans divisions, les supérieures à plusieurs lobes profonds et dentés. Les fleurs, d'une couleur jaune-rouge et pourpre, naissent solitaires aux aisselles des feuilles, et y sont presque assises : leurs calices sont rouges ; il y a une variété qui les a verdâtres ainsi que la tige : on la nomme *oseille de Guinée blanche* : l'autre porte le nom d'*oseille de Guinée rouge*. Ces deux plantes sont cultivées et comme naturalisées dans les Antilles. On se sert du calice et des feuilles en place d'oseille, pour assaisonner les viandes. On fait aussi, avec les calices seuls, des confitures qui sont rafraîchissantes, et qui ont un goût et une couleur très-agréables.

Ketmies à tige herbacée et annuelle, et à racine vivace.

La **Ketmie des marais**, *Hibiscus palustris* Linn. Elle s'élève à quatre ou cinq pieds, a des tiges simples, des feuilles ovales à trois lobes peu profonds, et cotonneuses en dessous, des fleurs de couleur pourpre clair, larges de quatre pouces environ, et placées aux aisselles des tiges, et un calice extérieur composé de dix à douze folioles. Cette plante fleurit en août et croît naturellement dans les lieux marécageux de l'Amérique septentrionale.

La **Ketmie pétioliflore**, *Hibiscus moscheutos* Linn. est soupçonnée une variété de la précédente ; elle est aussi belle et a le même feuillage, les mêmes calices, le même port ; elle n'en diffère que par la position des pédoncules de ses fleurs qui, au lieu de naître aux aisselles des feuilles, sont portées par les pétioles. Cette *ketmie*, selon Linnæus, croît en Virginie et dans le Canada : Cornutus prétend qu'elle est originaire d'Afrique, où on la trouve dans les bois.

KETMIES à tige ligneuse ou sous-ligneuse.

La KETMIE FOURCHUE, *Hibiscus bifurcatus* Cav. Elle a la tige, les feuilles et les pédoncules, chargés de piquans ou d'aspérités; les feuilles inférieures sont en cœur et à trois lobes pointus, les suivantes en fer de flèche, et les supérieures étroites et lancéolées; les fleurs, grandes et de couleur pourpre, ont un calice extérieur de onze folioles fourchues à leur sommet. Cette plante croît au Brésil.

La KETMIE A TROIS LOBES, *Hibiscus trilobus* Cav. Cette espèce s'élève en arbre à douze ou quinze pieds. Sa tige est garnie de piquans rouges. Ses feuilles sont à trois lobes et un peu charnues, ses fleurs, grandes et d'un rouge éclatant; et son fruit rougeâtre et hérissé, a la grosseur d'un œuf de pigeon. On la trouve à Saint-Domingue dans les lieux humides et marécageux.

La KETMIE TACHÉE, *Hibiscus maculatus* Linn. Elle ressemble à la précédente, porte des fleurs semblables, est hérissée aussi de piquans crochus; mais elle ne s'élève qu'à six pieds, et a des feuilles inférieures comme palmées, des feuilles supérieures presque ovales, et cinq taches rouges à la base du calice intérieur. Elle croît dans l'île de Saint-Domingue.

La KETMIE A FEUILLES DE TILLEUL, *Hibiscus tiliaceus* Linn. C'est un petit arbre qui, dans son pays natal, est haut de douze à quinze pieds : son écorce est grisâtre et se détache comme celle du *tilleul*. Ses rameaux cylindriques sont garnis de feuilles en cœur, presque rondes et entières, aiguës à leur sommet et crénelées. Les fleurs sont jaunâtres avec un fond pourpre brun : leur calice extérieur est d'une feuille et a dix dents. Cette *ketmie* croît dans les Deux-Indes, près de la mer et sur le bord des rivières. Avec sa seconde écorce on fabrique des cordes pour les vaisseaux.

La KETMIE A FEUILLES DE PEUPLIER, *Hibiscus populneus* Linn., arbre toujours vert et peu élevé, dont les feuilles sont en cœur et très-entières. Ses fleurs ne durent qu'un jour : d'abord jaunâtres elles deviennent d'un pourpre obscur en se fanant; leur calice intérieur est coriace, hémisphérique, et ressemble à une capsule de gland; il a cinq dents peu apparentes; l'extérieur est formé par trois folioles linéaires et pointues qui tombent de très-bonne heure. La capsule est

XII. B b

ovale et comme ligneuse. On trouve ce petit arbre dans la partie méridionale de la Chine, à l'île de France et dans celle d'Otahiti.

La KETMIE LILIFLORE, *Hibiscus liliflorus.* Cette belle espèce, qu'on appelle *la fleur de Saint-Louis*, a été trouvée par Commerson dans l'île de la Réunion ; elle forme un arbre médiocre, dont le tronc est gros comme la cuisse d'un homme. Il porte des feuilles éparses, lancéolées, faites en coin à leur base, aiguës à leur sommet, les unes entières, les autres trifides. Les fleurs offrent une espèce de corymbe au sommet des rameaux : leur corolle est grande, ouverte en lis, veloutée en dehors, quelquefois jaunâtre, mais le plus souvent de couleur écarlate.

La KETMIE FLEUR-CHANGEANTE, *Hibiscus mutabilis* Linn., connue sous le nom de *rose de Cayenne*, est un grand arbrisseau qui a des rameaux irréguliers peu feuillus, et des feuilles en cœur, à cinq angles, dentées en scie et pétiolées. Cette espèce, originaire des Grandes-Indes, a été apportée à Cayenne et de là aux Antilles ; elle est remarquable par la courte durée de sa fleur et par les changemens de couleur qu'elle éprouve dans le même jour : le matin, en s'épanouissant, elle est blanche, à midi, rose, et le soir de couleur ponceau : le lendemain elle est entièrement flétrie ; ces changemens ont lieu quelquefois, même après qu'elle a été cueillie ; ils ne sont pas si prompts en Europe, ce qui, sans doute, est l'effet du climat. Ces fleurs, qui passent si vite, se succèdent heureusement pendant long-temps sur le même individu ; elles sont fort belles et quelquefois doubles. L'arbrisseau qui les porte est cultivé dans les jardins à Saint-Domingue. En Europe, il demande une culture artificielle : on le voit au Muséum, où il fleurit quelquefois à la fin de l'été. Sa seconde écorce peut être employée à faire des cordes.

La KETMIE A FRUITS TRONQUÉS, *Hibiscus clypeatus* Linn. Elle s'élève en arbre à plus de quinze pieds, et croît à Saint-Domingue dans les endroits marécageux. Ses feuilles sont en cœur, anguleuses et rudes au toucher ; ses fleurs, grandes et de couleur pâle, ont leurs pétales roulés en dehors, et leur calice extérieur formé de douze folioles ; ses fruits, hérissés et faits en forme de poire, sont tronqués supérieurement et représentent un bouclier qui auroit une pointe à son centre. On fait aussi des cordes avec l'écorce de cette *ketmie.*

La KETMIE ROSE-DE-CHINE, *Hibiscus rosa sinensis* Linn. Cette espèce croît aux Indes orientales, et y est cultivée, dans les jardins, pour la beauté de ses fleurs, qui ont beaucoup d'éclat ; elles sont inodores , mais grandes , d'un rouge très-vif, communément doubles ou semi-doubles , ayant l'apparence d'une *rose rouge* ordinaire. Les femmes de ce pays s'en servent pour noircir leurs sourcils et leurs cheveux ; et cette couleur ne s'efface point. On cultive aussi cette *ketmie* en Europe , mais elle ne peut pas y rester en pleine terre , et elle y atteint à peine quatre ou cinq pieds , tandis que , dans son pays natal, elle s'élève en arbrisseau rameux à la hauteur d'un de nos noisetiers. Ses feuilles sont ovales, pointues et dentées en scie. Ses boutures prennent aisément racine , et servent à multiplier les individus à fleurs doubles.

La KETMIE DES JARDINS ou la MAUVE EN ARBRE, *Hibiscus syriacus* Linn. C'est un joli arbrisseau , haut de huit ou dix pieds , à écorce lisse et grisâtre , très-rameux , et garni de feuilles ovales , pétiolées , faites en coin à leur base , et partagées à leur sommet en trois lobes sciés. Il est originaire de Syrie. On le cultive en Europe dans les grands jardins et dans les bosquets d'été et d'automne , où il forme des buissons fleuris d'un aspect charmant. Ses fleurs , larges de plus de trois pouces , fort belles et très-nombreuses , se succèdent pendant près de trois mois ; leurs couleurs différentes offrent plusieurs variétés : elles sont communément rouges avec un fond obscur , ou blanches à fond pourpre , ou d'un pourpre violet à fond noirâtre , ou panachées de rouge et de blanc , quelquefois doubles ou semi-doubles ; il y a aussi des variétés à feuilles panachées tantôt de blanc , tantôt de vert et de jaune. Le calice extérieur des fleurs a sept ou huit folioles. Le fruit est ovale et pointu ; et les semences sont barbues dans leur circonférence. Cet arbrisseau se multiplie de graines et de boutures ; il aime une terre légère et point trop humide. Il est bon de l'élever dans des pots ; la seconde année, on peut le confier à la pleine terre.

La KETMIE ROUGE , *Hibiscus phœniceus* Lam. Elle a une tige basse et ligneuse, des rameaux grêles, des feuilles ovales , dentées en scie et tronquées à leur base , et des fleurs d'un rouge éclatant dont les pédoncules sont articulés dans leur milieu , et les calices à-peu-près nus : le calice extérieur a dix à onze folioles très-étroites et pointues. Cette espèce croît dans l'île de Ceylan.

La KETMIE FURCELLÉE , *Hibiscus furcellatus* Lam. , est une nouvelle et très-belle espèce qu'on a trouvée dans la Guiane. Elle est distinguée des autres par ses feuilles en cœur, et un peu âpres au toucher, par ses grandes fleurs purpurines et à fond brun , disposées comme en grappe au sommet des rameaux, par des pédoncules articulés à leur base , et par un calice extérieur formé de dix folioles étroites et fourchues. Sa tige est arborescente, et son fruit est ovale et très-velu.

La **Ketmie a feuilles de manihot**, *Hibiscus manihot*, Linn. Cette espèce croît dans les Indes orientales et occiden-tales; on la cultive au Muséum, où elle fleurit au mois d'août. Par le feuillage et par les fleurs, elle a quelque ressemblance avec la *ketmie à feuilles de chanvre*; mais on l'en distingue aisément à sa tige, qui est ligneuse et sans piquans, à son fruit pyramidal, pentagone et velu, et aux six folioles oblongues et concaves dont est formé le calice extérieur de ses fleurs, qui d'ailleurs sont portées par des pédoncules inclinés.

Voyez dans Lamarck, *Encycl. méthod.* la description des autres *ketmies*; et dans Miller, la manière d'élever et de con-server les espèces que nous venons de décrire, qui sont les plus intéressantes et qu'on voit en Europe dans les jardins des curieux, et dans tous ceux de botanique. (D.)

KEVEL (*Antilope kevella*, Linn., Erxleb.), quadrupède de la seconde section de l'ordre des **Ruminans**, et du genre des **Gazelles** ou des **Antilopes**. *Voyez* ces mots.

Le *kevel* appartient à la quatrième division du genre des *ga-zelles*, c'est-à-dire, à celle qui renferme les espèces dont les cornes sont courbées deux fois en manière de branche de lyre. Ce joli animal est plus petit que la *gazelle commune*, et est à-peu-près de la grandeur de nos petits *chevreuils*; il diffère aussi de la *gazelle*, en ce que ses yeux sont beaucoup plus grands, et que ses cornes, au lieu d'être rondes, sont applaties par les côtés (cela existe dans le mâle comme dans la fe-melle). Au reste, le *kevel* ressemble en entier à la *gazelle*, et a, comme elle, le poil court et fauve, les fesses et le ventre blancs, la queue noire, la bande blanche au-dessous des flancs, les trois raies blanches dans les oreilles, les cornes noires et environnées d'anneaux, des stries longitudinales entre les anneaux, &c. Mais le nombre de ces anneaux est plus grand dans le *kevel* que dans la *gazelle*; celle-ci n'en a ordinairement que douze ou treize; le *kevel* en a au moins quatorze, et souvent jusqu'à dix-huit et vingt.

Cet animal, qui habite les forêts du bord du fleuve Sé-négal, a les mêmes habitudes que la *gazelle*. (**Desm.**)

KHAINOUK. *Voyez* **Ghainouk**. (S.)

KIANGICTH ou **AANGITCH**. Les Kamtchadales ap-pellent ainsi les *canard à longue queue de Terre-Neuve*. *Voyez* au mot **Canard**. (S.)

KIANKIA, *Perroquet violet* de Barrère (*Franc. équinox.*). *Voyez* **Papegeai violet**. (S.)

KIEL, arbrisseau des Moluques, qui est figuré pl. 65, vol. 4, du *jardin d'Amboine*, par Rumphius. Ses feuilles sont alternes, pétiolées, ovales, pointues, presque en cœur, et ondulées ; ses fleurs viennent aux sommités des rameaux, sur des grappes spiciformes. On ignore s'il forme un genre nouveau ou s'il appartient à un genre déjà connu, attendu qu'on ne connoît que très-incomplètement les parties de sa fructification. Il est rempli d'un suc laiteux qui, en se desséchant, prend une couleur bleuâtre, laquelle condensée, devient noire, et sert à teindre les étoffes en cette couleur. (B.)

KIELDER. *Voyez* HUÎTRIER. (VIEILL.)

KIEF, qu'on prononce *kifs*, nom allemand de la *pyrite martiale*. Voy. MARCASSITE et PYRITE. (PAT.)

KIESEL-SCHIEFER, *schiste siliceux*. Cette dénomination est nouvellement introduite par les minéralogistes allemands, qui entendent sous ce nom une pierre qui se trouve en grands rochers isolés, qui paroissent provenir de la destruction de quelques montagnes, ou en blocs roulés par les eaux. On n'est pas encore bien assuré de ses circonstances géologiques : il paroît néanmoins, d'après ses caractères, que c'est une roche primitive.

On le divise en deux sous-espèces ou variétés : le *kieselschiefer commun* et la *pierre de Lydie*.

Le *kiesel-schiefer commun*, est ordinairement de couleur grise, plus ou moins obscure, quelquefois rougeâtre. Sa surface est lisse, sa cassure est mate, compacte et un peu conchoïde ; en grand, elle est schisteuse : il est opaque, rarement translucide sur les bords : il est ordinairement traversé par des veines de quartz, ce qui forme un de ses principaux caractères, et ce qui annonce en même temps que c'est une espèce de schiste primitif.

Quelques minéralogistes allemands le regardent comme un schiste argileux, pénétré de matière siliceuse : on pourroit dire, ce me semble, que c'est un jaspe imparfait. *Voy.* JASPE.

L'analyse que Wiegleb a faite de *kiesel-schiefer*, lui a donné

Silice. 75
Chaux. 10
Magnésie. 4, 58
Oxide de fer. 3, 54
Matière combustible. . . . . 5, 2.

Il me paroît assez surprenant qu'il ne s'y trouve point d'alumine : le *pétrosilex* lui-même en contient environ le quart de son poids, et le *kiesel-schiefer* sembleroit devoir être encore plus argileux.

Pierre de Lydie.

L'autre variété de *kiesel-schiefer*, à laquelle les minéralogistes allemands donnent le nom de *pierre de Lydie*, est d'une couleur noire, tirant sur le gris ou le bleuâtre. Elle est un peu plus dure, et d'un grain plus fin et plus serré que le *kiesel-schiefer commun*; mais d'ailleurs elle n'en diffère guère que par sa couleur plus obscure. On l'emploie comme *pierre de touche*, et il paroît que ce n'est autre chose qu'une variété de *trapp*; sa pesanteur spécifique est néanmoins inférieure à celle de cette roche, qui passe trois mille. Celle de la *pierre de Lydie* se rapproche beaucoup de celle du *jaspe*: elle est de deux mille quatre cents à deux mille huit cents.

Le *kiesel-schiefer* et la *pierre de Lydie* offrent des transitions de l'un à l'autre, se trouvent dans les mêmes localités à *Oxenberg*, près de Goerlitz, en Lusace; aux environs de *Prague* et de *Carlsbad*, en Bohême; au *Rammelsberg*, dans le Hartz; au *Scheideck*, en Suisse, &c. (Pat.)

KIGGELLAIRE, *Kiggelaria*, arbrisseau fort rameux, à feuilles alternes, ovales, lancéolées, dentées en leurs bords, glanduleuses à la jonction des nervures, cotonneuses en dessous, à fleurs petites, herbacées, placées sur des grappes corymbiformes dans les aisselles des feuilles, qui seul forme un genre dans la dioécie décandrie, et dans la famille des Tithymaloïdes.

Ce genre a pour caractère un calice divisé en cinq parties; cinq pétales munis chacun, à leur base, d'une petite écaille trilobée. Les fleurs mâles ont dix étamines à anthères perfoliées à leur sommet; les fleurs femelles ont un ovaire arrondi, surmonté de cinq styles à stigmates filiformes.

Le fruit est une capsule globuleuse, coriace, hérissée, uniloculaire, s'ouvrant en cinq valves, et contenant plusieurs semences anguleuses, enveloppées dans une tunique propre.

Cet arbrisseau croît en Afrique, et est cultivé au Jardin des Plantes de Paris. On le voit figuré pl. 821 des *Illustrations* de Lamarck.

Jacquin a depuis peu fait connoître une seconde espèce, dont les feuilles ne sont point dentées (B.)

KILAKIL. C'est, à Amboine, le *perroquet vert à tête bleue*. Voyez l'article des Perroquets. (S.)

KILCOLA, plante du Malabar, figurée dans Rheed, vol. 10, tab. 5, et qui porte des baies didymes, biloculaires et dispermes. Lamarck soupçonne qu'elle appartient au genre Ixore. *Voyez* ce mot. (B.)

KILDIR (*Charadrius vociferus*, Lath., pl. imp. en couleurs de mon *Hist. des Oiseaux de l'Am. sept.*, ordre des Échassiers, genre du Pluvier. *Voy.* ces mots.). Longueur, huit pouces trois lignes ; bec noir ; front blanc, bordé de noir ; tache blanche sur les côtés, qui entoure et dépasse l'œil ; dessous du cou, dos, moyennes couvertures des ailes de couleur brune ; croupion roux ; grandes couvertures terminées de blanc ; petites noires, ainsi que les pennes ; plumes intermédiaires de la queue d'abord rousses, ensuite noires ; les autres blanches à l'extérieur, et tachetées de noir à l'intérieur ; dessous du corps blanc ; double collier noir sur la gorge ; l'inférieur plus étroit ; toutes les plumes du dessus de la tête et du corps bordées de roux, ainsi que les couvertures et les pennes secondaires des ailes : pieds jaunâtres.

Kildir est le mot que semble prononcer ce *pluvier* très-criard ; il habite l'Amérique septentrionale, depuis Saint-Domingue jusqu'au Canada ; mais il ne passe que la belle saison dans le Nord, et reste toute l'année dans les provinces méridionales des États-Unis. On ne remarque aucune dissemblance entre le mâle et la femelle. (Vieill.)

KILLINGE, *Kyllingia*, genre de plantes unilobées, de la famille des Souchets, qui présente pour caractère des fleurs ramassées en tête ou en épis, dont chacune est composée d'une bale calicinale, formée de deux valves inégales, lancéolées, concaves ; d'une bale florale plus grande et plus aiguë, composées aussi de deux valves inégales ; trois étamines ; d'un ovaire supérieur, ovoïde, applati, chargé d'un seul style bifide ou trifide, et à stigmates simples.

Le fruit est une semence oblongue, trigone, et simplement enveloppée dans la bale florale.

Ce genre renferme huit à dix espèces propres aux parties les plus chaudes de l'Asie et de l'Amérique ; aucune n'est cultivée dans nos jardins. De ce nombre est :

La Killinge tricéphale, dont les têtes sont au nombre de trois ou de quatre, et sessiles. Je l'ai fréquemment observée dans les marais de la Caroline. C'est une plante vivace, à racine tubéreuse, odorante, dont les involucres en même nombre que les têtes de fleurs, et fort longs, sont blancs à leur base, et verts à leur pointe, ce qui produit un effet fort singulier et fort agréable. (B.)

KIMBUTA, nom du *crocodile* dans l'île de Ceylan. *Voy.* Crocodile. (S.)

KIMNODSUI. C'est, dans Kempfer, la *sarcelle de la Chine.* Voyez le mot SARCELLE. (S.)

KINA-KINA. *Voyez* QUINQUINA. (S.)

KINGALIK (*Rallus barbaricus* Lath., ordre des ÉCHASSIERS, genre du RALE.). Cet oiseau est peu connu ; on dit qu'il habite le Groënland, et qu'il est plus grand que le *canard ;* le bec a une protubérance dentelée et orangée entre les narines ; le mâle est noir, ses ailes sont blanches, et le dos est tacheté de cette couleur : la femelle est brune. (VIEILL.)

KINK (*Oriolus sinensis*, Lath., pl. enl., n° 617 de l'*Hist. nat. de Buffon ;* ordre PIES, genre du LORIOT. *Voy.* ces mots.). Cette espèce a été placée, par Montbeillard, entre le *carouge* et le *merle*, qu'elle semble réunir par un chaînon commun ; elle a le bec comprimé par les côtés, comme le *merle ;* mais les bords sont sans échancrures, comme dans celui du *carouge.*

Cet oiseau de la Chine est plus petit que notre *merle ;* il a la tête, le cou, le commencement du dos et de la poitrine d'un gris cendré, plus foncé sur la partie antérieure du dos ; tout le reste du corps et les couvertures des ailes, blancs ; les pennes d'une couleur d'acier poli, avec des reflets verdâtres ou violets ; la queue courte, étagée, moitié de cette couleur d'acier poli, et moitié blanche. (VIEILL.)

KINKAJOU, genre de quadrupèdes de la famille des OURS, sous-ordre des PLANTIGRADES, ordre des CARNASSIERS. (*Voyez* ces trois mots.) Les caractères particuliers à ce genre, consistent en un museau court et en une queue longue et prenante ; il ne renferme encore qu'une seule espèce connue. (S.)

KINKAJOU (*Viverra caudivolvula*, Linn., fig., pl. 29, vol. 33, de mon édition de l'*Histoire naturelle de Buffon.*). Quadrupède du genre de ce nom. (*Voyez* ci-dessus.) On le trouve dans l'Amérique septentrionale, et aussi à la Jamaïque, où il porte le nom de *potot ;* l'espèce en est rare. Il n'est pas plus gros qu'un chat, mais son corps est plus mincé et plus alongé ; vu de face, sa tête ne ressemble pas mal à celle d'un petit *chien danois.* Il a trente-deux dents, savoir : douze incisives, quatre canines, et treize molaires. Sa langue est étroite, longue, assez douce, et l'animal la fait souvent sortir de sa bouche de trois ou quatre pouces ; ses oreilles plus longues que larges, s'arrondissent à leur bout, et ne sont couvertes que d'un poil ras ; de longs poils, bouclés et très-doux, sont appliqués sur le museau autour de la bouche, sans néanmoins former de moustaches ; le train de derrière est plus

levé que celui de devant, et les doigts sont alongés ainsi que
es ongles, qui sont crochus et font la gouttière en dessous.
La queue, plus longue que le corps, est grosse à son origine,
va en diminuant imperceptiblement, et finit en pointe à l'extrémité ; cette queue est prenante, c'est-à-dire, que l'animal
peut s'en servir comme d'une espèce de main, avec laquelle il
accroche avec dextérité les différentes choses qu'il veut attirer
à lui, s'attache et se pend à tout ce qu'il rencontre. Il la soutient, en marchant, dans une position horizontale. Le corps
et la tête, pris ensemble, ont quinze pouces de longueur, et la
queue seule en a dix-sept.

Le poil du *kinkajou*, court et épais, tient beaucoup de
celui de la *loutre* ; il est luisant, et sa couleur se compose de
jaune olivâtre, de gris et de brun ; le museau et le tour des
yeux sont d'un brun noir ; l'on voit quelques nuances de
jaune doré sur la tête et les jambes de derrière, et cette même
teinte, mais moins foncée et très-vive par endroits, couvre
les côtés et le dessous du cou, aussi bien que le dedans des
jambes ; sur le ventre, il y a du blanc grisâtre avec quelques
nuances de jaune. L'iris de l'œil est d'un brun roussâtre ; la
chair nue du dessous des pieds a une couleur vermeille, et les
ongles sont blancs.

C'est dans l'intérieur des terres montueuses et solitaires du
nord de l'Amérique, qu'habite le *kinkajou* ; il s'y tient en
embuscade sur les branches des arbres, pour attendre les
bêtes fauves au passage, s'élance et se cramponne sur leur
dos ; quelque rapide que soit leur course, quelques efforts
qu'elles fassent pour se débarrasser d'un ennemi acharné, le
kinkajou ne lâche jamais prise, leur ouvre le cou au-dessus
des oreilles, et ne cesse de boire leur sang jusqu'à ce qu'elles
tombent exténuées. La chasse, ou plutôt la guerre à mort
qu'il fait aux *rennes*, aux *élans*, et à d'autres animaux des forêts, est plus active aux approches de la nuit que pendant la
journée ; il la passe ordinairement à dormir, roulé en boule
comme le *hérisson*, et ses pieds ramassés en devant, et étendus sur les joues. Quand il épie sa proie, il s'alonge le ventre sur
une branche, mais hors de là, son attitude favorite est d'être
assis d'à-plomb, le corps droit et la queue en volute horizontale ; il mange comme l'écureuil, tenant entre ses pattes des
fruits ou des racines ; car, quoique cette espèce soit carnassière, et qu'elle ait même la soif du sang, l'on a observé que
des individus, nourris en domesticité, aimoient les fruits, les
légumes, le pain, &c. Mais leur naturel sanguinaire ne les
abandonne pas, et ils se jettent avec avidité sur les volailles,
les saisissent sous l'aile, en boivent le sang, et les laissent sans

les déchirer. Du reste, ces animaux s'apprivoisent assez facilement , deviennent même assez caressans, savent distinguer leur maître et le suivre ; ils sont très-remuans, arrachent tout ce qu'ils trouvent, soit en jouant , soit en cherchant des insectes ; ils se grattent avec leurs pieds de devant, comme les singes, et retournent de mille manières leurs pattes l'une dans l'autre. Leurs cris sont différens selon qu'ils sont diversement affectés ; on les entend souvent jeter des sons qui ressemblent assez à l'aboiement très-foible d'un chien ; lorsqu'ils se plaignent , c'est par un petit cri que l'on peut comparer à celui d'un jeune *pigeon ;* enfin, la colère le fait siffler comme une *oie* , et pousser ensuite des sons confus et éclatans. (S.)

KINKI. *Voyez* CHINQUIS. (S.)

KINKI-MANOU DE MADAGASCAR (*Muscicapa cana* Lath., pl. enl., n° 541 de l'*Hist. nat. de Buffon,* ordre PASSEREAUX, genre du GOBE-MOUCHE. *Voyez* ces mots.). Huit pouces et demi font la longueur de cet oiseau , d'une taille grosse et épaisse ; un chaperon noirâtre couvre la tête, et s'arrondit sur le haut du cou et sous le bec ; le dessus du corps est cendré, et le dessous cendré bleu, plus pâle sur la poitrine, et presque blanc sur le bas-ventre ; les pennes des ailes sont noirâtres et bordées de cendré ; celles de la queue sont noires et terminées de gris, excepté les deux intermédiaires, qui sont pareilles au dos, et ont leur bout noirâtre ; bec noir, garni de soies courtes, légèrement crochu à sa pointe, plus foible que celui du *petit tiran ;* grosseur de la *pie-grièche ;* longueur, huit pouces et demi. Les habitans de Madagascar ont donné à ce *gobe-mouche* le nom sous lequel nous l'avons décrit.

Virey (*Hist. nat. de Buffon,* édition de Sonnini.) rapporte à cette espèce un oiseau décrit par Sparmann (*Mus. carls.,* tab. 22, fascic. 1.), sous le nom latin de *muscicapa ochracea.* Sa taille est la même, et son pays natal est le Cap de Bonne-Espérance. Il a la tête et le dos bruns ; le cou et la poitrine d'un cendré ferrugineux ; des petits faisceaux de plumes longues, ciliées près des oreilles, et la queue aussi longue que le corps. (VIEILL.)

KINKIN, nom donné au JACANAPÉCA, d'après son cri. *Voyez* ce mot. (VIEILL.)

KIMBUTA. C'est, à Ceylan, le CROCODILE. *Voyez* ce mot. (B.)

KIN-INHOA. On donne ce nom, en Chine, à une espèce de CHÈVREFEUILLE. *Voyez* ce mot. (B.)

KINKINA. *Voyez* au mot QUINQUINA. (B.)

KINO, substance végétale d'un beau rouge, qui se trouve depuis quelques années dans le commerce des drogues, mais dont on ignore encore l'origine. On l'emploie avec grand succès, comme astringent, dans les dyssenteries, et autres maladies produites par la même cause. Fourcroy et Vauquelin, qui en ont fait l'analyse, assurent qu'elle contient cinq sixièmes de son poids de tanin, qu'elle se dissout en partie dans l'eau, mais que ce n'est pas une gomme, comme on l'a cru jusqu'à présent. C'est par l'Angleterre qu'elle arrive en Europe. (B.)

KIN-YU, nom chinois du CYPRIN DORADE. *Voyez* au mot CYPRIN. (B.)

KIOLO (*Rallus cayanensis* Lath., pl. enl., n° 368 et n° 753 de l'*Hist. nat. de Buffon*, ordre ECHASSIERS, genre du RALE. *Voyez* ces mots.). Cet oiseau ne diffère dans les deux planches enluminées, que de sexe ou d'âge : il est un peu plus petit que la *marouette ;* le devant du corps et le sommet de la tête sont d'un beau roux ; le manteau est lavé de vert olivâtre sur un fond brun. On le trouve à Cayenne, où les naturels lui ont donné le nom de *kiolo,* d'après son cri ; c'est aux approches de la nuit que ces *râles* le font entendre, et il paroît être pour eux un cri de ralliement ; car ils se tiennent seuls tout le jour. Ils font leur nid dans le bas des buissons, et ne le composent que d'une sorte d'herbe rougeâtre ; il est relevé en petite voûte, et construit de manière que la pluie ne peut pénétrer dans l'intérieur. Buffon s'est trompé en lui rapportant le *râle de Pensylvanie ;* il est d'une autre espèce. (VIEILL.)

KIRGANELLE, *Kirganella,* genre de plantes établi par Jussieu, dans la monoécie monadelphie. Il a pour caractère un calice divisé en cinq parties ; point de corolle ; les fleurs mâles à cinq étamines ; les fleurs femelles à un style.

Le fruit est une petite baie à trois loges et à six semences.

Ce genre ne renferme qu'une espèce qui vient de l'Amérique septentrionale. (B.)

KIRKOS, nom grec du BUSARD. *Voyez* ce mot. (S.)

KISET, nom qu'Adanson donne à une coquille du Sénégal, du genre *nérite.* C'est le *nerita magdalenœ* de Gmelin. *Voyez* au mot NÉRITE. (B.)

KISTA ou **KITTA**. La PIE, en grec. *Voyez* ce mot. (S.)

KITAIBELIE, *Kitaibelia,* plante d'une toise de haut, couverte de poils glandulifères, visqueux, dont les feuilles sont alternes, pétiolées, à cinq lobes inégalement dentés, et accompagnées de stipules ovales et inégalement bifides, dont les fleurs sont axillaires, ordinairement portées trois par trois sur le même pédoncule.

Cette plante forme, dans la monadelphie polyandrie, un genre, dont les caractères sont d'avoir un calice double, l'extérieur à sept ou neuf divisions, l'intérieur plus petit ; une corolle blanche, à pétales cunéiformes ou tronqués ; un grand nombre d'étamines réunies à leur base ; un ovaire supérieur, ovale, strié, du centre duquel sort un seul style.

Le fruit consiste en plusieurs capsules réunies en tête, à cinq lobes et monospermes.

La *kitaibélie* se trouve en Hongrie. Elle a été figurée par Wildenow, dans le second volume des *Nouveaux actes de la société des Scrutateurs de la Nature, de Berlin.* (B.)

KITTAVIAH, oiseau granivore, qui se plaît dans les terreins incultes et stériles de la Barbarie, et qui, d'après la description que le docteur Shaw en a donnée, est le même que la *gelinotte des Pyrénées* ou le GANGA. *Voyez* ce mot. (S.)

KITTIWAKE (*Larus tridactylus* Lath., *Larus riga* Linn.), espèce de GOELAND. (*Voyez* ce mot.) Quoique les ornithologues méthodistes en aient fait une espèce distincte, elle ne paroît pas différer du *goëland cendré* des planches enluminées de Buffon, ou du GOELAND A MANTEAU GRIS. *Voyez* ce mot. (S.)

KIVITE, nom imposé au VANNEAU, d'après son cri. *Voyez* ce mot. (VIEILL.)

KLA, nom de pays du grand *esturgeon*, ou mieux de tous les poissons qui fournissent, dans la Russie asiatique, de la *colle de poisson. Voyez* au mot ESTURGEON. (B.)

KLAP-MUTZE, c'est-à-dire *bonnet rabattu*, dénomination donnée, par les Allemands et les Danois, au *phoque à capuchon*. Voyez l'article des PHOQUES. (S.)

KLE. *Voyez* KLA. (S.)

KLEINHOVE, *Kleinhovia*, arbre de la grandeur d'un pommier, dont les feuilles sont alternes, pétiolées, presqu'en cœur, ovales, lancéolées, entières, avec des stipules linéaires, et dont les fleurs sont très-petites, nombreuses, purpurines, et disposées sur des grappes paniculées et axillaires.

Cet arbre forme seul un genre dans la dodécandrie monogynie, selon Linnæus, ou dans la monadelphie dodécandrie, selon Cavanilles. Il a pour caractère un calice de cinq folioles lancéolées et caduques ; une corolle de cinq pétales oblongs, dont un, plus large et plus court que les autres, est échancré à son sommet ; un tube particulier fort grêle, se terminant en un godet quinquéfide, à découpures chargées chacune de trois anthères presque sessiles ; un ovaire supérieur, pédicellé, turbiné, environné par le tube, et surmonté d'un style simple à stigmate crénelé.

Le fruit est une capsule enflée ou vésiculeuse, turbinée, pentagone, rétuse, et un peu enfoncée à son sommet, quinquéloculaire, à loges monospermes et à semences globuleuses.

Cet arbre, qui est figuré pl. 734 des *Illustr.* de Lamarck, croît naturellement dans les îles de l'Inde. Ses jeunes feuilles ont l'odeur de la violette. (B.)

KLEISTAGNATES, *Kleistagnata.* C'est le nom donné par Fabricius, aux animaux sans vertèbres, compris dans la neuvième classe de son *Système entomologique.* Ces animaux sont les *crustacés macroures* de Lamarck, tels que les *crabes,* les *calappes,* les *portunes,* les *maja,* &c. Cette classe est ainsi caractérisée par Fabricius. « Plusieurs mâchoires hors de la lèvre, fermant la bouche ». (DESM.)

KLINGSTEIN, *Pierre sonnante,* espèce nouvellement introduite par *Werner.* C'est la matière qui forme la pâte ou la base du *porphyr-schiefer* ou *porphyre schisteux,* qui, étant reconnu par Werner lui-même pour une roche secondaire, est nécessairement une *lave porphyrique.*

Sa couleur est grise, plus ou moins foncée, tirant quelquefois sur le verdâtre.

Sa cassure est écailleuse, quelquefois conchoïde. On y apperçoit de petites cavités tapissées de cristaux. (Ce caractère seul seroit un indice certain de son origine volcanique.)

Le *klingstein* forme des montagnes entières où il se présente comme le *basalte,* tantôt en boules, tantôt en colonnes prismatiques, tantôt en grandes tables : cette pierre rend un son quand on la frappe avec le marteau, et c'est de là que Werner a tiré sa dénomination de *pierre sonnante.* Dolomieu, dans la description qu'il donne des produits de l'Etna, parle souvent de ces *basaltes sonores,* qui résonnent sous le marteau comme des pièces de bronze.

Les cristaux qui se sont formés dans le *klingstein,* et qui en font un porphyre, sont des *feld-spaths* et des *hornblendes basaltiques* ou *schorls des volcans.* On y voit aussi de la *zéolithe* et du *fer micacé.* (Brochant, tom. 1, pag. 439.) *Voyez* BASALTE et LAVES.

On trouve également parmi les *roches primitives,* une pierre qui a tous les caractères du *klingstein* de Werner ; notamment celle que Saussure a observée dans la vallée du Rhône, près de Martigny. « C'est, dit-il, une espèce de *pétro-* » *silex gris, dur, sonore,* un peu transparent. (§. 1046.)... » Ces *pétrosilex* feuilletés changent peu à peu de nature, en » admettant dans les interstices de leurs feuillets des parties » de feld-spath. (§. 1047.).... Plus loin, la pierre change » encore un peu de nature ; son fond demeure bien toujours

» le même *pétrosilex*, mais son tissu est moins feuilleté ; il
» prend l'apparence d'un Porphyre a base de pétros-
» lex ». (§. 1051.)

On voit que la ressemblance est parfaite entre le *klingstein*
de Werner et le *pétrosilex porphyrique* de Saussure. Ils ne
diffèrent que par leur origine : ainsi ceux qui rangent le
porphyr-schiefer avec les roches primitives, sont aussi bien
fondés que ceux qui le placent parmi les roches secondaires ;
ou, pour parler plus exactement, parmi les produits volcaniques. (Pat.)

KLIP-DAAS ou BLAIREAU DES ROCHERS. C'est
le nom que porte le *daman* au Cap de Bonne-Espérance.
Voyez Daman. (Desm.)

KLIPPSISCH, nom qu'on donne dans le Nord aux *mo-
rues* séchées à l'air. *Voyez* au mot Morue. (B.)

KLIPPSPRINGER ou SAUTEUR DES ROCHERS
(*Antilope klippspringer* Lacép.), quadrupède du genre des
Gazelles ou Antilopes, et de la seconde section de l'ordre
des Ruminans.

Cette *gazelle*, dont Kolbe et Forster ont donné la description, est de la grandeur de la *chèvre commune* ; mais elle a les
jambes beaucoup plus longues ; sa tête est arrondie ; elle est
d'un gris jaunâtre marqueté par-ci par-là de petites taches
noires ; le museau, les lèvres et les environs des yeux sont
noirs ; devant chaque œil, il y a un larmier avec un grand
orifice de forme ovale ; les oreilles sont assez grandes, et
finissent en pointe ; les cornes ont environ cinq pouces de
longueur ; elles sont droites et lisses à la pointe, mais ridées
de quelques anneaux à la base. La femelle n'a point de cornes ;
le poil du corps est d'un fauve jaunâtre ; chaque poil est blanc
à sa racine, brun ou noir au milieu, et d'un jaune grisâtre
à l'extrémité ; les oreilles et les pieds sont couverts de poils
blanchâtres ; la queue est très-courte.

Le *klippspringer* se trouve aux environs du Cap de Bonne-
Espérance. Il se tient sur les rochers les plus inaccessibles, et
franchit d'un saut de grands intervalles d'une roche à l'autre
avec une prestesse étonnante. Sa chair est excellente à manger,
et passe pour le meilleur gibier du pays. Son poil sert au Cap
pour faire des matelas, et même pour piquer des jupes de
femmes. (Desm.)

KLOPODE, *Klopoda*, genre de vers polypes amorphes
ou d'animalcules infusoires, dont le caractère est d'être très-
simple, applati, sinueux, transparent.

Ce genre diffère à peine des *gones*. (*Voyez* aux mots Gone

et ANIMALCULES INFUSOIRES.) Les espèces qui le composent
se trouvent dans les eaux des marais, dans celle de la mer, et
fréquemment dans les infusions végétales. Leur mouvement
est lent, vacillatoire et vague. Muller en a décrit et figuré
seize espèces, dont les plus remarquables sont :

La KLOPODE BOTTE, qui est alongée, membraneuse, rétrécie en avant, terminée en arrière par un angle droit. Elle
est figurée dans l'*Encyclopédie méthodique*, partie des *vers*,
pl. 6, fig. 7 et 8. Elle se trouve dans les eaux stagnantes.

La KLOPODE POULETTE est oblongue, membraneuse et diaphane à la partie antérieure de son dos. Elle est figurée dans
l'*Encyclopédie*, pl. 6, fig. 4. Elle se trouve dans l'eau de mer
corrompue.

La KLOPODE STRIÉE, qui est oblongue, légèrement arquée,
comprimée, blanche, rayée, a l'extrémité antérieure pointue, et la postérieure arrondie. Elle est figurée dans l'*Encyclopédie*, pl. 6, fig. 14 et 15. Elle se trouve dans l'eau de
mer.

La KLOPODE COMMUNE est oblongue, ovale, échancrée
obliquement au-dessous de l'extrémité antérieure. Elle est
figurée dans l'*Encyclopédie*, pl. 7, fig. 8 et 12. Elle se trouve
dans l'infusion du laitron.

La KLOPODE REIN est épaisse, échancrée vers le milieu, et
ses extrémités sont presque égales. Elle est figurée dans l'*Encyclopédie*, pl. 7, fig. 20 et 22. Elle se trouve dans l'infusion
du foin.

KLORCOS, l'un des noms du LORIOT en grec. *Voyez* ce
mot. (S.)

KNAH, nom arabe de la BUGLOSE TEIGNANTE. *Voyez* ce
mot. (B.)

KNAPER, nom hollandais du *chou rouge*. Voyez au mot
CHOU. (B.)

KNAVELLE. *Voyez* GNAVELLE. (B.)

KNAVER, KNEUSS, KNAUR. Ce sont divers noms
que les mineurs allemands donnent au *gneiss* des Saxons,
qui n'est autre chose qu'un *granit schisteux*. Voyez GNEISS.
(PAT.)

KNAUTIE, *Knautia*, genre de plantes à fleurs agrégées,
de la tétrandrie monogynie et de la famille des DIPSACÉES,
qui offre pour caractère un calice commun simple, oblong,
polyphylle, à folioles droites conniventes, sur un seul rang,
contenant un petit nombre de fleurons hermaphrodites qui
ont un calice propre double, très-petit; une corolle monopétale quadrifide irrégulière; quatre étamines libres; un ovaire

inférieur, surmonté d'un style à stigmate bifide. Ces fleurs sont posés sur un réceptacle nu ou chargé de poils.

Le fruit consiste en quelques semences nues, oblongues, tétragones, couronnées de dents et d'un calicule intérieur qui est plumeux ou cilié.

Ce genre est figuré pl. 58 des *Illustrations* de Lamarck. Il renferme des plantes annuelles assez élevées, qui ont de grands rapports avec les scabieuses, dont les feuilles sont opposées, découpées ou entières, et les fleurs terminales. On en compte quatre espèces, toutes de Syrie ou des contrées adjacentes.

La plus commune dans nos jardins est la KNAUTIE DU LEVANT, dont les feuilles sont fortement dentées en leurs bords, et les fleurons plus longs que le calice. (B.)

KNEISS. *Voyez* GNEISS. (PAT.)

KNÉMA, *Knema*, grand arbre à feuilles alternes, pétiolées, lancéolées, très-entières et glabres, à fleurs brunes en dehors, et d'un jaune rougeàtre en dedans, portées sur des pédoncules rameux presque terminaux, lequel forme un genre, selon Loureiro, dans la dioécie monandrie.

Ce genre offre pour caractère, dans les fleurs mâles, une corolle monopétale charnue, à tube épais, court, à limbe trifide, lanugineux à l'extérieur; une étamine courte turbinée, entourée à son sommet de dix à douze anthères ovales. Dans les fleurs femelles, un calice tronqué, très-court, persistant; une corolle comme dans les fleurs mâles; un ovaire supérieur velu, à stigmate sessile et denté.

Le fruit est une baie ovale, molle, contenant une seule semence arillée.

Le *knéma* se trouve dans les forêts de la Cochinchine. Ses baies sont rouges. (B.)

KNÉPIER, *Melicocca*, arbre à feuilles alternes, ailées, sans impaire, et composées de deux paires de folioles ovales, pointues, entières, portées sur un pétiole commun quelquefois marginé, quelquefois simple, à fleurs petites, nombreuses, blanchâtres, disposées en grappes terminales.

Cet arbre forme, dans l'octandrie monogynie et dans la famille des SAPONACÉES, un genre qui offre pour caractère un calice divisé profondément en quatre découpures ou folioles ovales, obtuses, concaves et persistantes; une corolle de quatre pétales réfléchis entre les divisions du calice; huit étamines attachées sur un disque plane qui entoure l'ovaire; un ovaire supérieur ovale, presque de la longueur de la corolle, surmonté d'un style court à stigmate pelté, ombiliqué, oblique, et prolongé sur deux côtés opposés.

Le fruit est une baie lisse ou muriquée, coriace, qui contient une à trois semences, enveloppées d'une pulpe visqueuse ou gélatineuse.

Cet arbre, qui est figuré pl. 306 des *Illustrations* de Lamarck, croît dans l'Amérique méridionale. On le cultive dans les jardins du Mexique, à raison de ses fruits, dont on mange la pulpe, qui est d'une saveur douce, un peu acide et astringente. On mange aussi les graines après les avoir fait cuire ou rôtir comme les châtaignes. Ses fleurs sont tantôt très-odorantes, tantôt inodores. (B.)

KNIFFA, genre proposé par Adanson pour diviser celui des MILLEPERTUIS. (*Voyez* ce mot.) Il comprendroit les *millepertuis* à deux styles. Ce genre n'a pas été adopté jusqu'à présent ; mais les *millepertuis* deviennent chaque jour de plus en plus nombreux, et on ne tardera sans doute pas à faire usage de l'indication de ce botaniste. (B.)

KNIPOLOGOS, littéralement *amasseur de mouches*. Sous ce nom, Aristote a désigné un oiseau à peine aussi grand que le *chardonneret*, d'un plumage gris tacheté, dont la voix est foible, et qui frappe les arbres. (*Hist. animal.*, lib. 7, cap. 3.) Belon et Turner ont cru que ce petit oiseau devoit être la LAVANDIÈRE. (*Voyez* ce mot.) Cependant, aucun de ses caractères ne convient à cette dernière, et l'on ne peut douter que le *knipologos* d'Aristote ne soit le GRIMPEREAU. *Voyez* ce mot. (S.)

KNJAESCIK (*Parus knjaescik* Lath.), espèce de MÉSANGES. (*Voyez* ce mot.) Son plumage est blanc ; mais on y remarque un trait près de l'œil de couleur livide, ainsi qu'un collier et une tache qui règne sur toute la longueur du dessous du corps. Le voyageur naturaliste Lepechin a trouvé cette *mésange* dans les chenaies de la Sibérie, et *knjaescik* est le nom qu'elle porte dans cette contrée boréale de l'Asie. (S.)

KNOR-HAHN ou COQ-KNOR, oiseau qui appartient proprement au Cap de Bonne-Espérance, selon Kolbe. (*Descript. du Cap*, t. 3, pag. 169.) « C'est, dit ce voyageur, la sentinelle des autres oiseaux ; il les avertit, lorsqu'il voit approcher un homme, par un cri qui ressemble au son du mot *crac*, et qu'il répète fort haut. Sa grandeur est celle d'une poule ; il a le bec court et noir comme les plumes de sa couronne, le plumage des ailes et du corps mêlé de rouge, de blanc et de cendré, les jambes jaunes, les ailes petites. Il fréquente les lieux solitaires, et fait son nid dans les buissons. Sa ponte est de deux œufs. On estime peu sa chair, quoiqu'elle soit bonne ». Brisson a rapporté ce passage de Kolbe à la *pintade* ; mais celle-ci n'a pas le bec court et noir, ni une couronne de plumes, ni du rouge mêlé aux couleurs des ailes et du corps, et sa ponte ne consiste pas seulement en deux œufs. (S.)

KNOSPEN. Quelques minéralogistes ont donné ce nom à la mine de *cuivre soyeuse*. Voyez Cuivre. (Pat.)

KNOT. *Voyez* Canut. (Vieill.)

KNOXIE, *Knoxia*, plante herbacée, haute d'un pied, dont les feuilles sont opposées, lancéolées, sessiles, les fleurs alternes et disposées en épi terminal, qui constitue un genre dans la tétradynamie monogynie et dans la famille des Rubiacées.

Ce genre a pour caractère un calice supérieur, petit, à quatre dents, dont une est plus grande que les autres; une corolle infundibuliforme à tube grêle, à limbe ouvert, partagé en quatre lobes obtus; quatre étamines; un ovaire inférieur arrondi, chargé d'un style filiforme à deux stigmates en tête.

Le fruit est une capsule presque globuleuse, dicoque, disperme, et qui se partage en deux parties ou coques séparées, qui tiennent par leur sommet à un axe filiforme. Chaque coque est convexe, marquée de trois stries à l'extérieur, applatie à sa face interne, et contient une semence.

On trouve cette plante dans l'île de Ceylan sur les troncs d'arbres pourris. Elle est figurée pl. 59 des *Illustrations* de Lamarck.

Gærtner a indiqué une seconde espèce de ce genre sous le nom de *knoxia stricta*; mais il est possible que ce ne soit qu'une variété de celle ci-dessus.

Brown a figuré sous le même nom, pl. 3, fig. 3 de son *Histoire de la Jamaïque*, une plante que Wildenow a depuis réunie aux Ægiphiles. *Voyez* ce mot. (B.)

KOATO-O-OO est le nom que porte un *martin-pêcheur* que les derniers navigateurs ont trouvé aux îles des Amis. Il a le sommet de la tête et le dos d'un vert noirâtre; les sourcils d'un blanc sale en devant, et verdâtre sur le derrière de la tête; un collier blanc; les couvertures des ailes d'un vert pâle, avec un liseré jaunâtre; les pennes des ailes et de la queue noires, bordées de bleu; le dessous du corps blanc sale, et un peu de jaune sur la poitrine; le bas-ventre et le dessous de la queue d'un jaune clair; le reste du plumage bleu d'aiguemarine. On rencontre aussi cet oiseau à la Nouvelle-Zélande, où il est connu sous le nom de *poopoo*, *whouro-roa*.

Latham en fait une variété du Martin-pêcheur des mers du Sud. *Voyez* ce mot. (Vieill.)

KOB ou KOBA (*Antilope, Kob* et *Antilop. Koba* Erxleb. *System. mammal.* p. 293. *Antilop. pygarga* Linn.). Buffon a décrit sous ces noms deux quadrupèdes du genre des GAZELLES , qu'il regarde comme appartenant à deux espèces distinctes, et qu'il caractérise ainsi :

Le premier, qui s'appelle *koba* au Sénégal , et que les Français établis dans cette colonie ont nommé *grande vache brune*, est de la grandeur du cerf; ses cornes ont dix-neuf à vingt pouces de longueur ; elles sont applaties sur les côtés , disposées en forme de branches de lyre , et environnées de onze ou douze anneaux. Sa tête a quinze pouces de longueur; ses oreilles en ont neuf. Le corps est d'un roux obscur ; le ventre est d'un blanc sale ; les genoux sont marqués d'une tache noire ; les jambes sont fines ; les sabots petits ; la queue est longue d'un pied , noire , et couverte de longs poils.

Le second, nommé *kob* par Buffon, et *petite vache brune* par les Français établis au Sénégal , est de la grandeur du *daim*. Ses cornes ont beaucoup de ressemblance et de rapport avec celles de la *gazelle* et du *kevel ;* elles ne sont longues que d'un pied, et n'ont que quatre-vingts anneaux; mais la forme de la tête est différente de celle du *koba ;* le museau est plus long. Il n'y a point d'enfoncement ou de larmiers sous les yeux.

Ces descriptions ne sont pas assez comparatives pour qu'on puisse décider la question de savoir si le *kob* et le *koba* ne sont qu'un seul et même animal , ou si ces deux quadrupèdes appartiennent à des espèces différentes. Buffon , Erxleben et Pennant ont penché pour ce dernier avis. Lacépède, au contraire , a adopté le premier, et a réuni sous le nom d'*antilope pygarga* , le *koba* et le *kob* de Buffon.

Cette espèce, ou ces espèces, habitent les forêts du Sénégal et de Gambie, et y vivent à la manière des *gazelles.*

(DESM.)

KOBA. *Voyez* KOB. (DESM.)

KOBER (*Falco vespertinus* Lath.). Les Russes donnent le nom de *kober* et celui de *derbnischock* à un oiseau du genre des FAUCONS. (*Voyez* ce mot.) Il se rapproche des oiseaux de proie nocturnes par son habitude de ne voler et de ne chasser que le soir et pendant la nuit, habitude qu'il partage avec les SOUBUSES. *Voyez* ce mot.

C'est sur-tout aux *cailles* que cet oiseau fait le plus ordinairement la guerre. Il niche dans des creux d'arbres, ou bien il s'empare des nids que les *pies* ont construits. Gmelin , Lepechin , Demidoff et d'autres voyageurs, ont reconnu que cette

espèce lâche et ignoble est commune dans l'Ingrie, da[ns]
toute la Russie et en Sibérie.

La grosseur du *kober* est celle d'un *pigeon*; il a tout le cor[ps]
d'un brun nuancé de bleuâtre, à l'exception du ventre, q[ui]
est blanchâtre; les pennes des ailes d'un brun tirant sur l[e]
bleu; les sept premières à bout noirâtre; la queue brune;
le bec et sa membrane, les paupières et les pieds de couleu[r]
jaune. (S.)

KOBOLD. *Voyez* COBALT. (PAT.)

KOCTOKON. C'est, disent d'anciens voyageurs, le no[m]
que les nègres, en Afrique, donnent au *sanglier*. (S.)

KODDAGAPALLA. *Voyez* CODOGAPALE. (B.)

KODDA-PAIL. *Voyez* CODOPAIL. (B.)

KOELREUTER, nom spécifique d'un poisson, placé par
Pallas parmi les *gobies*, et par Lacépède parmi les *gobiomores*.
Voyez au mot GOBIOMORE. (B.)

KOELREUTERE, *Koelreuteria*, arbrisseau à feuilles
ailées avec impaire, à folioles pinnatifides, et à fleurs disposées en panicules terminales, qui forme un genre dans
l'octandrie monogynie et dans la famille des SAPONACÉES.

Ce genre a pour caractère, un calice de cinq folioles; une
corolle de quatre pétales irréguliers, glanduleux à leur base;
huit étamines à filamens et à anthères velues; un ovaire supérieur stipité, à style trigone et à stigmate trifide.

Le fruit est une capsule presque ovoïde, membraneuse,
vésiculeuse, à trois loges dispermes, dont une des semences
est sujette à avorter.

Cet arbuste, qui est figuré dans les *Illustr.* de Lamarck et
dans le *Serthum Anglicum* de l'Héritier, vient de la Chine.
On le cultive depuis quelques années dans les jardins de
Paris, en pleine terre. La disposition de ses feuilles et celle
de ses fleurs, auxquelles succèdent des vésicules triangulaires
très-grosses, et qui subsistent jusqu'à l'hiver, le rendent très-pittoresque, et en conséquence très-propre à orner les bosquets
d'agrément au second ou troisième rang. Il donne de bonnes
graines dans nos jardins, et se multiplie très-aisément de
marcottes. On le voit souvent figuré sur les tapisseries peintes
qui nous viennent de la Chine.

Bridel a aussi donné ce nom à un genre dans la famille
des MOUSSES, dont le caractère consiste à avoir un péristome
interne à seize dents, cohérentes au sommet, et un péristome
interne muni d'autant de cils; des fleurs mâles en disque. Il
a pour type le *mnie hygrométrique*. Voyez aux mots MNIE et
MOUSSE. (B.)

KOGER-ANGAN., nom que les Javanais donnent au **Vansire**. *Voyez* ce mot. (S.)

KOGO (*Merops cincinnatus* Lath.; *Merops Novæ Zelandiæ* Linn., édit. 13, ordre **Pies**, genre du **Guêpier**. *Voyez* ces mots.). Ce *guêpier* a la taille du *merle*, dix pouces de longueur; le bec noir et garni à sa base de quelques soies; la langue et les côtés de la bouche jaunes; le fond de son plumage est d'un noir verdâtre foncé, très-brillant sur quelques parties du corps; un croissant d'un beau bleu forme un large demi-collier sur le cou, dont les plumes sont longues, effilées et frisées à leur pointe; elles ont chacune un trait blanc dans leur milieu, et celles des côtés sont toutes blanches, ainsi que les grandes couvertures des ailes; les supérieures de la queue sont d'une riche couleur bleue; la queue est pareille au reste du corps, et les pennes sont égales entr'elles; les pieds sont noirs; le doigt extérieur est joint à celui du milieu par une membrane.

Les habitans de la Nouvelle-Zélande appellent cet oiseau *kogo*, et il est connu des navigateurs anglais sous celui de *poë-bird*: les naturels du pays ont en grande vénération ce *guêpier*, qui réunit un plumage éclatant, une voix harmonieuse, une chair délicate et savoureuse. (**Vieill.**)

KOGOLCA (*Anas kogolca* Lath.). Dans les *Nouveaux Commentaires de l'Académie de Pétersbourg*, t. 15, p. 468, tab. 21, l'on trouve la description et la figure d'un *canard* de Russie et de Sibérie, appelé *kogolca* par les Russes. Il ne diffère du *canard siffleur* que par les ondes cendrées de sa gorge, et par la large tache ou *miroir* de ses ailes, qui est d'une couleur d'argent très-brillante. (S.)

KOGON-AROURÈ (*Alauda Novæ-Zelandiæ* Lath.), espèce d'**Alouettes** (*Voyez* ce mot.) que les navigateurs anglais ont rencontrée sur les côtes de la Nouvelle-Zélande, dans le détroit de la Reine-Charlotte. *Kogon-arourè* est le nom qu'elle porte parmi les naturels du pays.

La tête de cet oiseau est noire; les plumes des parties supérieures sont noirâtres et bordées de cendré; il y a deux traits blancs sur chaque côté de la tête; tout le dessous du corps est blanc, avec une teinte de cendré devant le cou et au bas du ventre; le bec est noir en dessus et cendré en dessous; les pieds sont d'un jaune mêlé de brun, et les ongles noirs. La femelle est un peu plus petite que le mâle; les teintes de son plumage sont moins foncées, et les pennes de ses ailes et de sa queue ont extérieurement une bordure blanche. (S.)

KOKADATOS. L'*Histoire générale des Voyages* fait mention d'un oiseau gallinacé, de la grandeur d'un *poulet*, que l'on voit sur la côte de Malaguette en Afrique, et que les habitans nomment *kokadatos*. (S.)

KOKO (*Tantalus coco* Lath.), genre de l'IBIS, de l'ordre des ECHASSIERS. *Voy.* ces mots.). Latham soupçonne que cet oiseau n'est qu'une variété du *courlis blanc*, auquel il ressemble par les couleurs, excepté sur les ailes, la tête et le bec; les premières ont leur extrémité noire; les deux suivans une teinte jaunâtre, et l'iris est couleur d'aigue-marine. Ce *courlis* tire son nom *koko*, d'un cri rauque qu'il fait entendre sans cesse, et qui semble prononcer ces deux syllabes. Aux îles Caraïbes, on l'appelle *pêcheur*, parce qu'il se nourrit de poissons. L'on dit sa chair bonne à manger. (VIEILL.)

KOLA, fruit d'un arbre d'Afrique, de la forme et de la grosseur d'une pomme de pin, qui contient plusieurs noix semblables à des châtaignes, mais amères. Ces noix, mâchées et conservées dans la bouche, éteignent la soif., fortifient les gencives et conservent les dents; elles donnent un très-bon goût à l'eau dans laquelle on les fait tremper. (B.)

KOL-QUALL. Bruce donne ce nom à un *euphorbe* à tige octogone et à fruits d'un rouge cramoisi, qu'on croit être l'*euphorbe* des boutiques. Son lait est très-caustique, et sert à enlever le poil des cuirs qu'on destine à être tannés. (B.)

KONKUI ou CHONKUI de Tartarie, le même oiseau que le CHUNGAR. *Voyez* ce mot. (S.)

KOPPIER, nom hollandais du LULU. *Voyez* ce mot. (S.)

KORAKIAS. C'est, en grec, le CRAVE. (S.)

KORALLEN-ERTZ, *mine de corail*, nom que les mineurs d'*Idria* donnent, suivant Scopoli, à un minerai de mercure, qui se présente sous la forme de tubercules lamelleux, friables et d'un noir luisant, dans une gangue de schiste bitumineux. (PAT.)

KORAX, nom grec du *corbeau*. (S.)

KORIN. *Voyez* CORINE. (DESM.)

KORSCHUN (*Accipiter korschun* Nov., Com. Petrop. tom. 15, p. 444, tab. 11, *a*.), variété du *milan*, observée en Russie, vers le fleuve Oural, par S. G. Gmelin. *Voyez* au mot MILAN. (S.)

KORUND ou CORINDON. *Voyez* SPATH-ADAMANTIN. (PAT.)

KOSSOMAKA, nom russe du *glouton*, suivant M. Pallas. Les Russes qui habitent les contrées septentrionales de l'Asie, arrosées par la Kovima, appellent ce même animal *rysomag*, au rapport du capitaine Billings ; chez les Yakouts, il porte le double nom de *laégan* et de *bigo*. Voyez GLOUTON. (S.)

KOTTOREA (*Bucco zeylanicus* Lath. , ordre des PIES, genre des BARBUS. *Voyez* ces mots.). Les Singalais ont donné à ce *barbu* , le nom de *kottorea*, à cause de son ramage, dont les accens plaintifs sont semblables à ceux de la *tourterelle*, mais plus forts ; c'est lorsqu'il est perché sur les plus hauts arbres, qu'il le fait entendre.

Sa taille est celle du *barbu à couronne rouge* ; la tête et le cou sont nuancés de brun ; le tour des yeux est jaune et dénué de plumes ; le dos d'un vert pâle , ainsi que les couvertures des ailes , dont chaque plume a , dans son milieu , une tache blanche ; les pennes primaires et celles de la queue sont vertes à l'extérieur et bordées de noirâtre à l'intérieur ; le ventre est d'un vert tendre ; le bec rouge ; les pieds sont d'un jaune pâle. (VIEILL.)

KOUAGGA ou KWAGGA. *Voyez* COUAGGA. (S.)

KOULAN, KHOULAN ou CHOULAN. C'est ainsi que les Kirguis occidentaux et les Calmouques appellent une espèce de quadrupèdes qui se trouve dans les grands déserts de la Sibérie, au-delà du Jaïk , du Yemba , du Sarason , dans le voisinage du lac Aral , et vers les montagnes de Tamanda. M. Pallas , qui a vu cet animal dans ces campagnes désertes , le regarde comme une espèce intermédiaire entre l'ANE et le CZIGITHAI (*Voyez* ces deux mots.), et il y a toute apparence que c'est l'*onagre* ou *onager* des auteurs. Sa taille est un peu au-dessus de celle du *czigithai*. Son poil est d'un beau gris , quelquefois un peu bleuâtre , d'autres fois tirant sur le jaune ; une bande noire suit l'épine du dos et une autre descend sur les épaules en traversant le garrot ; sa queue ressemble à celle de l'*âne* , mais ses oreilles sont moins larges et moins hautes.

Les *koulans* marchent et paissent en troupeaux de plusieurs mille ; ils ont la même légèreté dans leur course que les *czigithais*, et le même naturel sauvage et intraitable ; l'on n'a jamais pu venir à bout d'en dompter un seul. (S.)

KOULIK. (*Ramphastos piperivorus* Lath., pl. enlum., n° 577 de l'*Hist. nat. de Buffon*, ordre PIES, genre du TOUCAN. *Voy.* ces mots.). Les Créoles de Cayenne ont appelé cet oiseau *koulik* , d'après ce mot prononcé vîte , qui représente exactement son cri. Il a moins de grosseur que le *grigri*, le bec un peu plus court ; la tête, la gorge, le cou et la poitrine, noirs ; sur le dessous du cou un demi-collier jaune et étroit, une tache de même couleur derrière l'œil ; le dos, le croupion, les ailes d'un beau vert ; le ventre a de plus des taches noirâtres ; les couvertures inférieures de la queue sont rougeâtres ; les pennes vertes et terminées de rouge ; les pieds noirâtres ; les yeux environnés d'une membrane nue et bleuâtre ; le bec est rouge à sa base et noir sur le reste de sa longueur.

La femelle a le haut du cou brun ; le dessous du corps, depuis la gorge jusqu'au ventre, gris ; le demi-collier d'un jaune très-pâle, et les autres parties inférieures variées de différentes couleurs. Ces couleurs n'indiquent-t-elles pas plutôt un jeune oiseau ? Quoi qu'il en soit, cette espèce habite aussi le Brésil, où l'on ne trouve pas plus de poivre qu'à la Guiane ; cependant les méthodistes lui ont donné la dénomination de *mangeur de poivre*. (VIEILL.)

KOUPARA. Barrère (*Franc. équinox.*) dit que c'est, à la Guiane, le nom du *crabier*, quadrupède qu'il désigne par cette phrase : *Canis ferus, major cancrosus vulgò dictus.* Voyez CRABIER. (S.)

KOUPHOLITE ou PIERRE-LÉGÈRE. Cette substance est formée d'un assemblage de petites lames blanchâtres demi-transparentes, d'environ demi-ligne de diamètre, d'une forme à-peu-près carrée.

Gillet-Laumont en fit la découverte en 1786, aux environs de Barège, dans les Hautes-Pyrénées, où elle avoit pour gangue un marbre bleuâtre primitif.

Picot-Lapeyrouse l'a trouvée depuis au Pic d'Eredlitz, dans une roche argileuse mêlée de chlorite et parsemée d'aiguilles de rayonnante vitreuse ; il lui a donné le nom de *koupholite*, à cause de son peu de pesanteur.

Cette substance, exposée au chalumeau, s'y fond en émail blanc fort aisément, en bouillonnant et en produisant une phosphorescence assez vive.

On a d'abord considéré la *koupholite* comme une espèce de *zéolite* ; mais l'analyse paroît la réunir à la *préhnite*. Suivant Vauquelin, la *koupholite* contient :

$$
\begin{aligned}
\text{Silice} &\dots\dots\dots\dots 48 \\
\text{Alumine} &\dots\dots\dots\dots 24 \\
\text{Chaux} &\dots\dots\dots\dots 23 \\
\text{Oxide de fer} &\dots\dots\dots 4.
\end{aligned}
$$

L'analyse de la *préhnite* faite par Klaphroth, a donné :

$$
\begin{aligned}
\text{Silice} &\dots\dots\dots\dots 44 \\
\text{Alumine} &\dots\dots\dots\dots 30 \\
\text{Chaux} &\dots\dots\dots\dots 18 \\
\text{Oxide de fer} &\dots\dots\dots 5.
\end{aligned}
$$

La petite différence qui se trouve dans la proportion des parties constituantes de ces deux substances, doit être à-peu-près comptée pour rien ; car deux échantillons de *préhnite*, analysés séparément, en ont offert une plus considérable entr'eux. (Pat.)

KOURI ou PETIT UNAU, quadrupède du genre des Paresseux et de l'ordre des Tardigrades.

Ce quadrupède ressemble beaucoup à l'*unau* et à l'*aï*; il n'a, comme le premier, que deux doigts aux pieds de devant, au lieu que l'*aï* en a trois, et par conséquent il est d'une espèce différente de celle de l'*aï* ; il n'a que douze pouces de longueur, depuis l'extrémité du nez jusqu'à l'origine de la queue. Il a cinq doigts aux pieds de derrière, comme cela se remarque dans l'*unau*. Son poil est d'un brun musc, nuancé de grisâtre et de jaune ; et ce poil est bien plus court et plus terne en couleur que dans l'*unau* ; sous le ventre, il est d'une couleur de musc clair, nuancé de cendré, et cette couleur s'éclaircit encore davantage sous le cou jusqu'aux épaules, où il forme comme une bande foible de fauve pâle ; les plus grands ongles de ce *petit unau* n'ont que neuf lignes, tandis que ceux du grand ont un pouce sept lignes et demie.

Telle est en substance la description donnée par Buffon, d'un individu de cette espèce, qui lui avoit été envoyé de la Guiane française sous le nom de *kouri*, sans aucune information sur ses habitudes naturelles. (Desm.)

KOUROU MARI, nom de pays du *galanga arundinacé*, avec les tiges duquel les sauvages de la Guiane font des flèches. *Voy*. au mot Galanga. (B.)

KOUXEURY, poisson des lacs de l'Amérique méridionale, dont le palais sert aux sauvages pour polir leurs ouvrages en bois. On ignore à quel genre il appartient. (B.)

KRAKEN, animal monstrueux, qu'on dit habiter les mers du Nord. Il a été fait, sur son compte, beaucoup de fables qui ne méritent pas d'être rapportées. Si le *kraken* existe, il paroît, d'après les récits de plusieurs marins, n'être autre qu'une *sèche* d'une énorme grandeur ; mais de combien de toises faudra-t-il réduire la longueur d'une demi-lieue et plus qu'on lui a donnée ?

Denys Montfort, dans son *Histoire des Mollusques*, rapporte tous les faits, et fait de nombreux raisonnemens pour prouver l'existence de cet animal ; mais le résultat de ses efforts constate seulement qu'il est des imaginations ardentes qui se plaisent à exagérer, à embellir si l'on veut les phénomènes qu'ils ont été à portée d'observer. *Voyez* au mot Sèche. (B.)

KRAMER, *Krameria*, arbrisseau à feuilles alternes lancéolées ; à fleurs disposées en grappes terminales munies d'une bractée et de deux écailles, qui forme un genre dans la tétrandrie monogynie, fort voisin, au sentiment de Lamarck, des ACENES. *Voyez* ce mot.

Le *kramer* a une corolle presque papilionacée de quatre ou cinq pétales, dont les deux latéraux sont écartés, le supérieur recourbé et l'inférieur concave ; un nectaire de quatre folioles, dont deux sont velues et embrassent le germe, et deux, inférieures, sessiles et plus courtes, s'en écartent ; trois ou quatre étamines, aussi attachées au réceptacle, dont deux supérieures ; deux filamens rapprochés et peut-être réunis, tandis que les deux autres sont séparés et plus longs ; un ovaire supérieur, ovale, chargé d'un style à stigmate simple.

Le fruit est une baie sèche, globuleuse, hérissée de tous côtés de poils roides et réfléchis ; cette baie est uniloculaire, ne s'ouvre point, et contient une semence glabre, dure et ovale.

Cette espèce croît dans l'Amérique méridionale. Ruys et Pavon en ont représenté deux autres dans la *Flore du Pérou*, pl. 93 et 94. Le premier, qui a les feuilles ovales, oblongues, s'appelle *ratanchie* dans le pays, et sa racine y est fréquemment employée dans les flux de sang, les dyssenteries, pour déterger les ulcères des gencives, raffermir les dents et rétablir les forces de l'estomac. (B.)

KRASCHENNINIKOFIE, *Kraschenninikofia*, genre de plantes établi par Guldenstedt, dans la dioécie tétrandrie, et qui a pour caractère un calice de quatre feuilles et quatre étamines dans les fleurs mâles ; un calice monophylle, divisé en deux parties peu prononcées, et un ovaire à un style dans les fleurs femelles.

Le fruit est une semence arillée. (B.)

KRATZHOT, nom russe du CHUNGAR. *Voy.* ce mot. (S.)

KREUTZSTEIN, *pierre cruciforme* ; c'est le nom que les Allemands donnent à l'*hyacinthe blanche cruciforme* du Hartz. *Voy.* ANDRÉOLITE. (PAT.)

KROHALI, l'une des onze espèces de *canards* ou *sarcelles* que Krachenninikow dit avoir observées au Kamtchatka, mais qu'il se contente de nommer. (S.)

KRYCZKA, nom vulgaire, en Pologne, d'un oiseau aquatique que Rzaczynski ne rapporte à aucune espèce connue. Il dit seulement que le *kryczka* pond des œufs tachetés dans les joncs des marais. (S.)

KRYKIC des Norwégiens. *Voyez Goëland à manteau gris-brun*, à l'article des GOELANDS. (S.)

KSEI, nom du *gui* du Japon. *Voyez* au mot GUI. (B.)

KUARA, nom que donne Bruce à une superbe espèce d'*érythrine* qui croît en Abyssinie, et qu'il a figurée dans son *voyage*. On se sert de ses semences comme de poids pour peser des matières d'or et les diamans, et ce voyageur en conclut que c'est de cet usage que nous vient le mot de *karat*. *Voyez* au mot ÉRYTHRINE. (B.)

KUHNIE, *Kuhnia*, genre de plantes à fleurs composées, de la pentandrie monogynie, et de la famille des CYNAROCÉPHALES, qui présente pour caractère un calice commun oblong, cylindrique, imbriqué d'écailles linéaires, lancéoées, droites, inégales, qui renferme, sur un réceptacle nu, dix à quinze fleurons hermaphrodites, quinquéfides, à cinq étamines libres, à style à deux stigmates alongés et en massue.

Le fruit consiste en plusieurs semences oblongues, couronnées chacune d'une aigrette sessile, plumeuse et saillante, hors du calice.

Cette plante, qui est figurée dans *Arduini specimen*, 2, tab. 2, se trouve dans l'Amérique septentrionale. Elle s'élève à plus de deux pieds ; ses feuilles sont alternes, lancéolées, dentées, presque sessiles, vertes, presque glabres, ouvertes, et longues d'environ trois à quatre centimètres ; ses fleurs sont couleur de soufre, et disposées au sommet de la tige et des rameaux en corymbes peu garnis.

Il soupçonne qu'il y a plusieurs espèces réunies sous le nom de celle-ci. J'en ai rapporté une de la Caroline qui paroît en différer un peu.

La *kuhnie pinnée* de Walter est la *rothie* de Lamarck, l'*hymenopappe* de l'Héritier. *Voyez* au mot. ROTHIE. (B.)

KUILKAHUILA, nom brasilien de la *couleuvre argus*. *Voyez* au mot COULEUVRE. (B.)

KUKURLACKO. Quelques livres de voyages donnent ce mot comme le nom du grand *orang-outang* dans plusieurs contrées des Indes orientales. *Voyez* ORANG-OUTANG. (S.)

KUMRAH. C'est, en Barbarie, suivant le docteur Shaw, le nom du JUMAR. *Voyez* ce mot. (S.)

KUNISTÈRE, *Kunistera*, nom donné par Jussieu au genre appelé *rothié* par Lamarck et *hymenopappe* par l'Héritier. *Voyez* au mot ROTHIE. (B.)

KUPFER-HIECHEM, dénomination triviale qu'emploient les mineurs allemands pour désigner des grains de pyrite cuivreuse tombant en décomposition, et qui sont revêtus d'une couche d'oxide vert de cuivre. Ils donnent à la pyrite

cuivreuse non décomposée , le nom de *kupfer-kiess.* Vó
Cuivre. (Pat.)

KUPFER-NICKEL. C'est le nom que les Allemands do
nent au minerai qui contient le *nickel,* et qui signifie *cuiv*
nickel ou *nickel cuivreux* , à cause de sa couleur rouge
cuivre. C'est une combinaison du *nickel* avec le *fer,* le *souf*
le *cobalt,* et sur-tout avec l'*arsenic.*

Ce minéral se casse assez facilement ; sa cassure est terne
grenue. Exposé au chalumeau , il répand une forte ode
d'ail ou de phosphore, comme tous les minéraux qui co
tiennent de l'arsenic ; et il se fond en une scorie, où l'on a
perçoit quelques grains métalliques.

Sa dissolution dans l'acide nitrique est verte , et form
bientôt un dépôt de cette couleur.

Sa pesanteur spécifique est d'environ 6,600.

Le *kupfer-nickel* accompagne ordinairement les filons d
cobalt : on en trouve au *Schneeberg* et dans d'autres min
de Saxe : à *Joachims-thal* , en Bohême : à *Saalfeldt,* e
Thuringe : à *Andreasberg ,* dans le Hartz. Nous en avo
aussi dans les mines d'*Allemont* , en Dauphiné, et de *Saint*
Marie , dans les Vosges. *Voyez* Nickel. (Pat.)

KUPHE , nom que Guettard donne à un fossile qui a l
corps conique, la partie antérieure grosse, la postérieur
fourchue , et l'intérieur divisé en deux parties ou tuyaux. (B.)

KUSNOKI, nom malabare du Laurier camphre. *Voy*
ce mot. (B.)

KUTGEGHEF , nom donné à la Mouette tachetée,
d'après son cri. *Voyez* ce mot. (Vieill.)

KUYAMETA (*Certhia cardinalis* Lath. *Oiseaux dorés*
pl. 58 des *Grimpereaux,* famille des Héoro-taires , genr
du Grimpereau , ordre Pies. *Voyez* ces mots.) Cet *héoro-*
taire, d'un beau rouge écarlate, a un trait noir entre le bec et
l'œil ; les ailes, la queue et le bec de cette teinte ; les pieds d
couleur de plomb. Trois pouces et demi de long ; la langu
ciliée dans moitié de sa longueur, et extensible. (Vieill.)

KWAGGA. *Voyez* Couagga. (S.)

KWIKWI. Les habitans du Brésil nomment ainsi le
Silure callicthys. *Voyez* ce mot. (B.)

KYANG-CHU. On trouve dans les relations de la Chine,
que le fleuve Yang-tsé-yang, qui porte ses eaux à la mer, est
souvent rempli de troupes de *marsouins* nommés *kyang-chu*
par les Chinois. On les rencontre aussi à plus de quatre-vingts
lieues au large dans la mer. Il paroît qu'ils entrent dans l'eau
douce du fleuve, au temps que les mères mettent bas leurs pe-

ls , afin d'y être à l'abri des vagues et des tempêtes de l'Océan. Les Chinois mangent la chair de ces animaux , quoique très-coriace et huileuse ; mais on sait que ces peuples sont peu délicats , et ne laissent pas même perdre les charognes. Si l'empire chinois étoit par-tout aussi peuplé que le prétendent les missionnaires , les *marsouins* ne viendroient pas en foule dans les fleuves , et fuiroient même ses rivages , comme les cétacés fuient les côtes de l'Europe , ou n'en approchent que par l'effort des tempêtes qui les y font échouer. *Voyez* MARSOUIN et DAUPHIN. (V.)

KYNORHODON. C'est le ROSIER SAUVAGE , ou EGLANTIER. *Voyez* ce mot. (B.)

KYNOCÉPHALE. *Voyez* CYNOCÉPHALE. (S.)

KYN-YU. C'est un des noms chinois du *cyprin dorade*. Voyez au mot CYPRIN. (B.)

KYPHOSE , *Kyphosus* , genre de poissons établi par Lacépède , dans la division des THORACIQUES. Il a pour caractère : un dos très-élevé ; une bosse sur la nuque ; des écailles semblables à celles du dos , sur la totalité ou une grande partie des opercules qui ne sont pas dentelés.

Ce genre , voisin des LABRES (*Voyez* ce mot.) , ne renferme qu'une espèce , le KYPHOSE DOUBLE BOSSE , qui a été observé , décrit et dessiné par Commerson dans la mer du Sud , et qui tire son nom d'une bosse qu'il a sur la nuque , et d'une autre qu'il a entre les yeux. Les nageoires pectorales sont alongées et terminées en pointe ; la longueur de la nageoire de l'anus n'égale que la moitié ou environ de celle de la nageoire dorsale. La nageoire de la queue est très-fourchue. Des écailles semblables à celles du dos recouvrent , au moins en grande partie , les opercules.

Le *kyphose double bosse* est figuré pl. 8 du troisième volume de l'*Histoire naturelle* de Lacépède. (B.)

KYPOR , dans Avicenne , est l'espèce de *guenon* que Buffon a appelée MONE. *Voyez* ce mot. (S.)

KYRTANDRE. *Voyez* CYRTANDRE. (B.)

KYRTANTHE. *Voyez* CYRTANTHE. (B.)

L

LABARIN. C'est le nom qu'Adanson a donné à une coquille du genre des ROCHERS, *Murex hyppocastanum* Gmelin. *Voyez* au mot ROCHER. (B.)

LABATIE, *Labatia*, genre de plantes de la tétrandrie monogynie, établi par Swartz. Il a pour caractère un calice divisé en quatre parties ; une corolle presque campanulée à quatre divisions, avec deux dents très-petites entre les divisions.

Le fruit est une capsule à quatre loges, dont chacune ne contient qu'une seule semence.

Ce genre renferme deux arbres à feuilles opposées, et ordinairement accumulées à l'extrémité des rameaux ; l'un, celui qui a servi à l'établissement du genre, se trouve à Cuba, et a les feuilles velues et les fleurs sessiles ; l'autre, qui est le POURTARIER d'Aublet (*Voyez* ce mot.), se trouve à Cayenne, et a les feuilles glabres et les fleurs pédonculées. Cette dernière est figurée pl. 72 des *Illustrations* de Lamarck. (B.)

LABBE (*Larus crepidatus* Lath., pl. enl. n° 991 de l'*Hist. nat. de Buffon.* Ordre des PALMIPÈDES, genre de la MOUETTE. *Voyez* ces mots.). Brisson fait de cet oiseau, sous le nom de *stercoraire*, un genre particulier, qui ne diffère de celui de la *mouette* que par les caractéres tirés du bec ; celui du *labbe* est presque cylindrique, et la mandibule inférieure est arrondie.

Les pêcheurs du Nord ont imposé à cet oiseau le nom de *strundjager*, auquel répond celui de *stercoraire*, sous lequel Brisson l'a décrit ; ces pêcheurs le nomment ainsi, parce qu'ils croient que cet oiseau mange la fiente de la *petite mouette cendrée tachetée ;* cette idée leur est venue de ce que le poisson que celle-ci est forcée d'abandonner aux persécutions et à la poursuite du *labbe*, paroît, en réfléchissant la lumière, tout blanc lorsqu'il est à l'air, et semble, à cause de la roideur du vol de la *mouette*, tomber derrière elle. Afin d'éviter que le nom de *stercoraire* puisse induire en erreur sur le naturel et les habitudes de cet oiseau, Buffon a dû préférer celui de *labbe*, par lequel d'autres pêcheurs le désignent.

Nous devons la connoissance du genre de vie de cette *mouette* à Ghister (*Mémoires de l'académie de Stockholm,* tom. 9, p. 51.). « Le vol du *labbe*, dit-il, est très-vif et ba-

ncé comme celui de l'*autour ;* le vent le plus fort ne l'empêche pas de se diriger assez juste pour saisir en l'air les petits poissons que les pêcheurs lui jettent : lorsqu'ils l'appellent
lab , *lab* , il vient aussi-tôt , et prend le poisson cuit ou cru ,
et les autres alimens qu'on lui jette ; il prend même des harengs dans la barque des pêcheurs , et s'ils sont salés , il les lave
avant de les avaler. On ne peut guère l'approcher ni le tirer
que lorsqu'on lui jette un appât ; mais les pêcheurs ménagent
ces oiseaux , parce qu'ils sont pour eux l'annonce et le signe
presque certain de la présence du hareng ; et en effet lorsque
le *labbe* ne paroît pas , la pêche est peu abondante. Cet oiseau
est presque toujours sur la mer ; lorsqu'il n'y trouve pas de
pâture , il vient sur le rivage attaquer les *mouettes* , qui crient
dès qu'il paroit ; mais il fond sur elles , les atteint , se pose
sur leur dos , et leur donnant deux ou trois coups , les force
à rendre par le bec le poisson qu'elles ont dans l'estomac ,
qu'il avale à l'instant ». Ce tyran de la mer a dans le port et
l'air de sa tête quelque chose de l'oiseau de proie , il marche
le corps droit ; son cri est fort haut , il semble prononcer *i-ja*
ou *johan* , dit Martens , quand c'est de loin qu'on l'entend.
Ces oiseaux vivent isolés , et rarement on en voit plusieurs
ensemble.

Cette espèce place son nid dans les rochers , le compose de
gramen ; ses œufs sont couleur de rouille pâle , avec des taches
noires.

Le *labbe* habite ordinairement les contrées boréales ; mais
il est quelquefois jeté au loin par les vents orageux. En 1779 ,
il parut de ces oiseaux sur les côtes de Picardie ; on en a vu
même dans l'intérieur des terres. Mauduyt (*Encyclop. méth.*)
parle d'un qui fut pris près de Paris ; enfin on a rencontré
de ces habitans du Nord aux îles Ténériffe et Bonavista.

Sa longueur est d'un pied cinq pouces , tout son plumage
brun (noirâtre dans le mâle), mais cette teinte est plus claire
sur les parties inférieures , et plus foncée sur les couvertures ,
les pennes des ailes et de la queue ; le bec et les pieds sont
noirs.

Le LABBE A LONGUE QUEUE (*Larus parasiticus* Lath. pl.
enl. n° 762.). Cet oiseau a les mêmes habitudes et les mêmes
mœurs que le précédent , et c'est même à lui qu'on doit rapporter plus particulièrement ce que nous avons dit de son
genre de vie. Il n'est pas certain que ces oiseaux soient de
race distincte , car l'on soupçonne que le mâle seroit celui à
longue queue ; quoi qu'il en soit, celui-ci a un pouce six lignes
de longueur , et est caractérisé par les deux plumes intermédiaires de la queue , qui sont beaucoup plus longues que les

latérales, celles-ci diminuent graduellement de longueur jusqu'à la plus extérieure, qui est la plus courte; le dessus de la tête est noirâtre; le dos, les scapulaires, les couvertures des ailes et de la queue sont d'un cendré foncé; les côtés de la tête, le dessous du corps jusqu'au bas-ventre sont blancs, et entièrement bruns dans quelques individus; le reste des parties inférieures est pareil au dos, mais la nuance est plus claire; les pennes primaires et celles de la queue sont noirâtres. Les jeunes sont entièrement bruns, et cette couleur est plus foncée en dessus du corps qu'en dessous. Cette espèce se trouve dans le nord de l'Europe, de l'Amérique et de l'Asie, fréquente également la haute mer et ses rivages; elle place son nid sur les petits tertres qui s'élèvent au-dessus des marais, et le construit d'herbes et de mousse; sa ponte est de deux œufs gros comme ceux d'une poule, et tachés de noir sur un fond cendré. (VIEILL.)

LABDANUM, substance aromatique résineuse qui découle de plusieurs espèces de *cistes*, principalement du *ciste* de Crète. *Voyez* le mot CISTE. (B.)

LABERDAN. C'est un des noms du *cabeliau*, c'est-à-dire de la *morue*. Voyez au mot GADE et au mot MORUE. (B.)

LABIÉES, *Labiata* Jussieu, famille de plantes, qui a pour caractère un calice tubuleux à cinq dents ou bilabié, persistant; une corolle tubuleuse, irrégulière, ordinairement bilabiée; quatre étamines insérées sous la lèvre supérieure de la corolle, dont deux plus courtes, et qui manquent ou avortent souvent; un ovaire simple, quadrilobé, libre, à style unique, naissant du réceptacle entre les lobes de l'ovaire, et à stigmate bifide; quatre semences nues, droites, situées au fond du calice qui persiste, et attachées par leur base à un placenta commun peu saillant; l'embryon droit dépourvu de périsperme; les cotylédons planes et la radicule inférieure.

Les plantes de cette famille ont une racine presque toujours fibreuse, rarement tubéreuse; leur tige, communément herbacée, est tétragone, rameuse, à rameaux opposés; les feuilles, simples et le plus souvent entières, ont une situation semblable à celles des rameaux; les fleurs, ordinairement munies de bractées ou de soies, sont presque toujours disposées en anneaux ou verticillées, terminales ou axillaires; ces fleurs ont communément une corolle bilabiée, c'est-à-dire que le limbe forme deux lèvres plus ou moins rapprochées; la lèvre supérieure est en général moins large que l'inférieure, et recouvre les étamines: elle est si courte dans quelques espèces, qu'elle paroît entièrement nulle. Il arrive quelquefois que la corolle est renversée, ou naturellement ou par l'effet de la

Deseve del.

Letellier

1. Labre girelle.
2. Labre à deux bandes.
3. Labre verd.
4. Lamproye petite.
5. Leiognathe argent.
6. Leiostome queue jaune.
7. Lepadogaster gouan.
8. Lepidote gouänien.
9. Lonchure diane.
10. Lophie variée.
11. Lutjan anthias.

torsion du tube; dans ce cas la lèvre qui est située inférieurement est réellement la supérieure, puisqu'elle est ordinairement plus petite, et puisque les étamines sont penchées sur elle.

Ventenat, de qui on a emprunté ces expressions, rapporte cette famille, qui est une des plus naturelles, qui forme la huitième de la huitième classe de son *Tableau du règne végétal*, et dont les caractères sont figurés pl. 9, n° 3 du même ouvrage, quarante-trois genres sous quatre divisions, savoir :

1°. Les *labiées* qui ont deux étamines fertiles et deux avortées ; Lycope, Améthystée, Cunile, Ziziphore, Monarde, Romarin, Sauge et Collinsonne.

2°. Les *labiées* qui ont quatre étamines fertiles, une corolle unilabiée, à lèvre supérieure presque nulle ; Bugle et Germandrée.

3°. Les *labiées* qui ont quatre étamines fertiles, une corolle bilabiée, et un calice à cinq divisions ; Sarriette, Hysope, Chataire, Bystropogue, Pérille, Hyptis, Lavande, Crapaudine, Menthe, Terrète, Lamier, Galiope, Bétoine, Stachyde, Ballote, Marrube, Agripaume, Phlomis et Molucelle.

4.° Les *labiées* qui ont quatre étamines fertiles, une corolle bilabiée et un calice bilabié ; Clinopode, Origan, Thim, Thimbrée, Mélisse, Dracocéphale, Ormin, Mélissot. Plectrante, Basilic, Trichostème, Brunelle, Toque et Prasion. *Voyez* ces mots.(B.)

LABRADOR ou PIERRE DE LABRADOR. *Voyez* Feld-spath. (Pat.)

LABRADORITE (*Laméthérie*), Pierre de labrador. *Voyez* Feld-spath. (Pat.)

LABRE, *Labrus*, genre de poissons de la division des Thoraciques, dont le caractère consiste à avoir la lèvre supérieure extensible ; point de dents incisives ni molaires ; les opercules des branchies dénués de piquans et de dentelures ; une seule nageoire dorsale ; cette nageoire très-séparée de celle de la queue, ou très-éloignée de la nuque, ou composée de rayons, terminés par un filement.

Ce genre, extrêmement nombreux, renferme des espèces d'une forme élégante, d'une très-grande variété de couleurs et d'une agilité remarquable ; mais aucune qui soit célèbre par son utilité pour l'homme, par la singularité de sa forme ou ses mœurs extraordinaires. Peu sont connues dans les poissonneries, quoique plusieurs aient la chair agéable au goût, parce qu'ils sont trop dispersés dans l'immensité des mers pour tomber souvent dans les filets des pêcheurs.

Les *Labres* et leurs voisins, dans le *Systema naturæ* de Linnæus, tels que les SCARES, les SPARES, les SCIÈNES et les PERCHES (*Voyez* ces mots.), étoient mal précisés : les espèces qui devoient appartenir à un genre, se trouvoient placées dans un autre. Il régnoit enfin une grande confusion parmi eux, lorsque Lacèpède a entrepris leur réforme, et l'a opérée avec la supériorité de talent qu'on lui connoît.

Le genre dont il est ici question, étoit un des moins vicieux, et cependant Lacépède s'est trouvé dans la nécessité d'en former six autres à ses dépens, savoir : HIALUTE, OSPHORÈME, CHEILINE, LUTJAN, TRICHOPODE et CHEILODEPTÈRE (*Voyez* ces mots.), ce qui sembleroit avoir beaucoup réduit le nombre de ses espèces ; mais au contraire, les nouvelles qui sont venues s'y réunir ont élevé à cent trente celles qu'il contient aujourd'hui.

Lacépède divise ses *labres* en trois sections, d'après la forme de la nageoire de la queue.

La première renferme ceux qui ont la queue fourchue ou en croissant, tels que :

Le LABRE HÉPATE, qui a dix rayons aiguillonnés et onze articulés à la nageoire du dos ; la mâchoire inférieure plus avancée que la supérieure ; une tache noire vers le milieu, de la longueur de la nageoire dorsale, des bandes transversales noires. Il se trouve dans la Méditerranée, et remonte quelquefois les rivières. Son museau est pointu, et ses mâchoires garnies de petites dents.

Le LABRE OPERCULÉ a treize rayons aiguillonnés et sept articulés à la nageoire du dos ; une tache sur chaque opercule, et neuf à dix bandes transversales brunes. Il habite la mer des Indes.

Le LABRE AURITE a chaque opercule prolongé par une membrane alongée, arrondie à son extrémité et noirâtre. Il se pêche à l'embouchure des rivières de l'Amérique. Il est figuré dans Catesby, vol. 2, pl. 8, n° 31.

Le LABRE FAUCHEUR a sept aiguillons à la nageoire dorsale ; les premiers rayons de cette nageoire et celle de l'anus prolongés de manière à leur donner la forme d'une faux. Il habite avec le précédent.

Le LABRE OYÈNE a neuf rayons aiguillonnés et dix articulés à la nageoire du dos ; les deux lobes de la nageoire caudale lancéolés ; les deux mâchoires égales ; la couleur argentée. Forskal l'a observé dans la mer Rouge.

Le LABRE SAGITTAIRE, *Labrus jaculatrix*, a la nageoire du dos éloignée de la nuque ; les thoracines réunies l'une à l'autre par une membrane ; la mâchoire inférieure plus

vancée que la supérieure ; cinq bandes transversales. Il habite la mer des Indes.

Le LABRE CAPPA, *sciœna capa* Linn. a onze rayons aiguillonnés, et douze articulés à la nageoire du dos ; un double
rang d'écailles sur les côtés de la tête. Il habite la Méditerranée.

Le LABRE LÉPISME, *Sciœna lepisma* Linn. a dix rayons
aiguillonnés, et neuf articulés à la nageoire du dos ; une
pièce ou feuille écailleuse de chaque côté du sillon longitudinal, dans lequel cette nageoire peut être couchée. On ignore
sa patrie.

Le LABRE UNIMACULÉ, *Sciœna unimaculata* Linn., a onze
rayons aiguillonnés, et dix articulés à la nageoire du dos ;
une tache brune sur chaque côté. Lacépède en a figuré une
variété, pl. 17 de son troisième volume. Il habite la Méditerranée.

Le LABRE BOHAR a dix rayons aiguillonnés, et quinze articulés à la nageoire dorsale ; les thoracines réunies l'une à
l'autre par une membrane ; deux dents de la mâchoire supérieure assez longues pour dépasser l'inférieure ; la couleur
rougeâtre, avec des raies et des taches irrégulières blanchâtres.
Forskal l'a observé dans la Méditerranée.

Le LABRE BOSSU, *Sciœna gibba* Linn., a le dos élevé en
bosse ; les écailles rouges à leur base, et blanches à leur sommet ; deux dents de la mâchoire supérieure une fois plus
longues que les autres. Il habite la mer Rouge. C'est le *nagil*
des Arabes.

Le LABRE NOIR, *Sciœna nigra*, a dix rayons aiguillonnés,
et point de rayons articulés à la nageoire du dos ; les pectorales falciformes, et plus longues que les thoracines ; la pièce
antérieure de chaque opercule profondément échancrée. Il
habite la mer Rouge. C'est le *gatie* des Arabes.

Le LABRE ARGENTÉ, *Sciœna argentata*, a dix rayons aiguillonnés, et quatorze articulés à la nageoire dorsale ; la lèvre
inférieure plus longue que la supérieure ; la pièce postérieure
de chaque opercule, anguleuse du côté de la queue. Il est
figuré pl. 18, vol. 3 de l'ouvrage de Lacépède. Il se trouve
avec le précédent. C'est le *schaafen* des Arabes.

Le LABRE NÉBULEUX, *Sciœna nebulosa*, a dix rayons aiguillonnés, et dix articulés à la nageoire dorsale, trois rayons
aiguillonnés, et sept articulés à celle de l'anus ; les rayons des
nageoires terminés par des filamens. Il se trouve encore dans
la mer Rouge. C'est le *bonkose* des Arabes.

Le LABRE GRISATRE, *Sciœna cinerascens* Linn., a onze
rayons aiguillonnés, et douze rayons articulés à la nageoire du

dos; cette nageoire et celle de l'anus prolongées vers la caudale et anguleuses; une seule rangée de dents très-menues. On le pêche aussi dans la mer Rouge. C'est le *tahmel* des Arabes.

Le LABRE ARMÉ, *Sciæna armata* Linn., a un aiguillon couché horizontalement vers la tête, au-devant de la nageoire du dos; la ligne latérale droite; la couleur argentée. Il vient dans la mer d'Arabie.

Le LABRE CHAPELET, a onze rayons aiguillonnés et treize articulés à la nageoire du dos; la mâchoire inférieure plus avancée que la supérieure; huit séries de taches très-petites, rondes et égales sur chaque côté de l'animal; deux bandes transversales sur la tête ou la nuque; le dos élevé. Il est figuré dans Lacépède. Commerson l'a observé dans la mer des Indes.

Le LABRE LONG-MUSEAU a neuf rayons aiguillonnés, et dix articulés à la nageoire dorsale; le museau très-avancé; chaque opercule de deux pièces, dénuées d'écailles. Il est figuré dans Lacépède, vol. 3, pl. 19. Il se trouve avec le précedent.

Le LABRE THUNBERG, *Sciæna fusca*, a douze rayons aiguillonnés, et onze articulés à la nageoire du dos; tous ces rayons plus hauts que la membrane; la mâchoire inférieure un peu plus avancée que la supérieure; la courbure du dos, et celle de la partie inférieure, diminuant à la fin de la nageoire dorsale et de celle de l'anus. Il a été observé par Thunberg, dans les mers du Japon.

Le LABRE GRISON a onze rayons aiguillonnés, et douze articulés à la nageoire du dos; celle de la queue en croissant très-peu échancré; deux grandes dents à chaque mâchoire; la couleur grisâtre. Il est figuré dans Catesby, vol. 2, pl. 9. Il se trouve sur les côtes de la Caroline, où il parvient à un pied et demi de long. J'en ai mangé plusieurs fois et j'ai trouvé sa chair fade et molle.

Le LABRE CROISSANT, *Labrus lunaris* Linn., a huit rayons aiguillonnés, et quinze articulés à la nageoire du dos; celle de la queue en croissant; une teinte violette sur plusieurs parties. Il est figuré dans Gronovius, *mus.* 2, pl. 6, n° 2. On le pêche dans les mers d'Amérique.

Le LABRE FAUVE a vingt-trois rayons à la nageoire du dos; douze à celle de l'anus; celle de la queue en croissant; tout le corps fauve. Il est figuré dans Catesby, vol. 2, tab. 11. On le pêche dans les mers de la Caroline, où il atteint près de deux pieds.

Le LABRE CEYLAN, *Labrus zeylanicus*, a neuf rayons aiguillonnés, et treize articulés à la nageoire dorsale; celle de nue en croissant ; la couleur générale verte par-dessus , et d'un pourpre blanchâtre par-dessous ; des raies pourpres sur chaque opercule. Il est figuré dans l'*Index zoologicus* de Forster , tab. 13 , n° 3. Il habite la mer des Indes.

Le LABRE DEUX BANDES a neuf rayons aiguillonnés , et douze rayons articulés à la dorsale ; trois rayons aiguillonnés , et onze articulés à celle de l'anus ; la caudale en croissant ; deux bandes brunes et transversales sur le corps proprement dit. Il est figuré dans Bloch , pl 283 , et dans l'*Histoire des Poissons* , faisant suite au *Buffon*, édition de Déterville , vol. 5 , pag. 289. Il se trouve dans les mers de l'Inde.

Le LABRE MÉLAGASTRE a quinze rayons aiguillonnés , et six articulés à la nageoire du dos ; les thoracines alongées ; la pièce antérieure de l'opercule seule garnie d'écailles semblables à celles du dos. Il est figuré dans Bloch , pl. 295 , et dans le *Buffon* de Déterville , vol. 4 , pag. 12. On le trouve à Surinam.

Le LABRE MÉLAPTÈRE a vingt rayons articulés , et point de rayons aiguillonnés à la nageoire dorsale , douze rayons articulés à celle de l'anus ; la tête dénuée d'écailles semblables à celles du dos. Il est figuré dans Bloch , pl. 296 , et dans le *Buffon* de Déterville , vol. 4 , pag. 12 , sous le nom de *labre à nageoires molles*. Il habite les mers du Japon.

Le LABRE DEMI-ROUGE a douze rayons aiguillonnés , et onze articulés à la nageoire du dos ; le sixième articulé beaucoup plus long ; la base de la partie postérieure de la dorsale garnie d'écailles ; quatre dents plus grandes que les autres à la mâchoire supérieure ; la partie antérieure de l'animal . rouge , et la postérieure jaune. Commerson l'a observé dans la mer des Indes.

Le LABRE TÉTRACANTHE a quatre rayons aiguillonnés , et vingt-un rayons articulés à la nageoire dorsale : la lèvre supérieure , large , épaisse et plissée ; dix-huit rayons articulés à celle de l'anus ; ces derniers , et les articulés de la dorsale terminés par des filamens ; trois rangées longitudinales de points noirs sur la dorsale ; une rangée de points semblables sur la partie postérieure de la nageoire de l'anus ; la caudale en croissant. Il est figuré dans Lacépède. On ignore son pays natal.

Le LABRE DEMI-DISQUE a vingt-un rayons à la nageoire dorsale : cette nageoire festonnée , ainsi que celle de l'anus ; la tête et les opercules dénués d'écailles semblables à celles du dos ; la seconde pièce de chaque opercule anguleuse ; dix-neuf bandes transversales de chaque côté de l'animal ; une tache d'une nuance très-claire et en forme de demi-disque ,

à l'extrémité de la nageoire caudale qui est en croissant. Il e
figuré dans Lacépède, et se pêche dans la mer de l'Inde.

Le LABRE CERCLÉ a neuf rayons aiguillonnés et trei
rayons articulés à la nageoire du dos ; la tête et les opercul
dénués d'écailles semblables à celles du dos ; la seconde pièc
de chaque opercule anguleuse ; vingt-trois bandes transver
sales ; la nageoire caudale en croissant. Il est figuré dans L
cépède, et se trouve dans la mer des Indes.

Le LABRE HÉRISSÉ a onze rayons aiguillonnés et douz
rayons articulés à la dorsale ; la nageoire en croissant ; si
grandes dents à la mâchoire supérieure ; la ligne latérale héri
sée de petits piquans ; douze raies longitudinales de chaqu
côté du poisson ; quatre autres raies longitudinales sur l
nuque ; le dos parsemé de points. Il est figuré dans Lacépèd
vol. 3, pl. 20, et se trouve avec les précédens.

Le LABRE FOURCHU a neuf rayons aiguillonnés et di
rayons articulés à la nageoire du dos ; le dernier rayon de l
dorsale et le dernier rayon de l'anale, très-longs ; les deu
lobes de la caudale pointus et très-prolongés ; la mâchoire in
férieure plus avancée que la supérieure ; de très-petites dent
à chaque mâchoire. Il est figuré dans Lacépède, vol. 3,
pl. 21, et se pêche dans la mer des Indes.

Le LABRE SIX BANDES a treize rayons aiguillonnés et di
rayons articulés à la dorsale ; le museau avancé ; l'ouvertu
de la bouche très-petite ; la mâchoire inférieure plus longu
que la supérieure ; six bandes transversales ; la caudale fourchue. Il est figuré dans Lacépède, vol. 3, pl. 19, et se trouv
dans la mer des Indes.

Le LABRE MACROGASTÈRE a treize rayons aiguillonnés e
quinze rayons articulés à la dorsale ; le ventre très-gros ; de
écailles semblables à celles du dos sur la tête et les opercule
la caudale en croissant ; six bandes transversales. Il est figu
dans Lacépède, et se pêche dans la mer des Indes.

Le LABRE FILAMENTEUX a quinze rayons aiguillonnés e
garnis chacun d'un filament, et neuf rayons articulés à l
dorsale ; l'ouverture de la bouche en forme de demi-cercl
vertical ; quatre ou cinq bandes transversales sur le dos. Il es
figuré dans Lacépède, vol. 3, pl. 18. On le pêche dans la me
des Indes.

Le LABRE ANGULEUX a douze rayons aiguillonnés et neu
rayons articulés à la dorsale ; les rayons articulés de cett
dorsale beaucoup plus longs que les aiguillonnés de cett
même nageoire ; les lèvres larges et épaisses ; des lignes et de
points représentant un réseau sur la première pièce de l'oper
cule ; la seconde pièce échancrée et anguleuse ; cinq à six ran

gées de petits points de chaque côté de l'animal. Il est figuré dans Lacépède, vol. 3, pl. 22. Son habitation est la mer des Indes.

Le LABRE HUIT RAIES a onze rayons aiguillonnés et douze rayons articulés à la dorsale; trois rayons aiguillonnés et sept rayons articulés à la nageoire de l'anus; la caudale en croissant; les dents de la mâchoire supérieure beaucoup plus longues que celles de l'inférieure; la pièce postérieure de l'opercule anguleuse; la tête et les opercules dénués d'écailles semblables à celles du dos; quatre raies un peu obliques de chaque côté du poisson. Il se voit figuré dans Lacépède, volume 3, pl. 22, et se trouve dans la mer des Indes.

Le LABRE MOUCHETÉ a treize rayons aiguillonnés à la dorsale qui est très-longue; cette dorsale, l'anale et les thoracines, pointues; la caudale en croissant; la mâchoire inférieure plus avancée que la supérieure; l'ouverture de la bouche très-grande; cinq ou six grandes dents à la mâchoire d'en bas, et deux dents également grandes à celle d'en haut; toute la surface du corps parsemée de petites taches rondes. Il est figuré dans Lacépède, vol. 3, pl. 17, et habite la mer des Indes.

Le LABRE COMMERSONNIEN a neuf rayons aiguillonnés et seize rayons articulés à la nageoire du dos; les dents des deux mâchoires presque égales; un rayon aiguillonné et dix-sept rayons articulés à la nageoire de l'anus; le dos et une grande partie des côtés parsemés de taches égales, rondes et petites. Il est figuré dans Lacépède, vol. 3, pl. 23, et se pêche dans la mer des Indes.

Le LABRE LISSE a quinze rayons aiguillonnés et treize rayons articulés à la dorsale; les rayons articulés de cette nageoire plus longs que les aiguillonnés; la mâchoire inférieure un peu plus avancée que la supérieure; les dents grandes, recourbées et égales; la ligne latérale presque droite; la caudale un peu en croissant; les écailles très-difficilement visibles; cinq grandes taches ou bandes transversales. Il est figuré dans Lacépède, vol. 3, pl. 28, et habite la mer des Indes.

Le LABRE MACROPTÈRE a vingt-huit rayons à la dorsale, vingt-un à l'anale, presque tous les rayons de ces deux nageoires longs et garnis de filamens; la caudale en croissant; une tache noire sur l'angle postérieur des opercules qui sont couverts, ainsi que la tête, d'écailles semblables à celles du dos. Il est figuré dans Lacépède, vol. 3, pl. 23, et se trouve dans la mer des Indes.

Ces quatorze ou quinze dernières espèces ont été observées,

décrites et dessinées par Commerson, dans son Voyage autour
du Monde.

Le LABRE QUINZE ÉPINES a quinze rayons aiguillonnés et
neuf rayons articulés à la nageoire dorsale ; trois rayons aiguillonnés et neuf articulés à celle de l'anus; la mâchoire supérieure plus avancée que l'inférieure ; les dents petites et
égales ; l'opercule anguleux ; six bandes transversales sur le
dos et la nuque. Il est figuré dans Lacépède, vol. 3, pl. 25.
On ignore sa patrie.

Le LABRE MACROCÉPHALE a onze rayons aiguillonnés et
neuf rayons articulés à la dorsale ; trois rayons aiguillonnés et
neuf rayons articulés à l'anale ; la tête grosse ; la nuque et
l'entre-deux des yeux très-élevés ; la mâchoire inférieure plus
avancée que la supérieure ; les dents crochues, égales , et très-
séparées l'une de l'autre ; la nageoire de la queue divisée en
deux lobes un peu arrondis, les pectorales ayant la forme
d'un trapèse. Il est figuré dans l'ouvrage de Lacépède, vol. 3,
pl. 26, et se pêche dans la mer des Indes.

Le LABRE PLUMIERIEN a dix rayons aiguillonnés et onze
rayons articulés à la dorsale ; un rayon aiguillonné et neuf
rayons articulés à la nageoire de l'anus ; des raies bleues sur
la tête ; le corps argenté et parsemé de taches bleues et de taches couleur d'or ; les nageoires dorées ; une bande transversale et courbée sur la caudale. Il se pêche dans les mers
d'Amérique.

Le LABRE GOUAN a huit rayons aiguillonnés et onze rayons
articulés à la dorsale ; trois rayons aiguillonnés et treize rayons
articulés à la nageoire de l'anus ; chaque opercule composé
de trois pièces dénuées d'écailles semblables à celles du dos, et
terminé par une prolongation large et arrondie ; la ligne latérale insensible; un appendice pointu entre les thoracines ; la
caudale en croissant. On ignore sa patrie.

Le LABRE ENNÉACANTHE a neuf rayons aiguillonnés et dix
rayons articulés à la dorsale; la ligne latérale interrompue :
six bandes transversales ; deux autres bandes transversales sur
la caudale qui est en croissant; deux ou quatre dents grandes,
fortes, et crochues à l'extrémité de chaque mâchoire ; les
écailles grandes. On ignore sa patrie.

Le LABRE ROUGES-RAIES a douze rayons aiguillonnés et
onze rayons articulés à la nageoire du dos; trois rayons aiguillonnés et douze articulés à celle de l'anus; les dents du bord
de chaque mâchoire alongées , séparées l'une de l'autre , et
seulement au nombre de quatre ; la mâchoire supérieure un
peu plus avancée que l'inférieure ; onze ou douze raies rouges
et longitudinales de chaque côté ; une tache œillée à l'ori-

gine de la dorsale ; une autre tache très-grande à la base de la caudale, qui est un peu en croissant. Il est figuré dans Lacépède, et habite les côtes de Madagascar.

Le Labre kismira a dix rayons aiguillonnés et quinze rayons articulés à la dorsale ; trois rayons aiguillonnés et neuf articulés à l'anale ; la lèvre inférieure plus courte que la supérieure ; les dents coniques ; la pièce antérieure des opercules échancrée ; la caudale en croissant ; sept raies petites et bleues sur chaque côté de la tête ; quatre raies plus grandes et bleues le long de chaque côté du corps. Il habite la mer Rouge.

Le Labre salmoïde a neuf rayons aiguillonnés et treize rayons articulés à la nageoire du dos ; treize rayons à la nageoire de l'anus ; l'opercule composé de quatre lames, et terminé par une prolongation anguleuse ; deux orifices à chaque narine ; la couleur générale d'un brun noirâtre. Il se trouve dans les eaux douces de la Caroline, où je l'ai observé, décrit et dessiné, et où il est connu sous le nom de *truite (traut)*. Il parvient à la grandeur de plus de deux pieds. Sa chair est ferme et d'un goût très-agréable, et il est en conséquence très-recherché comme aliment. On le prend principalement à la ligne amorcée de petits poissons du genre *cyprin*.

Le Labre iris a onze rayons aiguillonnés et quatorze rayons articulés à la dorsale ; sept rayons aiguillonnés et seize articulés à l'anale ; l'opercule composé de quatre lames, et terminé par une prolongation anguleuse ; la caudale un peu en croissant ; une tache ovale, grande, noire et bordée de blanchâtre à l'extrémité de la nageoire du dos ; une petite tache noire à l'angle postérieur de l'opercule. Il habite avec le précédent, mais il est bien plus abondant. Il ne parvient pas à une aussi grande longueur ; sa chair n'est pas si savoureuse, cependant elle est recherchée, sur-tout au printemps. Je l'ai également observé, décrit et dessiné sur les lieux.

La seconde division des *labres* comprend ceux qui n'ont la queue ni échancrée ni trilobée.

Le Labre paon, qui a quinze rayons aiguillonnés et dix-sept rayons articulés à la dorsale ; le corps et la queue d'un vert mêlé de jaune, et parsemés, ainsi que les opercules et la nageoire caudale, de taches rouges et de taches bleues ; une grande tache brune auprès de chaque pectorale, et une tache presque semblable de chaque côté de la queue. Il est figuré dans Jonston, liv. 1, tab. 15, n° 12. On le trouve dans la Méditerranée, où il est connu sous le nom de *tourd* et de *paon*. C'est un très-beau poisson, qui atteint rarement plus d'un pied de long, et dont la chair est passablement bonne à manger.

Le Labre bordé a deux rayons aiguillonnés et vingt-deux rayons articulés à la nageoire du dos ; la couleur générale brune ; la dorsale et l'anale bordées de roux. On ignore sa patrie.

Le Labre rouillé a deux rayons aiguillonnés et vingt-six rayons articulés à la nageoire du dos ; trois aiguillonnés et quatorze articulés à celle de l'anus ; le corps et la queue couleur de rouille et sans tache. Il habite la mer des Indes.

Le Labre œillé a quatorze rayons aiguillonnés et dix articulés à la dorsale ; trois rayons aiguillonnés et dix articulés à l'anale ; les dents égales ; les rayons de la nageoire du dos terminés par un filament ; une tache bordée près de la nageoire caudale. On ignore sa patrie.

Le Labre nil a dix-sept rayons aiguillonnés et treize rayons articulés à la dorsale ; les dents très-petites et échancrées ; la couleur générale, blanchâtre ; la dorsale, l'anale et la caudale nuageuses. Il se trouve dans le Nil. C'est le *nébuleux* de quelques auteurs. C'est, ainsi que s'en est assuré E. Geoffroy, le véritable *coracinus* des anciens.

Le Labre mélops a seize rayons aiguillonnés et neuf rayons articulés à la nageoire du dos ; les opercules ciliés ; l'anale panachée de différentes couleurs ; un croissant brun derrière les yeux ; des filamens aux rayons de la nageoire du dos. Il habite les mers de l'Europe méridionale.

Le Labre brun a sept rayons aiguillonnés et filamenteux, et treize rayons articulés à la dorsale ; deux rayons aiguillonnés et onze articulés à l'anale ; les deux dents de devant de chaque mâchoire plus longues que les autres ; des rugosités disposées en rayons auprès des yeux ; deux raies vertes, larges et longitudinales, de chaque côté du corps ; des écailles sur une partie de la caudale, qui est tronquée net ; des traits colorés et semblables à des lettres chinoises, le long de la ligne latérale. Il a été observé par Commerson, dans la mer des Indes.

Le Labre parotique a neuf rayons aiguillonnés et douze rayons articulés à la dorsale ; les dents de devant plus grandes que les autres ; les nageoires rousses ; une tache d'un beau bleu sur chaque opercule. Il habite la mer des Indes.

Le Labre louche a dix-huit rayons aiguillonnés et treize rayons articulés à la dorsale ; trois rayons aiguillonnés et onze articulés à l'anale ; le dessus de l'œil noir ; toutes les nageoires jaunes ou dorées. On ignore son pays natal.

Le Labre triple tache a dix-sept rayons aiguillonnés et treize articulés à la nageoire du dos ; trois aiguillonnés et neuf articulés à celle de l'anus ; le corps et la queue rouges et couverts de grandes écailles; trois grandes taches. Il est figuré dans Bloch, pl. 289, et dans le *Buffon* de Déterville, vol. 3, pag. 316, sous le nom de *paon rouge*. Il se trouve dans les mers du Nord, où il vit de crustacés et de petits coquillages, qu'il brise au moyen de ses dents antérieures plus grandes. Ce poisson a les couleurs très-brillantes, et sa chair passe pour délicieuse.

Le LABRE CENDRÉ a quatorze rayons aiguillonnés et onze rayons articulés à la dorsale; trois rayons aiguillonnés et dix articulés à l'anale; l'ouverture de la bouche étroite; les dents petites; celles du devant plus longues; des raies bleues sur le devant de la tête; une tache noire auprès de la caudale. Il habite la Méditerranée.

Le LABRE CORNUBIEN a seize rayons aiguillonnés et neuf articulés à la nageoire du dos; trois rayons aiguillonnés et huit articulés à celle de l'anus; le museau en forme de boutoir; les premiers rayons de la dorsale tachetés de noir; une tache noire sur la queue, dont la nageoire est tronquée net. Il est figuré dans Ray, fig. 3. On le pêche sur les côtes d'Angleterre.

Le LABRE MÊLÉ est bleu, avec des nuances brunes ou jaunes; son ventre est jaune; ses dents antérieures plus grandes que les autres. Il habite la Méditerranée.

Le LABRE JAUNATRE a l'ouverture de la bouche large; trois ou quatre grosses dents à l'extrémité de la mâchoire supérieure; de petites dents au palais; la mâchoire inférieure plus avancée que la supérieure, et garnie d'une double rangée de petites dents; un fort aiguillon à la caudale; les écailles minces, de couleur fauve ou orangée. Il est figuré dans Catesby, vol. 2, pl. 10, n° 2. On le pêche dans les mers d'Amérique.

Le LABRE MERLE a dix rayons aiguillonnés, garnis d'un filament, et quinze articulés à la dorsale; la caudale coupée net; l'ouverture de la bouche médiocre; les dents grandes et recourbées; les mâchoires également avancées; les écailles grandes; la couleur générale, d'un bleu tirant sur le noir. Il est figuré dans Jonston, liv. 1, tab. 14, n° 2. On le trouve dans la Méditerranée. Il a été connu des anciens sous le nom de *merula*. Aristote rapporte, comme un fait certain, qu'il est blanc la majeure partie de l'année; et Oppien, qu'il est le mâle du *tourd* ou *labre paon*. Sa chair est tendre et fort recherchée.

Le LABRE RONE a seize rayons aiguillonnés et neuf rayons articulés à la nageoire du dos; trois rayons aiguillonnés et six rayons articulés à celle de l'anus; la caudale tronquée net; la nageoire du dos s'étendant depuis la nuque jusqu'à une petite distance de la caudale ; les rayons de cette nageoire, garnis d'un ou deux filamens ; la partie supérieure du poisson, d'un rouge foncé, avec des taches et des raies vertes ; la partie inférieure, d'un rouge mêlé de jaune. Il habite les mers du Nord de l'Europe.

Le LABRE FULIGINEUX a neuf rayons aiguillonnés et onze rayons articulés à la dorsale ; deux rayons aiguillonnés et neuf articulés à l'anale ; la mâchoire supérieure un peu plus courte que l'inférieure ; les deux premières dents de chaque mâchoire, plus alongées que les autres ; la tête variée de vert, de rouge et de jaune ; quatre à cinq bandes transversales. Il a été observé par Commerson, dans la mer des Indes, et figuré par Lacépède, dans son troisième volume, pl. 22.

Le LABRE ÉCHIQUIER, qui a neuf rayons aiguillonnés et filamenteux, et treize rayons articulés à la dorsale ; deux rayons aiguillonnés et douze articulés à la nageoire de l'anus ; les quatre dents antérieures de la mâchoire supérieure, et les deux de devant de la mâchoire inférieure, plus alongées que les autres ; la tête variée de rouge ; toute la surface du corps et de la queue, peinte de taches alternativement blanchâtres et d'un noir pourpré. Il habite la mer des Indes.

Le LABRE MARBRÉ a dix rayons aiguillonnés et treize articulés, plus longs que les aiguillonnés, à la dorsale ; deux rayons aiguillonnés et six articulés à l'anale ; les dents égales et écartées l'une de l'autre ; la nageoire caudale tronquée net ; la tête et les opercules dénués d'écailles semblables à celles du dos ; presque tout le corps parsemé de petites taches foncées, et de taches moins petites et blanchâtres. Il se trouve dans la grande mer, où il a été observé par Commerson.

Le LABRE LARGE QUEUE a vingt-six rayons à la nageoire du dos ; dix-neuf à celle de l'anus ; le museau petit et avancé ; les dents grandes, fortes et triangulaires ; dix rayons, divisés chacun en quatre ou cinq ramifications, à la caudale, qui est rectiligne et très-large, ainsi que très-longue ; un grand nombre de petites raies longitudinales sur le dos ; une tache sur la dorsale, à son origine ; presque toute la queue, l'anale et l'extrémité de la nageoire du dos, d'une couleur foncée. Il habite la grande mer, où il a été observé par Commerson.

Le LABRE GIRELLE, *Labrus julis* Linn., a neuf rayons aiguillonnés et douze rayons articulés à la dorsale ; les deux dents de devant de la mâchoire supérieure, plus grandes que les autres ; une large raie dentelée, longitudinale et d'un blanc jaunâtre, de chaque côté du corps ; le plus souvent une raie bleue, étroite et longitudinale, en dessous de la raie dentelée; la caudale arrondie. Il est figuré dans Bloch, pl. 287; dans le *Buffon* de Déterville, vol. 3, pag. 299, et dans plusieurs autres ouvrages. On le trouve dans la Méditerranée, où il n'atteint jamais un pied de long. C'est un des plus beaux poissons des mers de l'Europe. Il a été connu des anciens, qui le vantent sous plusieurs rapports. Il vit en troupes nombreuses parmi les rochers, se nourrit de crustacés, d'œufs d'autres poissons, &c. et dépose son frai sur les pierres, au printemps. On le prend au filet et à la ligne, à laquelle on attache un morceau de poisson, de coquille ou de crustacé. Sa chair est tendre, savoureuse et saine. On l'ordonne bouillie aux malades. On la mange aussi frite. C'est par erreur qu'Elien et autres l'ont cru vénéneux. Il porte le nom de *dozella*, en Italie, et de *dovella*, sur les côtes de France.

Le LABRE BERGSNYTHE a neuf rayons aiguillonnés et huit rayons articulés à la nageoire du dos; trois rayons aiguillonnés et sept rayons articulés à celle de l'anus; les rayons de la dorsale, garnis de filamens; une tache noire sur la queue. Il habite la mer du Nord.

Le LABRE GUAZE a onze rayons aiguillonnés et seize rayons articulés à la dorsale; la caudale arrondie, et composée de rayons plus longs que la membrane qui les réunit; la couleur est brune. Il habite la grande mer. Il est figuré dans Lacépède, vol. 3, pl. 27.

Le LABRE TANCOÏDE a quinze rayons aiguillonnés et onze rayons articulés à la dorsale; trois rayons aiguillonnés et dix rayons articulés à l'anale; le museau recourbé vers le haut; la caudale arrondie; la couleur générale, d'un rouge nuageux, ou des raies nombreuses, rouges, bleues et jaunes. On le pêche sur les rochers qui entourent l'Angleterre.

Le LABRE DOUBLE TACHE a quinze rayons aiguillonnés et onze rayons articulés à la dorsale; quatre rayons aiguillonnés et huit rayons articulés à l'anale; des filamens aux rayons de la nageoire du dos, et aux deux premiers rayons de chaque thoracine; l'anale en forme de faux; une grande tache sur chaque côté du corps, et sur chaque côté de la queue de l'animal. On le pêche dans la Méditerranée.

Le LABRE PONCTUÉ a quinze rayons aiguillonnés et dix rayons articulés à la nageoire du dos; quatre rayons aiguillonnés et huit articulés à celle de l'anus; toutes les nageoires pointues, excepté la caudale, qui est arrondie; la pièce postérieure de chaque opercule, couverte d'écailles semblables par leur forme, et égales par leur grandeur, à celles du dos; la ligne latérale interrompue; de petites écailles sur une partie de la dorsale et de l'anale; plusieurs rayons articulés de la dorsale beaucoup plus alongés que les aiguillons de cette nageoire ; un grand nombre de points ; neuf raies longitudinales, et trois taches rondes sur chaque côté. Il est figuré dans Bloch, pl. 295, et dans le *Buffon* de Déterville, vol. 4, pag. 12. Il habite les rivières de l'Amérique méridionale.

Le LABRE OSSIFRAGE a dix-sept rayons aiguillonnés, et quatorze rayons articulés à la dorsale ; trois rayons aiguillonnés, et dix articulés à la nageoire de l'anus. On le pêche dans les mers d'Europe.

Le LABRE ORCITE a dix-sept rayons aiguillonnés, et dix articulés à la dorsale, trois rayons aiguillonnés, et huit articulés à l'anale ; la caudale arrondie et jaune ; la couleur générale brune ; la partie inférieure de l'animal tachetée de gris et de brun ; des filamens aux rayons de la nageoire dorsale. Il habite la grande mer.

Le LABRE PERROQUET, *Labrus viridis* Linn., a dix-huit rayons aiguillonnés, et douze articulés à la dorsale ; trois rayons aiguillonnés, et dix rayons articulés à la nageoire de l'anus ; la couleur générale verte ; le dessous du corps jaune ; une raie longitudinale bleue de chaque côté du corps ; quelquefois des taches bleues sur le corps.

Le LABRE TOURD a dix-huit rayons aiguillonnés, et quinze rayons articulés à la nageoire du dos ; trois rayons aiguillonnés, et douze rayons articulés à l'anale ; le corps et la queue alongés ; la partie supérieure jaune, avec des taches blanches ou vertes, et quelquefois avec des taches blanches bordées d'or au-dessus du museau. Il se trouve dans la Méditerranée, et dans la grande mer, et parvient à plus d'un pied de long. On le mange volontiers à Marseille, où on en apporte souvent au marché.

Le LABRE CINQ ÉPINES, *Labrus exoletus* Linn. a dix-neuf rayons aiguillonnés, et six articulés à la dorsale ; cinq rayons aiguillonnés, et huit rayons articulés à l'anale ; des filamens aux rayons de la nageoire du dos ; le corps et la queue bleus ou rayés de bleu. On le trouve, mais rarement, dans les mers du nord de l'Europe.

Le LABRE CHINOIS a dix-neuf rayons aiguillonnés, et cinq articulés à la dorsale ; cinq rayons aiguillonnés, et sept articulés à l'anale ; des filamens aux rayons de la nageoire du dos ; le sommet de la tête très-obtus ; la couleur livide. On le pêche dans les mers du Japon.

Le LABRE JAPONAIS a dix rayons aiguillonnés, et onze articulés à la dorsale : trois rayons aiguillonnés, et cinq articulés à l'anale ; des filamens aux rayons de la nageoire du dos ; les opercules couverts d'écailles semblables à celles du corps ; des dents petites et aiguës aux mâchoires ; la couleur jaune. Il habite les mers du Japon.

Le LABRE LINÉAIRE a vingt rayons aiguillonnés , et un rayon articulé à la nageoire du dos ; quinze rayons à celle de l'anus ; la dorsale très-longue ; le corps alongé ; la tête comprimée ; la couleur blanche ou blanchâtre. Il se pêche dans les mers de l'Inde et dans celles d'Amérique.

Le LABRE LUNULÉ a neuf rayons aiguillonnés , et onze articulés à la dorsale ; trois rayons aiguillonnés , et neuf articulés à la nageoire de l'anus ; les écailles larges et striées en creux ; les pectorales et la caudale arrondies ; la ligne latérale interrompue ; la couleur générale d'un brun verdâtre , avec des bandes transversales plus foncées ; le plus souvent un croissant jaune et bordé de noir sur le bord postérieur de chaque opercule ; deux taches jaunes sur la membrane branchiale qui est verte. On le trouve dans la mer Rouge.

Le LABRE VARIÉ a dix-sept rayons aiguillonnés , et douze rayons articulés à l'anale ; les lèvres larges et doubles ; la caudale un peu arrondie ; le corps et la queue alongés ; la couleur générale rouge ; quatre raies longitudinales olivâtres , et quatre autres bleues de chaque côté ; la dorsale bleue à son origine , ensuite blanche , puis rouge ; la caudale bleue en haut et jaune en bas. On le pêche sur les côtes d'Angleterre.

Le LABRE MAILLÉ , *Labrus venosus* Linn., a quinze rayons aiguillonnés et dix rayons articulés à la nageoire du dos ; trois rayons aiguillonnés et neuf articulés à celle de l'anus ; le corps ovale , comprimé et de couleur verte avec un réseau rouge ; une tache noire sur chaque opercule et sur la dorsale ; des bandes , et des filamens rouges à la nageoire du dos. Il habite la Méditerranée , et se vend dans le marchés de Marseille.

Le LABRE TACHETÉ , *Labrus guttatus* Linn., a quinze rayons articulés à la dorsale ; trois rayons aiguillonnés , et onze articulés à l'anale ; la couleur générale rougeâtre ; un grand nombre de points blancs disposés avec ordre , des taches noires ; une tache au milieu de la caudale. On le pêche dans la Méditerranée.

Le LABRE COCK , *Labrus coquus* Linn. , a la caudale arrondie ; la partie supérieure nuancée de pourpre et de bleu foncé : l'inférieure d'un beau jaune. Il est figuré dans Ray , *Pisc.* n° 4. On le pêche sur les côtes d'Angleterre.

Le LABRE CANUDE , *Labrus cinœdus* Linn. , a des rayons aiguillonnés à la dorsale , qui s'étend depuis la nuque jusqu'à la caudale ; la gueule petite ; les dents crénelées ou lobées ; la couleur générale jaune ; le dos d'un rouge pourpre. Il est figuré dans Jonston, liv. 1, tab. 15 , n° 1. On le pêche dans

la Méditerranée. Il étoit connu des anciens, qui l'avoien[t]
nommé *alphestus* et *cinœdus*, parce qu'il nage presque tou[t]
jours deux à deux, et à la queue l'un de l'autre. Aujourd'hu[i]
il est connu sous les noms de *rocheau*, *canus*, *canudo* sur no[s]
côtes, où on regarde sa chair qui est molle et tendre, comm[e]
facile à digérer, et par conséquent propre aux malades et au[x]
convalescens.

Le LABRE BLANCHE-RAIE a neuf rayons aiguillonnés e[t]
onze rayons articulés à la dorsale; trois rayons aiguillonné[s]
et dix rayons articulés à l'anale; une seule rangée de dent[s]
petites et aiguës à chaque mâchoire; les lèvres très-épaisses; l[e]
corps alongé; la couleur générale jaunâtre; deux raies longitudinales blanches et très-longues, et une troisième raie supérieure semblable aux deux premières, mais plus courtes d[e]
chaque côté; la caudale arrondie. Il est figuré dans les nouveaux *Mémoires de l'Académie de Pétersbourg*, tom. 9,
pag. 458. On ignore sa patrie.

Le LABRE BLEU a dix-sept rayons aiguillonnés, et douze articulés à la nageoire du dos; deux rayons aiguillonnés et douze
articulés à la nageoire de l'anus; la couleur générale bleue,
avec des taches jaunes, et des raies bleuâtres; une grande
tache bleue sur le devant de la dorsale; les thoracines, l'anale
et la caudale bordées de la même couleur; les dents de devant
plus longues que les autres. Il est figuré sous le nom de *paon
bleu* dans le second cahier d'Ascagne, pl. 12. Il habite les
mers du Nord.

Le LABRE RAYÉ a dix-sept rayons aiguillonnés, et treize
articulés à la dorsale; trois rayons aiguillonnés, et douze articulés à l'anale; les dents de devant plus longues que les autres;
le museau long; la nuque un peu relevée et convexe; le corps
alongé; la caudale arrondie; le dos rougeâtre; les côtés bleus;
la poitrine jaune; le ventre d'un bleu pâle; quatre raies vertes
et longitudinales de chaque côté. On le pêche sur les côtes
d'Angleterre.

Le LABRE BALLAN a vingt rayons aiguillonnés, et onze
rayons articulés à la dorsale; trois rayons aiguillonnés et neuf
articulés à l'anale; la caudale arrondie; un sillon sur la tête;
une petite cavité rayonnée sur chaque opercule; la couleur
jaune, avec des taches couleur d'orange. On le prend sur les
côtes d'Angleterre.

Le LABRE BERGYLTE a vingt rayons aiguillonnés, et douze
rayons articulés à la dorsale; trois rayons aiguillonnés et six
articulés à l'anale; la caudale arrondie; la tête alongée; les
écailles grandes; les derniers rayons de la dorsale et de l'anale
beaucoup plus longs que les autres; des taches sur les nageoires;

des raies brunes et bleues disposées alternativement sur la poitrine. Il est figuré dans Bloch, pl. 294, et dans le *Buffon* de Déterville, vol. 4, pag. 3, sous le nom de *labre tacheté*. Il habite les mers du nord de l'Europe, et se nourrit de crustacés et de jeunes coquillages. On le pêche sur les bas fonds, où il acquiert environ quinze pouces de long. Sa chair est grasse et de bon goût.

Le Labre assek n'a point de rayons aiguillonnés aux nageoires, a le corps très-alongé, la ligne latérale droite ou presque droite, une raie longitudinale et mouchetée de noir de chaque côté. On le trouve dans la mer Rouge.

Le Labre aristé a tente-deux rayons à la dorsale; vingt-cinq à l'anale; le corps comprimé et ovale; les écailles courtes et relevées chacune par deux arêtes; les dents éloignées l'une de l'autre; les deux de devant de la mâchoire inférieure, plus avancées que les autres. Il habite les mers de la Chine.

Le Labre birayé a neuf rayons aiguillonnés, et douze articulés à la dorsale; trois rayons aiguillonnés, et onze articulés à l'anale; toutes les nageoires pointues, excepté celle de la queue qui est arrondie; le dos rouge; les côtés jaunes, avec deux raies longitudinales brunes dont la supérieure est placée sur l'œil; des taches jaunes sur la caudale qui est violette; le ventre rougeâtre. Il est figuré dans Bloch, pl. 284, et dans le *Buffon* de Déterville, vol. 3, pag 289, sous le nom de *labre à deux lignes*. On ignore son pays natal.

Le Labre a grandes écailles, *Labrus macrolepidotus*, neuf rayons aiguillonnés, et treize articulés à la nageoire du dos; trois rayons aiguillonnés, et treize articulés à celle de l'anus; les écailles grandes et lisses; les mâchoires aussi avancées l'une que l'autre; la tête courte et comprimée; deux demi cercles de pores muqueux au-dessous des yeux; la caudale arrondie; la couleur générale jaune. Il est figuré dans Bloch, pl. 284, et dans le *Buffon* de Déterville, vol. 3, p. 289. Il est probable qu'il vient de la mer des Indes.

Le Labre tête bleue a neuf rayons aiguillonnés, et onze rayons articulés à la nageoire du dos; deux rayons aiguillonnés, et douze articulés à celle de l'anus; la caudale arrondie; la ligne latérale interrompue; les écailles grandes, rondes et minces; les opercules terminés en pointe du côté de la queue; le dos bleu; les côtés argentés; la tête bleue. Il est figuré dans Bloch, pl. 286, et dans le *Buffon* de Déterville, vol. 3, pag. 299. On ne connoît pas son pays natal.

Le Labre a gouttes n'a point de rayons aiguillonnés, mais a dix-neuf rayons à la dorsale, neuf à l'anale; la caudale arrondie; les écailles dures et couvertes d'une membrane; le

XII.

E e

dos brun ; les côtés bleus ; le dessous blanchâtre ; la tête bleue ; des taches argentées sur la tête , les côtés et la queue ; des taches jaunes sur la nageoire du dos. Il est figuré dans Bloch , pl. 282 et dans le *Buffon* de Déterville , vol. 3 , pag. 299. C'est un très beau poisson. On en ignore le pays natal.

Le LABRE BOISÉ , *Labrus tessellatus* , a dix-sept rayons aiguillonnés et onze rayons articulés à la dorsale ; trois rayons aiguillonnés et neuf articulés à la nageoire de l'anus ; la tête et les opercules presqu'entièrement dénués d'écailles semblables à celles du dos , excepté dans une petite place auprès des yeux ; les deux mâchoires également avancées ; plusieurs pores muqueux au-dessous des narines ; quatre rayons à la membrane branchiale , qui est étroite ; les écailles petites et molles ; le corps alongé ; la caudale arrondie ; le dos violet ; les côtés argentés ; des taches imitant des compartimens de boiserie. Il est figuré dans Bloch, pl. 291, et dans le *Buffon* de Déterville , vol. 3 , pag. 316 , sous le nom de *perroquet boisé*. On le trouve dans les mers du Nord.

Le LABRE CINQ TACHES a quinze rayons aiguillonnés et dix articulés à la dorsale ; trois rayons aiguillonnés et neuf articulés à l'anale ; la tête garnie d'écailles semblables à celles du dos ; un demi-cercle de pores muqueux au-dessous de chaque narine; la couleur générale d'un jaune mêlé de violet ; une tache sur le nez ; une autre sur l'opercule ; deux taches sur la dorsale, et une cinquième sur la nageoire de l'anus. Il est figuré dans Bloch, pl. 291, et dans le *Buffon* de Déterville, vol. 3, pag. 316. On le pêche dans les mers du nord de l'Europe.

Le LABRE MICROLÉPIDOTE a dix-sept rayons aiguillonnés et treize rayons articulés à la nageoire du dos ; trois rayons aiguillonnés et dix articulés à la nageoire de l'anus ; les opercules garnis d'écailles semblables à celles du dos; les écailles très-petites ; la partie supérieure d'un jaune brun , et sans taches; l'inférieure argentée ; la caudale arrondie. Il est figuré dans Bloch , pl. 292 , et dans le *Buffon* de Déterville , vol. 4, pag. 3. On ignore sa patrie.

Le LABRE VIEILLE a seize rayons aiguillonnés et treize rayons articulés à la dorsale ; trois rayons aiguillonnés et onze rayons articulés à l'anale ; six rayons à la membrane branchiale ; le museau dénué d'écailles semblables à celles du dos ; de petites écailles sur la caudale, qui est arrondie ; la tête rougeâtre ; le dos couleur de plomb; les côtés jaunes et tachés ; les thoracines , l'anale et la caudale bleuâtres et bordées de noir ; des taches arrondies et petites sur l'anale , la caudale et la dorsale. Il est figuré dans Bloch , pl. 293 , et dans le *Buffon* de Déterville , vol. 4 , page 3. Il se trouve sur les côtes de France , où il est connu sous le nom de *carpe de mer* , de *vieille de mer* , de *vrac* et de *crahate* , et où il atteint environ un pied de long. Sa chair est de bon goût et est susceptible d'être salée. On le prend au filet et à la ligne.

Le LABRE KARUT a onze rayons aiguillonnés et vingt-neuf rayons articulés à la dorsale, qui présente deux parties très-distinctes ; toute la tête couverte d'écailles semblables à celles du dos ; la caudale arrondie ; la partie supérieure du museau plus avancée que l'inférieure. Il est figuré dans Bloch, pl. 356, et dans le *Buffon* de Déterville , vol. 4, pag. 302 , sous le nom de *john karut*. Il se trouve dans la mer des Indes ; sa chair est très-estimée.

Le LABRE ANEI a neuf rayons aiguillonnés et vingt-quatre rayons articulés à la dorsale , qui présente deux parties très-distinctes ; toute la tête couverte d'écailles semblables à celles du dos ; la caudale arrondie ; la mâchoire inférieure plus avancée que la supérieure. Il est figuré dans Bloch , pl. 357 , et dans le *Buffon* de Déterville , vol. 4, pag. 302 , sous le nom de *john anei*. On le pêche sur les côtes de l'Inde. Il se mange comme le précédent , mais est moins estimé.

Le LABRE CEINTURE a neuf rayons aiguillonnés et treize rayons articulés à la nageoire du dos ; seize rayons à celle de l'anus ; les deux dents de devant de chaque mâchoire plus grandes que les autres ; le museau pointu ; la partie anté-rieure de l'animal livide ; la postérieure brune ; ces deux por-tions séparées par une bande ou ceinture blanchâtre ; des taches petites , lenticulaires, et d'un noir pourpre sur la tête, la dorsale , l'anale et la caudale , qui est arrondie. Il est figuré dans Lacépède, vol. 3, pl. 28, et se trouve dans la mer des Indes.

Le LABRE DIAGRAMME a onze rayons aiguillonnés et huit articulés à la nageoire du dos ; un rayon aiguillonné et dix rayons articulés à celle de l'anus ; la mâchoire inférieure un peu plus avancée que la supérieure ; les deux dents de devant plus grandes que les autres ; deux lignes latérales ; la supé-rieure se terminant un peu au-delà de la dorsale , et s'y réu-nissant à la latérale opposée ; l'inférieure commençant à-peu-près au-dessous du milieu de la dorsale , et allant jusqu'à la caudale , qui est arrondie. Il se trouve dans la mer des Indes.

Le LABRE HOLOLÉPIDOTE a onze rayons aiguillonnés et vingt-sept rayons articulés à la dorsale ; deux rayons aiguil-lonnés et dix rayons articulés à l'anale ; les dents de la mâ-choire inférieure à-peu-près égales ; la tête et les opercules garnis d'écailles semblables à celles du dos ; chaque opercule terminé en pointe ; la caudale très-arrondie. Il habite la mer des Indes , et est figuré dans Lacépède , vol. 3, pl. 21.

Le **Labre taénioure** a vingt rayons à la nageoire du dos ; trois rayons aiguillonnés et onze articulés à la nageoire de l'anus ; les dents grandes et séparées ; la tête et les opercules dénués d'écailles semblables à celles du dos ; les écailles grandes et bordées d'une couleur foncée ; point de ligne latérale facilement visible ; une bande transversale à la base de la caudale, qui est arrondie. On le pêche dans la mer des Indes. Il est figuré dans Lacépède, vol. 3, pl. 29.

Le **Labre parterre** a cinq rayons aiguillonnés et quinze rayons articulés à la dorsale, qui est basse ; deux rayons aiguillonnés et onze articulés à l'anale ; le museau avancé ; les dents de la mâchoire supérieure presque horizontales ; deux lignes latérales se réunissant en une vers le milieu de la nageoire du dos ; la caudale arrondie ; des taches sur la tête, et les opercules qui sont dénués d'écailles semblables à celles du dos ; une ou deux taches à côté de chaque rayon de la dorsale et de l'anale ; la surface du corps et de la queue divisée par des raies obliques en losange, dont le milieu présente une tache. Il est figuré dans Lacépède, vol. 3, pl. 29. On le trouve dans la mer des Indes.

Le **Labre sparoïde** a dix rayons aiguillonnés et douze rayons articulés à la dorsale ; dix rayons aiguillonnés et seize rayons articulés à l'anale, qui est très-grande ; la hauteur du corps égale à sa longueur ; une concavité au-dessus des yeux ; la mâchoire inférieure plus avancée que la supérieure ; la tête et les opercules garnis d'écailles semblables à celles du dos ; la caudale arrondie ; des taches irrégulières ou en croissant ou en larmes, répandues sans ordre sur chaque côté de l'animal. Il habite la mer des Indes, et est figuré dans Lacépède, vol. 3, pl. 24.

Le **Labre léopard** a neuf rayons aiguillonnés et quatorze rayons articulés à la nageoire du dos ; deux rayons aiguillonnés et dix rayons articulés à la nageoire de l'anus ; l'ouverture de la bouche assez grande ; les deux dents de devant de chaque mâchoire plus grandes que les autres ; deux pièces à chaque opercule ; la caudale et les pectorales arrondies ; les rayons aiguillonnés de la dorsale plus hauts que la membrane ; point d'écailles facilement visibles ; une raie noire s'étendant depuis l'œil jusqu'à la pointe postérieure de l'opercule ; une bande très-foncée placée sur la caudale ; des taches composées de taches plus petites, et répandues sur la tête, le corps, la queue, la dorsale et l'anale, de manière à imiter les couleurs du léopard. Il se trouve dans la mer des Indes, et est figuré dans Lacépède, vol. 3, pl. 30.

Le **Labre malaptéronote** a vingt-un rayons articulés

la nageoire du dos; treize rayons à celle de l'anus ; la mâchoire inférieure un peu plus avancée que la supérieure ; les
dents de devant de la mâchoire inférieure inclinées en avant ;
la tête et les opercules dénués d'écailles semblables à celles du
dos; une tache foncée sur la pointe postérieure de l'opercule ;
la ligne latérale fléchie en bas et formant ensuite un angle
pour se diriger vers la caudale , qui est arrondie ; trois
bandes blanchâtres sur chaque côté. Il est propre à la mer
des Indes et se voit figuré dans Lacépède , vol. 3 , pl. 31.

Ces huit derniers *labres* ont été observés, décrits et dessinés
par Commerson , pendant son Voyage autour du monde.

Le LABRE DIANE a douze rayons aiguillonnés et dix rayons
articulés à la dorsale ; deux rayons aiguillonnés et treize articulés à l'anale; la nageoire dorsale présentant trois portions
distinctes; la caudale arrondie; la tête et les opercules dénués
d'écailles semblables à celles du dos ; quatre grandes dents au
bout de la mâchoire supérieure ; deux grandes dents au bout
de la mâchoire inférieure ; une dent grande et tournée en
avant à chaque coin de l'ouverture de la bouche ; un petit
croissant d'une couleur foncée sur chaque écaille. Il est figuré
dans Lacépède , volume 3 , planche 52. Il habite la grande
mer.

Le LABRE MACRODONTE a treize rayons aiguillonnés et
huit articulés à la nageoire du dos ; trois rayons aiguillonnés
et neuf articulés à la nageoire de l'anus ; la caudale arrondie ;
les derniers rayons de la dorsale et de l'anale plus longs que
les premiers ; les écailles assez grandes ; la partie postérieure
de la tête relevée ; quatre dents fortes et crochues à l'extrémité de chaque mâchoire ; une dent fort crochue et tournée
en avant auprès de chaque coin de l'ouverture de la bouche.
On ignore sa patrie.

Le LABRE NEUSTRIEN a vingt rayons aiguillonnés et onze
rayons articulés à la nageoire du dos ; trois rayons aiguillonnés
et sept articulés à celle de l'anus ; sept rayons à la membrane
branchiale ; la caudale arrondie ; les dents égales , fortes et séparées l'une de l'autre ; le dos marbré d'aurore, de brun et
de verdâtre ; les côtés marbrés d'aurore, de brun et de blanc.
Il se pêche dans les mers d'Europe. On le connoît à l'embouchure de la Seine , sous les noms de *grande vieille* et de *ban-
doulière marbrée.*

Le LABRE CALOPS a douze rayons aiguillonnés et huit rayons
articulés à la dorsale ; treize rayons à l'anale ; le premier et le
dernier de ces rayons articulés ; l'œil très-grand et très-brillant ; la ligne latérale droite ; les écailles fortes et larges ; la
tête dénuée d'écailles semblables à celles du dos; une tache

grande et brune au-delà, mais proche des pectorales. Il se pêche dans les mers d'Europe. On le connoît à Dieppe sous le nom de *brune*.

Le Labre ensanglanté a neuf rayons aiguillonnés et quinze rayons articulés à la nageoire du dos; les dents courtes, égales, et séparées l'une de l'autre; la mâchoire inférieure plus avancée que la supérieure; l'œil très-grand; la ligne latérale très-voisine du dos; la hauteur de l'extrémité de la queue très-inférieure à celle de sa partie antérieure; la caudale arrondie; la couleur générale argentée, avec des taches très-grandes, irrégulières et couleur de sang. Il habite les mers d'Amérique, où il a été observé et dessiné par Plumier.

Le Labre perruche a dix-huit rayons à la dorsale, qui est très-basse, et à-peu-près aussi haute que large; l'ouverture de la bouche très-petite; les deux mâchoires presqu'égales; la caudale arrondie; la couleur générale verte, avec trois raies longitudinales rouges de chaque côté; une raie rouge et longitudinale sur la dorsale, qui est jaune; une bande noire sur chaque œil; une bande rouge, bordée de bleu, de l'œil à l'orifice de la dorsale et sur le bord postérieur de chacune des deux pièces de l'opercule. Il se trouve avec le précédent, et est figuré vol. 3, pl. 16 de l'ouvrage de Lacépède.

Le Labre keslik a huit rayons aiguillonnés et treize rayons articulés à la nageoire du dos; trois rayons aiguillonnés et douze rayons articulés à la nageoire de l'anus; la caudale rectiligne; l'opercule terminé par une prolongation arrondie à son extrémité; la ligne longitudinale qui termine le dos, droite ou presque droite; des raies longitudinales jaunâtres et souvent festonnées; une tache bleue auprès de la base de chaque pectorale. Il habite la mer Rouge.

Le Labre combre a vingt rayons aiguillonnés et onze rayons articulés à la dorsale; trois rayons aiguillonnés et quatre rayons articulés à l'anale; la caudale lancéolée; l'opercule terminé par une prolongation arrondie à son extrémité; le dos rouge; une raie longitudinale et argentée de chaque côté de l'animal. Il est figuré dans Ray, *Pisc.*, tab. 5. On le pêche sur les côtes d'Angleterre.

Enfin, la troisième section des *labres* renferme ceux dont la nageoire caudale est divisée en trois lobes.

Le Labre brasilien a neuf rayons aiguillonnés et quatorze rayons articulés à la nageoire du dos; trois rayons aiguillonnés et vingt-deux rayons articulés à la nageoire de l'anus; le premier et le dernier rayons de la caudale prolongés en arrière; deux dents recourbées et plus longues que les autres à la mâchoire supérieure; quatre dents semblables à la mâchoire inférieure ; deux ou trois lignes longitudinales à la dorsale et à l'anale. Il est figuré dans Bloch , pl. 280 , et dans le *Buffon* de Déterville , vol. 3 , pag. 282. Il se trouve sur les côtes du Brésil , où il parvient à plus d'un pied de long. Il se prend à l'hameçon , et a la chair très-bonne.

Le LABRE VERT a huit rayons aiguillonnés et douze rayons articulés à la dorsale ; treize rayons à l'anale ; le premier et le dernier rayons de la caudale très-prolongés en arrière ; les deux dents de devant de chaque mâchoire plus longues que les autres ; les écailles vertes et bordées de jaune ; presque toutes les nageoires jaunes , et le plus souvent bordées ou rayées de vert. Il est figuré dans Bloch , pl. 282 , et dans le *Buffon* de Déterville , vol. 3 , pag. 282. On le pêche dans les mers du Japon.

Le LABRE TRILOBÉ a vingt-neuf rayons à la nageoire du dos ; dix-sept à celle de l'anus ; la dorsale longue et basse ; les dents grandes , fortes , et presqu'égales les unes aux autres ; la tête et les opercules dénués d'écailles semblables à celles du dos ; la ligne latérale ramifiée , droite , fléchie ensuite vers le bas , et enfin droite jusqu'à la caudale ; des taches nuageuses. Il se trouve dans la mer des Indes.

Le LABRE DEUX CROISSANS a treize rayons aiguillonnés et treize rayons articulés à la dorsale , qui présente deux portions distinctes ; la tête dénuée d'écailles semblables à celles du dos ; quatre grandes dents à chaque mâchoire ; la mâchoire inférieure un peu plus avancée que la supérieure ; une petite tache sur un grand nombre d'écailles ; une grande tache de chaque côté de l'animal , auprès de l'extrémité de la dorsale. Il habite avec le précédent , et est figuré dans Lacépède , vol. 3 , pl. 51.

Le LABRE HÉBRAÏQUE a vingt-un rayons articulés à la nageoire du dos ; treize à la nageoire de l'anus ; des raies imitant des caractères hébraïques sur la tête et les opercules , qui sont dénués d'écailles semblables à celles du dos ; une petite tache à la base d'un très-grand nombre d'écailles ; les pectorales d'une couleur très-claire , ainsi qu'une bande transversale située auprès de chaque opercule. Il se pêche avec les précédens , et est figuré dans Lacépède , vol. 3 , pl. 29.

Le LABRE LARGE RAIE a quarante-deux rayons presque tous articulés à la dorsale , quarante-un rayons articulés à l'anale ; la dorsale et l'anale très-longues ; le corps alongé , la tête très-alongée et dénuée , ainsi que les opercules , d'écailles semblables à celles du dos ; un grand nombre de dents trèspetites et égales ; une raie longitudinale sur la base de la nageoire du dos ; une raie longitudinale large et droite depuis la base de chaque pectorale jusqu'à la caudale. Il est figuré dans Lacépède, vol. 3 , planche 28. On le trouve avec les précédens.

Le Labre annelé a vingt-un rayons à la nageoire du dos, quinze rayons à celle de l'anus ; les dents petites et égales ; l'opercule terminé un peu en pointe ; les écailles très-difficiles à voir ; dix-neuf bandes transversales , étroites, régulières, semblables, et placées de chaque côté du poisson de manière à se réunir avec les bandes analogues du côté opposé. Il est figuré dans Lacépède , vol. 3 , pl. 28. Il habite avec les précédens.

Ces cinq derniers *labres* ont été observés, décrits et dessinés par Commerson , à qui on en doit déjà tant d'autres. (**B.**)

LABYRINTHE. Quelques anciens naturalistes ont donné ce nom aux Planorbes. *Voyez* ce mot. (**B.**)

LAC. On donne ce nom à des amas d'eau dormante , d'une étendue quelquefois très-considérable, qui se trouvent dans le milieu des continens , et pour l'ordinaire dans le voisinage des grandes chaînes de montagnes.

Les *lacs* ont pour la plupart beaucoup plus de longueur que de largeur , et la longueur est toujours dans le sens du courant de la principale rivière qui entre par une de leurs extrémités et qui sort par l'autre.

Leur plus grande profondeur (qui est presque toujours de plusieurs centaines de pieds) se trouve en général vers le milieu de leur longueur; et quand cette profondeur se trouve dans le voisinage du bord , on remarque constamment que le rivage est là coupé à pic à une grande hauteur.

Les *étangs* sont aussi des espèces de *lacs* faits par la main des hommes ; mais comme ils ont été formés par des moyens différens , la courbure de leur bassin est aussi fort différente : on fait un étang en élevant une chaussée qui barre le cours d'une rivière ; et c'est toujours près de cette chaussée que l'eau est la plus profonde.

Les *lacs* , au contraire, sont presque tous formés par l'affaissement du sol qui est la suite des érosions faites par les courans souterrains, et ces excavations où les eaux éprouvent de toutes parts des remoûts qui les font refluer et tourbillonner vers leur centre , sont toujours là plus profondes et plus vastes que vers leurs extrémités.

On distingue *quatre* sortes de *lacs ;* mais on peut dire que la différence qui existe entre eux est plus apparente que réelle ; ce sont :

1°. Les *lacs* où une rivière entre par une de leurs extrémités et en sort par l'autre, en paroissant les traverser suivant leur longueur.

2°. Ceux d'où sort une rivière, quoiqu'ils n'en reçoivent (visiblement) aucune.

3°. Ceux qui reçoivent une ou plusieurs rivières sans qu'il en sorte.

4°. Ceux où il n'entre aucune rivière, et d'où il n'en sort aucune.

Lacs où il entre et d'où il sort une rivière.

Les *lacs* de cette espèce sont les plus nombreux et les plus considérables ; ils se trouvent ordinairement dans les vallées ou dans les plaines voisines des grandes chaînes de montagnes : les *Alpes* nous en offrent plusieurs qui sont d'une assez grande étendue. On y remarque principalement les suivans :

Le *lac de Genève*, qui est traversé par le *Rhône*.

Le *lac de Lucerne*, qu'on peut considérer comme trois *lacs* à la suite les uns des autres, qui sont traversés par la *Reuss*, et auxquels se trouvent joints latéralement deux autres *lacs* qui leur donnent à-peu-près la forme d'une croix.

Les *lacs de Brientz* et de *Thoun* à la suite l'un de l'autre, qui sont traversés par l'*Aar*.

Les *lacs de Wallenstadt* et de *Zurich*, qui sont pareillement à la suite l'un de l'autre, et traversés par le *Limatt*.

Le *lac de Constance*, qui est traversé par le *Rhin*.

Du côté de l'Italie, le *lac Majeur*, qui est traversé par le *Tésin*.

Le *lac de Côme* par l'*Adda*.

Le *lac de Garde* par le *Mincio*.

Du côté de la France, on voit le *lac de Joux* dans une haute vallée du Jura. Ce lac est remarquable par sa situation à 1900 pieds au-dessus du *lac de Genève*, et par une autre circonstance singulière qu'il présente. Il est traversé par la rivière l'*Orbe*, qui, en sortant de ce *lac*, s'engouffre dans de vastes entonnoirs que ses eaux ont pratiqués dans des couches de pierre calcaire qui sont actuellement dans une situation verticale, par l'effet de la rupture qu'elles ont éprouvée lorsque l'affaissement qui a formé le *lac* a eu lieu ; et cette même rivière, après un cours caché de trois quarts de lieue, va ressortir dans une vallée inférieure, à 680 pieds au-dessous des entonnoirs, par où elle est entrée dans son canal souterrain ; et de là elle va traverser les *lacs de Neuchâtel* et de *Bienne*, dont elle a jadis creusé le bassin, de même qu'elle avoit creusé celui du *lac de Joux*, et comme probablement

elle en creusé encore un autre dans cet espace de trois quarts
de lieue où elle coule entre des couches de rochers qu'elle ne
cesse de corroder et d'excaver, et qui dans les siècles futurs
éprouveront à leur tour un affaissement, mais beaucoup
moins considérable que les précédens, attendu que le volume
des eaux de l'Orbe a prodigieusement diminué, de même
que celui de toutes les autres rivières.

Les autres contrées montueuses de l'Europe, notamment
la Suède et les pays voisins, offrent un grand nombre de *lacs*
qui sont de même traversés par des rivières.

L'Asie boréale en a deux fort considérables, le *lac Nor-
zaïssan*, dans la Tartarie chinoise, à la base méridionale de la
chaîne des monts Altaï, où il est traversé par l'*Irtiche*; et
le *lac Baïkal*, dans la Sibérie orientale, qui est traversé par
l'*Angara*. Ce *lac* est un des plus grands qu'il y ait dans
l'ancien continent; il a plus de cent lieues de longueur, sur
une largeur moyenne de 15 à 18 lieues. Je l'ai traversé quatre
fois dans deux voyages que j'ai faits en Daourie, que ce grand
lac sépare de la Sibérie proprement dite; et il est en même
temps le seul moyen de communication entre ces deux contrées, attendu qu'il est environné de montagnes impraticables
qui se prolongent à de grandes distances.

La profondeur de ce *lac* est considérable; vers le milieu de
la traversée, je n'en ai pas trouvé le fond avec une ligne
de 600 pieds. Il ne gèle que vers la fin de novembre, plus
d'un mois après que toutes les rivières du pays sont arrêtées.
Il dégèle aussi un mois plus tard. Au retour de mon premier
voyage, je l'ai encore traversé sur la glace le 22 avril (1784);
il est vrai que ce ne fut pas sans quelque danger. Le long de
sa rive orientale où l'eau est basse à cause des atterrissemens
qui y sont apportés par la *Sélenga* et par d'autres rivières, il
étoit dégelé à une grande distance; je fis près d'une lieue
en bateau pour atteindre la glace : je trouvai ensuite des fentes
considérables qu'on eut assez de peine à faire franchir à mes
voitures, malgré les longues et fortes planches dont j'étois
pourvu.

Quand j'approchai de sa rive occidentale où l'eau est profonde, et qui est bordée de hautes montagnes, je trouvai la
glace moins mauvaise, à l'exception d'un grand nombre
d'ouvertures qui ont depuis 10 jusqu'à 30 ou 40 pieds de
diamètre, qui sont occasionnées par des sources chaudes, et où
l'eau ne gèle jamais, quelque froid qu'il fasse, lors même
qu'il est à 35 ou 40 degrés.

Comme j'avois traversé le *lac* par la route la plus courte,
afin de pouvoir terminer dans la journée ce fâcheux voyage,

j'arrivai au pied des hautes montagnes qui bordent sa rive occidentale; et le jour suivant, j'eus à faire une douzaine de lieues le long de cette même côte pour venir à la sortie de l'Angara, qui est la seule issue. Pendant ce trajet, j'observai plusieurs centaines de ces sources chaudes qui, la plupart, ne sont point dans le voisinage même des montagnes, mais à une lieue, et même à deux lieues en avant dans le *lac*.

Dans un second voyage fait pendant l'été, j'observai la nature de ces montagnes qui en général sont primitives. Mais celles qui bordent le *lac* immédiatement présentent un fait qui prouve bien qu'il y a eu un affaissement prodigieux dans l'emplacement qu'occupe le Baïkal : elles ont deux ou trois cents toises d'élévation, et sont composées de poudings, dont les couches régulières et parallèles les unes aux autres annoncent clairement quelles ont été formées dans une situation horizontale; mais aujourd'hui elles se relèvent au-dessus de l'horizon d'environ 40 à 50 degrés en plongeant dans le Baïkal. Il arrive même souvent qu'il s'en détache des bancs énormes qui glissent jusques dans ses eaux. J'ai rapporté ce fait il y a déjà long-temps. (*Journ. de Phys.* mars 1791, p. 227.)

Il me paroît donc indubitable que lorsque ces couches de poudings ont été formées, leur surface horizontale devoit être au moins à la même hauteur où est demeurée leur portion, qui est aujourd'hui à deux ou trois cents toises au-dessus de la surface du *lac*, et que tout le sol qui les supportoit a été entrainé par des courans souterrains.

On sera peu surpris de ce que j'avance, lorsqu'on se rappellera un fait plus extraordinaire encore, qui a été observé par Saussure, et par d'autres célèbres naturalistes, et qui est presque sous nos yeux; je veux parler de la montagne nommée le *Rigiberg*, qui est au bord du *lac de Lucerne*, à l'extrémité de la vallée de *Muttenthal :* cette montagne qui a cinq mille pieds d'élévation au-dessus du *lac*, est entièrement composée de couches horizontales de galets roulés, depuis sa base jusqu'à son sommet. Il a bien fallu que toute la vallée fût elle-même comblée des mêmes dépôts, lorsque l'ancien fleuve rouloit les galets qui forment les couches du sommet de cette montagne, qui étoient alors le fond de son lit. Cependant lorsque ce même fleuve est venu à diminuer graduellement comme tous les autres, il a peu à peu entraîné lui-même les débris dont il avoit comblé la vallée. Elle est aujourd'hui totalement déblayée dans une étendue de plus de dix lieues, et il ne reste que le Rigiberg, qui est le *témoin* de l'élévation des anciens atterrissemens.

Ce que des courans d'eau extérieurs ont opéré dans le *Muttenthal*, des courans souterrains l'ont fait dans la vallée du *Baïkal*, et ces excavations ont enfin causé l'affaissement des couches supérieures.

Je n'ai pas besoin de dire que cette grande opération ne s'est pas faite d'une manière subite ; il est trop évident que des couches horizontales n'auroient pu se soutenir un instant sur un vide aussi vaste ; l'opération a été lente et graduelle comme toutes celles de la nature ; ce sont les eaux, non-seulement de l'*Angara*, mais encore celles qui de toutes parts affluent encore aujourd'hui dans le bassin du *lac*, par des canaux souterrains qui ont miné peu à peu le sol, et déterminé successivement l'enfoncement de sa surface.

La même cause qui a formé le *lac Baïkal*, dans l'Asie septentrionale, a pareillement creusé les vastes lacs du Canada, tels que le *lac Supérieur*, le *lac Huron*, le *lac Érie*, le *lac Ontario*, qui sont à la suite les uns des autres, et traversés par le fleuve *Saint-Laurent*.

Lacs d'où sortent des rivières, quoiqu'ils n'en reçoivent aucune.

Ces sortes de *lacs* diffèrent des précédens, seulement en ce que les eaux qui leur arrivent ne s'y introduisent que par des canaux souterrains ; ces eaux courantes cachées peuvent êtres très-abondantes, et alors il sort de ces *lacs* des rivières considérables. Tel est le *lac Séliger*, dans le gouvernement de *Twer*, à 60 lieues au N. O. de Moscow, qui donne naissance au Volga, le plus grand fleuve de l'Europe, quoiqu'il ne se jette visiblement aucune rivière dans ce *lac*.

Tels sont les *lacs* appelés *Koko-nor*, au pied de la croupe orientale des montagnes du Tibet, d'où sortent le *Honan* et le *Kiang*, deux des plus grands fleuves de l'Asie, qui embrassent tout l'empire de la Chine, et vont se jeter dans la mer du Japon.

Tels sont les deux petits *lacs* de la Castille nouvelle, qu'on nomme les *yeux de la Guadiana*, qui sont voisins de la chaîne de montagnes d'*Alcarraz*, et qu'on regarde comme les sources de ce grand fleuve.

Tel est encore le *lac* du *Mont-Cénis*, qui ne donne pas à la vérité naissance à une bien grande rivière, mais qui est remarquable par son élévation à six mille pieds perpendiculaires au-dessus du niveau de la mer ; ce *lac* et la *Cénise* qui en sort, sont entretenus par les eaux que des canaux souterrains y conduisent, et qui descendent des sommités voisines qui sont aussi élevées au-dessus du *lac*, qu'il l'est lui-même au-dessus des plaines du Piémont.

Ce *lac* qui a trois quarts de lieue de long, sur trois à quatre cents toises de large, et qui se trouve dans un local aussi élevé, est un fait curieux, et qui prouve combien il est facile aux eaux de l'atmosphère qui enfilent les interstices des couches à-peu-près verticales des montagnes primitives, d'y former des excavations considérables. Celles qui ont creusé le bassin de ce *lac*, en ressortoient sans doute par quelque fissure inférieure que les affaissemens ont obstruée, et le dégorgeoir actuel qui forme la *Cénise*, est au niveau de la surface du *lac*. Saussure a reconnu que ce *lac* a été autrefois plus élevé qu'aujourd'hui, puisque la Cénise a formé des érosions à plus de trente pieds au-dessus de son niveau actuel, et y a laissé des dépôts calcaires semblables à ceux qu'elle forme encore aujourd'hui.

On voit dans les Pyrénées des *lacs* dont l'origine est en tout semblable à celle du *lac du Mont-Cénis*, et d'où il sort également des rivières; il y a même plusieurs de ces *lacs* qui se trouvent à une élévation encore plus considérable, et d'environ sept mille pieds au-dessus de l'Océan, tels que les *lacs de Liens*, de *Las-Cougous* et d'*Oncet*, dans les montagnes qui sont au-dessus de *Barège*. Ceux-ci sont gelés la plus grande partie de l'été, ils le sont dès le mois d'août et ne dégèlent en partie que vers le mois de juin. Celui du Mont-Cénis, au contraire, jouissoit d'une température fort douce, à la fin de septembre, où Saussure l'a observé; et il est tellement poissonneux, que la pêche étoit (en 1780) affermée 636 livres. Il abonde sur-tout en excellentes truites.

Lacs qui reçoivent quelques rivières sans qu'il en sorte.

Les *lacs* de cette espèce ont été formés de la même manière que ceux des deux espèces précédentes, et la plupart même ont ressemblé de tous points à ceux de la première espèce; ils recevoient une rivière qui s'y rend encore aujourd'hui, et il en sortoit une autre, qui maintenant se trouve tarie, par la raison que les eaux qu'ils reçoivent ne sont plus aussi abondantes qu'autrefois, et qu'il n'y en a plus que la quantité qui fait équilibre avec celle qu'ils perdent par l'évaporation journalière; de sorte que ces *lacs* n'ont plus besoin de dégorgeoir.

Il y a même lieu de penser que généralement tous les *lacs* d'où il sort aujourd'hui quelque rivière, finiront un jour par n'en fournir aucune; car on ne sauroit douter, ainsi que Buffon l'a très-bien reconnu, que la diminution perpétuelle des montagnes n'opère une diminution progressive dans la masse des eaux courantes, l'observation nous en fournit des preuves sans nombre : on voit par exemple, que les eaux qui concourent avec le Rhône supérieur à former le *lac Léman*, furent jadis tellement abondantes, qu'elles remplissoient l'immense bassin qui s'étend jusqu'au fort de l'Ecluse, et que là il sortoit un fleuve vingt fois plus gros, peut-être, que le Rhône actuel. On voit à quel point de médiocrité il est maintenant réduit ; et il diminuera ainsi graduellement dans la suite des siècles, jusqu'à ce qu'enfin il n'aura plus la force de sortir de son *lac*.

C'est ce qui est déjà arrivé à un grand nombre de rivières qui descendent de la partie septentrionale du plateau central de l'Asie, et qui dans le temps de leur puissance venoient se joindre aux fleuves de Sibérie où elles charioient les cadavres d'éléphans, de rhinocéros et d'autres animaux des Indes, dont on trouve les restes vers les bords de la mer Glaciale, ainsi que je l'expose dans l'article FOSSILES. Mais aujourd'hui ces mêmes rivières demeurent perdues dans les *lacs* de la Tartarie chinoise.

Quand ces sortes de *lacs borgnes* sont d'une étendue considérable, on leur donne le nom de *mer*, sur-tout quand ils sont salés. Tel est le *lac Asphaltite*, en Palestine, où vient se perdre le Jourdain : on lui donne le nom de *Mer-Morte* ou *Mer-de-Sel*, à cause de l'extrême salure de ses eaux.

La *mer Caspienne* n'est elle-même qu'un *lac* de cette espèce, qui est alimenté par les eaux du *Volga*, de l'*Oural* et de quelques autres rivières. Cette mer, qui jadis couvroit les déserts salés qui l'environnent, et qui étoit jointe au *lac Aral*, diminue continuellement d'étendue, à proportion de la diminution qu'éprouvent les rivières qui s'y jettent ; elle diminue aussi journellement de profondeur, de même que tous les autres *lacs*, par les atterrissemens que les rivières charient dans son bassin.

D'après les dernières relations que nous avons de l'intérieur de l'Afrique, il paroît qu'il existe, vers sa partie centrale, un grand *lac* où va se perdre le *Niger*.

En Amérique, on ne connoît qu'un seul *lac* de cette espèce ; c'est le *lac Titicaca*, qui est au Pérou, et dans lequel se perd une rivière qui prend sa source près de *Cusco*.

Lacs où il n'entre et d'où il ne sort aucune rivière.

Il y a fort peu de *lacs* de cette espèce qui soient d'une étendue un peu considérable ; mais il est des contrées où ils sont prodigieusement multipliés, comme on le voit dans les déserts qui sont au nord de la mer Caspienne, et dans les plaines qui s'étendent entre les monts *Oural* et *l'Irtiche*, ainsi que dans le grand désert du *Baraba*, qui occupe, entre l'*Irtiche* et l'*Ob*, un espace d'environ quatre cents lieues du sud au nord, sur une largeur moyenne de cent cinquante lieues.

Le sol de ces différentes contrées est par-tout de la même nature, c'est-à-dire composé de marne plus ou moins mêlée d'argile et de sable. Les *lacs*, qui s'y trouvent en grand nombre, ne sont en général que des espèces de mares où se rassemblent les eaux de pluie et celles qui proviennent de la fonte des neiges : leur plus grande étendue n'est guère que de deux ou trois lieues de circonférence, et pour l'ordinaire elle est beaucoup moindre ; leur profondeur est très-petite, souvent elle n'est que de quelques pieds, et rarement de plus d'une toise ; le fond en est presque aussi plat que celui d'une cuvette, et pour l'ordinaire il est à sec vers la fin de l'été.

Ces *lacs* présentent un phénomène assez singulier : on en voit dans la même plaine et à quelques centaines de pas de distance, dont les uns contiennent de l'eau douce ; d'autres ont leur eau chargée de sel marin ; d'autres sont saturés d'un sel amer tout semblable au sel d'Epsom, qui est une combinaison de magnésie et d'acide sulfurique ; d'autres enfin contiennent en même temps ces deux espèces de sel, tantôt mêlées dans la totalité de leurs eaux, tantôt séparément, le *sel marin* dans une partie du *lac*, et le *sel d'Epsom* dans l'autre partie ; tantôt ces deux sels se forment en même temps, et tantôt le sel d'Epsom ne se manifeste que vers la fin de l'été.

On a prétendu que la salure de ces *lacs* étoit entretenue par des sources salées ; mais cette supposition paroît totalement dénuée de vraisemblance, au moins pour le plus grand nombre, d'après l'observation des circonstances locales ; car on voit d'abord la difficulté qu'il y auroit à concevoir que des sources qui devroient tirer leur origine de fort loin, et qui serpenteroient entre des couches d'argile dans un terrein sablonneux, ne se confondroient pas les unes avec les autres, de sorte que tous ces *lacs* devroient offrir le même mélange de matières salines ; tandis qu'on voit le contraire, ainsi que je l'ai dit ci-dessus, et que Pallas l'a observé dans les *lacs* nombreux de la province d'*Iset*, entre les monts *Oural* et le *Tobol*. (*Voyag.* t. 2, p. 502 et suiv.)

On ne pourroit pas non plus concevoir comment des sources salées viendroient se rendre dans les landes du *Baraba*, qui est environné de tous côtés par deux fleuves puissans, l'Ob et l'Irtiche, qui prennent leur source fort près l'un de l'autre, dans les montagnes primitives de l'Altaï, et qui se réunissent après avoir embrassé cette plaine immense, dont le sol se couvre tous les ans d'efflorescences salines, les unes formées de sel d'Epsom, et les autres de sel marin. Ces sels sont ensuite dissous par les pluies d'automne, et entraînés dans les ruisseaux et de là dans les fleuves, ce qui n'empêche pas que chaque année il y en ait la même quantité; mais assurément cette salure de la terre, non plus que celle des *lacs*, n'est pas fournie par des canaux souterrains : son unique origine est dans l'atmosphère, de même que celle du nitre, et ces sels sont de diverse nature, suivant la qualité du sol qui leur sert d'excipient. On a remarqué constamment que dans les *lacs* dont le fond ne présente qu'un sable pur, l'eau est douce; dans ceux où le sable est mêlé de vase, on trouve du sel marin; et ceux dont le sol est tout vaseux, ne produisent que du sel d'Epsom : ceux-ci sont les plus nombreux.

Il y auroit encore une objection qui me paroît assez forte contre l'hypothèse des sources, c'est qu'en venant ainsi chaque année remplir le *lac* de leur eau salée, qui en s'évaporant laisseroit le sel dont elle est chargée, elles auroient bientôt rempli de sel tout le bassin du *lac*; et c'est ce qui n'arrive nullement : soit qu'on enlève la croûte de sel qui se forme au fond de ces *lacs* pendant l'été, soit qu'on la laisse, il n'y en a ni plus ni moins l'année suivante; et ceux où l'on n'en a jamais pris, n'en ont pas une couche plus épaisse que ceux où on l'enlève toutes les années. Il en est de ces *lacs* précisément comme des nitrières; dès qu'une fois ils ont acquis la quantité de matière saline que comporte la nature de leur sol, il ne s'en forme plus de nouvelle.

On doit compter parmi les *lacs* où il n'entre et d'où il ne sort aucune rivière, ceux qui se forment dans les cratères des anciens volcans. L'un des plus remarquables par son élévation, est celui que les voyageurs disent avoir vu à la cime du *Pic-d'Adam*, dans l'île de Ceylan. On découvre cette montagne à quarante lieues de distance, ce qui suppose qu'elle a pour le moins la hauteur de l'Etna; son cône, qui est d'un accès très-difficile, a deux cents pas de diamètre à son sommet, et l'on voit au milieu de cette esplanade, un *lac* très-profond et d'une eau très-pure. (Ribeiro, *Hist. de Ceylan.*)

Un des plus célèbres observateurs des volcans, Dolomieu, a vu de même un *lac* dans un cratère voisin de Coïmbre en Portugal, dont il donne la description dans ses lettres à son ami Faujas, qui les a insérées dans son bel ouvrage sur les volcans éteints du Vivarais. Cette montagne volcanique, appelée aujourd'hui la *Sierra de l'Estrella*, est le *Mons-Herminius* des anciens: « Elle est, dit Dolomieu, extrêmement

» élevée, de forme conique... On voit au milieu de son som-
» met une grande excavation, dont le fond est un *lac* entouré
» de rochers escarpés ; l'eau de ce *lac* a un mouvement d'ébul-
» lition... A la base de cette montagne, on voit des colonnes
» de basalte prismatiques et articulées. On conserve une de ces
» colonnes à l'université de Coïmbre ; *elle est cristallisée très-*
» *régulièrement* ». (p. 442.)

(*Nota.* L'on voit, par ces derniers mots, que Dolomieu, cédant à la force de l'évidence, reconnoissoit que les formes régulières du basalte étoient l'effet de la *cristallisation*, et non d'un prétendu *retrait régulier*, expression contradictoire en elle-même, et qui ne pouvoit être enfantée que par l'esprit de système. *Voyez* BASALTE et CRISTALLISATION.)

Les *lacs* d'*Agnano* et d'*Averne*, près de Naples, sont aussi d'anciens cratères de volcans, ainsi que l'ont reconnu *Ferber*, *Breislak*, et tous les autres naturalistes qui les ont observés. « Le *lac Agnano* est singulier, en ce qu'il paroît quelquefois bouillonner sur ses bords, principalement quand il y a beaucoup d'eau ; ce bouillonnement, semblable à celui de l'*Acqua Zolfa* de la campagne de Rome, ne vient que d'un fluide aériforme, qui se fait jour au travers de l'eau. Sur le bord de ce *lac* sont les étuves de *San-Germano*, où il sort de la terre une vapeur chaude, qui, retenue par les bâtimens qu'on y a faits, suffit pour produire des sueurs abondantes et salutaires ». (Lalande, *Voyag.*, tom. 6, p. 27.)

Le *lac d'Agnano* n'a tout au plus que trois quarts de lieue de circonférence ; celui d'*Averne* est à-peu-près de la même étendue : il est remarquable par sa forme circulaire et par l'aspect triste et mélancolique des objets qui l'environnent ; il est au fond d'un entonnoir, où le soleil pénètre à peine à travers le feuillage épais des arbres dont il est ombragé. Tout près de ce *lac* est le *Monte-Nuovo*, auquel on donne mille pieds d'élévation, et qui fut formé par les cendres, les pierres ponces et les scories d'une seule éruption, dans l'espace de douze heures, le 29 septembre 1538. Beaucoup d'autres volcans d'Italie offrent des *lacs* semblables.

Température de certains Lacs.

Le célèbre Saussure, non moins habile physicien que géologue éclairé, a fait, avec un thermomètre de son invention, des observations curieuses sur la température qui règne au fond des principaux *lacs* des Alpes. Il en résulte que, même dans les plus grandes chaleurs de l'été, comme dans les autres saisons, il y règne un froid remarquable, tandis que, d'après les observations faites avec le même instrument à de grandes profondeurs dans la mer, on voit que la température y est la même que dans le sein de la terre, c'est-à-dire à environ 10 degrés au-dessus de zéro. Le thermomètre de Saussure étoit construit de manière qu'il lui falloit plusieurs heures pour se mettre à la température du milieu où il se trouvoit ; il le plaçoit le soir, et le relevoit le lendemain.

Lac de Genève.

Deux expériences que Saussure a faites sur le *lac de Genève*, lui ont donné les résultats suivans.

Premiere expérience. Le 6 du mois d'août, à la profondeur de trois cents douze pieds, l'eau du *lac* étoit à la température de 8 degrés et demi *Réaumur*.

A la surface, elle étoit à 15, et l'air à 20.

Seconde expérience. Le 11 du mois de février, à la profondeur de neuf cents cinquante pieds (devant les roches de Meillerie, c'est la partie du *lac* la plus profonde que l'on connoisse), la température étoit à 4 degrés $\frac{1}{10}$; celle de la surface à 4 $\frac{1}{2}$; celle de l'air à 1 $\frac{1}{4}$.

On peut remarquer que la surface du *lac de Genève* étant élevée de onze cent vingt-six pieds au-dessus du niveau de la Méditerranée, le fond de son bassin n'est que de cent soixante-seize pieds au-dessus de ce même niveau.

Lac d'Annecy.

Ce *lac* est à deux cent dix pieds au-dessus du *lac de Genève*.

Le 14 du mois de mai, le thermomètre descendu à la profondeur de cent soixante-trois pieds, rapporta 4 degrés et demi.

L'eau de la surface étoit à onze et demi ; l'air à 10.

Lac du Bourget, en Savoie.

Le 6 du mois d'octobre, à la profondeur de deux cent quarante pieds, la température étoit comme celle du *lac d'Annecy*, à 4 degrés et demi.

Celle de la surface à 14 $\frac{1}{5}$; celle de l'air à 10 $\frac{1}{10}$.

Saussure observe, relativement à ce *lac*, qu'on ne sauroit attribuer la froidure de ses eaux à aucune cause étrangère : il ne reçoit nul torrent des Alpes ; et la communication qu'il a avec le Rhône, ne lui apporte les eaux de ce fleuve que pendant les crues de l'été.

Lac de Thoun, dans le canton de Berne.

Ce *lac* est élevé de six cent trente pieds au-dessus de celui de Genève.

Le 7 du mois de juillet, à trois cent cinquante pieds de profondeur, la température étoit à 4 degrés.
Celle de la surface à 15; celle de l'air à 16.

Lac de Brientz, contigu à celui de Thoun.

Le 8 du mois de juillet, à cinq cents pieds de profondeur, la température étoit à 3 degrés $\frac{8}{10}$.
Celle de la surface à 16; celle de l'air à 15.

Lac de Lucerne.

Ce *lac* est élevé de cent quatre-vingt-onze pieds sur celui de Genève.

Le 28 du mois de juillet, à six cents pieds de profondeur, la température étoit à 3 degrés $\frac{2}{10}$.
A la surface elle étoit à 16 $\frac{3}{10}$; celle de l'air à 18 $\frac{6}{10}$.

Lac de Constance.

Le 25 du mois de juillet, à la profondeur de trois cent soixante-dix pieds, la température étoit à 3 degrés $\frac{4}{10}$.
La surface de l'eau étoit à 14; l'air à 16.

Lac Majeur.

Le 19 du mois de juillet, à la profondeur de trois cent trente-cinq pieds, la température étoit à 5 degrés $\frac{4}{10}$.
La surface de l'eau à 20; l'air à 18.
Il est remarquable que le fond de ce *lac* ait une température aussi basse, tandis que sur ses bords les oliviers et même les orangers prospèrent en pleine terre.

Température de la mer.

Première expérience. Le 8 du mois d'octobre, à *Porto-Fino*, sur la côte de Gênes, le thermomètre descendu à la profondeur de huit cent quatre-vingt-six pieds, rapporta 10 degrés $\frac{6}{10}$.
La surface de la mer étoit à 16 $\frac{1}{10}$; l'air à 15 $\frac{1}{10}$.
Deuxième expérience. Le 17 du mois d'octobre, devant *Nice*, à la profondeur de dix-huit cents pieds, le thermomètre rapporta, comme à *Porto-Fino*, 10 degrés $\frac{6}{10}$.
La surface de la mer étoit à 16 $\frac{4}{10}$.

On voit, par cette comparaison de la température du fond de la mer avec celle du fond des *lacs*, que ce n'est point la masse des eaux qui met obstacle à la communication du calorique extérieur, et que la basse température qu'on observe dans le fond des *lacs* des Alpes, est due à quelque cause particulière et locale; mais cette cause n'est point connue.

Diminution des Lacs.

Indépendamment de la cause générale qui opère une diminution graduelle dans l'étendue et la profondeur de tous les *lacs*, il y en a d'autres qui agissent sur chaque *lac* en particulier, et dont l'effet est plus ou moins prompt, suivant les circonstances locales.

Toutes les rivières qui se jettent dans les *lacs* y charient plus ou moins les débris des montagnes d'où elles sortent, et des contrées qu'elles arrosent. Ainsi, plus un *lac* est voisin de ces hautes montagnes d'où se précipitent des torrens qui roulent avec eux des débris de rochers, et plus tôt son bassin sera comblé; tandis qu'un autre *lac*, situé plus loin dans la plaine, et ne recevant que du sable et du limon, dont une partie ressort par son dégorgeoir, n'éprouvera qu'une diminution beaucoup plus lente.

Quelques naturalistes ont cru pouvoir déterminer l'ancienneté relative des *lacs*, d'après l'étendue des atterrissemens qui ont été formés dans leur bassin par les rivières qui s'y jettent, mais il paroît bien difficile d'avoir là-dessus des données un peu satisfaisantes; et il faudroit sur-tout avoir beaucoup d'égard aux circonstances locales de chaque *lac* en particulier.

On voit, par exemple, que le *lac de Neuchâtel*, situé au pied du Jura, a déjà éprouvé une diminution très-considérable par les atterrissemens de l'Orbe, tandis que ceux du Rhône sont à peine sensibles dans le *lac de Genève*, quoique celui-ci soit probablement plus ancien.

Le *lac d'Annecy*, qui se trouve enclavé dans les montagnes, est déjà, en grande partie, comblé de leurs débris.

La *vallée de Chamouny* fut aussi jadis un *lac*, ainsi que Saussure l'a reconnu; mais, placé au pied de la plus haute montagne de l'Europe, son bassin a, depuis long-temps, été nivelé par les atterrissemens que l'*Aveyron* et d'autres torrens y accumuloient de toutes parts.

Le *lac du Bourget*, au contraire, qui se trouve dans le milieu d'un vaste bassin où il ne reçoit que des eaux paisibles et peu chargées de matières étrangères, sera moins exposé que beaucoup d'autres à l'influence de cette cause particulière de la diminution des *lacs*.

Phénomènes que présentent quelques Lacs.

On observe quelquefois, dans le *lac de Genève*, un flux et un reflux très-sensible, auxquels on donne le nom de *sèche* : on voit, dans certaines journées orageuses, les eaux du *lac* s'élever tout-à-coup de quatre à cinq pieds, s'abaisser ensuite avec la même rapidité, et continuer ces alternatives pendant quelques heures.

Fatio attribuoit ce phénomène à des coups de vent qui repoussoient les eaux du *petit lac* au-delà de la barre sablonneuse qui le sépare du grand *lac*, et ces eaux venant à retomber, occasionnoient, selon lui, ces oscillations.

Jallabert observa que les sèches avoient lieu sans qu'il y eût aucun coup de vent; et il attribua ce phénomène à la fonte subite des neiges qui grossissoit l'Arve tout-à-coup, de manière à retarder brusquement le cours du Rhône à sa sortie du *lac*.

Mais Saussure a vu arriver ces crues subites de l'Arve, sans qu'il y eût la moindre apparence de *sèches*.

Bertrand donne une explication qui paroît plus satisfaisante : il suppose que des nuées électriques attirent et soulèvent les eaux du *lac*, et que ces eaux, en retombant, produisent ces ondulations. A quoi Saussure ajoute que des variations promptes et locales, dans la pesanteur de l'air, peuvent contribuer à ce phénomène.

Quelqu'ingénieuses que soient ces explications, elles ne me semblent pas très-satisfaisantes : on ne sauroit attribuer ce phénomène à des causes aussi générales, qui ne manqueroient pas de produire des effets à-peu-près semblables sur les autres *lacs*. Il doit donc y avoir quelqu'autre cause plus particulière et inhérente au *lac* lui-même; et je penserois que ces soulèvemens subits de ses eaux sont plutôt dus à des bouffées d'émanations souterraines; et que ce sont ces *gaz* eux-mêmes, qui, par leur mélange avec l'atmosphère, y causent ces orages, ces mouvemens brusques et violens qui sont évidemment l'effet d'une fermentation chimique, et non d'une simple rupture d'équilibre, qui ne produiroit jamais rien de semblable aux ouragans.

On sait d'ailleurs que plusieurs *lacs* font quelquefois entendre des mugissemens sourds, comme ceux qui précèdent les éruptions des volcans, et qui n'ont d'autre cause que les gaz accumulés dans le sein de la terre, qui, en réagissant les uns sur les autres, produisent des agitations semblables à celles qu'ils occasionnent dans l'atmosphère, et qui, faisant effort de tous côtés, s'échappent, en grondant, par le fond d'un *lac* où ils trouvent moins de résistance qu'ailleurs. Quelques naturalistes prétendent que plusieurs *lacs* de Suisse font entendre parfois de semblables murmures; ils mettent même dans ce nombre le *lac de Genève*. Pallas a vu, dans les montagnes *Saïanes*, près des sources du *Yenisei*, un *lac* appelé *Boulamy-Koul*, qui, d'après le rapport des Tartares du voisinage, fait entendre, aux approches de l'hiver, des sons qu'ils comparent à des hurlemens.

Les habitans des bords du Baïkal m'ont dit aussi l'avoir entendu mugir d'une manière effrayante; mais je n'ai rien ouï de pareil, quoique je l'aie fréquenté dans différentes saisons. Un jour que j'herborisois sur sa rive occidentale, j'entendis, un grand nombre de fois, un bruit sourd et sec, comme celui d'un violent coup de masse sur une grosse poutre : ce bruit étoit périodique et se répétoit à-peu-près de dix minutes en dix minutes. Je ne sais quelle pouvoit en être la cause : l'air étoit tranquille, et le *lac* n'avoit que de légères ondulations. Le rivage n'étoit pas large, mais nulle part l'eau ne frappoit immédiatement contre les rochers. Je fis plus d'une lieue pour découvrir l'endroit d'où pouvoit partir ce bruit ; mais par-tout il paroissoit à la même distance, et je ne découvris rien. Faujas a entendu un bruit tout semblable, au fond de la fameuse grotte de Fingal, qui est baignée par la mer d'Ecosse.

Salure des Lacs.

Buffon posoit, comme une règle générale, que les *lacs* d'où sort une rivière, sont des *lacs d'eau douce* ; et que ceux qui n'ont point de dégorgeoir, sont des *lacs salés*. Mais cette règle souffre des exceptions très-remarquables. Le grand *lac Titicaca*, au Pérou, auquel on donne quatre-vingts lieues de circuit, est représenté comme un *lac d'eau douce* par Delaet, par Acosta, par Garcilasso de la Vega, &c. et cependant il n'en sort aucune rivière.

L'autre partie de la règle générale, qui veut que *les lacs d'où sort une rivière, soient des lacs d'eau douce*, reçoit également une exception frappante dans le plus grand même de tous les *lacs* ; c'est la *mer Noire* qui, d'après Buffon lui-même, *coule avec une très-grande rapidité par le Bosphore dans la mer Méditerranée.* (*Hist. nat. in-*12, tom. 1, pag. 46.)

Ce vaste dégorgeoir, qui forme un canal de huit lieues de

longueur sur plus d'une demi-lieue de large, est tout aussi bien une rivière que la *Neva*, qui verse dans le golfe de Finlande les eaux surabondantes du grand *lac Ladoga*. Cependant celui-ci est un *lac d'eau douce*, tandis que la *mer Noire* est un *lac salé*, qui ne perd rien de cette salure, malgré le changement perpétuel de ses eaux sans cesse renouvelées par le *Danube*, le *Don*, le *Nieper* et autres grandes rivières. La salure de cette mer tient, comme celle des *lacs* de Sibérie, à la nature même du sol de son bassin, et les eaux douces y font si peu de changement, que Pallas, dans sa *description de la Tauride*, attribue en partie la formation des *lacs salés* qui sont sur les côtes de la Crimée, à l'eau de la mer qui, soulevée par les tempêtes, vient quelquefois les remplir. Mais je crois qu'il est très-inutile de chercher à la salure des eaux quelconques une cause étrangère ; elles ne la doivent qu'à des principes qui leur sont immédiatement fournis par l'atmosphère.

Lacs qui se remplissent et se vident alternativement.

Quelques naturalistes ont parlé d'un *lac de Zirchnitz* ou plutôt *Czirnick*, dans la Basse-Carniole, à quelques lieues à l'orient de Trieste, dont on fait une description romanesque. Il y a, dit-on, douze entonnoirs qui absorbent et vomissent alternativement l'eau et les poissons de ce *lac* ; et, en conséquence, on lui suppose un double fond qui tantôt se hausse et tantôt se baisse. On ajoute qu'en Suède il y a des *lacs* semblables, et que même leur double fond se détache quelquefois et vient surnager comme des planches. Tout cela est admirable, mais il n'y a rien de tout cela.

En parlant de ce *lac de Czirnick*, Lamartinière dit simplement *qu'il est singulier en ce qu'on y pêche, on y fauche et on y moissonne, parce que l'eau y vient et en sort en différens temps de l'année.*

Cela est aisé à concevoir, sans faire de cette pièce d'eau une pièce de mécanique. Au sud-est de ce *lac* sont des vallées qu'on nomme *Teufels-Garten, le Jardin du Diable*, où coule une rivière qui forme un petit *lac*, dont les eaux surabondantes se perdent comme on a vu ci-dessus que se perdent celles du *lac de Joux*, et elles viennent ressortir par plusieurs ouvertures au pied d'une montagne qui borde le *lac de Czirnick*. Quand les eaux de la rivière sont grosses, le petit *lac* ne peut plus les contenir, elles enfilent les conduits souterrains, et entraînent avec elles une certaine quantité de poissons. Dès que ces eaux viennent à baisser, le petit *lac* suffit

pour les contenir ; celles qui sont dans le *lac Czirnick* s'éva-
porent ; on prend le poisson qu'elles abandonnent, on fauche
l'herbe que leur limon a engraissée, et si l'on a semé de l'orge
ou de l'avoine dans les parties les plus élevées de cette espèce
de marais, on les moissonne. Voilà toujours à quoi se réduisent les faits merveilleux dès qu'on les voit de près. (PAT.)

LACAI. Les Indiens Payaguas, selon M. d'Azara, donnent ce nom aux petits *cabiais*, et celui d'*ochagou* à ces animaux adultes. *Voyez* CABIAI. (S.)

LACERON. C'est un des noms vulgaires du LAITRON
COMMUN. *Voyez* ce mot. (B.)

LACERT, nom vulgaire d'un poisson, du *callionyme
lyre* sur les côtes de France. *Voyez* au mot CALLIONYME. (B.)

LACHENALE, *Lachenalia*, genre de plantes unilobées de l'hexandrie monogynie, et de la famille des LILIA-
CÉES, qui présente pour caractère une corolle tubuleuse
formée par quatre pétales alongés, connivens, dont trois extérieurs sont plus courts, moins obtus et moins ouverts à leur
sommet que les trois autres ; point de calice ; six étamines
dont les filamens sont très-peu courbes et les anthères droites ;
un ovaire supérieur, ovale ou oblong, trigone, chargé d'un
style à stigmate simple.

Le fruit est une capsule trigone, trivalve, triloculaire, et
qui contient dans chaque loge des semences nombreuses et
applaties.

Ce genre, qui est figuré pl. 237, n° 1, des *Illustrations* de
Lamarck, se rapproche si fort du *phormion* de Forster, que
la plupart des auteurs l'y ont réuni ; mais la forme de la capsule a paru suffisante, à Wildenow et autres, pour les distinguer ; et on suit ici l'avis de ces derniers, d'autant plus volontiers, que le *phormion* a un port et des usages tout différens. Il a
aussi de grands rapports avec les *jacinthes*, dont plusieurs de
ses espèces ont d'abord fait partie.

Les *lachenales* sont des plantes à racine bulbeuse, à feuilles
simples, engaînées à leur base, et à fleurs disposées en épi
terminal. On en compte vingt-quatre espèces, toutes, excepté
une, venant du Cap de Bonne-Espérance. La plupart paroissent cultivées en Angleterre, mais peu le sont encore en
France.

L'espèce la plus commune dans nos jardins, et peut-être
la plus brillante de ce genre, est la *lachenale tricolor*, dont
les feuilles radicales sont linéaires, lancéolées, tachées de brun,
et les fleurs presque cylindriques et penchées. Elle est remarquable par sa corolle variée de jaune, de rouge et de pourpre.

Redouté en a fait un superbe dessin pour son ouvrage sur les *liliacées*.

La LACHENALE ODORANTE semble cependant lui disputer en beauté. Elle a les feuilles lancéolées plus étroites à la base, et la corolle horizontale, blanche, avec une tache rouge à la pointe externe des pétales extérieurs.

Il faut encore mentionner la LACHENALE A FLEURS PALES, dont les feuilles sont linéaires, et les fleurs tournées d'un côté. C'est l'*hyacinthus serrotinus* de Linnæus. Elle croît en Espagne, et est cultivée dans les jardins. (B.)

LACHESIS, *Lachesis*, genre de serpens introduit par Daudin aux dépens de celui des SCYTALES. *Voy.* ce mot. (B.)

LACHNÉE, *Lachnea*, genre de plantes à fleurs incomplètes, de l'octandrie monogynie, et de la famille des DAPHNOÏDES, qui offre pour caractère un calice monophylle, pétaliforme, tubuleux, à limbe quadrifide et un peu irrégulier; point de corolle; huit étamines un peu saillantes; un ovaire supérieur, ovale, à style latéral, et à stigmate en tête hispide.

Le fruit est une semence ovale, presque bacciforme, cachée ou enveloppée dans la base du calice, qui est persistant.

Ce genre est figuré pl. 292 des *Illustrations* de Lamarck. Il renferme trois arbustes du Cap de Bonne-Espérance, dont les feuilles sont simples, éparses et presque imbriquées, et les fleurs ramassées en têtes terminales. Aucun n'est cultivé dans nos jardins. L'un, le *lachné à feuilles de buis*, est très-agréable par son port et par ses fleurs velues. (B.)

LACIS, *Lacis*, nom donné par Schreber au genre de plantes appelé MOURÈRE par Aublet. *Voyez* ce dernier mot. (B.)

LACISTÈME, *Lacistema*, plante bisannuelle, à feuilles ovales, aiguës, et à fleurs disposées en épi très-serré, très-court et sessile, qui forme un genre dans la monandrie digynie.

Ce genre a pour caractère un calice formé d'écailles en chaton; une corolle divisée en quatre parties; une étamine dont le filament est bifide; un ovaire pédicellé, surmonté de deux styles; une baie monosperme.

Le *lacistème* croît dans les bois montueux de la Jamaïque et de Surinam. Il est figuré dans les *Icones* de Swartz, tab. 1. (B.)

LACQUE (*gomme*). On nomme improprement *gomme-lacque* dans le commerce, une résine d'un rouge brun, demi-transparente, sèche et cassante, déposée sur des branchages, autour desquels elle forme comme une ruche ou amas d'*alvéoles* qui contient les œufs d'une certaine espèce d'insecte.

La sécheresse de cette substance, son odeur aromatique quand elle brûle, sa solubilité dans l'alcool, en font une véritable résine. La plupart des auteurs ont assuré que les *fourmis* du Pégu produisoient la *gomme-lacque* : ce fait méritoit d'être vérifié, et c'est ce que M. James Kerr a tenté de faire ; le résultat de ses observations lui a fait connoître que cette substance étoit due, non à des *fourmis*, mais à des *cochenilles*.

La tête et le tronc de l'insecte qui produit la *lacque* (que l'auteur nomme *coccus lacca*), forment un corps rouge, uniforme, ovale, comprimé, de la forme et de la grosseur d'un très-petit pou, et composé de douze anneaux transversaux. Le dos est convexe, le ventre plat. Les antennes ont la moitié de la longueur du corps ; elles sont filiformes, tronquées et divergentes, se ramifient en deux, souvent trois filets ou poils délicats, divergens, très-longs. La bouche et les yeux sont invisibles à l'œil nu. La queue est un très-petit point blanc, duquel partent deux soies horizontales aussi longues que le corps. Il y a six pattes qui ont la moitié de la longueur de l'insecte.

Ces insectes, que M. Kerr a toujours vus sans ailes, parcourent (à *Patna*, dans l'Inde) en novembre et décembre, les branches des arbres sur lesquels ils ont été produits, et ensuite se fixent sur les extrémités succulentes des jeunes branches. Au milieu de janvier, ils sont tous fixés dans leurs situations convenables. Ils paroissent aussi renflés qu'auparavant, mais ne donnent aucun signe de vie. On ne voit plus les jambes, les antennes et les soies de la queue ; ils sont environnés d'un liquide épais, à demi-transparent, qui semble les coller par leurs bords à la branche. C'est l'accumulation successive de ce liquide qui forme une cellule complète pour chaque insecte, et ce qu'on appelle *gomme-lacque*. Vers le milieu de mars, les cellules sont complètement formées, et l'insecte est en apparence un sac rouge, ovale, lisse, sans vie, à-peu-près de la grosseur d'une petite *cochenille* émarginée vers son extrémité, et plein d'un liquide d'un beau rouge. En octobre et novembre, on trouve environ vingt ou trente œufs rouges, ovales, dans le fluide rouge de la mère. Lorsque tout ce fluide est consommé, les jeunes insectes font un trou au dos de leur mère, et sortent l'un après l'autre, laissant leurs dépouilles, qui sont cette substance blanche, membraneuse, qu'on trouve dans les cellules vides de la gomme en bâton.

Ces insectes habitent quatre espèces d'arbres.

1°. *Ficus religiosa* Linn. ; dans l'Indostan, *pipal*, le *figuier admirable* des Pagodes.

2°. *Ficus indica* Linn. ; dans l'Indostan, *bhur*, le *figuier d'Inde.*

3°. *Plaso hort. Malabaric.* ; par les naturels du pays, *praso.*

4°. *Ramnus jujuba* Linn. ; dans l'Indostan, *beyr*, le *pommier d'Inde* (1).

Ils s'attachent communément si près les uns des autres et en si grand nombre, qu'à peine y en a-t-il un sur six qui ait de la place pour compléter sa cellule; les autres meurent et sont mangés par d'autres insectes. Les extrémités des branches paroissent couvertes d'une poussière rouge, et leur sève est si épuisée, qu'elles se fanent, ne produisent point de fruit; leurs feuilles tombent, ou deviennent d'un noir sale. Ces insectes sont transplantés par les oiseaux, qui, en se perchant sur les branches, en enlèvent avec leurs pieds, et les laissent sur les premiers arbres où ils s'arrêtent ensuite. Il est à observer que ces figuiers, lorsqu'on les blesse, rendent un suc laiteux, qui se coagule à l'instant en une substance visqueuse, filante, qui, endurcie à l'air, ressemble à la cellule du *coccus lacca.* Les naturels du pays font, avec ce lait bouilli avec des huiles, une glu capable de prendre les paons, ou les plus grands oiseaux.

On tire par incision de l'arbre *plaso*, une gomme médicinale, si semblable à la *gomme-lacque*, qu'on pourroit aisément s'y méprendre : d'où il résulte que ces insectes ont probablement fort peu de peine à changer la sève de ces arbres pour en former leurs cellules. On voit rarement la *gomme-lacque* sur le *ramnus jujuba*, et elle y est inférieure à celle qu'on trouve sur les autre arbres.

On trouve principalement la *gomme-lacque* sur les montagnes incultes des deux côtés du Gange, où elle est si abondante, que, quand même la consommation qui s'en fait seroit dix fois plus grande, les marchés ne manqueroient jamais de ce petit insecte. La seule peine qu'il y ait à se procurer la *lacque*, est de casser les branches et de les porter au marché. Le prix actuel à Dacca (en 1781), est d'environ douze schelins le cent pesant, quoiqu'on l'apporte du pays d'Assam, qui est fort éloigné. La meilleure *lacque* est de couleur foncée. Si elle est pâle et percée au sommet, sa valeur diminue, parce que les insectes ont quitté leurs cellules; et conséquemment elle ne peut servir pour la teinture, mais elle vaut probablement mieux pour les vernis.

Les Anglais distinguent quatre sortes de *lacques* ; 1°. la

---

(1) Il paroît qu'on les trouve aussi sur le *croton lacciferum.*

lacque en bâton (*strick lac*), qui est l'état naturel dont toutes les autres dérivent ; 2°. la *lacque en grain* (*seed lac*) : ce sont les cellules séparées des bâtons ; 3°. la *lacque en pain* (*lump lac*), est la *lacque en grain* liquéfiée au feu, et formée en pains ; 4°. la *lacque en écaille* (*schell lac*), est la *lacque en grain* liquéfiée, filtrée et formée en lames minces transparentes, qu'on fait de la manière qu'il suit :

On sépare les cellules des branches ; on les met en petits morceaux, qu'on jette dans un baquet d'eau, où ils restent un jour. On les retire de l'eau rougie, et on les sèche : on en remplit ensuite un tube cylindrique de toile de coton de deux pieds de longueur, sur un ou deux pouces de diamètre ; les bouts étant liés, on tourne le sac au-dessus d'un feu de charbon ; à mesure que la *lacque* se liquéfie, on tord le sac ; et lorsqu'il en a transsudé une suffisante quantité par les pores du sac, on met ce suc sur une portion de feuille de bananier, et avec une côte de la même feuille, on l'étend et on en forme une lame mince. Il faut l'enlever pendant qu'elle est flexible, car au bout d'une minute elle est dure et fragile. La valeur de la *lacque* en écaille, est en raison de la transparence.

Les naturels du pays consomment une grande quantité de *lacque en écaille*, pour faire des anneaux peints et dorés de plusieurs manières, qui servent de bracelets aux dames. On en fait des chapelets, des chaînes spirales et à chaînons, pour des colliers et autres ornemens de femmes.

La *lacque* sert à faire de la cire à cacheter, des ouvrages en *lacque*, des vernis, des meules à aiguiser, en incorporant du sable dur avec cette résine ; des couleurs pour la peinture et pour la teinture, &c. On a profité de la propriété qu'elle a d'être, de toutes les substances connues, la moins propre à conduire l'électricité, pour isoler complètement les conducteurs de la machine électrique. *Abrégé des Transactions philosophiques*, tom. 1.

On assure que la *lacque* est employée dans l'Inde pour la teinture des toiles, et au Levant, pour celle des peaux nommées *maroquins*. On en fait quelque usage en médecine, comme d'un tonique et d'un astringent externes ; elle entre dans les trochisques de karabé, dans les poudres et les opiats dentifrices, dans les pastilles odorantes. L'alcool, en la dissolvant, en tire une forte teinture rouge. (O.)

LACQUE. On donne aussi ce nom dans le commerce aux petits meubles vernis en Chine avec la liqueur qu'on retire du VERNICIER, du BADAMIER et de l'AUGIER. *Voyez* ces mots.

Les jardiniers le donnent encore au Phytolaca décan-
dre. *Voyez* ce mot. (B.)

LACQUE EN HERBE. C'est le nom du fruit de la *morelle douce amère*. Voyez au mot Morelle. (B.)

LACTÉ, nom d'une espèce de Vipère de l'Inde. *Voyez* au mot Vipère. (B.)

LADANUM. C'est la même chose que le *labdanum*, c'est-à-dire une *gomme-résine* que l'on retire de quelques espèces de Cites. *Voyez* ce mot. (B.)

LÆMMER-GEYER. *Voyez* Lemmer-geyer. (S.)

LAET, *Laetia*, genre de plantes à fleurs polypétalées, de la polyandrie monogynie, et de la famille des Liliacées, qui offre pour caractère un calice de cinq folioles qui se flétrissent; cinq pétales ou point; des étamines nombreuses; un ovaire supérieur, arrondi, chargé d'un style filiforme et droit.

Le fruit est une capsule charnue, ovoïde, obtuse, colonneuse, trivalve, uniloculaire et polysperme. Les semences sont anguleuses.

Ce genre, qui se rapproche beaucoup de celui des *ludiers*, renferme quatre espèces, toutes des parties les plus chaudes de l'Amérique méridionale, dont deux sont figurées dans les *Plantæ Americanæ* de Jacquin, et dont trois n'ont point de pétales. Ce sont des arbrisseaux à feuilles alternes et à fleurs portées sur des pédoncules communs axillaires. Aucun n'est cultivé dans les jardins de Paris. (B.)

LAFOENSE, *Lafoensia*, genre de plantes établi par Vandelli dans la *Flore de Portugal*. Il est très-voisin des Goyaviers et des Myrtes. *Voyez* ces mots. (B.)

LAGA, nom de pays du Condori. *Voyez* ce mot. (B.)

LAGAR, nom qu'Adanson a imposé à une coquille du Sénégal du genre Nérite. C'est le *nerita undata* de Linn. *Voyez* au mot Nérite. (B.)

LAGARDO, c'est le nom portugais du Caïman. *Voyez* au mot Crocodile. (S.)

LAGARTOR. *Voyez* Lagardo. (S.)

LAGENULE, *Lagenula*, arbrisseau grimpant, armé de vrilles, à feuilles pédiaires, à folioles ovales, crénelées, velues, à fleurs d'un blanc verdâtre, portées sur des grappes presque terminales, qui forme un genre dans la tétrandrie monogynie.

Ce genre offre pour caractère un calice de quatre folioles ovales-oblongues, réfléchies et persistantes; point de corolle; quatre glandes charnues réunies à leur base en tiennent lieu; quatre étamines; un ovaire supérieur, à style épais et à stigmate simple.

Le fruit est une petite baie en forme de gourde, c'est-à-dire étranglée dans son milieu, biloculaire et disperme.

La *lagenule* croît dans les montagnes de la Cochinchine. (B.)

LAGERSTROME, *Lagerstromia*, genre de plantes à fleurs polypétalées, de la polyandrie monogynie, et de la famille des Myrtoïdes, qui présente pour caractère un calice monophylle, turbiné, à six divisions; six pétales onguiculés, ovoïdes, très-ondulés, ouverts ou quelquefois réfléchis, et attachés au calice; un grand nombre d'étamines, dont les filamens attachés au calice et séparés en six faisceaux, soit par six filamens plus longs que les autres, soit par des rapprochemens d'insertion ou une réunion de base; un ovaire supérieur, ovale, chargé d'un style filiforme long et courbé, à stigmate tronqué ou obtus.

Le fruit est une capsule ovale, arrondie, soit mutique, soit accuminée par le style, environnée à sa base par le calice, s'ouvrant supérieurement en six valves, et divisée en six loges polyspermes.

Ce genre, qui est figuré pl. 473 des *Illustrations* de Lamarck, renferme cinq à six espèces. Ce sont des arbres ou des arbrisseaux à feuilles opposées ou alternes, et à fleurs disposées en panicules, qui croissent naturellement dans les Indes ou à la Chine, et qu'on y cultive autour des habitations, à raison de l'élégance et de la beauté de leurs fleurs.

Les espèces les plus connues sont:

Le Lagerstrome de la Chine, dont les rameaux sont tétragones, le calice glabre, et les pétales longuement onguiculés. C'est le plus beau de tous. On le cultive au jardin des Plantes, à Paris.

Le Lagerstrome a grandes feuilles, dont on avoit fait un genre sous les noms d'*adambéa* et de *munchausier*, a les rameaux cylindriques, le calice velu, et les pétales peu onguiculés. Il se trouve dans l'Inde et dans les îles qui en dépendent. C'est aussi un bel arbrisseau, qui a fleuri au jardin des Plantes de Paris. (B.)

LAGET A DENTELLE, LAGETTO, BOIS DE DENTELLE, *Lagetta lintearia* Linn. (*Décandrie monogynie.*), arbrisseau très-curieux, de la famille des Daphnoïdes, qui croît dans les montagnes de la Jamaïque et de Saint-Domingue et à la Guiane. Il a une racine chevelue et pivotante, de laquelle s'élèvent des tiges assez droites, qui se divisent en plusieurs rameaux placés sans ordre. Les plus fortes tiges ont environ quinze pieds de hauteur et quatre pouces de diamètre. L'épiderme qui les couvre est blanchâtre, parsemé de taches

rises ; l'enveloppe cellulaire, verdâtre ; le liber blanc, d'une
saveur sucrée, épais de deux ou trois lignes, filandreux, séparé du bois, et divisible en plusieurs couches ou superficies
qui, étant étendues, forment un réseau clair, très-fin, assez
fort, imitant la dentelle ou plutôt la gaze. Le bois est compacte et d'un blanc jaunâtre. Les feuilles sont ovales, en cœur,
longues de cinq à six pouces, larges en proportion, entières,
luisantes, très-veinées, disposées alternativement le long des
branches, et portées sur de courts pétioles. Les fleurs naissent
sur les parties latérales et sur les coudes d'un pédoncule commun qui termine les rameaux et qui semble articulé. Elles
sont dépourvues de corolle. Chaque fleur a un calice coriace,
fait en forme de grelot, muni de quatre glandes à son orifice,
et divisé au sommet en quatre dents : il renferme huit étamines presque sessiles, et un germe inférieur ovale, surmonté
d'un style court. Le fruit du *lagetto* est une baie sphérique,
très-blanche, de trois à quatre lignes de diamètre, couverte
d'une pellicule très-fine, et remplie d'une substance aqueuse,
fondante, sucrée, au milieu de laquelle on trouve une petite
graine grisâtre, ovoïde, terminée par deux petites pointes,
d'un goût d'aveline, et renfermée dans une coque fragile.

Les fibres lâches qui forment l'écorce intérieure de cet arbrisseau sont entrelacées et croisées d'une manière assez régulière. Dans les Antilles, on emploie quelquefois cette écorce
par curiosité. On en fait des cocardes, des manchettes, des
voiles, des garnitures de robe. Pour les blanchir, il suffit de
les agiter dans de l'eau de savon.

Le *lagetto* constitue seul un genre, dont les caractères sont
figurés dans les *Illustrations* de Lamarck, pl. 289. (D.)

LAGOCIE, *Lagoecia*, plante annuelle à tige grêle, rameuse, à feuilles alternes, pinnées, à fleurs disposées en
ombelles pendantes, qui forme un genre dans la pentandrie
monogynie, et dans la famille des Ombellifères.

Les caractères de ce genre, qui sont figurés pl. 142 des
Illustrations de Lamarck, sont d'avoir les ombelles simples,
glomérulées, laineuses ; une collerette universelle de neuf
folioles pinnées ou pectinées, et des collerettes partielles, uniflores, de quatre folioles pectinées et comme plumeuses. Chaque fleur a un calice à cinq découpures multifides capilla-
cées ; cinq pétales bicornes ; cinq étamines ; un ovaire inférieur, chargé d'un seul style à stigmate simple.

Le fruit consiste en une semence solitaire, nue, ovale-
oblongue, couronnée par le calice.

Cette plante forme une anomalie dans la famille des Ombellifères par sa semence unique, et est fort remarquable par

le grand nombre de filets sétacés qui environnent ses fleurs. Elle a une odeur légèrement aromatique et voisine de celle de la carotte. On la trouve dans les îles de l'Archipel et dans le Levant. (B.)

LAGOMYS ou **LIÈVRE-RAT** , dénomination sous laquelle on comprend une famille de quadrupèdes nouvellement connus , composée de trois espèces : le Soulgan, le Pika et l'Ogotone. (*Voyez* ces mots.) Leur principal caractère est de n'avoir point de queue ; leurs oreilles sont courtes et arrondies, et leurs jambes de derrière sont presque de la même longueur que celles de devant. Ils ont aussi le port extérieur du Cabiai (*Voyez* ce mot.) , les clavicules entières, tandis que celles des *lièvres* sont imparfaites , le même nombre de côtes que le *cabiai* , et le cri aigu et fréquemment répété. A ces différences près , ils ressemblent en tout aux *lièvres*. C'est à M. Pallas que l'on doit la connoissance de ces trois quadrupèdes , qui appartiennent aux pays du nord de l'ancien continent. (S.)

LAGONI. On donne ce nom à des sources d'eaux minérales qui se trouvent dans les terreins anciennement volcanisés de la Toscane , sur-tout aux environs de Pise , de Volterre et de Sienne. Ces sources, qui sortent de terre à travers les cendres et les tufs volcaniques , forment des mares d'où s'exhalent des vapeurs infectes de foie de soufre , qui empoisonnent l'air à de grandes distances. Il est même quelquefois dangereux d'approcher de ces *lagoni :* le sol graveleux , sans consistance , et détrempé par les eaux souterraines, forme des fondrières où l'on risque d'enfoncer tout-à-coup jusqu'à la ceinture , et même d'y être tout-à-fait englouti.

Le nom de *lagoni* a la même signification que ceux de *lagon* et de *lagune ;* on entend par-là un petit lac ou golfe peu profond et environné d'un terrein sablonneux. (Pat.)

LAGOPÈDE (*Tetrao lagopus* Lath.), oiseau du genre des Tétras , et de l'ordre des Gallinacés. Une apparence de similitude entre ses pieds et ceux du *lièvre* , seul animal, suivant l'observation d'Aristote, dont la plante des pieds soit garnie de poils ; a valu à ce *gallinacé* le nom de *lagopède*, c'est-à-dire *aux pieds de lièvre*. Quoique ce nom soit resté , son application manque absolument de justesse , puisqu'elle est fondée sur une comparaison qui manque d'exactitude. En effet , avec quelque attention , il est facile de reconnoître , en premier lieu , que l'oiseau dont il est question n'a point de poils aux pieds , et qu'ils sont recouverts , aussi bien que les jambes, de vraies plumes , d'une sorte de duvet long et épais ,

...e del.
Voisard Sculp.

1 . Lanier .   2 . Lagopede .
3 . Labbe .

qui ne laisse à découvert que les ongles ; en second lieu, qu'aucune de ces plumes ne prend naissance sous les pieds, mais qu'elles sont toutes implantées sur les côtés, et que seulement elles se dirigent vers la plante des pieds ; en sorte que l'assertion d'Aristote, que le *lagopède* avoit donné l'occasion d'attaquer, subsiste dans toute sa plénitude.

L'âge et la saison occasionnent des changemens très-remarquables dans les couleurs du plumage du *lagopède*, et ces différences ont produit de grandes erreurs en ornithologie, d'autant plus difficiles à éviter, que l'observation ne peut suivre qu'avec peine une espèce qui fait sa demeure habituelle sur les hautes chaînes de montagnes, au milieu des neiges et des précipices. Dans presque tous les ouvrages sur l'histoire naturelle des oiseaux, et même dans celui de Buffon, le *lagopède* est présenté sous autant de noms qu'il prend de livrées différentes. Dans son habit d'été on en a fait une espèce séparée, que l'on a cru reconnoître pour l'*attagas* ou *attagen* des anciens (*Voyez* le mot ATTAGAS.): avec son manteau d'hiver, il a été appelé *attagas blanc ;* on l'a nommé aussi, suivant l'époque où on l'a vu, *attagen blanc, gelinotte blanche, gelinotte huppée ;* Belon l'a désigné sous les dénominations de *francolin* et de *perdrix blanche.* C'est à un zélé et profond observateur que l'on doit la lumière répandue sur l'histoire naturelle du *lagopède.* Picot Lapeyrouse a fait disparoître le chaos qui résultoit de la multiplicité et de la confusion des noms, et il a prouvé que l'oiseau appelé *attagas* par les anciens et par les modernes, dont on avoit fait une espèce distincte, est le même que le *lagopède* (*Voyez* les *Mémoires de l'Académie de Toulouse*, tom. 1.). Ce savant ne s'est pas contenté de débrouiller et de fixer la nomenclature, but qu'un trop grand nombre de naturalistes modernes dédaignent de franchir, mais il a tracé l'histoire d'une espèce, dont il a décrit les mœurs et les habitudes.

Le *lagopède* est un peu plus gros que la *bartavelle ;* son poids est d'environ dix-neuf onces, sa longueur, prise du bout du bec à celui de la queue, d'environ quinze pouces, et son envergure de deux pieds ; le bec est court et noir, sa mandibule supérieure est légèrement arquée, et sa base entourée d'une large membrane charnue, festonnée dans son contour, et d'un rouge très-vif ; les ongles sont crochus, creusés en dessous et noirs ; un trait noir part de chaque côté du bec, et s'étend au-delà de l'œil : il manque aux femelles, qui ont d'ailleurs la membrane charnue du bec d'un rouge moins vif, et les teintes du plumage plus lavées que celles du mâle.

En hiver ce plumage est d'un blanc éclatant sur la tête,

le cou, le corps et les ailes, à l'exception des six premières pennes, qui sont noires : il y a deux rangs de pennes à la queue ; le rang supérieur a, comme le reste, la blancheur de la neige ; l'inférieur est noir, terminé de blanc. L'oiseau commence à blanchir au mois d'octobre, et il est tout-à-fait blanc en décembre : on rencontre néanmoins pendant l'hiver quelques individus qui conservent des taches sur le corps et le cou ; les chasseurs prétendent que ce sont des jeunes de l'année.

C'est au mois de mai que les *lagopèdes* reprennent leur habit d'été, moins uniforme que celui d'hiver, il n'y reste de blanc qu'aux pennes des ailes et au bout de quelques plumes, le reste devient noir, avec de grandes taches rousses ; des raies alternativement noires et fauves traversent la poitrine, et les couvertures inférieures de la queue ; un duvet gris roussâtre couvre le devant des pieds et les doigts ; le derrière et le dessous des pieds sont nus et d'une teinte plombée.

Dans la première année de leur âge, les *lagopèdes* sont d'un gris pointillé de noir et mêlé de beaucoup de blanc, sur-tout sous le corps, aux ailes et aux pieds.

Cette espèce de gallinacés est commune sur les Alpes, les Pyrénées, les montagnes les plus froides de l'Angleterre, sur celles d'Écosse, en Sibérie, au Groënland, à la baie d'Hudson, au Canada, &c. Par-tout ces oiseaux habitent les cimes des hautes montagnes, dans des lieux inaccessibles et chargés de neige. Lorsque tous les végétaux sont couverts de neige, ces oiseaux descendent du haut des monts pour chercher leur nourriture dans les endroits où une exposition plus favorable maintient la végétation ; mais dès qu'ils sont rassasiés, ils s'empressent de regagner leurs âpres mais paisibles retraites ; ils y choisissent les places à l'abri du soleil et du vent, qu'ils paroissent redouter ; ils se creusent dans la neige même, et en l'écartant avec leurs pieds, des trous dans lesquels ils restent tranquilles, jusqu'à ce que la neige qui tombe sur eux les force à la secouer, et assez souvent à changer de demeure. Ils courent très-vite, mais leur vol n'est pas très-léger. Ils se nourrissent des sommités des fleurs et des fruits de plusieurs végétaux, tels que le *rhododendron*, l'*airelle*, la *bousserole*, le *zaléa*, le *bouleau nain*, les *lichens*, &c. &c. Ils ont aussi du goût pour les insectes. Ils vivent, pendant l'hiver, en société de six jusqu'à dix individus ; c'est une réunion de famille, composée du père, de la mère et des petits, qui suivent leur mère comme les poussins suivent la poule.

« Le besoin d'une union plus intime, dit Picot Lapeyrouse, sépare les familles au mois de juin ; alors les *lagopèdes* s'apparient, et les couples s'écartent les uns des autres, depuis le sommet des montagnes jusqu'à la moitié de leur hauteur. Chaque paire gratte, de concert, un creux circulaire d'environ huit pouces de diamètre, au bas d'un rocher ou d'un arbuste, et ordinairement, sans aucune autre préparation, sans, à proprement parler, former de nid ; la femelle, au bout d'un mois, pond depuis six jusqu'à douze œufs, le plus communément six ou sept ; ils sont d'un gris roussâtre, tachetés de noir.

» Le mâle est très-assidu auprès de la femelle pendant tout le temps de l'incubation ; il rôde sans cesse autour de l'endroit où elle couve ; il fait entendre son cri féquemment ; il est très-soigneux d'apporter de la nourriture à sa femelle, mais il ne prend jamais sa place. L'incubation est de trois semaines. Aussi-tôt que les petits sont nés, le père et la mère les conduisent sur les sommets des montagnes parmi les *rhododendrons*, qui sont alors en fleurs. L'accroissement des petits *lagopèdes* est prompt ; dès le 15 d'août ils ont déjà la grosseur d'un *pigeon*. Ce prompt accroissement étoit nécessaire à un oiseau destiné à vivre dans des régions où le froid commence avec violence dès le mois d'octobre.

» Les *faucons* et les *aigles* même sont friands de la chair des *lagopèdes* ; il en détruisent beaucoup. A la vue de ces ennemis dangereux les *lagopèdes* se cachent sous les buissons, ou sous les avances et entre les fentes des rochers. Ils ne paroissent pas redouter l'homme, quand ils n'ont point encore éprouvé ses armes ; mais lorsqu'ils ont été chassés, ils deviennent très-sauvages et fuient de fort loin. C'est sans fondement que Gesner les a représentés comme stupides ; ils connoissent le danger, ils l'évitent avec la sagacité commune aux autres animaux en général. Leur caractère les porte à l'indépendance, et ils meurent en captivité, quoiqu'ils prennent la nourriture qui leur convient ; mais ils périssent d'ennui, et sans pouvoir s'accoutumer à la servitude ».

Le *lagopède* mâle fait souvent entendre pendant la nuit un cri semblable à celui de la *grenouille rousse* (*rana temporaria* Linn.) ; le cri de la femelle est le même que celui d'une jeune *poule*. On regarde ces oiseaux comme un gibier délicat ; la chair des jeunes est exquise, aussi les chasseurs ne craignent pas de les poursuivre à travers les précipices et au risque de leur vie. On peut prendre les petits à la course à l'aide d'un chien. Au Groënland on leur fait la chasse avec des lacets, soutenus par une ligne que deux hommes tiennent en marchant ; quelquefois aussi on les tue à coups de pierres. Dans ces pays glacés, où les coutumes et les goûts se ressentent de la rudesse du climat, on mange les *lagopèdes* crus ou à demi pourris ; leurs intestins cuits avec du lard de *phoque*, ou mangés crus à l'instant où on les tire du corps avec la matière qu'ils contiennent, y sont un mets très-recherché. La peau de ces oiseaux entre quelquefois dans les vêtemens très-simples des Groënlandais, et les pennes noires de la queue servoient autrefois aux femmes d'attache et d'ornement pour la chevelure.

Il paroît que l'espèce du *lagopède* devient plus forte et plus belle, à mesure que le climat est plus froid ; les individus que l'on a observés en Sibérie et au Canada, sont plus gros que ceux d'Europe, et ils en diffèrent encore par leurs ongles plus longs, plats en dessous et blancs. (S.)

LAGOPÈDE DE LA BAIE D'HUDSON (*Tetrao albus* Lath., fig. dans l'*Hist. nat. des Oiseaux*, par Edwards, tom. 2, pl. 72.). Les nomenclateurs ont fait, mal-à-propos, ce me semble, une espèce particulière de cet oiseau, qui n'est, suivant toute apparence, qu'une variété du *lagopède* de l'ancien continent. Les seules différences que l'on puisse remarquer entre ces deux oiseaux, consistent en ce que celui de la baie d'Hudson est plus gros, que son ventre reste blanc pendant l'été, qu'enfin les teintes du dessus de son corps sont moins tranchées et plus fondues. Mais j'ai fait observer à la fin de l'article précédent, que les pays les plus froids étoient les plus favorables aux *lagopèdes*, et qu'ils y prenoient plus de grosseur et plus de force. Quant à la différence des couleurs du plumage, il n'est pas douteux qu'elle ne soit l'effet d'un froid plus rigoureux.

Edwards a donné la description et la figure de cette variété sous le nom de *perdrix blanche*. (S.)

LAGOPUS. C'est, en latin moderne, une dénomination appliquée par quelques naturalistes à des animaux qui ne sont ni du même genre ni de la même classe. Linnæus s'en est servi pour désigner l'*isatis*. On la donne plus généralement au *lagopède*. Schaw l'attribue au *ganga*. (S.)

LAGOTIS, nom donné par Gærtner au genre appelé Gymnandre par Pallas, lequel a été formé sur une *bartsie diandre*. *Voyez* au mot Bartsie. (B.)

LAGRIE, *Lagria*, genre d'insectes de la seconde section de l'ordre des Coléoptères, et de la famille des Hélopiens.

Les *lagries* sont des insectes ovales-oblongs, communément velus, dont les antennes sont moniliformes et filiformes ; le corcelet cylindrique ; les élytres flexibles, convexes, sans rebords ; la bouche garnie d'une lèvre supérieure, de mandibules et de mâchoires, d'une lèvre inférieure, et de quatre antennules inégales.

Les espèces du genre LAGRIE, établi par Fabricius, avoient été dispersées dans beaucoup d'autres genres, par différens auteurs. Linnæus avoit fait une *chrysomèle* de la *lagrie hérissée*, quoiqu'elle en fût très-éloignée par la forme de ses antennes et le nombre des articles des tarses. Geoffroy l'avoit placée parmi la *cantharides*. Les autres espèces de ce genre avoient été rangées par le premier naturaliste, parmi les *dermestes*, et mises par le second, au nombre des *civindèles*. Fabricius avoit fait aussi de fréquens changemens à ce genre dans ses différens ouvrages.

J'ai séparé en quatre le genre de Fabricius, sous les noms de MÉLYRE, TILLE, ŒDEMÈRE et LAGRIE. Les insectes que je comprends sous ce dernier nom, forment un genre peu considérable, composé d'une douzaine d'espèces au plus, dont la plupart se trouvent en Europe. Toutes se nourrissent de feuilles, et volent avec beaucoup d'agilité. Leur larve est inconnue.

Parmi les espèces d'Europe, la plus commune est la LAGRIE HÉRISSÉE (*Lagria hirta*.); elle est entièrement noire, velue, à l'exception des élytres, qui sont testacées. (O.)

LAGUNÉE, *Lagunea*, genre de plantes à fleurs polypétalées, de la monadelphie polyandrie, et de la famille des MALVACÉES, qui a été établi par Cavanilles, et auquel Willdenow a réuni les SOLANDRES du même auteur. *Voyez* ce mot.

Ce genre a pour caractère un calice simple, à cinq divisions; une corolle de cinq pétales; un grand nombre d'étamines réunies à leur base; un ovaire supérieur, terminé par un style à cinq divisions; une capsule à cinq loges, dont les dissépimens sont contraires.

Ce genre, qui est fort voisin des *ketmies*, avec lequel l'Héritier avoit même réuni une de ses espèces, renferme trois plantes à feuilles alternes, et à fleurs disposées en panicules terminales.

La première, la LAGUNÉE LOBÉE, a les feuilles en cœur, dentées et à trois lobes. C'est la *solandre* de Cavanilles, le *triguera à feuilles doubles*, et la *ketmie solandre* de l'Héritier, *Stirpes*, pl. 49. C'est une plante annuelle d'un assez beau port, qui vient de l'île de la Réunion, et qu'on cultive dans les jardins de Paris.

La seconde est la LAGUNÉE TERNÉE, qui a les feuilles tantôt ternées, tantôt très-simples et entières. Elle vient du Sénégal, et est bisannuelle.

La troisième est la Lagunée épineuse, qui a les feuilles ternées, les feuilles profondément dentées, et la tige hérissée d'épines. Elle vient de la côte de Coromandel.

Loureiro a donné le même nom à un genre de l'heptandrie monogynie, qui offre pour caractère un calice écailleux, renfermant trois ou quatre fleurs; une corolle monopétale campanulée, à tube court, à limbe divisé en cinq parties ovales, ayant sept glandes à sa base interne; sept étamines insérées sur les glandes; un ovaire supérieur, presque rond, à style bifide et à stigmate épais.

Le fruit est une semence nue, orbiculaire, aiguë.

Ce genre ne contient qu'une espèce, qui est une plante herbacée, haute de six pieds; à tige géniculée; à feuilles grandes, presqu'en cœur, épaisses, velues; à pétioles amplexicaules, accompagnés de stipules engaînantes, velues; à fleurs blanches, très-nombreuses, disposées en épis terminaux et paniculés.

La *lagune* de Loureiro se trouve à la Cochinchine, dans les fossés et les lieux marécageux. On la regarde comme émolliente, et on emploie très-fréquemment ses feuilles pour amener les tumeurs à maturité. (B.)

LAGUNES, espace de mer qui a peu de profondeur, qui couvre un fond sablonneux, et qui, d'espace en espace, est entrecoupé par des îlots presqu'à fleur d'eau.

On donne spécialement le nom de *lagunes* aux îles basses et nombreuses qui se trouvent au fond du golfe Adriatique, à l'embouchure de la Brenta, au nord de l'embouchure du *Pô* et de l'*Adige*, et qui ne sont séparées les unes des autres que par de petits bras de mer très-peu profonds. La ville de Venise est bâtie sur un grand nombre de ces petites îles, et les canaux qui les séparent, forment en quelque sorte les rues de cette singulière cité.

Ces *lagunes* ont été formées non-seulement par les atterrissemens de la Brenta, qui se jette immédiatement dans cette espèce de marais, mais encore par ceux de l'Adige et du Pô, qui y ont été poussés et accumulés par les courans de mer qui se portoient vers le fond du golfe.

Les *lagunes* proprement dites, sont séparées de la mer par une langue de terre un peu plus élevée, qui s'étend du sud au nord, l'espace d'environ douze lieues, depuis l'embouchure de l'*Adige* jusqu'à celle de la *Sile*. Cette langue de terre a été formée, de même que les îles des *lagunes*, par les atterrissemens des rivières voisines; c'est une *barre*, comme celles qui se forment à l'embouchure de presque tous les fleuves, par l'accumulation des galets que leur courant pousse dans la mer, et que les vagues de la mer repoussent à leur tour vers le lit des rivières. Cette langue de terre est elle-même divisée en plusieurs îles, par des canaux qui donnent entrée aux navires dans l'intérieur des *lagunes*. (Pat.)

LAGURE (*Mus lagurus*.), espèce de rats, décrite par M. Pallas, et qui vit dans les déserts sablonneux de la Sibérie. *Voyez* l'article des Rats. (S.)

LAGURE, *Lagurus*, plante annuelle de la triandrie dygynie, et de la famille des Graminées, qui a des feuilles velues, et des épis ovales, laquelle forme seule un genre qui a pour caractère une bale calicinale, uniflore, composée de deux valves alongées, très-velues et comme plumeuses; une bale florale, bivalve, à valve extérieure plus grande, terminée par deux petites barbes, dont une dorsale, torse et coudée.

Le fruit consiste en une semence oblongue, munie de barbes, et enveloppée dans la bale florale.

Cette plante croît dans les champs des parties méridionales de l'Europe. Linnæus l'a appelée *lagure ovale*, et lui avoit adjoint une autre espèce, sous le nom de Lagure cylindrique; mais Lamarck a prouvé qu'elle faisoit partie du genre Canamelle. *Voyez* ce mot. (B.)

LAGURIER. C'est la même plante que celle de l'article précédent. (B.)

LAHAUJUNG (*Ardea indica* Lath., ordre des Echassiers, genre du Héron. *Voyez* ces mots.) Latham, qui a décrit cet oiseau d'après un dessin, le dit commun dans l'Inde, où il porte le nom qu'on lui a conservé. Il est d'une grande taille, et a deux pieds neuf pouces de longueur; le bec est noir, et la mandibule supérieure un peu convexe; le front, la gorge et les côtés sont d'un beau vert; le dessus de la tête, le cou, d'un brun foncé, avec quelques taches vertes; le dos, le croupion, de la même teinte; les couvertures des ailes, les pennes primaires, le dessous du corps, blancs; les secondaires, d'un vert foncé; la queue est noire, et les pieds sont rougeâtres.

Ce méthodiste anglais fait mention de deux autres individus, qu'il soupçonne ne différer que par les couleurs qui caractérisent les sexes. Le premier a le haut du dos mélangé de brun et de blanc, et le dessous d'un blanc moins pur. Le second a le dessus du dos du même blanc que le ventre; ce sont les seules dissemblances qui existent entre ces trois oiseaux.

(Vieill.)

LAHUL, nom du Guignard, en Laponie. *Voyez* l'article de cet oiseau. (S.)

LAICHE. On appelle ainsi les *lombrics* ou *vers de terre*, dans certains pays. *Voyez* au mot LOMBRIC. (B.)

LAICHE, *Carex*, genre de plantes unilobées, de la monoécie triandrie, et de la famille des CYPÉROÏDES, qui présente pour caractère des fleurs glumacées, imbriquées autour d'un axe commun. Les mâles, tantôt mêlées avec les femelles sur le même chaton, et tantôt sur des chatons distincts et supérieurs, ont trois étamines à filamens sétacés, et à anthères droites; les femelles ont un ovaire supérieur, surmonté d'un style court, à deux ou trois stigmates alongés, sétacés et velus.

Le fruit consiste en une semence ovale, pointue, trigone, renfermée dans une tunique capsulaire, qui est la bale même, et qui ne s'ouvre point.

Ce genre, qui est figuré pl. 752 des *Illustr.* de Lamarck, renferme plus de cent espèces connues, la plupart propres à l'Europe. Ce sont des plantes vivaces, qui fleurissent presque toutes aux printemps, qui ont souvent des bractées, dont on trouve le plus grand nombre dans les lieux aquatiques, et qui forment un très-mauvais fourrage pour les bestiaux, dont elles ensanglantent souvent la bouche avec les bords coupans de leurs feuilles.

Plusieurs espèces que Linnæus y avoit réunies, ont été séparées depuis pour former le genre SCLÉRIE. *Voyez* ce mot.

Le genre des *laiches* se divise en plusieurs sections, prises de la disposition des épis.

La première division comprend les *laiches* qui ont un seul épi. Elle est peu nombreuse.

Les espèces les plus communes de cette division, sont :

La LAICHE DIOÏQUE, dont le nom indique le caractère spécifique. On la trouve dans les prés marécageux des montagnes.

La LAICHE PULICAIRE, dont l'épi est mâle au sommet, et femelle à la base. Elle se trouve dans les marais.

La seconde division comprend les *laiches* dont l'épi est composé d'épillets particuliers androgynes. Ses espèces les plus communes, sont :

La LAICHE A ÉPI, qui a les épillets ovales, aigus, très-nombreux, rapprochés, presque distiques et sessiles. Elle se trouve communément aux environs de Paris, dans les marais. Elle s'élève à un pied et demi.

La LAICHE LÉPORINE, qui a les épillets ovales, presque sessiles, rapprochés, alternes et nus. Elle se trouve dans les mêmes endroits que la précédente, avec laquelle on la confond souvent.

La LAICHE COMPACTE, *Carex vulpina* Linn., a les épillets

ovales, rassemblés, mâles supérieurement; ceux de la base écartés les uns des autres. Elle est commune dans les marais.

La LAICHE MURIQUÉE a les épillets presqu'ovales, presque sessiles et écartés; les capsules aiguës, divergentes et épineuses. Elle se trouve dans les bois et les prés humides.

La LAICHE ÉCARTÉE a les épillets ovales, sessiles, très-écartés, et les bractées fort longues. On la rencontre dans les bois humides.

La troisième division comprend les *laiches* dont les épillets sont unisexuels, et les femelles sessiles. Il faut remarquer parmi elles :

La LAICHE JAUNATRE, dont l'épi mâle est linéaire, et les épis femelles presque ronds, sessiles, et à capsules aiguës et recourbées. Elle est commune dans les marais.

La LAICHE HATIVE a les épillets mâles en massue; les femelles pédicellés, et les capsules velues. On la trouve dans les pâturages secs, sur les montagnes. Elle fleurit une des premières.

La quatrième division comprend les *laiches* dont les épillets sont unisexuels, et les femelles pédonculés. On y trouve :

La LAICHE A ÉPIS LACHES, dont les épillets femelles, au nombre de quatre, sont très-longuement pédonculés, et ont es capsules recourbées. Elle se trouve dans les bois.

La LAICHE PALE a les épillets mâles droits; les femelles ovales, imbriqués, et les capsules obtuses. On la trouve dans les prés, les pâturages humides.

La LAICHE EN OMBELLE a les épis pendans, presque disposés en ombelle, et les capsules en bec conique, striées et biarisées. Elle se trouve dans les marais et les fossés pleins d'eau.

La LAICHE PANICÉE a les épillets pédonculés, droits, écartés; les femelles linéaires, et les capsules obtuses et renflées. Elle se trouve dans les prés humides.

La cinquième division renferme les *laiches* qui ont plusieurs épis tout-à-fait mâles. Il faut y remarquer principalement :

La LAICHE COUPANTE, *Carex rufa* Linn., dont les épillets mâles sont épais, presque ventrus; les femelles droits, presque sessiles, et les écailles des fleurs aiguës. C'est une des plus communes sur le bord des étangs, dans les marais. Elle s'élève à près de trois pieds.

La LAICHE VÉSICULEUSE a les épis mâles grêles; les femelles pédonculés, les capsules renflées et aiguës. Elle croît dans les lieux marécageux.

La LAICHE PRINTANIÈRE, qui a les épillets mâles géminés et noirâtres; les écailles obtuses, et les capsules ovales. Elle se trouve dans les marais.

La **Laiche velue**, dont les épis femelles sont écartés, axillaires et presque sessiles. On la trouve dans les lieux humides et sablonneux.

On n'a mentionné ici aucune espèce étrangère, parce que le peu qu'on en connoît ne présente aucun intérêt particulier. Elles sont très-nombreuses dans les herbiers; mais elles ont été très-négligées par les botanistes. On trouve dans les *Actes de la Société linnéenne de Londres*, un assez grand nombre de *laiches* d'Angleterre, décrites et figurées. Desfontaines travaille à une monographie de ce genre, qui éclaircira la synonymie de la plupart, et en doublera peut-être le nombre; de sorte qu'on peut espérer que celles d'Europe seront bientôt toutes connues. (B.)

LAIE. C'est la femelle du *sanglier* ou la *truie sauvage*. Voyez l'article du **Sanglier**. (S.)

LAINE. *Voyez* l'article du **Mouton**. (S.)

LAINE D'AUTRUCHE ou **LAINE-PLOC.** L'on nomme ainsi, dans les manufactures de draps, une substance dont on se sert pour faire les lisières des draps noirs les plus fins. On l'appelle encore *poil d'autruche* et *laine d'autruche*. Tous ces noms ne doivent pas faire penser que cette matière soit fournie par l'*autruche*. (S.)

LAINE-DE-FER, dénomination assez impropre qui a été donnée par quelques naturalistes à l'*oxide de zinc* qui se volatilise pendant la fusion des minerais de fer qui contiennent de la calamine, et qui retombe sous la forme de petits flocons de filets blancs très-déliés, qu'on a comparés à des flocons de laine. Les mines de fer d'*Auriac* et de *Cascatel* en Languedoc, sont, suivant Guettard, les seules qui présentent ce phénomène, et il l'attribue sur-tout à l'*antimoine* qui se trouve mêlé dans le minerai. (**Pat.**)

LAINE DE MOSCOVIE; le duvet très-fin que l'on arrache entre les jambes du *castor*, porte ce nom dans les fabriques de chapeaux. (S.)

LAINE DE SALAMANDRE; nom donné à l'*amiante* par des charlatans qui, ayant fabriqué avec cette substance incombustible de petits tissus, les jetoient au feu devant des hommes simples qui étoient surpris de voir qu'ils en étoient retirés sans aucune altération, et à qui l'on persuadoit que ce produit minéral étoit le poil d'un animal qui vivoit dans le feu. *Voyez* **Amiante**. (**Pat.**)

LAISSÉES (*vénerie*). Ce sont les fientes des bêtes noires, c'est-à-dire des *sangliers*, des *loups*, &c. (S.)

LAISSER-COURRE. Cette expression, en vénerie, a deux acceptions : c'est le lieu où on lâche les chiens pour lancer la *bête* après qu'elle a été détournée ; le valet de limier alors *laisse-courre* ; ensuite l'action même de chasser la *bête* aux chiens courans se désigne aussi par *laisser-courre*. (S.)

LAISSES-DE-MER. On donne ce nom aux terreins que la mer a récemment laissés à découvert. Ces nouveaux terreins peuvent être dus à deux causes différentes : 1°. A la retraite de la mer, occasionnée par la diminution réelle qu'elle éprouve sans cesse dans la masse de ses eaux. 2°. Ils peuvent être formés par les *atterrissemens* de quelque grande rivière ; et il paroît que c'est le cas le plus ordinaire, car le globe terrestre se trouve maintenant à l'époque où la diminution graduelle des eaux de la mer forme à-peu-près l'équivalent du volume que viennent former dans son bassin les terres et les pierres que toutes les rivières du monde ne cessent d'y rouler avec leurs eaux ; de sorte que la retraite de la mer, occasionnée par la diminution de ses eaux, ne pourroit être sensible que sur un rivage qui seroit presque horizontal et de niveau avec la surface de la mer. Ainsi la plupart des *laisses* sont plutôt dues à des atterrissemens qu'à toute autre cause. *Voyez* ATTERRISSEMENS. (PAT.)

LAIT. Cette bienfaisante liqueur, si analogue à la foiblesse des organes, si favorable aux développemens des animaux mammifères, est sans contredit la meilleure nourriture que l'estomac des nouveaux-nés puisse digérer : aussi voyons-nous l'homme, dans les différens périodes de la vie, admettre le *lait* au nombre des objets devenus pour lui d'un usage indispensable, l'employer comme aliment ou comme médicament, en faire même d'heureuses applications aux arts les plus essentiellement liés avec ses premiers besoins.

Le *lait*, exposé au contact de l'air atmosphérique, et à une température où il puisse exister sans éprouver d'altération sensible dans l'organisation de ses parties constituantes, se recouvre peu à peu d'une matière épaisse, onctueuse, agréable au goût, quelquefois d'une couleur jaunâtre, mais plus souvent d'un blanc mat ; cette matière est la *crème*. Spécifiquement plus légère que le *lait*, et dont la densité, au moment où celui-ci sort des mamelles, est presqu'égale à celle du fluide dans lequel elle se trouve confondue, ce n'est que quand elle a acquis, par le refroidissement et par le repos, assez de consistance pour être distinguée de celle du fluide qu'elle recouvre à sa surface, qu'on parvient à la séparer. Or, cette séparation s'exécute avec d'autant plus de régularité et de

promptitude, que le vase qui contient le *lait* est plus large
que profond, et que le thermomètre de Réaumur indique
huit à dix degrés : au-delà ou en-deçà de cette température
elle devient infiniment plus difficile ; on ne peut pas se flatter
d'enlever la *crême* en totalité.

Mais le *lait*, séparé ainsi de sa *crême*, n'a subi aucune décomposition. On sait que le beurre, la matière caséeuse et le
sucre ou sel essentiel en forment les parties constituantes, et
que rien n'est aussi variable que la proportion où elles se
trouvent ; l'âge, la santé, la constitution et la nourriture de
l'animal, les soins qu'on en prend, les endroits qu'il habite,
ne sont pas les seules circonstances qui influent plus ou moins
sur cette proportion ; il existe encore d'autres causes capables
d'apporter au *lait* des modifications qui, sans toucher à ses
caractères spécifiques, peuvent augmenter ou affoiblir sa qualité. Arrêtons-nous à quelques exemples.

L'expérience prouve que le *lait* est séreux et abondant à
l'époque du part ; qu'il diminue de quantité et augmente de
consistance à mesure qu'on s'en éloigne ; que dans une même
traite le *lait* qui vient le premier n'est nullement semblable
au dernier ; que celui-ci est infiniment plus riche en principes que l'autre ; qu'il faut à ce fluide un séjour de douze heures
dans l'organe qui le sécrète, pour acquérir toute sa perfection ;
qu'enfin le *lait* trait le matin a constamment plus de qualité
que le *lait* du soir, parce que vraisemblablement le sommeil
donne à l'animal ce calme si nécessaire au perfectionnement
de toutes les humeurs ; observations importantes, qu'il ne
faut jamais perdre de vue, quelle que soit la destination
qu'on donne aux laitages.

On s'est donc trompé en imaginant que la nature plus ou
moins succulente des herbages qui entrent dans la nourriture
des animaux, contribuoit le plus directement à améliorer la
qualité du *lait* ; que les plantes conservoient toujours dans ce
fluide leur odeur, leur couleur et leur saveur, puisque la
plupart se trouvent décomposées par l'acte même de la digestion. Ils facilitent plus ou moins le travail de l'estomac, en
donnant plus d'énergie aux organes destinés à préparer les
premiers matériaux du *lait*, à les réunir et à leur imprimer
le cachet particulier de l'animal. C'est ainsi, par exemple,
que du sel marin ajouté à des fourrages insipides et détériorés,
concourt à rendre le *lait* plus épais et plus savoureux. Certes,
il n'y a point, dans ce premier assaisonnement de nos mets,
les élémens du beurre, du fromage et du sucre de *lait*. S'il
opère un pareil effet, ce n'est qu'en soutenant le ton de l'es-

tomac et en augmentant les forces vitales que pourroit affoiblir l'usage d'une nourriture défectueuse.

Cependant, si les alimens n'ont pas toujours une influence marquée sur la nature des différens principes qui constituent le *lait*, il n'en est pas moins vrai que ces principes reçoivent, de la part des végétaux dont ils sont formés, certains caractères en quelque sorte indélébiles. Si les fourrages administrés aux animaux sont naturellement aqueux et par conséquent peu sapides, le *lait* qui en proviendra sera abondant, mais séreux ; si, au contraire, ils sont, comme on dit, aigres, durs et fibreux, les produits de ce fluide n'auront encore ni moelleux ni flexibilité ; enfin, le *lait* donnera des résultats plus parfaits dès que les herbages seront fins, savoureux et aromatiques.

Ces observations, qui réduisent à sa juste valeur l'influence des alimens sur la qualité du *lait*, nous paroissent suffisantes pour expliquer la cause qui fait que le *lait* provenant des troupeaux nourris dans les prairies composées de beaucoup de plantes fines et aromatiques, donnent des produits qui réunissent tant de qualités ; pourquoi, lorsque ces mêmes plantes n'ont perdu, par la dessication, que leur humidité superflue et une partie de leur odeur, elles n'en donnent pas moins aux femelles qui en sont nourries, un *lait* aussi abondant pour le moins en principes que si ces animaux étoient au vert ; pourquoi les femelles qui paissent dans les lieux aquatiques et ombragés, fournissent communément un *lait* moins bon que celles qui vivent dans des herbages gras, mais découverts, et sur des terreins qui leur sont propres ; car si la vache se trouve bien des pâturages succulens des plaines, la brebis se plaît sur les endroits secs, et la chèvre dans les pays montueux ; enfin, pourquoi la vache qui a vêlé en juillet donne en octobre un *lait* plus riche en crême, quoiqu'elle soit nourrie avec des fourrages secs.

Il seroit superflu de s'arrêter plus long-temps sur cette question, toute importante qu'elle soit. En général, il paroît démontré que le *lait* est un de ces fluides dont la perfection est subordonnée à une foule de circonstances souvent si difficiles à réunir, qu'il n'est pas aussi commun qu'on le pense de trouver des femelles, toutes choses égales d'ailleurs, qui le donnent constamment bon, et dont les principes soient parvenus au même degré d'appropriation.

Les avantages que le *lait* procure sont immenses, sur-tout à la campagne. Il est, après le pain, l'article le plus essentiel d'une métairie, et ses produits donnent lieu à des fabriques plus ou moins considérables ; plusieurs sont même renommées pour la qualité du beurre et des fromages qu'elles préparent ;

qualité qu'elles doivent moins aux alimens dont on nourrit les animaux, qu'à la manière dont on les gouverne, ainsi qu'aux manipulations employées. Car ici, comme en une infinité d'autres choses, c'est la façon d'opérer qui fait tout. Mais avant d'indiquer ces usages en économie rurale, nous avons quelques vues à présenter sur la femelle qui fournit ce fluide le plus en abondance, et qui, suivant l'expression de Venel, est plus *lait* que les autres *laits*. Nous renvoyons donc au mot VACHE tous les détails concernant la laiterie, et les opérations qu'on y exécute, pour nous borner, dans cet article, à l'examen du *lait* en nature, considéré relativement à son commerce et à ses effets diététiques.

Du Lait sous le point de vue de l'économie domestique.

Entre les boissons alimentaires les plus anciennement accréditées, le *lait* doit occuper une des premières places; et quoiqu'il semble n'avoir été préparé qu'en faveur des nouveaux-nés, ce fluide sert beaucoup aussi aux adultes. On pourroit même présumer que vu l'abondance et la facilité avec lesquelles les vaches, par exemple, donnent le leur, ces femelles ont été particulièrement destinées, par la nature, à procurer à l'espèce humaine cette ressource agréable et salutaire; et en effet, dans les endroits où on a adopté la méthode de les faire parquer, il est singulier de voir l'empressement avec lequel elles se présentent, chacune à leur tour, à la fille chargée de les traire, comme pour se débarrasser d'un poids qui les fatigue, et payer en même temps le prix des soins qui leur sont prodigués. On ne peut se rappeler sans attendrissement le trait d'une chèvre qui quittoit, à des heures réglées, le troupeau trois fois par jour, et accouroit d'une lieue pour alaiter un enfant qu'il suffisoit de poser à terre dès qu'on la voyoit paroître.

Le meilleur *lait* n'est ni trop clair ni trop épais; il doit être d'un blanc mat, d'une saveur douce et agréable; mais il n'a réellement toute sa perfection que quand la femelle a atteint l'âge convenable. Trop jeune, elle fournit un *lait* séreux. Trop vieille, il est sec. Celui qui provient d'une femelle en chaleur ou qui approche de l'époque du vélage, ou qui a mis bas depuis peu de temps, est inférieur en qualité. On a remarqué encore qu'il falloit que la femelle ait eu trois portées pour que l'organe mammaire soit en état de préparer le meilleur *lait*, et continuer de le fournir de bonne qualité jusqu'au moment où la femelle, passant à la graisse, la lactation diminue et cesse entièrement.

Cependant, ces règles ne sont pas tellement générales, qu'elles ne soient soumises à quelques exceptions. On sait, par exemple, qu'il y a des vaches et des chèvres dont le *lait* est excellent pendant toute l'année, hormis les quatre ou cinq jours qui précèdent et qui suivent le part, tandis que d'autres, dans les mêmes circonstances, exigent l'intervalle de quatre à cinq semaines avant que leur *lait* réunisse les qualités qu'il doit avoir par rapport à l'emploi qu'on veut en faire ; mais c'est ordinairement le troisième mois du vélage que le *lait* est le plus riche en crème : aussi, dans les cantons où l'on fait des élèves, l'abandonne-t-on volontiers aux génisses, après toutefois en avoir retiré le beurre.

Le débit du *lait* est assez considérable dans une grande commune, sur-tout depuis l'époque où l'usage du café et du chocolat a été introduit en Europe, et que ces préparations sont devenues en France le déjeûner favori des deux sexes de tout âge et de tout état ; mais son prix, dans le commerce, varie à raison de la saison et du prix des fourrages. L'intérêt des nourrisseurs de vaches, dans les environs de Paris, est de ne point économiser sur la nourriture pendant l'hiver, afin d'obtenir beaucoup de *crême* et peu de *lait*, vu que ce dernier est d'une valeur beaucoup moindre que le premier.

Il n'est pas douteux que, comme beaucoup d'autres alimens et boissons, le *lait* n'exerce aussi la cupidité des marchands, et qu'il ne se glisse quelques fraudes dans son commerce ; on peut aisément les découvrir à la faveur des organes perspicaces. Il existe des palais doués d'un sentiment assez exquis pour saisir tout d'un coup, non-seulement les différens *laits* en eux, mais encore les nuances qui caractérisent chacun en particulier, le *lait* trait de la veille ou du jour, le *lait* écrêmé ou non, celui qui a été au feu ou qu'on a alongé par de l'eau ou par des décoctions mucilagineuses.

Une foule d'autres circonstances peuvent, il est vrai, sans altérer le lait, influer sur sa saveur. La transition brusquée du sec au vert se manifeste quelquefois au point que ce fluide contracte souvent ce qu'on appelle le *goût de fourrage*, assez désagréable dans certains cantons, où les herbages ont peu de qualité. Il faut donc distinguer ces causes d'avec celles qui résultent des infidélités qu'on se permettroit dans ce commerce.

Quel que soit l'attrait pour le *lait* doué encore de sa chaleur naturelle, on ne sauroit douter qu'il n'ait une saveur plus douce et plus agréable quand il l'a perdue entièrement, et qu'il a pris la température de la laiterie. Au sortir du pis de la femelle, ce fluide a encore le gaz de la vie, cette émanation animale que le vulgaire exprime en disant : *le lait sent la vache*, *la chèvre*, *la brebis*. On le reconnoît encore à un toucher onctueux, à une odeur douce, et sur-tout à un blanc mat ; mais cette odeur est si fugace, qu'elle n'existe plus déjà à l'instant où ce fluide a éprouvé l'action du feu, ou bien qu'il est sur le point de tourner.

Pour juger que le *lait* d'une vache qui a récemment vêlé peut sans inconvénient entrer dans le commerce, les laitières ont l'habitude de l'essayer sur le feu. S'il résiste à l'ébullition sans se coaguler, elles le mêlent au *lait* destiné à la vente. Cependant, on conçoit que cette propriété de se cailler au premier bouillon dépend souvent de la saison et du caractère de l'animal. Il convient donc d'examiner si, dans ce cas, le *lait* n'a pas une sorte d'état visqueux et lymphatique qui annonce qu'il n'est pas encore assez éloigné de l'époque du part pour le soumettre aux diverses préparations et en faire usage sans inconvénient.

La plus grande quantité de *lait* qu'une vache puisse fournir dans la saison du vert, est évaluée, d'après une suite d'expériences, à douze pintes ou quarante-huit livres environ dans les deux ou trois traites ; mais le produit commun est de douze pintes ou de vingt-quatre livres ; et quoique plus savoureux et en plus grande abondance pendant l'été que l'hiver, le *lait* qu'elle donne dans cette saison est plus riche en principes.

Comme le *lait* pur ne forme aucun dépôt au fond du vase qui le contient, on peut soupçonner qu'il est mélangé quand il a ce défaut. Pour s'en assurer, il ne s'agit que de soumettre le dépôt à quelques expériences. Si c'est de la farine, elle présentera, au moyen de la cuisson, une bouillie, tandis qu'on aura une gelée, si c'est de la fécule ou amidon. Enfin, en supposant qu'on se permette d'y introduire de la marne ou du plâtre, l'indissolubilité de ces matières terreuses donnera bientôt aussi la faculté d'en établir le caractère et de dévoiler la fraude.

On dit et on répète, que la totalité du *lait* qui se vend à Paris est entièrement écrémée ; mais cela ne paroît pas vraisemblable. Il faut d'abord faire attention que le *lait* du commerce est ordinairement composé de la traite du soir et de celle du matin. La première, pendant douze heures qu'elle a séjourné à la laiterie, a eu le temps de se couvrir de crème et de pouvoir en être facilement séparée ; la seconde, au contraire, est mêlée avec le *lait* de la veille presqu'aussi-tôt qu'on l'a tiré. Ainsi, le *lait* qu'on vend à Paris doit contenir au moins la moitié de la crême que la vache a fabriquée pendant les vingt-quatre heures. ━

Sans doute il seroit possible qu'apporté des communes circonvoisines de Paris pendant l'hiver, le *lait* fût précisément celui des deux traites de la veille qu'on auroit eu le temps d'écrèmer; mais outre que l'absence de la crême deviendroit facile à saisir par la dégustation, on pourroit encore la constater en mettant un pareil *lait* dans un vaisseau étroit et cylindrique à une température de 10 à 12 degrés pendant quelques heures; l'épaisseur de la couche à la surface suffiroit pour faire juger de la présence de la crême et de la quantité qui s'y en trouve.

On sait que quand le temps est orageux, le *lait* ne donne que fort peu de crême, et que la quantité qu'on en retire du soir au lendemain n'acquiert presque point de consistance; les laitières sont même dans l'habitude d'exposer cette crême dans une cuiller au-dessus de la lumière d'une chandelle, pour voir si elle souffre le bouillon sans tourner.

Convenons cependant qu'on peut augmenter la quantité du *lait* en y ajoutant de l'eau sans que l'intensité de sa couleur soit sensiblement diminuée; mais cette fraude, la plus commune que se permettent quelquefois les laitières, ne sauroit guère être découverte que par les sens. On a bien proposé l'emploi du pèse-liqueur et de la balance hydrostatique pour s'en assurer d'une manière plus certaine; mais ces instrumens demandent une sorte d'exercice pour être maniés utilement: d'ailleurs, ils sont insuffisans pour faire connoître positivement dans quelle proportion l'eau se trouve mélangée, attendu que le *lait* varie à la journée de pesanteur spécifique.

Cependant, il arrive souvent que, malgré toutes les précautions observées dans les laiteries, le *lait* a reçu, même dans le pis de l'animal, une si grande disposition à s'altérer, qu'en le mettant sur le feu immédiatement après la traite, il ne sauroit braver le degré de chaleur de l'ébullition sans se coaguler, notamment dans les jours caniculaires. Cette circonstance a donné lieu à quelques recherches pour savoir s'il n'y avoit pas un moyen propre à éloigner, pendant un certain temps, cette tendance naturelle à l'altération; mais, après avoir examiné mûrement tous les moyens proposés, la plupart nous ont paru propres à concourir plutôt à sa détérioration.

Quand les laitières manquent de caves bien conditionnées pour conserver leur *lait* en bon état pendant vingt-quatre heures, il vaut mieux leur conseiller de plonger dans un bain d'eau froide le vase où se trouve le *lait*, de couvrir ce vase d'un linge mouillé, ou bien d'imiter celles qui le font bouillir préalablement à la vente, plutôt que de leur offrir une foule de moyens prétendus efficaces, souvent plus nuisibles qu'utiles.

L'emploi du *lait* en nature ne se borne pas seulement aux usages économiques ; on est parvenu à en faire quelques applications avantageuses aux arts. Nous citerons, entr'autres, la clarification des liqueurs vineuses et spiritueuses, la conservation des viandes dans le *lait* caillé, le blanchiment des toiles par la sérosité aigrie. Comparable, en quelque sorte, aux sucs sucrés des fruits exprimés, le *lait* renferme, ainsi qu'eux, un sel essentiel, qui se décompose et fournit des produits analogues à ceux du vin et du vinaigre.

Du Lait sous le point de vue médical.

C'est au printemps et en automne que le *lait* réunit le plus de qualités ; ce sont aussi les deux saisons que l'on choisit de préférence pour en faire usage comme remède, parce que les femelles font alors usage d'alimens extrêmement substantiels, qu'elles sont éloignées de l'époque du part, et que leurs organes plus vivans, s'il est permis de s'exprimer ainsi, fabriquent et élaborent plus complètement les humeurs animales.

Un phénomène qui nous a frappés dans le cours des expériences que nous avons faites, mon collègue et ami Deyeux et moi, dans le dessein de connoître les effets particuliers des fourrages sur les animaux (1), c'est la diminution très-sensible des produits en *lait* que les femelles fournissoient dès qu'elles changeoient de nourriture, et quoique celle qu'on leur substituât fût plus succulente, l'augmentation du *lait* ne se faisoit appercevoir que quelques jours après l'usage du nouveau régime. Il semble même qu'au moment où il va imprimer aux différentes humeurs les caractères spécifiques qui lui appartiennent, il survient de grands changemens dans l'économie animale. Nous verrons plus loin les conséquences qu'on peut tirer de ce phénomène pour l'alaitement des enfans.

Ce fait suffit pour prouver que quand on a besoin d'avoir constamment la même quantité de *lait*, il faut nécessairement continuer d'administrer aux femelles les mêmes fourrages et

______

(1) Voyez *Précis d'expériences et observations sur les différentes espèces de Lait*, considérées dans leurs rapports avec la chimie, la médecine et l'économie rurale. A Paris, chez F. G. Levrault, imprimeur-libraire, quai Voltaire.

de n'en changer que par degré, ce qui ne doit pas être indifférent pour les malades soumis au régime du *lait*. Combien de fois n'arrive-t-il pas que ce fluide, après avoir réussi pendant quelques jours, produit tout-à-coup du malaise, des anxiétés si considérables, qu'ils sont forcés, à leur grand regret, d'en abandonner l'usage? et cela, pour avoir fait passer brusquement l'animal d'un fourrage sec à un fourrage vert, d'un fourrage succulent à un fourrage non aqueux, &c. &c.

Avouons-le, on fait en général trop peu d'attention à la nature des végétaux destinés à servir de nourriture aux femelles, dont le *lait* doit ensuite être employé comme médicament. Il n'existe, à la vérité, aucune expérience précise à cet égard : on sait seulement que certaines plantes communiquent de l'odeur, de la couleur et de la saveur au *lait*; mais il s'en faut que cette influence ait toute la latitude qu'on a prétendu lui donner.

La possibilité d'accroître les propriétés médicinales du *lait* par celles de certaines plantes choisies, assorties avec leur fourrage ordinaire, est incontestablement reconnue ; mais plusieurs d'entr'elles, comme la gratiole et le tithymale, que les vaches rencontrent disséminés souvent dans les prairies, communiquent à leur *lait* la vertu purgative, et les médecins ont cherché à profiter de cette observation pour rendre ce secours plus efficace dans les maladies; mais il faut bien prendre garde, pour atteindre ce but, d'administrer aux femelles dont le *lait* est destiné à servir de médicament, des végétaux qui, par leur nature ou leur quantité, pourroient préjudicier à la santé, et les exposer à ne fournir que du *lait* de mauvaise qualité. Un seul exemple suffira pour le prouver.

Un médecin ayant conseillé à un malade de se mettre à l'usage du *lait* d'une vache nourrie avec un fourrage dont la ciguë formeroit la plus grande partie, bientôt l'animal maigrit, perdit son *lait* et mourut. Sans doute on auroit pu éviter un pareil accident, en donnant à la vache pour base de sa nourriture des herbages qui, sans contrarier l'influence de la ciguë sur le *lait*, auroient empêché cette plante de préjudicier à sa santé.

On ne doit donc pas perdre de vue que les alimens, avant de fournir les premiers matériaux du *lait*, exercent une action plus ou moins puissante sur les autres organes, et que s'ils affoiblissent l'état physique de l'individu, le *lait* qui en proviendra, loin d'acquérir des propriétés médicinales, deviendra susceptible de jeter du trouble dans l'économie animale. Il faut donc choisir parmi les plantes employées pour ajouter aux propriétés générales qui caractérisent le *lait*, celles dans la composition desquelles le principe médicamenteux n'est pas destructeur du principe nutritif.

Les anciens, qui croyoient beaucoup aux analogies, se persuadoient que toutes les plantes qui fournissent un suc laiteux quand on blesse leur parenchyme, possédoient une vertu semblable à celle du *lait* des animaux. Dans cette opinion, ils prescrivoient l'usage de la laitue et de toutes les plantes de cette famille, aux femelles qui avoient peu de *lait*; mais on sent que ce prétendu *lait* n'est autre chose qu'une matière résineuse comparable, pour les qualités physiques, à celui que donne l'ésule, les feuilles de figuier, et les autres plantes de ce genre.

Loin donc de reconnoître à ces plantes, ainsi qu'au salsifis, à l'anet, au fenouil, au sureau, au polygala, et à beaucoup d'autres végétaux, la faculté d'augmenter le *lait*; loin de croire pareillement que la bourrache et le persil possédent une vertu diamétralement opposée, nous ne considérerons comme véritablement *galactopoiétiques*, que les substances alimentaires, et desquelles les forces digestives peuvent tirer le parti le plus avantageux, afin de fournir à l'organe mammaire tous les élémens nécessaires à la lactation. A la vérité, lorsque la nourriture est abondante et de bonne qualité, on ne peut nier l'utilité de l'emploi des substances légèrement excitantes et dites apéritives comme auxiliaires, pour donner du ton aux parties organiques, et faciliter les sécrétions des humeurs qu'ils sont destinés à séparer.

Sans vouloir étendre ou circonscrire les avantages du *lait*, sans l'admettre uniquement et indistinctement pour tous les cas et pour tous les tempéramens, il faut l'avouer, la médecine ne paroît pas avoir à sa disposition un moyen plus agréable et souvent plus efficace; quelquefois ce fluide devient le remède principal, s'il n'est pas toujours le seul agent de la guérison.

Si quelques auteurs ont exagéré les vertus qui appartiennent réellement à chaque espèce de *lait*, d'autres ont aussi donné dans un excès contraire, en voulant que ce fluide, quelle qu'en fût la source, produisît les mêmes effets à cause de l'intensité des parties constituantes. D'abord ces parties ne s'y trouvent pas dans des proportions semblables, de plus elles sont modifiées, arrangées et combinées d'une manière différente; enfin elles ont une contexture qui imprime sur les organes des sensations particulières, et offrent encore dans la butirisation, la coagulation et la clarification, des phénomènes propres à les caractériser.

Nous ferons encore observer que la raison et l'expérience indiquent d'avoir recours au *lait* dans une infinité de cir-

constances ; qu'en supposant qu'il ne soit pas essentiel de se
renfermer dans son seul usage, il est utile du moins d'en former
la base du régime. Combien de fois les malades ne réclament-
ils pas , comme par instinct, en faveur de cette boisson contre
l'ignorance ou l'esprit de systême qui s'obstine à leur en prescrire une autre pour laquelle ils ont une aversion décidée !
Nous avons connu une femme qui avoit la jaunisse et qui
vomissoit tout ce qu'elle prenoit, excepté le *lait*, dont elle
avoit tenté l'usage malgré l'avis de son médecin. Elle n'a fait
aucun doute ensuite que ce ne fut là l'unique cause de sa
parfaite guérison. Nous avons encore été témoins que des par-
iculiers tourmentés d'aigreurs, de douleurs aiguës vers la région de l'estomac, ne sont parvenus à arrêter cette mauvaise
disposition que par l'usage du *lait* seul et des alimens auxquels il servoit d'excipient.

Suivant l'opinion de beaucoup de médecins célèbres, le
lait jouit d'un si grand avantage contre les poisons, même les
plus corrosifs, qu'ils doutent que dans la nature il existe un
antidote aussi puissant ; mais la manière dont la crême se comporte avec les acides, les alkalis et les matières salines, rend
cette partie du *lait* bien plus efficace encore dans les cas d'em-
poisonnemens ; l'expérience a prouvé aussi qu'elle fait cesser
pour ainsi dire sur-le-champ les grands accidens, tandis que le
lait, dépourvu de crême, n'opère le même effet qu'à la longue,
et sur-tout lorsqu'on avale une grande quantité de ce fluide.

Nous n'entreprendrons point d'exposer ici les maladies
auxquelles l'usage du *lait* convient ou ne convient pas. Cette
question, toute importante qu'elle soit, est étrangère à cet
ouvrage, elle est d'ailleurs développée dans une multitude de
matière médicale ; mais ce qui n'a pas été traité avec le même
intérêt, ce qui nous manque à cet égard, c'est une série d'expériences et d'observations qui déterminent les précautions
qu'il faut employer pour obtenir la plénitude des avantages
qu'on doit espérer d'un remède aussi efficace dans beaucoup
de circonstances.

Pour l'homme jouissant d'une bonne santé, le *lait* ne présente qu'une boisson alimentaire, qui, de même que toutes
les autres, peut être prise indifféremment. Mais quand il
s'agit de l'administrer dans les cas de maladie, il devient un
véritable médicament, c'est alors que son usage exige des
précautions, soit avant, soit pendant, soit après le traitement. Toutes sont subordonnées, comme on le conçoit, à
l'espèce d'affection qu'il s'agit de combattre, à l'âge et au tem-
pérament du sujet, à ses habitudes et au climat sous lequel
il vit ; mais il faut encore disposer l'individu à le recevoir.

Il est nécessaire d'accoutumer peu à peu le malade à l'espèce de régime dont il devra faire usage lorsqu'il prendra le *lait*. Par exemple, si les alimens ordinaires sont tirés du règne végétal et du règne animal, et qu'on ait l'intention lorsqu'il sera au *lait* de ne lui permettre qu'une nourriture végétale, il faut quelques jours d'avance lui faire essayer ce nouveau régime, afin d'acquérir la preuve que l'estomac peut s'en accommoder, et dans le cas contraire, en prescrire un autre qui puisse mieux convenir.

Cette précaution à laquelle on ne fait pas ordinairement d'attention, est cependant absolument nécessaire si on veut éviter aux malades ces dégoûts, ces pesanteurs d'estomac, ces malaises, ces coliques suivies de diarrhées, et une foule d'autres de cette espèce, qu'on est toujours disposé à attribuer au *lait*, tandis que si on ne se déterminoit pas trop promptement à en suspendre l'usage, on acquerroit la conviction que le plus souvent elles ne sont dues qu'au changement trop subit des alimens dont on faisoit précédemment usage.

Mais le *lait* varie en propriétés selon l'espèce de femelle qui le fournit ; tel *lait* contient beaucoup de matière caséeuse et beaucoup de crème, tandis que pour tel autre, ces principes sont dans des proportions inverses. Les époques de la journée où on le prend, la quantité qu'on en boit à-la-fois, les distances observées entre chaque prise, le degré de chaleur qu'on lui donne, et le genre de vie qu'on impose, sont autant de circonstances qui influent sur ses propriétés. C'est ainsi que le *lait* de chèvre réussit, tandis que celui de vache fatigue l'estomac ; plus souvent encore le *lait* d'ânesse est préférable comme plus séreux, composé de principes moins grossiers et dans une proportion différente. Quelquefois on peut faciliter la digestion du *lait* de vache, en le donnant parfaitement écrémé ; d'autres fois, en le coupant avec des décoctions mucilagineuses ou toniques. Les opinions sont partagées à l'égard de la chaleur que doit avoir le *lait* au moment où les malades vont le prendre ; les uns veulent qu'il soit donné à froid, les autres, qu'il soit chauffé au bain-marie, plusieurs assurent qu'il faut lui faire éprouver le mouvement de l'ébullition ; il y en a enfin qui croient préférable de l'administrer lorsqu'il est encore pourvu de sa chaleur naturelle.

Pour avoir la preuve que de toutes les opinions énoncées, ce n'est qu'à la dernière qu'il faut s'attacher, il suffira de faire attention à la différence étonnante de l'impression que fait sur nos organes le *lait*, immédiatement après sa sortie des mamelles, quand il est simplement refroidi, ou qu'on lui a communiqué artificiellement une chaleur à-peu-près égale à celle qu'il avoit dans l'organe qui l'a sécrété. Le premier doit être considéré comme jouissant d'une sorte de vitalité; les molécules qui le composent, en vertu de leurs affinités d'agrégation et de composition, restent les unes à côté des autres, et forment un fluide homogène; mais à mesure que la chaleur naturelle disparoît, cet état change, et c'est précisément alors que la décomposition du fluide s'annonce par un changement notable dans l'odeur, dans la saveur et dans la consistance.

On pourroit peut-être croire qu'il seroit facile de mettre obstacle à la dissipation de la chaleur naturelle du *lait*, en plaçant ce fluide, immédiatement après la traite, dans une atmosphère dont la température seroit égale à celle présumée dans l'organe mammaire; mais cette chaleur artificielle facilite l'action de l'*air* qui tend à décomposer le *lait*, et à anéantir le principe vital qui accompagne toujours la chaleur naturelle.

Il seroit donc à desirer que les malades pour lesquels l'usage du *lait* est jugé nécessaire, pussent puiser eux-mêmes le fluide dans le réservoir où il a pris naissance; mais que vu les difficultés sans nombre qui s'opposent souvent à l'exécution d'une semblable pratique, il faut, autant qu'il est possible, administrer, dans beaucoup de cas, le *lait* presque aussi-tôt qu'il a été trait, et quand on le fait chauffer, ne jamais excéder 15 à 20 degrés du thermomètre de Réaumur, car à une température plus élevée, le *lait* s'altère sensiblement

On doit encore éviter, pendant l'usage du *lait*, de s'exposer trop au froid ou à l'humidité, parce que tenant dans un état de foiblesse celui qui se nourrit de ce fluide, facilitant ordinairement la transpiration et disposant à la sueur, cet usage feroit courir les risques d'une répercussion funeste.

On a coutume d'interdire à ceux qui sont au régime du *lait*, toutes les substances qui peuvent le faire cailler; mais en interrogeant l'expérience, on trouve que cette interdiction est trop sévère, qu'elle est contraire à l'observation et aux pratiques de quelques contrées. Venel rapporte qu'il connoissoit une femme qui ne supportoit aucune espèce de *lait*, sans l'associer en même temps à un acide végétal. Dans l'Inde et en Italie, on le mêle avec parties égales de vin et de suc de limon, pour aider à le faire passer. Galien vante beaucoup l'usage de l'*oxigala*, c'est-à-dire du *lait* mêlé avec du vinaigre, et bu avant que la matière caséeuse en soit séparée; mais tous ces faits sont trop connus pour en multiplier les citations : terminons par une considération relative au changement que le *lait* subit nécessairement dans l'estomac, soit qu'on l'ait pris comme aliment ou comme médicament.

On a cru autrefois, et quelques personnes sont encore de cette opinion, que le *lait*, pour se bien digérer, ne devoit pas subir la coagulation. Mais puisque la liqueur contenue dans ce viscère et sa membrane interne, chez la plupart des animaux, possède à un très-haut degré, long-temps même après qu'on en a fait l'extraction, la faculté de faire cailler le *lait*, il seroit difficile que ce fluide échappât à cette espèce de décomposition qu'éprouvent les autres alimens, et sans doute la coagulation du *lait* et la séparation des parties caséeuses d'avec la sérosité sont indispensables pour remplir le but de la nature dans la digestion de ce fluide destiné à la nourriture même du jeune animal.

Nous ne nous arrêterons pas à indiquer, même sommairement, les qualités médicinales de chacune des parties constituantes du *lait*, prises isolément, et les ressources que dans beaucoup de circonstances elles peuvent offrir à l'art de guérir ; mais nous consacrerons encore quelques lignes à un objet qui a le droit d'intéresser directement les femmes, puisqu'il s'agit de l'aliment du premier âge, et des circonstances qui ont le plus d'influence sur l'éducation physique des enfans.

Du Lait de femme.

Il n'est pas d'espèce de *lait* dont les produits varient autant que ceux du *lait* de femme, à cause des affections morales auxquelles elles sont si sujettes ; ce fluide change d'état à chaque instant du jour, et les changemens qu'il subit sont quelquefois si marqués, qu'ils étonnent même les observateurs les plus exercés.

Frappés, les premières fois que nous examinâmes ce *lait*, des variations continuelles que nous trouvions dans nos résultats, et voulant prévenir toute fraude, nous avons pris le parti de n'opérer que sur celui obtenu en notre présence ; mais ce que nous avions apperçu se reproduisit promptement. Dès-lors nous en conclûmes qu'il ne seroit jamais au pouvoir de l'art de déterminer la nature et les proportions de chacune des parties constituantes de ce fluide, d'une manière assez précise pour établir un terme de comparaison assez constant, puisqu'il étoit impossible, toutes choses égales d'ailleurs, de rencontrer deux *laits* de femme parfaitement semblables entre eux. Ce que nous avons pu constater, c'est qu'il diffère essentiellement de celui de vache, de chèvre, de brebis, et qu'il se rapproche de celui d'ânesse et de jument.

1°. Par la propriété qu'a sa crême, toujours peu abondante, de ne pas fournir constamment du beurre.

2°. Par la matière caséeuse qui, au lieu d'être tremblante et comme gélatineuse, se présente sous la forme de molécules ténues et désunies.

3°. Par le peu d'adhérence de la sérosité à la matière caséeuse, qui s'en sépare facilement par le repos et dans une température de 16 degrés.

4°. Par la très-grande quantité de sel essentiel ou sucre de *lait* qu'il renferme.

Nous bornerons nos réflexions sur les changemens presque continuels qu'éprouve le *lait* de femme, à une seule observation. Une nourrice, âgée de trente-deux ans, d'un grand caractère, mais d'une constitution délicate et sujette à des affections nerveuses assez fréquentes, nous procuroit souvent de son *lait* pour l'examiner; surpris un jour de ce que celui du matin étoit sans couleur, presque transparent, et de ce qu'il étoit devenu, en moins de deux heures, visqueux à-peu-près comme du blanc d'œuf, nous résolûmes de suivre la chose de plus près, et la nourrice voulut bien seconder nos vues, en nous promettant de son *lait* chaque fois que nous en demanderions. Celui dont nous venons de parler, avoit été tiré à huit heures du matin; le lait de onze heures étoit un peu plus blanc, mais celui du soir avoit la couleur naturelle à ce fluide, et ne contractoit plus de viscosité.

Nous avons continué ainsi à examiner, pendant quatre jours de suite, du *lait* de la même femme, à différentes époques de la journée, sans appercevoir des changemens aussi notables que ceux de la première fois. Le cinquième jour, les mêmes changemens parurent de nouveau, et nous apprîmes que la nourrice avoit eu la veille et pendant la nuit, une attaque de nerfs assez considérable. Enfin, dans l'espace de deux mois, nous avons eu l'occasion d'observer plusieurs fois les mêmes phénomènes, et d'être convaincus, en même temps qu'ils n'avoient lieu que quand la nourrice éprouvoit de l'altération dans sa santé.

Nous laissons aux médecins à tirer de cette observation les conséquences sans nombre qu'elle peut leur offrir; mais elle sert à nous confirmer de plus en plus dans l'opinion où nous sommes, que le fluide dont il s'agit ne pourra jamais donner à ceux qui l'examineront avec l'attention la plus scrupuleuse, des produits parfaitement semblables : de là l'insuffisance de toutes ces analyses comparatives du *lait* de femme et de celui des autres femelles.

Mais rappelons ici cette espèce de révolution opérée chez

les animaux, dont on change brusquement le régime ; elle doit sans cesse avertir les nourrices d'être circonspectes sur le choix de leurs alimens, et sur la nécessité de continuer l'usage de ceux qui leur sont le plus salutaires, ou du moins de n'en changer que graduellement. Qu'elles apprennent, pour ne jamais l'oublier, que leur zèle empressé pour alaiter leurs enfans ne suffit pas pour remplir les fonctions qu'impose un devoir aussi sacré, et dont il n'appartient qu'aux véritables mères de se bien acquitter ; il faut encore écarter de leur régime tout ce qui peut les déranger, et ne pas perdre de vue que l'analogie qui existe entre la manière de vivre et la qualité du lait qui en résulte, est très-directe.

On connoît cette observation de Borrichius, sur le *lait* d'une femme devenu amer, parce que vers la fin de sa grossesse, elle avoit pris de la teinture d'absynthe ; et celle d'une femme d'une constitution nerveuse, qui, le jour où elle mangeoit des asperges, donnoit à l'urine de son nourrisson l'odeur qui caractérise ordinairement l'influence de ce végétal.

On sait encore que la saveur de la semence de quelques ombellifères, et sur-tout celle d'anis, se communique au *lait* sans avoir subi de changement. Cullen a observé que cette semence, donnée à des nourrices en forme d'assaisonnement, produit un effet sensible sur leurs nourrissons, et remédie aux coliques dont ceux-ci étoient affectés. Mais ce n'est pas seulement par des plantes mêlées à celles dont les femelles se nourrissent, qu'on peut augmenter les propriétés naturelles du *lait* ; il est possible, comme nous l'avons déjà dit, de lui transmettre des propriétés médicinales par l'influence des médicamens eux-mêmes.

On a observé depuis long-temps qu'une médecine donnée à une nourrice pour prévenir une indisposition plus grave, purgeoit aussi l'enfant ; que même la vertu de l'émétique, du mercure et de ses préparations, se communiquoit à son *lait*. De ces observations on a voulu faire des applications au traitement de plusieurs maladies des enfans nouveaux-nés, en consacrant même à cet objet un hospice où les mères, ainsi que les enfans qui en étoient affectés, subissoient le traitement ordinaire pendant l'alaitement. Nous savons que cette tentative, si honorable pour l'humanité, a été couronnée de quelques succès, et nous desirons qu'elle soit suivie de nouveau, pour dérober à une mort certaine tant de victimes du libertinage.

Mais il suffit d'appeler ici le témoignage de l'expérience journalière des nourrices : elles savent que tel ou tel aliment influe sur la qualité de leur *lait* ; que si elles font usage de purgatifs, leur enfant éprouve des coliques, et rend des selles plus abondantes, plus séreuses, &c. Mais ce qu'elles ne savent peut-être pas aussi bien, et qui leur est également important de connoître, c'est que plus on rapproche les traites dans le cercle de vingt-quatre heures, moins le *lait* est riche en principe, *et vice versa* ; qu'il faut un intervalle de douze heures pour que ce fluide puisse s'élaborer et se perfectionner dans l'organe qui le fabrique ; que la succion du *lait* par le bout du pis en facilite beaucoup l'émission ; que plus souvent le nouveau-né tète moins la nourriture qu'il prend est substantielle ; et qu'enfin les dernières portions d'une même traite sont trois fois moins abondantes en beurre et en fromage que les premières, constamment plus séreuses.

Ces observations, qui sont d'un intérêt majeur pour le salut de la mère et de l'enfant, doivent servir à guider les nourrices, et à régler la distribution des heures de la journée où elles doivent donner le téton ; et en effet, puisque le *lait* est plus séreux et plus abondant pendant les deux mois qui suivent l'accouchement, il semble que pendant ce temps il seroit prudent de présenter fréquemment le sein à l'enfant, pour que celui-ci qui ne prend pas encore d'autre aliment, puisse être suffisamment nourri : et cette fréquence d'alaitement, proportionnée à l'abondance du *lait*, n'est pas trop fatigante pour elles ; mais elles doivent se laisser téter jusqu'à la dernière goutte de *lait*, et ne présenter l'autre sein que quand le premier est entièrement vidé.

Mais à mesure que l'époque de l'accouchement s'éloigne, que le *lait* diminue de quantité et augmente de consistance, elles doivent moins rapprocher les heures où elles alaitent, afin que le *lait* acquière plus de corps, et soit plus approprié aux forces digestives de l'enfant qui a déjà besoin d'une nourriture plus substantielle. Cette méthode auroit donc le double avantage de donner au nourrisson, dans le premier temps de son existence, un *lait* plus séreux et de plus facile digestion. Dans le second temps, au contraire, la mère sera moins fatiguée, et l'enfant mieux nourri.

Si c'est un malheur pour le nouveau-né de ne pouvoir prendre le téton de sa mère dès qu'il respire, puisqu'il auroit la faculté de se débarrasser sur-le-champ, et sans douleur, du *méconium*, c'en est un bien plus grand encore de passer dans les bras d'une mère empruntée qui, à la place du colostrum destiné à favoriser la sortie de ce *méconium*, lui donne un *lait* plus ou moins façonné et rarement conforme à sa constitution, malgré toutes les combinaisons des accouchemens dans ces circonstances, toujours critiques pour le sort futur des enfans.

Il arrive souvent que par une circonstance imprévue, les mères sont forcées, à défaut de *lait*, de suspendre leur nourriture, et de recourir à un *lait* étranger, et souvent au *lait* d'un animal : mais dans ce dernier cas, il faut préférer celui d'une vache, et d'une vache pleine, au *lait* de chèvre qui est trop souvent en chaleur, et régler ensuite la quantité de décoction d'orge ou de riz employée pour le couper, sur l'âge et le degré de force du nourrisson.

Si le *lait* contracte facilement l'odeur, la couleur et la saveur de certains végétaux, que ce fluide soit susceptible d'acquérir des propriétés médicamenteuses et de les transmettre de la nourrice aux nourrisons, on ne peut disconvenir non plus que les affections physiques et morales n'influent sur la qualité. On sait qu'un effroi considérable occasionne l'engorgement subit des mamelles, qu'un violent chagrin produit leur affaissement. Cet organe participe tellement au désordre qui est la suite des affections vives, qu'il n'élabore plus qu'une liqueur séreuse, jaunâtre et fade, au lieu d'une humeur blanche, douce et sucrée. Bordeu à vu le *lait* passer à l'état très-séreux dans une mère qui vit tomber son enfant. Le *lait* reprit son cours et sa consistance dès que le nourrisson donna des signes de force, de santé, et qu'il put téter.

Il n'est pas douteux que la colère et les autres passions de l'ame ne détériorent la qualité du *lait*, au point de le rendre malsain pour l'enfant auquel ce fluide sert de nourriture. Petit - Radel dit avoir vu dans les Indes, une femme faire fouetter inhumainement la nourrice de son enfant pour une faute très-légère. La nourrice, peu à peu, donna un mauvais *lait* à son nourrisson qui ne tarda point à être tourmenté d'énormes convulsions : les mêmes dangers menacent cependant les pauvres enfans confiés à des femmes mercenaires.

On remarque également chez les femelles des animaux, que le *lait* est altéré à la suite des mauvais traitemens qu'elles reçoivent ; par exemple, de la brusquerie ou de la maladresse de la trayeuse : on a vu une chèvre le donner de très-mauvaise qualité, lorsqu'on gourmandoit son nourrisson qu'elle affectionnoit : elles sont encore exposées à des spasmes, qui, sans apporter aucun dérangement dans l'économie animale, peuvent néanmoins suspendre la sécrétion du *lait* et en tarir tout-à-coup la source, comme des affections agréables peuvent en faciliter le cours.

On sera peut-être étonné qu'après avoir parlé de l'influence des alimens, des médicamens, des affections morales et physiques sur le *lait*, nous ne fassions pas également mention de l'état où ce fluide doit se trouver lorsque la femelle est souffrante. Cet objet cependant n'a pas été négligé dans notre travail : et il nous a semblé que quand l'indisposition commençoit, le *lait* n'avoit qu'une apparence d'altération, mais que cette altération se manifestoit d'une manière marquée dès que la maladie faisant des progrès, agit nécessairement sur le système animal, affoiblit peu à peu la puissance de l'organe mammaire, et met un terme à l'émission du *lait*; il est donc difficile dans ce cas, de faire des expériences variées sur le *lait*; il est même rare qu'on puisse s'en procurer une quantité suffisante pour avoir des résultats positifs. Cependant, nous avons seulement observé que les changemens notables qu'il subissoit, se portoient particulièrement sur la matière caséeuse, qui est la partie constituante du *lait* la plus animalisée, la plus nutritive et la plus abondante.

D'après ces vues générales, il paroît qu'au moyen d'expériences exactes et de bonnes observations, on pourroit, d'après la simple inspection du *lait*, juger des altérations que les parties constituantes les plus essentielles de ce fluide ont éprouvées, et obtenir des résultats de médecine-pratique qui, dans les maladies des femmes et des enfans à la mamelle, serviroient à tirer un pronostic aussi sûr peut-être, que de l'état des sécrétions et excrétions dans une foule de circonstances cliniques. C'est aux accoucheurs, c'est aux médecins qui s'occupent spécialement des maladies des femmes, à réunir sur cet objet tous les faits épars dans les ouvrages, et à faire de nouvelles recherches propres à agrandir cette sphère de connoissances humaines. (Parm.)

LAIT DE COCHON. C'est le nom vulgaire de L'Hyoseride. *Voyez* ce mot. (B.)

LAIT-DE-LUNE ou LAIT DE MONTAGNE, terre calcaire très-déliée, qui est entraînée par les eaux et déposée dans les fentes des montagnes. Quand cette matière crayeuse se trouve desséchée et friable, on lui donne le nom d'*agaric minéral*, et quelquefois celui de *farine fossile*; mais cette dernière dénomination s'applique sur-tout au *gypse pulvérulent*. Voyez Gypse. (Pat.)

LAITE ou LAITANCE. On donne ce nom à la semence des poissons mâles, qui est ordinairemont blanche. *Voyez* au mot Poisson (B.)

LAITIER. On donne, dans quelques-parties de la France, ce nom au Polygale vulgaire. *Voyez* ce mot. (B.)

LAITIER DES VOLCANS, lave vitreuse compacte,

ordinairement de couleur noire, ou bleuâtre, ou tirant sur le vert-obscur. C'est un véritable *émail*, auquel on donne le nom de *pierre obsidienne*, et de *pierre de gallinace*. Voyez VERRE DE VOLCAN. (PAT.)

LAITON ou CUIVRE JAUNE, alliage de *cuivre* et de *zinc*, qu'on obtient par la voie de la *cémentation*, c'est-à-dire en mettant dans un creuset des lames de cuivre avec un mélange de calamine ou oxide natif de zinc, et de poussière de charbon; ce mélange est fait en quantité égale, et l'on en met trois parties contre une partie de cuivre rouge. On fait chauffer le creuset jusqu'à ce que le cuivre soit fondu; il est alors d'une belle couleur jaune, et son poids est augmenté d'un quart, et quelquefois d'un tiers.

Dans cette opération, le zinc passe à l'état de métal, se réduit en vapeurs et pénètre le cuivre; et quoique le zinc ne soit point ductile quand il est pur, il n'ôte rien néanmoins de la ductilité du cuivre, quand son alliage avec ce métal est opéré par la cémentation; mais s'il étoit fait d'une manière directe, en fondant ensemble les deux métaux, on obtiendroit, il est vrai, un alliage métallique d'une belle couleur d'or et susceptible d'un beau poli, mais qui seroit aigre et cassant : c'est ce qu'on nomme *métal-de-prince* ou *similor*.

Le *cuivre jaune* a plusieurs avantages sur le *cuivre pur ;* sa couleur est plus agréable, et il est beaucoup moins sujet à l'espèce de rouille, qu'on nomme *vert-de-gris*, propriété qui le rend infiniment utile dans l'usage domestique. Il est aussi d'un grand emploi dans les arts : la plupart des instrumens de mathématique, de physique et d'astronomie, sont en partie construits avec ce métal, de même que les pièces d'horlogerie.

Le savant physicien Brisson a observé que dans l'alliage du cuivre et du zinc, ces deux métaux se combinent d'une manière si intime, qu'ils semblent se pénétrer mutuellement ; de sorte qu'ils occupent moins de volume dans cet état de combinaison, que lorsqu'ils sont séparés. La pesanteur spécifique du *laiton* est d'un dixième plus considérable que celle du *cuivre* et du *zinc*, prises chacune à part.

Le *laiton* est une des substances métalliques qui donne les plus belles cristallisations par une fusion bien ménagée : ce sont des colonnes à quatre ou huit faces, symétriquement empilées les unes sur les autres, et terminées par des plans carrés ou octogones. (PAT.)

LAITUE, *Lactuca* Linn. (*syngénésie polygamie égale*), genre de plantes de la famille des CINAROCÉPHALES, qui se rapproche beaucoup des *laitrons*, et qui comprend des herbes laiteuses, dont les fleurs sont composées de demi-fleurons hermaphrodites, ayant des languettes dentées qui se recouvrent circulairement. Chaque demi-fleuron renferme cinq étamines, réunies par leurs anthères, et un style à deux stigmates. Le calice commun est imbriqué et formé d'écailles droites et alongées, pointues, inégales, scarieuses ou membraneuses sur leurs bords ; le réceptacle est nu ; les semences sont oblongues, comprimées et couronnées chacune par une aigrette simple, portée sur un pivot. Ces caractères sont figurés dans les *Illustrations* de Lamarck, pl. 649.

On peut aisément distinguer les *laitues* des *laitrons*, à l'aigrette, qui est sessile dans ces derniers. Les feuilles des *laitues* sont entières ou découpées, et toujours placées alternativement sur les tiges qu'elles embrassent. Leurs fleurs naissent en grappes ou en corymbes au sommet des rameaux. Il est inutile de faire mention ici de toutes les espèces de ce genre, qui ont été décrites par les botanistes. La plupart n'ont aucune utilité connue, et ne doivent figurer que dans les jardins de botanique. Nous ne parlerons donc que de la *laitue sauvage*, de la *laitue cultivée* et de la *laitue vireuse*. Il faut connoître celle-ci, comme toutes les plantes malfaisantes, pour se garantir des méprises et d'un emploi dangereux.

La LAITUE SAUVAGE est une plante annuelle qui croît naturellement en Europe, dans les lieux incultes et pierreux, sur le bord des chemins et des vignes, et le long des haies. Est-elle le type de la *laitue cultivée*? C'est ce qu'on ignore. Rozier penche à le croire ; Lamarck présume, au contraire, que toutes les *laitues* que nous mangeons, tirent leur origine de la *laitue à feuilles de chêne* (*lactuca quercina* Linn.). Mais celle-ci est vivace, et les *laitues* qu'on cultive sont annuelles. Nous n'entrerons point dans cette discussion, qui n'est pas de notre objet. La racine de *laitue sauvage* est plus petite et plus courte que celle de la *laitue cultivée* ; sa tige est aussi plus grêle, plus sèche, et souvent épineuse. Ses feuilles sont oblongues, étroites, un peu roides : elles ont leurs découpures légèrement arquées en dehors, et leur côte postérieure blanchâtre, et armée d'épines. Les fleurs sont petites, d'un jaune pâle, et visqueuses ; elles naissent en grappes droites ou en panicules alongés.

Cette *laitue*, pilée et mêlée avec la terre de poterie, donne à cette terre une couleur très-agréable ; et, ce qui est plus avantageux, la rend propre à être travaillée et amincie comme la porcelaine. On en fait, en Chine, de petits vases de ménage, où l'eau est chaude sur-le-champ.

La LAITUE CULTIVÉE OU COMMUNE, *Lactuca sativa* Linn.,

est une plante laiteuse et annuelle, qui s'élève à la hauteur de deux pieds, sur une tige droite, cylindrique, lisse, épaisse et branchue. Ses feuilles sont ovales-oblongues, ondulées, tendres, et d'un vert pâle, quelquefois jaunâtres; les inférieures sont plus grandes, plus larges et plus arrondies que les supérieures. Les fleurs petites, nombreuses et d'un jaune clair, viennent au sommet des rameaux sur de courts pédoncules, qui sont très-glabres, ainsi que les calices.

Cette plante est connue de tout le monde, et cultivée partout, de temps immémorial; elle se trouve dans tous les jardins, dans toutes les cuisines, sur toutes les tables; elle réussit dans les deux continens, sous toutes les zônes, dans les pays et les climats les plus opposés; et cependant on ignore son origine. Parmi les plantes potagères, c'est une des plus intéressantes. Les soins de l'homme lui ont fait produire une quantité prodigieuse de variétés et sous-variétés, dont le nombre augmente chaque jour. On en compte maintenant jusqu'à cent cinquante. Ce sont autant d'espèces *jardinières*, qui sont distinguées entr'elles, soit par la couleur, les taches, le froncement plus ou moins considérable de leurs feuilles, soit par la grosseur ou la forme de leur pomme, par leur saveur, &c. Si, avec ces différences, on considère les diverses époques où on les sème les unes et les autres, et les saisons particulières où on en fait usage, on trouvera que ces variétés nombreuses peuvent être partagées en plusieurs sections assez remarquables. Pour être court, et pour mettre quelque ordre dans cet article, nous adoptons la division simple et usitée qui les rapporte toutes à trois variétés principales, connues sous les noms de *laitue pommée*, *laitue frisée* et *laitue romaine*.

Laitues Pommées.

On appelle ainsi toutes les *laitues* dont les feuilles arrondies, ondulées et concaves, sont serrées et appliquées les unes contre les autres, et forment, par cette disposition, une espèce de tête plus ou moins ronde. Les feuilles extérieures et qui enveloppent la *pomme*, sont ordinairement dures, vertes et amères; on les retranche; celles de dessous sont tendres, d'un blanc jaunâtre, et ont une saveur douce; elles composent ce qu'on nomme le cœur de la *pomme*, qu'on coupe en quartiers, et qu'on mange communément cru, en salade, et quelquefois cuit et préparé dans différens mets. Voici, d'après Rozier, les principales sortes de *laitues pommées*.

L'imperiale ou *grosse allemande*. Sa grosseur est monstrueuse, sur-tout en Hollande; sa pomme est très-serrée et de couleur jaune, et sa saveur douce et sucrée. Sa graine est blanche; elle se sème au printemps.

La *laitue cocasse*. Elle est un peu amère et médiocrement tendre, mais très-garnie de feuilles; elle reste long-temps pommée avant de monter. Ses graines, qui sont blanches, se sèment en été et en hiver dans une terre légère. Elle demande de fréquens arrosemens.

La *Versailles*. Elle ressemble à la précédente; mais elle est moins amère, et ses feuilles, d'un vert plus clair, n'ont aucune teinte de rousseur. Elle supporte mieux l'hiver; on peut la semer dans cette saison.

La *Batavia*. Elle est très-grosse, tendre, cassante et délicate, quoiqu'un peu amère quand elle a cru dans des terres fortes. Sa pomme n'est ni pleine ni très-blanche. On la sème en été, et il faut l'arroser souvent.

La *Batavia brune* ou *laitue-chou*. C'est une variété de la précédente; elle s'accommode de tous les terreins, pomme mieux, est plus ferme et excellente.

La *pomme de Berlin*. C'est la plus volumineuse de toutes, quand elle croît dans un sol qui lui convient. Sa pomme n'est jamais bien serrée. Elle a ses feuilles légèrement bordées de rouge, et des semences noirâtres.

La *laitue grosse-rouge*. On peut la semer en toutes saisons et dans tous terreins; mais elle se plaît mieux dans un sol gras et fertile. Ses feuilles sont d'un vert rembruni d'un gros rouge. Sa pomme est grosse, tendre et d'un jaune orangé; sa graine est noire. Cette *laitue* est regardée par-tout comme une des meilleures.

La *petite-rouge* ou *jaune-rouge*. Elle pomme et monte lentement; elle est douce, tendre, a le cœur jaune, et ses feuilles extérieures d'un vert léger, et fouettées de rouge. Sa graine est noire.

La *coquille*. De toutes les *laitues*, c'est, avec la suivante, celle qui résiste le mieux aux rigueurs de l'hiver. Mais elle est dure et amère, et sa pomme est petite.

La *laitue de la passion*. Mêmes qualités que la précédente; sa pomme est plus grosse au Midi qu'au Nord. Sa graine est blanche.

La *grosse-blonde*. Son nom indique sa couleur et son volume. Sa tête se ferme promptement, dure peu et monte vîte. On la sème au printemps et en automne.

La *George-blonde*. Sa pomme est grosse, serrée, un peu applatie. Sa graine est blanche. Elle demande un terrein léger. Dans le Midi, elle monte vîte à l'approche des chaleurs; dans le Nord, elle ne pousse qu'après avoir été repiquée.

La grosse-George. C'est une bonne variété de la précédente ; elle est un peu plus grosse, monte facilement, et pomme très-bien dans le Nord, quand elle est semée sur couche ou sous cloche.

La *Bapaume. Laitue* de médiocre qualité, mais dont le mérite, pour le Nord, est de venir dans toutes les saisons et dans tous les terreins. Sa pomme est un peu vide au sommet, serrée par le bas. Elle a des semences noires.

La *laitue d'Italie*. Elle est de moyenne grosseur et très-bonne. Ses graines sont noires, et ses feuilles colorées en rouge. Elle demande un terrein léger, et réussit dans toutes les saisons.

La *laitue d'Hollande* ou *laitue brune*. Elle n'est pas tendre. Sa pomme est grosse, jaune, ferme, bien pleine. Sa graine est noire, et se sème en été.

La *paresseuse*. Elle est très-lente à monter, et se sème aussi en été. Sa semence est blanche. Elle a des feuilles très-nombreuses et crispées, et une pomme ferme et pleine.

La *royale*. C'est une *laitue* excellente ; sa pomme est grosse, tendre, et dure long-temps ; les feuilles sont luisantes. Sa graine est blanche ; on la sème en été. Il faut l'arroser souvent.

La *Perpignane* ou *laitue à grosses côtes*. Elle est tardive dans le Nord ; ses feuilles sont lisses et à grosses côtes ; sa pomme est très-grosse, jaune, tendre et douce ; sa graine est blanche ; on la sème en été dans un terrein sec.

La *petite crêpe* ou *petite noire*. Elle a des feuilles crispées et dentelées, une pomme très-petite, et des graines noires. Elle est hâtive. On la sème, en hiver, sur couches ; au printemps, au pied d'un mur.

La *grosse crêpe*, variété perfectionnée de la précédente. Elle doit être semée dans les mêmes saisons et aux mêmes expositions. Elle monte facilement.

La *gotte*. C'est une des meilleures à semer sous châssis, dans le Nord, depuis octobre jusqu'en février. Les moindres chaleurs la font monter.

La *dauphine* ou *laitue printanière*. Elle est hâtive, grosse, a sa pomme plate et serrée. C'est une des meilleures *laitues* du printemps. On doit retrancher les drageons qui poussent d'entre les aisselles de ses feuilles basses. Elle a des semences noires, et réussit dans toutes sortes de terres, par le moyen des arrosemens fréquens.

La *sanguine* ou la *flagellée*. Elle est de moyenne grosseur, panachée en rouge, et plus recherchée pour la vue que pour le goût. Elle monte dès qu'elle sent les fortes chaleurs, et ne réussit qu'au printemps.

La *Berg-op-zoom*. Celle-ci monte difficilement, et ne craint pas l'hiver : on la sème en toutes saisons. Ses feuilles sont d'un vert brun, et lavées de rouge. Sa pomme est petite, mais très-bonne. Sa semence est noire.

La *palatine*. Elle ressemble à la précédente, dont elle diffère par ses teintes de rouge moins fortes, et par sa pomme un tiers plus grosse.

La *sans-pareille*. Elle est de moyenne grosseur, et ne pomme souvent qu'au bout de trois mois. Ses feuilles sont d'un vert clair, finement dentelées, et lavées de rouge sur les bords. Sa semence est blanche.

LAITUES FRISÉES.

Ce sont toutes celles qui ont les feuilles déchirées, dentelées et crêpues. Elles pomment en général médiocrement. On distingue :

La *mousseronne*. Elle est petite et tendre ; ses feuilles sont très-frisées, crispées, dentelées, d'un vert clair, fortement teintes de rouge sur les bords. Elle pomme en deux mois. Sa semence est blanche.

La *laitue-chicorée*. Elle est blonde, plus belle et plus grande que la variété suivante, et a ses feuilles profondément découpées. Sa semence est noire.

La *laitue-épinard*. Il y en a deux variétés, l'une à graine blanche, l'autre à graine noire. L'une et l'autre ont les feuilles lâches, découpées, peu crispées et arrondies. Elles poussent des drageons entre les aisselles des feuilles basses. Ces *laitues* sont petites ; on ne les conserve dans le Nord que par curiosité, ou comme *laitues* à couper, parce qu'en automne on en a beaucoup d'autres. Dans le Midi on les mange à l'entrée de l'hiver ; elles repoussent jusqu'à ce qu'elles montent.

La *vissée*. Elle est ainsi nommée, parce que ses feuilles ont des enfoncemens et des élévations, qui tournent en manière de vis de pressoir. Cette *laitue* est originaire d'Italie ; elle est douce et tendre. Sa graine est noire.

LAITUES-ROMAINES ou CHICONS.

Celles-ci diffèrent beaucoup de toutes les précédentes, par leur forme et leur saveur. Leurs feuilles sont droites, alongées, peu foncées, et rapprochées les unes des autres, mais sans se serrer ni former de tête compacte ; on les lie ordinairement pour les faire blanchir. Ces *laitues* sont parfaitement douces, au lieu que les *laitues pommées* les plus douces, conservent toujours une légère amertume. Voici les espèces de *romaines* les meilleures à cultiver.

La *romaine rouge*. Les feuilles extérieures sont teintes de rouge, les intérieures sont d'un beau jaune, et tendres. Elle craint l'humidité; quand elle est liée, il faut l'arroser au pied, sans toucher la plante. Sa semence est noire.

La *romaine panachée* ou *flagellée*. Les grandes chaleurs la font monter facilement. Sa saison, dans le Nord, est la fin du printemps, et on doit l'y semer sur couche. Ses semences sont noires. Ses feuilles sont tachées de rouge et de pourpre. On en connoît une variété dont le cœur est encore plus taché, et qui a l'avantage de se fermer et de blanchir sans le secours des liens. La graine de celle-ci est blanche.

La *romaine verte*. Ses feuilles sont très-longues et d'un vert foncé, avec la côte blanche. Sa semence est noire. Cette laitue est moins tendre que les autres, mais plus grosse; et on peut la semer en toutes saisons et dans toutes sortes de terreins. Elle blanchit ordinairement d'elle-même, et sans être liée. Elle doit avoir son sommet un peu applati; quand elle se termine en pointe, elle est dégénérée.

La *romaine brune* ou *grise*. Elle est plus douce et moins verte que la précédente. On la sème en hiver et au printemps. Elle est difficile sur le choix du terrein. Sa graine est blanche.

La *romaine blonde*. Celle-ci est délicate et monte facilement. Elle doit être semée en terre forte, et peu arrosée. Sa graine est blanche. Ses feuilles sont minces et d'un vert tirant sur le jaune.

La *romaine hâtive*. Elle ressemble à la précédente, mais la couleur des feuilles est moins lavée de jaune. Sa graine est blanche. On l'élève, en hiver, sous cloche.

L'*alfange*. Elle est jaune et rougeâtre, a des semences blanches et des feuilles très-longues et très-larges, d'un vert pâle et légèrement tachées de rouge au sommet. Cette laitue est tendre et délicate. Elle monte et pourrit facilement.

On peut voir dans Miller, ou si l'on veut dans Rozier, les moyens employés par les jardiniers, pour avoir des *laitues* dans toutes les saisons. L'art consiste, en général, à bien choisir les espèces, à les semer en temps convenable, et à les garantir des fortes chaleurs et de la trop grande humidité, sans pourtant les priver d'air. Ces plantes demandent des soins différens dans le nord et dans le midi de la France. Au Nord, sur-tout aux environs de Paris, on fait un fréquent usage des couches et des cloches, à peine connues dans les parties méridionales de la France. On hâte ainsi la croissance des *laitues* ; mais leur précocité est toujours au préjudice de leur saveur.

Toutes les espèces de *laitue* ne se multiplient que de graine. Cette graine peut se conserver quatre ans, mais elle n'est très-bonne que la seconde année ; semée la première année, elle germe à la vérité plus vîte, mais le plant monte facilement ; la troisième année, une partie ne lève point ; et la quatrième on ne voit lever que les graines parfaitement aoûtées, pourvu encore qu'elles aient été tenues bien renfermées. Quelquefois pour hâter leur germination, on les fait tremper dans l'eau-de-vie ou d'autres liqueurs. Ces infusions sont inutiles. Qu'on sème les laitues à propos, ni trop dru ni trop clair, et dans une terre fine et bien préparée, elles lèveront promptement et en abondance.

Dans tous les temps les *laitues* ont tenu un rang distingué parmi les autres herbes potagères. Les Romains en particulier en faisoient un de leurs mets favoris. Elles sont aussi agréables à manger que saines. Elles rafraîchissent, humectent, fournissent un chyle doux ; modèrent l'acrimonie des humeurs, par leur suc aqueux et nitreux, et sont légèrement narcotiques : elles conviennent aux tempéramens bilieux et robustes. On en prépare des bouillons et des lavemens rafraîchissans. On en extrait, par la distillation, une eau qui sert de base aux juleps somnifères. Les graines de *laitue* sont mises au nombre des quatre petites semences froides ; elles fournissent une émulsion calmante et anti-putride.

Les *laitues pommées* étant séchées et brûlées à feu ouvert, fusent de la même manière que le nitre jeté sur des charbons ardens.

Les cœurs des *laitues romaines montées*, épluchés, cuits dans l'eau et accommodés au jus, font un très-bon plat d'entremets, que quelques personnes préfèrent aux *navets* et aux *cardons*.

On ne connoît, en Egypte, (*Mém. sur l'Egypte*, par Bruguière et Olivier) qu'une seule espèce de *laitue*, mais elle y est très-répandue. On en mange à toute heure du jour pour se rafraîchir. Les plus petites ont depuis quatorze jusqu'à quinze pouces de hauteur. Elles sont si douces et si saines, que, quelque quantité qu'on en mange, on n'en est jamais incommodé. On les sème en septembre et octobre, après deux labours, et puis on les transplante sur des terres bien préparées. Celles qui montent en graine, fournissent une huile aussi bonne que l'huile d'olive lorsqu'elle est fraîche, et employée aux lampes quand elle est rancie.

La LAITUE VIREUSE, *Lactuca virosa* Linn. C'est une

plante annuelle comme la *laitue sauvage*; elle est moins haute, et en diffère par son feuillage, qui est moins découpé, et quelquefois point du tout; elle a une tige droite, blanchâtre, hérissée d'épines éparses, et garnie vers sa partie supérieure, de rameaux alternes et grêles, qui portent des fleurs jaunâtres, disposées en petites grappes peu garnies. Ses bractées sont fort petites. Les feuilles inférieures sont oblongues, ovales, amplexicaules, oreillées à leur base, inégalement dentées, et épineuses en leur côte supé ieure; les supérieures sont sagittées et entières, ayant seulement quelques dents presqu'épineuses à leurs oreillettes.

Cette plante croît en France, et dans les régions australes de l'Europe, aux lieux incultes et sauvages. Quelquefois elle est tachée d'un rouge obscur ou d'un pourpre noirâtre. Toutes ses parties sont remplies d'un suc laiteux, visqueux, amer, narcotique, et d'une mauvaise odeur. Ce suc, épaissi et desséché, est inflammable, et approche de l'*opium* par ses qualités principales. (D.)

LAITUE DES GRENOUILLES. C'est le POTAMOT CRESPU. *Voyez* ce mot. (B.)

LAITRON, *Sonchus*. genre de plantes à fleurs composées de la syngéné. ie polygamie égale, et de la famille des CHICORACÉES, qui présente pour caractère un calice commun, polyphylle, imbriqué d'écailles inégales, ventru à sa base; un réceptacle nu qui supporte quantité de demi-fleurons, tous hermaphrodites, à languette linéaire, tronquée, et à cinq dents.

Le fruit consiste en plusieurs semences oblongues, couronnées d'une aigrette sessile, dont les poils sont simples.

Ce genre, qui est figuré pl. 649 des *Illustrations* de Lamarck, renferme des plantes laiteuses, à feuilles alternes, entières ou découpees, et à fleurs terminales, jaunes, rougeâtres ou bleuâtres. On en compte une vingtaine d'espèces, dont plusieurs sont propres à l'Europe. Les plus communes ou les plus remarquables sont:

-Le LAITRON COMMUN, *Sonchus oleraceus* Linn., dont les feuilles sont amplexicaules, dentées, ciliées, les pédoncules velus à leur extrémité, et le calice uni. Il est annuel et se trouve par-tout, sur-tout dans les jardins et les lieux cultivés. Il fleurit pendant toute l'année. Il est amer, apéritif, rafraîchissant, et a en général les propriétés de la LAITUE. (*Voyez* ce mot.) Les vaches, les lapins l'aiment beaucoup, et les ménagères de campagne ont soin de le faire ramasser. Il est malheureux qu'il se dessèche difficilement, car il formeroit un fourrage aussi abondant que sain.

Desève del.   V.e Tardieu Scu

1 . Lama .   2 . Leming .   3 . Lynx .

Le **Laitron maritime** a le pédoncule nu, les feuilles lancéolées, amplexicaules, entières, avec des dents aiguës. Il se trouve sur le bord de la mer, dans l'Europe australe. Il est vivace.

Le **Laitron des champs** est presque en ombelle, il a le pédoncule et le calice hérissés de poils, et les feuilles rongées, cordiformes à leur base. Il est vivace, et se trouve dans les champs humides. Cette espèce est rebutée par les bestiaux.

Le **Laitron des marais** est presque en ombelle, a les pédoncules et les calices hérissés de poils, les feuilles rongées et hastées à leur base. Il se trouve sur le bord des fossés, des étangs, et dans les marais. Il est vivace.

Le **Laitron ligneux**, dont la tige est frutescente, chargée, seulement à son sommet, de feuilles lancéolées et rongées, les pédoncules presque en ombelle, et le calice glabre. Cette belle plante vient des montagnes de Madère et de Ténériffe. L'Héritier en a publié une superbe figure.

Le **Laitron pinné**, qui a la tige frutescente, les feuilles pinnées, à pinnules linéaires, presque dentées, et les pédoncules nus. Il vient également de Madère.

Le **Laitron des montagnes**, *Sonchus alpinus*, a les pédoncules hispides, les feuilles en lyre, presque hastées et amplexicaules. On le trouve dans toutes les montagnes élevées de l'Europe. (B.)

LAKTAK. C'est un *phoque* du Kamtchatka, indiqué par Kracheninnikow. Il est très-grand, et ne se prend qu'au-delà du 56ᵉ degré de latitude. On l'appelle *ursuk* au Groënland. Il a quelquefois jusqu'à douze pieds de longueur et une pesanteur de huit cents livres.

Buffon a fait de ce *phoque* une espèce distincte : il paroît néanmoins que c'est le même animal que le grand **Phoque**. *Voyez* ce mot. (S.)

LAMA, *Lama*, genre de quadrupèdes de la seconde section de l'ordre des **Ruminans**, caractérisé par la présence de quatre ou de six dents incisives à la mâchoire inférieure ; la lèvre supérieure fendue, la longueur du cou et l'absence de bosse sur le dos.

Ce genre, qui ne comprend que des animaux de l'Amérique méridionale, tels que le *lama* proprement dit ou *guanaco*, le *paco* ou la *vigogne*, et le *huèque*, est très-voisin de celui des *chameaux*, et n'en diffère exactement que par l'absence de bosses sur le dos et de callosités aux articulations des jambes et au sternum.

Lama proprement dit (*Camelus glama* Linn. *Syst. nat.*, édit. 13, t. 1, p. 169, sp. 3, et *Camelus huanacus*, sp. 5 ;

Camel. lama Erxleb., *Syst. mamm.*, p. 224, sp. 3 ; *Pernichcatl* Fernandez, *Anim.*, p. 11 ; le *Guanaco* Ulloa, *Voyag.*, t. 1, p. 366.).

Le *lama* est haut d'environ quatre pieds, et son corps, y compris la tête et le cou, en a cinq ou six de longueur : son cou seul a près de trois pieds de long. Cet animal a la tête petite, bien faite, les yeux grands, le museau un peu alongé, les lèvres épaisses, la supérieure fendue, et l'inférieure un peu pendante ; il manque de dents incisives et de canines à la mâchoire ; les oreilles sont longues de quatre pouces ; il les porte en avant, les dresse et les remue avec facilité ; la queue n'a guère que huit pouces de long ; elle est droite, menue et un peu relevée, les pieds sont fourchus comme ceux du bœuf, mais ils sont surmontés d'un éperon en arrière ; tout le corps est couvert d'une laine courte sur le dos, la croupe et la queue, mais fort longue sur les flancs et sous le ventre. Du reste, les *lamas* varient par les couleurs ; il y en a de blancs, de noirs et de mêlés. Le membre de cet animal est menu et recourbé, en sorte qu'il pisse en arrière. La femelle a l'orifice des parties de la génération très-petit. Cette conformation, exactement semblable à celle du *chameau*, nécessite un accouplement semblable : aussi la femelle se prosterne-t-elle pour attendre le mâle, et l'invite-t-elle par ses soupirs ; mais il se passe toujours plusieurs heures, et quelquefois un jour entier avant qu'ils puissent jouir l'un de l'autre. Ils ne produisent ordinairement qu'un petit, et très-rarement deux. La mère n'a aussi que deux mamelles, et le petit la suit au moment qu'il est né. La chair des jeunes est très-bonne à manger ; celle des vieux est sèche et trop dure, et en général celle des *lamas* domestiques est bien meilleure que celle des sauvages, et leur laine est aussi beaucoup plus douce.

Suivant Buffon, cet animal, dans l'état sauvage, a reçu des Péruviens le nom de *guanaco* ou *huanacus*, et à l'état de domesticité, celui de *lama* ou de *glama*. Il est, avec le *paco* ou *vigogne*, le seul quadrupède domestique des anciens Américains. Ce quadrupède, très-utile et très-nécessaire dans le pays qu'il habite, ne coûte ni entretien ni nourriture ; il n'a besoin ni de grain, ni d'avoine, ni de foin ; l'herbe verte qu'il broute lui suffit, et il n'en prend qu'en petite quantité.

Lors de la découverte de l'Amérique, les *lamas* étoient employés comme bêtes de somme par les Péruviens. Ces peuples préparoient leur peau, qui est assez dure, avec du suif pour l'adoucir, et en faisoient les semelles de leurs souliers ; mais comme ce cuir n'étoit point corroyé, ils se déchaussoient en temps de pluie. Les Espagnols en font de beaux harnois de cheval. Ils emploient ces animaux comme le faisoient les Péruviens, pour le transport de leurs marchandises. Leur voyage le plus ordinaire est depuis Cozer jusqu'à Potosi, d'où l'on compte environ deux cents lieues, et leur journée de trois lieues, car ils vont lentement; et si on les fait aller plus vîte que leur pas ordinaire, ils se laissent tomber sans qu'il soit possible de les relever, même en leur ôtant leur charge, de façon qu'on les écorche sur place. Quand ils marchent en portant des marchandises, ils vont par troupes, et l'on en laisse toujours quarante ou cinquante à vide, afin de les charger dès qu'on s'apperçoit qu'il y en a quelques-uns de fatigués. Ceux qui les conduisent campent sous des tentes sans entrer dans les villes, pour les laisser pâturer. Ils sont quatre mois entiers pour faire le voyage de Cozer à Potosi, deux pour aller, et deux pour venir. Les meilleurs *lamas* se vendent à Cozer dix-huit ducats chacun, et les ordinaires douze à treize ducats.

Buffon a décrit avec soin le *lama* qui vivoit en 1777 à l'école vétérinaire d'Alfort. Cet animal étoit fort doux ; il n'avoit ni colère ni méchanceté, il étoit même caressant ; il se laissoit monter par celui qui le nourrissoit, et ne refusoit pas même le service à d'autres. Il ne marchoit pas, mais il trottoit, et prenoit même une espèce de galop. Lorsqu'il étoit en liberté, il bondissoit et se rouloit sur l'herbe. Ce *lama*, qui étoit un jeune mâle, paroissoit souvent être excité par le besoin d'amour. Il avoit passé dix-huit mois sans boire, et il ne paroissoit pas que la boisson lui fût nécessaire, attendu la grande abondance de salive dont l'intérieur de sa bouche étoit humecté.

On a prétendu que la salive du *lama* étoit naturellement caustique, et qu'elle produisoit des pustules sur la peau ; mais Molina pense, avec raison, que cette observation est dénuée de fondement.

Le *huacanus*, que Buffon considère comme un *lama* sauvage, est regardé par Molina comme appartenant à une espèce distincte de celle du *lama*. « Le *lama*, dit-il, a le dos uni, les quatre jambes à-peu-près de la même longueur, une excroissance à la poitrine, laquelle est presque toujours humectée par une graisse jaunâtre. Le *guanaco* ou *huacanus*, au contraire, a le dos bossu, ou plutôt voûté ; les pieds de derrière si longs, que lorsqu'il est chassé, il ne cherche jamais, comme le *lama*, le *paco* et la *vigogne*, à gagner les montagnes, mais il descend en faisant des bonds à la manière des chevreuils ou des daims ; et cette marche lui est d'autant plus commode, qu'elle répond parfaitement bien à la conformation défectueuse de ses jambes. Le *guanaco* est aussi plus grand que le *lama* : il y en a de la grandeur d'un *cheval.* Sa longueur ordinaire, depuis le bout du museau jusqu'à l'origine de sa queue, est d'environ sept pieds, et sa hauteur de quatre pieds trois pouces. Il a la tête ronde, le museau pointu, les oreilles droites, la queue courte et repliée comme le *cerf*, et le poil assez long dont il est couvert, fauve sur le dos et blanchâtre sous le ventre.

» Il paroît que les *guanacos* n'aiment pas tant le froid que les *vigognes*. Au commencement de l'hiver, ils quittent les montagnes qu'ils habitent tout l'été, et c'est alors qu'on les voit paître dans les vallées par troupes, qui sont ordinairement de cent à deux cents. Les Chiliens les chassent ordinairement avec des chiens; mais, pour l'ordinaire, ils ne prennent que les plus jeunes, moins lestes à la course. Les adultes courent avec une rapidité étonnante, et on a de la peine à les joindre avec un bon cheval. Lorsqu'ils sont poursuivis, ils se tournent de temps en temps pour regarder le chasseur, et hennissent de toute leur force; puis ils repartent avec une vitesse incroyable. Le lacet dont les naturels du Chili se servent pour prendre les *guanacos* vivans, est fait d'une bande de cuir d'environ cinq ou six pieds de longueur; chaque bout est garni d'une pierre d'environ deux livres de poids : le chasseur, qui est à cheval, tient une de ces pierres à la main, et fait tourner l'autre comme une fronde le plus vite possible, afin de lui donner la force nécessaire; et lorsque le coup part sur l'animal qu'il a en vue, il est presque toujours sûr de l'attraper souvent à plus de trois cents pas de distance. Pour prendre l'animal en vie, le chasseur jette la fronde si adroitement, que les pieds seuls de l'animal restent entortillés.

» La chair du jeune *guanaco* est excellente, et aussi bonne que celle du veau. Celle des adultes est plus dure; mais salée, elle devient fort bonne, et elle se conserve très-bien dans les voyages de long cours. Avec le poil du *guanaco*, on fait de fort bons chapeaux, et on pourroit même l'employer à la fabrique des camelots ». (*Hist. nat du Chili*, par Molina, pag. 300.)

La description du *guanaco* donnée par Molina, ne nous paroît pas assez précise pour qu'on puisse affirmer que cet animal n'appartient pas à l'espèce du *lama*. En attendant des renseignemens plus exacts, à l'exemple de Buffon, nous croyons devoir le regarder comme un *lama* sauvage, et nous pensons aussi devoir réunir à cette espèce le *cheval bisulque* ou *guémul* de Molina, qui paroît être l'animal vu par le commodore Byron à l'île des Pinguins et dans l'intérieur des terres jusqu'au cap des Vierges, qui forme au Nord l'entrée du détroit de Magellan.

Quoi qu'il en soit, le *lama* et le *guanaco* ne se trouvent que dans certaines terres du nouveau continent, au-delà desquelles il n'en existe plus : ils paroissent attachés à la chaîne des montagnes qui s'étend depuis la Nouvelle-Espagne jusqu'aux terres magellaniques. (Desm.)

LAMAN. Les habitans de Saint-Domingue donnent ce nom à une espèce de Morelle. *Voyez* ce mot. (B.)

LAMANTIN (*Trichecus*), genre de quadrupèdes dans l'ordre des Amphibies (*Voyez* ce mot.). Des naturalistes modernes le placent parmi les Cétacés (*Voyez* ce mot.); mais cette dernière disposition me paroît peu convenable, puisque les *lamantins* sont très-rapprochés des *phoques*, qui sont eux-mêmes de l'ordre des *amphibies*. Ils ont néanmoins des rapports avec les *cétacés*. « La nature, dit Buffon, semble avoir formé les *lamantins* pour faire la nuance entre les quadrupèdes amphibies et les cétacés ; ces êtres mitoyens, placés au-delà des limites de chaque classe, nous paroissent imparfaits, quoiqu'ils ne soient qu'extraordinaires et anomaux ; car en les considérant avec attention, l'on s'apperçoit bientôt qu'ils possèdent tout ce qui leur étoit nécessaire pour remplir la place qu'ils doivent occuper dans la chaîne des êtres ». Ces animaux n'ont, à vrai dire, que deux pieds proprement dits, mais l'espèce de nageoire horizontale qui termine la queue, tient lieu des pieds de derrière. Les caractères principaux de ce genre sont d'avoir une tête petite ; les yeux et les trous auditifs très-petits, des dents molaires sans canines ni incisives.

Une tête petite, un cou fort court, des yeux placés, pour l'ordinaire, entre le bout du museau et les trous auditifs, ceux-ci à peine apparens, des narines garnies de poils, ou plutôt de soies courtes, le corps épais et très-gros jusqu'à l'endroit où commence la queue, diminuant ensuite de plus en plus jusqu'à la naissance de la nageoire, qui termine cette queue en forme d'éventail étendu horizontalement, une peau très-épaisse, raboteuse, et dans quelques espèces, parsemée de poils rares, une langue étroite, la verge des mâles assez semblable à celle du *cheval*, mais à gland encore plus gros, placée dans un fourreau adhérent à la peau du ventre, la vulve des femelles assez grande, avec un clitoris apparent, et situé au-dessus de l'anus, tandis que dans les autres animaux cette partie est placée au-dessous, enfin sur la poitrine deux mamelles très-gonflées durant la gestation et l'allaitement, mais ne laissant appercevoir que le bouton dans tout autre temps, sont autant de traits de conformation communs à toutes les espèces de *lamantins*.

Ces espèces sont au nombre de six, du moins dans l'*Histoire natur. de Buffon*; je doute qu'elles existent réellement dans la nature, et il me paroît que ce grand écrivain les a trop multipliées, en décrivant la même espèce sous des dénominations distinctes. C'est à de nouveaux observateurs qu'il est réservé de décider si mon doute est fondé; en attendant il faut quelque chose de plus qu'une conjecture pour détruire une opinion aussi prépondérante que celle de l'homme célèbre et inimitable, à qui la nature a servi en même temps de guide et de modèle.

Les *lamantins* ont peut-être plus que tout autre animal l'instinct et l'habitude de la sociabilité. Leurs réunions se forment et se maintiennent par les qualités, j'ai presque dit les vertus, qui en font le bonheur, en assurent la paix et la durée; toutes les affections douces s'y développent et s'y partagent; la constance et la fidélité accompagnent l'union des couples; le mâle n'a communément qu'une femelle, et ne s'en sépare point; les jeunes ne quittent point leur père et mère, et lorsque la peuplade se met en mouvement, ils occupent le centre, que les vieux entourent et protègent en commun. L'attachement entre les membres de la même famille s'étend à la troupe entière; tous se défendent et se secourent mutuellement; l'on a vu, dit le père Dutertre, des *lamantins* essayer d'arracher le harpon du corps de leurs compagnons blessés (*Histoire des Antilles.*). Et ces qualités sociales ont tant d'empire sur le naturel des animaux de ce genre, que loin de fuir l'homme, le plus implacable de tous leurs ennemis, ils s'approchent de lui sans défiance, et s'offrent, pour ainsi dire, eux-mêmes à ses coups et à leur propre destruction.

Du reste le genre de vie des *lamantins* est aussi innocent que leurs habitudes; ils ne se nourrissent que d'herbes marines, et on ne les trouve que dans les endroits où ces herbes sont abondantes, toujours dans le voisinage des côtes; mais ils ne viennent jamais sur terre, et ils n'y peuvent même ramper comme les *phoques*. Lorsqu'ils sont repus, ils s'endorment et nagent le ventre en haut. C'est ordinairement vers le soir que leur accouplement a lieu; la femelle dans cet acte se renverse sur le dos. Sa gestation dure une année entière, et sa portée n'est que de deux petits, et souvent d'un seul. Les *lamantins* voyent mal, mais ils ont l'ouïe très-fine. Leur lard et leur chair se mangent, et forment une grande ressource pour les navigateurs, et pour les peuples qui habitent les parages fréquentés par ces animaux. Le lait des femelles est gras, et d'un goût approchant de celui de la brebis.

L'on trouvera à l'article des PHOQUES les moyens que l'on emploie pour chasser, ou plutôt pour pêcher les *lamantins*.

Je passe à la description des espèces.

Le GRAND LAMANTIN DES ANTILLES (*Trichecus manatus australis* Linn.). Quoique Buffon ait donné le surnom de *grand* à ce *lamantin*, il l'est cependant beaucoup moins que le *grand lamantin du Kamtchatka*. Sa peau rude, épaisse, et de couleur d'ardoise, est parsemée de poils ; ses mâchoires ont en devant une callosité osseuse, et de plus trente-deux dents molaires ; ses pieds antérieurs ou ses bras ont cinq ongles fort courts, et assez semblables à ceux de l'homme ; ses vertèbres sont au nombre de cinquante-deux.

On trouve ce *lamantin* aux environs des îles Antilles ; mais il y est devenu rare depuis que ces îles sont peuplées d'Européens. Du reste il a les mêmes habitudes et les mêmes qualités que le GRAND LAMANTIN DU KAMTCHATKA. *Voyez* ci-dessous.

Le GRAND LAMANTIN DU KAMTCHATKA (*Trichecus manatus borealis* Linn.). Cette espèce a été observée et décrite par Steller dans les *Nouv. commentaires de l'Académie de Pétersbourg*, tome 2. Gmelin ne l'a considéré que comme une simple variété du GRAND LAMANTIN DES ANTILLES. *Voyez* ci-dessus.

C'est avec toute raison que l'on a donné l'épithète de *grand* à ce *lamantin* ; il acquiert en effet plus de vingt-trois pieds de longueur, au moins dix-neuf pieds de tour, et huit mille livres de poids. Sa bouche est petite et placée au-dessous du museau ; ses lèvres sont doubles, spongieuses, épaisses et très-gonflées à l'extérieur ; à leur surface, des soies blanches recourbées, et longues de quatre ou cinq pouces, forment des moustaches ; aucune des deux mâchoires, dont l'inférieure dépasse la supérieure, n'a de dents, un os ridé de chaque côté des mâchoires en tient lieu ; les ouvertures des narines placées vers l'extrémité du museau ont autant de largeur que de longueur ; les yeux n'ont pas de sourcils, mais à leur grand angle il se trouve une membrane cartilagineuse en forme de crête, qui peut couvrir tout le globe de l'œil à la volonté de l'animal ; il n'a ni doigts, ni phalanges, ni ongles ; ses deux pieds antérieurs finissent avec le carpe et le métacarpe, et sont palmés à-peu-près comme ceux des tortues de terre ; ses vertèbres sont au nombre de soixante, et l'espèce de nageoire qui termine la queue est d'une substance à-peu-près pareille à celle du fanon de la baleine.

Cette espèce est commune sur les côtes occidentales du nord de l'Amérique, et autour des îles situées entre ce continent et le Kamtchatka. Elle habite constamment les eaux salées ou saumâtres ; et quoiqu'elle se tienne volontiers à l'embouchure des fleuves, elle ne les remonte jamais. Il paroît que son produit n'est que d'un petit. Ces *lamantins* s'accouplent au printemps, dans les momens où la mer n'est point agitée ; ils préludent à leur union par des signes et des mouvemens qui annoncent leurs desirs; la femelle nage doucement en faisant plusieurs circonvolutions, comme pour inviter le mâle, qui bientôt s'en approche, la suit de très-près, et attend impatiemment qu'elle se renverse sur le dos pour le recevoir, alors il la couvre avec des mouvemens très-vifs.

Les voyageurs s'accordent à assurer que les *grands lamantins du Kamtchatka* sont si confians et si peu sauvages qu'ils se laissent approcher et toucher avec la main, que le bruit et les coups ne les font pas fuir, et qu'après avoir été frappés très-rudement ils ne s'éloignent que pour quelques instans, et reviennent avec la même sécurité. On dit que les sauvages de l'Amérique nourrissent de ces *lamantins* apprivoisés, qui donnent tous les signes de l'intelligence et de l'attachement. Lorsque ces animaux paissent l'herbe des hauts-fonds, la partie supérieure de leur corps paroît à découvert et attire les *mouettes* et d'autres oiseaux d'eau qui viennent manger la vermine que leur peau nourrit en grande quantité ; cette peau brune, munie de poil et épaisse d'un pouce, ressemble à l'écorce rude et gercée d'un arbre ; elle est si dure quand elle est sèche, qu'on a peine à l'entamer avec la hache, et que les Tschutschis en construisent des canots. Au-dessous est une graisse épaisse, qui enveloppe tout le corps, et qui a bon goût et bonne odeur ; on peut l'employer aux mêmes usages que le beurre et pour suppléer l'huile à brûler. La chair est fort dure, elle a besoin d'une longue cuisson pour être mangeable, mais son goût est le même que celui de la viande de bœuf.

La voix de ce *lamantin* est un mugissement qui approche de celui du *bœuf*. L'on a cru remarquer qu'il se plaisoit à entendre la musique, et de là quelques auteurs ont inféré que c'est l'animal si célébré par les anciens sous le nom de *dauphin* ; mais il n'est pas vraisemblable que les poètes de l'antiquité aient cherché le modèle d'une de leurs fictions ingénieuses dans les mers glacées des régions hyperboréennes.

Le GRAND LAMANTIN DE LA MER DES INDES a plusieurs rapports avec le *grand lamantin des Antilles*; il me paroît être de la même espèce, et pour l'en séparer, Buffon s'est fondé sur ce qu'il n'est guère possible que des animaux qui ne peuvent voyager au loin, ni parcourir les hautes mers, aient fait le trajet de l'Amérique aux Grandes-Indes.

Quoi qu'il en soit, ces *lamantins* que les navigateurs ont rencontrés aux Philippines et à l'île Rodrigue, ont environ vingt pieds de long lorsqu'il ont pris leur accroissement entier ; quelques poils sont clair-semés sur leur peau noirâtre ; leurs mâchoires n'ont que des dents molaires. Ils vivent en troupes nombreuses, de même que les autres espèces.

C'est probablement ce *lamantin* que l'on a vu sur les côtes de la Nouvelle-Hollande.

Le PETIT LAMANTIN D'AMÉRIQUE. Cette espèce est nombreuse sur les côtes de l'Amérique méridionale, et elle est encore répandue dans les fleuves, les rivières et les lacs de cette partie du monde, elle fréquente alternativement les eaux salées et les eaux douces : il y a une très-grande quantité de ces animaux le long des rivages bas et noyés de la Guiane, entre l'Oyapock et le fleuve des Amazones, et leur pêche peut devenir pour notre colonie de la Guiane, non-seulement une nouvelle ressource, mais encore un objet de commerce d'une assez grande importance.

Le *petit lamantin d'Amérique*, appelé *manati* par les Sauvages de l'Amérique, a ordinairement de huit ou douze et quelquefois seize pieds de long. Sa tête est épaisse et ronde, son museau plat, l'ouverture de ses narines large, sa peau rude, inégale, couverte de grosses élévations et de rides formant le cercle, et parsemée de poils roides et rares ; il n'a que des dents molaires, et sa langue est très-courte. Il mange l'herbe des fonds élevés, et il broute encore celle qui borde les rivages, qnand il peut l'atteindre en avançant sa tête, sans sortir entièrement de l'eau.

Cet animal est fort gras, et sa chair, lorsqu'il est jeune, approche pour le goût de celle du veau. On la sale, et alors elle n'est plus qu'un aliment grossier que les colons réservent ordinairement à la nourriture de leurs nègres.

Le PETIT LAMANTIN DU SÉNÉGAL, ne diffère que très-peu du *petit lamantin d'Amérique*. Suivant les observations d'Adanson, les plus grands animaux de cette espèce n'ont que huit pieds de long, et pèsent environ huit cents livres ; ils ont la tête conique et d'une grosseur médiocre, les yeux ronds, l'iris d'un bleu foncé, et la prunelle noire, les lèvres charnues et épaisses, des dents molaires aux deux mâchoires, la langue ovale, quatre ongles d'un rouge brun et luisant, le cuir épais et d'un cendré noirâtre, la graisse blanche, et la chair d'un rouge pâle.

Ce *lamantin* se trouve à l'embouchure du fleuve du Sénégal ; les nègres Jolofes l'appellent *lereou*. (S.)

LAMARKIE, *Lamarkia*, genre de plantes de la famille des GRAMINÉES, établi par Koelère, pour placer la *cretelle dorée*. Il a pour caractère des épillets stériles, sans barbes, pendans, et placés à la base des épis fertiles comme des espèces de bractées. *Voy.* au mot CRETELLE.

La seule espèce qui forme ce genre, se trouve dans les lieux arides des parties méridionales de l'Europe. Elle a un aspect fort agréable. (B.)

LAMBDA. *Voyez* PAPILLON. (L.)

LAMBEAU (*vénerie*), peau velue du bois du *cerf*, que cet animal dépouille, et que l'on trouve au pied du FRAYOIR. *Voyez* ce mot. (S.)

LAMBERTIE, *Lambertia*, genre de plantes établi par Smith. Il offre pour caractère un calice commun, polyphylle, imbriqué, et contenant sept fleurs ; une corolle de quatre pétales, portant chacun une étamine ; un stigmate en alène et sillonné ; une capsule uniloculaire, contenant deux semences marginées.

Ce genre, très-voisin des *protées*, est formé par un arbrisseau de la Nouvelle-Hollande, à feuilles terminées, mucronées par une épine, qui est figuré dans le quatrième volume des *Actes de la Société Linnéenne de Londres*, et dans les *Icones* de Cavanilles, pl. 547.

Schrader a aussi figuré cette plante sous le nom de *protea nectarina*. Voyez au mot PROTÉE. (B.)

LAMBICHE, nom que la GUIGNETTE porte dans les Vosges. *Voyez* ce mot. (VIEILL.)

LAMBIN. Quelques voyageurs ont nommé ainsi l'*aï*, à cause de l'extrême lenteur de sa marche. *Voyez* AÏ. (S.)

LAMBIS. Les anciens conchyliologistes français appeloient ainsi les coquilles du genre des STROMBES, qui ont de gros tubercules saillans, de grandes stries à l'extérieur, et l'ouverture très-unie et couleur de chair ; ainsi le *strombe géant*, figuré pl. 34 de l'ouvrage de Gualtieri sur les coquilles, étoit un *lambis*. Ce mot ne s'emploie plus. (B.)

LAMBOURDES. Espèce de moellon qu'on retire des carrières du fauxbourg Saint-Jacques, à Paris ; suivant Daviler, il est bon pour fonder, voûter et faire des puits. (PAT.)

LAMBRUS, nom qu'on donne dans quelques contrées méridionales, à la *vigne sauvage*. Voyez au mot VIGNE. (B.)

LAME, *Lamina*, partie supérieure d'un pétale. *Voyez* FLEUR. (D.)

LAMELLICORNES. Cuvier et Duméril donnent ce nom à une famille d'insectes de la première section de l'ordre des Coléoptères, et qui correspond à celles des Coprophages, des Géotrupines et des Scarabéïdes de Latreille. Cette famille a pour caractère d'avoir cinq articles à tous les tarses, et les antennes en masse lamellée. (O.)

LAMENTIN. *Voyez* Lamantin. (S.)

LAMIE, espèce du genre *squale*. C'est la même chose que le *requin*. Voy. au mot Squale et au mot Requin. (B.)

LAMIE, *Lamia*, genre d'insectes de la troisième section de l'ordre des Coléoptères, et de la famille des Cérambycins.

Ce genre, qui fait partie de la nombreuse famille des Capricornes, a été formé par Fabricius, et séparé du genre Cérambyx proprement dit.

Les *lamies* présentent des caractères qui diffèrent peu de ceux des *capricornes*; cependant elles ont constamment le corps plus court et plus gros; leurs pattes sont moins longues et plus fortes; leur caractère distinctif le plus apparent, c'est qu'elles ont la tête perpendiculaire au corps, tandis que celle des *capricornes* est droite et dirigée en avant; mais tous ces caractères sont communs avec les *saperdes*. Fabricius ne distingue guère les *lamies* des *saperdes*, que par la forme du corcelet épineux dans les unes, cylindrique dans les autres.

Les antennes des *lamies* sont sétacées, d'une longueur souvent double de celle du corps, elles sont posées dans une profonde échancrure des yeux; les antennules antérieures sont composées de quatre articles, les postérieures de trois; les tarses sont quadri-articulés; leur pénultième article est large, bifide, garni de houppes.

La tête est large, applatie en devant. Le corcelet est court, presque cylindrique ou arrondi, épineux ou tuberculé sur les côtés. Les élytres sont convexes, arrondies à l'extrémité.

Les *lamies* font entendre, comme tous les insectes de la famille des *capricornes*, un bruit aigu produit par le frottement de la partie postérieure du corcelet sur l'écusson. On les trouve dans les mêmes endroits que les *capricornes*; leur larve ressemble à celles de ces insectes, et vit, comme elles, dans le tronc des arbres.

Ce genre est composé de plus de cent espèces, dont on ne trouve que douze à quinze en Europe, parmi lesquelles nous remarquerons :

La Lamie textor (*Lamia textor*). Cet insecte, décrit par Geoffroy, sous le nom de *capricorne noir chagriné*, a environ quatorze lignes de longueur; son corcelet est épineux; les élytres sont convexes, noires; ses antennes sont de longueur médiocre.

La Lamie charanson (*Lamia curculionoides*). C'est la *lepture aux yeux de paon* de Geoffroy; elle a environ six lignes de longueur; son corps est brun; son corcelet est gris bleuâtre, marqué sur le milieu de quatre taches noires, veloutées, entourées d'un petit cercle d'un gris jaunâtre; les élytres sont d'un gris bleuâtre mélangé de ferrugineux, avec six taches rondes, d'un noir velouté, entourées d'un cercle ferrugineux.

Les pays étrangers nous fournissent les espèces de *lamies* les plus remarquables par l'éclat des couleurs vives dont elles sont ornées, et par la longueur excessive des antennes dans quelques-unes. Parmi ces beaux insectes, nous distinguerons:

La Lamie noble (*Lamia nobilis*). Sa tête est noire avec une tache frontale, et deux oculaires jaunes; son corcelet est noir, bordé de jaune antérieurement, et de blanc postérieurement; ses élytres sont noires, avec trois bandes transverses jaunes; son corps est jaunâtre en dessous; ses jambes sont noires supérieurement. Cette belle espèce se trouve à Cayenne. (O.)

LAMIER, *Lamium*, genre de plantes à fleurs monopétalées, de la didynamie gymnospermie, et de la famille des Labiées, qui présente pour caractère un calice tubulé à cinq dents aiguës et ouvertes; une corolle monopétale, tubuleuse, à orifice dilaté, à lèvre supérieure en voûte, souvent entière, et à lèvre inférieure trifide, dont les divisions latérales sont très-étroites et réfléchies, et la division intermédiaire bilobée; quatre étamines, dont deux plus courtes, et à anthères velues; un ovaire supérieur, partagé en quatre parties, du milieu desquelles s'élève un style filiforme, bifide à son sommet, et à stigmate aigu.

Le fruit consiste en quatre semences unies, trigones, et tronquées aux deux bouts.

Les espèces de ce genre, dont le caractère est figuré pl. 506 des *Illustrations* de Lamarck, sont des herbes vivaces ou annuelles, presque toutes d'Europe, dont les feuilles sont opposées, simples, et les fleurs disposées en verticilles axillaires, accompagnées de bractées sétiformes. On en compte douze ou treize de décrites dans les auteurs, la plupart exhalant par la chaleur, ou lorsqu'on les écrase, une odeur forte plus ou moins désagréable. Les principales sont:

Le Lamier a grandes feuilles, *Lamium orvala* Linn., dont les feuilles sont en cœur, inégalement dentées, et le calice coloré. Cette belle plante est vivace, et croît naturellement dans les parties méridionales de l'Europe. On la confond quelquefois avec la *sauge orvale*.

Le LAMIER BLANC a les feuilles en cœur, aiguës, grossièrement dentées, et les verticilles d'environ vingt fleurs. Elle est vivace, et se trouve très-communément par toute l'Europe, dans les haies, les lieux incultes voisins des habitations. Elle est vulgairement connue sous le nom d'*ortie blanche*, d'*archangélique*, et est employée comme vulnéraire, détersive, et un peu astringente. On la recommande dans les fleurs blanches, les maladies des poumons, et les hémorragies de la matrice.

Le LAMIER TACHÉ a les feuilles en cœur, aiguës, et les verticilles de dix fleurs. Elle est vivace, et se trouve dans les parties méridionales de l'Europe. On s'en sert en Italie, sous le nom de *milzadella*, pour guérir les obstructions et le squirre de la rate.

Le LAMIER POURPRE, dont les feuilles sont en cœur, obtuses et pétiolées, les supérieures rapprochées et plus aiguës. Elle est annuelle, et commune dans toute l'Europe, dans les jardins, au pied des murs, &c. Son odeur est très-fétide; on l'appelle vulgairement *pain de poule*.

Le LAMIER AMPLEXICAULE, dont les feuilles sont rondes, fendues et crénelées, les inférieures pétiolées, et les supérieures sessiles et amplexicaules. Elle est très-commune dans tous les lieux cultivés, et est annuelle. On la trouve en fleur pendant toute l'année.

On emploie dans quelques cantons les feuilles des *lamiers*, et sur-tout du *pourpre*, pour la nourriture des jeunes poulets; pour cela, on la hache très-menue, et on la mêle avec leur pâtée. On prétend qu'elle leur est très-salutaire. *Voyez* au mot POULE. (B.)

LAMINCOUART, nom d'un arbre de Cayenne. On ignore à quel genre il doit être rapporté. (B.)

LAMIODONTE ou DENT DE LAMIE. C'est la dent de requin pétrifiée, connue sous le nom de *glossopètre*, qui est très-impropre, puisqu'il signifie *langue pétrifiée*; mais il est généralement adopté. *Voyez* DENTS FOSSILES et GLOSSOPÈTRE. (PAT.)

LAMPE ANTIQUE. Les marchands donnent ce nom à diverses coquilles du genre des HÉLICES, qui sont d'une forme lenticulaire et elliptique à leur ouverture; ainsi l'*héllice carcocole*, représentée pl. 8, fig. D de la *Conchyliologie* de Dargenville, est une *lampe antique*. Ainsi l'*hélice grimace*, figurée pl. 28, n° 13 du même ouvrage, est encore une *lampe antique*. *Voyez* au mot HÉLICE. (B.)

LAMPE SÉPULCRALE. On a trouvé, dans la plupart des tombeaux antiques, des *lampes* qu'on a supposé avoir brûlé perpétuellement. D'autres ont dit qu'elles s'allumoient par le contact de l'air au moment de l'ouverture des tombeaux. Mais il paroît que c'étoient des *lampes* ordinaires qu'on mettoit dans le tombeau tout allumées, comme une allégorie de l'existence de l'ame après la mort : rien au moins ne porte à penser que ces *lampes* eussent quelque chose d'extraordinaire. (PAT.)

LAMPÉRY, arbrisseau des Moluques, figuré par Rumphius, Amb. 4, tab. 68, et qui paroît avoir, au rapport de Lamarck, quelques affinités avec les *sapotiliers* et les *mimusops*. Il a les feuilles alternes, ovales, oblongues, pointues, entières, glabres, et ses fruits sont des drupes ovoïdes, de la couleur et de la forme de nos cerises, ayant à leur base un calice persistant. Ces fruits contiennent, sous une chair acerbe, un noyau mince. (B.)

LAMPETTE, nom qu'on donne, dans quelques parties de la France, à la GITHAGE (*Agrostema githago* Linn.). *Voy.* au mot GITHAGE. (B.)

LAMPILLON. On donne ce nom au PÉTROMIZON BRANCHIALE. *Voy.* ce mot. (B.)

LAMPOTE, nom vulgaire des *patelles* sur les côtes de l'Océan. *Voy.* au mot PATELLE.

On emploie fréquemment la chair de ce coquillage pour amorcer les lignes; de-là le nom de *lampotte* qu'on donne aux espèces d'appâts qui sont faits avec ces animaux des coquilles. *Voy.* au mot PÊCHE. (B.)

LAMPOURDE, *Xanthicum*, genre de plantes à fleurs composées, de la monoécie pentandrie et de la famille des URTICÉES, qui présente pour caractère, dans les fleurs mâles, des involucres communs, polyphylles, hémisphériques, pédonculés, multiflores, rapprochés par petits paquets axillaires et terminaux, renfermant quantité de fleurons tubuleux, quinquéfides et pentandriques, portés sur un réceptacle garni de paillettes ; et dans les fleurs femelles, situées au-dessous des fleurs mâles, des involucres communs, oblongs, monophylles, découpés à leur sommet, hérissés en dehors de pointes crochues, divisés intérieurement en deux loges uniflores et persistantes, chacune renfermant un ovaire supérieur, ovale, surmonté de deux styles à stigmates simples.

Le fruit est un drupe sec, ovale, oblong, qui est l'involucre endurci, souvent muni de deux pointes à son sommet. Il contient deux semences oblongues.

Ce genre est figuré pl. 765 des *Illustrations* de Lamarck. Il contient sept à huit espèces, qui sont des arbrisseaux ou des herbes annuelles, droites, à feuilles alternes ou opposées, rudes au toucher et à fleurs disposées en épis axillaires ou terminaux.

Les principales de ces espèces sont :

La Lampourde commune, *Xanthium strumarium*, a la tige sans épines, les feuilles en cœur, à trois nervures, et les fruits terminés par deux becs droits. On la trouve en Europe le long des haies, sur le bord des chemins, dans les pays gras et un peu humides. Elle est annuelle, et fleurit pendant l'été. Ses fruits s'attachent aux habits et aux poils des animaux par les crochets dont ils sont revêtus, d'où vient le nom de *glouteron* qu'elle porte.

La Lampourde épineuse a les tiges garnies d'épines ternées, les feuilles trifides, aiguës, et blanches en dessus. Elle se trouve dans les parties méridionales de l'Europe. Elle est annuelle.

La Lampourde arborescente a les feuilles pinnées, les découpures dentées et la tige frutescente. Elle se trouve dans le Pérou. (B.)

LAMPROIE. C'est le nom spécifique de plusieurs espèces du genre Pétromyzon, et principalement de la plus grosse. *Voy.* au mot Pétromyzon. (B.)

LAMPSANE, *Lampsana*, genre de plantes à fleurs composées, de la syngénésie polygamie égale, et de la famille des Chicoracées, qui offre pour caractère un calice de huit folioles droites, caliculées, ou muni à sa base de folioles courtes, alternes et imbriquées, et un réceptacle nu, portant de huit à seize demi-fleurons hermaphrodites, à languette linéaire, tronquée et à cinq dents.

Le fruit consiste en plusieurs semences oblongues dépourvues d'aigrettes et libres.

Ce genre, qui est figuré pl. 655 des *Illustrations* de Lamarck, comprend des herbes annuelles ou vivaces, dont les feuilles sont alternes, entières ou découpées, et les fleurs terminales et disposées en corymbes ou en panicules. On en connoît cinq à six espèces, sans compter la *ragadiole* et l'*étoilée*, dont on fait un genre particulier. *Voy.* au mot Ragadiole.

Parmi ces espèces sont :

La Lampsane commune, dont le calice est anguleux et les pédoncules grêles. Elle est très-abondante dans tous les lieux cultivés voisins des habitations. Elle est annuelle, et fleurit pendant l'été. On l'emploie en médecine comme rafraîchissante, laxative et émolliente. On l'applique pilée sur le bout du teton des nourrices lorsqu'il est fendu, et elle en accélère la guérison, d'où lui est venu le nom vulgaire d'*herbe aux mamelles*.

La LAMPSANE FÉTIDE a la tige nue et uniflore. Elle est vivace, et sa racine répand une odeur fétide. On la trouve dans les lieux incultes et montueux des parties méridionales de l'Europe.

La LAMPSANE DE ZANTE a les calices tortillés, comprimés et obtus. Elle se trouve dans les parties méridionales de l'Europe. Elle est annuelle. Gærtner en a fait un genre sous le nom de ZACINTHE. *Voyez* ce mot. (B.)

LAMPT. Le *zébu* porte ce nom dans quelques parties de l'Afrique. *Voyez* au mot ZÉBU. (S.)

LAMPUGE. On donne ce nom, sur les côtes de la Méditerranée, au CORYPHÈNE POMPILE. *Voyez* ce mot. (B.)

LAMPYRE (*Lampyris*), genre d'insectes de la première section de l'ordre des COLÉOPTÈRES, et de la famille des MALACODERMES.

Les Grecs donnoient indistinctement les noms de *lampyris*, et les Latins ceux de *cicindela, noctiluca, lucio, luciola, lucernula, incendula*, à tous les insectes qui ont la propriété de répandre, pendant la nuit, une lumière phosphorique; cette même propriété les a fait connoître vulgairement sous le nom de *vers-luisans*. Les entomologistes modernes ont dû sans doute s'appliquer à ne ranger les insectes sous une même dénomination qu'autant qu'ils présentent les mêmes caractères génériques; mais comme ce n'est que par de longues observations et des travaux soutenus, qu'on peut atteindre à ce dernier but de la science, on a encore long-temps confondu les *lampyres* avec les *téléphores* et les *malachies*, sous le nom de *cantharis*. Geoffroy, en les séparant des *téléphores*, les a néanmoins placés avec les *lycus*, et Linnæus les a encore confondus avec les *lycus* et les *pyrochres*. Fabricius, éclairé par les erreurs de ceux qui l'ont précédé, est le premier qui ait bien distingué ce genre, et qui lui ait assigné les caractères qui lui sont propres.

Le corps des *lampyres* est oblong, ovale, déprimé; la tête est enfoncée et comme enchâssée dans le corcelet; les antennes sont filiformes, pectinées ou en scie; les yeux sont globuleux, arrondis, assez grands; le corcelet forme une plaque très-grande, plate, demi-circulaire, débordée, qui cache entièrement la tête, et qui est à-peu-près aussi large que les élytres ; l'abdomen est composé d'anneaux qui forment autant de replis, et qui se terminent latéralement en angles aigus ; les élytres sont coriaces, un peu flexibles ; les ailes sont membraneuses, guère plus longues que les élytres ; les pattes sont simples et assez courtes ; les tarses sont composés de cinq articles ; les femelles n'ont ni ailes ni élytres ; on apperçoit seulement un petit moignon d'élytre à la base supérieure de l'abdomen.

Tous les insectes qui répandent de la lumière ont dû fixer l'attention des observateurs de la nature. Aussi les *lampyres* sont-ils connus depuis très-long-temps. On leur a donné le nom de *vers-luisans*, parce que les femelles, qu'on rencontre le plus ordinairement, sont dépourvues d'ailes, et que toutes les femelles brillent pendant la nuit. Quelques mâles sont privés de la faculté de luire. La partie lumineuse des *lampyres luisans* est placée au-dessous des deux ou trois derniers anneaux de l'abdomen ; ce sont des taches jaunes, d'où part, dans l'obscurité, une lumière très-vive, d'un blanc verdâtre ou bleuâtre, comme le sont toutes les lumières phosphoriques. Cette lumière, selon quelques auteurs, ne dépend point de l'influence d'aucune cause externe, mais uniquement de la volonté de l'insecte.

On trouve les *lampyres* en été, après le coucher du soleil, dans les prairies, au bord des chemins et près des buissons. Dans les pays où ces insectes sont très-communs, pendant les nuits paisibles de la belle saison, les mâles voltigent dans l'air, qu'ils semblent remplir d'étincelles de feu ; et les femelles qui, pendant le jour, restent cachées sous l'herbe, se décèlent le soir et la nuit, par la lueur éclatante qu'elles répandent. Pendant que ces insectes sont en liberté, leur lueur est très-régulière : une fois en notre pouvoir, ils brillent très-irrégulièrement, ou ne brillent plus. Lorsqu'on les inquiète, ils répandent une lueur fréquente ; étant placés sur le dos, ils luisent presque sans interruption, en faisant des efforts continuels pour se retourner.

La matière lumineuse de ces insectes a excité la curiosité de plusieurs savans ; elle a été l'objet de plusieurs expériences, qui ont fourni des observations très-intéressantes que nous allons rapporter. M. Forster ayant annoncé que la lumière des *vers-luisans* étoit si forte et si continue dans le gaz oxigène, qu'on pouvoit y lire facilement, M. Beckerhiem, en vérifiant ce fait, a trouvé que ces insectes vivent très-long-temps dans le vide et dans différens gaz, excepté dans les gaz acide, nitreux, muriatique et sulfureux, dans lesquels ils meurent en moins de onze minutes ;

Qu'ils n'ont jamais diminué la bonté des gaz dans lesquels ils ont vécu, quel que soit le temps qu'ils y aient demeuré; qu'au contraire, le gaz hydrogène est devenu détonant par le séjour de ces animaux; et que plusieurs gaz, essayés avant et après, ont paru être améliorés;

Que dans quelque gaz que fussent ces *vers-luisans*, la lumière n'a jamais paru augmenter;

Que cette lumière est produite par de petits corps lumineux, que l'insecte peut recouvrir d'une membrane;

Qu'après avoir ôté ces points lumineux du corps de l'insecte, sans l'endommager, il a continué de vivre sans laisser reparoître de lumière;

Que ces points lumineux, ôtés de l'insecte vivant, et exposés à l'action de plusieurs gaz, y ont produit de la lumière pendant des temps différens, d'où l'auteur paroît croire que la durée est plus grande dans le gaz oxigène que dans les autres. *Annales de Chimie*, tom. 4, pag. 19.

Les expériences faites par le docteur Carradori, sur le *lampyre italique*, lui ont fourni les observations suivantes:

Ces insectes brillent à volonté dans chaque point de leur ventre; ce qui lui prouve qu'ils ont la faculté de mouvoir toutes les parties de ce viscère, indépendamment l'une de l'autre.

Ils peuvent rendre leur phosphorescence plus ou moins vive et la prolonger aussi long-temps qu'ils veulent.

La faculté d'éclairer ne cesse pas par l'incision ou le déchirement du ventre.

M. Carradori a vu une partie du ventre, séparée du reste du corps, qui étoit presqu'éteinte, devenir tout-à-coup lumineuse pendant quelques secondes, et ensuite s'éteindre insensiblement. Quelquefois il a vu une semblable portion coupée, passer subitement du plus beau brillant à une extinction totale, et reprendre ensuite sa première lueur. M. Carradori attribue ce phénomène à un reste d'irritabilité ou à un stimulus produit par l'air.

Une légère compression ôte aux *lampyres* la faculté de luire.

La matière phosphorique exprimée, perd en peu d'heures sa splendeur, et se trouve convertie en une matière blanche et sèche. Un morceau de ventre phosphorique, mis dans l'huile, n'a lui que foiblement, et s'est bientôt éteint dans l'eau; un semblable morceau a lui avec la même vivacité que dans l'air et plus long-temps. Le phosphore de ces insectes luit également dans le vide barométrique. L'auteur a reconnu que la phosphorescence est une propriété indépendante de la vie de ces insectes, et qu'elle tient plutôt à l'état de mollesse de la substance phosphorique. Le dessèchement suspend la lueur; le ramollissement dans l'eau la fait renaître, mais seulement après un temps de dessication donné. Réaumur et Spallanzani ont observé la même chose à l'égard des *pholades* et des *méduses*.

En plongeant alternativement les *lampyres* dans l'eau tiède et froide, ils luisent avec vivacité dans la première, et s'éteignent dans la dernière. Dans l'eau chaude, la lumière disparoît peu à peu. Enfin, M. Carradori a éprouvé sur les *lampyres* et leur phosphore, l'action des différens liquides salins et spiritueux, dans lesquels ils se sont comportés de la même manière que les autres animaux phosphoriques : ces dernières expériences lui ont prouvé que la matière phosphorique des *lampyres* n'éprouve d'action dissolvante que de la part de l'eau.

La larve des *lampyres* a beaucoup de ressemblance avec la femelle ; elle est munie de six pattes écailleuses placées sur les trois premiers anneaux ; sa tête est très-petite, de forme ovale, elle porte deux petites antennes assez grosses, coniques, courtes, divisées en trois articles ; la bouche est armée de deux longues dents écailleuses, minces, courbées et très-pointues. Le corps est composé de douze anneaux ; il est plus large dans son milieu qu'aux extrémités ; sa partie postérieure est tronquée transversalement. Cette larve, quoique munie de mâchoires fortes (ce qui pourroit la faire soupçonner carnassière), se nourrit d'herbes et de feuilles de différentes plantes ; elle marche fort lentement et à l'aide de la partie postérieure de son corps ; dès qu'on la touche elle retire sa tête et reste immobile. Quand on la laisse manquer de terre humide, elle devient foible et languissante.

Quand les insectes ont à se transformer en nymphes, ordinairement la peau se fend ou se brise au milieu du dessus de la tête, et laisse ainsi une ouverture suffisante pour donner passage à tout le corps. La larve du *lampyre* a paru prendre une autre manière de se défaire de sa peau, qui se fend de chaque côté du corps, dans toute l'étendue des trois premiers anneaux. Le dessus de ces anneaux se détache tout-à-fait du dessous, et la larve tire la tête hors de la peau qui la couvre, à-peu-près comme on tire la main hors d'une bourse. Les deux fentes latérales donnent une ouverture très-spacieuse à l'insecte pour sortir de la vieille peau, et il en vient aisément à bout dans l'espace de quelques minutes, en contractant et en alongeant les anneaux du corps, alternativement.

Dès que la larve est dégagée de sa peau, elle courbe le corps

en arc ou en demi-cercle , et se trouve alors dans son véritable état de nymphe ; mais on lui voit encore remuer et alonger la tête , de même que les antennes et les pattes, quoique
lentement ; elle donne aussi des mouvemens à son corps.

Les observations de Degéer prouvent que le *lampyre* femelle luit dans l'état de larve et dans celui de nymphe , comme
dans l'insecte parfait , ce qui fait voir que la nature ne l'a pas
douée de cette faculté , principalement pour attirer le mâle ,
comme quelques auteurs l'ont pensé. Cependant il paroît que
le mâle en profite pour se rendre auprès de sa femelle.

Les femelles des *lampyres* d'Europe , observées par Degéer,
pondent un très-grand nombre d'œufs sur le gazon ou sur
l'herbe où elles vivent. Ces œufs sont assez gros , de forme
ronde , d'un jaune citrin ; ils sont enduits d'une matière visqueuse . jaune, qui sert à les fixer sur la plante ; leur coque
n'est qu'une peau molle et flexible , de sorte qu'on les écrase
au moindre attouchement.

Les *lampyres* forment un genre composé d'une trentaine
d'espèces , cinq seulement se trouvent en Europe , ce sont:

Le Lampyre luisant (*Lampyris splendidula*). Il est
oblong , brun. Son corcelet est marqué de deux points transparens au-dessus des yeux.

Le Lampyre lumineux (*Lampyris noctiluca*). Il est oblong , brun. Son corcelet est cendré.

Le Lampyre mauritanique (*Lampyris mauritanica*).
Son corps est fauve ; ses élytres sont livides. Il se trouve dans
les parties méridionales de la France.

Le Lampyre italique (*Lampyris italica*). Il est noir,
son corcelet est roux , l'extrémité de l'abdomen est fauve. Il
se trouve en Italie et dans les parties méridionales de la
France.

Le Lampyre hémiptère (*Lampyris hemiptera*). Il est
noir , l'extrémité de l'abdomen est jaune , ses élytres sont
courtes. (O.)

LANAIRE , *Lanaria* , plante à feuilles linéaires , canaliculées , glabres , rudes au toucher sur leurs bords , radicales,
à tiges anguleuses , à fleurs disposées en corymbes bractifères,
couvertes , ainsi que leurs accessoires , de longs poils blancs ,
très-serrés , qui forme un genre dans l'hexandrie monogynie,
et dans la famille des Liliacées.

Ce genre , que Jussieu a appelé *argolase* , a pour caractère une corolle divisée en six parties ouvertes; six étamines ;
un ovaire inférieur surmonté d'un style simple; un baie sèche
à trois loges.

La *lanaire* est vivace et croît au Cap de Bonne-Espérance. Elle s'élève d'un à deux pieds. (B.)

LANCÉOLE, nom qu'on donne dans quelques parties de la France au Plantain lancéolé. *Vo ez* ce mot. (B.)

LANCERON. On donne vulgairement ce nom, dans quelques cantons, aux jeunes *brochets* dont le corps est effilé comme une lance. *Voyez* au mot Brochet et au mot Esoce. (B.)

LANCETTE, nom spécifique de poissons du genre Gobie et du genre Holocentre. *Voyez* ces mots. (B.)

LANCISIE, *Lancisia*, genre de plantes à fleurs composées, de la syngénésie polygamie frustranée, et de la famille des Corymbifères, qui est figuré pl. 701 des *Illustrations* de Lamarck. (B.)

LANÇON. On donne vulgairement ce nom, sur plusieurs côtes de France, au poisson appelé Ammodyte par Linnæus. *Voyez* ce dernier mot. (B.)

LANDAN, nom malais de l'arbre dont on retire le *sagou*. Voyez au mot Sagoutier. (B.)

LANDE. On appelle ainsi une grande étendue de pays, dont les terres incultes ne produisent que du genêt, du jonc marin, de la bruyère, de la fougère, quelques genièvres, des ronces, et autres broussailles. Il y a beaucoup de *landes* en France dans les provinces de Bretagne, de Guienne, du Dauphiné et de la Provence. Celles de ce dernier pays offrent peu de plantes épineuses ; elles sont couvertes de lavande, de mélisse, de bétoine, de marjolaine, de thym, de véronique, de sauge, &c.

La plupart des *landes* paroissent avoir été formées par des dépôts de la mer, d'où provient peut-être l'inégalité de leur surface. Les principales causes de leur infertilité sont : une espèce de tuf ferrugineux qu'on trouve à une très-petite profondeur ; un défaut de niveau qui rend les eaux stagnantes ; dans quelques-unes, des couches inférieures d'argile recouvertes par du sable ; et, dans toutes, le droit de communauté ou de parcours qui s'oppose au partage et à la vente de ces terres. Si elles étoient partagées, il n'est pas douteux que chaque propriétaire ne cherchât à tirer le meilleur parti possible de son lot. Voici comment, dans quelques endroits, elles sont rendues moins stériles et mises en rapport par ceux qui en ont en propriété une certaine portion.

On brûle les plantes qui couvrent ces *landes* vers la fin de l'été ou dès qu'elles sont desséchées : leur cendre bonifie la terre, et le feu prévient le rejet des racines ; pour l'empêcher de se communiquer aux endroits qu'on veut en garantir, on nettoie de ce côté les chaumes et toute l'herbe, on fait des tranchées et on choisit un temps calme. Ces plantes étant brûlées, on arrache à la pioche les racines des genièvres, des houx et autres arbustes; et, après les pluies d'automne, on laboure ce terrein avec une charrue à versoir et à gros sillons: on donne un second labour au printemps et on peut alors y semer de l'avoine. En multipliant les labours les années suivantes, on obtient quelquefois une assez bonne récolte de blé.

Un sol maigre et stérile, travaillé ainsi, ne peut rapporter long-temps; le grain absorbe bientôt le peu de terre végétale qui le couvre. D'ailleurs l'usage de couper et brûler les herbes, fougères, genêts, &c. qui a ses avantages sur des terres qui sont déjà dans un certain degré de culture, ne convient pas de même à celles qui ne sont pas encore tout-à-fait défrichées, à moins qu'on ne sache tirer un meilleur parti de la coupe et de la combustion. Mais la manière dont on suit cette méthode est barbare et pernicieuse. On coupe et brûle tant que le sol fait espérer une moisson qui mérite d'être recueillie, et ensuite on l'abandonne pour le laisser s'améliorer de lui-même en reproduisant ce qu'on avoit brûlé. Que de temps perdu! Jamais, par cette méthode, on ne rendra aucune *lande* productive.

Si on veut mettre ces sortes de terreins en culture réglée, après les avoir disposés et labourés, il faut, avec la première semaille de grain, semer l'herbe la plus propre au sol; elle ne manque jamais en pareil cas. On ne doit point semer successivement du blé, du seigle, de l'orge ou de l'avoine sans une moisson intermittente, qui puisse améliorer la terre. Les raves, les choux, les navets, &c. rempliront cet objet. Les engrais mucilagineux que formeront ces plantes, se mêlant à la grande masse d'engrais alkalins qu'aura produits la combustion, rendront plus au sol qu'il n'aura perdu. D'ailleurs ces racines et ces herbes serviront en même temps de nourriture aux bestiaux.

Un moyen plus sûr de fertiliser les *landes*, et le plus généralement reconnu, c'est de les planter en bois. On ne jouit pas, il est vrai, aussi promptement du fruit de ses dépenses et de ses travaux; la rentrée des fonds est plus tardive, mais quand elle se fait, elle dédommage amplement de la mise et de l'attente. Les mêmes arbres ne conviennent point à toutes les espèces de *landes*; il faut faire un choix guidé par l'observation. Les sapins, et particulièrement le pin maritime (*Voyez* PIN.), sont en général préférés. Ces arbres manquent rare-

Deseve del.

Glairon Mondet Sculp.

1. Langaha de Madagascar. 5. Lezard gris
2. Lezard rembruni. 6. Lezard ameiva
3. Lezard tupinambis. 7. Lezard verd.
4. Lezard galonné. 8. Proté serpentin.

ment, sur-tout dans les terres sablonneuses ; les feuilles qu'ils perdent chaque année en grande quantité, amendent tellement la terre, qu'elle devient bientôt propre à recevoir des grains. Le pin maritime croît très-vîte : on peut le couper à douze ou quinze ans ; si on attend plus tard, le profit sera plus assuré. La vente de son bois et de sa résine est toujours très-avantageuse. On pourroit aussi semer dans quelques *landes* des chênes dont les espèces sont les plus communes dans le pays. Le *chêne maritime* de la Caroline (*Voyez* l'art. *chêne*, n° 39.) seroit très-propre à fertiliser celles de Bordeaux.

Soit qu'on veuille couvrir les *landes* de bois, soit qu'on les défriche pour y semer du grain, on doit auparavant égaliser la surface du sol, autant qu'il est possible, et donner un écoulement naturel aux eaux, en pratiquant des canaux ou fossés, dont les terres serviront à combler les endroits bas. Il résultera deux avantages de cette opération, elle assurera la croissance des arbres ou la réussite des grains, et, rendant l'air plus salubre, elle contribuera à maintenir la santé des habitans. (D.)

LANDE ou LANDIER, nom qu'on donne dans plusieurs endroits à l'*ajonc*, parce qu'il croît dans les *landes*. Voyez au mot Ajonc. (B.)

LANERET. *Voyez* Lanneret. (S.)

LANG, quadrupède de la Chine, dont quelques anciens voyageurs font mention, sans dire autre chose, sinon qu'il a les jambes de devant fort longues, et celles de derrière fort courtes. (S.)

LANGAHA, *Langaha*, genre de reptiles de la famille des Serpens, établi par Lacépède. Il offre pour caractère un corps revêtu antérieurement de petites écailles en dessus, de plaques en dessous, d'anneaux écailleux vers l'anus, et de petites écailles au bout. Ainsi il est Vipère dans sa partie antérieure, Amphisbène dans son milieu, et Anguis à son extrémité. *Voyez* ces trois mots.

Bruguière, qui a observé à Madagascar la seule espèce qu'il contient, rapporte qu'elle acquiert environ trois pieds de long sur un demi-pouce de diamètre ; que sa tête est garnie de sept grandes écailles, et son museau terminé par un prolongement tendineux de neuf lignes de long et revêtu de petites écailles ; qu'elle a des crochets à venin ; cent quatre-vingts grandes plaques sous le ventre, d'autant plus longues qu'elles s'éloignent de la tête, et qui finissent par former des anneaux entiers au nombre de quarante-deux.

La couleur du *langaha* varie du rougeâtre au violâtre, avec des points jaunes ; ses écailles sont rhomboïdales. Les habitans de Madagascar le craignent beaucoup. Il est figuré dans l'*Hist. nat. des Serpens*, par Lacépède, et dans celle des *Reptiles*, faisant suite au *Buffon*, édition de Déterville. (B.)

LANGHOURON. *Voyez* AIGRETTE. (VIEILL.)

LANGIT, *Aylanthus*, genre de plantes établi par Desfontaines, dont les caractères sont d'être polygame ; d'avoir un calice très-petit, à cinq dents ; une corolle de cinq pétales demi-tubuleux à leur base ; dix étamines aux fleurs mâles ; trois à cinq ovaires aux fleurs femelles ou hermaphrodites.

Le fruit est composé de trois à cinq capsules oblongues, membraneuses, comprimées, linguiformes, renflées dans leur milieu et monospermes.

Voyez Desfontaines, *Mémoires de l'Académie de Paris*, année 1786, pl. 8 ; l'Héritier, *Stirpes*, pl. 84, et Lamarck, *Illustrations*, pl. 859.

Ce genre ne renferme qu'un arbre, originaire de la Chine, dont les feuilles sont ailées avec impaire, et les fleurs herbacées, disposées en panicules terminales. Cet arbre, par sa grandeur, la rapidité de sa croissance, la bonté de son bois, est dans le cas d'être multiplié avantageusement en France, et on ne sauroit en conséquence trop le recommander aux cultivateurs. Il vient de boutures, de marcottes et de drageons : ce dernier moyen est le meilleur. Il suffit de blesser une racine, pour que l'année suivante elle fournisse beaucoup de rejetons. Dans un terrein gras et un peu humide, on a vu de ces arbres pousser de plus d'une toise, et grossir de plusieurs pouces dans une année. Son bois est un peu cassant, mais cependant solide.

Le seul inconvénient qu'ait cet arbre, c'est d'être exposé à se fendre par la gelée, et que, quoiqu'il ne périsse pas, son bois en est considérablement altéré. On dit que c'est de lui que les Chinois retirent le vernis qui rend leurs meubles si brillans ; mais ce fait est plus que douteux. (*Voyez* au mot VERNIS.) En Europe, il ne fournit rien qui puisse le faire croire. On le nomme encore cependant, chez les jardiniers, le *vernis du Japon*.

Lamarck rapporte à ce genre le *caju langit*, figuré par Rumphius, pl. 152 du troisième volume du *Jardin d'Amboine*. (B.)

LANGOU, fruit d'un arbuste sarmenteux de Madagascar. Il est anguleux, et les habitans le mâchent continuellement pour se noircir les lèvres et les gencives. On ignore à quel genre cet arbuste doit être rapporté.

On donne en France le même nom au *bolet du noyer*,

qu'on mange dans quelques cantons. *Voy.* au mot Bolet. (B.)

LANGOUSTE, espèce de Palinure qui se trouve dans la Méditerranée, qu'on regarde comme un excellent manger, et qu'en conséquence on recherche beaucoup sur les tables délicates. *Voyez* au mot Palinure. (B.)

LANGOUSTINES, nom donné par Latreille à une famille de *crustacés*, dont les caractères sont d'avoir les appendices du bout de la queue se réunissant et connivant avec la pièce terminale, pour former une autre sorte de queue en éventail; des antennes intermédiaires à pédoncules de trois articles alongés, le dernier terminé par deux très-petits filets.

Cette famille renferme les genres Scyllare, Langouste et Galathée. *Voyez* ces mots et le mot Crustacé. (B.)

LANGRAIEN (*Lanius leucorynchos* Lat. , pl. enlum. , n° 9, fig. 1 de l'*Hist. nat. de Buffon*, ordre Pies, genre de la Pie-grièche. *Voyez* ces mots.). La tête, la gorge, le dessus du corps, les couvertures supérieures des ailes, les pennes de la queue et les pieds sont noirâtres; le croupion, la poitrine, le reste du dessous du corps et les couvertures de la queue sont blancs; le bec est d'un gris blanchâtre, et garni à sa base de petits poils noirs et roides; longueur, sept pouces.

Cet oiseau est la *pie-grièche de Manille* de Brisson; mais Buffon pense qu'il est mal-à-propos rapporté à ce genre, parce qu'il en diffère par un caractère essentiel, ayant les ailes, lorsqu'elles sont pliées, aussi longues que la queue, tandis que les *pie-grièches* ont les ailes beaucoup plus courtes à proportion. (Vieill.)

LANGUARD, ou TIRE-LANGUE, noms vulgaires du *torcol*, en Provence. *Voyez* Torcol. (S.)

LANGUE. Tout le monde connoît cette partie de la bouche destinée à la sensation du goût. C'est un organe oblong, applati et mobile dans l'homme et la plupart des quadrupèdes; sa surface supérieure est couverte de papilles nerveuses très-sensibles aux saveurs. La *langue* des roussettes, des lions et des chats est parsemée de petites pointes cornées qui se retournent vers la gorge : aussi ces animaux écorchent en léchant.

La *langue* des oiseaux est cartilagineuse et communément pointue : dans les perroquets, elle est arrondie; dans les toucans, ses bords sont découpés en barbes de plumes. La *langue* des reptiles est souvent bifurquée et demi-cartilagineuse; mais elle ne peut pas piquer, comme on le croit vulgairement. Dans le crocodile elle est fort courte, ce qui a fait penser qu'il n'en avoit point; celle des caméléons est ronde, extensible comme celle des oiseaux du genre des pics. La plupart des reptiles ont leur *langue* couverte d'une humeur gluante, avec laquelle ils empâtent les insectes. Le tamanoir et les fourmiliers, espèces de quadrupèdes, ont aussi des langues alongées, cylindriques et gluantes, qu'ils insinuent au milieu des fourmilières.

Chez les poissons, la *langue* est ordinairement petite, et quelquefois garnie de petites dents vers la gorge, afin de diviser la chair de leur proie. Chez les mollusques, la *langue* est de diverses formes; c'est une trompe chez les *buccins*, les *tarets*, &c. Dans les insectes, la *langue* est quelquefois une ou plusieurs soies piquantes, comme chez les *punaises*, ou une *proboscide*, &c. Les vers ne paroissent avoir aucune *langue*, de même que les *zoophytes*; cependant tous les animaux sont pourvus du sens du Goût. *Voyez* ce mot.

Nous parlons du *langage* à l'article Voix, et des principales *langues* à l'article Homme. (V.)

LANGUE, *Lingua*. Les entomologistes donnent ce nom à la trompe roulée en spirale, et formée de deux pièces pareillement roulées, que l'on remarque dans les *papillons*, les *sphinx*, les *bombix*, les *phalènes*, et en général dans tous les insectes de l'ordre des Lépidoptères. On le donne aussi à la *languette* ou *lèvre inférieure* des *hyménoptères*, qui est tantôt large, évasée et très-obtuse, comme dans les *tenthrèdes*, les *guêpes*, &c.; tantôt filiforme, très-alongée, ou triangulaire et pointue, comme dans les *abeilles* et les *andrènes*. Voyez au mot Languette, et sur-tout l'article Bouche. (O.)

LANGUE DE CERF ou DE BŒUF, noms vulgaires de la *doradille scolopendre*. Voyez au mot Doradille. (B.)

LANGUE DE CHAT. C'est, dans quelques contrées, le nom du Bident tripartite. *Voyez* ce mot. (B.)

LANGUE DE CHAT, nom que les marchands donnent à une espèce de *telline*, figurée dans Gualtiéri, tab. 76, B. C'est le *tellina linguafelis* de Linn. *Voy.* au mot Telline. (B.)

LANGUE DE CHEVAL. On nomme ainsi le Fragon a languette. *Voyez* ce mot. (B.)

LANGUE DE CHIEN. Appellation commune de la Cynoglosse vulgaire. *Voyez* ce mot. (B.)

LANGUE D'OR. C'est celui que les marchands donnent à la Telline foliacée, figurée pl. 22, lettre E, de la *Conchyliologie* de Dargenville. (B.)

LANGUE DE SERPENT. C'est l'Ophioglosse vulgaire. *Voyez* ce mot. (B.)

LANGUE DE SERPENT PÉTRIFIÉE. Quelques charlatans ont donné ce nom à des dents de requin, sur-tout à celles qui sont minces, étroites, un peu ondoyantes, et qui sont accompagnées de deux crochets à leur base. Ces dents, en général, sont connues sous le nom impropre de *glosso-pètre*, qui signifie *langue pétrifiée*. Voyez DENTS FOSSILES. (PAT.)

LANGUETTE, nom spécifique d'un poisson du genre PLEURONECTE, *Pleuronectes linguatula* Linn. *Voyez* au mot PLEURONECTE. (B.)

LANGUETTE, *Ligula*. Ce nom a été donné par Fabricius à la partie de la bouche des insectes, nommée auparavant *lèvre inférieure*.

La *languette* est placée immédiatement au-dessous des mâchoires; c'est une pièce membraneuse, souvent bifide, molle, ordinairement distincte de la lèvre inférieure, et recouverte par cette lèvre: elle porte vers son extrémité les deux antennules postérieures.

Cette pièce n'existe que dans les insectes dont la bouche est pourvue de mâchoires; dans quelques-uns (les *hyménoptères*), elle est applatie, alongée, et fait l'office d'une langue. *Voyez* BOUCHE. (O.)

LANGUETTE, *Aizoon* Linn., genre de plantes de l'icosandrie pentagynie, et de la famille des FICOÏDES, dont le caractère est d'avoir le calice persistant et divisé en cinq parties; point de corolle; quinze à vingt étamines insérées dans les sinus du calice; un ovaire supérieur arrondi, ou obtusément anguleux, surmonté de cinq styles, dont le stigmate est simple.

Le fruit est une capsule à cinq côtés, à cinq loges, à cinq valves, qui contient un grand nombre de semences qui sont attachées par des cordons ombilicaux à un placenta.

Voyez pl. 473 des *Illustrations* de Lamarck, où ce genre est figuré.

Les espèces d'*aizoon* sont toutes des plantes grasses, ordinairement rampantes, à feuilles alternes, solitaires ou géminées, et inégales, à fleurs solitaires et axillaires. Les unes sont annuelles, les autres sont vivaces. On en trouve une espèce en Espagne, une autre dans les Canaries, et le reste, au nombre de huit, vient du Cap de Bonne-Espérance.

L'AIZOON D'ESPAGNE a les feuilles lancéolées, et l'AIZOON DES CANARIES les a ovales cunéiformes; toutes leurs feuilles et leurs tiges sont parsemées d'utricules peu visibles, semblables à celles de la *glaciale*. (Voyez au mot FICOÏDE.) On pourroit les manger comme le *pourpier*. Elles sont annuelles. (B.)

LANGUETTE, *Ligula*. Voyez FLEURON. (D.)

LANGUIRE. C'est, en Norwège, le **GUILLEMOT.** *Voyez* l'article de cet oiseau. (S.)

LANGURIE, *Languria.* Latreille donne ce nom à un nouveau genre d'insectes de la troisième section de l'ordre des **COLÉOPTÈRES**, et de la famille des **XYLOPHAGES**, qu'il caractérise ainsi : quatre articles à tous les tarses, dont le pénultième bilobé ; antennes terminées par une massue de cinq articles ; mâchoires onguiculées ; palpes filiformes ; corps alongé, cylindrique ; élytres plus longues que l'abdomen, dures, linéaires.

La seule espèce de ce genre connue jusqu'à présent, est la **LANGURIE RUFICOLLE** : elle a été apportée de la Caroline par Bosc ; elle a les élytres et la tête d'un bleu ou d'un vert métallique, avec le corcelet de couleur rousse. (O.)

LANI, arbrisseau des Moluques, figuré pl. 124 du troisième volume du *Jardin d'Amboine* de Rumphius. Ses rameaux s'alongent pour grimper sur les arbres voisins, ou s'enfoncer et prendre racine en terre ; ses feuilles sont simples, alternes, lancéolées, alongées, pointues et entières ; les pédoncules sont axillaires et triflores ; les fruits applatis, semi-lunaires, veloutés en dehors et monospermes. Toutes les parties de cet arbrisseau, et principalement ses fruits, sont d'une amertume extrême. On s'en sert dans le pays contre les poisons. (B.)

LANIARIUS, nom latin du **JEAN-LE-BLANC** et du **LANIER**. *Voyez* ces mots. (S.)

LANIER (*Falco lanarius* Lath.), oiseau de proie du genre du **FAUCON**. (*Voyez* ce mot.) Il est un peu plus petit que la *buse* ; il a le front blanchâtre ; le dessus de la tête d'un gris brun ; une ligne blanche ceignant la tête au-dessus des yeux ; les plumes du dos et les couvertures des ailes d'un brun noirâtre, et bordées d'un brun lavé ; la gorge blanche ; une tache noire près des oreilles ; tout le dessous du corps blanc teinté de cendré ; les pennes des ailes noirâtres et tachetées de gris foncé sur leur côté intérieur ; la queue longue, rayée de brun en dessous et tachetée de blanc ; la membrane du bec jaune ; enfin, les pieds courts et bleus, de même que le bec.

La femelle a les taches des pennes plus blanchâtres, et l'oiseau jeune a la membrane du bec d'un jaune verdâtre, et le dessous du corps d'un jaune sale.

Cette espèce, qui se rapproche davantage du *gerfaut* que de toute autre, étoit autrefois assez commune en France ; elle y établissoit son aire sur les plus hauts arbres des forêts ou dans les trous des rochers les plus élevés. Nos fauconniers en faisoient grand cas, à cause de sa douceur et de sa docilité ; ils l'employoient tant pour le vol du gibier de plaine que pour celui des oiseaux aquatiques. De nos jours, le *lanier* a disparu de nos pays et des pays voisins, et l'on ne connoît pas la cause de cette disparition totale; il s'est retiré dans des contrées plus septentrionales. Les auteurs de la *Zoologie Britannique* disent qu'il se montre encore, mais très-rarement, en Angleterre, et il ne fréquente plus guère que les déserts de la Tartarie, où il jouit des biens les plus précieux, l'indépendance et la tranquillité. (S.)

LANIER BLANCHATRE (*Falco albicans* Linn.). M. Brisson a fait une espèce distincte de cet oiseau, indiqué originairement par Aldrovande sous la dénomination de *laniarius*. Il a été imité par quelques ornithologistes modernes. Cependant, l'on ne peut guère se refuser d'adopter l'opinion de Buffon, qui ne voit dans ce *lanier blanchâtre* que l'oiseau appelé JEAN-LE-BLANC. *Voyez* ce mot. (S.)

. **LANIER CENDRÉ.** Dans plusieurs ouvrages de nomenclature, l'on trouve l'*oiseau-saint-martin* désigné sous cette dénomination. *Voyez* OISEAU-SAINT-MARTIN. (S.)

LANMAYAN, nom créole d'une espèce d'*amaranthe* que l'on mange dans les Antilles en guise d'épinards. *Voyez* au mot AMARANTHE. (B.)

LANNERET. C'est ainsi que les anciens fauconniers appeloient le mâle dans l'espèce du LANIER. (*Voy.* ce mot.) La femelle conservoit le nom de *lanier*. (S.)

LANSA, arbre des Moluques, qui a les feuilles alternes, ovales, pointues, entières et glabres; les fleurs placées sur des grappes simples, pendantes, latérales, et dont les fruits sont des drupes ovoïdes, qui contiennent cinq noyaux applatis et anguleux. Cet arbre est figuré pl. 54 de l'*Herbier d'Amboine*, par Rumphius. La chair de ses fruits, avant maturité, contient un suc laiteux et amer, qui teint les mains en noir; mais ensuite elle devient bonne à manger, et a un goût agréable. Quant aux noyaux, ils sont toujours amers. (B.)

LANT, nom du *zébu* au nord de l'Afrique. *Voyez* ZÉBU. (S.)

LANTARD. C'est le RONDIER LANTANIER. *Voyez* ce mot. (B.)

LANTERNE. Les marchands donnent ce nom à une coquille du genre des MYES, la *mye tronquée*, qui est représentée pl. 22, fig. R de la *Conchyliologie* de Dargenville. *Voy.* au mot MYE. (B.)

LAPEREAU, petit *lapin* de l'année. *Voyez* l'article LAPIN. (S.)

LAPHATI, nom spécifique d'une *couleuvre du Brésil*. *Voyez* au mot COULEUVRE. (B.)

LAPIA, arbre des Moluques, dont les rameaux sont garnis de feuilles alternes, simples, ovales, lancéolées, pétiolées, glabres et finement dentées, et les fleurs blanchâtres, pédonculées, disposées aux sommités des rameaux, de manière que les unes sont latérales, et les autres terminales. Ces fleurs ont un calice à cinq divisions; cinq pétales; un grand nombre d'étamines; un ovaire supérieur qui se change en un fruit oblong, pentagone, à cinq loges, s'ouvrant en cinq valves, et contenant dans chaque loge une semence oblongue et comprimée, adhérente à un placenta central.

Cet arbre est figuré pl. 130 de l'*Herbier d'Amboine*, par Rumphius. (B.)

LAPIDIFICATION. Ce mot exprime le passage des parcelles de matières incohérentes à l'état de corps solide et pierreux, par le moyen d'un liquide chargé de molécules terreuses qu'il tient en dissolution, et qui, en se cristallisant dans les interstices des petits corps incohérens, tels que des grains de sable ou des graviers, finissent par en former les masses solides qu'on nomme *grès* et *pouddingue*.

On voit tous les jours s'opérer ce genre de *lapidification* dans le mortier de plâtre ou de chaux qu'on emploie dans les constructions, et qui n'acquiert sa grande dureté que par la cristallisation de ses molécules et un commencement de combinaison chimique avec le sable quartzeux qu'on y mêle.

Saussure a, pour ainsi dire, pris la nature sur le fait dans la prompte *lapidification* des sables du détroit de Messine. En peu de temps, ce sable, apporté par les vagues, se convertit en un grès solide qu'on enlève pour les usages ordinaires, et qui est bientôt remplacé par un nouveau grès qui se forme de la même manière. Buffon cite d'autres exemples semblables sur les côtes d'Espagne.

Mais il ne faut pas croire que ces faits arrivent par-tout; ils tiennent à des causes locales; et ce n'est pas seulement, comme on l'a dit, la matière glutineuse des animaux marins, mêlée avec les molécules calcaires suspendues dans les eaux de la mer, qui opère cette consolidation du sable; car, si cela étoit, on verroit le même effet avoir lieu sur toutes les côtes.

Il paroît donc que cette *lapidification* est due à des émanations souterraines analogues aux émanations volcaniques, qui fournissent le *gluten pierreux* de ces grès. Il en est de même de la formation des *silex* dans les couches de craie, et des *agates* dans les coulées de laves. La matière pierreuse de ces corps siliceux n'existoit point toute formée, ni dans la craie, ni dans la lave : elle est le produit de la combinaison chimique de divers fluides gazeux. *Voyez* PÉTRIFICATION. (PAT.)

LAPILLO. *Voyez* RAPILLO. (PAT.)

LAPIN (*Lepus cuniculus* Linn. ; en vieux français, *connin* et *connil.*), quadrupède de l'ordre des RONGEURS et de la section ou famille des LIÈVRES. (*Voyez* les mots RON-GEURS et LIÈVRE.) Il n'est guère, dans la classe des quadru-pèdes, d'espèces plus voisines, et, pour ainsi dire, plus appa-rentées que celles du *lapin* et du *lièvre*. Cependant, quelque rapprochées qu'elles paroissent, ce sont des espèces réellement distinctes et séparées ; elles ne se mêlent point ensemble ; et si l'on y rencontre des exemples d'accouplemens au temps du rut, on doit les regarder comme les écarts d'une extrême pé-tulance, comme les dérèglemens de quelques individus dans un genre d'animaux très-ardens en amour : mais ces écarts, ces dérèglemens n'ont point de résultats. Buffon a fait à cet égard plusieurs essais qui n'ont rien produit ; ils ont seulement appris que les *lièvres* et les *lapins*, dont la forme est si sem-blable, sont néanmoins de nature assez différente pour ne pas même engendrer des mulets. A la vérité, le baron de Gleichen, qui a écrit récemment une *Dissertation sur la Génération*, semble attribuer le peu de succès que Buffon a obtenu dans ses tentatives, au défaut de précaution de séparer les mâles d'avec les femelles aussi-tôt après l'accouplement, et il rapporte qu'un témoin oculaire lui a assuré que la géné-ration des métis provenus de l'accouplement des *lièvres* fe-melles et des *lapins* sauvages, est un fait généralement connu à Hoching, canton de la Prusse Polonaise. Mais ce n'est pas assez des témoignages d'un seul homme, dont M. de Glei-chen tait même le nom, pour faire croire à l'existence des produits des deux espèces du *lièvre* et du *lapin*. Aucun natu-raliste, aucun voyageur instruit n'en a fait mention ; et s'ils se trouvoient, en effet, dans un district de la Pologne, n'en verroit-on pas également dans tous les pays où les *lièvres* et les *lapins* sont communs ? D'un autre côté, l'on sait qu'il y a entre ces animaux une sorte d'antipathie qui les éloigne l'un de l'autre, et les empêche de multiplier beaucoup dans les mêmes lieux. La domesticité n'affoiblit pas cette inimitié na-turelle. Un *levraut* et une jeune *lapine* à-peu-près du même âge, que Buffon faisoit élever dans le même endroit, n'ont pas vécu trois mois ensemble ; dès qu'ils furent un peu forts, ils devinrent ennemis, et la guerre continuelle qu'ils se fai-soient finit par la mort du *levraut*.

Les différences de conformation, qui distinguent le *lapin*

du *lièvre*, sont peu sensibles, puisque les principales consistent en ce que le *lapin* est généralement plus petit, que sa queue a un peu moins de longueur, proportion gardée, et que ses jambes sont aussi proportionnellement plus courtes; car, suivant la remarque de M. Daines Barrington, si l'on mesure les jambes postérieures d'un *lièvre* depuis la jointure jusqu'au pied, cette longueur sera précisément la moitié de celle du dos, depuis le croupion jusqu'à la bouche, sans y comprendre la queue; si l'on mesure de la même manière les jambes de derrière d'un *lapin*, et qu'on compare leur longueur avec celle du dos, l'on trouvera qu'elle n'en fait guère plus d'un tiers; enfin, si l'on mesure aussi les jambes de devant et de derrière, et que l'on compare leur longueur respective dans le *lapin* et dans le *lièvre*, on reconnoîtra que celles du *lapin* sont à proportion plus courtes que celles du *lièvre*. J'observerai, à cette occasion, que les proportions des jambes des *lièvres* et des *lapins* varient également suivant le sexe et l'âge; de sorte que leurs mesures relatives diffèrent non-seulement dans le mâle et la femelle, mais qu'elles ne sont pas non plus les mêmes dans un *lièvre* ou un *lapin* de quatre ans, que dans un de ces animaux âgé seulement de six mois. Linnæus, et presque tous les naturalistes après lui, présentent, comme une distinction certaine, les oreilles plus courtes que la tête aux *lapins*, et plus grandes aux *lièvres*; mais cela n'est vrai qu'à l'égard des *lapins* sauvages, puisque les *lapins* blancs domestiques ont les oreilles beaucoup plus longues que leur tête.

Le pelage doux et épais du *lapin* est gris, ou, pour parler plus exactement, mélangé de couleurs fauves, noires et cendrées, qui sont la couleur ordinaire des *lapins* et des *lièvres*; le ventre est blanc, de même que le dessous de la queue, dont le dessus est noir. Je ne parle ici que du *lapin* sauvage, car la robe du *lapin* domestique est souvent de diverses couleurs; cependant, il se trouve toujours, dans leurs portées, plusieurs *lapins* gris, quoique le père et la mère soient tous deux blancs ou tous deux noirs, ou l'un noir et l'autre blanc. Il est rare qu'ils en fassent plus de deux ou trois qui leur ressemblent; au lieu que les *lapins* gris, quoique domestiques, ne produisent d'ordinaire que des *lapins* de cette même couleur, et que ce n'est que très-rarement, et comme par hasard, qu'ils en font de blancs, de noirs et de mêlés. Tous les *lapins* sauvages ou domestiques, quelle que soit la couleur de leur fourrure, ont le dessous des pieds couverts de poils roux; la prunelle noire de leurs yeux, ronde et fort grosse dans l'obscurité, se rappetisse beaucoup aux rayons du soleil, de sorte que son grand diamètre est vertical ; leur iris est d'un brun jaunâtre, à l'exception néanmoins des *lapins* blancs, qui, lorsqu'ils sont entièrement développés, ont la prunelle d'un rouge de brique, l'iris blanchâtre, teinté de ce même rouge, les bords de leurs paupières rougeâtres, et le blanc de l'œil injecté de rouge ; dans le jeune âge, leurs yeux sont seulement teints de rougeâtre. Le *lapin* étant, du reste, conformé de tout point comme le *lièvre*, je renvoie, pour compléter la description de ses parties externes et internes, à l'article du Lièvre.

Mais, s'il est difficile d'assigner des caractères bien précis de dissemblance dans la conformation du *lapin* et du *lièvre*, l'on peut en saisir de remarquables dans leur manière de vivre. Le *lapin* sauvage se fait, avec une adresse singulière, des retraites dans le sein de la terre ; aussi a-t-il les pieds de devant plus forts et les ongles plus longs et plus aigus que ceux du *lièvre* et même du *lapin* domestique ; en sorte qu'à l'inspection seule de ses pieds de devant, l'on peut distinguer, quelle que soit la teinte de la fourrure, si un *lapin* est sauvage ou domestique. Ce dernier ne se donne pas, en effet, la peine de fouiller la terre et de s'y pratiquer un asyle dont il n'a pas besoin, parce que les soins de l'homme le tiennent à l'abri des inconvéniens qu'il éprouveroit dans l'état de liberté. « L'on a souvent re- » marqué, dit Buffon, que, quand on a voulu peupler une » garenne avec des *lapins clapiers*, ces *lapins*, et ceux qu'ils » produisoient, restoient, comme les *lièvres*, à la surface de » la terre ; et que ce n'étoit qu'après avoir éprouvé bien des » inconvéniens, et au bout d'un certain nombre de généra- » tions, qu'ils commençoient à creuser la terre pour se mettre » en sûreté ».

C'est dans ces demeures souterraines et tranquilles que les *lapins* passent la plus grande partie de leur vie, les uns auprès des autres, dans le même canton ; ils y dorment pendant la plus grande partie de leur journée, et les yeux ouverts comme les *lièvres* ; ils en sortent rarement, et seulement pour chercher leur nourriture ; ils ne s'en écartent pas beaucoup, et c'est principalement le soir qu'ils vont paître aux environs. Aussi timides que les *lièvres*, ils sont sans cesse aux aguets ; tout objet étranger, tout bruit inattendu jette l'épouvante au milieu d'une peuplade alerte et défiante ; ils courent bien vîte s'enfoncer dans leurs terriers. Si on veut les tuer, il faut les épier, et, pour ainsi dire, les surprendre par trahison ; et ce que nous regardons comme l'excès de l'inquiétude et de la peur, est, dans le réel, l'instinct d'une juste prudence,

chez des animaux, qui, souvent plus sages que nous, connoissent le péril et le fuient.

Ces animaux sont très-lestes, quoique le train de derrière
paroisse en quelque sorte perclus, les jambes postérieures ne
s'étendant qu'en partie, et ne pouvant se mouvoir que par
des sauts. Dans l'état de repos, leur ventre semble posé sur la
terre ; leur museau se dirige en avant, de sorte que la mâchoire
inférieure est près du sol ; ils ont les oreilles droites, les jambes pliées, et la queue étendue horizontalement ou repliée en
haut. Lorsqu'ils se disposent à marcher, ils s'élèvent sur leurs
quatre jambes, de manière que leurs pieds de devant n'ap-
puient sur la terre que par les doigts, tandis que ceux de
dérrière y posent entièrement. Ils sautent plutôt qu'ils ne
marchent ; lorsqu'ils avancent lentement, ils portent en
avant une des deux jambes antérieures et ensuite l'autre ;
pendant ce premier pas, et même pendant un second et un
troisième pas de leurs jambes de devant, leur train de derrière
reste immobile ; mais leur corps s'alonge, leurs cuisses se
redressent sur les jambes, leurs talons s'élèvent, enfin ils font
un saut avec le train de derrière, se portent en avant, et
s'élancent en appuyant les deux pieds sur la terre. Quand
leur course est rapide, ils galoppent et franchissent en un
saut un assez grand espace. Ils se dressent souvent et s'asseyent ;
leur corps est alors dans une position inclinée à l'horizon, et
ils se servent de leurs pattes antérieures comme de bras et de
mains. Quelquefois ils élèvent leur train de derrière jusqu'à
perdre terre, et ils retombent sur leurs talons avec assez de
force pour faire du bruit en frappant la terre.

Ce bruit est d'ordinaire un signal d'alarme et de retraite ;
le premier *lapin* qui apperçoit quelque danger, le donne et
le répète ; les terriers en retentissent au loin, et tous les *la-*
pins vont précipitamment chercher leur sûreté dans les excavations qu'ils ont pratiquées. Les femelles sont les sentinelles
les plus vigilantes ; elles restent les dernières près du terrier,
et y frappent du pied jusqu'à ce que toute la famille soit re-
tirée. Mais la frayeur qui disperse une troupe de *lapins* et les
fait gagner leurs obscures demeures, n'est pas de longue
durée ; elle s'évanouit en peu d'instans, pour renaître bientôt ; et on les voit reparoître et s'exposer à de nouvelles alar-
mes, à de nouveaux dangers.

Habituellement cachés sous une couche épaisse de terre,
ces animaux sont plus sensibles aux variations de l'atmosphère. Ils s'exposent rarement à l'air dans la journée, à
moins que le temps ne soit calme et serein ; et s'il doit surve-
nir quelque orage pendant la nuit, on les voit s'empresser

de sortir et de paître ; ils broutent alors avec tant d'activité, qu'ils paroissent négliger leur surveillance ordinaire ; il semble que la crainte d'un péril éloigné les rende inattentifs à des dangers plus pressans ; c'est en effet dans ces momens d'une précaution funeste et prématurée, que le chasseur sait qu'il peut les approcher le plus facilement, et les frapper de ses coups meurtriers.

L'on a dit des *lapins* qu'ils étoient du nombre des animaux ruminans, et que la plupart réunissoient les deux sexes ; l'on a dit la même chose des *lièvres*, et l'on trouvera à l'article de cet animal l'origine et la réfutation de ces préjugés.

Mais ce qui est réel, c'est la multiplication vraiment prodigieuse de l'espèce du *lapin* ; ces animaux se propagent avec tant de rapidité dans les lieux qui leur conviennent, qu'il n'est plus possible de les détruire ; et comme, pendant la plus grande partie de leur vie, ils sont, eux et leurs petits, cachés aux yeux de l'homme, il faut employer beaucoup d'art pour en diminuer la quantité souvent incommode et même redoutable. Pline et Varron rapportent qu'une ville entière de l'Espagne fut détruite par le nombre incroyable de *lapins* qui s'étoient logés sous ses fondemens ; et Strabon raconte que les habitans des îles Baléares, désespérant de pouvoir s'opposer à la propagation extraordinaire des *lapins*, prête à rendre leur pays inhabitable, envoyèrent à Rome des ambassadeurs, pour implorer des secours contre ce nouveau genre d'ennemis. L'agriculture souffre de leurs dévastations ; ils dévorent les herbes, les racines, les grains, les fruits, les légumes et même les arbrisseaux et les arbres. Les quadrupèdes et les oiseaux carnassiers contribuent aussi à diminuer leur nombre ; les serpens et les couleuvres les recherchent ; les chats, principalement, sont leurs ennemis acharnés ; ils les poursuivent et les atteignent jusque dans leurs terriers. A Basiluzzo, l'une des îles Lipari, les *lapins* détruisoient toutes les récoltes ; les habitans, dit Spallanzani, étoient au désespoir, lorsque, mieux avisés que les insulaires des Baléares, ils opposèrent à cette multitude de dévastateurs, une quantité de chats, qui en purgèrent l'île en peu de temps.

J'indique, à l'article du Lièvre, un moyen d'éloigner des vergers cet animal, ainsi que le *lapin*, et de les empêcher l'un et l'autre d'endommager les arbres fruitiers de leurs dents rongeantes. L'odeur du soufre les écarte également. Pour garantir les vignes de leurs ravages à l'époque où les bourgeons poussent (plus tard ils ne touchent plus aux ceps endurcis), l'on prend de petits bâtons secs de saule ou d'autre bois facile à enflammer; l'on en trempe un bout dans du soufre fondu, comme on le fait pour des allumettes; on les fiche de l'autre bout à une toise de distance l'un de l'autre, dans les plantations que l'on veut préserver, et on y met le feu. Il suffit de renouveler le même procédé au bout de quatre ou cinq jours.

Les *lapins* peuvent engendrer et produire à l'âge de cinq ou six mois. La femelle est bien plus féconde que celle du *lièvre*; elle porte trente ou trente-un jours, produit de quatre à huit petits, et met bas sept fois dans l'année; elle est presque toujours en chaleur, ou du moins en état de recevoir le mâle; et comme sa matrice est double, de même que celle de la femelle du *lièvre*, elle peut également faire ses petits en deux temps, et les superfétations arrivent à-peu-près aussi fréquemment dans l'une et l'autre espèce. Le mâle est si ardent, qu'il couvre sa femelle jusqu'à cinq ou six fois en moins d'une heure. Leur manière de s'accoupler ressemble assez à celle des chats, c'est-à-dire que la femelle se couche sur le ventre à plate terre, les quatre pattes alongées, en jetant de petits cris; mais le mâle ne la mord que très-peu sur le chignon.

Quelques jours avant de mettre bas, les femelles se creusent en zigzag un nouveau terrier que les veneurs appellent *rabouillère*; elles en garnissent le fond avec une assez grande quantité de leurs propres poils qu'elles s'arrachent sous le ventre, et la tendresse maternelle semble leur faire prendre plaisir à une opération qui doit être douloureuse. Les petits sont reçus sur un lit mollet et chaud; pendant les deux premiers jours, la mère ne les quitte pas; elle ne sort que lorsque le besoin la presse; elle se hâte de manger, et revient dès qu'elle a pris de la nourriture. Aussi les chasseurs exercés distinguent-ils aisément le *lapin* mâle de la femelle à la sortie du terrier; le premier marque de l'inquiétude quand il se trouve au grand jour; il va et vient autour de son trou, au lieu que la femelle se met tout de suite à brouter. Celle-ci soigne et alaite ses petits pendant plus de six semaines, et ne les amène au-dehors que quand ils sont tous élevés. Jusqu'alors, le père ne les connoît point; il n'entre pas dans ce terrier qu'a pratiqué la mère; souvent même, quand elle en sort et qu'elle y laisse ses petits, elle en bouche l'entrée avec de la terre détrempée de son urine. Cette précaution est quelquefois nécessaire, afin d'empêcher le mâle de mordre, de déchirer et d'étrangler les nouveaux-nés, par jalousie, dit-on, de voir la mère s'en occuper. Mais lorsqu'ils commencent à venir au bord du trou, et à manger du séneçon et d'autres herbes que la mère leur présente, le père cesse d'en être jaloux; il semble les reconnoître; il les prend entre ses pattes, leur lustre le poil, leur lèche les yeux; et tous, les uns après les autres, ont éga-lement part à ses soins. Dans ce même temps, la mère lui fait beaucoup de caresses, et souvent devient pleine peu de jours après. Cette tendresse du mâle pour sa progéniture tient, n'en doutons pas, à sa constance près de la femelle qu'il a adoptée, et qu'il ne quitte pas. L'on sait, en effet, que la légèreté dans les sentimens est le fléau des amours et le malheur de l'union la mieux assortie.

M. Leroi, qui a publié des *Lettres philosophiques sur l'intelligence et la perfectibilité des animaux*, fruit d'une longue suite d'observations, dit que les *lapins* prennent un vif intérêt à tous ceux de leur espèce; que dans leur république, comme à Lacédémone, la vieillesse et la paternité sont fort respectées, et que le terrier passe du père aux enfans, et se transmet ainsi de descendans en descendans, sans sortir de la famille, sauf à augmenter le nombre des appartemens quand elle s'accroît. Le droit de propriété maintenu chez les *lapins* étoit connu de La Fontaine :

> Jean Lapin allégua la coutume et l'usage.
> Ce sont leurs loix, dit-il, qui m'ont de ce logis
> Rendu maître et seigneur, et qui de père en fils,
> L'ont de Pierre à Simon, puis à moi Jean, transmis.
>
> *Fab.* 16, *liv.* 6.

La durée de la vie des *lapins* est de huit à neuf ans; ils prennent plus d'embonpoint que les *lièvres*; leur chair, qui est blanche, diffère encore de la chair des *lièvres* par le fumet; celle des jeunes *lapereaux* est très-délicate, mais celle des vieux *lapins* est toujours sèche, dure, et difficile à digérer; ils sont en général beaucoup meilleurs en hiver qu'en été. Ces animaux craignent l'humidité; les terreins secs, arides, mêlés d'un sable ferme, leur conviennent mieux que tout autre. Leur naturel est doux et moins sauvage que celui des *lièvres*; ils sont très-disposés à la domesticité, et leur éducation est devenue un art aussi agréable qu'utile. Ils se familiarisent aisément; ils montrent de l'attachement aux personnes qui en prennent soin, et dans nos habitations ils perdent leur timidité excessive. Cardan dit avoir vu un *lapin* apprivoisé, qui poursuivoit les chiens, et qui s'étoit rendu maître d'un de ces animaux élevé dans la même maison, quoique ce chien fût trois fois plus gros que lui.

Ces *lapins domestiques* ou *clapiers* (*Cuniculus domesticus*,

Linn., sont de différentes couleurs ; il y en a de gris comme les *lapins sauvages*, de blancs, et l'on a reconnu qu'ils ont la chair plus délicate que ceux de toute autre couleur, et leur peau se vend toujours plus cher ; de noirs, et de noirs et blancs ; les noirs sans tache sont les plus rares ; leur peau est plus lustrée et plus brillante que celle des autres *lapins*. Lorsqu'ils ont la même fourrure grise que les *lapins sauvages*, il faut quelque attention pour les distinguer et ne pas s'exposer à manger un *lapin clapier* pour un *lapin de garenne libre*. Indépendamment des ongles des pieds de devant que le *lapin sauvage* a plus forts et plus pointus, sa tête est plus forte, plus courte, et presque ronde ; il est, généralement parlant, moins gros ; sa fourrure est plus rousse et moins épaisse, et le poil du dessous de ses pieds d'un fauve plus foncé ; les marchands de gibier font souvent griller les pieds du *lapin domestique*, afin de le faire passer pour sauvage ; mais il est facile de s'appercevoir de la fraude à l'odorat.

Quant aux moyens de connoître si un *lapin* est jeune ou vieux, ils sont les mêmes que pour le *lièvre*. (Voyez l'article LIÈVRE.)

L'on connoît deux races ou variétés distinctes de *lapins* : 1°. Le RICHE (*Cuniculus argenteus*, Linn. *Voyez*-en la figure dans mon édition de l'*Histoire naturelle de Buffon*, tome 24, page 233, planche 9.) est en partie d'un gris argenté, et en partie de couleur d'ardoise, plus ou moins foncée, ou de brun noirâtre ; sa tête et ses oreilles sont presque entièrement noirâtres ; le bas de ses pattes est brun, avec quelques poils blancs, mais le dessous est fauve comme dans tous les autres *lapins*. Cette race, assez commune dans les plaines de Champagne, mériteroit d'être multipliée plus généralement, à cause de la beauté de sa fourrure. 2°. Le LAPIN D'ANGORA (*Cuniculus Angorensis*, Linn. *Voyez*-en la figure, dans le même ouvrage.), dont les poils sont longs, soyeux, ondoyans, et comme frisés ; dans le temps de la mue, ces poils se pelotonnent, et forment des amas qui rendent l'animal difforme ; ces pelotons descendent quelquefois jusqu'à terre, et ont l'apparence d'une cinquième jambe. Les *lapins d'Angora* sont presque tous blancs ; il y en a de jaunes ou de roux clair.

C'est vraisemblablement un de ces *lapins d'Angora*, déformé par la mue, que M. Pennant a présenté, d'après un dessin d'Edwards, comme une race distincte, sous le nom de LAPIN RUSSE (*Cuniculus russicus* Linn., figuré dans l'ouvrage de M. Pennant, intitulé *Synopsis Quadrupedum*, planche 23, fig. 2.), et qui paroît avoir la tête enfoncée dans

une espèce de poche ou de capuchon , et les pattes de devant
retirées dans un autre sac placé sous le menton. M. Pallas n'a
jamais rien vu de semblable en Russie, où il n'y a que des *la-pins* que l'on élève depuis peu dans les villes.

On trouve les *lapins sauvages* dans presque tous les pays
chauds et tempérés de l'Europe, de l'Asie et de l'Afrique ; ils
préfèrent les premiers, et c'est de-là qu'ils se sont répandus
dans des climats plus doux. On croît qu'ils sont originaires de
l'Afrique. Cependant M. Bruce dit que l'on ne voit pas un
seul de ces animaux dans toute l'Abyssinie. Mais ils craignent
beaucoup le froid, et, vers le Nord, on ne peut les élever que
dans les maisons. Ils se sont naturalisés en Italie, en France,
en Allemagne ; ils sont très-communs dans la Grande-Bretagne, où ceux de Lincoln, de Norfolk et de Cambridge,
passent pour les meilleurs. Ils vivent en grand nombre dans
l'Italie méridionale, et ils aiment à y établir leur demeure
sur les flancs des montagnes, qui recèlent des feux souterrains, dans les matières volcaniques que leurs pieds peuvent
creuser, et où ils jouissent de la chaleur et de la sécheresse qui
leur plaisent, et de la sécurité près de ces terribles cratères,
dont les explosions font frémir la terre et fuir les humains.

La Grèce et l'Espagne étoient, au temps de Pline, les seuls
endroits de l'Europe où ces animaux fussent connus ; ils y
abondent encore de nos jours ; il y en a dans plusieurs îles de
l'Archipel ; l'île de Delos, où ils étoient sacrés, en est encore
remplie, comme dans l'antiquité, et des marbres magnifiques
y couvrent leur réduit. Ils ne sont pas rares en Natolie, en
Caramanie, en Perse, et dans d'autres contrées de l'Asie ;
enfin, on rencontre près des sources, dans les déserts de
l'Egypte, des *lapins* auxquels les Arabes donnent le même
nom qu'aux *lièvres* ; ils se trouvent également en Barbarie,
au Sénégal, en Guinée, à Ténériffe, &c. &c. Transportés aux
îles de l'Amérique, ils y ont trouvé un climat qui leur convient, et ils s'y sont propagés en grand nombre.

L'espèce du *lapin* a pour nous le double avantage du nombre et de l'utilité ; c'est un bon aliment pour l'homme, et les
arts et le commerce en retirent un très-grand produit. L'on
sait que le poil des *lapins* est la principale matière de la fabrication des chapeaux ; l'on évaluoit à quinze ou vingt millions le prix annuel des peaux de *lapins* que les chapeliers
de France consommoient avant la révolution. Il entre huit
onces de poil dans la fabrication d'un chapeau. Lyon et
Paris sont les deux plus fortes manufactures de ce genre, et
les chapeaux que l'on y faisoit de cette matière, produisoient
environ cinquante millions. La bonneterie l'emploie aussi en

assez grande quantité ; les gants et les bas qui en sont faits, ont un tissu léger, fin et moelleux. Ce poil entre encore dans les manufactures de draps, et les mêmes peaux qui donnent des fourrures fort chaudes, servent lorsqu'on en a arraché le poil, à faire d'excellente colle, qui a de la finesse, de la légèreté, de la transparence, beaucoup de ténacité, et qui sert, sous toutes sortes de formes dans plusieurs ateliers. L'on peut assurer que la multiplication des *lapins* est vraiment une richesse nationale, et leur quantité entretient celle des subsistances. Tous ces avantages ont été perdus par la destruction générale et inconsidérée des *lapins*. L'on n'a pas songé que pendant des siècles l'abondance avoit souri à nos campagnes, quoiqu'il y eût des *lapins* dans nos forêts ; que le gibier rend en chair et en dépouille ce qu'il consomme en plantes champêtres ; que sa propagation favorise celle des animaux domestiques, dont elle ménage la consommation ; qu'en privant l'industrie des matières qu'elle emploie, l'on en diminuoit les travaux ; qu'enfin, l'achat de ces matières indispensables à nos manufactures, et qui se trouvoient abondamment dans notre propre pays, faisoit passer à l'étranger des sommes considérables. Faux calculs de l'imprévoyance, et suites funestes de trop brusques innovations ! Le mal est assez pressant pour que l'on s'empresse de le réparer : le temps de la destruction n'a que trop duré ; quelque profondes que soient les traces de ses ravages, un zèle éclairé les aura bientôt comblées, et la France verra renaître une branche importante de prospérité publique et d'aisance particulière, pour laquelle des fautes graves, en économie générale, l'ont rendue tributaire de l'étranger. Il est même possible que l'agriculture n'ait rien à redouter de la grande multiplication qu'il est indispensable d'introduire de nouveau dans l'espèce des *lapins*, si l'on forme des garennes qui, par leur isolement ou des barrières, ne permettent pas à ces animaux de se répandre dans les campagnes. Ces garennes offrent le moyen le plus sûr de tirer un fort bon parti des plus mauvais terreins ; les Anglais ne manquent guère d'en établir dans les endroits montueux et stériles de leurs possessions. Un de leurs meilleurs écrivains en économie rurale, a calculé qu'une garenne de dix-huit cents acres, rapporte jusqu'à trois cents livres sterlings, ou 7,200 livres tournois, tandis que le sol, quelle que soit la culture que l'on y introduisît, produiroit à peine un schelling, ou 24 sous par acre. L'on cite encore une garenne du comté d'York, où l'on prend, dans une nuit, cinq à six cents paires de *lapins*, et celle de l'évêque de Derry, en Irlande, de laquelle il retire plus de douze mille peaux de *la-*

pins par année. Les Anglais emploient le poil des *lapins* gris dans les manufactures de chapeaux ; celui des blancs et des noirs est envoyé aux Indes orientales, et le prix moyen de ces peaux est d'un schelling la pièce. La douzaine de peaux de *lapins*, tués en bonne saison, c'est-à-dire, pendant l'hiver, se vend sur le pied de 6 à 7 francs, en poil gris ou commun ; 7 à 8 francs, en poil noir ou en poil blanc, et 24 francs en poil argenté. La peau d'un bœuf de force commune, vaut environ un vingtième du corps entier ; celle d'un mouton en laine, vaut entre un sixième et un dixième, suivant l'espèce ; mais la peau d'un *lapin* vaut le double du corps, car son corps ou la chair indemnisant de sa nourriture et des soins qu'on lui donne, la valeur de la peau est en gain ; c'est donc une espèce de capital qui donne près de trois fois sa valeur, et trois fois autant, proportion gardée, qu'un bœuf ou un mouton.

Des garennes.

Il y a trois sortes de *garennes* : les *garennes libres*, ou *ouvertes* ; les *garennes forcées*, et les *garennes domestiques*.

Les *garennes libres* sont des lieux ouverts dans lesquels on a placé des *lapins*, et où ils vivent et se propagent en toute liberté. Ce sont celles-là que l'on a détruites comme un fléau pour l'agriculture. Mais en les proscrivant dans nos plaines cultivées, proscription à laquelle on a donné une extension préjudiciable, ne conviendroit-il pas du moins de les permettre, et même de les protéger et de les encourager sur les terreins dont la fertilité ne peut s'emparer, comme dans les landes, les bruyères, et sur les hautes montagnes de roches et de sable compacte, et couvertes d'arbres ou de buissons ? Les dunes de la Hollande où pullulent des *lapins* en grand nombre, sont devenues la richesse de leurs propriétaires ; une sorte de culture animée, et très-profitable, donne la vie à un sol que la nature sembloit avoir voué à la stérilité. Il en est de même en Irlande, et cet exemple de nos voisins est une leçon utile dont nous devons nous hâter de profiter.

On nomme *garennes forcées* les enclos où l'on entretient des *lapins*. On choisit, à portée de la maison s'il est possible, un coteau regardant le midi ou le levant, et d'une terre serrée, et néanmoins plus légère que pesante, un peu sablonneuse, et ombragée par des arbres et des arbustes. Si la nature n'a pas fait les frais de la plantation, le propriétaire doit y suppléer, en formant un petit taillis de toutes sortes d'arbres fruitiers, tels que poiriers, pommiers, pruniers, cérisiers, noisetiers, mûriers, cormiers, cornouillers, coignassiers, dont les *lapins* aiment les fruits ; de chênes, qui sont d'un bon rapport par leur bois et leurs glands ; d'ormes, dont les racines donnent à la chair des *lapins* qui s'en nourrissent, en fouillant sous l'arbre, une excellente odeur, semblable à celle du thym ; de genèvriers, qui la parfument ; de roseaux, dont les racines lui communiquent une saveur douce ; enfin, d'autres arbrisseaux sauvages. On s'abstiendra d'y planter des saules, des peupliers, et d'autres arbres à bois blanc et poreux, qui font contracter un mauvais goût à la chair des *lapins*. Le sol doit être aussi tapissé de plantes odoriférantes, comme la lavande, le basilic, l'aspic, et principalement le thym et le serpolet, qui rendent si renommés les *lapins* des montagnes, des côtes ou *garriques* des anciennes provinces du Languedoc et de Provence. L'on peut aussi y semer des herbes potagères, de même que de l'orge et de l'avoine, que l'on coupe en vert pour la pâture des *lapins* pendant l'hiver.

Quant à l'étendue qu'il convient de donner aux *garennes forcées*, elle dépend de l'espace que l'on peut y consacrer ; plus elle est grande, moins les *lapins* qui y sont renfermés se ressentent de la perte de leur liberté ; ils en prospèrent mieux, et ils approchent davantage de la délicatesse des *lapins sauvages*. Afin de donner une idée du revenu d'une *garenne*, l'on peut compter que si elle contient sept ou huit arpens, et qu'elle soit bien gouvernée et entretenue, l'on en retirera, année commune, plus de deux cents douzaines de *lapins*.

Il est essentiel que la garenne soit exactement fermée de toutes parts. Des murs bâtis à chaux et sable, hauts de neuf à dix pieds, et dont les fondemens pénètrent assez avant en terre, pour qu'en creusant, les *lapins* ne puissent point passer en dessous, sont la clôture la plus durable comme la plus sûre. Si la situation du terrein exige que l'on pratique des trous dans ces murs pour l'écoulement des eaux, ils doivent être fermés par une grille. Beaucoup de garennes en Angleterre n'ont pour clôture que des murs de terre, dont le chaperon en paille, genêts ou joncs, dépasse l'à-plomb des murs, et les garantit des dommages de la pluie ; d'autres clôtures sont faites seulement en palis, enfoncés de deux ou trois pieds en terre. Lorsqu'on peut disposer d'eaux vives et courantes, la clôture la plus agréable et en même temps la plus utile, est d'entourer la garenne de fossés profonds de six ou sept pieds, et larges de dix-huit ou vingt ; s'ils n'avoient que dix ou douze pieds de largeur, les *lapins*, cherchant toujours à gagner la campagne, les franchiroient d'un saut ; ils les traverseroient même à la nage quelque larges qu'ils fussent, ou pendant l'hiver sur

la glace , si l'on n'avoit la précaution d'entretenir le bord
opposé à la garenne, relevé et taillé d'à-plomb ; une maçonnerie ou des saules et des osiers empêchent l'éboulement des
terres. Il faut au contraire que le bord intérieur soit bas et en
talus , afin que les *lapins* qui se jettent à la nage pour traverser
le fossé, ou y tombent en jouant, puissent aisément regagner
leur habitation sans risquer de se noyer, comme il leur arri-
veroit pour peu que la rive fût élevée , car ces animaux ne
peuvent gravir lorsqu'ils sont mouillés. Les poissons que l'on
met dans ces larges fossés d'eau courante doublent le revenu
de la garenne , dont l'enceinte présente tout à-la-fois l'amu-
sement et le profit de la chasse et de la pêche.

Pour la peupler , l'on y porte successivement des *lapereaux*,
aussi-tôt qu'ils ont acquis assez de forces, et l'on a soin de n'y
mettre qu'un mâle pour trente femelles. Bientôt le nombre
des mâles excédera celui des femelles , et l'on doit avoir constamment l'attention de le diminuer autant qu'il est possible.

Quoique dans une garenne disposée de la manière qui
vient d'être indiquée , les *lapins* trouvent suffisamment de
pâture, il convient cependant de leur fournir pendant l'hiver
un supplément que les neiges et la rigueur du froid rendent
souvent nécessaire. La meilleure nourriture qu'on puisse
leur donner, est le foin et l'orge. L'on peut les accoutumer à
venir en troupeau recevoir leur repas journalier au coup de
sifflet ou à tout autre signal,

On doit éviter , autant qu'on le peut, de tirer les *lapins* de
garenne à coups de fusil, qui les effarouchent , et encore
plus de les chasser avec le *furet*, qui les force à abandonner
leurs terriers. Il vaut mieux leur tendre des piéges ou placer
des filets , soit entre les terriers et les endroits où ils vont
manger, soit à l'entrée même du terrier, dans lequel on enfonce une perche pour obliger les *lapins* à en sortir. L'on
peut aussi tenir suspendu à deux pieds de terre un grand panier d'osier sans fond , large du bas, en forme de cloche, au-
dessus de l'endroit où les *lapins* ont coutume de prendre leur
nourriture en hiver ou au printemps ; une corde passée à
une poulie aboutit à un cabinet dans lequel le chasseur est
caché ; on attire les *lapins* au lieu de leur repas, par le signal
accoutumé et quelque aliment de choix ; lorsqu'ils sont rassemblés et pressés en nombre , on fait tomber le panier en
lâchant la corde ; une porte ménagée dans un côté sert à
en tirer ceux qui sont pris.

Les garennes forcées et domestiques étoient autrefois très-
communes en France ; mais l'extension des garennes libres,
des capitaineries et du droit exclusif de chasse , rendant le

lapin aussi multiplié qu'à bas prix, on a dû les négliger. A présent que les choses ont changé, le commerce et les arts réclament le rétablissement de ces sortes de garennes.

La forme des *garennes domestiques* ou *clapiers*, varie suivant le local qu'on leur destine. Il est aisé de juger que l'éducation des *lapins* devient plus dispendieuse que dans les garennes libres ou forcées, parce que dans celles-ci, il n'y a ni embarras ni main-d'œuvre, et qu'on laisse à ces animaux le soin de se propager et de se nourrir d'eux-mêmes, au lieu que les garennes domestiques consomment du temps et du travail. Cependant les profits que l'on en retire indemnisent avantageusement; ces petits établissemens sont à la portée du plus grand nombre; la demeure du citadin, comme l'habitation du campagnard, y sont également propres; le riche comme le pauvre y trouvent de l'agrément et un surcroît d'aisance; et l'intérêt particulier, aussi bien que l'intérêt public, exigent qu'ils soient plus communs qu'ils ne le sont.

Quel que soit l'espace que l'on destine aux garennes domestiques, quelle que soit la forme de cet emplacement, la première condition est qu'il soit sec et exposé au Levant ou au Midi; la seconde, que le clapier soit construit de façon qu'on puisse sans peine y entretenir une grande propreté. On l'entourera de murailles assez hautes pour que les chats et les autres ennemis des *lapins* ne puissent les franchir, et surmontées d'un avant-toit, sous lequel les *lapins* auront un abri contre les injures du temps. L'on peut aussi se contenter d'un mur d'environ trois pieds de haut, sur lequel on établit une grille en bois, peinte en brun, et de quatre pieds d'élévation. Tout le clapier sera pavé à la naissance des fondations du mur, lesquelles doivent avoir quatre à cinq pieds; une couche de terre couvrira le pavé, ce qui donnera aux *lapins* la facilité de creuser, sans qu'on soit exposé à les perdre.

On construira en planches dans le clapier ou même dans une chambre au rez-de-chaussée, carrelée ou pavée, bien aérée et exposée, de petites loges ou cabanes d'environ quatre pieds de long, trois de large, et deux et demi de haut. Elles doivent être solides, fermées de tous côtés avec des lattes rapprochées ou du fil-de-fer, afin que l'air y circule librement, et que les rats et les souris, auxquels on doit faire une guerre continuelle, ne puissent y pénétrer. Le plancher sera un peu incliné en devant, pour faciliter l'écoulement de l'urine, dont l'odeur est infecte, et la porte sera assez grande pour qu'on puisse enlever et changer aisément la litière; il y aura dans chaque loge un petit râtelier qui tiendra l'herbe, et une petite auge dans laquelle on mettra le son. Une garenne domestique de trente-six à quarante pieds de long sur douze à quinze de large peut contenir vingt ou vingt-quatre cabanes. Elles sont destinées aux mères qui s'y retirent avec leurs petits. Si l'on veut éviter la dépense, des tonneaux percés remplissent le même but. Deux rangs de cabanes peuvent être placés l'un sur l'autre, en laissant entr'eux un espace de six ou sept pouces, qui suffira pour nettoyer. Au milieu du clapier, on placera deux caisses adossées l'une à l'autre et fermées exactement ; dans l'une, on mettra le son, et dans l'autre, l'avoine et les autres grains ; une corbeille ou un panier servira à contenir les herbes et les légumes. Il faut observer que le *lapin* sautant fort haut, il est nécessaire, si le clapier est établi dans une chambre basse, de fermer les fenêtres par un réseau de fil-de-fer à mailles étroites. A toutes ces précautions, il faut joindre celle de fixer avec un fil-de-fer dans les loges une petite cuvette pleine d'eau, car c'est mal-à-propos que l'on pense communément que les *lapins* ne boivent jamais. Ils boivent, à la vérité, plus rarement que la plupart des autres animaux, mais on peut remarquer que les *lapins* des garennes libres vont se désaltérer pendant les chaleurs aux rivières et aux ruisseaux.

Leur nourriture se compose de plantes vertes ou sèches, et de grains ; ils payent en chair ce qu'ils dépensent ; ils prennent d'ordinaire trois livres d'embonpoint en quatre jours, et jusqu'à sept livres et demie en dix jours. Un *lapin* de quatre mois ne coûte que deux mois et demi de nourriture, puisqu'il est alaité par sa mère pendant cinq à six semaines, et cette nourriture peut être évaluée hors des grandes villes, où les denrées sont plus chères, à un denier par jour. A trois ou quatre mois, on peut le vendre ou le manger, retirer en argent ou en aliment l'intérêt de ce qu'il a coûté. Plus un *lapin* avance en âge, plus il augmente en chair, en embonpoint, en peau et en poil. Son crottin même fournit un engrais qui, réduit en poudre, se sème avec avantage avec l'orge et la semence de foin, et se répand sur les blés levés ; enfin, aucun moment de sa vie n'est perdu pour le profit de celui qui le nourrit.

Comme les *lapins* de petite taille donnent autant d'embarras que ceux de la plus grande, ces derniers doivent être préférés pour peupler les clapiers, avec d'autant plus de raison, que leurs produits sont plus considérables et leurs portées plus nombreuses. Ces *lapins* de forte race ont le poil bien fourni et d'un très-beau gris, et pèsent jusqu'à quinze livres. Si l'on avoit l'intention de tirer plus de profit de la tonte des *lapins* vivans, l'on feroit bien d'élever ceux d'Angora, dont la race est bien plus lucrative à cet egard; on les tond une ou deux fois l'année, et on leur arrache le poil le plus long ; on laisse aux mères celui du ventre. Mais cette race est sujette à dégénérer ; d'ailleurs la viande qu'elle fournit est moins savoureuse que celle des autres races ; la qualité de son poil est excellente pour la bonneterie. Quoique les femelles puissent engendrer à l'âge de cinq ou six mois, il est à propos, si l'on veut conserver une belle race de *lapins*, d'attendre, pour les faire porter, qu'elles aient atteint douze ou quinze mois. On connoît qu'une femelle entre en chaleur par le gonflement et la teinte bleue des parties génitales ; on la met alors dans la loge du mâle, ou on fait entrer le mâle dans la sienne, et on les y laisse ensemble pendant deux ou trois heures. Dans les très-petites garennes artificielles, il est bon de tenir le mâle enchaîné par le cou. Dambourney, cet ami des arts, assure qu'un *lapin* mâle ainsi attaché, et sept femelles bien nourries, lui rapportoient annuellement jusqu'à cent cinquante *lapereaux* excellens. Mais ce mâle ne conserve sa vigueur que pendant quinze mois au plus. En général, on évalue à douze francs par an le profit que donne chaque femelle. Lorsqu'une femelle ne veut point prendre le mâle, ce qui arrive ordinairement lorsqu'elle est trop grasse, on lui donne à manger pendant quelque temps des feuilles de céleri ou de quelques autres plantes échauffantes. Si l'on veut conserver ou perfectionner la race des *lapins*, l'on doit ne pas presser la fécondité des femelles, ne les faire porter que trois ou quatre fois par an, et laisser les petits avec elles pendant quarante ou cinquante jours. Dès que l'on s'apperçoit que la femelle approche du moment de mettre bas, il faut lui donner de la paille fraîche et flexible ; elle prépare trois jours à l'avance l'endroit où elle doit déposer ses petits. Lorsqu'elle a mis bas, l'on ne peut être trop attentif à ne point la troubler par du bruit ou des mouvemens trop brusques autour d'elle. Les jeunes mères sont sujettes à dévorer les fruits de leur première portée avec le délivre ; on lui redonne tout de suite le mâle.

On sépare communément les petits de leur mère, le vingt-huitième ou le vingt-neuvième jour de leur naissance. Ils sont alors fort délicats ; on les met dans une loge bien fermée, où ils ne sont pas exposés au froid, et on leur donne pour nourriture du bon foin, de l'avoine, de l'orge, des pommes-de-terre crues ou cuites, coupées par tranches, des croûtes de pain dur cassées ou broyées, &c. Il ne faut pas leur présenter d'herbes fraîches, ni de choux, ni de navets, &c. ni même de son, à moins qu'il ne soit mêlé avec de l'orge ou de l'avoine.

On peut élever ainsi les petits *lapins* ensemble par bandes de quarante ou cinquante, pendant six semaines ou deux mois. Il faut éviter d'effrayer ces familles naissantes ; au moindre bruit, ces jeunes animaux se pressent et se jettent les uns sur les autres, et les plus foibles sont souvent étouffés. Au troisième mois on sépare les mâles, et on les met dans une loge particulière.

A mesure que les *lapereaux* se développent, il faut leur augmenter la nourriture et la varier suivant leur appétit. Un *lapereau* est bon à manger à trois ou quatre mois. Lorsqu'il n'a qu'un mois, il est sans chair et sans goût ; à six, sa chair est plus ferme, mais meilleure ; plus il avance en âge, moins sa chair est tendre : quinze jours suffisent pour lui faire prendre l'embonpoint convenable. Les jeunes mâles doivent être sacrifiés avant les jeunes femelles, les premiers entrant plutôt en chaleur, et leur chair perdant alors beaucoup de sa qualité. Pour la rendre bonne, on nourrit ces jeunes animaux de plantes sèches, dans lesquelles on entremêle des tiges de pimprenelle, d'hyssope, de thym, de serpolet, de sauge, de marjolaine, de mélilot, ou de quelques autres plantes odoriférantes ; l'on met dans leur auge du son avec de l'avoine ou de l'orge, parfumée par les feuilles de ces mêmes plantes aromatiques ; l'on fera bien, si on est à portée, d'en composer leur litière aussi bien que de bruyère et de genêt : rien ne contribue davantage à procurer aux *lapereaux domestiques*, le goût, l'odeur et le fumet des bons *lapereaux de garenne*.

On est dans l'usage de tuer les *lapins clapiers* en les frappant avec force de la main ou d'un bâton, sur la nuque ou derrière les oreilles ; les chasseurs emploient la même méthode à l'égard des *lièvres* que leur fusil n'a fait que blesser. Mais la quantité de sang qui s'amase par cette forte contusion autour du cou, en rend la chair rouge ou noire, et désagréable à la vue lorsqu'elle est cuite. Afin de prévenir ce petit inconvénient, les Anglais, qui cherchent la perfection dans tout ce qui concerne les animaux, font des incisions aux joues du *lapin* assommé, ce qui facilite l'écoulement du sang. Une autre pratique en usage chez les Anglais, est de tuer les *lapins* comme ils tuent les dindons, c'est-à-dire, en incisant le palais avec un canif, et ce procédé est le meilleur : la chair du cou se trouve blanche après la cuisson. En France, on fait encore mourir les *lapins* en les tirant de la tête aux pieds pour leur casser l'épine du dos.

De quelque manière que l'on ait tué un *lapin domestique*, on lui met dans le ventre, aussitôt qu'il est vidé, un petit paquet de thym ou de serpolet, de mélilot, d'estragon, ou d'autres plantes aromatiques, avec un peu de lard ou de beurre, au moment de le mettre à la broche ; sa chair devient plus succulente, et d'un fumet plus agréable. La feuille de bois de Sainte-Lucie produit le même effet. Les rôtisseurs aromatisent les *lapins* avec le mélilot ; et les cuisiniers ajoutent beaucoup à leur fumet, en réduisant en poudre les os d'un *lapin* qui étoit de bon goût, et en tirant de ces os une décoction, une substance qu'ils mêlent au *lapin* qu'ils font cuire. De Lormoy, très-habile agriculteur, propose, d'après l'expérience qu'il en a faite, la méthode suivante pour faire contracter aux *lapins domestiques*, le fumet et le goût des *lapins de garenne*. Il prend une pincée de mélilot jaune et blanc, quand il peut s'en procurer, des feuilles de bois de Sainte-Lucie, de serpolet fleuri, autant que cela est possible ; il fait sécher séparément ces plantes, d'abord à l'ombre, ensuite au soleil, entre deux feuilles de papier ; quand elles sont parvenues à l'état de siccité qui leur convient, il les jette dans un mortier et les réduit en poudre ; il les passe dans un tamis de soie, ou de mousseline. Le *lapin* étant dépouillé et vidé, on le fait revenir sur le feu. On prend un morceau de lard bien frais ; on en gratte la quantité qu'on veut employer ; on saupoudre la graisse qu'on a enlevée de ce morceau de lard, avec la poudre des plantes odorantes qu'on a pilées ; on mêle cette poudre avec la graisse ; on en fait une pommade qui ait de la consistance ; on frotte le dedans du *lapin* de cette pommade odorante, on recoud la peau du ventre, on pique ensuite le *lapin*, on le barde de lard, on le met à la broche et on le fait cuire à propos.

Castration des Lapins.

La castration des *lapins* mâles présente beaucoup d'avantages : ils deviennent plus gros et aussi forts qu'un *lièvre* ; ils engraissent mieux, leur chair est plus tendre et plus savoureuse, et leur peau se couvre d'un poil plus touffu. D'ailleurs, ils apportent moins de trouble dans le clapier, et on peut les laisser quoiqu'en nombre, ensemble, mais néanmoins, séparés des mâles entiers qui les maltraiteroient. On ne doit les manger que quand ils ont atteint huit ou neuf mois, et même un an : ils sont plus beaux et ont plus de chair.

C'est à deux ou trois mois qu'on les châtre : cette opération exige quelqu'adresse, parce que les jeunes *lapins* ont les bourses peu apparentes, et les testicules souvent cachés et hors des bourses. Pendant qu'une personne tient le *lapin* par les oreilles et les pattes de derrière, une autre saisit les testicules l'un après l'autre, sans trop les presser, des deux premiers doigts de la main gauche, fend de la droite la peau avec un instrument bien tranchant, et enlève les testicules en emportant le cordon spermatique, qu'il faut éviter de rompre. On met du beurre frais sur la plaie, et on laisse aller le *lapin*; il est bientôt guéri.

Maladies des Lapins.

En privant l'espèce du *lapin* de sa liberté, en l'emprisonnant dans nos clapiers, nous l'avons exposé à des maux qui ne l'atteignent pas dans son état sauvage. Quelques-unes de ces maladies sont le fruit de l'intempérance; les *lapins* sont sujets aux indigestions, lorsqu'on leur prodigue la nourriture avec trop de profusion. Ils sont aussi atteints de la fièvre. Si, à l'époque du sevrage, on les nourrit de choux et de laitues, on les voit souvent souffrir de la diarrhée, et il est rare qu'ils n'en périssent pas. Dès qu'on s'en apperçoit, il faut se hâter de les séparer des autres, de ne leur donner que des plantes sèches et du pain grillé. Les laitues, en trop grande quantité, leur causent ordinairement cette maladie, à moins qu'on n'y mêle du persil, du céleri, et d'autres plantes stomachiques.

Le *gras-ventre* est une maladie qui a la même cause que la diarrhée; c'est un gonflement qui s'étend sur tout le ventre, et semble être un commencement d'hydropisie. Si cette maladie n'a pas fait beaucoup de progrès, on la guérira en réduisant à un régime sec tous les *lapins* qui en sont attaqués: on les nourrira d'orge, d'avoine, de sarrasin, de croûtes de pain très-dures, de foin, de luzerne sèche, &c. On ne leur donnera point à boire, il suffira de leur présenter une pomme-de-terre, matin et soir.

Une espèce d'éthisie attaque les jeunes *lapins*, elle leur cause une grande maigreur qui arrête leur accroissement et se termine par une galle contagieuse, très-difficile à guérir. On sépare les sujets infectés, et on ne les nourrit qu'avec du regain, de l'orge grillée, et de plantes aromatiques. Le vrai préservatif de cette maladie, aussi bien que des suivantes, consiste dans la propreté et la salubrité de l'air dans les loges.

On apperçoit aussi quelquefois que des pustules couvrent le foie des *lapins*; un régime sec les guérira.

Si les loges sont infectées d'exhalaisons putrides, les jeunes femelles éprouveront vers la fin de leur allaitement, un mal d'yeux qui les fait périr assez promptement. On arrêtera les progrès de ce mal, en les transportant dans une loge aérée, bien propre et remplie d'une litière de paille fraîche.

Des auteurs vétérinaires recommandent de mêler du sel au son et aux grains dont on nourrit les *lapins ;* ce mélange les entretient en santé et en vigueur.

Après avoir tracé les moyens les plus sûrs d'élever les *lapins,* je vais donner ceux de les détruire, ou de leur faire la chasse, et ce qui sera dit à ce sujet n'est, en général, applicable qu'aux garennes ouvertes. J'ai déjà prévenu que le fusil et le furet occasionnoient de grands dérangemens dans les garennes forcées.

Chasse du Lapin.

Il y a nombre de manières de chasser le *lapin.*

1°. *Au fusil.* Pour cette chasse, on va dans une garenne qu'on sait fournie de *lapins.* On ferme en silence les ouvertures de tous les terriers qu'on rencontre. On met ensuite en chasse un basset bien instruit qui fait partir l'animal, tandis que le chasseur, le fusil à la main, attend sa proie sur un des terriers. Le *lapin,* poursuivi avec vivacité, cherche son asyle, alors le chasseur qui l'apperçoit saisit le moment favorable et le tire. Cette chasse a cela de dangereux, que si le *lapin* blessé s'échappe et rentre dans son terrier où il ne tarde pas à mourir, il empoisonne tous les *lapins* qui y gîtent avec lui ; mais une manière sûre d'éviter cet inconvénient, c'est, surtout dans une garenne de peu d'étendue, de faire boucher tous les terriers vers minuit, lorsque les *lapins* sont presque tous dehors.

2°. *A l'affut.* L'on trouvera à l'article de la *chasse du lièvre* les différentes sortes d'affut ; elles sont les mêmes pour le *lapin :* il y a de plus la précaution d'un silence rigoureux à ajouter à une grande patience. Cette chasse réussit mieux dans la belle saison et dans le temps des *lapereaux ;* à toutes les heures du jour, sur-tout depuis neuf heures jusqu'à midi, et le soir vers le soleil couchant, il faut être monté sur un arbre ou caché derrière un buisson.

3°. Au Furet. (*Voyez* ce mot.) On transporte le *furet* au lieu de la chasse, dans un sac de toile, au fond duquel on met de la paille pour le coucher. On met en chasse pendant une heure un basset bien instruit, qui oblige les *lapins* à rentrer dans leurs terriers. L'heure passée, on attache le chien, et on va tendre des poches ou bourses de filets sur les trous de chaque terrier, pour empêcher l'animal de s'échapper en fuyant. On prend ensuite son *furet,* qu'on a eu soin d'emmuseler, et au cou duquel on a attaché une sonnette pour le surveiller quand il sera dans le terrier ; avant de l'y introduire, on lui donne à manger, afin qu'il ne s'acharne pas sur le premier *lapin* qu'il rencontrera. Quand il est entré dans le terrier, on garde le silence, et le *lapin* chassé par le *furet* sort par une autre ouverture, et se trouve pris dans la poche qu'on y a placée.

Il faut s'empresser de retirer le *lapin* de la poche avant que le *furet* qui est à sa poursuite ne l'apperçoive; le *furet* retourne au terrier pour en faire sortir les autres *lapins*.

S'il arrive que le *furet* s'endorme dans le terrier après y avoir sucé le sang d'un *lapin,* on le réveille en tirant quelques coups de fusil dans le trou. Une autre manière de prendre le *lapin* par le moyen du *furet,* c'est d'envelopper les terriers de grands filets ou panneaux qu'on place à deux toises de l'ouverture, la plus écartée du centre. On introduit les *furets* dans les terriers, et on attend en silence, ayant près de soi un chien sûr, attentif et muet; les *lapins* poursuivis par les *furets* sortent et se précipitent dans le panneau dont les mailles les enveloppent. Le chien les y suit, les tue, et revient à son maître; mais de cette manière on prend indistinctement mâles et femelles, au lieu qu'avec des poches ou des bourses placées sur les trous, on peut ne prendre que les mâles et épargner les femelles. Cette chasse est très-amusante.

4°. *Au panneau.* Le *panneau* est un filet qu'on tend dans un chemin ou dans la passée d'un bois. Ce filet s'attache, par les mailles d'en haut, à trois ou quatre bâtons longs de quatre pieds chacun, et gros comme le pouce. Il doit tenir peu à ces bâtons qu'on fiche en terre à une égale distance les uns des autres. Le filet tombe aussi-tôt que le *lapin* y entre. On s'éloigne de dix à douze pas du filet ainsi tendu, et l'on garde le silence dans un buisson où l'on se cache et hors du chemin par où l'on a observé que le *lapin* doit passer. Quand il a dépassé le chasseur, et qu'il n'est pas loin du filet, on l'y précipite en frappant des mains.

On tend le *panneau* le matin à la pointe du jour, et l'on reste à l'affut ainsi jusque demi-heure après le lever du soleil, sur-tout pendant les grandes chaleurs de l'été. On peut aussi tendre le soir, demi-heure avant le coucher du soleil, et demeurer en embuscade jusqu'à nuit fermée.

Dans les temps orageux, on a recours à un *panneau* d'une autre sorte, mais qui est plus embarrassant. Pour le tendre, on prend deux bâtons longs de quatre pieds, gros de deux ou trois pouces, et unis à chaque bout. On attache ensemble au bas de quelque arbre hors du chemin, et à 18 pouces de terre, les deux bouts de ficelle qui sont du même côté du filet, et on tend ces ficelles de manière qu'elles soient assez lâches par le milieu pour pouvoir poser les bâtons entre deux. De ces bâtons, le premier se place au bord du chemin, ayant un bout sur la ficelle d'en bas, et l'autre sous l'autre bout de cette ficelle : on marche ensuite au travers du chemin par-derrière le filet, en tenant la ficelle d'en haut, afin que le bâton ne se défasse pas; et quand on est arrivé à l'autre bout du chemin, on accommode le second bâton comme le premier, en faisant en sorte que tous deux penchent un peu du côté où doit venir le gibier, afin qu'il donne dans le filet, fasse sortir le bâton d'entre les ficelles et s'enveloppe dans le piége Il faut pour cette chasse de la patience, du silence et de l'industrie.

5°. *Au pan contremaillé*. Le *pan contremaillé* est un filet double, qui est bien moins embarrassant que les panneaux simples dont on vient de parler; mais il s'apperçoit aussi de plus loin. On le tend sur les chemins, et ordinairement plusieurs *lapins* s'y prennent à-la-fois. On observe dans cette chasse tout ce qu'on vient de dire sur la précédente au sujet du chemin, du vent et du buisson : quelquefois on monte sur un arbre, et au lieu de frapper des mains, on jette son chapeau pour pousser le gibier dans le filet. On prend quelquefois avec les pans contremaillés non-seulement les *lapins*, mais encore les *lièvres*, les *renards*, les *blaireaux*, et même les *loups*, pourvu qu'on porte avec soi une fourche de fer ou d'autres forts instrumens pour assommer ces derniers animaux, ou des fusils pour les tuer avant qu'ils rompent le filet.

6°. *A la fumée*. Cette chasse supplée à celle du *furet* que tout le monde n'est pas en état d'exécuter. Pour cela, on prend du soufre et de la poudre d'orpin qu'on brûle dans du parchemin ou du drap, et qu'on met à l'entrée du trou, en sorte que le vent chasse la fumée dedans. Le *lapin* veut sortir de son terrier, et se rend à l'autre extrémité; mais comme elle est arrêtée par les poches qu'on y a mises, il s'y trouve enveloppé et on s'en saisit.

7°. *Au collet*. (*Voyez* l'article du LIÈVRE, où cette chasse est décrite.) On doit observer ici qu'on y prend le *lapin* encore plus aisément que le *lièvre*, quoique le premier soit bien plus rusé.

Quelquefois, quand l'animal se sent pris, au lieu de tirer comme le *lièvre*, il détourne la tête pour couper le *collet* avec ses dents. Pour éviter cela, il faut attacher le *collet* avec du fil de fer, alors le *lapin* ne peut faire de mouvement sans s'étrangler.

Un autre moyen d'empêcher que le *lapin* ne coupe le *collet*, c'est de planter au bord de la passée un piquet deux fois gros comme le pouce, de la longueur d'un pied, et ayant à un pouce de l'extrémité supérieure une ouverture où puisse passer le petit doigt : on prend ensuite un *collet* de fil de laiton avec une ficelle un peu forte qu'on attache dans le trou du piquet, et qu'on lie au bout d'une branche d'arbre qu'on tient pliée : on fait entrer dans ce trou un petit bâton long d'un pouce, et un peu moins gros que le petit doigt, de manière que la branche rendue à elle-même ne puisse attirer le *collet* après elle, et que cependant le *collet* soit retenu par le petit bâton, au moyen du nœud que font la ficelle et le *collet* à l'endroit où ils sont attachés ensemble. Après cela, on ouvre le *collet* de la grandeur de la passée ; le *lapin* qui donnera dans le piége voudra le couper, mais au moindre mouvement il fera tomber le petit bâton qui retient la branche pliée et élastique, laquelle en se relevant serrera le *collet* et étranglera l'animal. On tend ces *collets* autour des haies de jardin et d'enclos, où les *lapins* se rendent pendant la nuit pour butiner.

8°. *A l'écrevisse.* Cette chasse convient aux personnes qui ne veulent employer ni furets ni fusil. On tend des poches à une extrémité d'un terrier, et on glisse à l'autre une écrevisse qui arrive peu à peu au fond de la retraite du lapin, le pique, et s'y attache avec tant de force qu'elle l'oblige à fuir emportant avec lui son ennemie, et il vient se faire prendre dans le filet qu'on lui a tendu à l'ouverture du terrier. Cette chasse, quelquefois plus sûre que celle du furet, demande de la patience, les opérations de l'*écrevisse* étant fort lentes.

9°. *A l'appeau.* L'appeau peut se faire, soit avec un petit tuyau de paille, en forme de sifflet, soit avec une feuille de chiendent, de chêne vert, ou une pellicule d'ail qui se posent entre les lèvres, et en soufflant produisent un son aigu qui est l'imitation parfaite de la voix du *lapin*. En Provence, les chasseurs se servent d'une patte de crabe pour *appeau*. Cette chasse se fait dans les bois. Le chasseur en traversant le bois a soin de ne faire que le moindre bruit possible ; il s'arrête de temps en temps dans les endroits les plus découverts pour user de son *appeau*, ce qui s'appelle *piper*, en observant de ne jamais le faire qu'avec le vent au visage ; il doit se serrer contre un arbre ou haut buisson, et ne remuer que la tête pour regarder autour de lui. Le premier coup d'*appeau* ne doit durer qu'une minute et moins encore s'il voit des *lapins* arriver vers lui. Dans ce cas, il se tient en joue d'avance, et les laisse approcher à portée du fusil ; s'il n'en vient pas, il s'arrête et recommence à piper. Il faut piper moins fort dans les lieux où le *lapin* abonde, de peur que dans le nombre il ne s'en trouve un qui, ayant éventé le chasseur, ne s'enfuie et n'entraîne tous les autres.

Dans les terres chaudes, les *lapins* viennent à l'*appeau* en mars et avril; dans les tardives, en mai et juin. Les jours les plus favorables sont ceux où souffle un vent doux et chaud du midi, où le soleil se montre et se cache de temps en temps. L'heure la plus propre est depuis dix heures du matin jusqu'à deux heures après midi. Les grands vents sont absolument contraires. Cette chasse ou pipée effarouchant les *lapins*, il ne faut pas la recommencer avant qu'il n'ait plu.

10°. *A l'oiseau de proie.* Cette chasse est la même pour le *lapin* que pour le *lièvre.* Voyez l'article du LIÈVRE.

11°. *Aux chiens courans.* Les *chiens courans* chassent le *lapin* comme le *lièvre.*

12°. *A l'eau chaude.* Il est enfin une manière de chasser le *lapin* de son terrier et de suppléer ainsi au *furet;* c'est d'y jeter de l'eau bouillante qui le fait fuir par l'autre extrémité, et le fait ainsi se précipiter dans les bourses dont elle est fermée.

Sur ces différentes chasses au terrier, il faut finir par observer que si on ne prend pas le *lapin* dans des bourses, on le tire à sa sortie, soit avec le fusil, avec ou sans le secours des chiens, soit avec celui des oiseaux de proie. (S.)

LAPIN ou LIÈVRE DES INDES, d'Aldrovande; c'est le GERBO. (*Dipus gerboa.*) Voyez GERBOISE. (DESM.)

LAPIN D'ALLEMAGNE, mauvaise désignation du SOUSLIK. *Voyez* ce mot. (S.)

LAPIN DE BAHAMA. C'est ainsi que quelques auteurs ont désigné le MONAX. *Voyez* ce mot. (S.)

LAPIN DU BRÉSIL, dénomination appliquée mal-à-propos à plusieurs petits animaux de l'Amérique méridionale; c'est, dans Brisson, la désignation spécifique de l'APEREA. *Voyez* ce mot. (S.)

LAPIN CHINOIS, fausse dénomination appliquée vulgairement au COCHON D'INDE. (S.)

LAPIN A LONGUE QUEUE. Quelques voyageurs ont désigné ainsi le TOLAI. *Voyez* ce mot. (S.)

LAPIN DE NORWÈGE. *Voyez* LEMMING. (S.)

LAPINE, femelle du LAPIN. *Voyez* ce mot. (S.)

LAPIS, *Lapis lazuli, Lazulite,* (PIERRE D'AZUR, ZEOLITHE BLEUE Deborn.). Le *lapis* est une roche d'un beau bleu de saphir, ordinairement mêlée de veines et de taches blanches; elle contient quelquefois des *pyrites* qu'on faisoit autrefois passer pour des grains d'*or,* et des paillettes de *mica,* plus ou moins abondantes. Cette pierre est très-dure, les parties bleues sont quartzeuses, et font feu au briquet; les veines blanches sont de *pétrosilex*, quelquefois mêlées de *spath calcaire* ou de *gypse*. On apperçoit çà et là dans le tissu de cette roche, des lames brillantes comme celles de la *horn-blende*.

Le *lapis* est ordinairement opaque, quelquefois cependant un peu translucide sur ses bords; sa cassure est inégale, quelquefois terreuse; sa pesanteur est médiocre et varie de 27,000 à 29,000. Au chalumeau cette pierre perd sa couleur, et se fond en un émail blanchâtre. Elle est soluble dans les acides, mais il faut qu'elle ait été auparavant calcinée.

L'analyse du *lapis* a donné à Klaproth :

Silice	46	
Alumine	14	50
Carbonate de chaux	28	
Sulfate de chaux	6	50
Oxide de fer	3	
Eau	2	
	100	

On avoit rangé dans les méthodes minéralogiques, le *lapis* avec la *zéolithe*; de nouvelles connoissances acquises sur la nature de ces deux substances les ont fait séparer.

Dufay, de l'Académie des sciences, a reconnu que le *lapis* exposé au soleil, et porté ensuite dans l'obscurité, donnoit une lueur phosphorique, et que plus cette pierre étoit d'un bleu pur et foncé, plus la phosphorescence étoit sensible. Les parties grises et blanches n'en ont aucune.

Le *lapis* qui contient beaucoup de parties bleues, est employé à divers bijoux et autres ornemens; quoique grenu, il est susceptible d'un assez beau poli.

On prépare avec le *lapis* une couleur précieuse pour la peinture, connue sous le nom d'*outremer*, parce qu'on l'apportoit des Echelles du Levant. Cette couleur bleue a beaucoup d'éclat et d'intensité, et sur-tout la propriété d'être inaltérable. Cette propriété qui paroît d'abord inappréciable, n'est cependant pas aussi avantageuse qu'on pourroit le penser, par la raison que le *bleu d'outremer* ne s'altérant presque point, gardant plus exactement que toutes les autres couleurs, son ton primitif, et ne suivant pas le changement graduel qu'elles éprouvent, et, si l'on peut s'exprimer ainsi, presque toujours discord à leur égard, ce qui est très-sensible dans les anciens tableaux, tels que ceux du Perrugin et d'Albert Durer. Paul Véronèse, beaucoup moins ancien que ces deux peintres, employoit dans ses tableaux, le *bleu d'outremer* pour les ciels, et se servoit de fort mauvaises couleurs pour le reste, aussi cette première couleur est-elle restée seule intacte, tandis que les autres ont changé à un tel point, qu'il seroit quelquefois difficile, à moins de posséder une grande habitude du coloris, de déterminer la teinte qu'elles devoient avoir, lorsqu'elles furent employées.

Boèce de Boot a décrit fort au long la manière dont on prépare l'*outremer*, nous en donnerons ici un extrait. Pour connoître si le *lapis* dont on veut tirer la couleur est de bonne qualité, et propre à donner un beau bleu, il faut en mettre des morceaux sur des charbons ardens, et les y faire rougir, s'ils ne se cassent point par la calcination, et si après les avoir fait refroidir ils ne perdent rien de l'éclat de leur couleur, c'est une preuve de leur bonté. On peut encore les éprouver d'une autre façon; c'est en faisant rougir les morceaux de *lapis* sur une plaque de fer, et les jetant ensuite tout rouges dans du vinaigre blanc très-fort; si la pierre est d'une bonne espèce, cette opération ne lui fera rien perdre de sa couleur. Après s'être assuré de la bonté du *lapis*, voici comment il faut le préparer pour en tirer l'*outremer :* « On le fait rougir plusieurs fois, et on l'éteint chaque fois dans de l'eau ou dans de fort vinaigre, ce qui vaut encore mieux : plus on réitère cette opération, plus il est facile de le réduire en poudre. Cela fait, on commence par piler les morceaux de *lapis*, on les broie sur un porphyre, en les humectant avec de l'eau, du vinaigre ou de l'esprit-de-vin; on continue à broyer jusqu'à ce que le tout soit réduit en une poudre impalpable, car cela est très-essentiel; on fait sécher ensuite cette poudre après l'avoir lavée dans l'eau, et on la met à l'abri de la poussière pour en faire l'usage qu'on va dire.

» On fait une pâte avec une livre d'huile de lin bien pure, de cire jaune, de colophane et de poix résine, de chacune une livre, de mastic blanc deux onces. On fait chauffer doucement l'huile de lin; on y mêle les autres matières, en remuant le mélange qu'on fait bouillir pendant une demi-heure; après quoi on passe ce mélange à travers un linge et on le laisse refroidir.

» Sur huit onces de cette pâte on mettra quatre onces de la poudre de *lapis*, indiquée ci-dessus. On pétrira long-temps et avec soin cette masse; quand la poudre y sera bien incorporée, on versera de l'eau chaude par-dessus, et on la pétrira de nouveau dans cette eau, qui se chargera de la couleur bleue; on la laissera reposer quelques jours, jusqu'à ce que la couleur soit tombée au fond du vase; ensuite de quoi on decantera l'eau, et en laissant sécher la poudre on aura le *bleu d'outremer*.

» Il y a bien des manières de faire la pâte dont nous venons de parler ; mais nous nous contenterons d'indiquer encore celle-ci. C'est avec de la poix résine, térébenthine, cire vierge et mastic, de chacun six onces, d'encens et d'huile de lin, deux onces, qu'on fera fondre dans un plat vernissé : le reste comme dans l'opération précédente ». (*Encyclop. méthod., art. et mét.*, *Fabr. de Bleu*, tom. 1, pag. 220.)

Le *lapis* se trouve dans diverses contrées, mais en fort petite quantité ; le pays qui en fournit le plus, est la Grande-Boukharie ; c'est de là qu'on a transporté en Russie celui qui a été employé avec profusion pour décorer le palais de marbre que Catherine II a fait bâtir à Pétersbourg, pour Orlof son favori. Il y a dans ce palais des appartemens qui sont incrustés de *lapis*. Il eût été difficile de trouver une décoration plus simple et plus magnifique en même temps.

Le *lapis* se trouve aussi en Perse, en Natolie et en Chine. J'ai connu à Ekatérinbourg, en Sibérie, un brocanteur de pierres qui avoit été en Boukharie ; je m'informai auprès de lui de la nature des montagnes où l'on trouvoit le *lapis*. Il me dit que c'étoit dans le granit, et qu'il n'y étoit point disposé par veines ou par filons, mais disséminé dans la masse entière de la roche, dans toutes sortes de proportions ; que là on n'appercevoit que quelques légères taches bleuâtres sur une roche généralement grise ; qu'ailleurs les taches étoient plus rapprochées et d'une teinte plus vive ; qu'enfin on voyoit de petites masses d'un bleu à-peu-près sans mélange ; mais qu'il étoit extrêmement rare de trouver des masses de la grosseur de la tête, où le bleu dominât généralement sur le blanc et le gris. Comme les blocs que j'avois vus me paroissoient roulés, je demandai si on les avoit trouvés dans le lit des rivières : le lapidaire me dit qu'on les avoit tirés de la carrière, mais qu'ils s'étoient arrondis en se frottant les uns contre les autres dans le transport ; que cependant on en trouvoit accidentellement dans les torrens, et que c'étoient ceux dont le bleu avoit la teinte la plus vive.

Laxmann, académicien de Pétersbourg, qui a fait un séjour de plusieurs années dans la Sibérie orientale, a dit qu'on avoit trouvé des blocs roulés de *lapis* sur la grève du lac Baïkal, dans une espèce de golfe, qui est à sa partie méridionale, qu'on nomme le *Koultouk* ; mais qu'il chercha vainement la montagne d'où ces blocs avoient été détachés, et qu'il ne put avoir à ce sujet aucun renseignement de la part des Tartares-Bourettes qui habitent cette contrée sauvage. J'ai un échantillon de ce *lapis ;* il paroît tout-à-fait semblable à celui de Boukharie. Haüy dit (*Traité de minéralogie,* t. 2, p. 148.), « qu'on a trouvé du *lazulite* en Sibérie, près du lac Baïkal, et qu'il y occupoit un filon où il étoit accompagné de *grenats,* de *feld-spath* et de *fer sulfuré* ».

On a quelquefois confondu le *lapis* avec la *pierre d'Arménie ;* mais celle-ci est fort différente, ce n'est autre chose qu'un beau *bleu de montagne* ou *oxide de cuivre ;* et la couleur qu'on en retire, quoiqu'assez belle d'abord, n'a nullement la solidité de l'*outremer.* (Pat.)

LAPLÉSIE, *Laplesia,* genre de vers mollusques nus, dont le caractère est d'avoir un corps rampant, oblong, convexe, bordé de chaque côté d'une large membrane, qui se recourbe sur le dos ; la tête garnie de quatre tentacules ; le dos pourvu d'un écusson recouvrant les branchies, et contenant une pièce cornée ; l'anus au-dessus de l'extrémité du dos.

Pline et Dioscoride parlent d'une espèce de ce genre, sous le nom de *lièvre marin,* et la dépeignent comme un animal venimeux qu'il faut non-seulement éviter de toucher, mais même de regarder. Après eux, Rondelet en a parlé de la même manière.

Les *laplésies* passent en effet pour avoir la propriété de faire tomber les poils des parties du corps sur lesquelles on les applique, et de causer des stranguries à ceux qui avalent un peu de la sanie qui découle de leur corps. Mais Cuvier s'est assuré que c'étoit une erreur, du moins quant à la première de ces propriétés ; mais du reste elles répandent une odeur si nauséabonde et si fétide, qu'on est plutôt disposé à les fuir qu'à s'en approcher.

La plus connue des espèces de *laplésies,* a l'air d'une masse de chair informe lorsqu'elle est en repos. Lorsqu'elle est en mouvement, sa figure se rapproche de celle des *limaces.* Elle est de couleur rouge brun ; sa tête obtuse est armée de quatre cornes, dont les deux antérieures sont obtuses, et les deux postérieures aiguës ; elle a une fente pour bouche ; les yeux se trouvent entre les cornes postérieures, et sont très-petits ; les parties de la génération sortent du côté droit du col ; l'anus est derrière l'écusson qui recouvre les branchies, et qui contient une pièce osseuse ou mieux cornée, dans son intérieur ; le pied est extrêmement grand ; il donne naissance à une membrane qui se replie sur le dos, et le recouvre quelquefois en totalité, excepté l'ouverture des branchies ; l'estomac est composé de plusieurs corps cartilagino - osseux, qui ont été décrits par Bohatsch.

Cette *laplésie* a un réservoir d'encre, comme les *sèches,* et elle l'emploie au même usage; c'est-à-dire qu'elle la répand pour échapper aux poursuites de ses ennemis. Elle habite de préférence les fonds vaseux, et vit de petits crabes, de petits coquillages, &c. Cuvier a donné, dans les *Annales du Muséum d'Histoire naturelle*, une description des organes internes des *laplésies*, à laquelle on renvoie les lecteurs.

J'ai observé sur les côtes de l'Amérique septentrionale, dans la baie de Charleston, un *mollusque* qui se rapproche infiniment de ce genre, mais qui n'a que deux tentacules, n'est point vénéneux, et dans le dos duquel je n'ai pas trouvé de pièce cartilagineuse; la tête de cet animal est antérieurement garnie de deux membranes transversales, échancrées en leur milieu, cachant la bouche dans leur intervalle, et a postérieurement deux tentacules en forme d'oreille, placés en dessus et devant les yeux; la membrane du corps est verte, finement ponctuée de rouge; ses bords sont plus pâles, et toujours repliés en dessus. Ce mollusque semble lier les *laplésies* aux *doris*. Il s'élève au plus à un pouce de long, et se tient dans les lieux vaseux.

Ainsi ce genre est composé de cinq espèces, savoir : la Laplésie dépilante, dont il a été parlé en premier, et qui est représentée dans l'*Encyclopédie par ordre de matières*, partie des *Vers*, pl. 83 et 84; la Laplésie fasciée, qui est noire, dont les bords de la membrane et des tentacules sont rouges vermillon; deux nouvelles espèces rapportées par Cuvier; enfin la Laplésie verte, mentionnée en dernier lieu, et qui est figurée pl. 2, fig. 4 de l'*Histoire naturelle des Vers*, faisant suite au *Buffon*, édition de Déterville. Les quatre premières se trouvent dans la Méditerranée.

Draparnaud croit qu'il ne faut pas regarder les deux prolongemens antérieurs comme des tentacules; ainsi ce genre n'en auroit réellement que deux.

Cuvier a donné récemment une très-intéressante anatomie des *laplésies*, et a augmenté le genre de deux nouvelles espèces. *Voyez* son *Mémoire*. (B.)

LAPPAGUE, *Lappago*, genre de plantes unilobées, de la tétrandrie digynie, et de la famille des Graminées, qui ne renferme qu'une espèce, faisant auparavant partie des *racles*, sous le nom de *racle en grappe*. Voyez au mot Racle.

Ce genre offre pour caractère une bale calicinale de trois valves, renfermant quatre fleurs, toutes hermaphrodites, et ayant une corolle de deux valves renversées.

La Lappague est annuelle; ses épis sont ovales, très-comprimés; ses bales sont garnies de poils épineux, inégaux. Elle se trouve sur le bord de la mer, dans l'Europe méridionale,

L A R

l'Arabie et l'Inde. Elle est figurée dans l'ouvrage de Schréber, sur les *Graminées*, pl. 4. (B.)

LAPPULIER, *Triumfetta*, genre de plantes à fleurs polypétalées, de la dodécandrie monogynie, et de la famille des TILIACÉES, qui présente pour caractère un calice oblong, caduc, de cinq folioles velues en dehors, et concaves à leur sommet ; cinq pétales linéaires, concaves, obtus, aristés sous le sommet ; environ seize étamines ; un ovaire supérieur, arrondi, velu, surmonté d'un style filiforme, à stigmate simple.

Le fruit est une capsule globuleuse, hérissée de tous côtés de pointes crochues, quadriloculaires, évalves ; chaque loge contient deux semences à radicule supérieure.

Ce genre, qui est figuré pl. 400 des *Illustr.* de Lamarck, renferme une douzaine d'espèces, dont les feuilles sont alternes, plus ou moins lobées et dentées, et dont les fleurs sont axillaires. La plupart sont des arbrisseaux originaires des parties les plus chaudes de l'Asie et de l'Amérique. Quelques-unes de ces plantes sont annuelles. Parmi ces dernières est le LAPPULIER BARTRAMIE, dont Linnæus avoit fait un genre, qu'il a ensuite supprimé, et que Gærtner vient de rétablir, sous la considération que son fruit est formé de trois à quatre petites coques biloculaires, et les semences adnées aux parois de ces coques. *Voyez* au mot BARTRAMIE.

Vahl a décrit et figuré dans ses *Eglogues*, plusieurs espèces nouvelles de *lappuliers* ; mais elles sont rares, et ne présentent d'autre intérêt que leur existence. La plus anciennement connue, et la plus commune dans les herbiers, est le LAPPULIER SINUÉ, *Triumfetta lapula*, qui est un arbrisseau de quatre à six pieds de haut ; à feuilles presqu'en cœur, sinuées, et même laciniées, veloutées, et à fleurs sans calice. Il croît dans les Antilles, où il est regardé comme astringent. Il croît également à l'Ile de France, où on se sert de ses tiges pour fabriquer des paniers, et où on en a tiré, par le rouissage, une filasse qui a donné de très-beau et bon fil. (B.)

LAQUE. *Voyez* LACQUE. (S.)

LARD, substance huileuse, grasse, renfermée dans les mailles du tissu cellulaire sous - cutané de plusieurs quadrupèdes à peau épaisse, comme les diverses espèces de *cochons*, le *tapir*, le *rhinocéros*, l'*hippopotame*, l'*éléphant*, les *morses* et *lamantins*, les *phoques* et les *cétacées*. Le *lard* est plus ou moins épais, selon les espèces et les circonstances de la vie de chaque individu ; il est moins remarquable dans les *éléphans*, les *rhinocéros*, les *phoques* que dans les autres espèces ; mais cette couche graisseuse est assez commune dans tous les animaux vivipares, à peau dure et presque nue, qui fréquentent les eaux. On observe même que les oiseaux aquatiques et les poissons abondent en matières huileuses ou graisseuses. Il est certain que le séjour dans les lieux aqueux, gonfle le tissu cellulaire, le rend spongieux, et que la transpiration étant arrêtée par l'humidité, le surcroît de la nutrition se dépose dans les cellules de cet organe. Les hommes qui habitent dans les régions humides et froides de la terre, deviennent aussi fort gras pour la plupart.

Le *lard* de cochon produit le sain-doux, et celui des cétacées l'huile de poisson avec le blanc de baleine (*Consultez* les articles GRAISSE et CÉTACÉES.). Le *lard* n'est pas seulement placé sous la peau, mais encore dans les insterstices des muscles. Tous les animaux pourvus de *lard* ont les fibres grossières, la chair dure et de difficile digestion; les sens du toucher, du goût et de la vue fort obtus; le ventre gras; leur caractère est incliné à la voracité et à une brutale intempérance dans le manger, le boire et l'acte de la génération. L'éléphant lui-même ne fait pas exception à cette règle. Il en est de même des oiseaux aquatiques; ils peuvent s'engraisser aisément. Le système de la veine-porte et du foie est extrêmement chargé d'huile ou de graisse dans toutes les espèces aquatiques de quadrupèdes, d'oiseaux, et dans tous les poissons; c'est une espèce de *lard* intérieur, une sécrétion huileuse du sang veineux qui s'opère dans le bas-ventre chez tous ces animaux. (V.)

LARD (PIERRE DE), *Speck-stein*. C'est une *stéatite*. On donne aussi le nom de *pierre de lard* à celle dont sont faits quelques magots de la Chine : c'est le *bild stein* des Allemands. *Voy.* PIERRE DE LARD et STÉATITE. (PAT.)

LARDENNE, nom vulgaire de la CHARBONNIÈRE. *Voyez* ce mot. (VIEILL.)

LARDERA. C'est, en Savoie, la *mésange bleue*. Voyez au mot MÉSANGE. (V.)

LARDERICHE, dénomination vulgaire de la *mésange charbonnière* en quelques cantons de la France. *Voy.* au mot MÉSANGE. (S.)

LARDITE. On a quelquefois donné ce nom à des *pierres* qui, par leur aspect et la disposition de leurs veines blanches et rouges, avoient quelque ressemblance avec du *lard*. Dans les montagnes du Forez, on trouve assez fréquemment des morceaux de *quartz* qui présentent des accidens de cette nature. Il ne faut pas confondre ces *lardites* avec la *pierre de lard*, qui est ou une *stéatite* ou un *bild-stein*. (PAT.)

LARDIZABALE, *Lardizabala*, genre de plantes à fleurs polypétalées, de la dioécie monadelphie et de la famille des MÉNISPERMOÏDES, qui a pour caractère un calice de six folioles, dont trois extérieures plus larges; six pétales plus petits que les folioles du calice; dans les fleurs mâles un pivot cylindrique portant six anthères biloculaires; dans les fleurs femelles six étamines stériles à filamens distincts; trois ou six ovaires à styles nuls et à stigmates capités et persistans.

Le fruit est une baie par chaque ovaire. Elle est oblongue, acuminée, charnue et à six loges.

Ce genre renferme plusieurs arbrisseaux volubles, munis de vrilles vers leur sommet, dont les feuilles sont deux fois ternées, portées sur un pétiole renflé à sa base, et dont les fleurs sont disposées en grappes axillaires, simples et pendantes. Il a été établi dans la *Flore du Pérou et du Chili*, et l'espèce figurée pl. 37 du même ouvrage, lui sert de type. On en voit une autre espèce également figurée pag. 6, 7, 8 et 9 du *Voyage* de Lapérouse. (B.)

LARE. Ce nom est appliqué, dans *Buffon*, au GOÉLAND, par divers auteurs à la MOUETTE, à l'HIRONDELLE DE MER, au NODDI et au PHALAROPE. *Voyez* ces mots. (VIEILL.)

LARGE (*fauconnerie*). Un oiseau de vol fait *large* quand il écarte les ailes; c'est un signe de force et de santé. (S.)

LARIX, nom latin du MÉLÈZE. *Voyez* ce mot. (B.)

LARME. On donne ce nom à des gouttes d'un fluide qui sort de l'œil de l'homme (et de quelques animaux) lorsqu'il est affecté de douleurs physiques ou morales, ou quelquefois, au contraire, lorsqu'il est dans la joie. *Voyez* au mot HOMME.

Ce mot s'applique aussi, par comparaison, aux gommes et aux racines qui se coagulent sur l'écorce des arbres qui les produisent, ainsi qu'aux extravasations de sève qui ont lieu dans quelques plantes, principalement lorsqu'on les taille, sur-tout dans la vigne. Les *larmes de la vigne* ont joui et jouissent même encore, dans quelques lieux, d'une grande célébrité. Mais comme leurs propriétés se réduisent en définitif à celle de l'eau pure, on se dispensera de les mentionner ici. *Voy.* au mot VIGNE. (B.)

LARME DE JOB (*Voy.* au mot LARMILLE.). En Chine, on mange généralement la semence de cette plante, qui y passe pour fortifiante, nervine, un peu diurétique, et qu'on recommande dans les ulcérations du poumon, l'hydropisie et les foiblesses des extrémités. (B.)

LARMES MARINES. Dicquemar a ainsi appelé des

masses glaireuses, pyriformes, terminées par une longue queue et de la grosseur d'un grain de raisin, qu'il a observées dans la mer aux environs du Havre, et dont il a donné la description et la figure dans le *Journal de Physique* de septembre 1776. Il y a vu deux espèces d'animaux, dont l'un, à peine de la longueur d'une ligne, paroît se rapprocher infiniment des *néréides*, et l'autre des *lombrics*. On peut supposer, sans trop de présomption, que ces masses glaireuses sont le frai de quelque poisson ou de quelque coquillage, et que les animaux observés par Dicquemar étoient ou les germes ou des animaux qui vivoient à leurs dépens, qui n'y étoient enfin qu'accidentellement. *Voyez* au mot NÉRÉIDE. (B.)

LARMIERS (*vénerie.*). Ce sont deux fentes situées au-dessous des yeux du *cerf*, et d'où il découle, en gouttes, une humeur jaune, que l'on appelle *larmes du cerf.* (S.)

LARMILLE DES INDES, LARME DE JOB, *Coix lacryma* Linn. (*Monoécie triandrie.*) C'est une plante de la famille des GRAMINÉES, qui croît naturellement aux Grandes-Indes et dans les îles de l'Archipel. Miller dit qu'on la cultive souvent en Espagne et en Portugal, où les pauvres font moudre la graine pour en faire du gros pain, lorsque le blé est rare. Sa racine est épaisse et fibreuse; elle pousse deux ou trois tiges droites, noueuses, hautes d'environ trois pieds, garnies à chaque nœud de feuilles simples et lisses assez semblables à celles du *maïs*, mais moins grandes : ces feuilles sont engaînées à leur base, larges de plus d'un pouce, longues d'un pied et demi, et traversées dans leur longueur par une côte blanche. De leur gaîne sortent plusieurs épis de fleurs inégaux, rapprochés, soutenus par de longs pédoncules, et portant chacun des fleurs mâles et des fleurs femelles. Celles-ci, en petit nombre, sont situées à la base de l'épi; les mâles sont au-dessus. Le calice des fleurs mâles est à deux bales, sans arête, et renferme deux fleurs, dont chacune a trois étamines et deux valvules ovales pour corolle. Dans les fleurs femelles, le calice est uniflore, persistant, fait en forme de poire, et composé de deux bales un peu arrondies, dures, brillantes et d'inégale grandeur; la corolle est à deux valvules; le germe est ovale et supérieur : il soutient un style divisé en deux et à stigmates cornus, saillans et pubescens. Le fruit est une semence ayant la forme d'une larme, recouverte par le calice, qui tombe avec elle sans s'ouvrir, et qui, devenu très-dur et comme osseux, offre à sa surface le luisant et la couleur d'une perle. Dans quelques pays, on enfile ces fruits, et on en fait des chapelets. Comme ils ont l'apparence de ceux du GREMIL (*Voyez* ce mot.), *Lithosper-*

mum Linn. , plusieurs ont donné ce dernier nom à la *lar-mille.*

Cette plante est annuelle dans nos climats , vraisemblablement vivace dans les pays chauds, où elle croît sans culture. Les curieux qui desirent l'avoir dans leurs jardins , doivent semer sa graine au printemps sur une couche de chaleur modérée ; on la transplante sur une plate-bande chaude , et quand elle y a pris racine, tous les soins qu'elle exige se bornent à la débarrasser des mauvaises herbes. Ses fleurs paroissent à la fin de juin , et ses fruits mûrissent en septembre. (D.)

LARRE, *Larra*, genre d'insectes de l'ordre des HYMÉNOPTÈRES et de ma famille des SPHÉGIMES. Ses caractères sont : un aiguillon caché et poignant dans les femelles ; lèvre inférieure large , à trois divisions sensibles; antennes presque sétacées , droites , rapprochées , insérées vers le milieu de l'entre - deux des yeux ; mandibules arquées , pointues , échancrées inférieurement à leur base ; palpes maxillaires longs, et dont les deux premiers articles plus gros.

Les *larres* ont plusieurs rapports avec les *pompiles* , et surtout avec les *astates ;* mais ils sont distingués des premiers par leur tête , plus large que le corcelet, et la forme de leur abdomen , qui est conique; des seconds, par la convexité et la grandeur de cette dernière partie, et en outre par leurs pattes épineuses ou fortement ciliées. Les *astates* ont d'ailleurs leurs mandibules unidentées près de la pointe; le troisième article de leurs palpes maxillaires plus gros que les autres , et le second des labiaux dilaté.

Les *larres* ont le corps moins alongé que les *sphex ;* la tête large, avec les yeux grands et convergens postérieurement ; le premier segment du corcelet très-court ou même presque obsolète; l'abdomen conique; les pattes fortes, et dont les postérieures sur-tout ont leurs jambes et leurs tarses ciliés.

Ces insectes se trouvent sur les fleurs. Les femelles se tiennent plus fréquemment dans les lieux sablonneux, afin d'y creuser des trous et d'y placer leurs œufs. Leur manière de vivre doit peu s'éloigner de celle des *pompiles.*

L'espèce qui se trouve le plus communément en France , et particulièrement dans le Midi , est le LARRE ICHNEUMONIFORME, *Larra ichneumoniformis* Fab. Elle a environ huit lignes de longueur. Son corps est d'un noir obscur , sans taches; l'abdomen est d'un noir luisant , avec les deux premiers anneaux fauves. (L.)

LARRÉE, *Larrea*, arbrisseau à rameaux presque distiques ; à feuilles opposées, sessiles, pinnées; à folioles bi-

néaires, sessiles, luisantes en dessus et visqueuses en dessous ;
à stipules géminées, courtes, linéaires, aiguës et rouges ; à
fleurs jaunes et solitaires dans les aisselles des feuilles.

Cet arbrisseau forme, dans la décandrie monogynie, un
genre dont le caractère consiste en un calice de cinq folioles
ovales, concaves et caduques ; une corolle de cinq pétales
ovales et onguiculés ; dix étamines hypogynes, écailleuses à
leur base ; un ovaire globuleux à cinq sillons, à style pentagone et à stigmate simple.

Le fruit est formé de cinq noix monospermes, convexes
extérieurement et réunies par un angle.

La LARRÉE LUISANTE est figurée pl. 55g des *Icones* de Cavanilles, et se trouve au Brésil.

Deux autres arbustes du même genre, et venant du même
pays, sont figurés sur la planche suivante du même ouvrage. (B.)

LARUS, nom latin du GOELAND. *Voyez* ce mot. (S.)

LARUTS, nom que l'on donnoit autrefois au KUTGEGHEF.
Voyez ce mot. (S.)

LARVE, *Larva.* Ce mot, qui signifie *masque*, désigne
l'état où l'insecte parfait se trouve, lorsqu'au sortir de l'œuf
il est, pour ainsi dire, *masqué* sous sa première forme.

Il s'ensuit que l'état de *larve* ne doit exister que dans l'insecte soumis aux loix des transformations. Le plus souvent
alors, il ressemble à une espèce de *ver ;* aussi, pendant long-
temps, lui a-t-on donné, et même on lui donne encore fréquemment ce nom : on appelle communément *vers de mouches,* les *larves* qui se trouvent dans la viande ; vers de chair
pourrie, ou de bouse de vache, plusieurs *larves* qui donnent
des insectes à étuis. Mais comme le nom de *ver* doit appartenir exclusivement à une autre classe d'animaux qui restent
toute leur vie sous la même forme, pour ne pas confondre
des objets très-différens, il étoit nécessaire de donner un
autre nom aux insectes, pendant ce premier état de leur
vie.

Les *larves* des *lépidoptères,* c'est-à-dire, des papillons et
des phalènes, sont connues sous le nom particulier de *chenille ;* et des ressemblances ont fait donner le nom de *fausse-
chenille* à la *larve* des *tenthrèdes* ou *mouches à scie.*

Il est assez connu que la plupart des insectes ont à passer
par trois états bien différens, et qu'on a cru devoir envisager
comme autant de métamorphoses. Ce qui peut-être n'est pas
aussi connu, c'est que le premier état, qu'on nomme *imparfait,* dans lequel l'animal, pour ainsi dire, emmaillotté, enveloppé des langes de l'enfance, n'est, aux yeux de presque

tout le monde, qu'un objet de dédain ou même d'effroi; c'est que cet état, dis-je, présente ordinairement l'insecte dans l'époque de sa vie la plus intéressante pour nous, soit par rapport à sa manière de vivre, soit par rapport à son industrie. Dans l'état qu'on appelle *parfait*, l'insecte destiné à remplir une fonction plus importante pour la nature que pour nous, s'empresse de s'acquitter du soin de se reproduire : en effet, à peine est-il parvenu à son dernier développement, à peine a-t-il satisfait au pressant besoin de la reproduction, qu'il cesse de vivre. Ainsi bien des insectes, après avoir passé jusqu'à trois ou quatre ans sous la forme de *larves*, ne doivent vivre que quelques jours, ou même quelques heures, lorsqu'ils sont parvenus à leur entier développement, et qu'ils se présentent sous leur dernière forme. Avec quel intérêt et quel empressement ne devrions-nous pas dès-lors porter nos regards sur leur longue enfance, qui doit fournir tant de facilité et d'occasions de fixer l'observation et de satisfaire la curiosité, plutôt que leur âge mûr, qui doit si rapidement disparoître, qui touche de si près à leur vieillesse et à leur fin ! Cependant, combien de *larves* sont encore inconnues, à proportion des insectes qui ont été *classés*, *dénommés*, *décrits* et *figurés* !

Les *larves* varient beaucoup, suivant les différens genres d'insectes auxquels elles appartiennent. Cependant elles ont toutes en général le corps plus ou moins alongé, et formé d'une suite d'anneaux ordinairement membraneux et emboîtés les uns dans les autres. Quelques-unes ont des antennes, d'autres n'en ont point ; beaucoup ont leur tête dure et écailleuse ; d'autres, comme les *larves* des mouches, ont des têtes molles, dont la forme est changeante et variable. Dans plusieurs, on peut distinguer la tête, le corcelet et l'abdomen ; dans d'autres, il n'est pas aisé d'assigner la distinction de chacune de ces parties ; elles semblent continues et confondues ensemble ; dans certaines, on ne distingue qu'avec peine la séparation du corcelet et de l'abdomen. Le plus grand nombre a des pattes ; les unes n'en ont que six, placées vers le corcelet, telles que toutes les *larves* de tous les *coléoptères* ou *insectes à étui* ; d'autres en ont davantage, comme les *larves* des *tenthrèdes*, ou *mouches à scie*, nommées *fausses-chenilles*, qui ont toutes plus de seize pattes, souvent même jusqu'à vingt-deux, ce qui les distingue des vraies chenilles, qui ont dix, douze et jamais au-delà de seize pattes. Mais il n'y a que les six pattes qui répondent à celles que doit avoir l'insecte parfait, qui soient articulées, écailleuses et dures ; les autres sont molles et sans articulations. D'autres *larves*, au contraire, telles que celles des *abeilles*, des *guêpes*, des *fourmis*, des *mouches* et d'autres insectes analogues, n'ont point de pattes, et rampent véritablement comme les vers. Les unes ont des mâchoires plus ou moins fortes, suivant la nourriture dont elles font usage; quelques autres n'ont que des espèces de suçoirs. Dans presque toutes, quoiqu'on apperçoive la place que les yeux occuperont dans l'insecte parfait, quoiqu'ils existent, ils sont néanmoins cachés sous une double enveloppe, celle de *larve* et celle de *nymphe*, et ne peuvent recevoir aucune impression. Les *larves* sont absolument sans aucun sexe développé; elles respirent par des ouvertures en forme de boutonnière, placées sur les côtés du corps, et qui ont reçu le nom de stigmates; quelques-unes, et ce sont les *larves aquatiques*, s'assimilent l'air au moyen d'un ou de plusieurs tuyaux situés à la partie postérieure du corps.

C'est sous la forme de *larve* que l'insecte doit prendre tout son accroissement; c'est aussi alors qu'il a le plus besoin de manger. La *larve* est ordinairement très-vorace, et elle grossit d'autant plus promptement et passe d'autant plutôt à l'état de nymphe, que sa nourriture est plus abondante. Mais avant de parvenir à ce second état, comme sa peau ne pouvoit pas se prêter à un nouveau développement, la nature a enveloppé l'insecte de plusieurs peaux, les unes sur les autres. Lorsque la *larve* a pris une certaine grosseur, elle quitte la peau extérieure et paroît enveloppée de celle qui étoit dessous, qu'elle garde jusqu'à ce que l'accroissement de son corps la rende encore trop étroite. Ce sont ces changemens de peau qu'on a désignés sous le nom de *mue* : opération pénible, même dangereuse, pour les *larves*, puisqu'elles y périssent quelquefois. Après avoir repété plus ou moins de fois cette opération, l'insecte parvenu à son dernier développement, doit passer à son second état, celui de *nymphe*.

Lorsque les *larves* sont prêtes à se transformer en nymphes, elles s'occupent du soin de se chercher ou de se bâtir une retraite assurée, pour le temps qu'elles doivent passer à ce second état. Les unes se construisent des coques dans la terre, et les composent de terre même; d'autres savent se filer des coques de soie. Les *larves* de quelques espèces s'attachent aux feuilles et aux tiges des arbres, par la partie postérieure du corps, pour se transformer dans cette attitude. D'autres espèces, qui vivent dans les tiges des plantes, ou dans les bourgeons des arbres, s'y transforment sans filer de coque, &c. &c.

Pour donner une idée plus positive des *larves* ou de leur manière de vivre, pour exciter par-là même davantage le désir de les connoître en particulier, nous renvoyons à l'histoire de celles qui, par des habitudes remarquables, par des formes particulières, ont fixé l'attention des observateurs les plus célèbres.

Ainsi, parmi les *chenilles* ou *larves* des *lépidoptères*, nous remarquerons celles des *alucites*, des *bombyx*, des *papillons*, des *phalènes*, des *sphinx*, des *zygænes*, dont nous avons donné l'histoire détaillée au mot Chenille.

Parmi les *larves* des *névroptères*, qui sont toutes carnassières, presque toutes aquatiques, munies d'une tête et de six pattes écailleuses, nous distinguerons celles des *éphémères*, des *friganes*, des *hémerobes*, des *myrméléons* et des *perles*, qui se font remarquer par les ruses qu'elles emploient pour saisir leur proie, et en même temps pour se mettre à l'abri des attaques de leurs ennemis.

Les *larves* des *hyménoptères* ont une tête écailleuse, et sont dépourvues de pattes (si l'on en excepte les *larves* des *tenthrèdes* et celles des *cimbex*); elles ne sont remarquables que par les soins vraiment maternels que prennent, pour leur conservation, les femelles, dans les genres Abeille, Andrène, Cynips, Fourmi, Guêpe, Ichneumon, Philanthe, Sphex, &c.

L'ordre des Hémyptères renferme des *larves* qui sont pourvues d'antennes, d'yeux, d'une bouche et de six pattes articulées; enfin, qui ne diffèrent de l'insecte parfait que par le manque d'ailes, et qui offrent peu de particularités, si ce n'est dans les genres Cigale, Tettigone, Fulgore, Membracis, &c.

L'ordre des Orthoptères ne fournit pas des considérations plus étendues; les *larves* ne diffèrent encore de l'insecte parfait, que par le défaut d'ailes.

Tous les insectes compris dans l'ordre des Coléoptères, sortent de l'œuf sous l'état d'une *larve*, munie de six pattes écailleuses, d'une tête écailleuse, et de mâchoires souvent très-fortes. Parmi ces *larves*, plusieurs ont des ruses particulières pour attraper leur proie, ou pour échapper aux poursuites de leurs ennemis; telles sont celles des *cicindèles*, des *cassides*, des *criocères*, &c. La plupart vivent dans l'intérieur du bois, et le détruisent, en le perçant dans tous les sens; ce sont celles des insectes compris dans les genres Bostriche, Colydie, Cucuje, Capricorne, Lamie, Lepture, Lucane, Passale, Ptilin, Mycétophague, Ips, Prione, Synodendre, Scolyte, Vrillette, &c. &c.

Quelques *larves* des *coléoptères*, telles que celles des *charansons* et des *bruches*, se nourrissent de grain; d'autres, et ce sont celles des *ténébrions*, des *trogossites* et de quelques *colydies*, vivent dans la farine. Les *larves* des *dytiques*, des *hydrophiles*, des *gyrins*, sont aquatiques et se nourrissent de petits insectes ; celles des *hannetons*, des *cétoines*, des *taupins*, vivent dans la terre ; les *larves* des *scarabées* proprement dits, se rencontrent dans les fumiers ou dans le tan ; celles des *géotrupes*, des *bousiers*, des *aphodies*, de quelques *sphéridies*, vivent dans les bouses des animaux herbivores, ou dans les excrémens humains. Les *larves* des *boucliers*, des *nécrophores*, des *nitidules*, des *nécrobies*, &c. habitent les charognes les plus infectes, et la sanie qui en découle ; d'autres *larves* préfèrent les dépouilles d'animaux, et, en général, les matières animales desséchées ; ce sont celles des *anthrènes*, des *dermestes*, &c.

Dans l'ordre des Diptères, les *larves* varient beaucoup dans leur conformation extérieure, selon les différens genres. Elles se présentent en général sous la forme d'un ver mou sans pattes ; la tête, dans certaines, n'est point écailleuse, mais aussi molle que le reste du corps. Leur bouche forme un suçoir, armé quelquefois d'un dard ou d'une tarière. On trouve parmi les mouches des femelles, qui sont pour ainsi dire vivipares, et qui accouchent de *larves* toutes vivantes ; ce sont les *hippobosques*.

Parmi les *aptères*, un seul insecte est sujet à des métamorphoses ; c'est la *puce*. Sa *larve* est petite, alongée, cylindrique, sans pattes, munie d'une tête écailleuse, avec de petites antennes, des anneaux à poils, et deux pointes en forme de crochet à l'extrémité du corps. (O.)

LASER, *Laserpitium*, genre de plantes à fleurs polypétalées, de la pentandrie digynie et de la famille des Ombellifères, qui présente pour caractère des ombelles et des ombellules garnies de rayons nombreux ; des involucres et des involucelles à plusieurs folioles inégales et membraneuses ; un calice à cinq dents très-courtes ; une corolle de cinq pétales courbés, échancrés, et presque égaux ; cinq étamines ; un ovaire supérieur, arrondi, chargé de deux styles courts, écartés et à stigmates simples.

Le fruit est ovale ou oblong, garni de huit ailes membraneuses, longitudinales, et composé de deux semences appliquées l'une contre l'autre.

Ce genre est composé de plus de vingt espèces, presque toutes propres aux parties méridionales de l'Europe. Ce sont des plantes vivaces, à feuilles composées ou surcomposées, qui répandent dans la chaleur, ou lorsqu'on les écrase, une odeur aromatique qui porte facilement à la tête.

Les principales de ces espèces sont :

Le Laser a feuilles larges, dont les folioles sont en cœur, obliques, dentées, avec une pointe, et les ailes des semences crêpues. Il se trouve dans les bois des montagnes, en France, en Suisse et en Italie. Sa racine est aromatique, âcre et amère : on en fait usage comme propre à rétablir l'estomac et à guérir la fièvre.

Le Laser trifurqué, *Laserpitium gallicum*, a les folioles cunéiformes et trifurquées. Il varie beaucoup, selon l'âge du pied et le lieu où il est planté. Il se trouve dans les montagnes des parties méridionales de la France. Sa racine est échauffante, histérique, carminative, diurétique et détersive.

Le Laser sermontain, *Laserpitium siler*, a les folioles ovales, lancéolées, très-entières, pétiolées, et les ailes des semences très-étroites. On la trouve dans les montagnes des parties méridionales de la France. Sa racine est très-amère : elle a les mêmes propriétés que la précédente, peut-être même à un plus haut degré. Villars pense qu'on devroit en faire plus fréquemment usage. Gærtner a fait un genre de cette plante, fondé sur le peu de largeur des ailes de ses semences. (B.)

LASIA. Loureiro a appelé de ce nom une plante qui a été réunie depuis aux Pothos. C'est le *pothos pinnata*. Voyez ce mot. (B.)

LASIOPÉTALE, *Lasiopetalum*, genre de plantes établi par Smith, dans la pentandrie monogynie. Il offre pour caractère une corolle en roue, hispide et à cinq divisions; cinq étamines pourvues d'une écaille à leur base, et ayant des anthères bilobées et percées de deux trous; une capsule supérieure à trois loges et à trois valves, dans le milieu desquelles sont placées les cloisons.

Ce genre ne renferme qu'une espèce, qui est une plante aquatique, couverte de poils ferrugineux disposés en étoile, dont les feuilles sont alternes et les fleurs en grappes. On la trouve à la Nouvelle-Hollande. (B.)

LASIOSTOME, *Lasiostoma*, arbrisseau à rameaux opposés, terminés par une vrille simple; à feuilles opposées, ovales, acuminées, très-entières, et à corymbe axillaire, presque sessile, très-court et peu chargé de fleurs, qui constitue un genre dans la tétrandrie monogynie.

Ce genre a pour caractère un calice divisé en cinq parties; une corolle monopétale, infundibuliforme, à gorge velue et à limbe à cinq découpures; quatre étamines; un ovaire surmonté d'un style simple; une capsule à une loge et à deux semences.

La *lasiostome* se trouve sur le bord des rivières de la Guiane. Elle est figurée pl. 36 de l'ouvrage d'Aublet, sur les plantes de ce pays. (B.)

LASKI, nom que les paysans russes donnent à la BELETTE. *Voyez* ce mot. (DESM.)

LATAIACA et WIEWIORKA, noms polonais du POLATOUCHE. *Voyez* ce mot. (S.)

LATANIER. L'Inde a plusieurs espèces de *palmiers* des genres RONDIER et CLÉOPHORE, qu'on appelle ainsi. Ce même nom a encore été donné, en Amérique, aux PALMIERS qui ont les feuilles en éventail, tels que les CORYPHES. (*Voyez* ces mots.) Tous ces arbres sont d'une grande utilité pour les habitans des pays où ils croissent, à raison des produits qu'ils en retirent. *Voyez* au mot PALMIER. (B.)

LATAX. Dans Aristote, ce nom est celui de la LOUTRE. *Voyez* ce mot. (S.)

LATHRIDIE, *Lathridius*, genre d'insectes établi par Herbst, et qui paroît se rapporter à la seconde division du genre LYCTE de Latreille. *Voyez* ce mot. (O.)

LATHROBIE, *Lathrobium*, genre d'insectes de la première section de l'ordre des COLÉOPTÈRES, et de la famille des STAPHYLINES.

Ce genre, établi par Gravenhorst dans ses *Coleoptera microptera*, est formé d'une vingtaine d'espèces environ, tirées par cet auteur, du genre STAPHYLIN.

Suivant Gravenhorst, le corps des *lathrobies* est alongé, linéaire et déprimé ; la tête est convexe en dessus, plane en dessous ; les palpes sont terminés en pointe, les antérieurs sont composés de quatre articles, les postérieurs de trois seulement ; les antennes sont filiformes, leur premier article est le plus grand, le dernier est ovale ; les yeux sont petits et placés sur les côtés de la tête ; le corcelet est alongé, à angles obtus ; les élytres sont très-courtes, rectangulaires, planes, un peu plus longues que le corcelet, fléchies sur les côtés ; l'abdomen est fort long, sans rebords, convexe en dessus et en dessous ; les pattes sont propres à la course ; les jambes sont ciliées ; les tarses sont composés d'articles courts, égaux entre eux, et au nombre de cinq pour chaque patte.

Les *lathrobies* habitent, comme beaucoup d'insectes de la famille des STAPHYLINES, les endroits humides dans lesquels se trouvent des matières animales ou végétales en décomposition.

Parmi les espèces de ce genre, nous ferons remarquer :

LAT

Le Lathrobie alongé (*Lathrobium elongatum.*). Il est noir brillant ; ses élytres sont d'un roux sanguin à leur extrémité ; ses pattes sont d'un roux pâle.

Le Lathrobie fracticorne (*Lathrobium fracticorne.*). Cet insecte, placé par Fabricius parmi les *pæderes*, sous le nom de *pæderus filiformis*, est d'un noir brillant ; ses pattes sont d'un roux jaune ; le premier article de ses antennes est très-long et en massue.

Le Lathrobie linéaire (*Lathrobium lineare*), est noirâtre ; ses antennes et ses élytres sont obscures ; ses pattes sont rousses. (O.)

FIN DU TOME DOUZIÈME.

9 782329 329390